W. I. SMIRNOW

LEHRBUCH DER HÖHEREN MATHEMATIK TEIL III/1

W. I. Smirnow, Lehrbuch der höheren Mathematik

Teil I
unveränderter Nachdruck der 16. Auflage 1990, 2004, 449 Seiten, 190 Abb., geb.,
ISBN-13 978-3-8171-1297-5 (ISBN-10 3-8171-1297-1)
Funktionale Abhängigkeit und Theorie der Grenzwerte – Der Begriff der Ableitung und seine Anwendungen – Der Begriff des Integrals und seine Anwendungen – Reihen und ihre Anwendung auf die näherungsweise Berechnung von Funktionen – Funktionen mehrerer Veränderlicher – Komplexe Zahlen. Anfangsgründe der höheren Algebra und Integration von Funktionen

Teil II
unveränderter Nachdruck der 17. Auflage 1990, 2005, 618 Seiten, 136 Abb., geb.,
ISBN-13 978-3-8171-1298-2 (ISBN-10 3-8171-1298-X)
Gewöhnliche Differentialgleichungen – Lineare Differentialgleichungen und ergänzende Ausführungen zur Theorie der Differentialgleichungen – Mehrfache und Kurvenintegrale. Vektoranalysis und Feldtheorie – Anfangsgründe der Differentialgeometrie – Fourierreihen – Partielle Differentialgleichungen der mathematischen Physik

Teil III/1
unveränderter Nachdruck der 12. Aufl. 1991, 2006, 283 Seiten, 3 Abb., geb.,
ISBN-13 978-3-8171-1299-9 (ISBN-10 3-8171-1299-8)
Determinanten und die Auflösung von Gleichungssystemen – Lineare Transformationen und quadratische Formen – Elemente der Gruppentheorie und lineare Darstellung von Gruppen

Teil III/2
unveränderter Nachdruck der 13. Auflage 1987, 2006, 599 Seiten, 85 Abb., geb.,
ISBN-13 978-3-8171-1300-2 (ISBN-10 3-8171-1300-5)
Anfangsgründe der Funktionentheorie – Konforme Abbildung und ebene Felder – Anwendungen der Residuentheorie – Ganze und gebrochene Funktionen – Funktionen mehrerer Veränderlicher und von Matrizen – Lineare Differentialgleichungen – Spezielle Funktionen der mathematischen Physik – Reduktion von Matrizen auf kanonische Form

Teil IV/1
unveränderter Nachdruck der 6. Auflage 1988, 2004, 300 Seiten, 4 Abb., geb.,
ISBN-13 978-3-8171-1301-9 (ISBN-10 3-8171-1301-3)
Integralgleichungen – Variationsrechnung – Ergänzungen zur Theorie der Funktionenräume. Verallgemeinerte Ableitungen. Ein Minimalproblem für quadratische Funktionale

Teil IV/2
unveränderter Nachdruck der 12. Auflage 1989, 2006, 469 Seiten, 16 Abb., geb.,
ISBN-13 978-3-8171-1302-6 (ISBN-10 3-8171-1302-1)
Allgemeine Theorie der partiellen Differentialgleichungen – Randwertprobleme

Teil V
unveränderter Nachdruck der 11. Auflage 1991, 2005, 545 Seiten, 3 Abb., geb.,
ISBN-13 978-3-8171-1303-3 (ISBN-10 3-8171-1303-X)
Das Stieltjessche Integral – Mengenfunktionen und das Lebesguesche Integral – Mengenfunktionen. Absolute Stetigkeit. Verallgemeinerung des Integralbegriffs – Metrische und normierte Räume – Der Hilbertsche Raum

Das **Gesamtwerk** ist auch zum günstigen Satzpreis erhältlich:
W. I. Smirnow, Lehrbuch der höheren Mathematik
ISBN-13 978-3-8171-1419-1 (ISBN-10 3-8171-1419-2)

LEHRBUCH DER HÖHEREN MATHEMATIK

VON

W. I. SMIRNOW
MITGLIED DER AKADEMIE DER WISSENSCHAFTEN

TEIL III/1

Verlag
Harri
Deutsch

Titel der Originalausgabe

В.И. Смирнов
Курс высшей математики, Том 3, Часть 1
Наука, Москва 1967

Die Übersetzung aus dem Russischen besorgte nach der 5. Auflage eine Arbeitsgemeinschaft unter Anleitung von Lew Arkadjewitsch Kaloujnine.

Die Überarbeitung der zweiten Auflage der Übersetzung besorgte Herbert Karl.

Die Überarbeitung nach der im Jahre 1967 erschienenen neunten, berichtigten russischen Auflage erfolgte durch Gerhard Pfister.

Bibliographische Information der Deutschen Bibliothek
Die Deutsche Bibliothek verzeichnet diese Publikation in der
Deutschen Nationalbibliographie; detaillierte bibliographische Daten sind
im Internet über <http://dnb.ddb.de> abrufbar.

ISBN-10 3-8171-1299-8
ISBN-13 978-3-8171-1299-9

Unveränderter Nachdruck der 12. Auflage 1991, 2006

Druck: betz-druck GmbH, Darmstadt

Printed in Germany

Geleitwort des Verlages

Der Verlag Harri Deutsch hat zu erheblichen Teilen die Tradition übernommen, wichtige Titel des mathematisch-naturwissenschaftlichen Bereichs russischer Autoren in deutscher Sprache weiterzuführen oder neu zu erschließen. So werden wir auch dieses schon klassisch gewordene Lehrbuch der höheren Mathematik weiter komplett lieferbar halten. Für Hinweise auf Druckfehler und Verbesserungs- oder Ergänzungsvorschläge der Benutzer sind wir stets dankbar und erbitten diese an:

Wissenschaftlicher Verlag Harri Deutsch
Gräfstraße 47
60486 Frankfurt am Main
E-Mail: verlag@harri-deutsch.de
http://www.harri-deutsch.de/verlag/

Inhalt

I. Determinanten und die Auflösung von Gleichungssystemen

§ 1. Die Determinante und ihre Eigenschaften

1. Definition der Determinante. Wir beginnen in diesem Paragraphen mit der Lösung eines einfachen algebraischen Problems, und zwar mit der Auflösung von Systemen linearer Gleichungen. Die Beschäftigung damit führt uns zu dem wichtigen Begriff der Determinante.

Wir betrachten zunächst einige der einfachsten Spezialfälle. Gegeben sei ein System von zwei Gleichungen mit zwei Unbekannten:

$$a_{11}x_1 + a_{12}x_2 = b_1 ,$$

$$a_{21}x_1 + a_{22}x_2 = b_2 .$$

Die Koeffizienten a_{ik} der Unbekannten haben zwei Indizes. Der erste Index bezeichnet die Gleichung, in der der Koeffizient vorkommt, der zweite die Unbekannte, bei der er steht.

Die Lösung dieses Gleichungssystems hat bekanntlich die Gestalt

$$x_1 = \frac{b_1a_{22} - a_{12}b_2}{a_{11}a_{22} - a_{12}a_{21}}, \qquad x_2 = \frac{a_{11}b_2 - b_1a_{21}}{a_{11}a_{22} - a_{12}a_{21}}.$$

Wir betrachten nun drei Gleichungen mit drei Unbekannten:

$$a_{11}x_1 + a_{12}x_2 + a_{13}x_3 = b_1 ,$$

$$a_{21}x_1 + a_{22}x_2 + a_{23}x_3 = b_2 ,$$

$$a_{31}x_1 + a_{32}x_2 + a_{33}x_3 = b_3 .$$

Dabei benutzen wir auch wieder das oben über die Koeffizienten Gesagte. Wir schreiben die ersten beiden Gleichungen in der Gestalt

$$a_{11}x_1 + a_{12}x_2 = b_1 - a_{13}x_3 ,$$

$$a_{21}x_1 + a_{22}x_2 = b_2 - a_{23}x_3 .$$

Ihre Lösungen x_1 und x_2 lauten nach den obigen Formeln

$$x_1 = \frac{(b_1 - a_{13}x_3)\, a_{22} - a_{12}(b_2 - a_{23}x_3)}{a_{11}a_{22} - a_{12}a_{21}},$$

$$x_2 = \frac{a_{11}(b_2 - a_{23}x_3) - (b_1 - a_{13}x_3)\, a_{21}}{a_{11}a_{22} - a_{12}a_{21}}.$$

Setzt man dies in die verbliebene letzte Gleichung ein, so erhält man eine Gleichung zur Bestimmung von x_3 und als deren Lösung schließlich den Ausdruck für diese Unbekannte:

$$x_3 = \frac{a_{11}a_{22}b_3 + a_{12}b_2a_{31} + b_1a_{21}a_{32} - a_{11}b_2a_{32} - a_{12}b_{21}b_3 - b_1a_{22}a_{31}}{a_{11}a_{22}a_{33} + a_{12}a_{23}a_{31} + a_{13}a_{21}a_{32} - a_{11}a_{23}a_{32} - a_{12}a_{21}a_{33} - a_{13}a_{22}a_{31}}. \tag{1}$$

Betrachten wir die Struktur dieses Ausdrucks genauer, so können wir zunächst feststellen, daß wir den Zähler aus dem Nenner erhalten, indem wir die Koeffizienten a_{i3} der gesuchten Unbekannten durch die freien Glieder b_i ersetzen. Es bleibt also noch das Bildungsgesetz des Nenners festzustellen. Dieser enthält keine freien Glieder, sondern setzt sich ausschließlich aus den Koeffizienten des Gleichungssystems zusammen. Diese Koeffizienten schreiben wir in Form eines quadratischen Schemas:

$$\begin{pmatrix} a_{11} & a_{12} & a_{13} \\ a_{21} & a_{22} & a_{23} \\ a_{31} & a_{32} & a_{33} \end{pmatrix}. \tag{2}$$

Das Schema besteht aus drei Zeilen und drei Spalten. Die Zahlen a_{ik} heißen seine Elemente. Der erste Index bezeichnet die Zeile, in der das Element steht, der zweite gibt die Nummer der Spalte an. Der Nenner des Ausdrucks (1),

$$a_{11}a_{22}a_{33} + a_{12}a_{23}a_{31} + a_{13}a_{21}a_{32} - a_{11}a_{23}a_{32} - a_{12}a_{21}a_{33} - a_{13}a_{22}a_{31}, \tag{3}$$

besteht aus sechs Gliedern, die sämtlich Produkte dreier Elemente des Schemas (2) sind. Dabei enthält ein solches Produkt Elemente aus jeder Zeile und jeder Spalte. Es hat nämlich die Gestalt

$$a_{1p}a_{2q}a_{3r}, \tag{4}$$

wobei p, q, r die Zahlen 1, 2, 3 in einer bestimmten Anordnung sind. Somit kommen sowohl unter den ersten als auch unter den zweiten Indizes alle drei Zahlen 1, 2, 3 vor, und das Produkt (4) besteht genau aus je einem Element aus jeder Zeile und Spalte. Um alle Glieder von (3) zu erhalten, muß man in dem Produkt (4) die zweiten Indizes p, q, r in allen möglichen Anordnungen wählen. Es gibt genau sechs verschiedene Anordnungen der zweiten Indizes:

$$1, 2, 3; \quad 2, 3, 1; \quad 3, 1, 2; \quad 1, 3, 2; \quad 2, 1, 3; \quad 3, 2, 1. \tag{5}$$

So erhalten wir alle sechs Glieder von (3). Einige Produkte gehen nun in (3) mit dem Pluszeichen, andere mit dem Minuszeichen ein, und es bleibt zu klären, nach welcher Regel die Vorzeichen zu wählen sind. Das Pluszeichen steht vor den Produkten (4), deren zweite Indizes die Anordnungen

$$1, 2, 3; \quad 2, 3, 1; \quad 3, 1, 2 \tag{5_1}$$

bilden, während die übrigen Produkte mit den Anordnungen

$$1, 3, 2; \quad 2, 1, 3; \quad 3, 2, 1 \tag{5_2}$$

das Minuszeichen haben. Wie unterscheiden sich nun die Anordnungen (5_1) von den Anordnungen (5_2)? Steht in einer Anordnung eine größere Zahl vor einer kleineren, so sprechen wir von einer *Inversion*. Wir bestimmen die Anzahl der Inversionen in den Anordnungen (5_1). Die erste Anordnung besitzt keine solche; die Anzahl der Inversionen ist also gleich 0. Wir betrachten nun die zweite Anordnung und vergleichen die Größe jeder darin vorkommenden Zahl mit allen folgenden. Diese Anordnung hat zwei Inversionen: Es steht 2 vor 1 und 3 vor 1. Auch die dritte der Anordnungen (5_1) besitzt zwei Inversionen. Zusammenfassend kann man sagen, daß alle Anordnungen (5_1) eine gerade Anzahl von Inversionen haben. Untersucht man die Anordnungen (5_2), so findet man, daß sie eine ungerade Anzahl von Inversionen enthalten. Die Vorzeichenregel für den Ausdruck (3) können wir nun wie folgt formulieren: Das Pluszeichen erhalten die Produkte, in denen die Anordnungen der zweiten Indizes eine gerade Anzahl von Inversionen haben. Die Produkte, bei denen diese Anordnungen eine ungerade Anzahl von Inversionen besitzen, gehen in (3) mit dem Minuszeichen ein. Der Ausdruck (3) heißt die zum Schema (2) gehörige *Determinante dritten Grades.* Die obigen Betrachtungen legen es nahe, in analoger Weise Determinanten beliebigen Grades zu definieren.

Es seien n^2 Zahlen in Form eines quadratischen Schemas mit n Zeilen und n Spalten gegeben:

$$\begin{pmatrix} a_{11} & a_{12} & \cdots & a_{1n} \\ a_{21} & a_{22} & \cdots & a_{2n} \\ \cdot & \cdot & \cdot & \cdot \\ a_{n1} & a_{n2} & \cdots & a_{nn} \end{pmatrix}. \tag{6}$$

Die Elemente a_{ik} dieses Schemas seien komplexe Zahlen; die Indizes i und k geben die Nummer der Zeile und Spalte an, in deren Schnittpunkt die Zahl a_{ik} steht. Bilden wir aus den Zahlen dieses Schemas alle möglichen Produkte, die aus jeder Zeile und jeder Spalte ein Element enthalten, so haben sie folgendes Aussehen:

$$a_{1p_1}a_{2p_2} \cdots a_{np_n}. \tag{7}$$

Hierbei sind $p_1, p_2, \ldots, p_n$ die Zahlen $1, 2, \ldots, n$ in einer bestimmten Anordnung. Um alle möglichen Produkte der Gestalt (7) zu erhalten, muß man alle möglichen Permutationen der zweiten Indizes vornehmen. Wie aus der elementaren Algebra bekannt ist, ist die Anzahl dieser Permutationen gleich dem Produkt der ersten n natürlichen Zahlen:

$$1 \cdot 2 \cdot 3 \cdots n = n!.$$

Im Vergleich zu der ausgezeichneten Anordnung $1, 2, 3, \ldots, n$ besitzt jede der obigen Anordnungen eine bestimmte Anzahl von Inversionen. Hat die Anordnung der zweiten Indizes eine gerade Anzahl von Inversionen, so erhält das Produkt das Pluszeichen. Ist die Anzahl der Inversionen dagegen ungerade, so erhält das Produkt das Minuszeichen. Die Summe über alle so erhaltenen Produkte heißt die zum Schema (6) gehörige *Determinante n-ten Grades.* Diese Summe besteht demnach aus $n!$ Summanden. Unsere Definition läßt sich leicht als Formel schreiben. Dazu führen wir einige Bezeichnungen ein. Ist $p_1, p_2, \ldots, p_n$ eine Anordnung der Zahlen $1, 2, \ldots, n$, so notieren wir die Anzahl der Inversionen dieser Anordnung durch

$$[p_1, p_2, \ldots, p_n].$$

Um die Determinante des Schemas (6) zu bezeichnen, schreiben wir dieses Schema zwischen senkrechte Striche. Mit dieser Bezeichnungsweise läßt sich die obige Definition durch die Formel

$$\begin{vmatrix} a_{11} & a_{12} & \cdots & a_{1n} \\ a_{21} & a_{22} & \cdots & a_{2n} \\ \cdot & \cdot & \cdot & \cdot \\ a_{n1} & a_{n2} & \cdots & a_{nn} \end{vmatrix} = \sum_{(p_1, p_2, \ldots, p_n)} (-1)^{[p_1, p_2, \ldots, p_n]} a_{1p_1}a_{2p_2} \cdots a_{np_n} \tag{8}$$

zusammenfassen. Die Summation erstreckt sich über alle möglichen Anordnungen der zweiten Indizes, d. h. über alle Anordnungen $(p_1, p_2, \ldots, p_n)$. Meinen wir das Schema (6) selbst und nicht die daraus hergeleitete Determinante, so setzen wir es zwischen runde Klammern.

Im Ausdruck (3) hatten wir die Faktoren eines jeden Produkts so angeordnet, daß die ersten Indizes die ausgezeichnete Anordnung 1, 2, 3 bilden, und alle unsere Überlegungen bezogen sich dann auf die von den zweiten Indizes gebildeten Anordnungen. Umgekehrt kann man aber auch die Faktoren eines jeden Produkts so umordnen, daß die zweiten Indizes in ihrer natürlichen Reihenfolge stehen; dann erhält (3) die Gestalt

$$a_{11}a_{22}a_{33} + a_{31}a_{12}a_{23} + a_{21}a_{32}a_{13} - a_{11}a_{32}a_{23} - a_{21}a_{12}a_{33} - a_{31}a_{22}a_{13}\,. \tag{9}$$

Hier bilden die ersten Indizes alle möglichen Anordnungen (p, q, r), wobei man leicht nachprüft, daß die Vorzeichenregel für die Glieder von (9) genauso zu formulieren ist wie oben, aber diesmal bezüglich der ersten Indizes. Das führt uns dazu, neben der Summe (8) auch die ihr analoge Summe

$$\sum_{(p_1, p_2, \ldots, p_n)} (-1)^{[p_1, p_2, \ldots, p_n]}\, a_{p_1 1} a_{p_2 2} \cdots a_{p_n n} \tag{10}$$

zu betrachten. Diese Summe besteht aus denselben Gliedern wie (8). Später wird sich ergeben, daß auch die Vorzeichen der einzelnen Glieder in beiden Ausdrücken dieselben sind, d. h., daß wie für $n = 3$ die Summe (10) mit (8) übereinstimmt.

Wir wenden uns schließlich noch dem Fall $n = 2$ zu. Hier hat das Schema die Form

$$\begin{pmatrix} a_{11} & a_{12} \\ a_{21} & a_{22} \end{pmatrix},$$

und (8) ergibt folgenden Ausdruck für die zu diesem Schema gehörige Determinante zweiten Grades:

$$\begin{vmatrix} a_{11} & a_{12} \\ a_{21} & a_{22} \end{vmatrix} = a_{11}a_{22} - a_{12}a_{21}\,. \tag{11}$$

Die obigen Betrachtungen zeigen, daß wir zum Studium der Eigenschaften der Determinante zunächst die Eigenschaften der Permutationen kennenlernen müssen.

2. Permutationen. Gegeben seien n Elemente in einer bestimmten Anordnung. Wir nennen dies eine aus den Elementen gebildete *Permutation*. Zuerst wollen wir zeigen, daß es genau $n!$ verschiedene Permutationen von n Elementen gibt. Für $n = 2$ ist dies klar, da zwei Elemente nur zwei verschiedene Permutationen bilden können. Für $n = 3$ folgt die Behauptung unmittelbar aus der Aufstellung der Permutationen (5). Die Elemente sind hier die Zahlen 1, 2, 3. Man überzeugt sich leicht, daß (5) alle möglichen Permutationen aus diesen drei Elementen erschöpft. Für beliebige n beweisen wir unsere Behauptung durch vollständige Induktion. Angenommen, für n sei sie bewiesen; dann wollen wir zeigen, daß sie auch für $n + 1$ Elemente gültig ist. Wir nehmen also an, daß n Elemente $n!$ Permutationen bilden, und betrachten wir $n + 1$ Elemente, die wir mit

$$C_1, C_2, \ldots, C_{n+1}$$

bezeichnen. Wir wollen zunächst diejenigen Permutationen betrachten, deren erstes Element C_1 ist. Um diese zu erhalten, setzen wir an die erste Stelle das Element C_1 und schreiben dahinter alle möglichen Permutationen der restlichen n Elemente. Die Anzahl der letzteren ist aber nach Voraussetzung $n!$. Somit ist auch die Anzahl der mit C_1 beginnenden Permutationen der Elemente C_k ($k = 1, 2, \ldots, n + 1$) gleich $n!$. Ebenso ist die Anzahl der mit dem Element C_2 beginnenden Permutationen gleich $n!$ usw. Insgesamt ist also die Anzahl der verschiedenen Permutationen der Elemente C_k gleich

$$n! \cdot (n + 1) = 1 \cdot 2 \cdots n \cdot (n + 1) = (n + 1)!\,,$$

was zu beweisen war.

Wir können selbstverständlich im folgenden annehmen, daß an Stelle beliebiger Elemente ganze Zahlen, beginnend mit 1, gewählt sind. Wir definieren als *Transposition* diejenige Operation, die in der Vertauschung zweier Elemente einer Permutation besteht. Jede vorgegebene Permutation kann man aus jeder anderen durch Ausführung endlich vieler Transpositionen erhalten. Wir betrachten als Beispiel zwei Permutationen von vier Elementen:

$$1, 3, 4, 2; \qquad 2, 4, 1, 3\,.$$

Mit Hilfe von Transpositionen kann man die erste Permutation in folgender Weise in die zweite überführen:

$$1, 3, 4, 2 \rightarrow 2, 3, 4, 1 \rightarrow 2, 4, 3, 1 \rightarrow 2, 4, 1, 3\,.$$

Wir benötigen hier also drei Transpositionen, um obige Permutationen ineinander überzuführen. Hätten wir andere Transpositionen vorgenommen, so hätten wir die zweite Permutation auf einem anderen Wege aus der ersten erhalten; dabei zeigt sich: Die Anzahl der Transpositionen, die für den Übergang von einer Permutation zu einer anderen notwendig sind, ist nicht eindeutig bestimmt. Man kann von einer Permutation zu einer anderen mit Hilfe verschiedener Transpositionen übergehen. Dabei kann sich die Anzahl ändern. Für uns ist jedoch wesentlich, daß für zwei vorgegebene Permutationen diese verschiedenen Anzahlen entweder stets gerade oder stets ungerade sind. Um das zu beweisen, führen wir den Begriff der Inversion ein, den wir schon im vorigen Abschnitt benutzt haben. Gegeben sei eine Permutation der n Elemente $1, 2, \ldots, n$. Die Permutation mit der natürlichen Reihenfolge der Zahlen nennen wir die *ausgezeichnete Permutation*:

$$1, 2, \ldots, n\,. \tag{12}$$

Stehen zwei Elemente einer Permutation nicht in der Reihenfolge der ausgezeichneten Permutation (12), steht also eine größere Zahl vor einer kleineren, so sprechen wir von einer *Inversion*. Die Permutationen mit einer geraden Anzahl von Inversionen heißen *Permutationen der ersten*, die mit einer ungeraden Anzahl von Inversionen solche der *zweiten Klasse*. Für das Weitere ist folgender Satz wesentlich:

Eine Transposition ändert die Anzahl der Inversionen um eine ungerade Zahl.

In einer Permutation

$$a, b, \ldots, k, \ldots, p, \ldots, s \tag{13}$$

führen wir eine Transposition der Elemente k und p aus, d. h., wir vertauschen diese beiden Elemente. Die Lage von k und p gegenüber den Elementen links von k und rechts von p bleibt dabei unverändert. Es ändert sich lediglich die Stellung von k und p zu den Elementen, die in der Permutation zwischen ihnen stehen, sowie die gegenseitige Lage von k und p. Wie ändert sich dabei die Anzahl der Inversionen? Angenommen, zwischen k und p stehen in (13) m Elemente, von denen α mit k in natürlicher Anordnung stehen, während β mit k eine Inversion bilden. Bezüglich p sollen α_1 in natürlicher Reihenfolge stehen und β_1 mit p eine Inversion bilden; dann ist

$$\alpha + \beta = \alpha_1 + \beta_1 = m \,. \tag{14}$$

Die Transposition verwandelt nun die natürliche Anordnung in eine Inversion und umgekehrt. Genauer formuliert heißt das: Standen k und ein Element zwischen k und p vor der Transposition in der natürlichen Reihenfolge, so bilden sie nach der Transposition eine Inversion und umgekehrt. Ein analoges Resultat gilt für p. Die genaue Anzahl der Inversionen von k und p mit den dazwischenstehenden Elementen war also vor der Transposition gleich $\beta + \beta_1$ und ist nach der Transposition gleich $\alpha + \alpha_1$. Die Anzahl der Inversionen ändert sich also um

$$\gamma = (\alpha + \alpha_1) - (\beta + \beta_1) \,.$$

Dies ergibt, unter Benutzung von (14),

$$\gamma = (\alpha + \alpha_1) - (m - \alpha + m - \alpha_1) = 2(\alpha + \alpha_1 - m) \,,$$

woraus hervorgeht, daß γ gerade ist. Wir müssen nun noch die gegenseitige Lage von k und p untersuchen. Standen diese Elemente vor der Transposition in der natürlichen Reihenfolge, so bilden sie danach eine Inversion und umgekehrt. Hier ändert sich also die Anzahl der Inversionen genau um 1. Die gesamte durch eine Transposition bewirkte Änderung der Anzahl der Inversionen ist somit ungerade.

Wir wollen aus diesem Satz einige Folgerungen ziehen:

Folgerung I. Schreibt man alle $n!$ Permutationen auf und führt in jeder eine Transposition zweier bestimmter Elemente (z. B. der Elemente 1 und 3) aus, so gehen alle Permutationen der ersten Klasse in solche der zweiten über und umgekehrt. Insgesamt erhält man jedoch wieder alle $n!$ Permutationen. Daraus folgt unmittelbar: *Es gibt ebensoviel Permutationen der ersten Klasse wie Permutationen der zweiten Klasse.*

Folgerung II. Jede Permutation kann aus der ausgezeichneten mit Hilfe von Transpositionen gewonnen werden. Aus dem obigen Satz ergibt sich folgende Aussage: *Die erste Klasse besteht aus den Permutationen, die aus der ausgezeichneten durch eine gerade Anzahl von Transpositionen hervorgehen; die zweite Klasse dagegen wird von allen Permutationen gebildet, für die die entsprechende Anzahl der Transpositionen ungerade ist.*

Folgerung III. Die Wahl der ausgezeichneten Permutation ist völlig willkürlich. An Stelle von (12) könnten wir irgendeine andere Permutation auszeichnen. Man muß jedoch bei der Definition der Inversionen einer Permutation diese mit der jeweils ausgezeichneten vergleichen. Man hat also von der Ordnung auszugehen, in der die Elemente in der ausgezeichneten Permutation stehen. Zeichnet man an Stelle von (12) eine andere Permutation der ersten Klasse aus, so sieht man leicht, daß die Permutationen der ersten Klasse auch in bezug auf die neue ausgezeichnete Permutation zur ersten Klasse gehören. Entsprechendes gilt für die

Permutationen der zweiten Klasse. Wählt man aber umgekehrt eine Permutation der zweiten Klasse als ausgezeichnete Permutation, so gehen die Permutationen der zweiten Klasse in Permutationen der ersten Klasse über und umgekehrt.

Nehmen wir zum Beispiel unter den sechs Permutationen der Elemente 1, 2, 3 die Permutation 2, 1, 3 als ausgezeichnete Permutation, so sind nunmehr die Permutationen der ersten Klasse

$$2, 1, 3; \quad 1, 3, 2; \quad 3, 2, 1\,.$$

Die zweite Permutation hat zwei Inversionen: 1 steht vor 2, und 3 steht vor 2, während in der ausgezeichneten 2 vor 1 und 2 vor 3 steht. Die Permutationen der zweiten Klasse sind

$$1, 2, 3; \quad 2, 3, 1; \quad 3, 1, 2\,.$$

Die erste Permutation hat im Vergleich mit der ausgezeichneten Permutation 2, 1, 3 eine Inversion: 1 steht vor 2.

Im Hinblick auf das oben Gesagte können wir die Vorzeichenregel für den Ausdruck (8) folgendermaßen formulieren: *Gehört die Permutation der zweiten Indizes eines Produkts zur ersten Klasse, so erhält dieses das Pluszeichen, gehört sie zur zweiten Klasse, so erhält das Produkt das Minuszeichen. Dabei ist* $1, 2, \ldots, n$ *als ausgezeichnete Permutation zugrunde gelegt.*

Im folgenden beweisen wir eine der grundlegenden Eigenschaften der Determinante. In dem Schema der Elemente einer Determinante vertauschen wir die erste und zweite Spalte. Das Element a_{ik} wollen wir auch nach der Vertauschung mit demselben Buchstaben und denselben Indizes bezeichnen. An Stelle von (6) erhalten wir nun das Schema

$$\begin{pmatrix} a_{12} & a_{11} & a_{13} \ldots a_{1n} \\ a_{22} & a_{21} & a_{23} \ldots a_{2n} \\ \ldots & \ldots & \ldots\ldots\ldots \\ a_{n2} & a_{n1} & a_{n3} \ldots a_{nn} \end{pmatrix}. \tag{15}$$

Mit Hilfe der Definition durch die Formel (8) können wir die zu (15) gehörige Determinante bilden. In diesem Schema lautet die Numerierung der Spalten: $2, 1, 3, \ldots, n$. Diese Permutation müssen wir als die ausgezeichnete ansehen. Sie geht aus der ursprünglichen ausgezeichneten Permutation durch eine Transposition hervor. Vor der Transposition gehörte sie also zur zweiten Klasse. Nachdem wir sie jetzt als die neue ausgezeichnete Permutation wählen, gehen die Permutationen der zweiten Klasse in die der ersten Klasse über und umgekehrt. Die zu (15) gehörige Determinante ist also die Summe derselben Glieder wie in (8), nur mit entgegengesetzten Vorzeichen, da, wie soeben gezeigt, die Permutationsklassen der zweiten Indizes vertauscht sind. *Bei Vertauschung zweier Spalten ändert also der Wert der Determinante sein Vorzeichen.* Wir haben diese Eigenschaft nur für die Vertauschung der ersten und zweiten Spalte bewiesen, doch verläuft der Beweis für die Vertauschung zweier beliebiger Spalten genauso. So gilt z. B. die Gleichung

$$\begin{vmatrix} 1 & 0 & 3 \\ 2 & 7 & 6 \\ 5 & 3 & 0 \end{vmatrix} = -\begin{vmatrix} 1 & 3 & 0 \\ 2 & 6 & 7 \\ 5 & 0 & 3 \end{vmatrix}.$$

Die zweite Determinante erhält man aus der ersten durch Vertauschung der zweiten und dritten Spalte.

Wir wollen noch eine weitere Eigenschaft der Determinante beweisen. Es sei

$$(-1)^{[p_1, p_2, \dots, p_n]} a_{1p_1} a_{2p_2} \cdots a_{np_n} \tag{16_1}$$

ein Glied der Summe (8). Ändern wir die Anordnung der einzelnen Faktoren, so können wir die natürliche Reihenfolge der zweiten Indizes herstellen; doch bilden dann die ersten Indizes eine Permutation $q_1, q_2, \dots, q_n$, und der obenstehende Ausdruck erhält die Gestalt

$$(-1)^{[p_1, p_2, \dots, p_n]} a_{q_1 1} a_{q_2 2} \cdots a_{q_n n} . \tag{16_2}$$

Den Übergang von (16_1) nach (16_2) kann man mit Hilfe einer Reihe von Transpositionen der Faktoren vollziehen. Jede solche Transposition bewirkt sowohl eine Transposition der ersten als auch der zweiten Indizes. Ist die Anzahl der für den Übergang von (16_1) nach (16_2) notwendigen Transpositionen gerade, so gehört die Permutation $p_1, p_2, \dots, p_n$ zur ersten Klasse, da man sie dann mit Hilfe einer geraden Anzahl von Transpositionen in die ausgezeichnete Permutation $1, 2, \dots, n$ überführen und folglich auch durch eine gerade Anzahl von Transpositionen aus dieser gewinnen kann. Damit gehört aber auch die Permutation $q_1, q_2, \dots, q_n$ zur ersten Klasse, da sie durch die Anwendung derselben geraden Anzahl von Transpositionen aus der ausgezeichneten Permutation $1, 2, \dots, n$ hervorgeht. Liegt $p_1, p_2, \dots, p_n$ in der zweiten Klasse, so auch $q_1, q_2, \dots, q_n$. Daraus folgt

$$(-1)^{[p_1, p_2, \dots, p_n]} = (-1)^{[q_1, q_2, \dots, q_n]} ,$$

und wir können folglich

$$(-1)^{[p_1, p_2, \dots, p_n]} a_{1p_1} a_{2p_2} \cdots a_{np_n} = (-1)^{[q_1, q_2, \dots, q_n]} a_{q_1 1} a_{q_2 2} \cdots a_{q_n n}$$

schreiben. Vergleichen wir die entsprechenden Summanden von (8) und (10), so sehen wir, daß die beiden Ausdrücke identisch sind. In (10) übernehmen die Zeilen die Rolle der Spalten von (8). Aus diesen Überlegungen folgt unmittelbar: *Vertauscht man in einem Schema Zeilen mit Spalten, ohne ihre Reihenfolge zu ändern, so bleibt der Wert der Determinante unverändert.*

So sind z. B. folgende Determinanten einander gleich:

$$\begin{vmatrix} 2 & 3 & 5 \\ 7 & 0 & 1 \\ 2 & 1 & 6 \end{vmatrix} = \begin{vmatrix} 2 & 7 & 2 \\ 3 & 0 & 1 \\ 5 & 1 & 6 \end{vmatrix} .$$

3. Grundlegende Eigenschaften der Determinante.

I. Wir formulieren zuerst nochmals die soeben bewiesene Eigenschaft: *Bei Vertauschung der Zeilen mit den Spalten ändert sich der Wert einer Determinante nicht.* Im folgenden gilt somit alles, was für die Spalten bewiesen ist, auch für Zeilen, und umgekehrt.

II. Im vorigen Abschnitt haben wir gesehen, daß die Determinante bei Vertauschung zweier Spalten lediglich ihr Vorzeichen ändert. Dasselbe gilt demnach für Zeilen: *Bei Vertauschung zweier Zeilen (Spalten) ändert die Determinante ihr Vorzeichen.*

III. Besitzt eine Determinante zwei gleiche Zeilen und vertauscht man diese, so ändert sich zwar nicht das Aussehen der Determinante, jedoch auf Grund der Eigenschaft II ihr Vorzeichen. Bezeichnen wir die Determinante mit Δ, so gilt $\Delta = -\Delta$, d. h. $\Delta = 0$. *Eine Determinante mit zwei gleichen Zeilen (Spalten) ist gleich* 0.

IV. Ein Polynom ersten Grades in den Veränderlichen $x_1, x_2, \dots, x_n$ ohne konstantes Glied, d. h. einen Ausdruck der Form

$$\varphi(x_1, x_2, \dots, x_n) = a_1x_1 + a_2x_2 + \cdots + a_nx_n\,,$$

wobei die Koeffizienten a_i nicht von den x_i abhängig sind, nennen wir eine *homogene lineare Funktion der Variablen* $x_1, x_2, \dots, x_n$. Eine solche Funktion besitzt zwei leicht zu verifizierende Eigenschaften:

$$\varphi(kx_1, kx_2, \dots, kx_n) = k\varphi(x_1, x_2, \dots, x_n)\,,$$

$$\varphi(x_1 + y_1, x_2 + y_2, \dots, x_n + y_n) = \varphi(x_1, x_2, \dots, x_n) + \varphi(y_1, y_2, \dots, y_n)\,.$$

Die letzte Eigenschaft gilt auch für beliebig viele Summanden. In (8) enthält jeder Summand genau ein Element aus jeder Zeile als Faktor. Daraus folgt, daß *die Determinante eine homogene lineare Funktion der Elemente einer Zeile (oder auch einer Spalte) ist. Enthalten also alle Elemente einer Zeile (Spalte) einen gemeinsamen Faktor, so kann man diesen vor das Determinantenzeichen ziehen.*

Die dem Schema (6) entsprechende Determinante bezeichnet man im allgemeinen, wie schon oben bemerkt, mit

$$\begin{vmatrix} a_{11} & a_{12} & \dots & a_{1n} \\ a_{21} & a_{22} & \dots & a_{2n} \\ \dots & \dots & \dots & \dots \\ a_{n1} & a_{n2} & \dots & a_{nn} \end{vmatrix}$$

oder auch kürzer mit

$$|a_{ik}| \qquad (i, k = 1, 2, \dots, n)\,.$$

Dann kann man die bewiesene Eigenschaft für $n = 3$ bei Anwendung auf die erste Zeile wie folgt schreiben:

$$\begin{vmatrix} ka_{11} & ka_{12} & ka_{13} \\ a_{21} & a_{22} & a_{23} \\ a_{31} & a_{32} & a_{33} \end{vmatrix} = k \begin{vmatrix} a_{11} & a_{12} & a_{13} \\ a_{21} & a_{22} & a_{23} \\ a_{31} & a_{32} & a_{33} \end{vmatrix}.$$

Die zweite der genannten Eigenschaften einer homogenen linearen Funktion liefert für die Determinante folgende Eigenschaft: *Bestehen die Elemente einer Zeile (Spalte) aus einer bestimmten Anzahl von Summanden, so ist auch die Determinante gleich der Summe der Determinanten, in denen die Elemente der erwähnten Zeile (Spalte) durch die einzelnen Summanden ersetzt sind.* Beispielsweise ist

$$\begin{vmatrix} a & b & c + c' \\ d & e & f + f' \\ g & h & i + i' \end{vmatrix} = \begin{vmatrix} a & b & c \\ d & e & f \\ g & h & i \end{vmatrix} + \begin{vmatrix} a & b & c' \\ d & e & f' \\ g & h & i' \end{vmatrix}.$$

Als Folgerung aus der Homogenität und Linearität ergibt sich noch: *Sind sämtliche Elemente einer Zeile (Spalte) gleich* 0, *so ist auch die Determinante selbst gleich* 0.

V. Streicht man in (6) die i-te Zeile und k-te Spalte, in deren Schnittpunkt das Element a_{ik} steht, so bleiben $n - 1$ Zeilen und ebenso viele Spalten übrig. Die zugehörige Determinante $(n - 1)$-ten Grades heißt der zu a_{ik} gehörige *Minor* der ursprünglichen Determinante n-ten Grades. Wir bezeichnen sie mit Δ_{ik}. Das Produkt

$$A_{ik} = (-1)^{i+k} \Delta_{ik} \tag{17}$$

nennen wir das *algebraische Komplement von* a_{ik}. Wir wollen nun zeigen, daß die algebraischen Komplemente genau die Koeffizienten der homogenen linearen Funktion sind, von der wir bei der Betrachtung der letzten Eigenschaft gesprochen hatten, d.h., für die i-te Zeile gilt

$$\Delta = A_{i1}a_{i1} + A_{i2}a_{i2} + \cdots + A_{in}a_{in} \qquad (i = 1, 2, \dots, n) \tag{18}$$

und ebenso für die k-te Spalte

$$\Delta = A_{1k}a_{1k} + A_{2k}a_{2k} + \cdots + A_{nk}a_{nk} \qquad (k = 1, 2, \dots, n)\,, \tag{19}$$

wobei Δ die Determinante bezeichnet. Wir müssen also folgendes nachweisen: Fassen wir in (8) alle Glieder, die ein gewisses Element a_{ik} als Faktor enthalten, zusammen, so ergibt sich als Koeffizient zu diesem a_{ik} genau das durch (17) definierte algebraische Komplement A_{ik}. Wir bezeichnen diesen Koeffizienten vorerst mit B_{ik} und zeigen, daß er eine Summe von Produkten aus $n - 1$ Faktoren ist, in denen jedoch kein Element der i-ten Zeile und der k-ten Spalte vorkommt.

Es sei zunächst $i = k = 1$. Wir schreiben alle Summanden von (8) auf, die a_{11} enthalten:

$$a_{11} \sum_{(p_2, \dots, p_n)} (-1)^{[1, p_2, \dots, p_n]} a_{2p_2} \cdots a_{np_n}\,.$$

Die Summation muß hier über alle Permutationen $p_2, p_3, \dots, p_n$ der Elemente $2, 3, \dots, n$ erstreckt werden. In der vollen Permutation $1, p_2, p_3, \dots, p_n$ steht 1 mit allen folgenden Elementen in der natürlichen Reihenfolge. Hieraus folgt für die Anzahl der Inversionen

$$[1, p_2, \dots, p_n] = [p_2, \dots, p_n]\,,$$

wobei in beiden Fällen die Permutation $1, 2, \dots, n$ die ausgezeichnete ist. Für den Koeffizienten von a_{11} ergibt sich somit

$$B_{11} \sum_{(p_2, \dots, p_n)} = (-1)^{[p_2, \dots, p_n]} a_{2p_2} \cdots a_{np_n}\,.$$

Diese Summe kommt in der Definition der Determinante vor, nur daß im Vergleich mit der ursprünglichen Determinante die erste Zeile und Spalte fehlen. Hieraus ergibt sich

$$B_{11} = \Delta_{11} = (-1)^{1+1} \Delta_{11} = A_{11}\,.$$

Unsere Behauptung ist damit für $i = k = 1$ bewiesen. Nun seien i und k beliebig. Wir vertauschen die i-te Zeile nacheinander mit der jeweils darüberstehenden, bis sie an der Stelle der ersten Zeile steht. Dazu sind $i - 1$ Transpositionen der Zeilen nötig. Ebenso bringen wir die k-te Spalte durch Vertauschung nach und nach an die Stelle der ersten. Nun steht das Element a_{ik} in der linken oberen Ecke an der Stelle von a_{11}. Die i-te Zeile und die k-te Spalte stehen an erster Stelle, und die Anordnung der übrigen Zeilen und Spalten hat sich nicht geändert. Das obige Ergebnis zeigt, daß der Koeffizient von a_{ik} nach den erwähnten Permutationen gleich Δ_{ik} ist. Wir müssen aber noch die $(i-1)+(k-1)$ Transpositionen berücksichtigen, deren jede die Determinante mit dem Faktor -1 multipliziert. Insgesamt kommt der Faktor $(-1)^{(i-1)+(k-1)} = (-1)^{i+k}$ hinzu, und der endgültige Ausdruck für die B_{ik} lautet

$$B_{ik} = \frac{\Delta_{ik}}{(-1)^{i+k}} = (-1)^{i+k}\, \Delta_{ik} = A_{ik}\,,$$

was zu beweisen war. Damit sind die Gleichungen (18) und (19) bewiesen. Ersetzen wir in Δ die Elemente der i-ten Zeile durch beliebige Elemente $c_1, c_2, \ldots, c_n$, so ändern sich die übrigen Zeilen und damit auch der nach (17) bestimmte Koeffizient Δ_{ik} nicht. Der Wert der neuen Determinante ergibt sich also zu

$$\Delta' = A_{i1}c_1 + A_{i2}c_2 + \cdots + A_{in}c_n\,. \tag{20}$$

Nehmen wir insbesondere für $i \neq j$ die Elemente $a_{j1}, a_{j2}, \ldots, a_{jn}$ der j-ten Zeile für die $c_1, \ldots, c_n$, so hat die Determinante Δ' zwei gleiche Zeilen, nämlich die i-te und die j-te, und ist also gleich 0. Somit ist

$$A_{i1}a_{j1} + A_{i2}a_{j2} + \cdots + A_{in}a_{jn} = 0 \qquad (i \neq j)\,. \tag{21$_1$}$$

Ebenso gilt für die Spalten

$$A_{1k}a_{1l} + A_{2k}a_{2l} + \cdots + A_{nk}a_{nl} = 0 \qquad (k \neq l)\,. \tag{21$_2$}$$

Aus (19) und ($21_{1,2}$) ergibt sich die folgende Eigenschaft der Determinante, die sich als sehr wichtig erweisen wird.

Multipliziert man die Elemente einer Zeile (Spalte) mit ihren algebraischen Komplementen und addiert die entstehenden Produkte, so erhält man den Wert der Determinante. Multipliziert man die Elemente einer Zeile (Spalte) mit den algebraischen Komplementen einer anderen Zeile (Spalte) und summiert über diese Produkte, so ist die Summe stets gleich 0.

VI. Wir addieren zur ersten Zeile einer Determinante Δ die mit einem Faktor p multiplizierten Elemente der zweiten Zeile. Die Elemente der ersten Zeile sind dann $a_{1s} + pa_{2s}$ $(s = 1, 2, \ldots, n)$, und auf Grund der Eigenschaft IV ist die neue Determinante die Summe zweier Determinanten. Die erste ist gleich der ursprünglichen; die Elemente der ersten Zeile der zweiten Determinante haben die Form pa_{2s} $(s = 1, 2, \ldots, n)$, und ihre anderen Zeilen stimmen mit denen von Δ überein. Ziehen wir aus der ersten Zeile den Faktor p heraus, so stimmen die ersten beiden Zeilen der zweiten Determinante überein. Diese Determinante ist somit gleich 0. Hieraus folgt: *Addiert man in einer Determinante die mit einem Faktor multiplizierten Elemente einer Zeile (Spalte) zu einer anderen Zeile (Spalte), so ändert die Determinante ihren Wert nicht.*

Wir wollen noch auf einige Bezeichnungen eingehen, die wir im folgenden benutzen werden. Es sei wie oben ein quadratisches Zahlenschema (6) gegeben und l eine positive ganze Zahl, $1 \leqq l \leqq n$. Wir führen für die aus den Zeilen mit den Indizes $p_1, p_2, \ldots, p_l$ und den Spalten mit den Indizes $q_1, q_2, \ldots, q_l$ des Schemas (6) gebildete Determinante l-ten Grades folgende Bezeichnung ein:

$$A\begin{pmatrix} p_1, p_2, \ldots, p_l \\ q_1, q_2, \ldots, q_l \end{pmatrix} = \begin{vmatrix} a_{p_1q_1} & a_{p_1q_2} & \cdots & a_{p_1q_l} \\ a_{p_2q_1} & a_{p_2q_2} & \cdots & a_{p_2q_l} \\ \cdots & \cdots & \cdots & \cdots \\ a_{p_lq_1} & a_{p_lq_2} & \cdots & a_{p_lq_l} \end{vmatrix}. \tag{22}$$

Als Determinante ersten Grades, die aus einer einzigen Zahl a gebildet wird, bezeichnet man dabei gewöhnlich diese Zahl a selbst. Somit ist $A\begin{pmatrix} p \\ q \end{pmatrix} = a_{pq}$. Die Zahlenfolgen $p_1, \dots, p_l$ und $q_1, \dots, q_l$ können auch in anderer als in der natürlichen Reihenfolge der Zahlen p_s und q_s angeordnet sein. Sind die beiden Zahlenfolgen jedoch in natürlicher Reihenfolge angeordnet, so nennt man die Determinante (22) *Minor* des Grades l der Determinante (8). Die Determinante (22) erhält man aus (8) durch Streichen von $n - l$ Zeilen und $n - l$ Spalten. Die Indizes der gestrichenen Zeilen und Spalten seien in natürlicher Reihenfolge $r_1, r_2, \dots, r_{n-l}$ bzw. $s_1, s_2, \dots, s_{n-l}$. Der Minor

$$A\begin{pmatrix} r_1, r_2, \dots, r_{n-l} \\ s_1, s_2, \dots, s_{n-l} \end{pmatrix}$$

heißt zu (22) komplementär, und der Ausdruck

$$(-1)^{p_1+p_2+\cdots+p_l+q_1+q_2+\cdots+q_l} A\begin{pmatrix} r_1, r_2, \dots, r_{n-l} \\ s_1, s_2, \dots, s_{n-l} \end{pmatrix} \qquad (22_1)$$

heißt *algebraisches Komplement* zu (22). Für ein Element a_{ik} stimmt diese Definition des algebraischen Komplements mit der früheren Definition (17) überein.

Das algebraische Komplement (22_1) bezeichnen wir mit

$$A'\begin{pmatrix} p_1, p_2, \dots, p_l \\ q_1, q_2, \dots, q_l \end{pmatrix}.$$

Es ist durch die Angabe der Determinante (22), d. h. durch die Angabe der Zeilenindizes $p_1, p_2, \dots, p_l$ und der Spaltenindizes $q_1, q_2, \dots, q_l$ vollständig bestimmt.

Wir halten die Zeilenindizes fest. Die Determinante ist offenbar ein homogenes Polynom l-ten Grades der Elemente dieser Zeilen und läßt sich, wie man zeigen kann, in der Form

$$\Delta = \sum_{q_1<q_2<\cdots<q_l} A\begin{pmatrix} p_1, p_2, \dots, p_l \\ q_1, q_2, \dots, q_l \end{pmatrix} A'\begin{pmatrix} p_1, p_2, \dots, p_l \\ q_1, q_2, \dots, q_l \end{pmatrix} \qquad (23)$$

darstellen (Entwicklungssatz von LAPLACE). Dabei ist über alle möglichen monotonen Teilfolgen $q_1, q_2, \dots, q_l$ der Zahlen $1, 2, \dots, n$ zu summieren. Die Anzahl der Summanden ist gleich der Anzahl der Kombinationen von n Elementen zur l-ten Klasse:

$$\binom{n}{l} = \frac{n(n-1)\cdots(n-l+1)}{l!}.$$

Die Anordnung der Zahlen q_s spielt dabei nämlich keine Rolle, da man sie bei der Bildung (23) nur in natürlicher Reihenfolge betrachtet. Für $l = 1$ gilt $A\begin{pmatrix} p_1 \\ q_1 \end{pmatrix} = a_{p_1q_1}$, und (23) geht in (18) über mit $i = p_1$. Man kann leicht eine analoge Zerlegung von Δ nach den Elementen irgendwie ausgewählter Spalten aufstellen. Wir werden im folgenden die Formel (23) nicht benutzen und beweisen sie daher auch nicht.

4. Berechnung von Determinanten. Die Berechnung einer Determinante zweiten Grades ist äußerst einfach. Nach (11) genügt es, das Schema

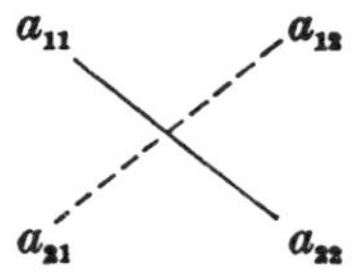

aufzuschreiben und das Produkt der in der ausgezogenen Diagonalen stehenden Elemente mit Pluszeichen, das der in der gestrichelten Diagonalen stehenden Elemente mit Minuszeichen zu nehmen.

Eine Determinante dritten Grades wird explizit durch (3) gegeben. Man zeigt leicht, daß man sie folgendermaßen berechnen kann: Wir schreiben das zu der Determinante gehörige Schema auf und setzen die erste und zweite Spalte noch einmal rechts daneben. Dann erhalten wir ein Schema, das sechs Diagonalen mit je drei Elementen enthält:

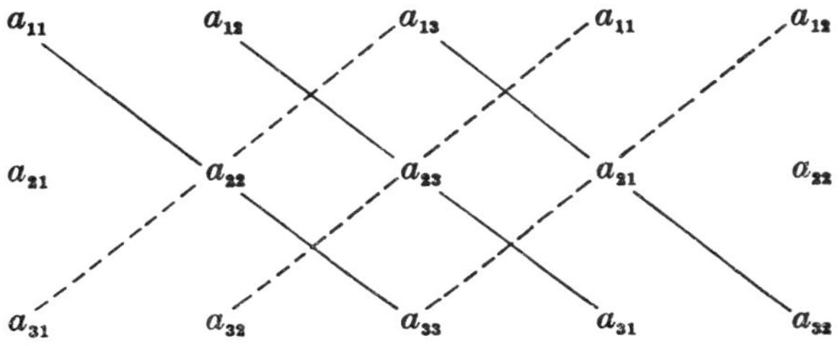

Wir nehmen die Produkte der Elemente der ausgezogenen Diagonalen mit Pluszeichen und die der gestrichelten Diagonalen mit Minuszeichen. Die Summe dieser Produkte ergibt die Determinante (*Sarrussche Regel*).

Dieses Verfahren läßt sich nicht auf Determinanten höheren Grades verallgemeinern; für sie muß man andere Wege einschlagen, um die Berechnung abzukürzen. Nützlich ist z. B. die im vorigen Abschnitt gezeigte Eigenschaft VI der Determinante. Wir wollen uns das an einem Beispiel klarmachen. Wir nehmen eine Determinante vierten Grades,

$$\Delta = \begin{vmatrix} 3 & 5 & 1 & 0 \\ 2 & 1 & 4 & 5 \\ 1 & 7 & 4 & 2 \\ -3 & 5 & 1 & 1 \end{vmatrix},$$

multiplizieren die dritte Zeile mit -2 und addieren sie zur zweiten; außerdem multiplizieren wir dieselbe Zeile mit 3, addieren sie zur vierten und subtrahieren sie von der ersten. So kommen wir mit Hilfe der erwähnten Eigenschaft zu einer Determinante, die gleich der obigen ist, aber in der ersten Spalte drei Nullen hat:

$$\Delta = \begin{vmatrix} 0 & -16 & -11 & -6 \\ 0 & -13 & -4 & 1 \\ 1 & 7 & 4 & 2 \\ 0 & 26 & 13 & 7 \end{vmatrix}.$$

Entwickeln wir gemäß Formel (19) nach der ersten Spalte, so folgt

$$\Delta = \begin{vmatrix} -16 & -11 & -6 \\ -13 & -4 & 1 \\ 26 & 13 & 7 \end{vmatrix}.$$

Multiplizieren wir die dritte Spalte mit 4 und addieren sie zur zweiten, multiplizieren sie dann mit 13 und adddieren sie zur ersten, so erhalten wir

$$\Delta = \begin{vmatrix} -94 & -35 & -6 \\ 0 & 0 & 1 \\ 117 & 41 & 7 \end{vmatrix} = - \begin{vmatrix} -94 & -35 \\ 117 & 41 \end{vmatrix} = 94 \cdot 41 - 35 \cdot 117 = -241 .$$

5. Beispiele.

I. Gesucht ist der Inhalt eines Parallelepipeds, bei dem die drei von einer Ecke ausgehenden Kanten von den Vektoren $\boldsymbol{a}$, $\boldsymbol{b}$, $\boldsymbol{c}$ gebildet werden. Wie aus [II, 117] bekannt ist, läßt sich der gesuchte Inhalt durch das innere Produkt von $\boldsymbol{a}$ mit dem Vektorprodukt $(\boldsymbol{b} \times \boldsymbol{c})$ ausdrücken:

$$V = \boldsymbol{a}(\boldsymbol{b} \times \boldsymbol{c}) . \tag{24}$$

Dabei erhält der Inhalt das Pluszeichen, wenn die Orientierung der Vektoren $\boldsymbol{a}$, $\boldsymbol{b}$, $\boldsymbol{c}$ mit der des Koordinatensystems übereinstimmt, andernfalls das Minuszeichen. Die Komponenten des Vektorprodukts lauten

$$b_y c_z - b_z c_y , \qquad b_z c_x - b_x c_z , \qquad b_x c_y - b_y c_x ,$$

und somit hat das innere Produkt (24) die Gestalt

$$a_x(b_y c_z - b_z c_y) + a_y(b_z c_x - b_x c_z) + a_z(b_x c_y - b_y c_x) .$$

Man sieht leicht, daß diese Summe eine Determinante dritten Grades ist, nämlich

$$V = \begin{vmatrix} a_x & b_x & c_x \\ a_y & b_y & c_y \\ a_z & b_z & c_z \end{vmatrix} . \tag{25}$$

Wird diese Determinante gleich 0, so besagt dies, daß das Volumen gleich 0 ist. Das bedeutet, daß die drei Vektoren komplanar sind, d. h. in einer Ebene liegen. Vertauschen wir in der Determinante zwei Zeilen (Spalten), z. B. die erste und zweite, so geht die Anordnung $\boldsymbol{a}$, $\boldsymbol{b}$, $\boldsymbol{c}$ der Vektoren in $\boldsymbol{b}$, $\boldsymbol{a}$, $\boldsymbol{c}$ über. War die ursprüngliche Folge der Vektoren mit den Koordinatenachsen gleich orientiert, so haben sie nunmehr entgegengesetzte Orientierung und umgekehrt. In Übereinstimmung damit wechselt die Determinante ihr Vorzeichen.

Wir betrachten in der X, Y-Ebene zwei Vektoren mit den Komponenten a_x, a_y und b_x, b_y. Der Flächeninhalt des von den beiden Vektoren aufgespannten Parallelogramms ist gleich der Determinante zweiten Grades

$$P = \begin{vmatrix} a_x & b_x \\ a_y & b_y \end{vmatrix} .$$

Ist ein Dreieck durch die Koordinaten seiner Ecken gegeben,

$$M_1(x_1, y_1) , \qquad M_2(x_2, y_2) , \qquad M_3(x_3, y_3) ,$$

und nehmen wir die Vektoren $\boldsymbol{a} = \overrightarrow{M_1 M_2}$ und $\boldsymbol{b} = \overrightarrow{M_1 M_3}$,

$$\overrightarrow{M_1 M_2} = (x_2 - x_1, y_2 - y_1) , \qquad \overrightarrow{M_1 M_3} = (x_3 - x_1, y_3 - y_1) ,$$

so ist der Flächeninhalt des Dreiecks gleich

$$P = \frac{1}{2} \begin{vmatrix} x_2 - x_1 & x_3 - x_1 \\ y_2 - y_1 & y_3 - y_1 \end{vmatrix} .$$

Man zeigt leicht, daß diese Determinante zweiten Grades als Determinante dritten Grades geschrieben werden kann (diesen Prozeß nennt man *Rändern*, auch bei Determinanten beliebigen Grades) und damit die Gestalt

$$P = \frac{1}{2} \begin{vmatrix} x_1 & x_2 & x_3 \\ y_1 & y_2 & y_3 \\ 1 & 1 & 1 \end{vmatrix}$$

annimmt. Das Verschwinden dieser Determinante ist eine charakteristische Bedingung dafür, daß die Punkte M_1, M_2, M_3 auf einer Geraden liegen. Anders ausgedrückt bedeutet dies, daß man die Gleichung einer Geraden durch zwei gegebene Punkte (x_1, y_1) und (x_2, y_2) wie folgt schreiben kann:

$$\begin{vmatrix} x_1 & x_2 & x \\ y_1 & y_2 & y \\ 1 & 1 & 1 \end{vmatrix} = \begin{vmatrix} x & x_1 & x_2 \\ y & y_1 & y_2 \\ 1 & 1 & 1 \end{vmatrix} = 0 .$$

II. Unter Benutzung von Determinanten lassen sich die Gleichungen gewisser geometrischer Gebilde leicht aufstellen. Es sei z. B. die Gleichung des Kreises durch drei gegebene Punkte (x_1, y_1), (x_2, y_2), (x_3, y_3) gesucht. Man sieht leicht, daß sich diese Gleichung mit Hilfe einer Determinante vierten Grades in der Gestalt

$$\begin{vmatrix} x^2+y^2 & x_1^2+y_1^2 & x_2^2+y_2^2 & x_3^2+y_3^2 \\ x & x_1 & x_2 & x_3 \\ y & y_1 & y_2 & y_3 \\ 1 & 1 & 1 & 1 \end{vmatrix} = 0 \tag{26}$$

schreiben läßt. Entwickeln wir nämlich die Determinante nach der ersten Spalte, so entsteht eine Gleichung zweiten Grades, in der x^2 und y^2 gleiche Koeffizienten haben und das Glied mit xy fehlt. Gleichung (26) beschreibt also einen Kreis. Setzen wir schließlich $x = x_k$ und $y = y_k$ $(k = 1, 2, 3)$, so stimmt die erste Spalte der Determinante mit einer der folgenden Spalten überein, und die Gleichung ist damit erfüllt. Der Kreis geht wirklich durch die drei gegebenen Punkte. Liegen die drei Punkte auf einer Geraden, so ist der Koeffizient von $x^2 + y^2$ gleich 0, und die Gleichung (26) entspricht nicht einem Kreis, sondern einer Geraden.

Ebenso kann man im X, Y, Z-Raum die Gleichung einer Ebene, die durch drei gegebene Punkte (x_1, y_1, z_1), (x_2, y_2, z_2), (x_3, y_3, z_3) geht, in Gestalt einer Determinante vierten Grades schreiben:

$$\begin{vmatrix} x & x_1 & x_2 & x_3 \\ y & y_1 & y_2 & y_3 \\ z & z_1 & z_2 & z_3 \\ 1 & 1 & 1 & 1 \end{vmatrix} = 0 . \tag{27}$$

Liegen die drei Punkte auf einer Geraden, so geht (27) in die Identität $0 = 0$ über.

III. Wir betrachten nun die Determinante n-ten Grades, in der jede Zeile aus den Potenzen einer Zahl (von der $(n - 1)$-ten bis zur nullten Potenz) besteht:

$$D_n = \begin{vmatrix} x_1^{n-1} & x_1^{n-2} & \dots & x_1 & 1 \\ x_2^{n-1} & x_2^{n-2} & \dots & x_2 & 1 \\ \dots & \dots & \dots & \dots & \dots \\ x_n^{n-1} & x_n^{n-2} & \dots & x_n & 1 \end{vmatrix} . \tag{28}$$

Für $n = 1$ und $n = 2$ ergibt sich

$$D_1 = 1 , \qquad D_2 = x_1 - x_2 .$$

Um D_3 zu berechnen, ersetzen wir in der ersten Zeile x_1 durch die Unbestimmte x; dann erhalten wir die Determinante

$$D_3(x) = \begin{vmatrix} x^2 & x & 1 \\ x_2^2 & x_2 & 1 \\ x_3^2 & x_3 & 1 \end{vmatrix}.$$

Entwickeln wir diese nach der ersten Zeile, so sehen wir, daß $D_3(x)$ ein Polynom zweiten Grades in x ist. Setzt man $x = x_2$ oder $x = x_3$, so wird die erste Zeile der Determinante gleich der zweiten oder dritten Zeile, und die Determinante ist gleich 0. Das quadratische Trinom $D_3(x)$ hat also die Nullstellen x_2 und x_3 und läßt sich in der Form

$$D_3(x) = A_3(x - x_2)(x - x_3)$$

schreiben. Dabei ist A_3 der Koeffizient von x^2 und somit gleich dem algebraischen Komplement des Elements x^2 in der linken oberen Ecke von $D_3(x)$. Daraus folgt

$$A_3 = \begin{vmatrix} x_2 & 1 \\ x_3 & 1 \end{vmatrix}.$$

Das ergibt

$$D_3(x) = (x_2 - x_3)(x - x_2)(x - x_3).$$

Setzen wir $x = x_1$, so erhalten wir D_3 als Produkt von drei Faktoren:

$$D_3 = \begin{cases} (x_1 - x_2)(x_1 - x_3) \\ \qquad\qquad (x_2 - x_3). \end{cases}$$

Völlig analog erhält man mit Hilfe von D_3 den Ausdruck für D_4. Er hat die Form eines Produkts aus sechs Faktoren:

$$D_4 = \begin{cases} (x_1 - x_2)(x_1 - x_3)(x_1 - x_4) \\ \qquad\qquad (x_2 - x_3)(x_2 - x_4) \\ \qquad\qquad\qquad\qquad (x_3 - x_4). \end{cases}$$

Für beliebiges n erhält man in gleicher Weise für die Determinante D_n die Formel

$$D_n = \begin{cases} (x_1 - x_2)(x_1 - x_3) \ldots (x_1 - x_n) \\ \qquad\qquad (x_2 - x_3) \ldots (x_2 - x_n) \\ \cdots\cdots\cdots\cdots\cdots\cdots \\ \qquad\qquad\qquad\qquad (x_{n-1} - x_n). \end{cases} \tag{29}$$

Man nennt D_n gewöhnlich die *Vandermondesche Determinante.*

Dieser Ausdruck besitzt eine interessante Beziehung zur Definition der Determinante. Jede Determinante n-ten Grades kann in der Gestalt

$$\begin{vmatrix} x_{1n} & x_{1,n-1} & \cdots & x_{11} \\ x_{2n} & x_{2,n-1} & \cdots & x_{21} \\ \cdots & \cdots & \cdots & \cdots \\ x_{nn} & x_{n,n-1} & \cdots & x_{n1} \end{vmatrix} \tag{30}$$

geschrieben werden. Wir ersetzen rein formal jedes Element x_{ik} durch x_i^{k-1}. Damit geht (30) in die Vandermondesche Determinante (28) über. Hieraus ergibt sich unmittelbar folgende Regel zur Berechnung von (30): Wir lösen in (29) die Klammern auf und ersetzen in jedem der so entstehenden Glieder x_k^{s-1} durch x_{ks}. Wenn dabei ein Glied keine Potenz von x_k enthält, so nehmen wir zu diesem Produkt den Faktor x_k^0 hinzu. Dieser Faktor geht nach der obigen Ersetzungsvorschrift in x_{k1} über. Diese Regel kann ebenfalls zur Definition der Determinante benutzt werden.

IV. Wir betrachten nun den Ausdruck

$$\Delta(x) = \begin{vmatrix} a_{11}+x & a_{12} & a_{13} & \dots & a_{1n} \\ a_{21} & a_{22}+x & a_{23} & \dots & a_{2n} \\ a_{31} & a_{32} & a_{33}+x & \dots & a_{3n} \\ \dots & \dots & \dots & \dots & \dots \\ a_{n1} & a_{n2} & a_{n3} & \dots & a_{nn}+x \end{vmatrix}, \tag{31}$$

den wir im folgenden noch benutzen werden, und entwickeln ihn nach Potenzen von x. Dazu schreiben wir ihn zunächst in der Form

$$\Delta(x) = \begin{vmatrix} a_{11}+x & a_{12}+0 & a_{13}+0 & \dots & a_{1n}+0 \\ a_{21}+0 & a_{22}+x & a_{23}+0 & \dots & a_{2n}+0 \\ a_{31}+0 & a_{32}+0 & a_{33}+x & \dots & a_{3n}+0 \\ \dots & \dots & \dots & \dots & \dots \\ a_{n1}+0 & a_{n2}+0 & a_{n3}+0 & \dots & a_{nn}+x \end{vmatrix}. \tag{32}$$

Jede Spalte dieser Determinante ist Summe zweier Summanden, und indem wir mehrfach die Eigenschaft IV benutzen, können wir sie in eine Summe von 2^n Determinanten zerlegen, deren Spalten keine Summe mehr enthalten. Wird in jeder Spalte von (32) der zweite Summand gestrichen, so erhalten wir das Glied, das nicht von x abhängt, d. h. die Konstante in der Entwicklung von $\Delta(x)$, nämlich

$$\Delta = \begin{vmatrix} a_{11} & a_{12} & \dots & a_{1n} \\ a_{21} & a_{22} & \dots & a_{2n} \\ \dots & \dots & \dots & \dots \\ a_{n1} & a_{n2} & \dots & a_{nn} \end{vmatrix}. \tag{33}$$

Streicht man umgekehrt in jeder Spalte den ersten Summanden, so erhält man als höchstes Glied des Polynoms $\Delta(x)$

$$\begin{vmatrix} x & 0 & 0 & \dots & 0 \\ 0 & x & 0 & \dots & 0 \\ 0 & 0 & x & \dots & 0 \\ \dots & \dots & \dots & \dots & \dots \\ 0 & 0 & 0 & \dots & x \end{vmatrix} = x^n .$$

Wir betrachten nun die dazwischenstehenden Glieder des Polynoms. Wir setzen fest, daß wir in den Spalten mit den Indizes $p_1, p_2, \dots, p_s$ die zweiten Summanden, in den anderen jedoch die ersten Summanden stehenlassen. Dann besteht jede Spalte mit dem Index p_k $(k = 1, 2, \dots, s)$ aus lauter Nullen, bis auf ein einziges Element, das gleich x ist. Dieses steht in der Hauptdiagonale, d. h. im Schnittpunkt einer Zeile und einer Spalte mit demselben Index. Entwickeln wir die Determinante nacheinander nach den Spalten mit den Indizes $p_1, p_2, \dots, p_s$, so erhalten wir aus diesen den Faktor x^s. Außerdem müssen wir die Zeilen und die Spalten mit den Indizes $p_1, p_2, \dots, p_s$ und nur diese streichen. Nach jeder solchen Streichung ist das algebraische Komplement des entsprechenden Elements genau gleich dem Minor, weil die Indizes der gelöschten Zeile und Spalte gleich sind. So enthält die Determinante bei jeder Wahl der p_k $(k = 1, 2, \dots, s)$ ein Glied x^s mit einer Determinante $(n - s)$-ten Grades als Koeffizienten. Dieser Koeffizient entsteht aus der ursprünglichen Determinante durch Streichen der Zeilen und Spalten, in deren Schnittpunkt die Elemente $a_{p_1p_1}, a_{p_2p_2}, \dots, a_{p_sp_s}$ der Hauptdiagonalen stehen. Wir bezeichnen diese Determinante $(n - s)$-ten Grades mit $\Delta_{p_1p_2\dots p_s}^{p_1p_2\dots p_s}$. Man nennt sie gewöhnlich *Hauptminor* des Grades $n - s$ von Δ. Wählen wir $p_1, p_2, \dots, p_s$ auf alle möglichen Arten, so erhalten wir insgesamt als endgültigen Koeffizienten von x^s in $\Delta(x)$ die Summe aller Hauptminoren $(n - s)$-ten Grades. Wir können $\Delta(x)$ also in der Form

$$\Delta(x) = x^n + S_1x^{n-1} + S_2x^{n-2} + \cdots + S_{n-1}x + S_n$$

darstellen, wobei S_k die Summe aller Hauptminoren des Grades k ist und insbesondere S_n mit Δ übereinstimmt. Der Ausdruck für die Koeffizienten läßt sich auch in der Gestalt

$$S_k = \sum_{p_1<p_2<\cdots<p_{n-k}}^{(1,2,\dots,n)} \Delta_{p_1p_2\cdots p_{n-k}}^{p_1p_2\cdots p_{n-k}} = \sum_{q_1<q_2<\cdots<q_k} \begin{vmatrix} a_{q_1q_1} & a_{q_1q_2} & \cdots & a_{q_1q_k} \\ a_{q_2q_1} & a_{q_2q_2} & \cdots & a_{q_2q_k} \\ \cdots & \cdots & \cdots & \cdots \\ a_{q_kq_1} & a_{q_kq_2} & \cdots & a_{q_kq_k} \end{vmatrix} \tag{34}$$

schreiben. Hierbei erstreckt sich die Summation über alle möglichen Kombinationen von k Zahlen $q_1, q_2, \dots, q_k$, die aus den Zahlen $1, 2, \dots, n$ in natürlicher Reihenfolge ausgewählt sind. Summiert man dagegen in (34) über alle q_j mit Werten zwischen 1 und n, so kommen in der Permutation $q_1, q_2, \dots, q_k$ die Zahlen nicht nur in natürlicher, sondern in allen möglichen Anordnungen vor. Präzise ausgedrückt: Jede monoton wachsende Folge von k Zahlen ergibt bei Zulassung beliebiger Reihenfolgen der in ihr auftretenden Zahlen genau $k!$ Permutationen. Bei einer Transposition zweier beliebiger Zahlen q_i und q_j ändert die Determinante in (34) ihren Wert nicht. Vertauschen wir nämlich q_1 und q_2, so wechseln in dieser Determinante die erste und zweite Zeile und die erste und zweite Spalte ihren Platz. Das wirkt sich aber auf den Wert der Determinante nicht aus. Aus dieser Betrachtung folgt somit, daß jeder Summand in (34) bei der Summation über alle q_j zwischen 1 und n genau $k!$-mal auftritt und daß wir also die Koeffizienten S_k auch in der Gestalt

$$S_k = \frac{1}{k!} \sum_{q_1=1}^{n} \sum_{q_2=1}^{n} \cdots \sum_{q_k=1}^{n} A\begin{pmatrix} q_1, q_2, \dots, q_k \\ q_1, q_2, \dots, q_k \end{pmatrix} \tag{35}$$

darstellen können.

6. Der Multiplikationssatz für Determinanten. In diesem Abschnitt beweisen wir die Formel für die Multiplikation zweier Determinanten desselben Grades.

Es seien zwei Determinanten vom Grade n gegeben:

$$\Delta = |a_{ik}| \quad (i, k = 1, 2, \dots, n)\,, \tag{36_1}$$

$$\Delta_1 = |b_{ik}| \quad (i, k = 1, 2, \dots, n)\,. \tag{36_2}$$

Wir bilden eine neue Determinante, deren Elemente durch

$$c_{ik} = \sum_{s=1}^{n} a_{is} b_{sk} \qquad (i, k = 1, 2, \dots, n) \tag{37}$$

ausgedrückt sind, und zeigen, daß sie das Produkt der Determinanten (36_1) und (36_2) ist. Wir betrachten zunächst den Spezialfall $n = 2$. Wir verwenden (37), entwickeln die Determinante unter Benutzung der Eigenschaft IV aus [3] und erhalten

$$\begin{vmatrix} c_{11} & c_{12} \\ c_{21} & c_{22} \end{vmatrix} = \begin{vmatrix} a_{11}b_{11} + a_{12}b_{21} & a_{11}b_{12} + a_{12}b_{22} \\ a_{21}b_{11} + a_{22}b_{21} & a_{21}b_{12} + a_{22}b_{22} \end{vmatrix}$$

$$= \begin{vmatrix} a_{11}b_{11} & a_{11}b_{12} \\ a_{21}b_{11} & a_{21}b_{12} \end{vmatrix} + \begin{vmatrix} a_{11}b_{11} & a_{12}b_{22} \\ a_{21}b_{11} & a_{22}b_{22} \end{vmatrix} + \begin{vmatrix} a_{12}b_{21} & a_{11}b_{12} \\ a_{22}b_{21} & a_{21}b_{12} \end{vmatrix} + \begin{vmatrix} a_{12}b_{21} & a_{12}b_{22} \\ a_{22}b_{21} & a_{22}b_{22} \end{vmatrix}.$$

Ziehen wir aus jeder Spalte den gemeinsamen Faktor heraus, so finden wir als ersten und vierten Summanden Determinanten mit gleichen Spalten. Diese sind gleich 0. Vertauschen wir noch in einer der Determinanten die Spalten, so erhalten wir

$$\begin{vmatrix} c_{11} & c_{12} \\ c_{21} & c_{22} \end{vmatrix} = b_{11}b_{22} \begin{vmatrix} a_{11} & a_{12} \\ a_{21} & a_{22} \end{vmatrix} + b_{12}b_{21} \begin{vmatrix} a_{12} & a_{11} \\ a_{22} & a_{21} \end{vmatrix}$$

$$= b_{11}b_{22} \begin{vmatrix} a_{11} & a_{12} \\ a_{21} & a_{22} \end{vmatrix} - b_{12}b_{21} \begin{vmatrix} a_{11} & a_{12} \\ a_{21} & a_{22} \end{vmatrix} = \begin{vmatrix} a_{11} & a_{12} \\ a_{21} & a_{22} \end{vmatrix} (b_{11}b_{22} - b_{12}b_{21})$$

$$= \begin{vmatrix} a_{11} & a_{12} \\ a_{21} & a_{22} \end{vmatrix} \cdot \begin{vmatrix} b_{11} & b_{12} \\ b_{21} & b_{22} \end{vmatrix}.$$

Damit ist (37) bewiesen.

Im allgemeinen Fall (für beliebiges n) wenden wir ebenfalls Eigenschaft IV aus [3] an. So erhalten wir

$$|c_{ik}| = \sum_{s_1, s_2, \dots, s_n} \begin{vmatrix} a_{1s_1}b_{s_1 1} & a_{1s_2}b_{s_2 2} & \dots & a_{1s_n}b_{s_n n} \\ a_{2s_1}b_{s_1 1} & a_{2s_2}b_{s_2 2} & \dots & a_{2s_n}b_{s_n n} \\ \cdots & \cdots & \cdots & \cdots \\ a_{ns_1}b_{s_1 1} & a_{ns_2}b_{s_2 2} & \dots & a_{ns_n}b_{s_n n} \end{vmatrix} \qquad (i, k = 1, 2, \dots, n), \tag{38}$$

wobei die Summationsindizes $s_1, s_2, \dots, s_n$ unabhängig voneinander die Zahlen $1, 2, \dots, n$ durchlaufen. Die Summanden kann man in der Gestalt

$$b_{s_1 1} b_{s_2 2} \dots b_{s_n n} \begin{vmatrix} a_{1s_1} & a_{1s_2} & \dots & a_{1s_n} \\ a_{2s_1} & a_{2s_2} & \dots & a_{2s_n} \\ \cdots & \cdots & \cdots & \cdots \\ a_{ns_1} & a_{ns_2} & \dots & a_{ns_n} \end{vmatrix} \tag{39}$$

schreiben. Kommen unter den Zahlen $s_1, s_2, \dots, s_n$ gleiche vor, so hat die Determinante mehrere gleiche Spalten, und der entsprechende Summand wird 0. Somit können wir uns auf Summanden beschränken, bei denen die s_k alle verschieden sind und die Folge $s_1, s_2, \dots, s_n$ eine Permutation der Zahlen $1, 2, \dots, n$ bildet. Nun wird der Ausdruck (39) zweimal mit dem Faktor $(-1)^{[s_1, s_2, \dots, s_n]}$ multipliziert, wodurch sich sein Wert offenbar nicht ändert. Das Resultat läßt sich aber als Produkt zweier Faktoren in der Gestalt

$$(-1)^{[s_1, s_2, \ldots, s_n]} \begin{vmatrix} a_{1s_1} & a_{1s_2} & \ldots & a_{1s_n} \\ a_{2s_1} & a_{2s_2} & \ldots & a_{2s_n} \\ \cdots & \cdots & \cdots & \cdots \\ a_{ns_1} & a_{ns_2} & \ldots & a_{ns_n} \end{vmatrix} \cdot (-1)^{[s_1, s_2, \ldots, s_n]} b_{s_1 1} b_{s_2 2} \cdots b_{s_n n}$$

schreiben. Unter Anwendung einiger Transpositionen führen wir in dem ersten Faktor die Permutation $s_1, s_2, \ldots, s_n$ in $1, 2, \ldots, n$ über. Bei jeder Transposition wird sowohl $(-1)^{[s_1, s_2, \ldots, s_n]}$ als auch die Determinante das Vorzeichen wechseln, der ganze erste Faktor aber unverändert bleiben. (39) läßt sich also in der Gestalt

$$\begin{vmatrix} a_{11} & a_{12} & \ldots & a_{1n} \\ a_{21} & a_{22} & \ldots & a_{2n} \\ \cdots & \cdots & \cdots & \cdots \\ a_{n1} & a_{n2} & \ldots & a_{nn} \end{vmatrix} \cdot (-1)^{[s_1, s_2, \ldots, s_n]} b_{s_1 1} b_{s_2 2} \cdots b_{s_n n}$$

schreiben. Aus (38) ergibt sich somit

$$|c_{ik}| = \Delta \sum_{(s_1, s_2, \ldots, s_n)} (-1)^{[s_1, s_2, \ldots, s_n]} b_{s_1 1} b_{s_2 2} \cdots b_{s_n n} ,$$

wobei die Summation über alle Permutationen $s_1, s_2, \ldots, s_n$ von $1, 2, \ldots, n$ zu erstrecken ist. Die Summe stellt die Determinante Δ_1 dar; also ist $|c_{ik}| = \Delta\Delta_1$, was zu zeigen war. Formel (37) zur Bildung der c_{ik} bedeutet folgendes: Die Elemente der i-ten Zeile von Δ multipliziert man mit den entsprechenden Elementen der k-ten Spalte der zweiten Determinante und addiert die Produkte. Die soeben formulierte Multiplikationsregel könnte man kurz als Regel „Zeile mal Spalte" bezeichnen. Wir wissen schon, daß man in einer Determinante Zeilen mit Spalten vertauschen kann, ohne daß sich ihr Wert ändert. Der Regel „Zeile mal Spalte" lassen sich daher drei entsprechende Regeln zur Seite stellen:

„Spalte mal Zeile", „Spalte mal Spalte", „Zeile mal Zeile".

Wir formulieren abschließend den Satz: *Sind zwei Determinanten n-ten Grades gegeben, $|a_{ik}|$ und $|b_{ik}|$, und bilden wir die Determinante $|c_{ik}|$, deren Elemente sich nach einer der Formeln* $(i, k = 1, 2, \ldots, n)$

$$c_{ik} = \sum_{s=1}^{n} a_{is} b_{sk} , \tag{40_1}$$

$$c_{ik} = \sum_{s=1}^{n} a_{is} b_{ks} , \tag{40_2}$$

$$c_{ik} = \sum_{s=1}^{n} a_{si} b_{sk} , \tag{40_3}$$

$$c_{ik} = \sum_{s=1}^{n} a_{si} b_{ks} , \tag{40_4}$$

bestimmen, dann ist die Determinante $|c_{ik}|$ gleich dem Produkt der Determinanten $|a_{ik}|$ und $|b_{ik}|$.

Beispiel. Neben der Determinante $\Delta = |a_{ik}|$ $(i, k = 1, \ldots, n)$ betrachten wir die aus den algebraischen Komplementen gebildete Determinante $|A_{ik}|$. Das Produkt $|a_{ik}| \cdot |A_{ik}|$ läßt sich nach der Aussage des obigen Satzes als Determinante schreiben, wobei Zeilen mit Zeilen multipliziert werden. Dies ergibt eine Determinante mit den Elementen

$$c_{ik} = \sum_{s=1}^{n} a_{is} A_{ks} .$$

Nach Eigenschaft V ist $c_{ik} = 0$ für $i \neq k$ und $c_{ii} = \Delta$, d. h.

$$|a_{ik}| \cdot |A_{ik}| = \begin{vmatrix} \Delta & 0 & 0 \ldots 0 \\ 0 & \Delta & 0 \ldots 0 \\ 0 & 0 & \Delta \ldots 0 \\ \multicolumn{3}{c}{\ldots\ldots\ldots\ldots\ldots} \\ 0 & 0 & 0 \ldots \Delta \end{vmatrix}$$

oder, wie man leicht sieht,

$$|a_{ik}| \cdot |A_{ik}| = \Delta^n , \quad \text{d. h.} \quad \Delta\, |A_{ik}| = \Delta^n .$$

Ist $\Delta \neq 0$, so erhalten wir durch Division

$$|A_{ik}| = \Delta^{n-1} . \tag{41}$$

Sind aber die Elemente $a_{ik} = a_{ik}^{(0)}$ so beschaffen, daß $\Delta = 0$ ist, so kann man stets die a_{ik} Werte annehmen lassen, die beliebig nahe bei $a_{ik}^{(0)}$ liegen, für die jedoch Δ ungleich 0 ist. Für diese Werte von a_{ik} gilt dann (41), und nach dem Grenzübergang $a_{ik} \to a_{ik}^{(0)}$ gilt diese Gleichung auch mit $a_{ik} = a_{ik}^{(0)}$. Die obige Gleichung ist also auch für $\Delta = 0$ richtig. Drückt man Δ und die A_{ik} durch a_{ik} aus, so ergibt sich eine Identität in den a_{ik}.

7. Rechteckige Schemata. Im folgenden werden wir uns auch mit solchen Schemata zu befassen haben, deren Zeilen- und Spaltenzahlen nicht notwendig übereinstimmen:

$$\begin{pmatrix} a_{11} & a_{12} & \ldots & a_{1n} \\ a_{21} & a_{22} & \ldots & a_{2n} \\ \ldots & \ldots & \ldots & \ldots \\ a_{m1} & a_{m2} & \ldots & a_{mn} \end{pmatrix} . \tag{42}$$

Es enthält m Zeilen und n Spalten, wobei m und n verschieden oder aber auch gleich sein können. Streichen wir in diesem Schema einige Zeilen und Spalten derart, daß die Anzahlen der verbleibenden Zeilen und Spalten übereinstimmen, so können wir aus diesen eine Determinante bilden. Solche Determinanten heißen *Unterdeterminanten* des Schemas (42). Der höchstmögliche Grad einer Unterdeterminante ist offenbar gleich der kleineren der Zahlen m und n, während der niedrigste gleich 1 ist, wobei man unter Determinanten ersten Grades die Elemente des Schemas (42) versteht. Sind alle Unterdeterminanten vom Grade l gleich 0, so sieht man leicht, daß auch alle Unterdeterminanten vom Grade $l + 1$ verschwinden. Jede solche Unterdeterminante kann man nämlich als Summe von Produkten der Elemente einer Zeile mit ihren algebraischen Komplementen darstellen. Die letzten sind jedoch bis auf das Vorzeichen mit Unterdeterminanten l-ten Grades identisch und folglich alle gleich 0. Ebenso sind auch die Unterdeterminanten $(l+2)$-ten Grades usw. gleich 0. Sind also alle Unterdeterminanten eines bestimmten Grades gleich 0, so verschwinden auch alle Unterdeterminanten höheren Grades. Wir führen nun den wichtigen Begriff des Ranges eines Schemas oder, wie man auch sagt, einer *Matrix* (42) ein. Den höchsten der Grade der von 0 verschiedenen Unterdeterminanten nennen wir den *Rang der Matrix* (42) .Ist also der Rang einer Matrix gleich k, so gibt es unter den Unterdeterminanten vom Grade k wenigstens eine von 0 verschiedene, während alle Unterdeterminanten vom Grade $k+1$ gleich 0 sind.

Es sei außer (42) ein Schema

$$\begin{pmatrix} b_{11} & b_{12} & \dots & b_{1m} \\ b_{21} & b_{22} & \dots & b_{2m} \\ \cdots & \cdots & \cdots & \cdots \\ b_{n1} & b_{n2} & \dots & b_{nm} \end{pmatrix} \tag{43}$$

mit n Zeilen und m Spalten gegeben. Wir bilden die m^2 Zahlen

$$c_{ik} = \sum_{s=1}^{n} a_{is} b_{sk} \qquad (i, k = 1, 2, \dots, m)\,. \tag{44}$$

Das aus diesen Zahlen bestehende quadratische Schema heißt das *Produkt* der rechteckigen Schemata (42) und (43). Der zweite Faktor muß also n Zeilen und m Spalten haben, damit er zu dem ersten, der m Zeilen und n Spalten hat, paßt.

Wir beweisen nun einen Satz, der eine Verallgemeinerung des Multiplikationssatzes für Determinanten ist.

Satz. *Ist $m \leqq n$, so gilt*

$$|c_{ik}| = \sum_{r_1 < r_2 < \dots < r_m} A\begin{pmatrix} 1, & 2, & \dots, & m \\ r_1, & r_2, & \dots, & r_m \end{pmatrix} B\begin{pmatrix} r_1, & r_2, & \dots, & r_m \\ 1, & 2, & \dots, & m \end{pmatrix}, \tag{45}$$

wobei die Summation über alle Werte r_k aus der Folge der Zahlen $1, 2, \dots, n$ zu erstrecken ist, die der angegebenen Ungleichung genügen. Ist $m > n$, so ist die Determinante $|c_{ik}|$ gleich 0.

Die Symbole $A\begin{pmatrix} 1, & 2, & \dots, & m \\ r_1, & r_2, & \dots, & r_m \end{pmatrix}$ und $B\begin{pmatrix} r_1, & r_2, & \dots, & r_m \\ 1, & 2, & \dots, & m \end{pmatrix}$ wurden schon in [**3**] erklärt. Die zweite dieser Determinanten besteht aus den Elementen des Schemas (43), die in den Zeilen $r_1, r_2, \dots, r_m$ und den Spalten $1, 2, \dots, m$ stehen. Für $m = n$ besteht die in (45) auftretende Summe nur aus einem Summanden, da dann $r_1 = 1$, $r_2 = 2, \dots, r_m = m$ ist, und Gleichung (45) ist mit dem Multiplikationssatz für Determinanten identisch.

Wir betrachten den Fall $m < n$. Der Beweis von (45) verläuft völlig analog dem Beweis des Multiplikationssatzes für Determinanten. Genau wie dort ist

$$|c_{ik}| = \sum_{(s_1, s_2, \dots, s_m)} A\begin{pmatrix} 1, & 2, & \dots, & m \\ s_1 & s_2, & \dots, & s_m \end{pmatrix} b_{s_1 1} b_{s_2 2} \cdots b_{s_m m}\,, \tag{46}$$

wobei jedes der s_k die Zahlen $1, 2, \dots, n$ durchläuft und die Summanden, bei denen mehrere gleiche s_k auftreten, weggelassen werden können, da sie 0 werden. Betrachten wir eine beliebige Zahlenfolge $r_1 < r_2 < \dots < r_m$ aus den Zahlen $1, 2, \dots, n$

und wählen aus (45) die Glieder aus, bei denen die Gesamtheit der $s_1, s_2, \ldots, s_m$ mit der Gesamtheit $r_1, r_2, \ldots, r_m$ übereinstimmt, so erhalten wir eine Teilsumme von (46):

$$\sum_{(t_1, t_2, \cdots, t_m)} A\begin{pmatrix}1, & 2, & \ldots, & m\\ t_1, & t_2, & \ldots, & t_m\end{pmatrix} b_{t_1 1} b_{t_2 2} \cdots b_{t_m m}, \tag{47}$$

wobei die Summation über alle Permutationen $t_1, t_2, \ldots, t_m$ der Zahlen $r_1, r_2, \ldots, r_m$ erstreckt wird. Multipliziert man jedes Glied von (47) zweimal mit $(-1)^{[t_1, t_2, \ldots, t_m]}$, so ergibt sich genau wie in [6], daß diese Summe gleich

$$A\begin{pmatrix}1, & 2, & \ldots, & m\\ r_1, & r_2, & \ldots, & r_m\end{pmatrix} B\begin{pmatrix}r_1, & r_2, & \ldots, & r_m\\ 1, & 2, & \ldots, & m\end{pmatrix}$$

ist. Um alle in (46) auftretenden Summen zu erhalten, muß man noch über die Produkte für alle $r_1 < r_2 < \cdots < r_m$ summieren und erhält dann die Formel (45).

Es sei schließlich $m > n$. Wir können in Schema (42) $m - n$ Spalten hinzufügen, die aus lauter Nullen bestehen, und in Schema (43) $m - n$ ebenfalls nur aus Nullen bestehende Zeilen. Rechnen wir nunmehr die c_{ik} nicht nach (44), sondern nach

$$c_{ik} = \sum_{s=1}^{m} a_{is} b_{sk} \qquad (i, k = 1, 2, \ldots, m) \tag{48}$$

aus, so erhalten wir die früheren Werte von c_{ik}; denn die hinzugefügten Summanden in der rechten Seite von (48) sind alle gleich 0. Andererseits werden die Schemata (42) und (43) nach der angegebenen Ergänzung quadratisch. Ihnen entsprechen Determinanten, die alle verschwinden. Nach dem Multiplikationssatz für Determinanten ist damit auch die Determinante $|c_{ik}|$ gleich 0. Damit ist unser Satz vollständig bewiesen.

Bemerkung. Sind zwei rechteckige Schemata von m Zeilen und n Spalten gegeben, so erhalten wir bei Multiplikationen von Zeile mit Zeile die Elemente

$$c_{ik} = \sum_{s=1}^{n} a_{is} b_{ks} \qquad (i, k = 1, 2, \ldots, m)$$

der Determinante $|c_{ik}|$, die für $m > n$ gleich 0 ist und für $m \leqq n$ durch

$$|c_{ik}| = \sum_{r_1 < r_2 < \cdots < r_m} A\begin{pmatrix}1, & 2, & \ldots, & m\\ r_1, & r_2, & \ldots, & r_m\end{pmatrix} B\begin{pmatrix}1, & 2, & \ldots, & m\\ r_1, & r_2, & \ldots, & r_m\end{pmatrix}$$

gegeben ist.

Folgerung. Es seien zwei quadratische Schemata vom Grade n mit den Elementen a_{ik} und b_{ik} gegeben, und die c_{ik} seien durch (44) bestimmt. Wir wollen einen beliebigen Minor $C\begin{pmatrix}p_1, & p_2, & \ldots, & p_l\\ q_1, & q_2, & \ldots, & q_l\end{pmatrix}$ der Determinante $|c_{ik}|$ durch Minoren von $|a_{ik}|$ und $|b_{ik}|$ ausdrücken. Wie man leicht sieht, ist die quadratische Matrix, die dem Minor $C\begin{pmatrix}p_1, & p_2, & \ldots, & p_l\\ q_1, & q_2, & \ldots, & q_l\end{pmatrix}$ entspricht, das Produkt der rechteckigen Matrizen

$$\begin{pmatrix} a_{p_1 1} & a_{p_1 2} & \cdots & a_{p_1 n}\\ a_{p_2 1} & a_{p_2 2} & \cdots & a_{p_2 n}\\ \cdots & \cdots & \cdots & \cdots\\ a_{p_l 1} & a_{p_l 2} & \cdots & a_{p_l n}\end{pmatrix} \quad \text{und} \quad \begin{pmatrix} b_{1 q_1} & b_{1 q_2} & \cdots & b_{1 q_l}\\ b_{2 q_1} & b_{2 q_2} & \cdots & b_{2 q_l}\\ \cdots & \cdots & \cdots & \cdots\\ b_{n q_1} & b_{n q_2} & \cdots & b_{n q_l}\end{pmatrix}.$$

Benutzen wir den bewiesenen Satz, so erhalten wir den gesuchten Ausdruck

$$C\begin{pmatrix} p_1, & p_2, & \dots, & p_l \\ q_1, & q_2, & \dots, & q_l \end{pmatrix} = \sum_{r_1 < r_2 < \dots < r_l} A\begin{pmatrix} p_1, & p_2, & \dots, & p_l \\ r_1, & r_2, & \dots, & r_l \end{pmatrix} B\begin{pmatrix} r_1, & r_2, & \dots, & r_l \\ q_1, & q_2, & \dots, & q_l \end{pmatrix}, \quad (49)$$

wobei die r_k Werte von 1, 2, ..., n annehmen. Es seien R_A, R_B, R_C die Rangzahlen der Matrizen (a_{ik}), (b_{ik}) und (c_{ik}). Ist etwa $R_A < n$ und nehmen wir in (49) $l > R_A$, so sind alle $A\begin{pmatrix} p_1, & p_2, & \dots, & p_l \\ r_1, & r_2, & \dots, & r_l \end{pmatrix}$ infolge der Definition von R_A und damit auch alle $C\begin{pmatrix} p_1, & p_2, & \dots, & p_l \\ q_1, & q_2, & \dots, & q_l \end{pmatrix}$ gleich 0. Daraus folgt $R_C < l$, d. h. $R_C \leqq R_A$. Ist der Rang von (a_{ik}) gleich n, so ist $R_C \leqq R_A$ wegen $R_C \leqq n$. Völlig analog ist $R_C \leqq R_B$. Im folgenden werden wir zeigen, daß aus $|b_{ik}| \neq 0$ die Gleichung $R_C = R_A$ und aus $|a_{ik}| \neq 0$ die Gleichung $R_C = R_B$ folgt.

§ 2. Die Auflösung linearer Gleichungssysteme

8. Die Cramersche Regel. Nachdem wir den Begriff der Determinante eingeführt und ihre grundlegenden Eigenschaften festgestellt haben, wollen wir jetzt diesen Begriff zur Auflösung linearer Gleichungssysteme verwenden. Wir betrachten zunächst den „Hauptfall", in dem die Anzahl der Gleichungen gleich der Anzahl der Unbekannten ist. Ein solches System von n Gleichungen mit n Unbekannten können wir in der folgenden Gestalt schreiben:

$$\left.\begin{aligned} a_{11}x_1 + a_{12}x_2 + \cdots + a_{1n}x_n &= b_1\,, \\ a_{21}x_1 + a_{22}x_2 + \cdots + a_{2n}x_n &= b_2\,, \\ \cdots\cdots\cdots\cdots\cdots\cdots\cdots\cdots\cdots \\ a_{n1}x_1 + a_{n2}x_2 + \cdots + a_{nn}x_n &= b_n\,. \end{aligned}\right\} \quad (1)$$

Die Bezeichnung der Koeffizienten ist dabei die gleiche wie die in [1] für den Fall dreier Gleichungen mit drei Unbekannten. Wir wollen jedoch voraussetzen, daß die Determinante des Systems (das ist die Determinante der Matrix, die aus den Koeffizienten a_{ik} des Systems gebildet wird) von 0 verschieden ist:

$$\Delta = |a_{ik}| \neq 0\,. \quad (2)$$

Wir multiplizieren jede Gleichung des Systems (1) mit dem algebraischen Komplement des Elements mit gleichem Zeilenindex der k-ten Spalte dieser Determinante: die erste Gleichung mit A_{1k}, die zweite mit A_{2k} usw. Die so erhaltenen Gleichungen addieren wir und kommen schließlich zu einer Gleichung, auf deren rechter Seite die Summe

$$A_{1k}b_1 + A_{2k}b_2 + \cdots + A_{nk}b_n$$

steht. Auf der linken Seite ist der Koeffizient der Unbekannten x_l die Summe

$$A_{1k}a_{1l} + A_{2k}a_{2l} + \cdots + A_{nk}a_{nl} \qquad (l = 1, 2, \dots, n)\,.$$

Diese letzte Summe ist gleich 0 für $l \neq k$ und gleich der Determinante Δ für $l = k$. Wir kommen also zu einer Gleichung der Gestalt

$$\Delta \cdot x_k = A_{1k}b_1 + A_{2k}b_2 + \cdots + A_{nk}b_n\,.$$

Wenn wir dieses Verfahren für jeden Index k durchführen, erhalten wir als Folgerung aus (1) ein System neuer Gleichungen

$$\Delta \cdot x_k = A_{1k}b_1 + A_{2k}b_2 + \cdots + A_{nk}b_n \qquad (k = 1, 2, \dots, n) . \tag{3}$$

Man zeigt leicht, daß man umgekehrt aus (3) das System (1) gewinnt. Man multipliziert nämlich beide Seiten von (3) mit a_{lk} und summiert danach über alle k von 1 bis n. Unter Benutzung der Eigenschaft V der Determinanten kommen wir, wie man leicht sieht, zu der Gleichung

$$\Delta \cdot (a_{l1}x_1 + a_{l2}x_2 + \cdots + a_{ln}x_n) = \Delta \cdot b_l . \tag{4}$$

Kürzen wir hier durch den von 0 verschiedenen Faktor Δ, so erhalten wir die l-te Gleichung des Systems (1). Dies können wir für jedes l durchführen. Somit sind die Systeme (1) und (3) gleichwertig, und wir können statt (1) das System (3) lösen. Dieses läßt sich sofort lösen und ergibt genau eine Lösung, die sich nach

$$x_k = \frac{A_{1k}b_1 + A_{2k}b_2 + \cdots + A_{nk}b_n}{\Delta} \qquad (k = 1, 2, \dots, n) \tag{5}$$

berechnen läßt.

Nach dem in [3] Gesagten ist der Zähler von (5) die Determinante, die man aus Δ erhält, indem man die Elemente der k-ten Spalte, d. h. die Koeffizienten a_{ik} bei x_k, durch die freien Glieder b_i ersetzt. Wir haben damit folgenden Satz gewonnen:

Satz von Cramer. *Ist die Determinante Δ des Systems* (1) *von* 0 *verschieden, so hat dieses System eine eindeutig bestimmte, durch* (5) *gegebene Lösung. Nach* (5) *läßt sich jede der Unbekannten als Quotient zweier Determinanten ausdrücken. Im Nenner steht dabei die Determinante des Gleichungssystems. Der Zähler ist eine Determinante, die aus der im Nenner dadurch entsteht, daß man die Koeffizienten der betreffenden Unbekannten durch die entsprechenden freien Glieder ersetzt.*

Bei einer größeren Anzahl von Gleichungen ist die Anwendung der Cramerschen Regel unvorteilhaft. Es gibt für die Auflösung solcher Gleichungen Näherungsverfahren, auf die wir hier jedoch nicht näher eingehen.

9. Der allgemeine Fall. Wir betrachten den allgemeinen Fall von m Gleichungen mit n Unbekannten:

$$\left.\begin{aligned}
X_1 &= a_{11}x_1 + a_{12}x_2 + \cdots + a_{1k}x_k + a_{1,k+1}x_{k+1} + \cdots + a_{1n}x_n = b_1 ,\\
X_2 &= a_{21}x_1 + a_{22}x_2 + \cdots + a_{2k}x_k + a_{2,k+1}x_{k+1} + \cdots + a_{2n}x_n = b_2 ,\\
&\cdots\cdots\cdots\cdots\cdots\cdots\cdots\cdots\cdots\cdots\cdots\cdots\\
X_k &= a_{k1}x_1 + a_{k2}x_2 + \cdots + a_{kk}x_k + a_{k,k+1}x_{k+1} + \cdots + a_{kn}x_n = b_k ,\\
X_{k+1} &= a_{k+1,1}x_1 + a_{k+1,2}x_2 + \cdots + a_{k+1,k}x_k\\
&\quad + a_{k+1,k+1}x_{k+1} + \cdots + a_{k+1,n}x_n = b_{k+1} ,\\
&\cdots\cdots\cdots\cdots\cdots\cdots\cdots\cdots\cdots\cdots\cdots\cdots\\
X_m &= a_{m1}x_1 + a_{m2}x_2 + \cdots + a_{mk}x_k + a_{m,k+1}x_{k+1} + \cdots + a_{mn}x_n = b_m .
\end{aligned}\right\} \tag{6}$$

Zur Abkürzung der weiteren Ausführungen haben wir mit X_s die ganze linke Seite der s-ten Gleichung bezeichnet. Die Koeffizienten a_{ik} des Systems bilden eine rechteckige Matrix; ihr Rang sei k. Durch Änderung der Reihenfolge von Zeilen und Spalten, d. h. durch Umnumerierung der Gleichungen und Unbekannten können wir erreichen, daß eine von 0 verschiedene Determinante vom Grade k in der linken oberen Ecke steht. Wir nennen sie *Hauptdeterminante des Systems.* Sie hat die Form

$$\Delta = \begin{vmatrix} a_{11} & a_{12} & \dots & a_{1k} \\ a_{21} & a_{22} & \dots & a_{2k} \\ \dots & \dots & \dots & \dots \\ a_{k1} & a_{k2} & \dots & a_{kk} \end{vmatrix}. \tag{7}$$

Wir bilden $m - k$ Determinanten vom Grade $k + 1$, die sogenannten *charakteristischen Determinanten des Systems.* Man erhält sie aus der Hauptdeterminante, indem man zu dieser noch eine Zeile, bestehend aus den Koeffizienten einer Gleichung mit einem höheren Index als k, und eine Spalte aus den freien Gliedern hinzufügt. Wir definieren also diese charakteristischen Determinanten durch

$$\Delta_{k+s} = \begin{vmatrix} a_{11} & a_{12} & \dots & a_{1k} & b_1 \\ a_{21} & a_{22} & \dots & a_{2k} & b_2 \\ \dots & \dots & \dots & \dots & \dots \\ a_{k1} & a_{k2} & \dots & a_{kk} & b_k \\ a_{k+s,1} & a_{k+s,2} & \dots & a_{k+s,k} & b_{k+s} \end{vmatrix} \tag{8}$$

$$(k + s = k + 1\,,\, k + 2, \dots, m)\,.$$

Ist k gleich m, d. h., ist der Rang gleich der Anzahl der Gleichungen, so gibt es überhaupt keine charakteristischen Determinanten. Zugleich mit den charakteristischen Determinanten betrachten wir andere Determinanten, die man aus jenen dadurch erhält, daß man in der letzten Spalte die freien Glieder durch die linken Seiten der Gleichungen ersetzt:

$$\begin{vmatrix} a_{11} & a_{12} & \dots & a_{1k} & X_1 \\ a_{21} & a_{22} & \dots & a_{2k} & X_2 \\ \dots & \dots & \dots & \dots & \dots \\ a_{k1} & a_{k2} & \dots & a_{kk} & X_k \\ a_{k+s,1} & a_{k+s,2} & \dots & a_{k+s,k} & X_{k+s} \end{vmatrix}. \tag{9}$$

Diese Determinanten enthalten außer den vorgegebenen Koeffizienten a_{ik} noch die x_j. Man zeigt leicht, daß die Determinanten (9) identisch 0 sind. Die Elemente der letzten Spalte dieser Determinante bestehen nämlich wegen der Gleichung

$$X_i = a_{i1}x_1 + a_{i2}x_2 + \cdots + a_{in}x_n$$

aus n Summanden. Folglich läßt sich jede Determinante (9) nach der Eigenschaft IV aus [3] als Summe von Gliedern der folgenden Gestalt darstellen:

$$\begin{vmatrix} a_{11} & a_{12} & \dots & a_{1k} & a_{1j} \\ a_{21} & a_{22} & \dots & a_{2k} & a_{2j} \\ \dots & \dots & \dots & \dots & \dots \\ a_{k1} & a_{k2} & \dots & a_{kk} & a_{kj} \\ a_{k+s,1} & a_{k+s,2} & \dots & a_{k+s,k} & a_{k+s,j} \end{vmatrix} \cdot x_j\,.$$

Man überzeugt sich leicht davon, daß die als Koeffizient von x_j auftretende Determinante verschwindet. Ist nämlich $j \leqq k$, so stimmt die letzte Spalte dieser Determinante mit einer der vorhergehenden überein. Ist jedoch $j > k$, so ist die betreffende Determinante eine Determinante $(k + 1)$-ten Grades, die in der Matrix von (6) vorkommt. Sie ist gleich 0, da nach Voraussetzung der Rang dieser Matrix gleich k ist. Subtrahieren wir die Determinanten (9), die ja identisch 0 sind, von den charakteristischen Determinanten und benutzen die Eigenschaft IV, so können wir die charakteristischen Determinanten in der Gestalt

$$\Delta_{k+s} = \begin{vmatrix} a_{11} & a_{12} & \dots & a_{1k} & b_1 - X_1 \\ a_{21} & a_{22} & \dots & a_{2k} & b_2 - X_2 \\ \dots & \dots & \dots & \dots & \dots \\ a_{k1} & a_{k2} & \dots & a_{kk} & b_k - X_k \\ a_{k+s,1} & a_{k+s,2} & \dots & a_{k+s,k} & b_{k+s} - X_{k+s} \end{vmatrix} \tag{10}$$

$$(k + s = k + 1\,,\ k + 2, \dots, m)$$

darstellen. Dabei hängen diese nur scheinbar von den x_j ab. Nehmen wir jetzt an, das System (6) besitze eine Lösung

$$x_1 = x_1^{(0)}\,,\ x_2 = x_2^{(0)}, \dots, x_n = x_n^{(0)}\,,$$

und setzen wir $x_j = x_j^{(0)}$ in die letzte Spalte der Determinante (10) ein, so haben wir in dieser letzten Spalte lauter Nullen, d. h., alle charakteristischen Determinanten müssen gleich 0 sein. Damit ist bewiesen:

Satz I. *Damit das System* (6) (*mindestens*) *eine Lösung hat, ist das Verschwinden aller charakteristischen Determinanten* (8) *notwendig.*

Wir wollen nun beweisen, daß diese Bedingung auch hinreichend ist, und ein Verfahren zur Auffindung aller Lösungen des Systems angeben.

Wir nehmen an, alle charakteristischen Determinanten seien gleich 0. Sie seien alle in der Form (10) gegeben. Wir entwickeln sie nach der letzten Spalte. Man sieht leicht, daß das algebraische Komplement des Elements $b_{k+s} - X_{k+s}$ gleich der von 0 verschiedenen Hauptdeterminante Δ ist. Die Bedingung, daß alle charakteristischen Determinanten gleich 0 sind, läßt sich dadurch in der Gestalt

$$a_1^{(k+s)}(b_1 - X_1) + a_2^{(k+s)}(b_2 - X_2) + \dots + a_k^{(k+s)}(b_k - X_k) + \Delta(b_{k+s} - X_{k+s}) = 0$$

$$(k + s = k + 1\,,\ k + 2, \dots, m) \tag{11}$$

schreiben. Die $a_p^{(q)}$ sind dabei Zahlenkoeffizienten, auf deren genaue Form es uns nicht ankommt.

Angenommen, wir hätten jetzt irgendeine Lösung der ersten k Gleichungen des Systems. Diese setzen wir dann statt x_j in die Identität (11) ein. Dabei verschwinden alle Differenzen $b_1 - X_1, b_2 - X_2, \dots, b_k - X_k$, und wir erhalten die Gleichung

$$\Delta \cdot (b_{k+s} - X_{k+s}) = 0\,.$$

Wegen $\Delta \neq 0$ ist diese mit

$$b_{k+s} - X_{k+s} = 0 \qquad (k + s = k + 1, k + 2, \dots, m)$$

gleichwertig. Wenn also alle charakteristischen Determinanten gleich 0 sind, genügt jede Lösung der ersten k Gleichungen des Systems auch allen übrigen Gleichungen. In diesem Fall brauchen wir daher nur die ersten k Gleichungen zu lösen. In ihnen bringen wir alle Unbekannten mit den Indizes, die größer als k sind, auf die rechte Seite. Die Gleichungen haben dann die Gestalt

$$\left.\begin{array}{l} a_{11}x_1 + a_{12}x_2 + \cdots + a_{1k}x_k = b_1 - a_{1,k+1}x_{k+1} - \cdots - a_{1n}x_n\,, \\ a_{21}x_1 + a_{22}x_2 + \cdots + a_{2k}x_k = b_2 - a_{2,k+1}x_{k+1} - \cdots - a_{2n}x_n\,, \\ \cdots\cdots\cdots\cdots\cdots\cdots\cdots\cdots\cdots\cdots\cdots\cdots \\ a_{k1}x_1 + a_{k2}x_2 + \cdots + a_{kk}x_k = b_k - a_{k,k+1}x_{k+1} - \cdots - a_{kn}x_n\,. \end{array}\right\} \qquad (12)$$

Wir fassen sie als System zur Bestimmung der $x_1, x_2, \ldots, x_k$ auf. Ihre Determinante Δ ist von 0 verschieden, und wir können für sie eine eindeutige Lösung nach der Cramerschen Regel erhalten. Wir bemerken nur, daß die freien Glieder des letzten Systems die Parameter $x_{k+1}, \ldots, x_k$ enthalten, denen wir beliebige Werte geben können. Aus der Cramerschen Regel ergibt sich unmittelbar, daß die Lösung des Systems (12) die Gestalt

$$x_j = \alpha_j + \beta_{k+1}^{(j)} x_{k+1} + \cdots + \beta_n^{(j)} x_n \qquad (j = 1, 2, \ldots, k) \qquad (13)$$

hat; α_s und $\beta_p^{(q)}$ sind dabei bestimmte Zahlenkoeffizienten $x_{k+1}, \ldots, x_n$ sind willkürlich. Aus dem Vorhergehenden folgt, daß diese Formeln auch die allgemeine Lösung des Systems (6) liefern, unter der Voraussetzung, daß alle charakteristischen Determinanten gleich 0 sind.

Satz II. *Sind alle charakteristischen Determinanten des Systems gleich* 0, *so braucht man nur die Gleichungen des Systems zu lösen, die mit ihren Koeffizienten an der Bildung der Hauptdeterminante beteiligt sind. Diese Lösung kann man mit Hilfe der Cramerschen Regel bestimmen. Ist k der Rang der Koeffizientenmatrix, so ergibt sie einen Ausdruck für k Unbekannte in Gestalt der linearen Funktionen* (13) *der übrigen $n - k$ Unbekannten, deren Werte völlig willkürlich sind.* So erhält man alle Lösungen des Systems (6).

Ein Vergleich der Sätze I und II führt zu der Folgerung:

Satz III. *Notwendig und hinreichend für die Existenz von Lösungen des Systems* (6) *ist das Verschwinden aller charakteristischen Determinanten dieses Systems.*

Wir bemerken, daß für $k = n$ (wenn also der Rang gleich der Anzahl der Unbekannten ist) die Formeln (13) auf der rechten Seite überhaupt keine x_j enthalten und alle Unbekannten von x_1 bis x_n wohlbestimmt sind.

Satz IV. *Das System besitzt genau dann eine eindeutig bestimmte Lösung, wenn alle charakteristischen Determinanten gleich* 0 *sind und der Rang der Koeffizientenmatrix gleich der Anzahl der Unbekannten ist.*

Wir bemerken, daß alle diese Überlegungen auch dann noch richtig sind, wenn die Anzahl der Gleichungen gleich der Anzahl der Unbekannten, d. h., wenn $m = n$ ist.

Beispiel. Wir betrachten das System von vier Gleichungen mit drei Unbekannten

$$\begin{aligned} x - 3y - 2z &= -1\,, \\ 2x + y - 4z &= 3\,, \\ x + 4y - 2z &= 4\,, \\ 5x + 6y - 10z &= 10\,. \end{aligned}$$

Seine Koeffizientenmatrix ist

$$\begin{pmatrix} 1 & -3 & -2 \\ 2 & 1 & -4 \\ 1 & 4 & -2 \\ 5 & 6 & -10 \end{pmatrix}.$$

Man überzeugt sich leicht, daß alle Determinanten dritten Grades dieser Matrix gleich 0 sind und daß die in der linken oberen Ecke stehende Determinante zweiten Grades von 0 verschieden ist. Diese kann man also als Hauptdeterminante nehmen, und der Rang des Systems ist gleich 2. Wir bilden die charakteristischen Determinanten. Im vorliegenden Fall gibt es davon zwei:

$$\varDelta_3 = \begin{vmatrix} 1 & -3 & -1 \\ 2 & 1 & 3 \\ 1 & 4 & 4 \end{vmatrix} = 0\,, \qquad \varDelta_4 = \begin{vmatrix} 1 & -3 & -1 \\ 2 & 1 & 3 \\ 5 & 6 & 10 \end{vmatrix} = 0\,.$$

Beide sind gleich 0. Daher genügt es, z auf die rechte Seite zu bringen und die ersten beiden Gleichungen nach x und y aufzulösen:

$$\begin{aligned} x - 3y &= 2z - 1\,, \\ 2x + y &= 4z + 3\,. \end{aligned}$$

Als Lösung erhält man

$$x = \frac{\begin{vmatrix} 2z-1 & -3 \\ 4z+3 & 1 \end{vmatrix}}{\begin{vmatrix} 1 & -3 \\ 2 & 1 \end{vmatrix}} = 2z + \frac{8}{7}\,, \qquad y = \frac{\begin{vmatrix} 1 & 2z-1 \\ 2 & 4z+3 \end{vmatrix}}{\begin{vmatrix} 1 & -3 \\ 2 & 1 \end{vmatrix}} = \frac{5}{7}\,;$$

dabei ist z willkürlich.

10. Homogene Systeme. Ein System heißt *homogen*, wenn in ihm alle freien Glieder b_i gleich 0 sind. Besitzt ein solches System charakteristische Determinanten, so bestehen ihre letzten Spalten aus lauter Nullen, und sie verschwinden daher alle. Jedes homogene System besitzt die triviale Lösung $x_1 = x_2 = \cdots = x_n = 0$, die wir im folgenden die Nullösung des Systems nennen. Die Grundprobleme für homogene Systeme bestehen darin, zu untersuchen, ob diese Systeme von 0 verschiedene Lösungen besitzen und, wenn dies der Fall ist, wie die Gesamtheit der Lösungen aussieht. Wir untersuchen zunächst den Fall, daß die Anzahl der Gleichungen gleich der Anzahl der Unbekannten ist. Das System hat dann die Gestalt

$$\left.\begin{aligned} a_{11}x_1 + a_{12}x_2 + \cdots + a_{1n}x_n &= 0\,, \\ a_{21}x_1 + a_{22}x_2 + \cdots + a_{2n}x_n &= 0\,, \\ \cdots\cdots\cdots\cdots\cdots\cdots\cdots\cdots \\ a_{n1}x_1 + a_{n2}x_2 + \cdots + a_{nn}x_n &= 0\,. \end{aligned}\right\} \tag{14}$$

Wenn die Determinante dieses Systems von 0 verschieden ist, hat das System nach der Cramerschen Regel eine eindeutig bestimmte Lösung, nämlich die Nullösung. Ist diese Determinante jedoch gleich 0, so ist der Rang k der Koeffizientenmatrix kleiner als die Anzahl n der Unbekannten. Folglich kann man die Werte von $n - k$ Unbekannten völlig willkürlich wählen, und das System hat unendlich viele von der Nullösung verschiedene Lösungen. Damit haben wir den folgenden wichtigen Satz gewonnen:

Satz I. *Das System* (14) *besitzt dann nur und dann von der Nullösung verschiedene Lösungen, wenn seine Determinante gleich* 0 *ist.*

Wir wollen nun die Ergebnisse für das inhomogene System (1) und die für das homogene System (14) vergleichen. Ist die Determinante des Systems von 0 verschieden, so besitzt das inhomogene System (1) eine eindeutig bestimmte Lösung, das homogene System aber nur die Nullösung. Ist diese Determinante jedoch gleich 0, so hat das homogene System (14) von 0 verschiedene Lösungen; das inhomogene System (1) dagegen besitzt im allgemeinen überhaupt keine Lösungen, es sei denn, die freien Glieder sind so gewählt, daß alle charakteristischen Determinanten verschwinden. Diese Parallelität der Ergebnisse wird im folgenden eine wesentliche Rolle spielen. In der Physik treten homogene Systeme bei der Untersuchung von Eigenschwingungen, inhomogene Systeme bei der Untersuchung erzwungener Schwingungen auf. Das Verschwinden der Determinante kennzeichnet im homogenen Fall das Vorhandensein von Eigenschwingungen, im inhomogenen Fall die Erscheinung der Resonanz.

Wir wollen nun die Lösungen des Systems (14) für den Fall untersuchen, daß die Determinante des Gleichungssystems gleich 0 ist. Es sei k der Rang der Koeffizientenmatrix; dann ist offenbar $k < n$. Nach dem in [9] bewiesenen Satz müssen wir solche k Gleichungen nehmen, die mit ihren Koeffizienten an der Bildung der Hauptdeterminante beteiligt sind, und sie nach den k Unbekannten auflösen. Ohne Beschränkung der Allgemeinheit nehmen wir an, diese Unbekannten seien $x_1, x_2, \ldots, x_k$. Die Lösungen sind dann

$$x_j = \beta_{k+1}^{(j)} x_{k+1} + \cdots + \beta_n^{(j)} x_n \qquad (j = 1, 2, \ldots, k)\,. \tag{15}$$

Dabei sind die $\beta_p^{(q)}$ bestimmte Zahlen, $x_{k+1}, \ldots, x_n$ können beliebige Werte annehmen.

Wir erwähnen noch eine allgemeine Eigenschaft der Lösung des Systems (14). Sie ergibt sich unmittelbar aus der Linearität und Homogenität dieses Systems. Haben wir nämlich einige Lösungen

$$x_s = x_s^{(1)}\,, \quad x_s = x_s^{(2)}\,, \quad x_s = x_s^{(3)}\,, \ldots, x_s = x_s^{(l)} \qquad (s = 1, 2, \ldots, n) \tag{16}$$

des Systems, dann erhalten wir durch Multiplikation mit willkürlichen Konstanten und Addition ebenfalls eine Lösung des Systems:

$$x_s = C_1 x_s^{(1)} + C_2 x_s^{(2)} + C_3 x_s^{(3)} + \cdots + C_l x_s^{(l)} \qquad (s = 1, 2, \ldots, n)\,.$$

Analog wie seinerzeit für lineare Differentialgleichungen [**II**, 27] nennen wir Lösungen (16) linear unabhängig, wenn es keine Konstanten C_i von der Art gibt, daß mindestens ein C_i ungleich 0 ist und daß für jedes s die Gleichung

$$\sum_{i=1}^{l} C_i x_s^{(i)} = 0$$

besteht.

Man bestimmt leicht $n - k$ linear unabhängige Lösungen, die, mit willkürlichen Konstanten multipliziert und dann addiert, alle Lösungen des Systems liefern. Dazu gehen wir auf die Formeln (15) zurück, die die allgemeine Lösung des Systems angeben, und konstruieren die gesuchten Lösungen folgendermaßen: In der ersten Lösung setzen wir $x_{k+1} = 1$ und alle übrigen x_{k+s} gleich 0; in der zweiten Lösung setzen wir $x_{k+2} = 1$ und alle übrigen x_{k+s} gleich 0 usw. Schließlich setzen wir in der letzten, $(n - k)$-ten Lösung $x_n = 1$ und alle übrigen x_{k+s} gleich 0. Man sieht leicht ein, daß die so konstruierten Lösungen linear unabhängig sind. Für jede dieser Lösungen gibt es nämlich eine Unbekannte x_r, die für diese Lösung den

Wert 1, für die übrigen Lösungen aber den Wert 0 annimmt. Wir bezeichnen diese Lösungen mit

$$x_s = x_s^{(k+1)},\ x_s = x_s^{(k+2)},\ \dots,\ x_s = x_s^{(n)} \qquad (s = 1, 2, \dots, n)\,.$$

Eine beliebige Lösung des Systems (14) erhält man vermöge (15) für gewisse spezielle Werte

$$x_{k+1} = \gamma_{k+1},\ x_{k+2} = \gamma_{k+2},\ \dots,\ x_n = \gamma_n\,.$$

Es leuchtet unmittelbar ein, daß diese Lösung eine Linearkombination der von uns konstruierten Lösungen ist; es ist nämlich

$$x_s = \gamma_{k+1} x_s^{(k+1)} + \gamma_{k+2} x_s^{(k+2)} + \cdots + \gamma_n x_s^{(n)} \qquad (s = 1, 2, \dots, n)\,.$$

Wir werden später zur Untersuchung der Lösungen des homogenen Systems (14) zurückkehren und zeigen, daß bei jeder Wahl linear unabhängiger Lösungen ihre Anzahl gleich $n - k$ ist.

Wir gehen nun zum allgemeinen Fall von m homogenen Gleichungen mit n Unbekannten über. Ist $m < n$, so ist der Rang k, der stets nicht größer als m ist, ebenfalls kleiner als n, und $n - k$ Unbekannte sind willkürlich. *Wenn also die Anzahl der homogenen Gleichungen kleiner als die Anzahl der Unbekannten ist, besitzt das System stets von der Nullösung verschiedene Lösungen.*

Allgemein ist $k \leqq n$, und für $k = n$ hat das System nur die Nullösung.

11. Linearformen. Mit der Frage der Auflösung linearer Gleichungssysteme hängt die Untersuchung von Systemen von Linearformen eng zusammen. Unter einer *Linearform* der Veränderlichen $x_1, x_2, \dots, x_n$ verstehen wir eine lineare homogene Funktion dieser Veränderlichen. Es seien

$$y_s = a_{s1}x_1 + a_{s2}x_2 + \cdots + a_{sn}x_n \qquad (s = 1, 2. ,\dots, m) \tag{17}$$

m solcher Linearformen. Gibt es Konstanten $\alpha_1, \alpha_2, \dots, \alpha_n$, wobei mindestens ein α_i von 0 verschieden ist, derart, daß identisch in $x_1, x_2, \dots, x_n$ die Beziehung

$$\alpha_1 y_1 + \alpha_2 y_2 + \cdots + \alpha_m y_m = 0$$

gilt, so heißen die obigen Formen *linear abhängig*, anderenfalls *linear unabhängig*. In dieser Identität müssen alle Koeffizienten der x_l gleich 0 sein. Damit ist sie mit dem Gleichungssystem

$$\begin{gathered}
\alpha_1 a_{11} + \alpha_2 a_{21} + \cdots + \alpha_m a_{m1} = 0\,,\\
\alpha_1 a_{12} + \alpha_2 a_{22} + \cdots + \alpha_m a_{m2} = 0\,,\\
\cdots\cdots\cdots\cdots\cdots\cdots\cdots\cdots\\
\alpha_1 a_{1n} + \alpha_2 a_{2n} + \cdots + \alpha_m a_{mn} = 0
\end{gathered}$$

äquivalent.

Die Formen y_s sind dann und nur dann linear unabhängig, wenn dieses System homogener Gleichungen in $\alpha_1, \alpha_2, \dots, \alpha_m$ nur die Nullösung besitzt.

Die oben erzielten Ergebnisse führen jetzt zu einer Reihe von Folgerungen über die lineare Abhängigkeit von Formen. Für $m > n$ besitzt das homogene System sicherlich nichttriviale Lösungen, und die Formen sind linear abhängig. Die Formen sind dann und nur dann linear unabhängig, wenn der Rang k der Koeffizientenmatrix (a_{pq}) gleich der Anzahl m der Formen ist. Wenn $m = n$, d. h., *wenn die*

Anzahl der Formen gleich der Anzahl der Veränderlichen ist, so ist für die lineare Unabhängigkeit das Nichtverschwinden der Determinante der quadratischen ($m = n$) *Matrix* (a_{pq}) *notwendig und hinreichend.* In diesem Fall spricht man von einem *vollständigen System linear unabhängiger Formen.* Ist $m \leqq n$ und sind die Formen (17) linear unabhängig (d. h. $k = m$), so ist für beliebige Werte y_s das Gleichungssystem (17) nach denjenigen Veränderlichen x_l auflösbar, deren Koeffizienten eine von 0 verschiedene Determinante vom Grade k bilden; d. h., *linear unabhängige Formen können unabhängig voneinander beliebige Werte* y_s *annehmen.* Für $k = m = n$ sind bei vorgegebenen y_s alle Werte x_l eindeutig bestimmt.

Es sei jetzt $k < m$. Wenn wir die Formen y_s und die Veränderlichen x_l passend numerieren, dürfen wir annehmen, daß sich aus der Matrix (a_{pq}) in der linken oberen Ecke eine von 0 verschiedene Determinante des Grades k herausgreifen läßt. Dann sind die ersten k Formen $y_1, y_2, \ldots, y_k$ linear unabhängig, jede der übrigen Formen y_{k+t} läßt sich jedoch durch die ersten k linear ausdrücken. Für die ersten k Formen ist nämlich der Rang der Koeffizientenmatrix, der ja gleich k ist, mit der Anzahl der Formen identisch. Daher sind die Formen linear unabhängig. Nehmen wir $k + 1$ Formen $y_1, y_2, \ldots, y_k, y_{k+1}$, so ist der Rang der Koeffizientenmatrix, der ja ebenfalls k ist, kleiner als die Anzahl der Formen. Die Formen sind also linear abhängig, d. h., es gibt Konstanten β_s, die nicht alle verschwinden, derart, daß

$$\beta_1 y_1 + \cdots + \beta_k y_k + \beta_{k+1} y_{k+1} = 0$$

gilt. Hierbei muß der Koeffizient β_{k+1} von 0 verschieden sein, da sonst die Formen $y_1, y_2, \ldots, y_k$ linear abhängig wären; y_{k+1} läßt sich also linear durch die ersten k Formen ausdrücken:

$$y_{k+1} = -\frac{\beta_1}{\beta_{k+1}} y_1 - \frac{\beta_2}{\beta_{k+1}} y_2 - \cdots - \frac{\beta_k}{\beta_{k+1}} y_k .$$

Die Zahl k nennen wir den *Rang des Formensystems* (17). Die Zahl ist einerseits gleich dem Rang der Koeffizientenmatrix, andererseits gleich der Maximalzahl linear unabhängiger Formen des Systems (17).

Vorgegeben seien nun k linear unabhängige Formen $y_1, y_2, \ldots, y_k$ mit $k < n$. Wir nehmen ohne Beschränkung der Allgemeinheit an, daß die aus den Elementen in der linken oberen Ecke der Matrix (a_{pq}) gebildete Determinante vom Grade k von 0 verschieden ist. Wie man sofort sieht, läßt sich dann das System dieser k Formen zu einem vollständigen System von n linear unabhängigen Formen erweitern. Man braucht nämlich dazu nur z. B.

$$y_{k+1} = x_{k+1}, \ldots, y_n = x_n$$

zu setzen. Die Determinante der so erhaltenen n Formen ist

$$\begin{vmatrix} a_{11} & a_{12} & \ldots & a_{1k} & a_{1,k+1} & a_{1,k+2} & \ldots & a_{1n} \\ a_{21} & a_{22} & \ldots & a_{2k} & a_{2,k+1} & a_{2,k+2} & \ldots & a_{2n} \\ \cdots & \cdots & \cdots & \cdots & \cdots & \cdots & \cdots & \cdots \\ a_{k1} & a_{k2} & \ldots & a_{kk} & a_{k,k+1} & a_{k,k+2} & \ldots & a_{kn} \\ 0 & 0 & \ldots & 0 & 1 & 0 & \ldots & 0 \\ 0 & 0 & \ldots & 0 & 0 & 1 & \ldots & 0 \\ \cdots & \cdots & \cdots & \cdots & \cdots & \cdots & \cdots & \cdots \\ 0 & 0 & \ldots & 0 & 0 & 0 & \ldots & 1 \end{vmatrix} .$$

Entwickeln wir sie zunächst nach der letzten Zeile, dann nach der vorletzten Zeile usw., so sehen wir, daß ihr Wert gleich der in der linken oberen Ecke stehenden Determinante des Grades k ist. Sie ist daher von 0 verschieden. Folglich sind die Formen $y_1, y_2, \ldots, y_n$ wirklich linear unabhängig. *Also kann man jedes System linear unabhängiger Formen zu einem vollständigen System linear unabhängiger Formen erweitern.*

12. Der n-dimensionale Vektorraum. Wir wollen nun den oben erzielten Ergebnissen eine geometrische Formulierung geben, die wir im folgenden benutzen werden. Dazu führen wir den Begriff eines Vektors im n-dimensionalen Raum ein. Als einen solchen Vektor bezeichnen wir jedes geordnete n-Tupel von (komplexen) Zahlen. Somit ist ein Vektor $\boldsymbol{x}$ durch ein System von n komplexen Zahlen charakterisiert, die wir die *Komponenten dieses Vektors* nennen: $\boldsymbol{x} = (x_1, x_2, \ldots, x_n)$. Die Gesamtheit aller solcher Vektoren bildet den *n-dimensionalen Vektorraum* R_n.

Zwei Vektoren sind dann und nur dann gleich, wenn sie in ihren Komponenten übereinstimmen, d. h., für zwei Vektoren $\boldsymbol{u} = (u_1, u_2, \ldots, u_n)$ und $\boldsymbol{v} = (v_1, v_2, \ldots, v_n)$ ist die Vektorgleichung $\boldsymbol{u} = \boldsymbol{v}$ mit den folgenden skalaren Gleichungen gleichwertig: $u_1 = v_1, u_2 = v_2, \ldots, u_n = v_n$.

Wir definieren nun die Multiplikation eines Vektors mit einer Zahl und die Addition von Vektoren. Definitionsgemäß soll die Multiplikation eines Vektors mit einer Zahl auf die Multiplikation aller Komponenten des Vektors mit dieser Zahl hinauslaufen. Wenn also ein Vektor $\boldsymbol{x}$ die Komponenten $x_1, x_2, \ldots, x_n$ hat, soll der Vektor $k\boldsymbol{x}$ die Komponenten $kx_1, kx_2, \ldots, kx_n$ besitzen. Die Addition von Vektoren führt man auf diejenige der Komponenten zurück; und zwar hat, wenn die Vektoren $\boldsymbol{x} = (x_1, x_2, \ldots, x_n)$ und $\boldsymbol{y} = (y_1, y_2, \ldots, y_n)$ gegeben sind, die Summe $\boldsymbol{x} + \boldsymbol{y}$ nach Definition die Komponenten $x_1 + y_1, x_2 + y_2, \ldots, x_n + y_n$.

Der Vektor $(0, 0, \ldots, 0)$ heißt der *Nullvektor*; alle seine Komponenten sind gleich 0. Wir bezeichnen diesen Vektor mit $\boldsymbol{o}$. Für jeden Vektor $\boldsymbol{x}$ gilt offenbar $\boldsymbol{o} = 0 \cdot \boldsymbol{x}$ und $\boldsymbol{x} + \boldsymbol{o} = \boldsymbol{x}$.

Die Subtraktion von Vektoren definieren wir wie folgt: $\boldsymbol{x} - \boldsymbol{y}$ sei der Vektor mit den Komponenten $x_1 - y_1, x_2 - y_2, \ldots, x_n - y_n$. Offenbar ist $\boldsymbol{x} - \boldsymbol{x} = \boldsymbol{o}$ und $\boldsymbol{x} - \boldsymbol{y} = \boldsymbol{x} + (-1)\,\boldsymbol{y}$, d. h., die Subtraktion des Vektors $\boldsymbol{y}$ ist mit der Addition des mit -1 multiplizierten Vektors $\boldsymbol{y}$ gleichwertig.

Im folgenden werden wir oft Vektorgleichungen aufzuschreiben haben. Jede solche Gleichung ist mit n skalaren Gleichungen äquivalent, die ausdrücken, daß die entsprechenden Komponenten beider Seiten der Gleichung übereinstimmen. Wir werden von nun an nicht mehr das Symbol $\boldsymbol{o}$ für den Nullvektor verwenden; man möge jedoch stets daran denken, daß eine Null auf einer Seite einer Vektorgleichung stets als Nullvektor aufzufassen ist. Aus den obigen Definitionen ergeben sich unmittelbar die gewöhnlichen Eigenschaften der Addition und Multiplikation:

$$\boldsymbol{x} + \boldsymbol{y} = \boldsymbol{y} + \boldsymbol{x}\,, \qquad \boldsymbol{x} + (\boldsymbol{y} + \boldsymbol{z}) = (\boldsymbol{x} + \boldsymbol{y}) + \boldsymbol{z}\,,$$

$$(k_1 + k_2)\,\boldsymbol{x} = k_1\boldsymbol{x} + k_2\boldsymbol{x}\,, \qquad k(\boldsymbol{x} + \boldsymbol{y}) = k\boldsymbol{x} + k\boldsymbol{y}\,,$$

$$k_1(k_2\boldsymbol{x}) = (k_1k_2)\,\boldsymbol{x}\,.$$

In einer Summe von Vektoren mit beliebig vielen Summanden kann man also Summanden vertauschen und durch Klammern zusammenfassen. Aus der Gleichung $\boldsymbol{x} + \boldsymbol{y} = \boldsymbol{z}$ folgt $\boldsymbol{x} = \boldsymbol{z} - \boldsymbol{y}$ und $\boldsymbol{y} = \boldsymbol{z} - \boldsymbol{x}$, und umgekehrt folgt aus $\boldsymbol{x} - \boldsymbol{y} = \boldsymbol{z}$ die Gleichung $\boldsymbol{x} = \boldsymbol{y} + \boldsymbol{z}$.

Wir führen nun die lineare Abhängigkeit und Unabhängigkeit von Vektoren ein. Die Vektoren

$$\boldsymbol{x}^{(1)}, \boldsymbol{x}^{(2)}, \ldots, \boldsymbol{x}^{(l)} \tag{18}$$

nennen wir *linear abhängig*, wenn es Konstanten $C_1, C_2, \ldots, C_l$ gibt, die nicht alle gleich 0 sind, so daß die Gleichung

$$C_1\boldsymbol{x}^{(1)} + C_2\boldsymbol{x}^{(2)} + \cdots + C_l\boldsymbol{x}^{(l)} = 0 \tag{19}$$

besteht.

Wenn es solche Konstanten nicht gibt, heißen die Vektoren (18) *linear unabhängig*. Wir bezeichnen die Komponenten der Vektoren $\boldsymbol{x}^{(j)}$ mit $x_1^{(j)}, x_2^{(j)}, \ldots, x_n^{(j)}$. Dann ist offenbar die Bedingung (19) mit dem folgenden System von n Gleichungen mit den Unbekannten $C_1, C_2, \ldots, C_l$ äquivalent:

$$\left.\begin{array}{l} x_1^{(1)}C_1 + x_1^{(2)}C_2 + \cdots + x_1^{(l)}C_l = 0\,, \\ x_2^{(1)}C_1 + x_2^{(2)}C_2 + \cdots + x_2^{(l)}C_l = 0\,, \\ \cdots\cdots\cdots\cdots\cdots\cdots\cdots\cdots \\ x_n^{(1)}C_1 + x_n^{(2)}C_2 + \cdots + x_n^{(l)}C_l = 0\,. \end{array}\right\} \tag{20}$$

Die oben erhaltenen Ergebnisse über homogene Systeme lassen sich geometrisch formulieren, und man kann aus ihnen leicht eine Reihe von Folgerungen ziehen.

Es sei zunächst $l > n$, d. h., die Anzahl der Vektoren sei größer als die Dimension des Raumes. Dann ist im homogenen System (20) die Anzahl der Gleichungen kleiner als die der Unbekannten. Folglich hat dieses System, wie wir wissen, sicher eine von der Nullösung verschiedene Lösung für die C_j; die Vektoren sind also sicherlich linear abhängig. Mit anderen Worten: *Die Anzahl linear unabhängiger Vektoren ist höchstens gleich der Dimensionen des Raumes.*

Wir betrachten nun den Fall $l = n$. Die Anzahl der Gleichungen ist dann gleich der Anzahl der Unbekannten, und das System (20) hat genau dann eine von der Nullösung verschiedene Lösung, wenn die Determinante seiner Koeffizientenmatrix gleich 0 ist. Sind also im n-dimensionalen Raum n Vektoren gegeben und bilden wir aus der Matrix der n^2 Komponenten die Determinante, indem wir die Vektoren als die Spalten auffassen, wobei der Zeilenindex mit dem Index der Komponente übereinstimmt, so sind die Vektoren genau dann linear unabhängig, wenn diese Determinante von 0 verschieden ist. Der Wert dieser Determinante ist ein Analogon zum Rauminhalt eines Parallelepipeds im reellen dreidimensionalen Raum.

Wir können in jeder Determinante $|b_{ik}|$ vom Grade n die Elemente jeder Spalte $(b_{1k}, b_{2k}, \ldots, b_{nk})$ als Komponenten eines Vektors $\boldsymbol{b}^{(k)}$ ansehen. Der Wert der Determinante wird dann eine Funktion der n Vektoren $\boldsymbol{b}^{(1)}, \boldsymbol{b}^{(2)}, \ldots, \boldsymbol{b}^{(n)}$. Ist er gleich 0, so ist dies gleichbedeutend damit, daß die Vektoren linear abhängig sind.

Wir bezeichnen den Wert dieser Determinante als Funktion der Vektoren $\boldsymbol{b}^{(k)}$ mit

$$|b_{ik}| = \Delta(\boldsymbol{b}^{(1)}, \boldsymbol{b}^{(2)}, \ldots, \boldsymbol{b}^{(n)})\,.$$

Erinnern wir uns, daß bei Vertauschung zweier Spalten der Wert der Determinante das Vorzeichen wechselt, so sehen wir, daß die Funktion Δ ihr Zeichen ändert, wenn man zwei Argumente miteinander vertauscht. Eine solche Funktion nennt man gewöhnlich *antisymmetrisch*. Man sieht z. B., daß die in [5] betrachtete Vandermondesche Determinante D_n eine antisymmetrische Funktion ihrer Argumente $x_1, x_2, \ldots, x_n$ ist.

Wir kehren nun zum System (20) und zur Frage nach der linearen Unabhängigkeit des Vektoren $\boldsymbol{x}^{(1)}, \boldsymbol{x}^{(2)}, \ldots, \boldsymbol{x}^{(l)}$ für $l \leqq n$ zurück. Es bezeichne k wieder den Rang der aus den Komponenten $x_p^{(q)}$ gebildeten Matrix. Für $k = l$ hat, wie wir sahen, das System nur die Nullösung, d. h., die Vektoren sind linear unabhängig. Für $k < l$ besitzt es jedoch sicher eine von der Nullösung verschiedene Lösung. *Vektoren sind also dann und nur dann linear unabhängig, wenn ihre Anzahl gleich dem Rang der aus ihren Komponenten gebildeten Matrix ist.* Es sei nun $k < l$, d. h., die Vektoren seien linear abhängig. Wir suchen aus ihnen k Vektoren heraus, aus deren Komponenten sich eine von 0 verschiedene Determinante vom Grade k bilden läßt. Nach dem oben Bewiesenen sind diese Vektoren dann linear unabhängig. Man sieht nun leicht, daß man durch sie alle übrigen Vektoren linear ausdrücken kann. Es seien $\boldsymbol{x}^{(1)}, \boldsymbol{x}^{(2)}, \ldots, \boldsymbol{x}^{(k)}$ die linear unabhängigen Vektoren. Fügen wir zu diesen noch irgendeinen Vektor $\boldsymbol{x}^{(k+s)}$ hinzu, so erhalten wir $k + 1$ linear abhängige Vektoren, da der Rang k der Matrix ihrer Komponenten kleiner als ihre Anzahl $l = k + 1$ ist. Folglich gibt es Konstanten C_i $(i = 1, 2, \ldots, k, k + s)$, die nicht alle gleich 0 sind, derart, daß die Gleichung

$$C_1\boldsymbol{x}^{(1)} + C_2\boldsymbol{x}^{(2)} + \cdots + C_k\boldsymbol{x}^{(k)} + C_{k+s}\boldsymbol{x}^{(k+s)} = 0$$

besteht. Dabei ist sicherlich $C_{k+s} \neq 0$, da sonst die Vektoren $\boldsymbol{x}^{(1)}, \boldsymbol{x}^{(2)}, \ldots, \boldsymbol{x}^{(k)}$ linear abhängig wären. Aus der obigen Gleichung ergibt sich dann sofort die Beziehung

$$\boldsymbol{x}^{(k+s)} = -\frac{C_1}{C_{k+s}}\boldsymbol{x}^{(1)} - \frac{C_2}{C_{k+s}}\boldsymbol{x}^{(2)} - \cdots - \frac{C_k}{C_{k+s}}\boldsymbol{x}^{(k)}.$$

Der Vektor $\boldsymbol{x}^{(k+s)}$ läßt sich somit linear durch $\boldsymbol{x}^{(1)}, \boldsymbol{x}^{(2)}, \ldots, \boldsymbol{x}^{(k)}$ ausdrücken.

Es seien $\boldsymbol{x}^{(1)}, \boldsymbol{x}^{(2)}, \ldots, \boldsymbol{x}^{(n)}$ irgendwelche linear unabhängige Vektoren. Ein Beispiel dafür sind die Vektoren

$$(1, 0, 0, \ldots, 0), \quad (0, 1, 0, \ldots, 0), \ldots, \quad (0, 0, 0, \ldots, 1). \tag{21}$$

Nehmen wir noch einen beliebigen Vektor $\boldsymbol{x}$ dazu, dann sind die $n + 1$ Vektoren $\boldsymbol{x}^{(1)}, \boldsymbol{x}^{(2)}, \ldots, \boldsymbol{x}^{(n)}, \boldsymbol{x}$, wie wir oben sahen, linear abhängig. Es gilt also die Gleichung

$$C_1\boldsymbol{x}^{(1)} + C_2\boldsymbol{x}^{(2)} + \cdots + C_n\boldsymbol{x}^{(n)} + C\boldsymbol{x} = 0.$$

Dabei ist die Konstante C sicherlich von 0 verschieden, da nämlich sonst die Vektoren $\boldsymbol{x}^{(1)}, \boldsymbol{x}^{(2)}, \ldots, \boldsymbol{x}^{(n)}$ linear abhängig wären. Aus diesen Überlegungen ergibt sich, daß *sich jeder Vektor $\boldsymbol{x}$ durch n linear unabhängige Vektoren folgendermaßen ausdrücken läßt*:

$$\boldsymbol{x} = \alpha_1\boldsymbol{x}^{(1)} + \alpha_2\boldsymbol{x}^{(2)} + \cdots + \alpha_n\boldsymbol{x}^{(n)} \qquad \left(\alpha_s = -\frac{C_s}{C}\right). \tag{22}$$

Man sieht, daß *es auch nur eine Darstellung von $\boldsymbol{x}$ durch die Vektoren $\boldsymbol{x}^{(1)}, \boldsymbol{x}^{(2)}, \ldots, \boldsymbol{x}^{(n)}$ gibt.* Gäbe es nämlich außer (22) noch einen Ausdruck

$$\boldsymbol{x} = \beta_1\boldsymbol{x}^{(1)} + \beta_2\boldsymbol{x}^{(2)} + \cdots + \beta_n\boldsymbol{x}^{(n)},$$

wobei mindestens ein β_s von dem entsprechenden α_s verschieden ist, so würden wir nach Subtraktion der beiden Ausdrücke die Beziehung

$$(\alpha_1 - \beta_1)\,\boldsymbol{x}^{(1)} + (\alpha_2 - \beta_2)\,\boldsymbol{x}^{(2)} + \cdots + (\alpha_n - \beta_n)\,\boldsymbol{x}^{(n)} = 0$$

erhalten; die Vektoren $\boldsymbol{x}^{(1)}, \boldsymbol{x}^{(2)}, \ldots, \boldsymbol{x}^{(n)}$ wären also linear abhängig. Nimmt man als $\boldsymbol{x}^{(1)}, \boldsymbol{x}^{(2)}, \ldots, \boldsymbol{x}^{(n)}$ die Vektoren (21), dann sind die Zahlen α_s aus (22) offenbar mit den Komponenten x_s des Vektors $\boldsymbol{x} = (x_1, x_2, \ldots, x_n)$ identisch. Auch im allgemeinen Fall kann man die α_s die *Komponenten von* $\boldsymbol{x}$ *bezüglich der Grundvektoren* $\boldsymbol{x}^{(1)}, \boldsymbol{x}^{(2)}, \dots, \boldsymbol{x}^{(n)}$ nennen. Lassen wir die Zahlen α_s alle komplexen Werte durchlaufen, dann erhalten wir alle Vektoren des n-dimensionalen Raumes. Angenommen, wir haben jetzt k linear unabhängige Vektoren

$$\boldsymbol{x}^{(1)}, \boldsymbol{x}^{(2)}, \dots, \boldsymbol{x}^{(k)} \tag{23}$$

mit $k < n$. Wir sagen dann, die Gesamtheit aller Vektoren, die sich durch

$$\boldsymbol{y} = C_1 \boldsymbol{x}^{(1)} + C_2 \boldsymbol{x}^{(2)} + \cdots + C_k \boldsymbol{x}^{(k)} \tag{23_1}$$

mit beliebigen Konstanten C_s darstellen lassen, bilde einen *Unterraum* L_k der Dimension k. Wie oben kann man zeigen, daß sich jeder in L_k liegende Vektor eindeutig durch $\boldsymbol{x}^{(1)}, \boldsymbol{x}^{(2)}, \dots, \boldsymbol{x}^{(k)}$ ausdrücken läßt. Man sagt auch, *die Vektoren* (23) *spannen den Unterraum* L_k *auf.*

Gehört ein Vektor $\boldsymbol{z}$ zu L_k, d. h., läßt er sich in der Gestalt (23_1) darstellen, so läßt sich $c\boldsymbol{z}$ für beliebiges c ebenfalls durch (23_1) ausdrücken, gehört also zu L_k. Ebenso gehört mit $\boldsymbol{z}^{(1)}$ und $\boldsymbol{z}^{(2)}$ auch die Summe $\boldsymbol{z}^{(1)} + \boldsymbol{z}^{(2)}$ zu L_k. Hieraus ergibt sich unmittelbar eine allgemeinere Eigenschaft: *Gehören die Vektoren* $\boldsymbol{z}^{(1)}, \boldsymbol{z}^{(2)}, \dots, \boldsymbol{z}^{(p)}$ *zu einem Unterraum* L_k, *so liegt auch jede Linearkombination* $\gamma_1 \boldsymbol{z}^{(1)} + \gamma_2 \boldsymbol{z}^{(2)} + \cdots + \gamma_p \boldsymbol{z}^{(p)}$ *in* L_k.

Wir wählen nun m beliebige Vektoren aus L_k aus:

$$\boldsymbol{y}^{(s)} = C_1^{(s)} \boldsymbol{x}^{(1)} + C_2^{(s)} \boldsymbol{x}^{(2)} + \cdots + C_k^{(s)} \boldsymbol{x}^{(k)} \qquad (s = 1, 2, \dots, m)\,. \tag{24}$$

Wegen der linearen Unabhängigkeit der Vektoren (23) ist eine Relation der Gestalt

$$\alpha_1 \boldsymbol{y}^{(1)} + \alpha_2 \boldsymbol{y}^{(2)} + \cdots + \alpha_m \boldsymbol{y}^{(m)} = 0$$

mit dem System von k homogenen Gleichungen in $\alpha_1, \alpha_2, \dots, \alpha_m$,

$$\alpha_1 C_q^{(1)} + \alpha_2 C_q^{(2)} + \cdots + \alpha_m C_q^{(m)} = 0 \qquad (q = 1, 2, \dots, k)\,,$$

gleichwertig. Besitzt dieses von der Nullösung verschiedene Lösungen, dann sind die Vektoren (24) linear abhängig. Insbesondere gibt es für $m > k$ sicherlich von der Nullösung verschiedene Lösungen, d. h., mehr als k Vektoren eines von den Vektoren (23) aufgespannten Unterraumes sind stets linear abhängig. Hieraus ergibt sich, daß der aus den linear unabhängigen Vektoren (23) gebildete Unterraum nicht schon von $l < k$ linear unabhängigen Vektoren $\boldsymbol{z}^{(1)}, \boldsymbol{z}^{(2)}, \dots, \boldsymbol{z}^{(l)}$ gebildet werden kann. Nach dem eben Gesagten kann es in dem Unterraum dann nicht mehr als l linear unabhängige Vektoren geben. Es liegen aber in ihm die linear unabhängigen Vektoren (23), deren Anzahl größer als l ist. *Wählen wir k beliebige linear unabhängige Vektoren* $\boldsymbol{u}^{(1)}, \boldsymbol{u}^{(2)}, \dots, \boldsymbol{u}^{(k)}$ *aus* L_k *aus, so bilden diese in dem oben angegebenen Sinne denselben Unterraum* L_k. Nach der Definition des Unterraumes gehört nämlich jede Linearkombination $C_1 \boldsymbol{u}^{(1)} + C_2 \boldsymbol{u}^{(2)} + \cdots + C_k \boldsymbol{u}^{(k)}$ zu L_k. Es sei nun $\boldsymbol{y}$ irgendein Vektor aus L_k. Die $k + 1$ Vektoren $\boldsymbol{u}^{(1)}, \boldsymbol{u}^{(2)}, \dots, \boldsymbol{u}^{(k)}$, $\boldsymbol{y}$ gehören zu L_k und müssen nach dem Früheren linear abhängig sein; also ist

$$\beta_1 \boldsymbol{u}^{(1)} + \beta_2 \boldsymbol{u}^{(2)} + \cdots + \beta_k \boldsymbol{u}^{(k)} + \gamma \boldsymbol{y} = 0\,.$$

Da $\boldsymbol{u}^{(1)}, \boldsymbol{u}^{(2)}, \dots, \boldsymbol{u}^{(k)}$ linear unabhängig sind, muß γ von 0 verschieden sein, d. h., jeder Vektor $\boldsymbol{y}$ aus L_k läßt sich durch $\boldsymbol{u}^{(1)}, \boldsymbol{u}^{(2)}, \dots, \boldsymbol{u}^{(k)}$ ausdrücken. Diese Vektoren spannen auch tatsächlich den Unterraum L_k auf. Ist in (24) $m = k$ und die aus den Koeffizienten $C_p^{(q)}$ gebildete Determinante von 0 verschieden, so sind $\boldsymbol{y}^{(1)}, \boldsymbol{y}^{(2)}, \dots, \boldsymbol{y}^{(k)}$ linear unabhängige Vektoren aus L_k.

Im allgemeinen Fall zeigt man leicht, daß die Anzahl der durch (24) gegebenen linear unabhängigen Vektoren gleich dem Rang der Matrix $C_p^{(q)}$ ist.

Wie wir oben sahen, gehört mit einem Vektor $\boldsymbol{z}$ auch $c\boldsymbol{z}$ (für beliebiges c) und mit zwei Vektoren $\boldsymbol{z}_1, \boldsymbol{z}_2$ auch der Vektor $\boldsymbol{z}_1 + \boldsymbol{z}_2$ zu einem Unterraum L. Wir könnten nun auch einen Unterraum folgendermaßen definieren: Ein *Unterraum* L ist eine solche Gesamtheit von Vektoren, die mit einem Vektor $\boldsymbol{z}$ auch $c\boldsymbol{z}$ und mit $\boldsymbol{z}^{(1)}$ und $\boldsymbol{z}^{(2)}$ auch den Vektor $\boldsymbol{z}^{(1)} + \boldsymbol{z}^{(2)}$ enthält. Hieraus ergibt sich unmittelbar, daß jede Linearkombination von Vektoren aus L zu L gehört. Wir sahen ebenso, daß aus der früheren Definition eines Unterraumes die Eigenschaften folgen, die in der neuen Definition formuliert sind. Wir zeigen nun auch umgekehrt, daß aus der neuen Definition die alte folgt; d. h., die Definitionen sind gleichwertig.

Es sei $\boldsymbol{x}^{(1)}$ ein Vektor aus L. Nach Definition von L gehören die Vektoren $C_1\boldsymbol{x}^{(1)}$ bei beliebigem C_1 ebenfalls zu L. Wird durch diese Vektoren ganz L ausgeschöpft, so haben wir einen Unterraum L_1 im früheren Sinne vor uns. Andernfalls gibt es in L einen von $\boldsymbol{x}^{(1)}$ linear unabhängigen Vektor $\boldsymbol{x}^{(2)}$, und die Vektoren $C_1\boldsymbol{x}^{(1)} + C_2\boldsymbol{x}^{(2)}$ gehören bei beliebigen C_1, C_2 zu L. Wird durch diese Vektoren ganz L ausgeschöpft, so ist L mit einem L_2 im früheren Sinne identisch. Sonst liegt in L noch ein Vektor $\boldsymbol{x}^{(3)}$ derart, daß $\boldsymbol{x}^{(1)}, \boldsymbol{x}^{(2)}, \boldsymbol{x}^{(3)}$ linear unabhängig sind. Fahren wir in dieser Weise fort, so schöpfen wir durch endlich viele linear unabhängige Vektoren $\boldsymbol{x}^{(s)}$ ganz L aus, da es nicht mehr als n linear unabhängige Vektoren gibt. Die Anzahl k dieser Vektoren $\boldsymbol{x}^{(s)}$ liefert die Dimension des Vektorraumes L. Für $k = n$ stimmt L mit dem ganzen n-dimensionalen Raum überein.

Wir erwähnen noch einen mit der Bildung des Unterraumes zusammenhängenden Umstand. Sind die Vektoren $\boldsymbol{x}^{(1)}, \boldsymbol{x}^{(2)}, \ldots, \boldsymbol{x}^{(k)}$ linear abhängig, so sagen wir nach wie vor, daß (23_1) einen Unterraum L definiert. Wir nehmen an, daß unter den angegebenen Vektoren die ersten l, nämlich $\boldsymbol{x}^{(1)}, \boldsymbol{x}^{(2)}, \ldots, \boldsymbol{x}^{(l)}$, linear unabhängig sind und jeder der übrigen Vektoren $\boldsymbol{x}^{(l+1)}, \boldsymbol{x}^{(l+2)}, \ldots, \boldsymbol{x}^{(k)}$ sich durch sie linear ausdrücken läßt. Dabei ist offenbar die Gesamtheit der durch (23_1) definierten Vektoren mit der Gesamtheit der durch

$$\boldsymbol{y} = C_1\boldsymbol{x}^{(1)} + C_2\boldsymbol{x}^{(2)} + \cdots + C_l\boldsymbol{x}^{(l)}$$

ausgedrückten Vektoren identisch, d. h., der durch die linear abhängigen Vektoren $\boldsymbol{x}^{(1)}, \boldsymbol{x}^{(2)}, \ldots, \boldsymbol{x}^{(k)}$ aufgespannte Unterraum L besitzt die Dimension l ($l < k$).

Wir betrachten speziell den reellen dreidimensionalen Raum und lassen alle Vektoren von einem bestimmten Punkt O (dem Ursprung) ausgehen. Hier ist $n = 3$. Für $k = 1$ ist der Unterraum L_1 eine Gerade durch O, und L_2 ist eine Ebene durch O.

13. Das innere Produkt. Wir verabreden zunächst einige Bezeichnungen. Ist α eine komplexe Zahl, so bezeichne $\bar{\alpha}$ die zu α konjugiert komplexe Zahl und $|\alpha|$ den absoluten Betrag von α, so daß also $\alpha\bar{\alpha} = |\alpha|^2$ ist. Wir führen nun einen neuen Begriff ein, der im folgenden eine große Rolle spielen wird.

Definition. Unter dem *inneren Produkt* (*Skalarprodukt*) zweier Vektoren

$$\boldsymbol{x} = (x_1, x_2, \ldots, x_n) \quad \text{und} \quad \boldsymbol{y} = (y_1, y_2, \ldots, y_n)$$

verstehen wir die Zahl, die gleich der folgenden Summe ist:

$$\sum_{s=1}^{n} x_s \bar{y}_s\,.$$

Wir werden das innere Produkt mit $(\boldsymbol{x}, \boldsymbol{y})$ bezeichnen. Es gelten die Beziehungen

$$(\boldsymbol{x}, \boldsymbol{y}) = \sum_{s=1}^{n} x_s \bar{y}_s , \qquad (\boldsymbol{y}, \boldsymbol{x}) = \sum_{s=1}^{n} y_s \bar{x}_s .$$

Hieraus folgt

$$(\boldsymbol{y}, \boldsymbol{x}) = \overline{(\boldsymbol{x}, \boldsymbol{y})} .$$

Wir sagen, daß zwei Vektoren *aufeinander senkrecht stehen* oder auch daß sie *zueinander orthogonal* sind, wenn ihr inneres Produkt gleich 0 ist. Da die zu 0 konjugierte Zahl ebenfalls gleich 0 ist, spielt in der Orthogonalitätsbedingung die Reihenfolge der Vektoren im inneren Produkt keine Rolle. Man sieht leicht, daß der Nullvektor $(0, 0, \dots , 0)$ zu jedem Vektor $\boldsymbol{x}$ orthogonal ist.

Aus der Definition des inneren Produkts ergeben sich unmittelbar die Eigenschaften

$$(\alpha \boldsymbol{x}, \boldsymbol{y}) = \alpha(\boldsymbol{x}, \boldsymbol{y}) , \qquad (\boldsymbol{x}, \alpha \boldsymbol{y}) = \bar{\alpha}(\boldsymbol{x}, \boldsymbol{y})$$

(α ein Zahlenfaktor). Außerdem gilt

$$(\boldsymbol{x} + \boldsymbol{y}, \boldsymbol{z}) = (\boldsymbol{x}, \boldsymbol{z}) + (\boldsymbol{y}, \boldsymbol{z}) , \qquad (\boldsymbol{x}, \boldsymbol{y} + \boldsymbol{z}) = (\boldsymbol{x}, \boldsymbol{y}) + (\boldsymbol{x}, \boldsymbol{z}) ,$$

und dieses Distributivgesetz gilt für beliebig viele Summanden. Es folgt daraus u. a. die Beziehung

$$(\boldsymbol{x} + \boldsymbol{y}, \boldsymbol{u} + \boldsymbol{v}) = (\boldsymbol{x}, \boldsymbol{u}) + (\boldsymbol{x}, \boldsymbol{v}) + (\boldsymbol{y}, \boldsymbol{u}) + (\boldsymbol{y}, \boldsymbol{v}) .$$

Wir bilden das innere Produkt eines Vektors $\boldsymbol{x} = (x_1, x_2, \dots , x_n)$ mit sich selbst:

$$(\boldsymbol{x}, \boldsymbol{x}) = \sum_{s=1}^{n} x_s \bar{x}_s = \sum_{s=1}^{n} |x_s|^2 .$$

Der Ausdruck ist eine positive Zahl, wenn der Vektor von $(0, 0, \dots , 0)$ verschieden ist, und verschwindet für den Nullvektor $(0, 0, \dots , 0)$. Die Quadratwurzel (genauer: ihr nichtnegativer Wert) aus der reellen Zahl $(\boldsymbol{x}, \boldsymbol{x})$ heißt die *Norm* oder die *Länge des Vektors* $\boldsymbol{x}$. Bezeichnen wir die Norm mit $||\boldsymbol{x}||$, so ist

$$||\boldsymbol{x}||^2 = (\boldsymbol{x}, \boldsymbol{x}) = \sum_{s=1}^{n} |x_s|^2 , \qquad ||\boldsymbol{x}|| = \sqrt{(\boldsymbol{x}, \boldsymbol{x})} = \sqrt{\sum_{s=1}^{n} |x_s|^2} .$$

Die Gleichung $||\boldsymbol{x}|| = 0$ bedeutet, daß $\boldsymbol{x}$ der Nullvektor ist. Es seien $\boldsymbol{x}, \boldsymbol{y}, \boldsymbol{z}$ drei paarweise orthogonale Vektoren, d. h.

$$(\boldsymbol{x}, \boldsymbol{y}) = 0 , \qquad (\boldsymbol{x}, \boldsymbol{z}) = 0 , \qquad (\boldsymbol{y}, \boldsymbol{z}) = 0 .$$

Das Distributivgesetz für das innere Produkt ergibt bei Beachtung dieser Gleichungen

$$(\boldsymbol{x} + \boldsymbol{y} + \boldsymbol{z} , \boldsymbol{x} + \boldsymbol{y} + \boldsymbol{z}) = (\boldsymbol{x}, \boldsymbol{x}) + (\boldsymbol{y}, \boldsymbol{y}) + (\boldsymbol{z}, \boldsymbol{z})$$

oder

$$||\boldsymbol{x} + \boldsymbol{y} + \boldsymbol{z}||^2 = ||\boldsymbol{x}||^2 + ||\boldsymbol{y}||^2 + ||\boldsymbol{z}||^2 .$$

Diese Formel entspricht dem *Satz des Pythagoras*. Sie gilt für beliebig viele Summanden. Wesentlich ist nur, daß die Vektorsummanden paarweise orthogonal sind. Wir beweisen die folgende Aussage: *Sind die Vektoren* $\boldsymbol{x}^{(1)}, \boldsymbol{x}^{(2)}, \dots , \boldsymbol{x}^{(l)}$ *paarweise orthogonal und kommt unter ihnen der Nullvektor nicht vor, so sind sie linear unabhängig.* Wir nehmen an, es gelte

$$\sum_{s=1}^{l} C_s \boldsymbol{x}^{(s)} = 0\,,$$

und zeigen, daß alle Zahlen C_s gleich 0 sein müssen. Dazu multiplizieren wir beide Seiten dieser Gleichung skalar mit $\boldsymbol{x}^{(k)}$, wobei k eine der Zahlen 1, 2, ... , l ist:

$$\sum_{s=1}^{l} C_s(\boldsymbol{x}^{(s)}, \boldsymbol{x}^{(k)}) = 0\,.$$

Da die Vektoren $\boldsymbol{x}^{(s)}$ paarweise orthogonal sind, ist $(\boldsymbol{x}^{(s)}, \boldsymbol{x}^{(k)}) = 0$ für $s \neq k$. Dies ergibt dann $C_k(\boldsymbol{x}^{(k)}, \boldsymbol{x}^{(k)}) = 0$, d. h. $C_k\,||\boldsymbol{x}^{(k)}||^2 = 0$. Hieraus folgt aber wegen $||\boldsymbol{x}^{(k)}||^2 > 0$ die Beziehung $C_k = 0$. Sie gilt für jedes k.

14. Geometrische Deutung homogener Systeme. Wir betrachten das homogene System

$$\left.\begin{aligned} a_{11}x_1 + a_{12}x_2 + \cdots + a_{1n}x_n &= 0\,,\\ a_{21}x_1 + a_{22}x_2 + \cdots + a_{2n}x_n &= 0\,,\\ \cdots\cdots\cdots\cdots\cdots\cdots&\cdots\\ a_{n1}x_1 + a_{n2}x_2 + \cdots + a_{nn}x_n &= 0 \end{aligned}\right\} \tag{25}$$

und führen die Vektoren

$$\boldsymbol{a}^{(1)} = (\bar{a}_{11}, \bar{a}_{12}, \ldots, \bar{a}_{1n}),\ \ldots\ , \boldsymbol{a}^{(n)} = (\bar{a}_{n1}, \bar{a}_{n2}, \ldots, \bar{a}_{nn}) \tag{26}$$

ein. Dann läßt sich das System (25) kurz in der Gestalt

$$(\boldsymbol{x}, \boldsymbol{a}^{(1)}) = 0\,,\ \ldots\ , (\boldsymbol{x}, \boldsymbol{a}^{(n)}) = 0 \tag{27}$$

schreiben. Dadurch ist das Problem der Auflösung von (25) zurückgeführt auf die Bestimmung eines Vektors $\boldsymbol{x}$, der zu allen Vektoren $\boldsymbol{a}^{(j)}$ orthogonal ist. Ist die Determinante $|a_{ik}|$ von 0 verschieden, so gilt dasselbe für die Determinante $|\bar{a}_{ik}|$, da ihr Wert konjugiert komplex zu $|a_{ik}|$ ist. Also sind die Vektoren $\boldsymbol{a}^{(j)}$ linear unabhängig, und das System (27) hat nur die Nullösung. Außer dem Nullvektor gibt es somit keinen Vektor, der auf allen n linear unabhängigen Vektoren (im n-dimensionalen Raum) senkrecht steht.

Wir betrachten nun den Fall, daß die Determinante des Systems (25) gleich 0 ist. Der Rang des Systems sei k. Bilden wir die Matrix aus den konjugiert komplexen Elementen, dann sind die Werte der Determinanten aus den Elementen der Matrix konjugiert komplex zu den entsprechenden Determinanten aus den Elementen der Matrix (a_{ik}). Also ist offenbar der Rang der konjugierten Matrix ebenfalls gleich k. Nach dem oben Bewiesenen gibt es unter den Vektoren $\boldsymbol{a}^{(j)}$ sicher k linear unabhängige, alle übrigen sind Linearkombinationen von diesen. Ohne Beschränkung der Allgemeinheit dürfen wir annehmen, daß

$$\boldsymbol{a}^{(1)}, \ldots, \boldsymbol{a}^{(k)} \tag{28}$$

diese linear unabhängigen Vektoren sind. Die anderen lassen sich dann in der Gestalt

$$\boldsymbol{a}^{(k+s)} = \beta_1^{(k+s)}\boldsymbol{a}^{(1)} + \beta_2^{(k+s)}\boldsymbol{a}^{(2)} + \cdots + \beta_k^{(k+s)}\boldsymbol{a}^{(k)}$$

$$(k + s = k + 1, k + 2, \ldots, n)$$

darstellen. Die $\beta_p^{(q)}$ sind dabei gewisse Zahlenkoeffizienten. Wie sich hieraus unmittelbar ergibt, steht der Vektor $\boldsymbol{x}$ auf allen n Vektoren $\boldsymbol{a}^{(j)}$ senkrecht, sobald er zu allen Vektoren (28) orthogonal ist. Es gilt nämlich

$$(\boldsymbol{x}, \boldsymbol{a}^{(k+s)}) = \sum_{i=1}^{k} \bar{\beta}_i^{(k+s)}(\boldsymbol{x}, \boldsymbol{a}^{(i)}) .$$

Die Summe ist gleich 0, da nach Voraussetzung jeder einzelne Summand verschwindet. Folglich genügt es, die ersten k Gleichungen des Systems zu lösen. Wenn wir wie immer annehmen, eine von 0 verschiedene Determinante vom Grade k stehe in der linken oberen Ecke, so erhalten wir für den gesuchten Vektor $\boldsymbol{x}$ nach der Methode von [12] $n - k$ linear unabhängige Lösungen $\boldsymbol{x}^{(1)}, \dots, \boldsymbol{x}^{(n-k)}$. Jede weitere Lösung läßt sich dann als Linearkombination dieser $n - k$ Vektoren darstellen. Man kann sagen, daß in diesem Fall die durch

$$\boldsymbol{y} = C_1\boldsymbol{a}^{(1)} + C_2\boldsymbol{a}^{(2)} + \cdots + C_k\boldsymbol{a}^{(k)}$$

definierten Vektoren (die C_i sind hier willkürliche Konstanten) einen Raum L_k der Dimension k aufspannen. Dieser ist ein Unterraum des n-dimensionalen Raumes. Ebenso bilden die Vektoren $\boldsymbol{x}^{(1)}, \boldsymbol{x}^{(2)}, \dots, \boldsymbol{x}^{(n-k)}$ einen Unterraum M_{n-k} der Dimension $n - k$. *Nun ist der Unterraum M_{n-k} orthogonal zum Unterraum L_k*, d. h., jeder Vektor aus M_{n-k} ist zu jedem Vektor aus L_k orthogonal und umgekehrt. Der Unterraum M_{n-k} besteht aus den Vektoren, die dem System (27) genügen, die also zu $\boldsymbol{a}^{(1)}, \boldsymbol{a}^{(2)}, \dots, \boldsymbol{a}^{(k)}$ orthogonal sind. Man sieht leicht, daß die n Vektoren $\boldsymbol{a}^{(1)}, \dots, \boldsymbol{a}^{(k)}, \boldsymbol{x}^{(1)}, \dots, \boldsymbol{x}^{(n-k)}$ linear unabhängig sind. Nehmen wir einmal an, es bestünde zwischen ihnen eine Beziehung

$$(c_1\boldsymbol{a}^{(1)} + \cdots + c_k\boldsymbol{a}^{(k)}) + (d_1\boldsymbol{x}^{(1)} + \cdots + d_{n-k}\boldsymbol{x}^{(n-k)}) = 0 . \qquad (29)$$

Die erste Klammer liefert dann einen Vektor $\boldsymbol{a}$ aus L_k, die zweite einen Vektor $\boldsymbol{x}$ aus M_{n-k}, und es ist $\boldsymbol{a} + \boldsymbol{x} = 0$ oder $\boldsymbol{a} = -\boldsymbol{x}$. Die Vektoren $\boldsymbol{a}$ und $\boldsymbol{x}$ sind jedoch zueinander orthogonal. Es zeigt sich also, daß der Vektor $\boldsymbol{a}$ zu sich selbst orthogonal ist. Das bedeutet, daß $(\boldsymbol{a}, \boldsymbol{a}) = 0$ oder $||\boldsymbol{a}|| = 0$ ist. Hieraus folgt, daß $\boldsymbol{a}$ der Nullvektor ist. Dasselbe gilt für den Vektor $\boldsymbol{x}$. Somit ist

$$c_1\boldsymbol{a}^{(1)} + \cdots + c_k\boldsymbol{a}^{(k)} = 0 \quad \text{und} \quad d_1\boldsymbol{x}^{(1)} + \cdots + d_{n-k}\boldsymbol{x}^{(n-k)} = 0 .$$

Nach Voraussetzung sind aber die Vektoren $\boldsymbol{a}^{(1)}, \dots, \boldsymbol{a}^{(k)}$ linear unabhängig, folglich müssen alle Konstanten c_s gleich 0 sein. Dasselbe kann man von den d_s aussagen. Also müssen in der Beziehung (29) alle Koeffizienten verschwinden, d. h., die Vektoren $\boldsymbol{a}^{(1)}, \dots, \boldsymbol{a}^{(k)}, \boldsymbol{x}^{(1)}, \dots, \boldsymbol{x}^{(n-k)}$ sind tatsächlich linear unabhängig.

Jeder Vektor $\boldsymbol{x}$ läßt sich eindeutig in der Form

$$\boldsymbol{x} = (\gamma_1\boldsymbol{a}^{(1)} + \cdots + \gamma_k\boldsymbol{a}^{(k)}) + (\delta_1\boldsymbol{x}^{(1)} + \cdots + \delta_{n-k}\boldsymbol{x}^{(n-k)})$$

darstellen, wobei die erste Klammer einen Vektor aus L_k, die zweite einen Vektor aus M_{n-k} liefert. Die Vektoren aus M_{n-k} sind, wie schon erwähnt, alle möglichen Lösungen des Systems (27). Somit besteht jedes vollständige System linear unabhängiger Lösungen aus $n - k$ solcher Lösungen; das sind genau so viele, wie die Dimension von M_{n-k} beträgt. Auf Grund der obigen Untersuchungen homogener Systeme kommen wir jetzt zu dem folgenden wichtigen Resultat:

Liegt ein Unterraum L_k der Dimension k ($k < n$) vor, so bilden die zu diesem Unterraum orthogonalen Vektoren einen Unterraum M_{n-k} der Dimension $n - k$. Jeder Vektor $\boldsymbol{x}$ aus R_n kann als Summe $\boldsymbol{x} = \boldsymbol{y} + \boldsymbol{z}$ dargestellt werden, wobei $\boldsymbol{y}$ zu L_k und $\boldsymbol{z}$ zu M_{n-k} gehört.

Wir werden zeigen, daß *diese Darstellung eindeutig ist.* Angenommen, es gäbe außer dieser Darstellung noch eine weitere $\boldsymbol{x} = \boldsymbol{u} + \boldsymbol{v}$ mit $\boldsymbol{u}$ aus L_k und $\boldsymbol{v}$ aus M_{n-k}. Wir müssen beweisen, daß $\boldsymbol{u} = \boldsymbol{y}$ und $\boldsymbol{v} = \boldsymbol{z}$ ist. Es gilt zunächst $\boldsymbol{y} + \boldsymbol{z} = \boldsymbol{u} + \boldsymbol{v}$, also $\boldsymbol{y} - \boldsymbol{u} = \boldsymbol{v} - \boldsymbol{z}$. Die Differenz $\boldsymbol{y} - \boldsymbol{u}$ gehört zu L_k, die Differenz $\boldsymbol{v} - \boldsymbol{z}$ zu M_{n-k}. Hieraus ergibt sich, daß der Vektor $\boldsymbol{y} - \boldsymbol{u}$ zu sich selbst orthogonal ist, so daß $(\boldsymbol{y} - \boldsymbol{u}, \boldsymbol{y} - \boldsymbol{u}) = 0$ oder $||\boldsymbol{y} - \boldsymbol{u}|| = 0$ gilt. Dann ist aber $\boldsymbol{y} - \boldsymbol{u} = 0$ und $\boldsymbol{y} = \boldsymbol{u}$. Aus $\boldsymbol{y} - \boldsymbol{u} = \boldsymbol{v} - \boldsymbol{z}$ folgt damit die Behauptung $\boldsymbol{v} = \boldsymbol{z}$.

Der in der Darstellung $\boldsymbol{x} = \boldsymbol{y} + \boldsymbol{z}$ auftretende Vektor $\boldsymbol{y}$ heißt *Projektion von* $\boldsymbol{x}$ *in den Unterraum* L_k. In dieser Darstellung sind die Vektoren $\boldsymbol{y}$ und $\boldsymbol{z}$ orthogonal, und der Satz des PYTHAGORAS ergibt die Beziehung $||\boldsymbol{x}||^2 = ||\boldsymbol{y}||^2 + ||\boldsymbol{z}||^2$. Folglich ist $||\boldsymbol{y}|| \leqq ||\boldsymbol{x}||$. Dabei gilt das Gleichheitszeichen dann und nur dann, wenn $\boldsymbol{z}$ der Nullvektor ist, wenn also $\boldsymbol{x}$ zu L_k gehört, so daß $\boldsymbol{y} = \boldsymbol{x}$ ist. Analog ist $||\boldsymbol{z}|| \leqq ||\boldsymbol{x}||$, und das Gleichheitszeichen steht dann und nur dann, wenn $\boldsymbol{x}$ zu L_k orthogonal ist, d. h., wenn $\boldsymbol{z} = \boldsymbol{x}$ ist. Die Unterräume L_k und M_{n-k} nennt man gewöhnlich *komplementäre orthogonale Unterräume*. Für $k = n$ ist L_n der ganze R_n, und M_0 reduziert sich auf den Nullvektor.

Als Beispiel betrachten wir wieder den reellen dreidimensionalen Raum; es sei $k = 2$, also $n - k = 3 - 2 = 1$. Der Unterraum L_2 ist eine Ebene E durch den Punkt O, M_1 ist eine Gerade G durch O, die zu E senkrecht ist. Jeder Vektor kann eindeutig als Summe zweier Vektoren dargestellt werden, von denen der eine in der Ebene E, der andere auf der Geraden G liegt. Wir haben nun eine geometrische Deutung der Lösung eines homogenen Systems nur dort gegeben, wo die Anzahl der Gleichungen gleich der Anzahl der Unbekannten ist. Ganz entsprechend kann man auch im allgemeinen Fall verfahren. Dabei muß die Anzahl der Vektoren $\boldsymbol{a}^{(s)}$ nicht unbedingt gleich der Zahl n sein. Eine entsprechende Bemerkung gilt auch für den folgenden Abschnitt.

15. Inhomogene Systeme. Wir betrachten das inhomogene System

$$\left.\begin{array}{l} a_{11}x_1 + a_{12}x_2 + \cdots + a_{1n}x_n = b_1\,, \\ a_{21}x_1 + a_{22}x_2 + \cdots + a_{2n}x_n = b_2\,, \\ \cdots\cdots\cdots\cdots\cdots\cdots\cdots\cdots \\ a_{n1}x_1 + a_{n2}x_2 + \cdots + a_{nn}x_n = b_n\,. \end{array}\right\} \tag{30}$$

Es läßt sich deuten als die Bestimmung eines Vektors $\boldsymbol{x} = (x_1, x_2, \ldots, x_n)$ aus dem System

$$(\boldsymbol{x}, \boldsymbol{a}^{(1)}) = b_1, \ \ldots\ , (\boldsymbol{x}, \boldsymbol{a}^{(n)}) = b_n \tag{31}$$

bei vorgegebenen Vektoren (26). Ist die Determinante des Systems von 0 verschieden, dann ergibt die Cramersche Regel die eindeutige Lösung. Es sei nun die Determinante des Systems gleich 0 und der Rang der Koeffizientenmatrix gleich k. Wie immer ergebe sich dabei eine von 0 verschiedene Determinante vom Grade k in der linken oberen Ecke. Zusammen mit (30) betrachten wir das System homogener Gleichungen, deren Koeffizienten man aus denjenigen des vorgegebenen durch Vertauschung von Zeilen mit Spalten und durch Übergang zu den konjugiert komplexen Koeffizienten erhält. Das neue System hat also die Gestalt

$$\left.\begin{array}{l} \bar{a}_{11}y_1 + \bar{a}_{21}y_2 + \cdots + \bar{a}_{n1}y_n = 0\,, \\ \bar{a}_{12}y_1 + \bar{a}_{22}y_2 + \cdots + \bar{a}_{n2}y_n = 0\,, \\ \cdots\cdots\cdots\cdots\cdots\cdots\cdots\cdots \\ \bar{a}_{1n}y_1 + \bar{a}_{2n}y_2 + \cdots + \bar{a}_{nn}y_n = 0\,. \end{array}\right\} \tag{32}$$

Die Koeffizientenmatrix hat nach wie vor den Rang k, und die in der linken oberen Ecke sich ergebende Determinante vom Grade k ist nach wie vor von 0 verschieden. Wir nennen dieses homogene System das zu (30) *adjungierte System*. Wie wir oben sahen, ist seine Lösung eine Linearkombination von gewissen $n - k$ Lösungen (Vektoren). Diese kann man z. B. wie folgt erhalten: Man setzt alle y_{k+s} $(1 \leqq s \leqq n - k)$ gleich 0 bis auf eines, das gleich 1 angenommen wird. Dann löst man die ersten k Gleichungen mit Hilfe der Cramerschen Regel nach den Unbekannten $y_1, y_2, \ldots, y_k$ auf. Setzen wir etwa $y_{k+1} = 1$, so kommen wir zu dem System

$$\begin{aligned} \bar{a}_{11}y_1 + \bar{a}_{21}y_2 + \cdots + \bar{a}_{k1}y_k &= -\bar{a}_{k+1,1}\,, \\ \bar{a}_{12}y_1 + \bar{a}_{22}y_2 + \cdots + \bar{a}_{k2}y_k &= -\bar{a}_{k+1,2}\,, \\ \cdots\cdots\cdots\cdots&\cdots\cdots\cdots \\ \bar{a}_{1k}y_1 + \bar{a}_{2k}y_2 + \cdots + \bar{a}_{kk}y_k &= -\bar{a}_{k+1,k}\,. \end{aligned}$$

Lösen wir dieses System und gehen zu den konjugierten Größen über, so erhalten wir die Beziehungen

$$\bar{y}_m = -\frac{\Delta'_m}{\Delta'} \qquad (m = 1, 2, \ldots, k)\,, \tag{33}$$

$$\bar{y}_{k+1} = 1\,, \qquad \bar{y}_{k+2} = \bar{y}_{k+3} = \cdots = \bar{y} = 0\,.$$

Dabei ist

$$\Delta' = \begin{vmatrix} a_{11} & a_{21} & \ldots & a_{1k} \\ a_{12} & a_{22} & \ldots & a_{k2} \\ \cdots & \cdots & \cdots & \cdots \\ a_{1k} & a_{2k} & \ldots & a_{kk} \end{vmatrix} \neq 0\,.$$

Δ'_m erhält man aus Δ', indem man die Elemente der m-ten Spalte durch die $a_{k+1,1} \ldots, a_{k+1,k}$ ersetzt. Die Gleichung

$$(\boldsymbol{b}, \boldsymbol{y}) = -\sum_{m=1}^{k} \frac{\Delta'_m}{\Delta'} b_m + b_{k+1} = 0$$

oder

$$-\sum_{m=1}^{k} \Delta'_m b_m + \Delta' b_{k+1} = 0 \tag{34}$$

drückt die Bedingung aus, daß der Vektor $\boldsymbol{b}$ mit den Komponenten $b_1, b_2, \ldots, b_n$ auf dem eben bei der Lösung des Systems (32) gewonnenen Vektor $\boldsymbol{y}$ senkrecht steht. Wenn wir in der Determinante Δ'_m Zeilen mit Spalten vertauschen und danach die m-te Zeile durch $k - m$ Transpositionen an die Stelle der letzten Zeile bringen, so erhalten wir die Darstellung

$$-\Delta'_m = \begin{vmatrix} a_{11} & a_{12} & \ldots & a_{1k} \\ \cdots & \cdots & \cdots & \cdots \\ a_{m-1,1} & a_{m-1,2} & \ldots & a_{m-1,k} \\ a_{m+1,1} & a_{m+1,2} & \ldots & a_{m+1,k} \\ \cdots & \cdots & \cdots & \cdots \\ a_{k1} & a_{k2} & \ldots & a_{kk} \\ a_{k+1,1} & a_{k+1,2} & \ldots & a_{k+1,k} \end{vmatrix} \cdot (-1)^{k+1+m}\,.$$

Dies ist genau das algebraische Komplement des Elements b_m in der charakteristischen Determinante

$$\Delta_{k+1} = \begin{vmatrix} a_{11} & a_{12} & \dots & a_{1k} & b_1 \\ \dots & \dots & \dots & \dots & \dots \\ a_{k1} & a_{k2} & \dots & a_{kk} & b_k \\ a_{k+1,1} & a_{k+1,2} & \dots & a_{k+1,k} & b_{k+1} \end{vmatrix}.$$

Die Bedingung (34) ist also gleichwertig damit, daß diese charakteristische Determinante gleich 0 ist; denn (34) ist einfach die Entwicklung von Δ_{k+1} nach der letzten Spalte. Analog ergibt sich, daß für $y_{k+s} = 1$ die zu (34) analoge Bedingung gleichwertig ist mit $\Delta_{k+s} = 0$. Wir kommen so zu dem folgenden Ergebnis: *Ist die Determinante des Systems* (30) *gleich* 0, *so hat dieses System genau dann eine Lösung, wenn der Vektor* $(b_1, b_2, \dots, b_n)$ *zu allen Lösungsvektoren des adjungierten Systems* (32) *orthogonal ist.*

Die allgemeine Lösung des Systems (30) ist gleich der Summe irgendeiner speziellen (partikulären) Lösung dieses Systems und der allgemeinen Lösung des entsprechenden homogenen Systems, das man aus (30) erhält, indem man die b_j durch Nullen ersetzt. Diese allgemeine Lösung des homogenen Systems enthält $n - k$ willkürliche Konstanten.

Wir wollen noch eine für das Folgende wichtige geometrische Interpretation des Hauptsatzes über die Lösung von linearen Gleichungssystemen erwähnen. Es seien n Linearformen in n Veränderlichen

$$\begin{aligned} y_1 &= a_{11}x_1 + \dots + a_{1n}x_n\,, \\ &\dots\dots\dots\dots\dots \\ y_n &= a_{n1}x_1 + \dots + a_{nn}x_n \end{aligned}$$

gegeben. Die Veränderlichen x_s sollen beliebige komplexe Werte annehmen können, und $\boldsymbol{y}$ sei der Vektor mit den Komponenten $y_1, y_2, \dots, y_n$. Ist die Determinante $|a_{ik}|$ von 0 verschieden, so erhalten wir für beliebige feste Werte y_k bestimmte Werte x_k, und die oben hergeleiteten Formeln ergeben, daß die Menge der $\boldsymbol{y}$ bei beliebigen x_n $(k = 1, 2, \dots, n)$ den ganzen n-dimensionalen Raum bildet.

Wir nehmen an, die Matrix (a_{ik}) haben den Rang $r < n$. Ohne Beschränkung der Allgemeinheit können wir voraussetzen, daß die in der linken oberen Ecke sich ergebende Determinante vom Grade r von 0 verschieden ist. Der Hauptsatz über die Lösung linearer Gleichungssysteme liefert dann folgende Aussage: Die Gesamtheit der auf Grund der obigen Formeln erhaltenen Vektoren $(y_1, y_2, \dots, y_n)$ hat die Eigenschaft, daß in ihr die Werte $y_1, y_2, \dots, y_r$ willkürlich gewählt werden können. Werden jedoch diese Werte fest vorgegeben, so sind die von $y_{r+1}, y_{r+2}, \dots, y_n$ dadurch völlig bestimmt. Man erhält nämlich die letzten aus der Bedingung, daß die charakteristischen Determinanten gleich 0 sind. In der Sprache der Geometrie bedeutet dies, daß die obigen Formeln in dem Raum R_n einen Unterraum der Dimension r definieren. Dieser Unterraum wird von r Vektoren aufgespannt, die man etwa dadurch erhält, daß man jeweils eines der y_s $(s = 1, 2, \dots, r)$ gleich 1, die übrigen aber gleich 0 setzt. Ist also der Rang der Matrix (a_{ik}) gleich r, so ergeben die obigen Formeln eine Gesamtheit von Werten $(y_1, y_2, \dots, y_n)$, die einen Unterraum der Dimension r definieren.

Wir nahmen bisher an, daß die Anzahl der Linearformen mit der Anzahl der Veränderlichen x_s übereinstimmt. Im allgemeinen Fall

$$\begin{aligned} y_1 &= a_{11}x_1 + \cdots + a_{1n}x_n\,, \\ &\cdots\cdots\cdots\cdots \\ y_m &= a_{m1}x_1 + \cdots + a_{mn}x_n \end{aligned}$$

bestimmen diese Formeln, falls der Vektor $(x_1, x_2, \ldots, x_n)$ den ganzen Raum R_n durchläuft, einen Unterraum des m-dimensionalen Raumes, dessen Dimension gleich dem Rang der Matrix (a_{ik}) ist. Der Beweis unterscheidet sich in nichts von dem vorhergehenden.

16. Die Gramsche Determinante. Die Hadamardsche Ungleichung. Gegeben seien m Vektoren

$$\boldsymbol{x}^{(s)} = (x_1^{(s)}, x_2^{(s)}, \ldots, x_n^{(s)}) \qquad (s = 1, 2, \ldots, m)\,.$$

Wir bilden die Determinante m-ten Grades aus den inneren Produkten $(\boldsymbol{x}^{(i)}, \boldsymbol{x}^{(k)})$ und führen dafür folgende besondere Bezeichnung ein:

$$G(\boldsymbol{x}^{(1)}, \boldsymbol{x}^{(2)}, \ldots, \boldsymbol{x}^{(m)}) = |(\boldsymbol{x}^{(i)}, \boldsymbol{x}^{(k)})| = \begin{vmatrix} (\boldsymbol{x}^{(1)}, \boldsymbol{x}^{(1)}) & (\boldsymbol{x}^{(1)}, \boldsymbol{x}^{(2)}) & \ldots & (\boldsymbol{x}^{(1)}, \boldsymbol{x}^{(m)}) \\ (\boldsymbol{x}^{(2)}, \boldsymbol{x}^{(1)}) & (\boldsymbol{x}^{(2)}, \boldsymbol{x}^{(2)}) & \ldots & (\boldsymbol{x}^{(2)}, \boldsymbol{x}^{(m)}) \\ \cdots & \cdots & \cdots & \cdots \\ (\boldsymbol{x}^{(m)}, \boldsymbol{x}^{(1)}) & (\boldsymbol{x}^{(m)}, \boldsymbol{x}^{(2)}) & \ldots & (\boldsymbol{x}^{(m)}, \boldsymbol{x}^{(m)}) \end{vmatrix}. \tag{35}$$

Diese Determinante heißt die *Gramsche Determinante der Vektoren* $\boldsymbol{x}^{(1)}, \boldsymbol{x}^{(2)}, \ldots, \boldsymbol{x}^{(m)}$.

Wir behandeln die Fälle $m = n$, $m < n$ und $m > n$ getrennt. Das allgemeine Glied der Determinante hat die Gestalt

$$(\boldsymbol{x}^{(i)}, \boldsymbol{x}^{(k)}) = \sum_{s=1}^{n} x_s^{(i)} \overline{x_s^{(k)}}\,.$$

Für $m = n$ ist (35) gleich dem Produkt der Determinanten

$$\begin{vmatrix} x_1^{(1)} & x_2^{(1)} & \ldots & x_n^{(1)} \\ x_1^{(2)} & x_2^{(2)} & \ldots & x_n^{(2)} \\ \cdots & \cdots & \cdots & \cdots \\ x_1^{(n)} & x_2^{(n)} & \ldots & x_n^{(n)} \end{vmatrix} \cdot \begin{vmatrix} \overline{x_1^{(1)}} & \overline{x_1^{(2)}} & \ldots & \overline{x_1^{(n)}} \\ \overline{x_2^{(1)}} & \overline{x_2^{(2)}} & \ldots & \overline{x_2^{(n)}} \\ \cdots & \cdots & \cdots & \cdots \\ \overline{x_n^{(1)}} & \overline{x_n^{(2)}} & \ldots & \overline{x_n^{(n)}} \end{vmatrix}.$$

Dies sieht man, wenn man die beiden Determinanten nach der „Zeilen-Spalten"-Regel multipliziert. Der Wert dieser Determinante ändert sich nicht, wenn man Zeilen mit Spalten vertauscht. Daher ist der zweite Faktor zum ersten konjugiert. Folglich ist die Gramsche Determinante (35) für $m = n$ gleich dem Quadrat des absoluten Betrages der aus den Komponenten $x_k^{(i)}$ der Vektoren $\boldsymbol{x}^{(1)}, \boldsymbol{x}^{(2)}, \ldots, \boldsymbol{x}^{(n)}$ gebildeten Determinante $|x_k^{(i)}|$. Die Determinante (35) ist daher positiv, wenn die betreffenden Vektoren linear unabhängig sind, und gleich 0, wenn sie linear abhängig sind [12].

Für $m \neq n$ haben wir zwei rechteckige Matrizen:

$$\begin{pmatrix} x_1^{(1)} & x_2^{(1)} & \ldots & x_n^{(1)} \\ x_1^{(2)} & x_2^{(2)} & \ldots & x_n^{(2)} \\ \cdots & \cdots & \cdots & \cdots \\ x_1^{(m)} & x_2^{(m)} & \ldots & x_n^{(m)} \end{pmatrix} \tag{36_1}$$

und

$$\begin{pmatrix} \overline{x_1^{(1)}} & \overline{x_1^{(2)}} & \dots & \overline{x_1^{(m)}} \\ \overline{x_2^{(1)}} & \overline{x_2^{(2)}} & \dots & \overline{x_2^{(m)}} \\ \dots & \dots & \dots & \dots \\ \overline{x_n^{(1)}} & \overline{x_n^{(2)}} & \dots & \overline{x_n^{(m)}} \end{pmatrix}, \qquad (36_2)$$

und die zur Bildung der Determinante (35) erforderliche Matrix ist gleich dem Produkt der letzten beiden Matrizen [7]. Nach dem in [7] bewiesenen Satz ist die Determinante (35) für $m>n$ gleich 0. Aber in diesem Fall sind auch die Vektoren $\boldsymbol{x}^{(1)}, \boldsymbol{x}^{(2)}, \dots, \boldsymbol{x}^{(m)}$ linear abhängig [**12**]. Für $m < n$ ist wegen des soeben erwähnten Satzes

$$G(\boldsymbol{x}^{(1)}, \boldsymbol{x}^{(2)}, \dots, \boldsymbol{x}^{(m)}) = \sum_{r_1<r_2<\dots<r_m} X\begin{pmatrix} 1, 2, \dots, m \\ r_1, r_2, \dots, r_m \end{pmatrix} Y\begin{pmatrix} r_1, r_2, \dots, r_m \\ 1, 2, \dots, m \end{pmatrix}.$$

$X\begin{pmatrix} 1, 2, \dots, m \\ r_1, r_2, \dots, r_m \end{pmatrix}$ bezeichnen hier die Minoren der Matrix (36_1), und $Y\begin{pmatrix} r_1, r_2, \dots, r_m \\ 1, 2, \dots, m \end{pmatrix}$ die Minoren von (36_2). Wie oben ist $Y\begin{pmatrix} r_1, r_2, \dots, r_m \\ 1, 2, \dots, m \end{pmatrix}$ die zu $X\begin{pmatrix} 1, 2, \dots, m \\ r_1, r_2, \dots, r_m \end{pmatrix}$ konjugierte Zahl. Die letzte Beziehung läßt sich daher auch in der Gestalt

$$G(\boldsymbol{x}^{(1)}, \boldsymbol{x}^{(2)}, \dots, \boldsymbol{x}^{(m)}) = \sum_{r_1<r_2<\dots<r_m} \left| X\begin{pmatrix} r_1, r_2, \dots, r_m \\ 1, 2, \dots, m \end{pmatrix} \right|^2 \qquad (37)$$

schreiben. Sind die Vektoren $\boldsymbol{x}^{(1)}, \boldsymbol{x}^{(2)}, \dots, \boldsymbol{x}^{(m)}$ linear unabhängig, so ist der Rang der Matrix (36_1) gleich m [**12**], und unter den auf der rechten Seite von (37) stehenden nichtnegativen Summanden ist mindestens einer positiv. Sind jedoch die erwähnten Vektoren linear abhängig, so ist der Rang der Matrix (36_1) kleiner als m, alle in dieser Matrix enthaltenen Unterdeterminanten vom Grade m sind gleich 0, und aus (37) folgt, daß in diesem Fall $G(\boldsymbol{x}^{(1)}, \boldsymbol{x}^{(2)}, \dots, \boldsymbol{x}^{(m)}) = 0$ ist. Damit kommen wir zu dem folgenden Satz:

Satz. *Die Gramsche Determinante* $G(\boldsymbol{x}^{(1)}, \boldsymbol{x}^{(2)}, \dots, \boldsymbol{x}^{(m)})$ *ist positiv, wenn die Vektoren* $\boldsymbol{x}^{(1)}, \boldsymbol{x}^{(2)}, \dots, \boldsymbol{x}^{(m)}$ *linear unabhängig sind, und gleich* 0, *wenn sie linear abhängig sind.*

Wir beweisen noch eine Beziehung für die Gramsche Determinante. Zunächst einige Bezeichnungen. Es sei $\boldsymbol{x}$ ein beliebiger Vektor aus $\boldsymbol{R}_n$. Er besitze eine Zerlegung $\boldsymbol{x} = \boldsymbol{y} + \boldsymbol{z}$, wobei $\boldsymbol{y}$ zu dem durch die Vektoren $\boldsymbol{x}^{(1)}, \boldsymbol{x}^{(2)}, \dots, \boldsymbol{x}^{(m)}$ aufgespannten Unterraum gehört und $\boldsymbol{z}$ zu diesem Unterraum orthogonal ist. Wir wollen die folgende Formel beweisen:

$$G(\boldsymbol{x}^{(1)}, \boldsymbol{x}^{(2)}, \dots, \boldsymbol{x}^{(m)}, \boldsymbol{x}) = \|\boldsymbol{z}\|^2\, G(\boldsymbol{x}^{(1)}, \boldsymbol{x}^{(2)}, \dots, \boldsymbol{x}^{(m)}) . \qquad (38)$$

Es gelten die Gleichungen

$$(\boldsymbol{x}^{(s)}, \boldsymbol{x}) = (\boldsymbol{x}^{(s)}, \boldsymbol{y}), \qquad (\boldsymbol{x}, \boldsymbol{x}^{(s)}) = (\boldsymbol{y}, \boldsymbol{x}^{(s)}),$$

die aus der vorausgesetzten Orthogonalität von $\boldsymbol{z}$ zu allen $\boldsymbol{x}^{(s)}$ folgen. Beachten wir diese Gleichungen und die Formel $(\boldsymbol{x}, \boldsymbol{x}) = (\boldsymbol{y}, \boldsymbol{y}) + (\boldsymbol{z}, \boldsymbol{z})$ [13], so können wir

$$G(\boldsymbol{x}^{(1)}, \boldsymbol{x}^{(2)}, \dots, \boldsymbol{x}^{(m)}, \boldsymbol{x}) = \begin{vmatrix} (\boldsymbol{x}^{(1)}, \boldsymbol{x}^{(1)}) & (\boldsymbol{x}^{(1)}, \boldsymbol{x}^{(2)}) & \cdots & (\boldsymbol{x}^{(1)}, \boldsymbol{x}^{(m)}) & (\boldsymbol{x}^{(1)}, \boldsymbol{y}) \\ (\boldsymbol{x}^{(2)}, \boldsymbol{x}^{(1)}) & (\boldsymbol{x}^{(2)}, \boldsymbol{x}^{(2)}) & \cdots & (\boldsymbol{x}^{(2)}, \boldsymbol{x}^{(m)}) & (\boldsymbol{x}^{(2)}, \boldsymbol{y}) \\ \dots & \dots & \dots & \dots & \dots \\ (\boldsymbol{x}^{(m)}, \boldsymbol{x}^{(1)}) & (\boldsymbol{x}^{(m)}, \boldsymbol{x}^{(2)}) & \cdots & (\boldsymbol{x}^{(m)}, \boldsymbol{x}^{(m)}) & (\boldsymbol{x}^{(m)}, \boldsymbol{y}) \\ (\boldsymbol{y}, \boldsymbol{x}^{(1)}) & (\boldsymbol{y}, \boldsymbol{x}^{(2)}) & \cdots & (\boldsymbol{y}, \boldsymbol{x}^{(m)}) & (\boldsymbol{y}, \boldsymbol{y}) + (\boldsymbol{z}, \boldsymbol{z}) \end{vmatrix}$$

schreiben. Stellen wir die Elemente der letzten Zeile in der Gestalt

$$(\boldsymbol{y}, \boldsymbol{x}^{(1)}) + 0, \quad (\boldsymbol{y}, \boldsymbol{x}^{(2)}) + 0, \quad \dots, \quad (\boldsymbol{y}, \boldsymbol{x}^{(m)}) + 0, \quad (\boldsymbol{y}, \boldsymbol{y}) + (\boldsymbol{z}, \boldsymbol{z})$$

und die Determinante auf Grund der Eigenschaft IV aus [3] als Summe zweier Determinanten dar, so ist

$$G(\boldsymbol{x}^{(1)}, \boldsymbol{x}^{(2)}, \ldots, \boldsymbol{x}^{(m)}, \boldsymbol{x})$$
$$= G(\boldsymbol{x}^{(1)}, \boldsymbol{x}^{(2)}, \ldots, \boldsymbol{x}^{(m)}, \boldsymbol{y}) + \begin{vmatrix} (\boldsymbol{x}^{(1)}, \boldsymbol{x}^{(1)}) & (\boldsymbol{x}^{(1)}, \boldsymbol{x}^{(2)}) & \cdots & (\boldsymbol{x}^{(1)}, \boldsymbol{x}^{(m)}) & (\boldsymbol{x}^{(1)}, \boldsymbol{y}) \\ (\boldsymbol{x}^{(2)}, \boldsymbol{x}^{(1)}) & (\boldsymbol{x}^{(2)}, \boldsymbol{x}^{(2)}) & \cdots & (\boldsymbol{x}^{(2)}, \boldsymbol{x}^{(m)}) & (\boldsymbol{x}^{(2)}, \boldsymbol{y}) \\ \cdots & \cdots & \cdots & \cdots & \cdots \\ (\boldsymbol{x}^{(m)}, \boldsymbol{x}^{(1)}) & (\boldsymbol{x}^{(m)}, \boldsymbol{x}^{(2)}) & \cdots & (\boldsymbol{x}^{(m)}, \boldsymbol{x}^{(m)}) & (\boldsymbol{x}^{(m)}, \boldsymbol{y}) \\ 0 & 0 & \cdots & 0 & ||\boldsymbol{z}||^2 \end{vmatrix} . \tag{39}$$

Der Vektor $\boldsymbol{y}$ gehört zu dem durch die Vektoren $\boldsymbol{x}^{(1)}, \boldsymbol{x}^{(2)}, \ldots, \boldsymbol{x}^{(m)}$ aufgespannten Unterraum. Er läßt sich also linear durch die $\boldsymbol{x}^{(s)}$ ausdrücken. Daher gilt nach dem bewiesenen Satz

$$G(\boldsymbol{x}^{(1)}, \boldsymbol{x}^{(2)}, \ldots, \boldsymbol{x}^{(m)}, \boldsymbol{y}) = 0 .$$

Die Entwicklung der Determinante in (39) nach der letzten Zeile ergibt (38).

Aus (38) folgt unmittelbar die Ungleichung

$$G(\boldsymbol{x}^{(1)}, \boldsymbol{x}^{(2)}, \ldots, \boldsymbol{x}^{(m)}, \boldsymbol{x}) \leqq ||\boldsymbol{x}||^2\, G(\boldsymbol{x}^{(1)}, \boldsymbol{x}^{(2)}, \ldots, \boldsymbol{x}^{(m)}) . \tag{40}$$

Wenn die Vektoren $\boldsymbol{x}^{(s)}$ linear abhängig sind, ist

$$G(\boldsymbol{x}^{(1)}, \boldsymbol{x}^{(2)}, \ldots, \boldsymbol{x}^{(m)}, \boldsymbol{x}) = G(\boldsymbol{x}^{(1)}, \boldsymbol{x}^{(2)}, \ldots, \boldsymbol{x}^{(m)}) = 0 .$$

Sind die $\boldsymbol{x}^{(s)}$ linear unabhängig, so steht in der Ungleichung (40) das Gleichheitszeichen dann und nur dann, wenn $\boldsymbol{y} = 0$, d. h., wenn $\boldsymbol{x}$ zu allen $\boldsymbol{x}^{(s)}$ orthogonal ist.

Wenden wir auf die ursprüngliche Gramsche Determinante $G(\boldsymbol{x}^{(1)}, \boldsymbol{x}^{(2)}, \ldots, \boldsymbol{x}^{(m)})$ mehrmals die Ungleichung (40) an, so erhalten wir für sie die Abschätzung

$$G(\boldsymbol{x}^{(1)}, \boldsymbol{x}^{(2)}, \ldots, \boldsymbol{x}^{(m)}) \leqq ||\boldsymbol{x}^{(1)}||^2\, ||\boldsymbol{x}^{(2)}||^2 \cdots ||\boldsymbol{x}^{(m)}||^2 . \tag{41}$$

Dabei muß man beachten, daß $G(\boldsymbol{x}^{(1)}) = ||\boldsymbol{x}^{(1)}||^2$ ist.

Das Gleichheitszeichen steht in (41) genau dann, wenn die Vektoren paarweise orthogonal sind. Dabei nehmen wir an, daß keiner der Vektoren der Nullvektor ist. Die bewiesene Ungleichung führt nun zu einer Abschätzung einer beliebig gegebenen Determinante. Es sei Δ eine Determinante n-ten Grades mit den Elementen a_{ik}. Wir betrachten die Elemente $a_{i1}, a_{i2}, \ldots, a_{in}$ der i-ten Zeile dieser Determinante als Komponenten eines Vektors $\boldsymbol{x}^{(i)}$ aus R_n und bilden eine neue Determinante mit den zu a_{ik} konjugierten Elementen $\overline{a_{ik}}$. Sie ist offenbar gleich $\overline{\Delta}$. Bilden wir $\Delta\overline{\Delta}$ nach der Regel „Zeile mal Zeile", so erhalten wir die Gramsche Determinante $G(\boldsymbol{x}^{(1)}, \boldsymbol{x}^{(2)}, \ldots, \boldsymbol{x}^{(n)})$. Nach dem Satz über die Multiplikation von Determinanten ist ihr Wert gleich $\Delta\overline{\Delta} = |\Delta|^2$. Aus der Ungleichung (41) erhalten wir für den absoluten Betrag einer Determinante die Hadamardsche Abschätzung

$$|\Delta|^2 \leqq \sum_{k=1}^{n} |a_{1k}|^2 \cdot \sum_{k=1}^{n} |a_{2k}|^2 \cdots \sum_{k=1}^{n} |a_{nk}|^2 . \tag{42}$$

Enthält die Determinante Δ nur reelle Elemente, so kann man

$$\Delta^2 \leqq \sum_{k=1}^{n} a_{1k}^2 \cdot \sum_{k=1}^{n} a_{2k}^2 \cdots \sum_{k=1}^{n} a_{nk}^2 \tag{43}$$

schreiben. Besteht für die Elemente einer Determinante die Abschätzung

$$|a_{ik}| \leqq M \qquad (i, k = 1, 2, \ldots, n) ,$$

so gilt offenbar $\sum_{k=1}^{n} |a_{ik}|^2 \leqq nM^2$ und somit wegen (42) die Ungleichung

$$|\Delta| \leqq n^{n/2} M^n . \tag{44}$$

Wie oben gezeigt, steht das Gleichheitszeichen in (42) dann und nur dann, wenn die Vektoren $\boldsymbol{x}^{(i)}$ paarweise orthogonal sind.

Man kann auch andere Abschätzungen für die Gramsche Determinante erhalten. Diese beruhen alle auf einer Verallgemeinerung der Ungleichung (40).

Jeder der Buchstaben X, Y, Z bezeichne ein System von Vektoren des R_n. Eine der erwähnten Ungleichungen lautet dann

$$G(X, Y, Z)\, G(X) \leqq G(X, Z)\, G(X, Y)\,. \tag{45}$$

Dabei ist der Fall, daß eines der Systeme X, Y, Z leer ist, nicht ausgeschlossen. Ist W ein leeres System, so muß man $G(W) = 1$ annehmen. Auf Grund dieser Ungleichung kommt man zu der folgenden Abschätzung der Gramschen Determinante:

$$G(\boldsymbol{x}^{(1)}, \boldsymbol{x}^{(2)}, \ldots, \boldsymbol{x}^{(m)}) \leqq \left[\prod_{k=1}^{n} G(\boldsymbol{x}^{(1)}, \ldots, \boldsymbol{x}^{(k-1)}, \boldsymbol{x}^{(k+1)}, \ldots, \boldsymbol{x}^{(m)})\right]^{1/(m-1)}$$

(Π ist hier das Produktzeichen). Eine mehrfache Anwendung dieser Abschätzung führt auf neue Abschätzungen, in denen die Gramsche Determinante mit solchen verglichen wird, die eine geringere Anzahl von Vektoren enthalten. In all diesen Abschätzungen steht das Gleichheitszeichen genau dann, wenn die Vektoren paarweise orthogonal sind. Diese Abschätzungen stammen von M. K. Fage (Doklady Akad. Nauk SSSR **54**, Nr. 9 (1946)).

17. Systeme linearer Differentialgleichungen mit konstanten Koeffizienten. Wir wollen die gewonnenen Ergebnisse zur Integration von Systemen linearer Differentialgleichungen mit konstanten Koeffizienten anwenden. Ein solches System hat die Form

$$\left.\begin{aligned} x_1' &= a_{11}x_1 + a_{12}x_2 + \cdots + a_{1n}x_n\,,\\ x_2' &= a_{21}x_1 + a_{22}x_2 + \cdots + a_{2n}x_n\,,\\ &\cdots\cdots\cdots\cdots\cdots\cdots\\ x_n' &= a_{n1}x_1 + a_{n2}x_2 + \cdots + a_{nn}x_n\,. \end{aligned}\right\} \tag{46}$$

Dabei bedeuten x_j die gesuchten Funktionen von t, x_j' ihre Ableitungen und a_{ik} gegebene Konstanten. Wir suchen eine Lösung der Gestalt

$$x_1 = b_1\,e^{\lambda t}\,, \qquad x_2 = b_2\,e^{\lambda t}\,, \ldots, x_n = b_n\,e^{\lambda t}\,. \tag{47}$$

Setzen wir dies in das System (46) ein und dividieren die Gleichungen durch $e^{\lambda t}$, so erhalten wir zur Bestimmung der Konstanten $b_1, b_2, \ldots, b_n$ das Gleichungssystem

$$\left.\begin{aligned} (a_{11}-\lambda)\,b_1 + a_{12}\,b_2 + \cdots + a_{1n}b_2 &= 0\,,\\ a_{21}\,b_1 + (a_{22}-\lambda)\,b_2 + \cdots + a_{2n}b_n &= 0\,,\\ \cdots\cdots\cdots\cdots\cdots\cdots&\\ a_{n1}\,b_1 + a_{n2}\,b_2 + \cdots + (a_{nn}-\lambda)\,b_n &= 0\,. \end{aligned}\right\} \tag{48}$$

Da wir für die Unbekannten b_j eine vom Nullvektor verschiedene Lösung suchen, muß die Determinante des Systems (48) gleich 0 sein. Wir erhalten so für die Konstante λ die Gleichung

$$\begin{vmatrix} a_{11}-\lambda & a_{12} & \ldots & a_{1n}\\ a_{21} & a_{22}-\lambda & \ldots & a_{2n}\\ \cdots & \cdots & \cdots & \cdots\\ a_{n1} & a_{n2} & \ldots & a_{nn}-\lambda \end{vmatrix} = 0\,. \tag{49}$$

Eine Gleichung dieser Gestalt nennt man gewöhnlich *Säkulargleichung*. Sie ist aus der Theorie der ungedämpften Schwingungen in dem speziellen Fall, daß die Matrix der Koeffizienten a_{ik} symmetrisch ist, d. h., daß $a_{ik} = a_{ki}$, und alle Koeffizienten reell sind, wohlbekannt. Davon werden wir später bei der Betrachtung kleiner Schwingungen zu sprechen haben. Hier untersuchen wir solche Systeme für den allgemeinen Fall. Die Gleichung (49) ist eine algebraische Gleichung in λ vom Grade n mit dem höchsten Glied $(-\lambda)^n$. Hat diese Gleichung n verschiedene Wurzeln, $\lambda = \lambda_1, \ldots, \lambda = \lambda_n$, so erhalten wir, wenn wir nacheinander $\lambda = \lambda_j$ $(1 \leqq j \leqq n)$ in die Koeffizienten des Systems (48) einsetzen, jeweils n homogene Gleichungen für die entsprechenden Unbekannten $b_1, b_2, \ldots, b_n$ mit einer Determinante, die gleich 0 ist. Wir können daher für diese Unbekannten eine vom Nullvektor verschiedene Lösung finden. Auf Grund der Formeln (47) erhalten wir so n linear unabhängige Lösungen des Systems (46), und ihre Linearkombinationen ergeben das vollständige Integral des Systems. Besitzt die Säkulargleichung (49) mehrfache Wurzeln, dann ist die Lösung der Aufgabe etwas komplizierter; jeder Wurzel der Gleichung (49) der Vielfachheit k müssen nämlich k linear unabhängige Lösungen des Systems (46) entsprechen. Dabei wird offenbar eine dieser Lösungen von der Gestalt (47) sein, die übrigen enthalten im allgemeinen noch ein Polynom von t als Faktor. Im vorliegenden Fall kann es jedoch im Unterschied zu einer einzigen Gleichung mit konstanten Koeffizienten [**II**, **39**] vorkommen, daß nicht eine, sondern mehrere (oder sogar alle) Lösungen, die einer mehrfachen Wurzel entsprechen, die Gestalt (47) besitzen. Wir werden nicht näher darauf eingehen, da wir im folgenden unter Benutzung der Theorie der Funktionen einer komplexen Variablen eine andere Methode zur Lösung des Systems (46) verwenden werden.

Wir betrachten nun wieder die Säkulargleichung (49), die in unserer Aufgabe eine grundlegende Rolle spielt. Die Auflösung dieser Gleichung (auch eine näherungsweise) ist für große n praktisch sehr schwierig, da die Unbekannte λ nicht nur in irgendeiner Spalte oder Zeile steht, sondern in den Diagonalgliedern auftritt. Die Entwicklung der linken Seite dieser Gleichung nach Potenzen von λ erfordert umfangreiche Rechnungen, wie wir in [4] betonten. Wir geben nun ein Verfahren zur Umformung der Gleichung (49) in eine brauchbare Gestalt an, in der die Unbekannte λ nur in einer Spalte vorkommt. Dieses Verfahren stammt von A. N. Krylow und ist in seiner Arbeit in den Iswestija Akad. Nauk (1931) dargelegt.

Wir bilden eine Linearkombination der gesuchten Größen:

$$\xi = \alpha_{01}x_1 + \alpha_{02}x_2 + \cdots + \alpha_{0n}x_n\,. \tag{50}$$

Dabei sind α_{0j} beliebig gewählte Zahlenkoeffizienten. Diese Gleichung differenzieren wir n-mal nach t, wobei wir jedesmal auf der rechten Seite die Ableitungen x' durch ihre Ausdrücke aus (46) ersetzen. So erhalten wir $n+1$ Gleichungen der Form

$$\left.\begin{aligned}
\xi &= \alpha_{01}x_1 + \alpha_{02}x_2 + \cdots + \alpha_{0n}x_n\,,\\
\xi' &= \alpha_{11}x_1 + \alpha_{12}x_2 + \cdots + \alpha_{1n}x_n\,,\\
&\cdots\cdots\cdots\cdots\cdots\cdots\cdots\cdots\\
\xi^{(n-1)} &= \alpha_{n-1,1}x_1 + \alpha_{n-1,2}x_2 + \cdots + \alpha_{n-1,n}x_n\,,\\
\xi^{(n)} &= \alpha_{n1}x_1 + \alpha_{n2}x_2 + \cdots + \alpha_{nn}x_n\,.
\end{aligned}\right\} \tag{51}$$

Wir nehmen an, daß die aus den in den ersten n Gleichungen vorkommenden Koeffizienten α_{ik} gebildete Determinante von 0 verschieden sei. Dann lassen sich durch Auflösen der ersten n Gleichungen die x_j durch $\xi, \xi', \ldots, \xi^{(n-1)}$ ausdrücken. Setzen wir diese Ausdrücke in die letzte Gleichung ein, so haben wir eine Gleichung n-ter Ordnung in ξ gewonnen. Diese Elimination der x_j aus den $n+1$ Gleichungen (51) läßt sich unmittelbar mit Hilfe von Determinanten durchführen. Wir schreiben zu diesem Zweck die Gleichungen in der Gestalt

$$\begin{aligned} \xi x_0 + \alpha_{01}x_1 + \alpha_{02}x_2 + \cdots + \alpha_{0n}x_n &= 0\,, \\ \xi' x_0 + \alpha_{11}x_1 + \alpha_{12}x_2 + \cdots + \alpha_{1n}x_n &= 0\,, \\ \cdots\cdots\cdots\cdots\cdots\cdots\cdots\cdots\cdots \\ \xi^{(n)} x_0 + \alpha_{n1}x_1 + \alpha_{n2}x_2 + \cdots + \alpha_{nn}x_n &= 0 \end{aligned}$$

mit $x_0 = -1$ und fassen diese $n + 1$ Gleichungen als homogene Gleichungen für die Größen $x_0, x_1, \ldots, x_n$ auf. Die Determinante dieses Systems muß gleich 0 sein, also

$$\begin{vmatrix} \xi & \alpha_{01} & \alpha_{02} & \cdots & \alpha_{0n} \\ \xi' & \alpha_{11} & \alpha_{12} & \cdots & \alpha_{1n} \\ \cdots & \cdots & \cdots & \cdots & \cdots \\ \xi^{(n)} & \alpha_{n1} & \alpha_{n2} & \cdots & \alpha_{nn} \end{vmatrix} = 0\,. \tag{52}$$

Damit erhält man das gesuchte Ergebnis der Elimination.

Wir suchen eine Lösung dieser Gleichung in der Gestalt

$$\xi = e^{\lambda t}\,.$$

Setzen wir dies in die erste Spalte der Determinante (52) ein und ziehen den gemeinsamen Faktor $e^{\lambda t}$ aus der ersten Spalte vor die Determinante, so kommen wir zu der folgenden Bestimmungsgleichung für λ:

$$\begin{vmatrix} 1 & \alpha_{01} & \alpha_{02} & \cdots & \alpha_{0n} \\ \lambda & \alpha_{11} & \alpha_{12} & \cdots & \alpha_{1n} \\ \cdots & \cdots & \cdots & \cdots & \cdots \\ \lambda^{n} & \alpha_{n1} & \alpha_{n2} & \cdots & \alpha_{nn} \end{vmatrix} = 0\,. \tag{53}$$

Man zeigt leicht, daß die Gleichung (53) unter unseren Voraussetzungen dieselben Wurzeln wie (49) besitzt. Dazu nehmen wir an, $\lambda = \lambda_0$ sei eine Wurzel von (53). Ihr entspricht eine Lösung von (52) der Gestalt

$$\xi = C\, e^{\lambda_0 t} \tag{54}$$

mit einer willkürlichen Konstanten C. Die ersten n Gleichungen des Systems (51) ergeben dann bei $\lambda = \lambda_0$ auch für die x_j Lösungen der Form (47), d. h., $\lambda = \lambda_0$ ist auch eine Wurzel von (49). Ist umgekehrt $\lambda = \lambda_0$ eine Wurzel von (49), so gibt es für $\lambda = \lambda_0$ eine Lösung x_j ($j = 1, 2, \ldots, n$) der Gestalt (47). Die b_j sind dabei Konstanten, von denen einige von 0 verschieden sind. Setzen wir diese Ausdrücke für x_j in die erste der Gleichungen des Systems (51) ein, so erhalten wir auch für ξ eine Lösung in der Gestalt (54). Dabei ist diese Lösung sicher von 0 verschieden. Sonst wäre nämlich

$$\xi = \xi' = \cdots = \xi^{(n-1)} = 0\,,$$

woraus auf Grund der ersten n Gleichungen des Systems (51) unmittelbar

$$x_1 = x_2 = \cdots = x_n = 0$$

folgen würde.

Somit ist also tatsächlich jede Wurzel $\lambda = \lambda_0$ der Gleichung (49) auch eine der Gleichung (53). Folglich hat (53) unter unseren Voraussetzungen dieselben Wurzeln wie (49).

Eine Anwendung dieser Methode auf Zahlenbeispiele sowie die Betrachtung für den Fall, daß unsere Voraussetzung nicht zutrifft, findet man in der oben erwähnten Arbeit von A. N. Krylow.

Die einfachsten Rechnungen ergeben sich, wenn (50) die Gestalt $\xi = x_1$ hat. Dann lautet (53)

$$\begin{vmatrix} 1 & 1 & 0 & \dots & 0 \\ \lambda & \alpha_{11} & \alpha_{12} & \cdots & \alpha_{1n} \\ \dots & \dots & \dots & \dots & \dots \\ \lambda^n & \alpha_{n1} & \alpha_{n2} & \cdots & \alpha_{nn} \end{vmatrix} = 0\,.$$ [1]

Statt (46) betrachten wir nun ein System von Differentialgleichungen zweiter Ordnung:

$$\left.\begin{aligned} x_1'' &= a_{11}x_1 + a_{12}x_2 + \cdots + a_{1n}x_n\,, \\ x_2'' &= a_{21}x_1 + a_{22}x_2 + \cdots + a_{2n}x_n\,, \\ &\dots\dots\dots\dots\dots\dots \\ x_n'' &= a_{n1}x_1 + a_{n2}x_2 + \cdots + a_{nn}x_n\,. \end{aligned}\right\} \tag{55}$$

Solche Systeme kommen sehr oft in der Mechanik vor. Sucht man eine Lösung

$$x_j = b_j \cos(\lambda t + \varphi)\,,$$

so erhält man für λ die Gleichung

$$\begin{vmatrix} a_{11} + \lambda^2 & a_{12} & \dots & a_{1n} \\ a_{21} & a_{22} + \lambda^2 & \dots & a_{2n} \\ \dots & \dots & \dots & \dots \\ a_{n1} & a_{n2} & \dots & a_{nn} + \lambda^2 \end{vmatrix} = 0\,. \tag{56}$$

Die Konstanten b_j werden aus einem System bestimmt, das (48) analog ist; φ bleibt willkürlich.

Wir betrachten schließlich Systeme der Gestalt

$$\left.\begin{aligned} x_1'' &= a_{11}x_1 + \cdots + a_{1n}x_n + c_{11}x_1' + \cdots + c_{1n}x_n'\,, \\ x_2'' &= a_{21}x_1 + \cdots + a_{2n}x_n + c_{21}x_1' + \cdots + c_{2n}x_n'\,, \\ &\dots\dots\dots\dots\dots\dots \\ x_n'' &= a_{n1}x_1 + \cdots + a_{nn}x_n + c_{n1}x_1' + \cdots + c_{nn}x_n'\,, \end{aligned}\right\} \tag{57}$$

die überdies erste Ableitungen enthalten. Suchen wir ihre Lösungen von der Gestalt (47), so erhalten wir die Säkulargleichung

$$\begin{vmatrix} a_{11} + c_{11}\lambda - \lambda^2 & a_{12} + c_{12}\lambda & \dots & a_{1n} + c_{1n}\lambda \\ a_{21} + c_{21}\lambda & a_{22} + c_{22}\lambda - \lambda^2 & \dots & a_{2n} + c_{2n}\lambda \\ \dots & \dots & \dots & \dots \\ a_{n1} + c_{n1}\lambda & a_{n2} + c_{n2}\lambda & \dots & a_{nn} + c_{nn}\lambda - \lambda^2 \end{vmatrix} = 0\,. \tag{58}$$

Führen wir zusätzlich

$$x_{n+1} = x_1'\,,\; x_{n+2} = x_2'\,, \dots,\; x_{2n} = x_n' \tag{59}$$

als Unbekannte ein, so haben wir statt des Systems (57) $2n$ lineare Differentialgleichungen erster Ordnung; n Gleichungen erhält man aus (57) durch die Substitution

$$x_j'' = x_{n+j}' \quad \text{und} \quad x_j' = x_{n+j} \qquad (j = 1, 2, \dots, n)\,,$$

die übrigen n sind die Gleichungen (59).

[1] Eine einfache und praktische Methode zur Transformation der Säkulargleichung fand A. Danilewski (Mat. sbornik 2 (1937).

18. Funktionaldeterminanten. Es seien n Funktionen in n Veränderlichen $x_1, x_2, \ldots, x_n$ gegeben:

$$\varphi_1(x_1, x_2, \ldots, x_n), \quad \varphi_2(x_1, x_2, \ldots, x_n), \ldots, \varphi_n(x_1, x_2, \ldots, x_n). \tag{60}$$

Unter der *Funktionaldeterminante* dieser Funktionen nach den Veränderlichen x_s $(1 \leqq s \leqq n)$ versteht man die Determinante n-ten Grades mit den Elementen $a_{ik} = \frac{\partial \varphi_i}{\partial x_k}$. Für die Funktionaldeterminante wird die besondere Bezeichnung

$$\frac{D(\varphi_1, \ldots, \varphi_n)}{D(x_1, \ldots, x_n)} = \frac{\partial(\varphi_1, \ldots, \varphi_n)}{\partial(x_1, \ldots, x_n)} = \begin{vmatrix} \frac{\partial \varphi_1}{\partial x_1} & \frac{\partial \varphi_1}{\partial x_2} & \cdots & \frac{\partial \varphi_1}{\partial x_n} \\ \frac{\partial \varphi_2}{\partial x_1} & \frac{\partial \varphi_2}{\partial x_2} & \cdots & \frac{\partial \varphi_2}{\partial x_n} \\ \cdots & \cdots & \cdots & \cdots \\ \frac{\partial \varphi_n}{\partial x_1} & \frac{\partial \varphi_n}{\partial x_2} & \cdots & \frac{\partial \varphi_n}{\partial x_n} \end{vmatrix} \tag{61}$$

eingeführt. Auf solche Determinanten waren wir schon früher bei der Variablensubstitution in mehrfachen Integralen gestoßen [**II**, **63** und **80**]. Liegt eine Variablensubstitution

$$x = \varphi(u, v), \qquad y = \psi(u, v) \tag{62}$$

in der Ebene vor, bei welcher der Punkt (u, v) in (x, y) übergeht, so wird dabei das Flächenelement in dem gegebenen Punkt (u, v) bei der Punkttransformation (62) mit dem absoluten Betrag der Funktionaldeterminante

$$\frac{D(\varphi, \psi)}{D(u, v)} \tag{63}$$

multipliziert. Dabei wird vorausgesetzt, daß in dem Definitionsbereich der Substitution (62) die partiellen Ableitungen der Funktionen (62) in u und v stetig sind und die Determinante (63) nicht verschwindet. Liegt eine Punkttransformation

$$x = \varphi(q_1, q_2, q_3), \qquad y = \psi(q_1, q_2, q_3), \qquad z = \omega(q_1, q_2, q_3)$$

im dreidimensionalen Raum vor, bei der ein Punkt mit den Koordinaten q_1, q_2, q_3 in (x, y, z) und das Volumen V_1 in V übergeht, so ergibt sich für die Variablensubstitution in dem dreifachen Integral in entsprechender Weise [**II**, **63**] die Beziehung

$$\iiint_V f(x, y, z)\, dx\, dy\, dz = \iiint_{V_1} f(\varphi, \psi, \omega)\, |D|\, dq_1\, dq_2\, dq_3,$$

wobei

$$D = \frac{D(\varphi, \psi, \omega)}{D(q_1, q_2, q_3)}$$

ist. $|D|$ ist der Faktor, der die Volumenänderung an der gegebenen Stelle beim Übergang von (q_1, q_2, q_3) zu (x, y, z) angibt.

Ebenso kann man eine Funktion einer einzigen unabhängigen Variablen,

$$u = f(x),$$

als Punkttransformation auf der x-Achse ansehen. Dabei geht der Punkt mit der Abszisse x in eine neue Lage mit der Abszisse u über. Der absolute Betrag der Ableitung, $|f'(x)|$, charakterisiert offenbar die Veränderung der linearen Ausdehnung an der gegebenen Stelle.

Alles oben Gesagte läßt sich auf den Fall der Punkttransformation im n-dimensionalen Raum und der Variablensubstitution in einem n-fachen Integral übertragen [**II, 100**].

Wie wir zeigen werden, läßt sich die für die Dimensionen 2 und 3 festgestellte Analogie zwischen Funktionaldeterminante und Ableitung auch auf die formalen Eigenschaften dieser Begriffe ausdehnen.

Gegeben sei ein System von Funktionen

$$\varphi_1(y_1, y_2, \ldots, y_n), \ldots, \varphi_n(y_1, y_2, \ldots, y_n),$$

und es werde angenommen, $y_1, y_2, \ldots, y_n$ seien keine unabhängigen Veränderlichen, sondern selbst Funktionen von $x_1, x_2, \ldots, x_n$. Die Funktionen φ_i $(i = 1, 2, \ldots, n)$ sind somit Funktionen der Veränderlichen x_i $(i = 1, 2, \ldots, n)$. Wir bilden die drei Funktionaldeterminanten

$$\frac{D(\varphi_1, \varphi_2, \ldots, \varphi_n)}{D(y_1, y_2, \ldots, y_n)}, \quad \frac{D(\varphi_1, \varphi_2, \ldots, \varphi_n)}{D(x_1, x_2, \ldots, x_n)}, \quad \frac{D(y_1, y_2, \ldots, y_n)}{D(x_1, x_2, \ldots, x_n)}.$$

Ihre Elemente sind

$$\frac{\partial \varphi_i}{\partial y_k}, \quad \frac{\partial \varphi_i}{\partial x_k}, \quad \frac{\partial y_i}{\partial x_k}.$$

Nach der Regel über die Differentiation zusammengesetzter Funktionen gilt die Beziehung

$$\frac{\partial \varphi_i}{\partial x_k} = \frac{\partial \varphi_i}{\partial y_1} \cdot \frac{\partial y_1}{\partial x_k} + \frac{\partial \varphi_i}{\partial y_2} \cdot \frac{\partial y_2}{\partial x_k} + \cdots + \frac{\partial \varphi_i}{\partial y_n} \cdot \frac{\partial y_n}{\partial x_k},$$

und nach dem Satz über die Zeilen-Spalten-Multiplikation von Determinanten erhalten wir eine Gleichung, die eine erste Eigenschaft der Funktionaldeterminante zum Ausdruck bringt:

$$\frac{D(\varphi_1, \varphi_2, \ldots, \varphi_n)}{D(x_1, x_2, \ldots, x_n)} = \frac{D(\varphi_1, \varphi_2, \ldots, \varphi_n)}{D(y_1, y_2, \ldots, y_n)} \cdot \frac{D(y_1, y_2, \ldots, y_n)}{D(x_1, x_2, \ldots, x_n)}. \tag{64}$$

Sie entspricht der Kettenregel für Funktionen einer einzigen unabhängigen Veränderlichen.

Wir wollen nun noch auf eine zweite Eigenschaft der Funktionaldeterminante hinweisen. Das System der Funktionen φ_i $(i = 1, 2, \ldots, n)$ kann man auch als Transformation

$$\varphi_i = \varphi_i(x_1, x_2, \ldots, x_n) \qquad (i = 1, 2, \ldots, n) \tag{65}$$

der Veränderlichen x_i in die neuen Veränderlichen φ_i deuten. Im Spezialfall der sogenannten identischen Transformation

$$\varphi_1 = x_1, \varphi_2 = x_2, \ldots, \varphi_n = x_n$$

lautet die zugehörige Funktionaldeterminante

$$\begin{vmatrix} 1 & 0 & 0 \dots 0 \\ 0 & 1 & 0 \dots 0 \\ \dots & \dots & \dots \\ 0 & 0 & 0 \dots 1 \end{vmatrix} = 1 .$$

Wir nehmen nun an, die Gleichungen (65) seien nach den x_i aufgelöst, so daß die x_i durch die φ_i ausgedrückt sind:

$$x_i = x_i(\varphi_1, \varphi_2, \dots, \varphi_n) \qquad (i = 1, 2, \dots, n) . \tag{66}$$

Die Transformation (66) heißt *invers* zur Transformation (65). Setzen wir die Ausdrücke (66) in die rechte Seite der Gleichungen (65) ein, so erhalten wir die Identitäten $\varphi_1 = \varphi_1, \varphi_2 = \varphi_2, \dots, \varphi_n = \varphi_n$, also die identische Transformation. Auf diesen Spezialfall wenden wir jetzt (64) an, wobei wir $\varphi_i = x_i$ und $x_i = \varphi_i$ annehmen. Auf der linken Seite von (64) steht die Funktionaldeterminante der identischen Transformation:

$$\frac{D(\varphi_1, \varphi_2, \dots, \varphi_n)}{D(\varphi_1, \varphi_2, \dots, \varphi_n)} = \frac{D(\varphi_1, \varphi_2, \dots, \varphi_n)}{D(x_1, x_2, \dots, x_n)} \cdot \frac{D(x_1, x_2, \dots, x_n)}{D(\varphi_1, \varphi_2, \dots, \varphi_n)}$$

oder

$$\frac{D(\varphi_1, \varphi_2, \dots, \varphi_n)}{D(x_1, x_2, \dots, x_n)} \cdot \frac{D(x_1, x_2, \dots, x_n)}{D(\varphi_1, \varphi_2, \dots, \varphi_n)} = 1 . \tag{67}$$

Das Produkt der Funktionaldeterminante einer Transformation und ihrer Inversen ist gleich 1. Dies entspricht der Eigenschaft der Ableitungen der inversen Funktionen einer einzigen unabhängigen Veränderlichen.

Wir erklären nun den Sinn der Bedingung, daß die Funktionaldeterminante

$$\frac{D(\varphi_1, \varphi_2, \dots, \varphi_n)}{D(x_1, x_2, \dots, x_n)} \tag{68}$$

der Funktionen $\varphi_1(x_1, x_2, \dots, x_n)$, $\varphi_2(x_1, x_2, \dots, x_n), \dots, \varphi_n(x_1, x_2, \dots, x_n)$ nach den Veränderlichen x_s $(s = 1, 2, \dots, n)$ identisch verschwindet. Es bestehe zwischen den Funktionen die funktionale Abhängigkeit

$$F(\varphi_1, \varphi_2, \dots, \varphi_n) = 0 . \tag{69}$$

Diese Gleichung sei also eine Identität bezüglich der unabhängigen Veränderlichen x_j $(j = 1, 2, \dots, n)$. Differenzieren wir (69) nach allen unabhängigen Veränderlichen, so erhalten wir n Identitäten

$$\left.\begin{array}{l} \dfrac{\partial F}{\partial \varphi_1} \cdot \dfrac{\partial \varphi_1}{\partial x_1} + \dfrac{\partial F}{\partial \varphi_2} \cdot \dfrac{\partial \varphi_2}{\partial x_1} + \dots + \dfrac{\partial F}{\partial \varphi_n} \cdot \dfrac{\partial \varphi_n}{\partial x_1} = 0 , \\ \dots\dots\dots\dots\dots\dots\dots\dots \\ \dfrac{\partial F}{\partial \varphi_1} \cdot \dfrac{\partial \varphi_1}{\partial x_n} + \dfrac{\partial F}{\partial \varphi_2} \cdot \dfrac{\partial \varphi_2}{\partial x_n} + \dots + \dfrac{\partial F}{\partial \varphi_n} \cdot \dfrac{\partial \varphi_n}{\partial x_n} = 0 . \end{array}\right\} \tag{70}$$

Diese können als lineare Gleichungen für die n Größen $dF/d\varphi_i$ aufgefaßt werden, die offenbar nicht alle gleichzeitig identisch verschwinden können, da sonst F nicht von den Funktionen φ_i $(i = 1, 2, \dots, n)$ abhängen würde. Folglich muß die Determinante des homogenen Systems (70) gleich 0 sein. Das bedeutet, daß die Funktionaldeterminante (68) gleich 0 ist. Aus der funktionalen Abhängigkeit (69) ergibt sich somit das identische Verschwinden von (68). Hiervon läßt sich auch die Umkehrung beweisen; darauf wollen wir jedoch nicht näher eingehen.

Es gilt also der Satz: *Die Funktionaldeterminante* (68) *ist dann und nur dann identisch gleich* 0, *wenn zwischen den Funktionen* $\varphi_i(x_1, x_2, \ldots, x_n)$ *eine funktionale Abhängigkeit besteht.*[1])

Als Beispiel betrachten wir die drei Funktionen dreier Veränderlicher

$$\varphi_1 = x_1^2 + x_2^2 + x_3^2\,, \qquad \varphi_2 = x_1 + x_2 + x_3\,, \qquad \varphi_3 = x_1x_2 + x_1x_3 + x_2x_3\,. \tag{71}$$

Man bestätigt sofort, daß zwischen ihnen folgende Abhängigkeit besteht:

$$\varphi_2^2 - \varphi_1 - 2\varphi_3 = 0\,.$$

Wir bilden für das System der Funktionen (71) die Funktionaldeterminante:

$$\frac{D(\varphi_1, \varphi_2, \varphi_3)}{D(x_1, x_2, x_3)} = \begin{vmatrix} 2x_1 & 2x_2 & 2x_3 \\ 1 & 1 & 1 \\ x_2 + x_3 & x_1 + x_3 & x_1 + x_2 \end{vmatrix}.$$

Der Leser möge nachprüfen, daß diese Determinante identisch verschwindet.

19. Implizite Funktionen. In [**I, 159**] wurde die Existenz einer durch eine Gleichung definierten impliziten Funktion bewiesen. Jetzt wird dieses Resultat auf ein System von Gleichungen verallgemeinert. Wir formulieren zunächst den damals bewiesenen Satz: $x = x_0$, $y = y_0$ sei eine Lösung der Gleichung

$$F(x, y) = 0\,, \tag{72}$$

und $F(x, y)$ sowie die partiellen Ableitungen erster Ordnung seien in einer gewissen Umgebung des Punktes (x_0, y_0) stetig. Außerdem sei die partielle Ableitung $F_y(x, y)$ für $x = x_0, y = y_0$ von 0 verschieden. Dann definiert (72) für alle hinreichend nahe bei x_0 gelegenen Werte x eine eindeutig bestimmte differenzierbare Funktion $y(x)$, die der Bedingung $y(x_0) = y_0$ genügt. Wie schon erwähnt, läßt sich ebenso die folgende Aussage beweisen: Besitzt die Gleichung

$$F(x, y, z) = 0$$

die Lösung $x = x_0$, $y = y_0$, $z = z_0$, sind die Funktion $F(x, y, z)$ sowie ihre partiellen Ableitungen erster Ordnung stetig in einer Umgebung von (x_0, y_0, z_0) und ist ferner $F_z(x_0, y_0, z_0) \neq 0$, so bestimmt die Gleichung $F(x, y, z) = 0$ eindeutig eine Funktion $z(x, y)$, welche in einer Umgebung von $x = x_0, y = y_0$ stetig und nach x und y differenzierbar ist und der Bedingung $z(x_0, y_0) = z_0$ genügt.

Wir betrachten nun ein System von zwei Gleichungen

$$\varphi(x, y, z) = 0\,, \qquad \psi(x, y, z) = 0\,. \tag{73}$$

Es möge eine Lösung $x = x_0$, $y = y_0$, $z = z_0$ *besitzen, die Funktionen* $\varphi(x, y, z)$, $\psi(x, y, z)$ *und ihre partiellen Ableitungen seien in einer Umgebung dieses Punktes stetig, und die Funktionaldeterminante*

$$\frac{D(\varphi, \psi)}{D(y, z)} = \begin{vmatrix} \dfrac{\partial\varphi}{\partial y} & \dfrac{\partial\varphi}{\partial z} \\[2mm] \dfrac{\partial\psi}{\partial y} & \dfrac{\partial\psi}{\partial z} \end{vmatrix} = \frac{\partial\varphi}{\partial y}\frac{\partial\psi}{\partial z} - \frac{\partial\varphi}{\partial z}\frac{\partial\psi}{\partial y} \tag{74}$$

sei für die angegebenen Werte der Veränderlichen von 0 *verschieden. Dann definiert das System* (73) *für alle genügend nahe bei* x_0 *gelegenen* x *genau ein System von stetigen Funktionen* $y(x)$, $z(x)$, *welche Ableitungen erster Ordnung besitzen und den Bedingungen* $y(x_0) = y_0$ *und* $z(x_0) = z_0$ *genügen.*

Da der Ausdruck (74) für $x = x_0$, $y = y_0$, $z = z_0$ von 0 verschieden ist, ist wenigstens eine der partiellen Ableitungen $\dfrac{\partial\psi}{\partial y}$ oder $\dfrac{\partial\psi}{\partial z}$ von 0 verschieden, etwa $\dfrac{\partial\psi}{\partial z} \neq 0$. Nach dem oben formulierten Satz bestimmt die zweite der Gleichungen (73) eindeutig eine Funktion $z(x, y)$.

[1]) Wir bemerken, daß unsere Überlegungen über das System (70) nur formalen Charakter haben und strenggenommen keinen Beweis darstellen.

Setzen wir sie in die erste Gleichung des Systems ein, so erhalten wir eine Beziehung zwischen den Veränderlichen x und y:

$$\varphi(x, y, z(x, y)) = 0\,. \tag{75}$$

Um den Satz zu beweisen, genügt es zu zeigen, daß die partielle Ableitung der linken Seite von (75) nach y an der Stelle $x = x_0$, $y = y_0$ von 0 verschieden ist. Diese Ableitung hat die Gestalt

$$\left(\frac{\partial \varphi}{\partial y}\right) = \frac{\partial \varphi}{\partial y} + \frac{\partial \varphi}{\partial z} \cdot \frac{\partial z}{\partial y}\,. \tag{76}$$

Hierbei bedeutet $\left(\frac{\partial \varphi}{\partial y}\right)$ die vollständige Ableitung von $\varphi(x, y, z)$ nach y. Die Funktion $z(x, y)$ ist eine Lösung der zweiten Gleichung (73); daher gilt die Identität $\psi(x, y, z(x, y)) = 0$. Differenzieren wir diese nach y,

$$\frac{\partial \psi}{\partial y} + \frac{\partial \psi}{\partial z} \cdot \frac{\partial z}{\partial y} = 0\,, \tag{77}$$

multiplizieren beide Seiten von (76) mit $\frac{\partial \psi}{\partial z}$ und addieren sie zur Identität (77), die wir zuvor mit $-\frac{\partial \psi}{\partial z}$ multiplizieren, so erhalten wir nach einer elementaren Umformung die Beziehung

$$\frac{\partial \psi}{\partial z} \cdot \left(\frac{\partial \varphi}{\partial y}\right) = \frac{D(\varphi, \psi)}{D(y, z)}\,.$$

Für $x = x_0$, $y = y_0$ ist die Funktion $z(x, y)$ gleich z_0, und $\frac{\partial \psi}{\partial z}$ und (74) sind von 0 verschieden. Folglich ist auch $\frac{\partial \varphi}{\partial y}$ ungleich 0. Die Gleichung (75) definiert also eindeutig eine Funktion $y(x)$. Setzen wir diese in $z(x, y)$ ein, so erhalten wir auch z als Funktion von x. Bei diesem Beweis können an Stelle von x auch mehrere unabhängige Veränderliche stehen.

Allgemein lautet der Satz über implizite Funktionen folgendermaßen: *Gegeben sei ein System von n Gleichungen*

$$F_1(x_1, \ldots, x_m, y_1, \ldots, y_n) = 0, \quad \ldots, \quad F_n(x_1, \ldots, x_m, y_1, \ldots, y_n) = 0 \tag{78}$$

mit einer Lösung

$$x_k = x_k^{(0)}\,, \quad y_l = y_l^{(0)} \qquad (k = 1, 2, \ldots, m; \quad l = 1, 2, \ldots, n)\,. \tag{79}$$

Die F_l seien stetige Funktionen mit stetigen partiellen Ableitungen erster Ordnung in einer gewissen Umgebung der Werte (79); *schließlich sei die Funktionaldeterminante*

$$\frac{D(F_1, \ldots, F_n)}{D(y_1, \ldots, y_n)} = \begin{vmatrix} \frac{\partial F_1}{\partial y_1} & \frac{\partial F_1}{\partial y_2} & \cdots & \frac{\partial F_1}{\partial y_n} \\ \frac{\partial F_2}{\partial y_1} & \frac{\partial F_2}{\partial y_2} & \cdots & \frac{\partial F_2}{\partial y_n} \\ \cdots & \cdots & \cdots & \cdots \\ \frac{\partial F_n}{\partial y_1} & \frac{\partial F_n}{\partial y_2} & \cdots & \frac{\partial F_n}{\partial y_n} \end{vmatrix} \tag{80}$$

für die Werte (79) *von* 0 *verschieden. Dann definieren die Gleichungen* (78) *für alle genügend nahe bei $x_k^{(0)}$ gelegenen x_k eindeutig ein System von Funktionen $y_l(x_1, \ldots, x_n)$, die stetig sind, Ableitungen erster Ordnung besitzen und den Bedingungen $y_l(x_1^{(0)}, \ldots, x_n^{(0)}) = y_l^{(0)}$ genügen.*

Wir deuten den Beweis dieses Satzes nur an. Unter der Annahme, der Satz sei für ein System von $n - 1$ Gleichungen bewiesen (für $n = 1$ und $n = 2$ ist er dies in der Tat), beweisen wir ihn für ein System von n Gleichungen. Die Determinante (80) wird nach der ersten Spalte entwickelt. Wenigstens eins der algebraischen Komplemente ihrer Elemente ist für die Werte (79) von 0 verschieden, da nach Voraussetzung die Determinante selbst für diese Werte ungleich 0 ist. Durch entsprechende Numerierung der Funktionen F_l läßt sich erreichen, daß das algebraische Komplement des Elements $\frac{\partial F_1}{\partial y_1}$ diese Eigenschaft besitzt. Dieses ist genau gleich der Funktionaldeterminante der Funktionen $F_2, \dots, F_n$ nach den Veränderlichen $y_2, \dots, y_n$. Nach Induktionsvoraussetzung gilt der Satz für Systeme von $n-1$ Gleichungen. Die Gleichungen

$$F_2(x_1, \dots, x_m, y_1, \dots, y_n) = 0, \quad \dots, \quad F_n(x_1, \dots, x_m, y_1, \dots, y_n) = 0 \tag{81}$$

bestimmen also auf genau eine Weise die Funktionen

$$y_2 = \varphi_2(x_1, \dots, x_m, y_1), \quad \dots, \quad y_n = \varphi_n(x_1, \dots, x_m, y_1). \tag{82}$$

Setzen wir diese Funktionen in die erste der Gleichungen von (78) ein, so erhalten wir eine Gleichung zur Bestimmung von y_1:

$$F_1(x_1, \dots, x_m, y_1, \varphi_2, \dots, \varphi_n) = 0. \tag{83}$$

Es bleibt nur noch zu zeigen, daß die vollständige Ableitung der linken Seite dieser Gleichung nach y_1 für die Werte (79) von 0 verschieden ist. Diese Ableitung hat die Gestalt

$$\left(\frac{\partial F_1}{\partial y_1}\right) = \frac{\partial F_1}{\partial y_1} + \sum_{s=2}^{n} \frac{\partial F_1}{\partial \varphi_s} \cdot \frac{\partial \varphi_s}{\partial y_1}. \tag{84}$$

Setzen wir die Funktionen (82) in die linken Seiten von (81) ein, so erhalten wir Identitäten. Diese differenzieren wir nach y_1:

$$\frac{\partial F_l}{\partial y_1} + \sum_{s=2}^{n} \frac{\partial F_l}{\partial \varphi_s} \cdot \frac{\partial \varphi_s}{\partial y_1} = 0 \qquad (l = 2, 3, \dots, n). \tag{85}$$

$A_1, A_2, \dots, A_n$ mögen die algebraischen Komplemente der Elemente der ersten Spalte der Determinante (80) bezeichnen. Wir multiplizieren (84) mit A_1, (85) mit A_l und subtrahieren die letzten Identitäten von der ersten. So ergibt sich die Gleichung

$$A_1 \left(\frac{\partial F_1}{\partial y_1}\right) = \sum_{l=1}^{n} \frac{\partial F_l}{\partial y_1} A_l + \sum_{s=2}^{n} \left[\sum_{l=1}^{n} \frac{\partial F_l}{\partial \varphi_s} A_l\right] \frac{\partial \varphi_s}{\partial y_1}.$$

Auf der rechten Seite steht als erste Summe die Determinante (80), die wir kurz mit D bezeichnen wollen. Die Summation über l im zweiten Teil ergibt eine Summe von Produkten der Elemente einer Spalte von D, die nicht die erste Spalte ist, mit den algebraischen Komplementen der entsprechenden Elemente der ersten Spalte. Diese Summe ist gleich 0. Wir bemerken dabei, daß die Differentiation nach φ_s dieselbe Wirkung wie die Differentiation nach y_s hat. Daher läßt sich die vorige Formel jetzt folgendermaßen schreiben:

$$A_1 \left(\frac{\partial F_1}{\partial y_1}\right) = D.$$

Für die Werte (79) sind A_1 und D von 0 verschieden. Folglich kann man dasselbe auch von der vollständigen Ableitung der auf der linken Seite von (83) stehenden Funktion $F_1(x_1, \dots, x_m, y_1, \varphi_2, \dots, \varphi_n)$ nach y_1 behaupten. Damit bestimmt diese Gleichung genau eine Funktion $y_1(x_1, x_2, \dots, x_n)$. Setzen wir diese in die Funktionen (82) ein, so erhalten wir das gesuchte Ergebnis.

Ein Spezialfall des Satzes über implizite Funktionen ist der *Satz von der Umkehrung eines Funktionensystems. Gegeben seien die Gleichungen*

$$y_k = f_k(x_1, x_2, \dots, x_n) \qquad (k = 1, 2, \dots, n). \tag{86}$$

Wir setzen voraus, daß die Funktionen nebst ihren Ableitungen erster Ordnung in einer Umgebung der Werte $x_k = x_k^{(0)}$ $(k = 1, 2, \dots, n)$ *stetig sind und daß für diese Werte die Funktionaldeterminante*

$$\frac{D(f_1, f_2, \dots, f_n)}{D(x_1, x_2, \dots, x_n)} \tag{87}$$

von 0 verschieden ist. Dann definieren die Gleichungen (86) *eindeutig* $x_k(y_1, y_2, \dots, y_n)$ *als Funktionen von* $y_1, y_2, \dots, y_n$ *in einer Umgebung der Werte* $y_k^{(0)} = f_k(x_1^{(0)}, x_2^{(0)}, \dots, x_n^{(0)})$. *Diese Funktionen sind stetig, besitzen Ableitungen erster Ordnung und genügen der Bedingung*

$$x_k(y_1^{(0)}, y_2^{(0)}, \dots, y_n^{(0)}) = x_k^{(0)} .$$

Um diesen Satz zu beweisen, braucht man nur die Gleichungen

$$f_k(x_1, x_2, \dots, x_n) - y_k = 0 \qquad (k = 1, 2, \dots, n)$$

zu betrachten und den Satz über implizite Funktionen anzuwenden, wobei im vorliegenden Fall x_k statt y_l zu setzen ist.

Sind die f_k lineare homogene Funktionen der Veränderlichen x_k, so hat das System (86) die Gestalt

$$y_k = a_{k1}x_1 + a_{k2}x_2 + \cdots + a_{kn}x_n .$$

Die Determinante (87) reduziert sich in diesem Fall auf die Determinante $|a_{ik}|$ aus den Koeffizienten a_{ik}, und der Satz über die Umkehrung des Funktionensystems ergibt sich aus der Cramerschen Regel.

II. Lineare Transformationen und quadratische Formen

§ 3. Lineare Transformationen

20. Koordinatentransformation im dreidimensionalen Raum. Unter einer linearen Transformation in n Veränderlichen verstehen wir eine Transformation der Gestalt

$$\left.\begin{aligned} x_1' &= a_{11}x_1 + a_{12}x_2 + \cdots + a_{1n}x_n\,, \\ x_2' &= a_{21}x_1 + a_{22}x_2 + \cdots + a_{2n}x_n\,, \\ &\cdots\cdots\cdots\cdots\cdots\cdots\cdots \\ x_n' &= a_{n1}x_1 + a_{n2}x_2 + \cdots + a_{nn}x_n\,. \end{aligned}\right\} \tag{1}$$

Diese Transformation läßt sich als Übergang von einem Vektor $(x_1, x_2, \ldots, x_n)$ des n-dimensionalen Raumes zu einem anderen Vektor $(x_1', x_2', \ldots, x_n')$ deuten. Man kann aber auch $x_1, x_2, \ldots, x_n$ als Koordinaten eines Punktes im n-dimensionalen Raum auffassen und die Transformation (1) als den Übergang von einem Punkt zu einem anderen Punkt ansehen.

Ferner kann man die Gleichungen (1) auch noch so deuten: $x_1, x_2, \ldots, x_n$ und $x_1', x_2', \ldots, x_n'$ sind die Komponenten ein und desselben Vektors (Koordinaten ein und desselben Punktes), jedoch bei verschiedener Wahl der Achsen. Die Formeln (1) geben dann die Transformation der Komponenten (Koordinaten) beim Übergang von einem Koordinatensystem zum anderen an. Früher sind uns schon häufig Gleichungen der Gestalt (1) für $n = 2$ und $n = 3$ begegnet.

Das vorliegende Kapitel ist in seinem ersten Teil der eingehenden Untersuchung der linearen Transformationen (1) gewidmet. Der größeren Klarheit wegen beginnen wir mit der Betrachtung des reellen dreidimensionalen Raumes und gehen danach zum allgemeinen Fall des n-dimensionalen Raumes und komplexer Komponenten über. Im dreidimensionalen Raum betrachten wir zunächst den einfachsten Fall, daß der Transformation (1) ein Übergang von einem rechtwinkligen Koordinatensystem zu einem anderen entspricht. Lassen wir die Vektoren vom Koordinatenursprung ausgehen, so können wir offenbar x_1, x_2, x_3 entweder als Komponenten eines Vektors oder als Koordinaten seines Endpunktes betrachten.

Wie aus der analytischen Geometrie bekannt ist, lauten die Formeln der Transformation geradliniger rechtwinkliger Koordinaten

$$\left.\begin{aligned} x_1' &= a_{11}x_1 + a_{12}x_2 + a_{13}x_3\,, \\ x_2' &= a_{21}x_1 + a_{22}x_2 + a_{23}x_3\,, \\ x_3' &= a_{31}x_1 + a_{32}x_2 + a_{33}x_3\,. \end{aligned}\right\} \tag{2}$$

Dabei bedeuten die a_{ik} die Kosinusse der Winkel zwischen den neuen und den alten Achsen. Diese Größen bestimmen sich aus der folgenden Tabelle:

	X_1	X_2	X_3
X_1'	a_{11}	a_{12}	a_{13}
X_2'	a_{21}	a_{22}	a_{23}
X_3'	a_{31}	a_{32}	a_{33}

(3)

Bekanntlich hat die Koeffizientenmatrix (3) in dem hier betrachteten Fall die Eigenschaft, daß die Summe der Quadrate der Elemente jeder Zeile und jeder Spalte gleich 1 und die Summe der Produkte entsprechender Elemente zweier verschiedener Zeilen oder verschiedener Spalten gleich 0 ist. Der Wert der Determinante $|a_{ik}|$ ist offenbar [5] gleich dem Rauminhalt des rechtwinkligen Parallelepipeds mit Kanten der Länge 1, die in die Richtung der neuen Koordinatenachsen zeigen; dieser Wert ist gleich $+1$ oder -1, je nachdem, ob die neuen und die alten Achsen gleich oder verschieden orientiert sind. Die inverse Transformation von (x_1', x_2', x_3') zu (x_1, x_2, x_3) hat offenbar die Gestalt

$$\left.\begin{aligned} x_1 &= a_{11}x_1' + a_{21}x_2' + a_{31}x_3' \,, \\ x_2 &= a_{12}x_1' + a_{22}x_2' + a_{32}x_3' \,, \\ x_3 &= a_{13}x_1' + a_{23}x_2' + a_{33}x_3' \,. \end{aligned}\right\} \tag{2_1}$$

Man erhält die zu (2) inverse Transformation durch einfaches Vertauschen von entsprechenden Zeilen und Spalten der Koeffizientenmatrix. Die Determinante der inversen Transformation ist also gleich der Determinante der Transformation (2).

Die soeben erwähnte Eigenschaft der Koeffizienten der Transformation (2) ergibt sich aus einer Bedingung, die unmittelbar mit dem geometrischen Wesen der Fragestellung zusammenhängt. Wir stellen uns nämlich die Aufgabe, alle reellen Transformationen der Gestalt (2) zu finden, für welche

$$x_1'^2 + x_2'^2 + x_3'^2 = x_1^2 + x_2^2 + x_3^2 \tag{4}$$

ist.

Diese Problemstellung gestattet es, die von uns betrachteten Transformationen auf Räume beliebiger Dimension zu verallgemeinern. Wir wollen zeigen, daß die Transformationen, die unsere neue Forderung erfüllen, mit den früher betrachteten identisch sind, d. h., wir beweisen, daß sich aus der Forderung (4) die früheren Beziehungen zwischen den Koeffizienten a_{ik} ergeben. Setzen wir die Ausdrücke (2) in die linke Seite von (4) ein, lösen alle Klammern auf und setzen die Koeffizienten der Quadrate der Unbestimmten gleich 1 und die der gemischten Glieder gleich 0, so erhalten wir genau die sechs Relationen

$$a_{1k}a_{1l} + a_{2k}a_{2l} + a_{3k}a_{3l} = \delta_{kl} \qquad (k, l = 1, 2, 3)\,, \tag{5}$$

wobei

$$\delta_{kl} = \begin{cases} 0 & \text{für} \quad k \neq l\,, \\ 1 & \text{für} \quad k = l \end{cases} \tag{6}$$

ist. Die Summe der Quadrate der Elemente jeder Spalte ist also gleich 1 und diejenige der Produkte entsprechender Elemente verschiedener Spalten gleich 0. Diese Bedingungen heißen gewöhnlich die *Orthogonalitätsbedingungen für die Spalten.* Hieraus ergibt sich unmittelbar, daß die Elemente jeder Spalte gleich den

Richtungskosinussen einer Richtung sind und daß die Richtungen, welche verschiedenen Spalten entsprechen, zueinander orthogonal sind. Daraus folgt sofort, daß die Transformationen (2) mit den oben betrachteten identisch sind und daß die Orthogonalitätseigenschaft nicht nur in bezug auf die Spalten, sondern auch in bezug auf die Zeilen gilt.

Die Formeln (2) können wir nicht nur als Transformation der Koordinaten in einem unveränderlichen Raum, sondern auch als Transformation des Raumes bei unveränderlichen Koordinatenachsen deuten.

Zunächst sei die Determinante der Transformation gleich $+1$, d. h., beide Koordinatensysteme sollen dieselbe Orientierung haben. Wir können dann den Raum als ein starres Ganzes um den Koordinatenursprung zusammen mit den Achsen X_1', X_2', X_3' so drehen, daß diese mit den Achsen X_1, X_2, X_3 zusammenfallen. Die letzteren sollen bei der Drehung fest bleiben. Auf sie beziehen wir die Koordinaten jedes Punktes vor und nach der Drehung. Besaß ein Punkt M vor der Drehung die Koordinaten x_1, x_2, x_3, dann hat er durch die Drehung die neue Lage M' mit den neuen Koordinaten x_1', x_2', x_3' angenommen. Da sich der Punkt M zusammen mit den Koordinatenachsen X_1', X_2', X_3' bewegt und beide Achsensysteme nach der Drehung übereinstimmen, fallen die Koordinaten x_1', x_2', x_3' von M' bezüglich der Achsen X_1, X_2, X_3 mit den Koordinaten von M bezüglich X_1', X_2', X_3' vor der Drehung zusammen. Wir sehen somit, daß die Formeln (2) die Koordinatentransformation eines Punktes bei der Drehung des Raumes ausdrücken, falls die Determinante gleich $+1$ ist.

Es sei jetzt die Determinante $|a_{ik}|$ gleich -1. Statt (2) betrachten wir die Transformation

$$x_i'' = -a_{i1}x_1 - a_{i2}x_2 - a_{i3}x_3 \qquad (i = 1, 2, 3)\,.$$

Ihre Koeffizienten haben nach wie vor die Eigenschaften (5), die Koeffizientendeterminante ist jedoch gleich $+1$, d. h., dieser Transformation entspricht eine Drehung des Raumes um den Ursprung. Um zu den Koordinaten x_1', x_2', x_3' zu kommen, müssen wir noch die Transformation

$$x_1' = -x_1'', \qquad x_2' = -x_2'', \qquad x_3' = -x_3''$$

ausführen. Solch eine Änderung der Vorzeichen bei allen Koordinaten entspricht einer Spiegelung am Koordinatenursprung. Daher entspricht dem Fall, daß die Determinante der Transformation (2) gleich -1 ist, eine Drehung des Raumes um den Koordinatenursprung mit nachfolgender Spiegelung am Ursprung.

Oben sahen wir, daß die neun Koeffizienten a_{ik} den sechs Bedingungen (5) genügen müssen. Daher müssen sie sich durch drei unabhängige Parameter ausdrücken lassen. Für eine Transformation, der eine Drehung des Raumes um den Koordinatenursprung entspricht, wollen wir eine mögliche Wahl der Parameter angeben.

Wir betrachten zwei Systeme von Koordinatenachsen: Das X_1', X_2', X_3'-System, auf das alle Koordinaten bezogen werden, sei unbeweglich; das X_1, X_2, X_3-System sei starr mit dem sich drehenden Raum verbunden. Um die Drehung zu beschreiben, muß man drei Parameter bestimmen, die die Lage des zweiten Achsensystems bezüglich des ersten festlegen. Es sei ON (Abb. 1) die Schnittgerade der X_1', X_2'-Ebene mit der X_1, X_2-Ebene. Wir wählen auf dieser Geraden eine bestimmte Richtung. Es sei α der Winkel $X_1'ON$, den die Gerade ON mit der X_1'-Achse bildet. Außerdem setzen wir $\beta = \sphericalangle\, X_3'OX_3$ und $\gamma = \sphericalangle\, NOX_1$. Diese drei Winkel bestimmen die Lage des zweiten Achsensystems bezüglich des ersten vollständig, d. h., sie charakterisieren die ausgeführte Drehung, die wir mit $\{\alpha, \beta, \gamma\}$ bezeichnen.

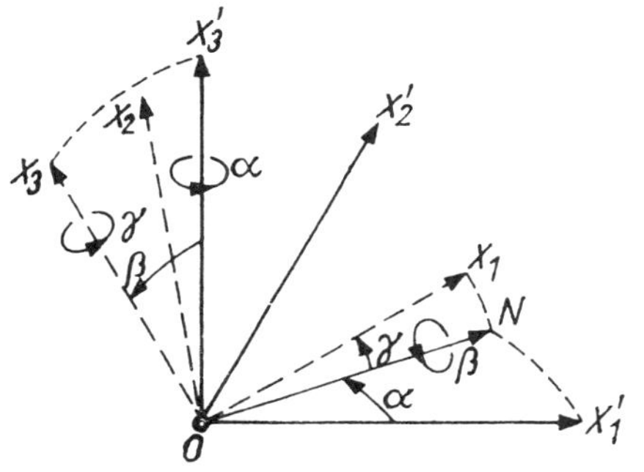

Abb. 1

Die Drehung ergibt sich, wenn man nacheinander die folgenden drei Drehungen ausführt: 1. Drehung um die X_3'-Achse um den Winkel α; 2. Drehung um die neue Lage der X_1'-Achse um den Wimkel β; 3. Drehung um die neue X_3-Achse um den Winkel γ. Die drei Winkel nennt man gewöhnlich die *Eulerschen Winkel.* Sie variieren zwischen den Grenzen

$$0 \leqq \alpha < 2\pi, \qquad 0 \leqq \beta < \pi, \qquad 0 \leqq \gamma < 2\pi .$$

Ist $\beta = 0$, dann reduziert sich die Drehung $\{\alpha, \beta, \gamma\}$ einfach auf eine Drehung um die X_3-Achse um den Winkel $\alpha + \gamma$. Daher gilt in diesem Fall für jedes δ die Beziehung

$$\{\alpha, 0, \gamma\} = \{\alpha + \delta, 0, \gamma - \delta\} .$$

Dies deutet schon darauf hin, daß in gewissen Fällen die Parameter α, β, γ den Drehungen des Raumes um den Ursprung nicht eindeutig entsprechen: Verschiedene Parameterwerte ergeben ein und dieselbe Drehung. Man kann leicht Formeln herleiten, die die Koeffizienten a_{ik} mittels der trigonometrischen Funktionen der Winkel α, β, γ ausdrücken [62]. Im folgenden wird uns noch eine andere Parameterwahl zur Charakterisierung einer Drehung des Raumes um den Ursprung begegnen, und wir werden nochmals auf die Eulerschen Winkel zurückkommen.

21. Allgemeine lineare Transformationen des reellen dreidimensionalen Raumes. Wir betrachten jetzt lineare reelle Transformationen der Gestalt (2) mit beliebigen Koeffizienten. Wir setzen jedoch voraus, daß die Determinante der Transformation von 0 verschieden ist, also

$$|a_{ik}| \neq 0 . \tag{7}$$

Man spricht dann gewöhnlich von einer *nichtausgearteten Transformation.* Genügt sie den Bedingungen (5) nicht, so ist sie mit einer Deformation des Raumes verbunden [**II, 125**]. Die Transformation (2) ist durch die Matrix ihrer Koeffizienten charakterisiert. Das Koeffizientenschema bestimmt nämlich eindeutig das Gesetz, nach welchem ein beliebiger Vektor mit den Komponenten x_1, x_2, x_3 in einen neuen Vektor (x_1', x_2', x_3') übergeht. Wir bezeichnen die Koeffizientenmatrix mit dem Buchstaben A:

$$A = \begin{pmatrix} a_{11} & a_{12} & a_{13} \\ a_{21} & a_{22} & a_{23} \\ a_{31} & a_{32} & a_{33} \end{pmatrix} . \tag{8}$$

Dabei setzen wir wie früher diese Matrix in runde Klammern, um sie von der Determinante zu unterscheiden. Die Determinante von (8) bezeichnen wir mit $D(A)$. Sie ist eine wohlbestimmte Zahl. Die Transformation (2) schreiben wir symbolisch als

$$\boldsymbol{x}' = A\boldsymbol{x} \,. \tag{9}$$

Hierbei sind $\boldsymbol{x}'$ und $\boldsymbol{x}$ Vektoren mit den Komponenten x_1', x_2', x_3' bzw. x_1, x_2, x_3.

Die Transformation, die jeden Vektor fest läßt, heißt die *identische Transformation.* Ihr entspricht die Matrix

$$\begin{pmatrix} 1 & 0 & 0 \\ 0 & 1 & 0 \\ 0 & 0 & 1 \end{pmatrix}, \tag{10}$$

die man gewöhnlich *Einheitsmatrix* nennt und mit I bezeichnet.

Für $D(A) \neq 0$ kann man die Gleichungen (2) nach x_1, x_2, x_3 auflösen und erhält die Formeln

$$\left.\begin{aligned} x_1 &= \frac{A_{11}}{D(A)}\, x_1' + \frac{A_{21}}{D(A)}\, x_2' + \frac{A_{31}}{D(A)}\, x_3' \,, \\ x_2 &= \frac{A_{12}}{D(A)}\, x_1' + \frac{A_{22}}{D(A)}\, x_2' + \frac{A_{32}}{D(A)}\, x_3' \,, \\ x_3 &= \frac{A_{13}}{D(A)}\, x_1' + \frac{A_{23}}{D(A)}\, x_2' + \frac{A_{33}}{D(A)}\, x_3' \,. \end{aligned}\right\} \tag{11}$$

Die A_{ik} sind dabei die algebraischen Komplemente der Elemente a_{ik} in der Determinante $D(A)$. Diese Transformation heißt die zu (2) inverse Transformation. Ist A die Matrix der Transformation (2), so wird die Matrix der zu (2) inversen Transformation (11) mit A^{-1} bezeichnet.

Wir führen nun den für das Folgende wichtigen Begriff des Produkts zweier Transformationen oder des Produkts zweier Matrizen ein. Gegeben seien zwei lineare Transformationen, nämlich die von (x_1, x_2, x_3) in (x_1', x_2', x_3'),

$$\left.\begin{aligned} x_1' &= a_{11}x_1 + a_{12}x_2 + a_{13}x_3 \,, \\ x_2' &= a_{21}x_1 + a_{22}x_2 + a_{23}x_3 \,, \\ x_3' &= a_{31}x_1 + a_{32}x_2 + a_{33}x_3 \end{aligned}\right\} \quad \text{oder} \quad \boldsymbol{x}' = A\boldsymbol{x} \,, \tag{12}$$

und die von (x_1', x_2', x_3') in (x_1'', x_2'', x_3''),

$$\left.\begin{aligned} x_1'' &= b_{11}x_1' + b_{12}x_2' + b_{13}x_3' \,, \\ x_2'' &= b_{21}x_1' + b_{22}x_2' + b_{23}x_3' \,, \\ x_3'' &= b_{31}x_1' + b_{32}x_2' + b_{33}x_3' \end{aligned}\right\} \quad \text{oder} \quad \boldsymbol{x}'' = B\boldsymbol{x}' . \tag{13}$$

Statt die Übergänge von (x_1, x_2, x_3) zu (x_1', x_2', x_3') und von (x_1', x_2', x_3') zu (x_1'', x_2'', x_3'') hintereinander auszuführen, kann man nun einen unmittelbaren Übergang von (x_1, x_2, x_3) zu (x_1'', x_2'', x_3'') vollziehen. Das ist wieder eine lineare Transformation

$$x_k'' = c_{k1}x_1 + c_{k2}x_2 + c_{k3}x_3 \qquad (k = 1, 2, 3) \,. \tag{14}$$

Die Transformation (14) heißt das *Produkt* der Transformationen (12) und (13). Hierbei ist die Reihenfolge, in der die Transformationen (12) und (13) ausgeführt werden, wesentlich. Die Substitution der Ausdrücke (12) in die rechte Seite von (13) ergibt (14). Wir erhalten so für die Elemente c_{ik} der Matrix, die dem Produkt der Transformationen entspricht, die Beziehungen

$$c_{ik} = \sum_{s=1}^{3} b_{is} a_{sk} \qquad (i, k = 1, 2, 3) . \tag{15}$$

In dieser Weise drücken sich die c_{ik} durch die Elemente der Matrizen aus, die den zu multiplizierenden Transformationen entsprechen.

Die Transformation (14) schreibt man gewöhnlich in der Gestalt

$$\boldsymbol{x}'' = BA\boldsymbol{x} . \tag{16}$$

Die Matrix C mit den aus (15) erhaltenen Elementen c_{ik} heißt das Produkt der Matrizen A und B. Man schreibt dafür

$$C = BA . \tag{17}$$

Dabei muß man im Sinne der Reihenfolge der Transformationen dieses Produkt von rechts nach links lesen. Auf Grund des Multiplikationssatzes für Determinanten und Formel (15) besteht für die Determinanten der Transformationen die Beziehung

$$D(C) = D(B) \cdot D(A) . \tag{18}$$

Die Determinante des Produkts zweier Transformationen ist gleich dem Produkt der Determinanten dieser Transformationen.

Man beweist leicht die folgenden Beziehungen, die eine einfache geometrische Bedeutung besitzen:

$$AA^{-1} = A^{-1}A = I . \tag{19}$$

Aus dem Bildungsgesetz der inversen Transformation ergibt sich die Tatsache, daß A die zu A^{-1} inverse Transformation ist. Lösen wir nämlich das System (11) nach den x_k' auf, so erhalten wir offenbar wieder (2). Dies läßt sich folgendermaßen schreiben:

$$(A^{-1})^{-1} = A . \tag{20}$$

Der Begriff des Produkts von Transformationen kann auf beliebig viele Faktoren ausgedehnt werden: Führt man nacheinander Transformationen mit den Matrizen A, B und C aus, so ergibt sich eine neue Transformation mit einer Matrix F:

$$F = CBA . \tag{21}$$

Haben die Matrizen A, B und C die Elemente a_{ik}, b_{ik} und c_{ik}, so sind die Elemente der Produktmatrix D durch die Formeln

$$d_{ik} = \sum_{p,q=1}^{3} c_{iq} b_{qp} a_{pk} \tag{22}$$

bestimmt. Für die Elemente der Matrix $E = BA$ gilt nämlich

$$e_{ik} = \sum_{p=1}^{3} b_{ip} a_{pk} ,$$

und wir erhalten nach (15) für die Matrix CE die Gleichungen

$$d_{ik} = \sum_{q=1}^{3} c_{iq} e_{qk} .$$

Das sind genau die Formeln (22). Im folgenden bezeichnen wir die Elemente der Matrix A oft mit

$$\{A\}_{ik} .$$

Die Multiplikation von Matrizen ist im allgemeinen *nicht kommutativ*, d. h., das Produkt ändert sich bei Vertauschung der Faktoren; im allgemeinen ist also $BA \neq AB$. Es gilt jedoch offenbar das assoziative Gesetz, d. h., man kann die Faktoren beliebig zusammenfassen:

$$C(BA) = (CB)\,A\,. \tag{23}$$

Auf der linken Seite ist das Produkt von A und B zu bilden und das Ergebnis mit C zu multiplizieren. Rechts wird zunächst das Produkt der Matrizen B und C gebildet und dann die Matrix A mit diesem Produkt multipliziert. Man sieht leicht, daß in beiden Fällen die Elemente der aus der letzten Multiplikation erhaltenen Matrix nach den Formeln (22) gebildet werden. Für die linke Seite wurde dies oben schon gezeigt. Für die rechte Seite erhalten wir, wenn wir die angegebene Multiplikation ausführen, die Formeln

$$\{CB\}_{ik} = \sum_{q=1}^{3} \{C\}_{iq}\,\{B\}_{qk}$$

und

$$\{(CB)\,A\}_{ik} = \sum_{p=1}^{3} \{CB\}_{ip}\,\{A\}_{pk} = \sum_{p,q=1}^{3} \{C\}_{iq}\,\{B\}_{qp}\,\{A\}_{pk}\,,$$

die in unseren neuen Bezeichnungen mit (22) gleichbedeutend sind.

Wir weisen noch auf eine andere wichtige Klasse linearer Transformationen hin. Wir betrachten die Transformationen

$$x_1' = k_1 x_1, \qquad x_2' = k_2 x_2, \qquad x_3' = k_3 x_3\,. \tag{24}$$

Das sind Dehnungen längs der Koordinatenachsen; die Koeffizienten k_1, k_2, k_3 charakterisieren das Ausmaß dieser Dehnung (oder Stauchung). Die Matrix dieser Transformation ist offenbar

$$\begin{pmatrix} k_1 & 0 & 0 \\ 0 & k_2 & 0 \\ 0 & 0 & k_3 \end{pmatrix},$$

alle ihre Elemente außerhalb der Hauptdiagonalen sind also gleich 0. Eine solche Matrix heißt *Diagonalmatrix*; wir bezeichnen sie mit

$$[k_1, k_2, k_3]\,.$$

Sind insbesondere die Zahlen k_i alle gleich, d. h., ist $k_1 = k_2 = k_3 = k$, dann läuft die Transformation auf die Multiplikation aller Komponenten jedes Vektors mit ein und derselben Zahl k hinaus. Das ist offenbar eine Ähnlichkeitstransformation mit dem Ähnlichkeitszentrum im Ursprung. Jeder Vektor bleibt in seiner Richtung ungeändert (es sei also $k > 0$ vorausgesetzt); er ändert nur seine Länge, wobei diese mit k multipliziert wird. Eine Transformation dieser Art kennzeichnen wir einfach durch

$$\boldsymbol{x}' = k\boldsymbol{x}\,.$$

Wir fassen also die Zahl k als Spezialfall einer Matrix auf, nämlich als die Diagonalmatrix

$$\begin{pmatrix} k & 0 & 0 \\ 0 & k & 0 \\ 0 & 0 & k \end{pmatrix}. \tag{25}$$

Formel (15) zeigt, daß die Multiplikation solcher Matrizen auf die gewöhnliche Multiplikation von Zahlen hinausläuft; es gilt nämlich

$$[k, k, k] \cdot [l, l, l] = [kl, kl, kl] .$$

Man kann sich leicht davon überzeugen, daß ein entsprechend einfaches Multiplikationsgesetz allgemein für Diagonalmatrizen gilt; es ist nämlich

$$[k_1, k_2, k_3] \cdot [l_1, l_2, l_3] = [k_1 l_1, k_2 l_2, k_3 l_3] . \tag{26}$$

Zwei Dehnungen längs der Koordinatenachsen sind also einer einzigen Dehnung gleichwertig, deren Koeffizienten gleich dem Produkt der entsprechenden Koeffizienten der beiden ausgeführten Dehnungen sind. Aus (26) folgt unter anderem unmittelbar, daß sich das Produkt zweier Diagonalmatrizen bei Vertauschung der Faktoren nicht ändert. Beachtet man die Darstellung einer Zahl als Diagonalmatrix (25) und Formel (15), so sieht man leicht, daß das Produkt kA durch Multiplikation aller Elemente der Matrix A mit der Zahl k entsteht. Dieses Produkt hängt nicht von der Reihenfolge der Faktoren ab, d. h., es ist

$$\{kA\}_{ik} = \{Ak\}_{ik} = k\{A\}_{ik} . \tag{27}$$

Wir haben die allgemeinste lineare Transformation (2) als eine Deformation des Raumes aufgefaßt, bei der ein Vektor mit den Komponenten x_1, x_2, x_3 in den Vektor mit den Komponenten x_1', x_2', x_3' übergeht. Wie wir schon früher feststellten, kann man diese Transformation auch als Punkttransformation deuten, bei der ein Punkt mit den Koordinaten x_1, x_2, x_3 in einen Punkt mit den Koordinaten x_1', x_2', x_3' übergeht.

Zur Bestimmung der Komponenten eines Vektors konnten wir ein beliebiges Achsensystem, d. h. beliebige Basisvektoren benutzen. Wir konnten drei beliebige nicht in einer Ebene gelegene Vektoren $\boldsymbol{i}, \boldsymbol{j}, \boldsymbol{k}$ als Basisvektoren wählen. Für jeden Vektor $\boldsymbol{x}$ ergibt sich dann bekanntlich eine eindeutige Darstellung der Gestalt [**II**, 114]

$$\boldsymbol{x} = x_1 \boldsymbol{i} + x_2 \boldsymbol{j} + x_3 \boldsymbol{k} . \tag{28}$$

Die Zahlen x_1, x_2, x_3 heißen die Komponenten des Vektors in dem durch $\boldsymbol{i}, \boldsymbol{j}$ und $\boldsymbol{k}$ bestimmten Koordinatensystem. Wir wollen jetzt untersuchen, welchen Einfluß die Wahl der Basisvektoren auf die Form einer linearen Transformation hat.

Genauer gesagt, in einem durch $\boldsymbol{i}, \boldsymbol{j}$ und $\boldsymbol{k}$ bestimmten Koordinatensystem habe eine lineare Transformation die Gestalt (12). Wie sieht dann dieselbe lineare Transformation in einem anderen, durch die Basisvektoren $\boldsymbol{i}_1$, $\boldsymbol{j}_1$ und $\boldsymbol{k}_1$ bestimmten Koordinatensystem aus? Die neuen Basisvektoren mögen sich durch die alten nach den Formeln

$$\left.\begin{aligned} \boldsymbol{i}_1 &= t_{11}\boldsymbol{i} + t_{12}\boldsymbol{j} + t_{13}\boldsymbol{k} , \\ \boldsymbol{j}_1 &= t_{21}\boldsymbol{i} + t_{22}\boldsymbol{j} + t_{23}\boldsymbol{k} , \\ \boldsymbol{k}_1 &= t_{31}\boldsymbol{i} + t_{32}\boldsymbol{j} + t_{33}\boldsymbol{k} \end{aligned}\right\} \tag{29}$$

ausdrücken.

Die aus den Koeffizienten t_{ik} gebildete Determinante muß von 0 verschieden sein, da andernfalls die Vektoren $\boldsymbol{i}_1$, $\boldsymbol{j}_1$ und $\boldsymbol{k}_1$ linear abhängig, d. h. komplanar, wären. In dem neuen Koordinatensystem hat der durch (28) bestimmte Vektor die neuen Komponenten y_1, y_2, y_3 und die Darstellung

$$\boldsymbol{x} = y_1 \boldsymbol{i}_1 + y_2 \boldsymbol{j}_1 + y_3 \boldsymbol{k}_1 .$$

Wir leiten zunächst die Beziehungen her, nach denen sich die neuen Komponenten des Vektors durch die alten ausdrücken. Substituieren wir in die vorhergehende Formel die Ausdrücke (29) für die neuen Basisvektoren, so ergibt sich

$$\sum_{s=1}^{3} y_s(t_{s1}\boldsymbol{i} + t_{s2}\boldsymbol{j} + t_{s3}\boldsymbol{k}) = x_1\boldsymbol{i} + x_2\boldsymbol{j} + x_3\boldsymbol{k} .$$

Vergleichen wir die Koeffizienten von $\boldsymbol{i}, \boldsymbol{j}$ und $\boldsymbol{k}$, so gelangen wir zu den gewünschten Beziehungen

$$\left.\begin{aligned} x_1 &= t_{11}y_1 + t_{21}y_2 + t_{31}y_3 , \\ x_2 &= t_{12}y_1 + t_{22}y_2 + t_{32}y_3 , \\ x_3 &= t_{13}y_1 + t_{23}y_2 + t_{33}y_3 . \end{aligned}\right\} \tag{30}$$

Die Matrix dieser Transformation unterscheidet sich von der Matrix der Transformation (29) dadurch, daß die Zeilen mit den entsprechenden Spalten vertauscht sind. In (29) haben nämlich die Elemente einer Zeile den gleichen ersten, in (30) den gleichen zweiten Index. Ist T die Matrix der Transformation (29), dann bezeichnen wir die Matrix von (30) mit T^* und nennen sie die zu T *transponierte Matrix.* Die Formeln (30) lassen sich jetzt kurz in folgender Form schreiben[1]):

$$(x_1, x_2, x_3) = T^*(y_1, y_2, y_3) . \tag{31}$$

Dabei sind x_1, x_2, x_3 die drei Komponenten des Vektors bezüglich der alten, y_1, y_2, y_3 seine Komponenten bezüglich der neuen Basisvektoren. Dagegen lassen sich die neuen Komponenten durch die alten mittels

$$(y_1, y_2, y_3) = (T^*)^{-1} (x_1, x_2, x_3)$$

ausdrücken. $(T^*)^{-1}$ ist dabei die zu T^* inverse lineare Transformation. Sie wird meistens die zu T *kontragrediente Transformation* genannt. Die zugehörige Matrix bezeichnen wir kurz mit

$$U = (T^*)^{-1} . \tag{32}$$

Wir erhalten also folgende Aussage: Werden die Basisvektoren nach (29) transformiert, so erfahren die Komponenten jedes Vektors eine lineare Transformation mit einer durch (32) definierten Matrix U. Unsere beiden in der Transformation (9) vorkommenden Vektoren $\boldsymbol{x} = (x_1, x_2, x_3)$ und $\boldsymbol{x}' = (x_1', x_2', x_3')$ haben nach der Transformation der Basisvektoren neue Komponenten, die sich aus den alten mit Hilfe von

$$(y_1, y_2, y_3) = U(x_1, x_2, x_3), \qquad (y_1', y_2', y_3') = U(x_1', x_2', x_3') \tag{33}$$

berechnen lassen.

Wie sieht die lineare Transformation aus, welche den Vektor (y_1, y_2, y_3) in (y_1', y_2', y_3') überführt? Vom Vektor (y_1, y_2, y_3) können wir folgendermaßen zu dem neuen Vektor (y_1', y_2', y_3') übergehen: Zunächst gehen wir nach (33) von (y_1, y_2, y_3) zu (x_1, x_2, x_3) mit Hilfe der Matrix U^{-1} über, dann transformieren wir mit der Matrix A von (9) den Vektor (x_1, x_2, x_3) in (x_1', x_2', x_3') und bilden schließlich durch die Matrix U den Vektor (x_1', x_2', x_3') auf (y_1', y_2', y_3') ab. Als Ergebnis erhalten wir die lineare Transformation

$$\boldsymbol{y}' = UAU^{-1}\boldsymbol{y} . \tag{34}$$

Diese und die Transformation (9) sowie die Matrizen UAU^{-1} und A heißen *einander ähnlich* (oder auch *äquivalent*).

---

[1]) Vgl. zu dieser Schreibweise die Ausführung auf S. 86 und S. 87 .(Anm. d. Red.)

Wir formulieren das Endergebnis: *Transformieren sich bei einer Substitution der Basisvektoren die Komponenten eines Vektors linear nach* (33) *und hat eine Transformation des Raumes in den alten Basisvektoren die Gestalt*

$$\boldsymbol{x}' = A\boldsymbol{x}\,,$$

so läßt sie sich in dem neuen Koordinatensystem durch

$$\boldsymbol{y}' = UAU^{-1}\boldsymbol{y}$$

ausdrücken.

22. Kovariante und kontravariante affine Vektoren. Die lineare Transformation (9) soll jetzt den Übergang von einem kartesischen Koordinatensystem zu einem anderen bedeuten, d. h., die Koeffizienten seien die durch die Tabelle (3) bestimmten Richtungskosinusse. Wie wir schon in **[20]** sahen, ist dann die transponierte Matrix A^* mit der inversen A^{-1} identisch, und die kontragrediente Matrix $(A^*)^{-1}$ ist gleich der Ausgangsmatrix A, es gilt also

$$A^* = A^{-1}\,, \qquad (A^*)^{-1} = A\,. \tag{35}$$

Wir betrachten jetzt einen Vektor von fester Länge und Richtung. Seine Komponenten transformieren sich nach denselben Formeln (9) wie die Koordinaten, nämlich gemäß

$$\left.\begin{aligned} x_1' &= a_{11}x_1 + a_{12}x_2 + a_{13}x_3\,,\\ x_2' &= a_{21}x_1 + a_{22}x_2 + a_{23}x_3\,,\\ x_3' &= a_{31}x_1 + a_{32}x_2 + a_{33}x_3\,. \end{aligned}\right\} \tag{36}$$

Man kann also sagen, daß ein Vektor durch drei Zahlen in jedem festen kartesischen Koordinatensystem vollständig charakterisiert ist und daß sich beim Übergang von einem kartesischen System zu einem anderen diese drei Zahlen (die Komponenten des Vektors) nach denselben Formeln (36) wie die Koordinaten transformieren.

Wir wollen nun nicht nur den Übergang von einem kartesischen System zu einem anderen betrachten, sondern ganz allgemein alle möglichen linearen Koordinatentransformationen mit einer von 0 verschiedenen Determinante ins Auge fassen. Dies entspricht, wie wir oben sahen, einer beliebigen Wahl dreier linear unabhängiger Vektoren als Basisvektoren. Wir werden wie oben zugleich mit der Matrix A der Transformation (36) auch die kontragrediente Matrix $V = (A^*)^{-1}$ betrachten. Im allgemeinen werden beide voneinander verschieden sein. Ein Vektor läßt sich aber auf zwei verschiedene Arten definieren, entsprechend seinem Verhalten bei einer beliebigen linearen Koordinatentransformation. Einerseits können wir den Vektor als ein Zahlentripel definieren, das sich beim Übergang von einem Koordinatensystem zu einem anderen nach denselben Formeln wie die Koordinaten selbst transformiert, nämlich durch

$$(x_1', x_2', x_3') = A(x_1, x_2, x_3)\,. \tag{37}$$

Ein solcher Vektor heißt *kontravarianter affiner Vektor*. Die allgemeine lineare Transformation (36) nennt man dabei manchmal eine *affine Transformation*. Andererseits läßt sich ein Vektor so definieren, daß bei jeder linearen Transformation (36) seine Komponenten die entsprechende kontragrediente Transformation erfahren, nämlich

$$(x_1', x_2', x_3') = V(x_1, x_2, x_3)\,. \tag{38}$$

Dann heißt der Vektor ein *kovarianter affiner Vektor*.

In beiden Fällen sind mit den Komponenten des Vektors in irgendeinem Koordinatensystem zugleich seine Komponenten in jedem anderen Koordinatensystem gegeben, das aus dem ersten durch eine beliebige affine Transformation hervorgeht. Für beide Arten von Vektoren wollen wir Beispiele angeben. Der Vektor, der zwei bestimmte Punkte des Raumes miteinander verbindet, ist offensichtlich ein kontravarianter Vektor, da sich seine Komponenten im obigen Sinne (d. h. die Differenzen der Koordinaten seiner Endpunkte) nach denselben Formeln wie die Koordinaten selbst transformieren. Ein weiteres Beispiel für einen kontravarianten Vektor ist das folgende. Die Koordinaten eines Punktes (x_1, x_2, x_3) seien Funktionen eines Parameters t.

Wir definieren den Geschwindigkeitsvektor mit den Komponenten

$$\frac{dx_1}{dt}, \quad \frac{dx_2}{dt}, \quad \frac{dx_3}{dt}.$$

Die Differentiation der Formeln (36) nach t zeigt, daß der Geschwindigkeitsvektor ebenfalls ein kontravarianter Vektor ist.

Nun ein Beispiel für einen kovarianten Vektor. Dazu betrachten wir eine Punktfunktion $f(x_1, x_2, x_3)$ im Raum und definieren in einem beliebigen Koordinatensystem einen Vektor, den sogenannten *Gradienten* dieser Funktion, durch die Komponenten

$$\frac{\partial f}{\partial x_1}, \quad \frac{\partial f}{\partial x_2}, \quad \frac{\partial f}{\partial x_3}.$$

Nach der Regel für die Differentiation mittelbarer Funktionen und auf Grund von (36) gilt dann

$$\frac{\partial f}{\partial x_s} = a_{1s}\frac{\partial f}{\partial x_1'} + a_{2s}\frac{\partial f}{\partial x_2'} + a_{3s}\frac{\partial f}{\partial x_3'} \qquad (s = 1, 2, 3).$$

Die Komponenten des Gradienten bezüglich der Achsen X_1, X_2, X_3 gehen aus seinen Komponenten für die Achsen X_1', X_2', X_3' durch eine lineare Transformation mit der Matrix A^* hervor. Der umgekehrte Übergang wird daher durch die Matrix $(A^*)^{-1} = V$ bewirkt. Der Gradient ist also tatsächlich ein kovarianter Vektor.

Die Formeln (37) und (38) lassen sich mit Hilfe der partiellen Ableitungen der neuen Koordinaten nach den alten oder umgekehrt umschreiben. Wir führen Bezeichnungen ein, die sich von den früheren etwas unterscheiden, jedoch in der Vektoranalysis üblich sind. Die Komponenten kontravarianter Vektoren werden wir mit oberen, die Komponenten kovarianter Vektoren mit unteren Indizes kennzeichnen. Dementsprechend schreiben wir bei den Koordinaten selbst den Index oben.

Die Koeffizienten der Transformationen (36) lassen sich folgendermaßen als partielle Ableitungen schreiben:

$$a_{ik} = \frac{\partial x'^{(i)}}{\partial x^{(k)}}. \tag{39}$$

Die Elemente der kontragredienten Matrix V sind

$$V_{ik} = \frac{A_{ik}}{D(A)}.$$

Die gleichen Elemente besitzt auch die Matrix $(A^{-1})^*$, d. h. es ist

$$(A^*)^{-1} = (A^{-1})^*.$$

Man kann also, um die kontragrediente Matrix zu bilden, zunächst zur inversen Matrix übergehen und danach Zeilen und Spalten vertauschen. Beim Übergang zur inversen Matrix ist der Koeffizient c_{ik} gleich $\frac{\partial x^{(i)}}{\partial x'^{(k)}}$, nach der Spiegelung an der Hauptdiagonalen erhalten wir für die Elemente der Matrix V die Ausdrücke

$$V_{ik} = \frac{\partial x^{(k)}}{\partial x'^{(i)}}. \tag{40}$$

Es seien $u^{(s)}$ die Komponenten eines kontravarianten Vektors in den Koordinaten $x^{(s)}$ und $u'^{(s)}$ die entsprechenden Komponenten in dem System der Koordinaten $x'^{(s)}$. Nach Definition ist

$$u'^{(i)} = \sum_{s=1}^{3} \frac{\partial x'^{(i)}}{\partial x^{(s)}} u^{(s)} \qquad (i = 1, 2, 3). \tag{41}$$

Genauso erhalten wir für einen kovarianten Vektor nach Definition die Formeln

$$u'_i = \sum_{s=1}^{3} \frac{\partial x^{(s)}}{\partial x'^{(i)}} u_s . \tag{42}$$

Wir können diese Formeln für die Definition der Vektorkomponenten nicht nur bei einer linearen Koordinatentransformation, sondern auch im Fall einer allgemeinen Transformation benutzen, bei der sich die einen Koordinaten durch die anderen mit Hilfe beliebiger, im allgemeinen nichtlinearer Funktionen ausdrücken.

Wir geben noch eine weitere Möglichkeit der Definition eines kovarianten Vektors an. Dabei wird ein kontravarianter Vektor einfach als ein Vektor definiert, dessen Komponenten sich nach denselben Formeln wie die Koordinaten transformieren. Es seien nun ein kontravarianter Vektor $u^{(s)}$ und ein kovarianter Vektor v_s gegeben. Wir bilden die Summe der Produkte

$$u^{(1)}v_1 + u^{(2)}v_2 + u^{(3)}v_3 . \tag{43}$$

Wie man leicht sieht, bleibt diese Summe invariant (man sagt, sie sei ein *Skalar*), wenn sich $u^{(s)}$ und v_s nach den entsprechenden Formeln (41) und (42) transformieren.

Wir erhalten nämlich unmittelbar auf Grund der Differentiationsregel für mittelbare Funktionen die Beziehung

$$\sum_{s=1}^{3} u'^{(s)}v'_s = \sum_{s=1}^{3} \left[\sum_{k=1}^{3} \frac{\partial x'^{(s)}}{\partial x^{(k)}} u^{(k)}\right]\left[\sum_{l=1}^{3} \frac{\partial x^{(l)}}{\partial x'^{(s)}} v_l\right] = u^{(1)}v_1 + u^{(2)}v_2 + u^{(3)}v_3 .$$

Definieren wir also einen kontravarianten Vektor auf die oben angegebene Weise, so können wir das Änderungsgesetz für die Komponenten eines kovarianten Vektors aus der Forderung herleiten, daß der Ausdruck (43) invariant bleiben soll. Wenden wir die Rechnungen aus dem vorigen Abschnitt an, so sehen wir, daß bei Invarianz des Ausdrucks (43) die Komponenten v_s eine zur Transformation der Komponenten $u^{(s)}$ kontragrediente Transformation erfahren. Wir überlassen es dem Leser, zu zeigen, daß bei jeder (nicht nur bei einer linearen) Transformation der Geschwindigkeitsvektor ein kontravarianter und der Gradient einer Funktion ein kovarianter Vektor ist.

Zum Schluß noch eine Bemerkung über den Unterschied zwischen kontravarianten und kovarianten Vektoren, die oben rein formal durch die Formeln für den Übergang von einem System zu einem anderen definiert wurden. Es sei $\boldsymbol{x}$ irgendein durch seine Länge und Richtung gegebener Vektor. Ist nun ein Koordinatensystem vorgegeben, so gewinnen wir die Komponenten des Vektors nach Formel (28). Wir nennen diese Komponenten *kontravariante Komponenten* und schreiben (28) in der Gestalt

$$\boldsymbol{x} = x^{(1)}\boldsymbol{i} + x^{(2)}\boldsymbol{j} + x^{(3)}\boldsymbol{k} . \tag{44}$$

Unter der *kovarianten Komponente* von $\boldsymbol{x}$ in bezug auf den Basisvektor $\boldsymbol{i}$ verstehen wir die mit der Länge von $\boldsymbol{i}$ multiplizierte Größe der senkrechten Projektion von $\boldsymbol{x}$ auf $\boldsymbol{i}$. Ebenso bildet man die kovarianten Komponenten in bezug auf die anderen beiden Basisvektoren. Somit erhalten wir in jedem Koordinatensystem drei kovariante Komponenten x_1, x_2, x_3. Man kann zeigen, daß sie sich beim Übergang zu einem neuen Koordinatensystem wie die Komponenten eines kovarianten Vektors transformieren. In unserem Fall stellt der Ausdruck

$$x^{(1)}x_1 + x^{(2)}x_2 + x^{(3)}x_3$$

das Quadrat der Länge von $\boldsymbol{x}$ dar und ändert sich somit bei der Koordinatentransformation nicht. Auf den Beweis dieser Tatsache wollen wir jedoch hier nicht eingehen.

23. Der Begriff des Tensors. Wir gehen jetzt zu einer Verallgemeinerung des Vektorbegriffs über und betrachten dabei zunächst nur lineare Koordinatentransformationen. In einem Koordinatensystem sei eine Matrix b_{ik} $(i, k = 1, 2, 3)$ von neun Zahlen gegeben. Wir bilden den Ausdruck

$$\sum_{i,k=1}^{3} b_{ik}u^{(i)}v^{(k)} , \tag{45}$$

in dem die $u^{(i)}$ und $v^{(k)}$ die Komponenten zweier kontravarianter Vektoren bedeuten. Gehen wir zu einem neuen Koordinatensystem über, so können wir in (45) die $u^{(i)}$ und $v^{(k)}$ durch die neuen Koordinaten $u'^{(i)}$ und $v'^{(k)}$ ausdrücken. Dadurch erhält der Ausdruck (45) die Form

$$\sum_{i,k=1}^{3} b_{ik} u^{(i)} v^{(k)} = \sum_{i,k=1}^{3} b'_{ik} u'^{(i)} v'^{(k)} . \tag{46}$$

So erhalten wir auch in dem neuen Koordinatensystem eine aus neun Elementen b'_{ik} bestehende Matrix. Eine Matrix, die für jedes Koordinatensystem durch die Forderung der Invarianz des Ausdrucks (45) definiert ist, heißt *kovarianter Tensor zweiter Stufe*. Man kann in derselben Weise von zwei kovarianten Vektoren der u_i und v_k ausgehen und den Ausdruck

$$\sum_{i,k=1}^{3} b^{(ik)} u_i v_k \tag{47}$$

bilden. Geben wir dann in irgendeinem Koordinatensystem eine aus neun Zahlen $b^{(ik)}$ bestehende Matrix vor, so erhalten wir durch die Forderung der Invarianz von (47) auch in jedem anderen Koordinatensystem eine derartige Matrix. Dies führt uns auf einen sogenannten *kontravarianten Tensor zweiter Stufe*. Wählen wir schließlich eine nkontravarianten Vektor der $u^{(i)}$ und einen kovarianten Vektor der v_k und bilden den Ausdruck

$$\sum_{i,k=1}^{3} b_i^{(k)} u^{(i)} v_k , \tag{48}$$

so kommen wir entsprechend zum Begriff eines *gemischten Tensors zweiter Stufe*.

Wir zeigen nun, wie man mit Hilfe der Koeffizienten der linearen Koordinatentransformation (36) die neuen Komponenten eines Tensors durch die alten ausdrücken kann. Zunächst beschränken wir uns auf kovariante Tensoren zweiter Stufe. Die Komponenten $u^{(i)}$ und $v^{(k)}$ von kontravarianten Vektoren im alten Koordinatensystem gehen aus den neuen Komponenten $u'^{(i)}$ und $v'^{(k)}$ durch die lineare Transformation mit der Matrix A^{-1} hervor. Bezeichnen wir die Elemente dieser Matrix mit $\{A^{-1}\}_{ik}$, so erhalten wir

$$u^{(i)} = \sum_{k=1}^{3} \{A^{-1}\}_{ik}\, u'^{(k)} , \qquad v^{(i)} = \sum_{k=1}^{3} \{A^{-1}\}_{ik}\, v'^{(k)} .$$

Dies setzen wir in den Ausdruck (45) ein, bestimmen die Koeffizienten der Produkte $u'^{(i)} v'^{(k)}$ und erhalten für die Komponenten b'_{ik} des Tensors im neuen Koordinatensystem die Ausdrücke

$$b'_{ik} = \sum_{p,q=1}^{3} b_{pq} \{A^{-1}\}_{pi}\, \{A^{-1}\}_{qk} . \tag{49}$$

Entsprechend muß man bei kontravarianten Tensoren zweiter Stufe die alten Komponenten u_i und v_k der beiden kovarianten Vektoren durch die neuen ausdrücken. Gemäß der Definition der kovarianten Vektoren drücken sich die u'_i vermöge der Matrix $(A^*)^{-1}$ durch die u_i aus, und die u_i gehen mit Hilfe der zu A transpornierten Matrix A^* aus den u'_i hervor, ebenso wie die v_i aus den v'_i, d. h.

$$u_i = \sum_{k=1}^{3} \{A\}_{ki}\, u'_k , \qquad v_i = \sum_{k=1}^{3} \{A\}_{ki}\, v'_k .$$

Setzen wir dies in den Ausdruck (47) ein, so erhalten wir die Transformationsformel für die Komponenten eines kontravarianten Tensors zweiter Stufe:

$$b'^{(ik)} = \sum_{p,q=1}^{3} b^{(pq)} \{A\}_{ip}\, \{A\}_{kq} . \tag{50}$$

Analog erhält man für die Komponenten eines gemischten Tensors zweiter Stufe die folgende Transformationsformel:

$$b_i'^{(k)} = \sum_{p,q=1}^{3} b_q^{(p)} \{A^{-1}\}_{pi}\, \{A\}_{kq} . \tag{51}$$

Drücken wir nun die Koeffizienten der linearen Transformation durch die partiellen Ableitungen

$$\frac{\partial x'^{(i)}}{\partial x^{(k)}} \quad \text{und} \quad \frac{\partial x^{(i)}}{\partial x'^{(k)}}$$

aus und setzen diese Ausdrücke in die vorangehenden Formeln ein, so erhalten wir die Transformationsformel für Tensoren zweiter Stufe für beliebige Koordinatenstransformationen.

Völlig analog zu dem oben Dargelegten kann man auch den Begriff eines Tensors von höherer als zweiter Stufe bilden. Wir gehen aber hierauf nicht ein.

Im Vorhergehenden hatten wir es mit einer Matrix zu tun, die in einem bestimmten Koordinatensystem eine lineare Transformation des Raumes ausdrückt. B sei eine solche Matrix. Wir führen nun eine affine Koordinatentransformation

$$(y_1, y_2, y_3) = A(x_1, x_2, x_3)$$

aus, wobei A eine Matrix mit einer von 0 verschiedenen Determinante ist. Wie bereits gezeigt, wird dann unsere Transformation des Raumes auf die neuen Koordinaten durch die Matrix

$$ABA^{-1}$$

vermittelt. Man sieht leicht, daß diese Transformation der Matrix mit der oben angegebenen Transformation eines gemischten Tensors zweiter Stufe übereinstimmt. Wenden wir nämlich die Regel zur Bildung des Produktes von zwei Matrizen an, so werden wir auf die folgende Formel geführt:

$$\{BA^{-1}\}_{qi} = \sum_{p=1}^{3} \{B\}_{qp} \{A^{-1}\}_{pi} .$$

Daraus ergibt sich weiter

$$\{A(BA^{-1})\}_{ki} = \sum_{q=1}^{3} \{A\}_{kq} \{BA^{-1}\}_{qi} = \sum_{p,q=1}^{3} \{B\}_{qp} \{A^{-1}\}_{pi} \{A\}_{kq} .$$

Setzen wir $b_k^{(i)}$ an Stelle von $\{B\}_{ik}$, so erhalten wir genau (51). Somit ist also die Matrix einer linearen Transformation des Raumes ein gemischter Tensor zweiter Stufe.

Wir behandeln noch einige spezielle Tensoren. Wir nehmen an, ein kovarianter Tensor besitze in irgendeinem Koordinatensystem die Eigenschaft

$$b_{ik} = b_{ki} \qquad (i, k = 1, 2, 3) . \tag{52}$$

Man sieht leicht, daß ihm diese Eigenschaft dann auch in jedem anderen Koordinatensystem zukommt. Auf Grund von (49) gilt nämlich

$$b'_{ik} = \sum_{p,q=1}^{3} b_{pq} \{A^{-1}\}_{pk} \{A^{-1}\}_{qi} ,$$

und wegen (52) gilt

$$b'_{ki} = \sum_{p,q=1}^{3} b_{qp} \{A^{-1}\}_{pk} \{A^{-1}\}_{qi} .$$

Durch Umbenennung der Summationsvariablen ergibt sich der Ausdruck

$$b'_{ki} = \sum_{p,q=1}^{3} b_{pq} \{A^{-1}\}_{qk} \{A^{-1}\}_{pi} ,$$

und man sieht unmittelbar, daß b_{ki} tatsächlich mit b_{ik} übereinstimmt. Ein solcher Tensor heißt *symmetrischer kovarianter Tensor*. Entsprechend definiert man *symmetrische kontravariante Tensoren*. Ebenso finden wir: Gilt in irgendeinem Koordinatensystem $b_{ik} = -b_{ki}$ bzw. $b^{(ik)} = -b^{(ki)}$, so sind diese Beziehungen auch in jedem anderen Koordinatensystem erfüllt. Die zugehörigen Tensoren heißen dann *schiefsymmetrisch*. Für gemischte Tensoren gilt dies nicht mehr. Hier ist z. B. die Beziehung $b_i^{(k)} = b_k^{(i)}$ nicht mehr invariant gegenüber Koordinatentransformationen.

Wir gehen nun zur Betrachtung einiger spezieller Tensoren über.

24. Beispiele affin-orthogonaler Tensoren. Im folgenden werden wir uns auf lineare Transformationen beschränken, wie wir sie in [20] betrachtet haben. Sie entsprechen dem Übergang von einem kartesischen System zu einem anderen und heißen gewöhnlich orthogonale Transformationen des dreidimensionalen Raumes. Wie wir oben sahen, ist für sie die kontragrediente Transformation $(A^*)^{-1}$ wieder mit A identisch, und damit entfällt der Unterschied zwischen kovarianten und kontravarianten Vektoren. Offensichtlich gibt es also bezüglich dieser Transformationen nur einen Begriff des Tensors zweiter Stufe. Bezeichnen wir nun, wie schon oben, die Koeffizientenmatrix einer orthogonalen Transformation der Koordinaten mit $\{A\}_{ik}$, so erhalten wir als Transformationsformel für Tensoren zweiter Stufe

$$b'_{ik} = \sum_{p,q=1}^{3} b_{pq}\{A\}_{ip}\,\{A\}_{kq}\,. \tag{53}$$

Dies geht unmittelbar aus den Formeln des vorangehenden Abschnitts hervor. Wir deuten nun die Elemente jeder Spalte der Matrix (b_{ik}) als Komponenten eines Vektors. Auf diese Weise erhalten wir die drei Vektoren

$$\boldsymbol{b}^{(1)} = (b_{11}, b_{21}, b_{31})\,, \qquad \boldsymbol{b}^{(2)} = (b_{12}, b_{22}, b_{32})\,, \qquad \boldsymbol{b}^{(3)} = (b_{13}, b_{23}, b_{33})\,.$$

Wir sagen, der erste von ihnen entspreche der x_1-Achse, der zweite der x_2-Achse und der dritte der x_3-Achse. Jeder Richtung (n) ordnen wir jetzt durch

$$\boldsymbol{b}^{(n)} = \cos(n, x_1)\,\boldsymbol{b}^{(1)} + \cos(n, x_2)\,\boldsymbol{b}^{(2)} + \cos(n, x_3)\,\boldsymbol{b}^{(3)} \tag{54}$$

einen Vektor $\boldsymbol{b}^{(n)}$ zu.

Wir wählen nun irgendwelche anderen kartesischen Koordinatenachsen x'_1, x'_2, x'_3 an Stelle von x_1, x_2, x_3 und bilden gemäß (54) die Vektoren

$$\boldsymbol{b}'^{(k)} = \cos(x'_k, x_1)\,\boldsymbol{b}^{(1)} + \cos(x'_k, x_2)\,\boldsymbol{b}^{(2)} + \cos(x'_k, x_3)\,\boldsymbol{b}^{(3)}\,, \tag{55}$$

die den neuen Koordinatenachsen entsprechen. Die Projektionen x'_1, x'_2, x'_3 dieser Vektoren auf die neuen Koordinatenachsen ergeben eine Matrix (b'_{ik}) aus neun Elementen, die der Matrix (b_{ik}) analog ist.

Wir zeigen, daß die Elemente der neuen Matrix vermöge der Transformationsformel für die Komponenten von Tensoren zweiter Stufe aus den Elementen der Matrix (b_{ik}) hervorgehen. Wir betrachten z. B. das Element b'_{12}. Definitionsgemäß ist es gleich der Komponente von $\boldsymbol{b}'^{(2)}$ bezüglich der neuen Achse x'_1. Die Formel (55) ergibt

$$\boldsymbol{b}'^{(2)} = \cos(x'_2, x_1)\,\boldsymbol{b}^{(1)} + \cos(x'_2, x_2)\,\boldsymbol{b}^{(2)} + \cos(x'_2, x_3)\,b^{(3)}\,; \tag{56}$$

$\boldsymbol{b}'^{(2)}$ ist also eine lineare Funktion der Vektoren $\boldsymbol{b}^{(i)}$, und um b'_{12} zu erhalten, braucht man nur auf der rechten Seite von (56) die Vektoren $\boldsymbol{b}^{(i)}$ durch x'_1-Komponenten zu ersetzen, d. h., man hat die Vektoren $\boldsymbol{b}^{(i)}$ durch die Ausdrücke

$$b_{1i}\cos(x'_1, x_1) + b_{2i}\cos(x'_1, x_2) + b_{3i}\cos(x'_1, x_3) \qquad (i = 1, 2, 3)$$

zu ersetzen. Wir bemerken außerdem, daß gemäß (2)

$$\cos(x'_i, x_k) = a_{ik} = \{A\}_{ik}$$

gilt. Setzen wir nun diese Ausdrücke an Stelle der angegebenen Vektoren in die rechte Seite von (56) ein, so erhalten wir

$$b'_{12} = \sum_{p,q=1}^{3} b_{pq}\{A\}_{1p}\,\{A\}_{2q}\,.$$

Diese Formeln sind aber mit (53) identisch. Wir erhalten also die folgende Aussage: Sind zu drei paarweise senkrechten Richtungen Vektoren $\boldsymbol{b}^{(k)}$ $(k = 1, 2, 3)$ definiert und ist nach (54) jeder Richtung (n) ein Vektor $\boldsymbol{b}^{(n)}$ zugeordnet, so definiert die Matrix der neun Zahlen, welche die Projektionen der Vektoren $\boldsymbol{b}'^{(k)}$ $(k = 1, 2, 3)$ auf die Achsen $x'^{(k)}$ eines beliebigen kartesischen Koordinatensystems angeben, einen affin-orthogonalen Tensor zweiter Stufe, d. h. einen Tensor zweiter Stufe, der für alle orthogonalen Transformationen definiert ist.

Man beachte, daß die Aussage, $\boldsymbol{b}_1$ entspreche der Richtung irgendeiner Achse x_1, nicht etwa bedeutet, $\boldsymbol{b}_1$ besitze die Richtung von x_1. Wesentlich ist nur die Formel (54), die jeder Richtung (n) einen Vektor $\boldsymbol{b}^{(n)}$ zuordnet, dessen Richtung im allgemeinen nicht mit (n) übereinstimmt.

Wir führen nun zwei Beispiele für affin-orthogonale Tensoren zweiter Stufe an. Das erste ist der aus der Elastizitätstheorie bekannte Spannungstensor. Wir betrachten einen deformierbaren elastischen Körper und legen durch einen festgehaltenen Punkt M dieses Körpers ein unendlich kleines Flächenstück $d\sigma$ mit der Normalen (n). In der Elastizitätstheorie macht man die folgende Annahme: Das elastische Medium, das sich auf der durch die Normale bestimmten Seite befindet, übt auf das Flächenstück eine Kraft aus, die gleich dem Produkt des Flächeninhaltes von $d\sigma$ mit einem Vektor $\boldsymbol{b}^{(n)}$ ist, der von der Richtung (n) der Normale abhängt. Die Untersuchung der Bedingungen für das Gleichgewicht eines aus dem elastischen Körper ausgesonderten unendlich kleinen Tetraeders ergibt die Gleichung (54). Diese zeigt unmittelbar, daß die Spannung ein Tensor zweiter Stufe ist. In einem beliebigen kartesischen Koordinatensystem wird dieser Tensor durch eine aus neun Zahlen bestehende Matrix (b_{ik}) charakterisiert. In der Elastizitätstheorie wird außerdem bewiesen, daß dieser Tensor symmetrisch ist, d. h., daß $b_{ik} = b_{ki}$ gilt. Mit anderen Worten: Projiziert man auf die x_1-Achse die Spannung, die auf ein zur x_k-Achse senkrechtes Flächenstück wirkt, so ist diese Projektion gleich derjenigen, die man erhält, wenn man die auf ein zur x_i-Achse senkrechtes Stück wirkende Spannung auf die x_k-Achse projiziert.

Nun noch ein zweites Beispiel. Es sei $\boldsymbol{C}(M)$ irgendein Vektorfeld. Wir legen irgendein kartesisches Koordinatensystem x_1, x_2, x_3 zugrunde und bilden die Ableitungen der Koordinaten des Feldvektors (c_1, c_2, c_3) nach den x_i. Das führt uns auf die folgende Matrix von neun Elementen:

$$\begin{Vmatrix} \frac{\partial c_1}{\partial x_1} & \frac{\partial c_1}{\partial x_2} & \frac{\partial c_1}{\partial x_3} \\ \frac{\partial c_2}{\partial x_1} & \frac{\partial c_2}{\partial x_2} & \frac{\partial c_2}{\partial x_3} \\ \frac{\partial c_3}{\partial x_1} & \frac{\partial c_3}{\partial x_2} & \frac{\partial c_3}{\partial x_3} \end{Vmatrix}. \tag{57}$$

Wir definieren den Vektor, der einer beliebigen Richtung (n) entspricht, als die Ableitung $\frac{\partial c}{\partial n}$, so daß die Elemente der k-ten Spalte der Matrix (57) genau die Komponenten des Vektors sind, der der x_k-Achse zugeordnet ist. Für beliebiges (n) gilt nun die Formel [**II, 120**]

$$\frac{\partial c_i}{\partial n} = \cos(n, x_1)\frac{\partial c_i}{\partial x_1} + \cos(n, x_2)\frac{\partial c_i}{\partial x_2} + \cos(n, x_3)\frac{\partial c_i}{\partial x_3} \qquad (i = 1, 2, 3),$$

d. h., die obige Matrix stellt einen Tensor zweiter Stufe dar. Im allgemeinen ist dieser Tensor weder symmetrisch noch schiefsymmetrisch. Es ist jedoch nicht schwer, ihn als Summe eines symmetrischen und eines schiefsymmetrischen Tensors darzustellen. Dabei wird unter der Summe zweier Matrizen diejenige Matrix verstanden, deren Elemente die Summen der entsprechenden Elemente der beiden Summanden sind.

Wir schicken einige allgemeine Bemerkungen voraus. Aus der Linearität der Formel (53) geht hervor, daß mit (b_{ik}) und (c_{ik}) auch $(b_{ik} + c_{ik})$ ein Tensor ist. Außerdem bleibt diese Formel erhalten, wenn die Indizes vertauscht werden, d. h., es gilt auch

$$b'_{ki} = \sum_{p,q=1}^{3} b_{qp}\{A\}_{ip}\,\{A\}_{kq}.$$

Bestimmt also eine für alle Koordinatensysteme definierte Matrix einen Tensor, so hat ihre transponierte Matrix die gleiche Eigenschaft.

Es sei nun (b_{ik}) ein beliebiger Tensor. Wir können ihn folgendermaßen als Summe darstellen:

$$(b_{ik}) = \left(\frac{b_{ik} + b_{ki}}{2}\right) + \left(\frac{b_{ik} - b_{ki}}{2}\right).$$

Hier ist offenbar der erste Summand symmetrisch und der zweite schiefsymmetrisch. Wenden wir nun diese Zerlegung auf den durch (57) bestimmten Tensor an, so erhalten wir als symmetrischen Teil

$$\begin{pmatrix} \frac{\partial c_1}{\partial x_1} & \frac{1}{2}\left(\frac{\partial c_1}{\partial x_2} + \frac{\partial c_2}{\partial x_1}\right) & \frac{1}{2}\left(\frac{\partial c_1}{\partial x_3} + \frac{\partial c_3}{\partial x_1}\right) \\ \frac{1}{2}\left(\frac{\partial c_1}{\partial x_2} + \frac{\partial c_2}{\partial x_1}\right) & \frac{\partial c_2}{\partial x_2} & \frac{1}{2}\left(\frac{\partial c_2}{\partial x_3} + \frac{\partial c_3}{\partial x_2}\right) \\ \frac{1}{2}\left(\frac{\partial c_1}{\partial x_3} + \frac{\partial c_3}{\partial x_1}\right) & \frac{1}{2}\left(\frac{\partial c_2}{\partial x_3} + \frac{\partial c_3}{\partial x_2}\right) & \frac{\partial c_3}{\partial x_3} \end{pmatrix}. \tag{58}$$

Liegt eine Deformation eines kontinuierlichen Mediums vor und ist $\overrightarrow{MC}$ der Verschiebungsvektor, d. h. derjenige Vektor, um den der Punkt M des Mediums verschoben wird, so bestimmt die Matrix (58) den sogenannten *Deformationstensor*.

Als schiefsymmetrischen Teil des Tensors (57) erhalten wir

$$\begin{pmatrix} 0 & \frac{1}{2}\left(\frac{\partial c_1}{\partial x_2} - \frac{\partial c_2}{\partial x_1}\right) & \frac{1}{2}\left(\frac{\partial c_1}{\partial x_3} - \frac{\partial c_3}{\partial x_1}\right) \\ \frac{1}{2}\left(\frac{\partial c_2}{\partial x_1} - \frac{\partial c_1}{\partial x_2}\right) & 0 & \frac{1}{2}\left(\frac{\partial c_2}{\partial x_3} - \frac{\partial c_3}{\partial x_2}\right) \\ \frac{1}{2}\left(\frac{\partial c_3}{\partial x_1} - \frac{\partial c_1}{\partial x_3}\right) & \frac{1}{2}\left(\frac{\partial c_3}{\partial x_2} - \frac{\partial c_2}{\partial x_3}\right) & 0 \end{pmatrix}. \tag{59}$$

Für den Spezialfall einer linearen homogenen Deformation [**II, 125**] haben wir diese Zerlegung eines Tensors in zwei Bestandteile schon früher durchgeführt und gesehen, daß dann dem schiefsymmetrischen Anteil eine Drehung des gesamten Raumes (ohne Deformation) um eine gewisse Achse entsprach.

25. Der n-dimensionale komplexe Raum. Wir wenden uns nun dem allgemeinen Fall des n-dimensionalen Raumes zu. Schon früher haben wir als Vektor in einem solchen Raum eine Folge von n reellen oder komplexen Zahlen [**12**]

$$\boldsymbol{x} = (x_1, x_2, \ldots, x_n)$$

bezeichnet. Die Zahlen $x_1, x_2, \ldots, x_n$ heißen die Komponenten des Vektors $\boldsymbol{x}$. Dabei nehmen wir an, der Raum sei auf die folgenden Basisvektoren bezogen:

$$\boldsymbol{a}^{(1)} = (1, 0, \ldots, 0), \qquad \boldsymbol{a}^{(2)} = (0, 1, \ldots, 0), \ldots, \qquad \boldsymbol{a}^{(n)} = (0, 0, \ldots, 1),$$

so daß also

$$\boldsymbol{x} = x_1\boldsymbol{a}^{(1)} + x_2\boldsymbol{a}^{(2)} + \cdots + x_n\boldsymbol{a}^{(n)} \tag{60}$$

gilt. Die Gleichheit von Vektoren und die einfachsten Rechenoperationen definierten wir bereits in [**12**].

Den Übergang von einem Vektor $\boldsymbol{x} = (x_1, x_2, \ldots, x_n)$ zu einem Vektor $\boldsymbol{y} = (y_1, y_2, \ldots, y_n)$ mit Hilfe von

$$y_i = a_{i1}x_1 + a_{i2}x_2 + \cdots + a_{in}x_n \qquad (i = 1, 2, \ldots, n) \tag{61}$$

oder

$$\boldsymbol{y} = A\boldsymbol{x} \tag{62}$$

nennen wir eine *lineare Transformation* des n-dimensionalen Raumes. Hierbei ist A die Matrix (a_{ik}) der Transformation. Ist die Determinante $D(A)$ von A verschieden von 0, so heißen die Transformation (62) und die Matrix A *nichtausgeartet* (*nichtsingulär*). In diesem Fall erhalten wir durch Auflösen von (61) nach den x_i die zu (61) oder (62) inverse Transformation

$$\boldsymbol{x} = A^{-1}\boldsymbol{y} . \tag{63}$$

Die Matrix A^{-1} besteht aus den Elementen

$$\{A^{-1}\}_{ik} = \frac{A_{ki}}{D(A)}, \tag{64}$$

wobei $D(A)$ die Determinante von A und A_{ik} das *algebraische Komplement* von a_{ik} bedeutet.

Das Produkt zweier Transformationen wird wie in [21] definiert, und zwar soll die Hintereinanderausführung der Transformationen

$$\boldsymbol{y} = A\boldsymbol{x} \quad \text{und} \quad \boldsymbol{z} = B\boldsymbol{y}$$

gleichbedeutend sein mit der linearen Transformation

$$\boldsymbol{z} = BA\boldsymbol{x} ,$$

welche das *Produkt* der Transformationen A und B genannt wird. Die Matrix des Produkts berechnet sich nach der Formel

$$\{BA\}_{ik} = \sum_{s=1}^{n} \{B\}_{is} \{A\}_{sk} . \tag{65}$$

Das Produkt hängt im allgemeinen von der Reihenfolge der Faktoren ab, d. h., abgesehen von Ausnahmefällen ist $BA \neq AB$.

Die Definition des Produkts läßt sich mühelos auf eine beliebige Anzahl von Faktoren verallgemeinern. Es gilt dabei das assoziative Gesetz; die Faktoren können in Klammern zusammengefaßt werden:

$$(CB)\,A = C(BA) . \tag{66}$$

Die inverse Transformation erfüllt die Beziehungen

$$AA^{-1} = A^{-1}A = I, \qquad (A^{-1})^{-1} = A , \tag{67}$$

wobei das Symbol I die Einheitsmatrix bedeutet. In dieser sind die Elemente der Hauptdiagonalen gleich 1 und alle anderen gleich 0. Diese Matrix entspricht der identischen Transformation

$$y_i = x_i \qquad (i = 1, 2, \ldots, n) .$$

Wie oben definieren wir die Diagonalmatrizen n-ten Grades durch

$$[k_1, k_2, \ldots, k_n] = \begin{pmatrix} k_1 & 0 & 0 & \ldots & 0 \\ 0 & k_2 & 0 & \ldots & 0 \\ 0 & 0 & k_3 & \ldots & 0 \\ \cdots & \cdots & \cdots & \cdots & \cdots \\ 0 & 0 & 0 & \ldots & k_n \end{pmatrix} . \tag{68}$$

Ihnen entsprechen Transformationen der Gestalt

$$y_i = k_i x_i \qquad (i = 1, 2, \ldots, n) .$$

Das Produkt zweier Diagonalmatrizen hängt nicht von der Reihenfolge der Faktoren ab und bestimmt sich nach der Formel

$$[k_1, k_2, \ldots, k_n] \cdot [l_1, l_2, \ldots, l_n] = [l_1, l_2, \ldots, l_n] \cdot [k_1, k_2, \ldots, k_n]$$
$$= [k_1 l_1, k_2 l_2, \ldots, k_n l_n] \,.$$

Für den Spezialfall $k_1 = k_2 = \cdots = k_n = k$ erhalten wir die Matrix

$$[k, k, \ldots, k] = \begin{pmatrix} k & 0 & 0 & \ldots & 0 \\ 0 & k & 0 & \ldots & 0 \\ 0 & 0 & k & \ldots & 0 \\ \cdot & \cdot & \cdot & \cdot & \cdot \\ 0 & 0 & 0 & \ldots & k \end{pmatrix}, \tag{69}$$

die der Multiplikation aller Komponenten des Vektors mit der Zahl k entspricht. Wie in [21] wollen wir diese Matrix mit der Zahl k identifizieren, d. h., wir fassen Zahlen als Spezialfälle von Matrizen auf. Aus (65) sieht man , daß das Produkt einer Matrix A mit einer als Matrix (69) aufgefaßten Zahl k nicht von der Reihenfolge der Faktoren abhängt und auf die Multiplikation aller Elemente von A mit k hinausläuft:

$$\{[k, k, \ldots, k] \cdot A\}_{ik} = \{kA\}_{ik} = k\{A\}_{ik} \,. \tag{70}$$

An Stelle der obigen Vektoren $\boldsymbol{a}^{(k)}$ seien nun neue Basisvektoren $\boldsymbol{b}^{(k)}$ eingeführt. Die $\boldsymbol{b}^{(k)}$ mögen sich gemäß

$$\left.\begin{aligned} \boldsymbol{b}^{(1)} &= t_{11}\boldsymbol{a}^{(1)} + t_{12}\boldsymbol{a}^{(2)} + \cdots + t_{1n}\boldsymbol{a}^{(n)} \,, \\ \boldsymbol{b}^{(2)} &= t_{21}\boldsymbol{a}^{(1)} + t_{22}\boldsymbol{a}^{(2)} + \cdots + t_{2n}\boldsymbol{a}^{(n)} \,, \\ &\cdots\cdots\cdots\cdots\cdots\cdots \\ \boldsymbol{b}^{(n)} &= t_{n1}\boldsymbol{a}^{(1)} + t_{n2}\boldsymbol{a}^{(2)} + \cdots + t_{nn}\boldsymbol{a}^{(n)} \end{aligned}\right\} \tag{71}$$

durch die $\boldsymbol{a}^{(k)}$ ausdrücken, wobei die aus den Zahlen t_{ik} gebildete Determinante nicht verschwinden soll. Die $\boldsymbol{a}^{(k)}$ lassen sich dann umgekehrt durch die $\boldsymbol{b}^{(k)}$ darstellen. Jede Linearkombination der $\boldsymbol{a}^{(k)}$ ist also auch eine Linearkombination der $\boldsymbol{b}^{(k)}$ und umgekehrt. Mit anderen Worten: Die Vektoren $\boldsymbol{b}^{(k)}$ spannen denselben Raum auf wie die $\boldsymbol{a}^{(k)}$. Hat irgendein Vektor $\boldsymbol{x}$ in dem durch die $\boldsymbol{a}^{(k)}$ bestimmten Koordinatensystem die Komponenten $x_1, x_2, \ldots, x_n$, so besitzt er in dem durch die $\boldsymbol{b}^{(k)}$ bestimmten Koordinatensystem neue Komponenten $x_1', x_2', \ldots, x_n'$, die sich linear durch die alten ausdrücken lassen. Sie gehen durch Anwendung der zu (71) kontragredienten linearen Transformation aus den $x_1, x_2, \ldots, x_n$ hervor:

$$(x_1', x_2', \ldots, x_n') = (T^*)^{-1}\,(x_2, x_2, \ldots, x_n) \,. \tag{72}$$

Hierbei ist T^* die Transponierte der Matrix T, die ihrerseits der Transformation (71) entspricht. Eine lineare Transformation des Raumes, die im ursprünglich angenommenen Koordinatensystem durch (62) gegeben ist, hat im neuen Koordinatensystem die Gestalt

$$\boldsymbol{y}' = UAU^{-1}\boldsymbol{x}' \,, \tag{73}$$

wobei

$$U = (T^*)^{-1}$$

zu setzen ist. Die Matrizen A und UAU^{-1} heißen einander *ähnlich* (oder *äquivalent*).

Die grundlegenden Begriffe unserer Ausführungen waren die Begriffe Vektor und Matrix. Zuweilen faßt man auch einen Vektor $\boldsymbol{x} = (x_1, x_2, \ldots, x_n)$ als Matrix auf, bei der in einer beliebigen Spalte die Zahlen $x_1, x_2, \ldots, x_n$ stehen, alle übrigen Elemente aber 0 sind. Wir wollen z.B. annehmen, wir hätten die Komponenten des Vektors in die erste Spalte der Matrix gesetzt. Dann hat der Vektor, als Matrix geschrieben, die Gestalt

$$\begin{pmatrix} x_1 & 0 & \ldots & 0 \\ x_2 & 0 & \ldots & 0 \\ \cdot & \cdot & \cdot & \cdot \\ x_n & 0 & \ldots & 0 \end{pmatrix}.$$

Manchmal bezeichnet man eine Matrix, in der nur eine Spalte von 0 verschiedene Elemente enthält, mit

$$\begin{pmatrix} x_1 \\ x_2 \\ \vdots \\ x_n \end{pmatrix} = \begin{pmatrix} x_1 & 0 & \ldots & 0 \\ x_2 & 0 & \ldots & 0 \\ \cdot & \cdot & \cdot & \cdot \\ x_n & 0 & \ldots & 0 \end{pmatrix}. \tag{74}$$

Die lineare Transformation (62) kann auch als Multiplikation der Matrix (74) mit der Transformationsmatrix A aufgefaßt werden. Multiplizieren wir nämlich nach der Regel (65) die Matrix (74) mit A und beachten dabei, daß in (74) nur die Elemente der ersten Spalte von 0 verschieden sind, so erhalten wir als Produkt wiederum eine Matrix, in der nur die Elemente der ersten Spalte von 0 verschieden sind. Wie man leicht sieht, haben diese Elemente die Gestalt

$$y_i = a_{i1}x_1 + a_{i2}x_2 + \cdots + a_{in}x_n ,$$

d. h., sie gehen gerade durch die lineare Transformation (62) aus den x_i hervor. Wir können also die Transformation in der Gestalt

$$\begin{pmatrix} y_1 \\ y_2 \\ \vdots \\ y_n \end{pmatrix} = A \begin{pmatrix} x_1 \\ x_2 \\ \vdots \\ x_n \end{pmatrix} \tag{75}$$

schreiben, wobei rechts das Produkt zweier Matrizen steht.

Abschließend stellen wir nochmals die *allgemeinen Gesetze der Vektoralgebra* im n-dimensionalen Raum zusammen:

$$\boldsymbol{x} + \boldsymbol{y} = \boldsymbol{y} + \boldsymbol{x}, \qquad (\boldsymbol{x} + \boldsymbol{y}) + \boldsymbol{z} = \boldsymbol{x} + (\boldsymbol{y} + \boldsymbol{z})\,.$$

Sind $\boldsymbol{x}$ und $\boldsymbol{y}$ zwei beliebige Vektoren, so ist der Vektor $\boldsymbol{z} = \boldsymbol{y} - \boldsymbol{x}$ mit den Komponenten $y_k - x_k$ der einzige Vektor, der die Gleichung $\boldsymbol{x} + \boldsymbol{z} = \boldsymbol{y}$ erfüllt.

Sind a, b beliebige Zahlen, so gilt

$$(a + b)\,\boldsymbol{x} = a\boldsymbol{x} + b\boldsymbol{x}, \qquad a(b\boldsymbol{x}) = (ab)\,\boldsymbol{x}, \qquad a(\boldsymbol{x} + \boldsymbol{y}) = a\boldsymbol{x} + a\boldsymbol{y}\,.$$

Für die Zahl Eins erhalten wir $1\boldsymbol{x} = \boldsymbol{x}$. Ferner ist $0\boldsymbol{x} = 0$, wobei die Null auf der rechten Seite den Vektor bezeichnet, dessen Komponenten sämtlich gleich 0 sind.

26. Elemente der Matrizenrechnung. In den Formeln des vorigen Abschnitts erschienen Matrizen als Symbole, mit denen sich gewisse Operationen ausführen lassen, welche den Rechenoperationen im Bereich der Zahlen ähnlich sind. Naturgemäß führt dies auf den Gedanken, eine neue Algebra zu entwickeln, die der Rechnung mit den Matrixsymbolen angepaßt ist. Wir wollen Matrizen als eine neue Zahlenart, als *hyperkomplexe Zahlen*, auffassen. So wie wir seinerzeit mit Hilfe von Paaren reeller Zahlen neue, nämlich die komplexen Zahlen $a + ib$ aufbauten, so wollen wir jetzt mit Hilfe von n^2 Zahlen a_{ik}, die in einem quadratischen Schema angeordnet sind, zu einem neuen Zahlbegriff, dem der *Matrix*, gelangen. Man muß aber auf einen wesentlichen Unterschied hinweisen. Auf Buchstaben, welche komplexe Zahlen bedeuten, lassen sich dieselben formalen Operationen der Algebra anwenden wie auf die reellen Zahlen. Für Matrizen bekommen wir aber eine Algebra, die von der uns bekannten Algebra der komplexen Zahlen wesentlich verschieden ist. Der Hauptunterschied liegt in der *Nichtkommutativität der Multiplikation*, d. h. in der Tatsache, daß das Resultat der Multiplikation von der Reihenfolge der Faktoren abhängt. Wir entwickeln nun die grundlegenden Regeln der Matrizenalgebra. Als Leitfaden werden dabei vielfach die Resultate dienen, die wir früher erhalten hatten, als wir Matrizen als Koeffizientenschemata linearer Transformationen auffaßten.

Im folgenden werden, wenn das Gegenteil nicht ausdrücklich gesagt ist, nur quadratische Matrizen ein und desselben Grades betrachtet. Ist A eine solche Matrix, so werden wir ihre Elemente wieder mit $\{A\}_{ik}$ bezeichnen. Die Beziehung

$$\{A\}_{ik} = \{B\}_{ik} \qquad (i, k = 1, 2, \ldots, n) \tag{76}$$

gilt, wenn also alle entsprechenden Elemente von A und B übereinstimmen.

Die Addition von Matrizen wird durch

$$\{A + B\}_{ik} = \{A\}_{ik} + \{B\}_{ik} \tag{77}$$

definiert. Die Addition von Matrizen läuft also auf die Addition entsprechender Elemente hinaus.

Das Produkt wird durch

$$\{BA\}_{ik} = \sum_{s=1}^{n} \{B\}_{is} \{A\}_{sk} \tag{78}$$

definiert. Wie wir oben sahen, ist im allgemeinen $BA \neq AB$. Es gilt jedoch das assoziative Gesetz **[21]**:

$$(CB)\, A = C(BA)\,. \tag{79}$$

Die Determinante des Produkts zweier Matrizen ist gleich dem Produkt der Determinanten der Faktoren

$$D(BA) = D(B) \cdot D(A)\,. \tag{80}$$

Offensichtlich gilt auch das distributive Gesetz

$$(A + B)\, C = AC + BC \quad \text{und} \quad C(A + B) = CA + CB\,. \tag{81}$$

Wir weisen noch auf eine Besonderheit der Multiplikation hin: Das Produkt zweier Matrizen kann auch dann gleich der *Nullmatrix* (darunter versteht man eine Matrix, bei der alle Elemente gleich 0 sind) sein, wenn beide Faktoren von der Nullmatrix verschieden sind. Als Beispiel sei hier das Produkt zweier gleicher

Matrizen zweiten Grades angeführt:

$$\begin{pmatrix} 0 & 0 \\ 1 & 0 \end{pmatrix} \cdot \begin{pmatrix} 0 & 0 \\ 1 & 0 \end{pmatrix} = \begin{pmatrix} 0 & 0 \\ 0 & 0 \end{pmatrix}.$$

Wie im vorigen Abschnitt führen wir nun den Begriff der inversen Matrix A^{-1} einer Matrix A für den Fall ein, daß A nichtsingulär, d. h. $D(A) \neq 0$, ist. Ist $C = BA$ und sind R_A, R_B, R_C die Rangzahlen von A, B, C, so gilt, wie wir gesehen haben, die Ungleichung $R_C \leqq R_A$ [7]. Ist B nichtsingulär, so ist $A = B^{-1}C$, und es ergibt sich wie oben die Ungleichung $R_A \leqq R_C$. In diesem Fall ist also $R_C = R_A$. *Multipliziert man eine Matrix A (von rechts oder links) mit einer nichtsingulären Matrix B, so ändert sich ihr Rang nicht.* Ist I die Einheitsmatrix, so gilt für beliebiges B

$$BI = IB = B\,. \tag{82}$$

Man zeigt leicht, daß A^{-1} die einzige Lösung der Gleichungen

$$AX = I \quad \text{und} \quad XA = I \tag{83}$$

ist, wobei I die Einheitsmatrix bedeutet. Multiplizieren wir nämlich z.B. die erste dieser Gleichungen von links mit A^{-1}, so erhalten wir wegen (79) und (67) $X = A^{-1}$. Die zweite Gleichung wird entsprechend bewiesen. Ist $D(A) = 0$, so haben die Gleichungen (83) überhaupt keine Lösung, d. h., A besitzt keine Inverse. Aus (83) folgt nämlich

$$D(A)\,D(X) = 1\,,$$

was der Annahme $D(A) = 0$ widerspricht.

Wir erinnern an den Begriff der Diagonalmatrix aus dem vorigen Abschnitt sowie daran, daß man jede Zahl k als Spezialfall einer Matrix auffassen kann.

Positive ganzzahlige Potenzen einer Matrix A werden in naheliegender Weise durch die Formel

$$A^p = A \cdot A \cdots A \qquad (p \text{ Faktoren})$$

eingeführt. Negative ganzzahlige Potenzen einer Matrix werden als positive ganzzahlige Potenzen der inversen Matrix erklärt; man setzt also

$$A^{-p} = (A^{-1})^p\,. \tag{84}$$

Offenbar ist dann

$$A^{-p} = (A^p)^{-1}\,, \quad \text{d. h.} \quad A^{-p}A^p = A^pA^{-p} = I\,. \tag{85}$$

Das Symbol $\frac{A}{B}$ für den Quotienten zweier Matrizen hat im allgemeinen keinen Sinn. Es kann auf zweierlei Art gedeutet werden, entweder als Produkt AB^{-1} oder als $B^{-1}A$. Diese Produkte sind nun im allgemeinen voneinander verschieden, und nur in den Spezialfällen, in denen sie identisch sind, ist das Symbol $\frac{A}{B}$ sinnvoll.

Grundlegend ist ferner der Begriff der Ähnlichkeit zweier Matrizen, den wir im vorigen Abschnitt bereits eingeführt hatten. Wir erwähnen noch einige leicht zu beweisende Formeln:

$$(CBA)^{-1} = A^{-1}B^{-1}C^{-1}\,. \tag{86}$$

$$CBAC^{-1} = (CBC^{-1})\,(CAC^{-1})\,. \tag{87}$$

Bezeichnet man die zu A transponierte Matrix mit A^*, so ist

$$(CBA)^* = A^*B^*C^* , \tag{88}$$

wie man auf Grund der Definition des Produkts leicht bestätigt.

Hier noch zwei weitere neue Bezeichnungen: Mit $\bar{A}$ bezeichnen wir diejenige Matrix, deren Elemente zu denen von A konjugiert komplex sind, d. h.

$$\{\bar{A}\}_{ik} = \overline{\{A\}_{ik}} . \tag{89}$$

Hier bedeutet wie immer $\bar{\alpha}$ die zu α konjugiert komplexe Zahl. Vertauscht man schließlich in einer Matrix A Zeilen und Spalten und ersetzt alle Elemente durch konjugiert komplexe, so wollen wir für die so entstehende Matrix das Symbol $\tilde{A}$ verwenden. Für $\tilde{A}$ gilt also

$$\{\tilde{A}\}_{ik} = \overline{\{A\}_{ki}} . \tag{90}$$

Man nennt $\tilde{A}$ zuweilen die zu A *adjungierte* oder *hermitesch adjungierte Matrix* (Charles Hermite (1822—1901), französischer Mathematiker). Man verifiziert leicht die Formel

$$\widetilde{CBA} = \tilde{A}\tilde{B}\tilde{C} . \tag{91}$$

Der Leser möge auch die folgende elementare Formel beweisen:

$$(A^*)^{-1} = (A^{-1})^* ,$$

die besagt, daß die Symbole des Übergangs von einer Matrix zur Inversen bzw. zur Transponierten miteinander vertauscht werden können, worauf wir schon früher hingewiesen hatten [20].

Nützlich für das Weitere ist die folgende Formel: Aus (67) ergibt sich $D\big(AD(A^{-1})\big) = 1$, d. h.

$$D(A^{-1}) = \big(D(A)\big)^{-1} . \tag{92}$$

Mit anderen Worten: Der Wert der Determinante der inversen Matrix A^{-1} ist gleich dem reziproken Wert der Determinante von A.

Der Begriff einer Diagonalmatrix läßt sich zu dem einer *Quasidiagonalmatrix* verallgemeinern. Wir veranschaulichen diesen Begriff an einem Beispiel. Gegeben sei eine Matrix siebenten Grades der Gestalt

$$\begin{pmatrix} b_{11} & b_{12} & b_{13} & 0 & 0 & 0 & 0 \\ b_{21} & b_{22} & b_{23} & 0 & 0 & 0 & 0 \\ b_{31} & b_{32} & b_{33} & 0 & 0 & 0 & 0 \\ 0 & 0 & 0 & c_{11} & c_{12} & 0 & 0 \\ 0 & 0 & 0 & c_{21} & c_{22} & 0 & 0 \\ 0 & 0 & 0 & 0 & 0 & d_{11} & d_{12} \\ 0 & 0 & 0 & 0 & 0 & d_{21} & d_{22} \end{pmatrix} .$$

Wir bezeichnen die Matrix dritten Grades mit den Elementen b_{ik} mit B und die beiden Matrizen zweiten Grades mit den Elementen c_{ik} bzw. d_{ik} mit C bzw. D. Die obige Matrix siebenten Grades heißt *quasidiagonal von der Struktur* $\{3, 2, 2\}$, und wir bezeichnen sie mit

$$[B, C, D] .$$

Allgemein möge nun die Hauptdiagonale einer Matrix n-ten Grades mit den Elementen a_{ii} in m Teile zerfallen. Der erste Teil bestehe aus den ersten k_1 Elementen, der zweite aus den nächsten k_2 Elementen usw. Es ist also $k_1 + k_2 + \cdots + k_m = n$. Wir fassen jetzt die ersten k_1 Elemente als Hauptdiagonale einer Matrix X_1 des Grades k_1 auf, entsprechend die nächsten k_2 Elemente als Hauptdiagonale einer Matrix X_2 vom k_2-ten Grade usw. Sind nun alle Elemente von A, die keiner der Matrizen X_s angehören, gleich 0, so heißt die Matrix A *quasidiagonal von der Struktur* $\{k_1, k_2, \ldots, k_m\}$, und wir bezeichnen sie mit

$$A = [X_1, X_2, \ldots, X_m] .$$

Die Rechenregeln für quasidiagonale Matrizen gleicher Struktur zeichnen sich durch große Einfachheit aus. Wir führen die entsprechenden Formeln ohne Beweis an. Sie können mit Hilfe der Definition der jeweiligen Rechenoperation ganz elementar hergeleitet werden. Für die Addition quasidiagonaler Matrizen gleicher Struktur gilt

$$[X_1, X_2, \ldots, X_m] + [Y_1, Y_2, \ldots, Y_m] = [X_1 + Y_1, X_2 + Y_2, \ldots, X_m + Y_m] . \tag{93}$$

Die Übereinstimmung der Struktur beider Matrizen ist dabei gleichbedeutend damit, daß der Grad jeder Matrix X_k gleich dem Grad der entsprechenden Matrix Y_k ist. Ebenso erhalten wir für die Multiplikation und das Potenzieren

$$[Y_1, Y_2, \ldots, Y_m] \cdot [X_1, X_2, \ldots, X_m] = [Y_1X_1, Y_2X_2, \ldots, Y_mX_m] , \tag{94}$$

$$[X_1, X_2, \ldots, X_m]^p = [X_1^p, X_2^p, \ldots, X_m^p] . \tag{95}$$

Hierbei bedeutet p eine beliebige ganze positive oder negative Zahl. Ist p negativ, so müssen natürlich alle Determinanten $D(X_k)$ von 0 verschieden sein.

Die Ähnlichkeitstransformation einer Matrix $[X_1, X_2, \ldots, X_m]$ mit Hilfe einer anderen Matrix derselben Struktur wird durch

$$\begin{aligned}&[Y_1, Y_2, \ldots, Y_m] \cdot [X_1, X_2, \ldots, X_m] \cdot [Y_1, Y_2, \ldots, Y_m]^{-1}\\ &= [Y_1X_1Y_1^{-1}, \ldots, Y_mX_mY_m^{-1}]\end{aligned} \tag{96}$$

ausgedrückt.

Wir geben nun die geometrische Deutung der linearen Transformationen an, denen quasidiagonale Matrizen entsprechen. Der Einfachheit halber nehmen wir die obige quasidiagonale Matrix siebenten Grades mit der Struktur $\{3, 2, 2\}$ und betrachten die dieser Matrix entsprechende lineare Transformation. Gilt für einen Vektor $(x_1, x_2, \ldots, x_7)$

$$x_4 = x_5 = x_6 = x_7 = 0 ,$$

so ist offenbar auch für den transformierten Vektor

$$y_4 = y_5 = y_6 = y_7 = 0 .$$

Mit anderen Worten: Alle Vektoren aus dem durch die ersten drei Basisvektoren aufgespannten Unterraum liegen auch nach der Transformation in diesem Unterraum, und der Transformation dieses Unterraumes entspricht die Matrix B dritten Grades. Dasselbe gilt für den Unterraum, der von den beiden nächsten, und schließlich auch für den, der durch die letzten beiden Basisvektoren bestimmt wird.

Wir erinnern in diesem Zusammenhang noch einmal an die folgende Definition: Unter dem *von den Vektoren* $\boldsymbol{x}^{(1)}, \boldsymbol{x}^{(2)}, \ldots, \boldsymbol{x}^{(l)}$ *aufgespannten Unterraum* verstehen wir die Gesamtheit aller derjenigen Vektoren $\boldsymbol{x}$, die eine Darstellung

$$\boldsymbol{x} = c_1\boldsymbol{x}^{(1)} + c_2\boldsymbol{x}^{(2)} + \cdots + c_l\boldsymbol{x}^{(l)}$$

mit Konstanten $c_1, c_2, \ldots, c_l$ zulassen.

27. Eigenwerte und die Transformation einer Matrix auf die kanonische Form. Ähnliche Matrizen brauchen selbstverständlich nicht im Sinne von (76) gleich zu sein. Geometrisch sind sie aber insofern gleichbedeutend, als sie dieselbe Transformation des Raumes bewirken, die nur in verschiedenen Koordinatensystemen ausgedrückt ist. Wir suchen jetzt Invarianten dieser Matrizen, d. h. solche Ausdrücke aus den Elementen, deren Wert für alle ähnlichen Matrizen gleich ist. Wie man leicht sieht, ist z. B. die Determinante einer Matrix eine solche Invariante. Denn ist A irgendeine Matrix und UAU^{-1} eine zu ihr ähnliche (wobei natürlich $D(U) \neq 0$ ist), so gilt auf Grund von (80) und (92)

$$D(UAU^{-1}) = D(U)\,D(A)\,D(U^{-1}) = D(U)\,D(A)\,[D(U)]^{-1} = D(A)\,.$$

Andere Invarianten gewinnt man auf folgende Weise: In der Matrix A subtrahiert man einen Parameter λ von allen Elementen der Hauptdiagonalen und bildet dann die Determinante der so entstandenen Matrix. Diese ist ein Polynom $\varphi(\lambda)$ n-ten Grades von λ. Es gilt also

$$\varphi(\lambda) = \begin{vmatrix} a_{11}-\lambda & a_{12} & \dots & a_{1n} \\ a_{21} & a_{22}-\lambda & \dots & a_{2n} \\ \dots & \dots & \dots & \dots \\ a_{n1} & a_{n2} & \dots & a_{nn}-\lambda \end{vmatrix}, \tag{97}$$

wobei die a_{ik} die Elemente der Matrix sind. Dies läßt sich auch in der Gestalt

$$\varphi(\lambda) = D(A - \lambda I) \tag{98}$$

schreiben, da nämlich λI eine Diagonalmatrix ist, deren Diagonalelemente alle gleich λ sind. Ersetzt man jetzt A durch UAU^{-1} und beachtet, daß die Zahl λ mit jeder Matrix vertauschbar ist, so daß also insbesondere $U\lambda U^{-1} = \lambda$ gilt, so erhält man die Gleichung

$$D(UAU^{-1} - \lambda I) = D[U(A - \lambda I)\,U^{-1}] = D(A - \lambda I)$$

oder

$$D(UAU^{-1} - \lambda I) = D(A - \lambda I)\,. \tag{99}$$

Wir sehen somit, daß die Polynome (96), die den Matrizen UAU^{-1} und A zugeordnet sind, identisch sind. Mit anderen Worten: Alle Koeffizienten des Polynoms (97) sind Invarianten beim Übergang von einer Matrix zu einer ähnlichen. Der höchste Koeffizient des angegebenen Polynoms ist, wie man leicht sieht, gleich $(-1)^n$. Wir wollen zwei der Koeffizienten besonders herausheben, nämlich das freie Glied und den Koeffizienten von $(-1)^{n-1}\lambda^{n-1}$. Der erste ist offenbar gleich der Determinante $D(A)$; diese Invariante haben wir schon früher erwähnt. Was nun den Koeffizienten von $(-1)^{n-1}\lambda^{n-1}$ betrifft, so sehen wir unter Benutzung der Resultate aus [5], daß er mit der Summe der Diagonalelemente übereinstimmt. Diese Summe wird gewöhnlich *Spur der Matrix* genannt und mit

$$\mathrm{Sp}\,(A) = \{A\}_{11} + \{A\}_{22} + \cdots + \{A\}_{nn} = a_{11} + a_{22} + \cdots + a_{nn}$$

bezeichnet. Somit besitzen also ähnliche Matrizen gleiche Determinanten und gleiche Spuren.

Wir wenden uns nun der Gleichung

$$D(A - \lambda I) = 0 \tag{100}$$

zu. Diese wird *charakteristische Gleichung der Matrix* A genannt. Ihre Wurzeln heißen *charakteristische Zahlen* oder *Eigenwerte* von A. Aus den soeben angeführten Überlegungen folgt, daß ähnliche Matrizen gleiche Eigenwerte haben. Gleichungen der Gestalt (100) sind uns auch schon früher begegnet.

Wir stellen jetzt die Frage: Kann man zu einer vorgegebenen Matrix A eine Matrix V mit der Eigenschaft finden, daß $V^{-1}AV$ eine Diagonalmatrix wird? Vom Standpunkt der linearen Transformationen des Raumes aus kann man diese Frage auch so formulieren: Kann man ein Koordinatensystem so wählen, daß die lineare Transformation, die im ursprünglichen Koordinatensystem durch die Matrix A bewirkt wurde, sich im neuen Koordinatensystem einfach auf eine Transformation der Gestalt $y_k = \lambda_k x_k$ reduziert? Wir schreiben die zu A ähnliche Matrix nicht wie früher in der Gestalt UAU^{-1}, sondern in der Form $V^{-1}AV$, was natürlich kein wesentlicher Unterschied ist.

Unsere Bedingung lautet also

$$V^{-1}AV = [\lambda_1, \lambda_2, \dots, \lambda_n]. \tag{101}$$

Die Elemente der Matrix V und die λ_k sind zu bestimmen. Diese Beziehung kann man auch anders schreiben. Man multipliziert dazu beide Seiten von links mit V und erhält

$$AV = V[\lambda_1, \lambda_2, \dots, \lambda_n]. \tag{102}$$

Die Elemente mit den Indizes i und k in den Matrizen auf beiden Seiten der Gleichung lassen sich nach (65) berechnen, und man erhält n^2 Gleichungen

$$\sum_{s=1}^{n} a_{is} v_{sk} = v_{ik} \lambda_k .$$

Die a_{ik} und v_{ik} sind die Elemente von A bzw. V. Halten wir nun den zweiten Index k fest und setzen $i = 1, 2, \dots, n$, so bekommen wir n Gleichungen, die jeweils nur λ_k und die Elemente $v_{1k}, v_{2k}, \dots, v_{nk}$ der k-ten Spalte von V enthalten:

$$\sum_{s=1}^{n} a_{is} v_{sk} = \lambda_k v_{ik} \qquad (i = 1, 2, \dots, n). \tag{103}$$

Deuten wir nun die Elemente $v_{1k}, v_{2k}, \dots, v_{nk}$ als Komponenten eines Vektors $\boldsymbol{v}^{(k)}$, so können wir diese Gleichungen zu einer einzigen Vektorgleichung

$$A\boldsymbol{v}^{(k)} = \lambda_k \boldsymbol{v}^{(k)} \tag{104}$$

zusammenfassen.

Wie wir sehen, läßt sich die Bestimmung einer Matrix V, die A in Diagonalform transformiert, auf die Bestimmung von Vektoren $\boldsymbol{v}^{(k)}$ zurückführen, die sich bei der durch A bewirkten linearen Transformation nur mit einem Zahlenfaktor multiplizieren. Diese Aussage der Algebra ist ein Analogon zu einer Tatsache der modernen Quantenmechanik, der zufolge die Heisenbergsche Matrizenmechanik und die Schrödingersche Wellenmechanik im wesentlichen gleichbedeutend sind. Die Hauptaufgabe der Matrizenrechnung besteht in der Transformation einer bestimmten (unendlichen) Matrix auf Diagonalform; für die Wellenmechanik ist die Grundaufgabe die Bestimmung von Vektoren (in einem unendlichdimensionalen Raum), die sich bei einer bestimmten linearen Transformation nur mit einem konstanten Faktor multiplizieren. Die obigen Untersuchungen sind in dem Sinne ein algebraisches Analogon, daß die Beschränkung der Fragestellung auf einen endlichdimensionalen Raum auf eine rein algebraische Aufgabe führt. In dem viel komplizierteren unendlichdimensionalen Fall muß man wesentlich über den Rahmen der gewöhnlichen Algebra hinausgehen und zu Methoden der Analysis greifen. Ausführlicher werden diese Fragen an einer späteren Stelle erklärt werden. Hier wollen wir nur bemerken, daß man sich für physikalische Anwendungen in dem betrachteten endlichdimensionalen Fall auf spezielle Matrizen A (auf sogenannte *hermitesche* Matrizen, für die $a_{ki} = \bar{a}_{ik}$ ist) beschränken kann. Auch die Matrix U muß von einem speziellen Typ sein (eine sogenannte *unitäre* Matrix; dieser Begriff wird später definiert). Hier betrachten wir die allgemeine Frage für beliebige endliche Matrizen und beschränken uns dabei darauf, die abschließenden Resultate anzugeben, ohne die Beweise vollständig durchzuführen. Für diejenigen Aufgaben jedoch, welche in den Anwendungen von Interesse sind, werden wir die Frage vollständig lösen.

Wir lösen das System (103) oder (104) auf. Ausführlich geschrieben hat es die Gestalt

$$\left.\begin{array}{l} (a_{11} - \lambda_k)\, v_{1k} + a_{12} v_{2k} + \cdots + a_{1n} v_{nk} = 0\,, \\ a_{21} v_{1k} + (a_{22} - \lambda_k)\, v_{2k} + \cdots + a_{2n} v_{nk} = 0\,, \\ \dots\dots\dots\dots\dots\dots\dots\dots \\ a_{n1} v_{1k} + a_{n2} v_{2k} + \cdots + (a_{nn} - \lambda_k)\, v_{nk} = 0\,. \end{array}\right\} \tag{105}$$

Damit für $(v_{1k}, v_{2k}, \ldots, v_{nk})$ eine von 0 verschiedene Lösung existiert, ist notwendig und hinreichend, daß die Determinante des Systems gleich 0 ist, d. h., es ist notwendig und hinreichend, daß λ_k Wurzel der charakteristischen Gleichung ist. Wir wollen nur den Spezialfall ausführlich behandeln, daß diese Gleichung lauter verschiedene Wurzeln besitzt, und bezeichnen diese mit $\lambda_1, \lambda_2, \ldots, \lambda_n$. Ersetzen wir nun in den Koeffizienten von (105) λ_k durch die erste Wurzel λ_1, so können wir jetzt aus (105) die Elemente der ersten Spalte von V berechnen. Dabei wollen wir nicht auf die Frage eingehen, inwiefern man diese Größen v_{i1} frei wählen kann. Wir fordern von der Lösung des Systems nur, daß sie von der Nullösung verschieden ist. Ersetzen wir jetzt in den Koeffizienten von (105) λ_k durch λ_2, so können wir entsprechend die Elemente der zweiten Spalte von V bestimmen, usw. bis zur n-ten Spalte. Die Gleichungssysteme (105) sind nun mit (102) gleichbedeutend, und um zur Ausgangsgleichung (101) zurückzukehren, müssen wir uns lediglich vergewissern, daß V eine Inverse V^{-1} besitzt, daß also die Determinante von V von 0 verschieden ist. Wir beweisen das indirekt: Wir nehmen also an, $D(V)$ sei gleich 0. Wie wir aus [12] wissen, heißt das, daß zwischen den durch die Spalten von V definierten Vektoren $\boldsymbol{v}^{(k)}$ eine lineare Abhängigkeit

$$C_1 \boldsymbol{v}^{(1)} + C_2 \boldsymbol{v}^{(2)} + \cdots + C_n \boldsymbol{v}^{(n)} = 0$$

besteht, in der nicht sämtliche Koeffizienten C_k verschwinden. Wenden wir nun auf beide Seiten dieser Gleichung die durch die Matrix A gegebene lineare Transformation $(n - 1)$-mal an, so erhalten wir nach (104) n Gleichungen

$$\begin{array}{r} C_1 \boldsymbol{v}^{(1)} + C_2 \boldsymbol{v}^{(2)} + \cdots + C_n \boldsymbol{v}^{(n)} = 0\,, \\ \lambda_1 C_1 \boldsymbol{v}^{(1)} + \lambda_2 C_2 \boldsymbol{v}^{(2)} + \cdots + \lambda_n C_n \boldsymbol{v}^{(n)} = 0\,, \\ \dots\dots\dots\dots\dots\dots\dots\dots \\ \lambda_1^{n-1} C_1 \boldsymbol{v}^{(1)} + \lambda_2^{n-1} C_2 \boldsymbol{v}^{(2)} + \cdots + \lambda_n^{n-1} C_n \boldsymbol{v}^{(n)} = 0\,. \end{array}$$

Da nun nicht alle Vektoren $C_k \mathfrak{v}^{(k)}$ Nullvektoren sind, können wir schließen, daß die Determinante des Systems gleich 0 sein muß, also

$$\begin{vmatrix} 1 & 1 & \dots & 1 \\ \lambda_1 & \lambda_2 & \dots & \lambda_n \\ \dots & \dots & \dots & \dots \\ \lambda_1^{n-1} & \lambda_2^{n-1} & \dots & \lambda_n^{n-1} \end{vmatrix} = 0 .$$

Die λ_k sind nach Voraussetzung verschieden. Das widerspricht der Tatasche, daß die Vandermondesche Determinante paarweise verschiedener Zahlen, um eine solche handelt es sich hier, von 0 verschieden ist. Somit haben wir für den Fall, daß alle Eigenwerte einer Matrix verschieden sind, die Möglichkeit einer Transformation der Matrix auf Diagonalform nachgewiesen.

Treten gleiche Eigenwerte auf, dann kann es passieren, daß die Matrix überhaupt nicht durch eine Ähnlichkeitstransformation auf Diagonalform gebracht werden kann. Trotzdem existiert auch hier eine sehr einfache oder, wie man auch sagt, eine *kanonische* Form der Matrix. Diese kanonische Form lautet in dem Fall, daß die Matrix auf Diagonalform gebracht werden kann, $[\lambda_1, \lambda_2, \dots, \lambda_n]$, wobei die λ_k die Eigenwerte der Matrix sind. Für den allgemeinen Fall formulieren wir nun das Resultat[1]: Es sei $\lambda = a$ eine k-fache Wurzel der Gleichung (100). Es sei ferner für alle Unterdeterminanten $(n - 1)$-ten Grades der auf der linken Seite von (100) stehenden Matrix $A - \lambda I$ die Zahl $\lambda = a$ eine höchstens k_1-fache Nullstelle, d. h., es seien alle diese Determinanten durch $(\lambda - a)^{k_1}$, jedoch mindestens eine von ihnen nicht durch $(\lambda - a)^{k_1+1}$ teilbar. Es sei weiter für alle $(n - 2)$-reihigen Determinanten dieser Matrix die Zahl $\lambda = a$ eine höchstens k_2-fache Nullstelle, und es sei schließlich $\lambda = a$ eine höchstens k_m-fache Nullstelle aller $(n - m)$-reihigen Determinanten. Unter den $(n - m - 1)$-reihigen Determinanten soll es wenigstens eine geben, für die $\lambda = a$ keine Nullstelle ist. Dann ist dies offenbar auch für Determinanten mit noch weniger Zeilen der Fall. Man kann nun zeigen, daß die Zahlen k_s abnehmen: $k > k_1 > k_2 > \dots > k_m$. Wir definieren die positiven ganzen Zahlen

$$l_1 = k - k_1 , \qquad l_2 = k_1 - k_2, \dots , \; l_{m+1} = k_m ,$$

wobei

$$l_1 + l_2 + \dots + l_{m+1} = k$$

ist. Die Binome

$$(\lambda - a)^{l_1} , \qquad (\lambda - a)^{l_2}, \qquad \dots ; \quad (\lambda - a)^{l_{m-1}}$$

heißen die *Elementarteiler der Matrix A* für die Nullstelle $\lambda = a$. Auf diese Weise bestimmen wir für alle Eigenwerte von A die Elementarteiler und erhalten die *Gesamtheit der Elementarteiler*:

$$(\lambda - \lambda_1)^{\varrho_1} , \quad (\lambda - \lambda_2)^{\varrho_2} , \quad \dots , \quad (\lambda - \lambda_p)^{\varrho_p} , \tag{106}$$

wobei

$$\varrho_1 + \varrho_2 + \dots + \varrho_p = n \tag{107}$$

ist und unter den λ_k auch gleiche vorkommen dürfen.

Oben haben wir gesehen, daß sich die Eigenwerte bei Ähnlichkeitstransformationen nicht ändern. Es ergibt sich, daß die Gesamtheit aller Elementarteiler einer Matrix dieselbe Eigenschaft besitzt. Wir führen nun neue einfache Matrizen $I_\varrho(a)$

[1]) Sein Beweis wird in einem besonderen Anhang am Ende des zweiten Bandes dieses Teiles erbracht werden.

ein. Darunter verstehen wir eine Matrix ϱ-ten Grades, bei der sämtliche Elemente der Hauptdiagonalen gleich a, die unmittelbar unter den Diagonalelementen stehenden Elemente stets gleich 1 und alle übrigen gleich 0 sind:

$$I_\varrho(a) = \begin{Vmatrix} a & 0 & 0 & \dots & 0 & 0 \\ 1 & a & 0 & \dots & 0 & 0 \\ 0 & 1 & a & \dots & 0 & 0 \\ \dots & \dots & \dots & \dots & \dots & \dots \\ 0 & 0 & 0 & \dots & a & 0 \\ 0 & 0 & 0 & \dots & 1 & a \end{Vmatrix}. \tag{108}$$

Das Hauptresultat in der Frage nach der Transformation einer Matrix auf kanonische Form lautet: Besitzt eine Matrix A die Elementarteiler (106), so existiert eine nichtsinguläre Matrix U derart, daß

$$UAU^{-1} = [I_{\varrho_1}(\lambda_1), I_{\varrho_2}(\lambda_2), \dots, I_{\varrho_p}(\lambda_p)] \tag{109}$$

ist.

Wir bemerken, daß das Aufsuchen der Matrix U auf elementare Operationen führt, wenn alle Eigenwerte von A bekannt sind. Ist $\varrho = 1$, so verstehen wir unter $I_\varrho(a)$ einfach die Zahl a selbst. Es kann passieren, daß auch dann, wenn gleiche Eigenwerte vorkommen, alle Elementarteiler (106) einfach, also von der Gestalt

$$(\lambda - \lambda_1), \ (\lambda - \lambda_2), \ \dots, \ (\lambda - \lambda_n)$$

sind. In diesem Fall ist die Quasidiagonalmatrix

$$[I_{\varrho_1}(\lambda_1), I_{\varrho_2}(\lambda_2), \dots, I_{\varrho_p}(\lambda_p)]$$

einfach die Diagonalmatrix $[\lambda_1, \lambda_2, \dots, \lambda_n]$, und wir haben damit die Matrix auf Diagonalform transformiert.

Wie man leicht beweisen kann, ist eine Matrix A genau dann auf Diagonalform transformierbar, wenn für jede Wurzel λ_k der charakteristischen Gleichung der Rang des Systems (105) gleich $n - \mu_k$ ist, wobei μ_k die Vielfachheit der Wurzel bedeutet. Ist diese Bedingung erfüllt, so bestimmt das System (105) μ_k linear unabhängige Vektoren $(v_{1k}, v_{2k}, \dots, v_{nk})$ **[14]**.

Wir bemerken noch, daß die Matrix U, die in Formel (109) eingeht, nicht eindeutig bestimmt ist. So können wir, wenn der Wert der Determinante von U mit d bezeichnet wird, in (109) U durch $\frac{1}{\sqrt[n]{d}}\,U$ und U^{-1} durch $\sqrt[n]{d}\,U^{-1}$ ersetzen und dürfen annehmen, daß die Determinante der Matrix U in (109) gleich 1 ist. Für die allgemeine Aufgabe der Transformation einer Matrix auf kanonische Form beschränken wir uns auf diese Hinweise und kommen in einem besonderen Anhang in Teil III/2 auf diese Aufgabe zurück. Wie wir schon oben angekündigt haben, werden wir im folgenden diese Aufgabe ausführlich für Matrizen speziellen Typs untersuchen.

28. Unitäre und orthogonale Transformationen. In diesem und den folgenden Abschnitten werden wir von den Begriffen des inneren (skalaren) Produkts und der Norm (Länge) eines Vektors Gebrauch machen. Diese Begriffe wurden in **[13]** eingeführt. Wir erinnern uns, daß das Quadrat der Norm (Länge) durch

$$||\boldsymbol{x}||^2 = (\boldsymbol{x}, \boldsymbol{x}) = \sum_{s=1}^{n} |x_s|^2 \tag{110}$$

oder für reelle Komponenten durch

$$||\boldsymbol{x}||^2 = \sum_{s=1}^{n} x_s^2$$

definiert wird.

Diese Definition der Norm hängt von der Wahl der Grundvektoren, d. h. von den Koordinatenachsen, ab. Wir werden ein Koordinatensystem, wie es in der oben angegebenen Definition der Norm auftritt, ein Normalsystem oder kartesisches System nennen. Außer der Länge eines Vektors definieren wir noch das *innere* (*skalare*) *Produkt zweier Vektoren* durch

$$(\boldsymbol{x}, \boldsymbol{y}) = x_1\overline{y}_1 + x_2\overline{y}_2 + \cdots + x_n\overline{y}_n \,. \tag{111}$$

Für reelle Vektoren nimmt diese Formel die symmetrische Gestalt

$$(\boldsymbol{x}, \boldsymbol{y}) = x_1 y_1 + x_2 y_2 + \cdots + x_n y_n$$

an. Aus (111) ergibt sich, daß bei einer Vertauschung der Vektoren der Wert des inneren (skalaren) Produkts in den konjugiert komplexen übergeht:

$$(\boldsymbol{y}, \boldsymbol{x}) = \overline{(\boldsymbol{x}, \boldsymbol{y})} \,. \tag{112}$$

Zwei Vektoren nannten wir *senkrecht* oder *orthogonal* zueinander, wenn ihr inneres Produkt gleich 0 ist.

Im weiteren soll es sich, wenn nichts anderes erwähnt wird, um kartesische Koordinatensysteme handeln. Daher sind lineare Transformationen, die dem Übergang von einem kartesischen System zu einem anderen entsprechen, besonders wichtig. Wir wissen, daß jeder Übergang zu anderen Grundvektoren eine lineare Transformation der Koordinaten bewirkt. Es sei

$$(y_1, y_2, \ldots, y_n) = U(x_1, x_2, \ldots, x_n) \tag{113}$$

eine solche Transformation, wobei das Ausgangskoordinatensystem als kartesisch angenommen wird. Damit das neue System wieder kartesisch wird, ist notwendig und hinreichend, daß die Länge der Vektoren sich auch im neuen System als Quadratsumme der absoluten Beträge der Komponenten darstellt, d. h., daß

$$|y_1|^2 + |y_2|^2 + \cdots + |y_n|^2 = |x_1|^2 + |x_2|^2 + \cdots |x_n|^2 \tag{114}$$

ist. Wie wir gleich zeigen werden, läßt sich das innere Produkt in den neuen Komponenten durch eine zu (111) analoge Formel ausdrücken. Es seien uns also im ursprünglichen Koordinatensystem zwei Vektoren

$$\boldsymbol{x} = (x_1, x_2, \ldots, x_n) \quad \text{und} \quad \boldsymbol{x}' = (x_1', x_2', \ldots, x_n')$$

gegeben, denen im neuen System die Vektoren

$$\boldsymbol{y} = (y_1, y_2, \ldots, y_n) \quad \text{und} \quad \boldsymbol{y}' = (y_1', y_2', \ldots, y_n')$$

entsprechen. Wir bilden zwei neue Vektoren $\boldsymbol{z} = \boldsymbol{x} + \boldsymbol{x}'$ und $\boldsymbol{u} = \boldsymbol{x} + i\boldsymbol{x}'$ mit den Komponenten $(x_k + x_k')$ und $(x_k + ix_k')$. Ist die Bedingung (114) erfüllt, so erhalten wir

$$\sum_{k=1}^{n} (y_k + y_k')\,(\overline{y_k} + \overline{y_k'}) = \sum_{k=1}^{n} (x_k + x_k')\,(x_k + \overline{x_k'}) \,.$$

Hieraus ergibt sich schließlich wieder nach (114)

$$\sum_{k=1}^{n} (y_k\overline{y_k'} + y_k'\overline{y_k}) = \sum_{k=1}^{n} (x_k\overline{x_k'} + x_k'\overline{x_k}) \,, \tag{115$_1$}$$

da

$$\sum_{k=1}^{n} |y_k|^2 = \sum_{k=1}^{n} |x_k|^2 \quad \text{und} \quad \sum_{k=1}^{n} |y_k'|^2 = \sum_{k=1}^{n} |x_k'|^2$$

ist. Genauso gilt

$$\sum_{k=1}^{n} (y_k + \mathrm{i}y_k')\,(\overline{y_k} - \mathrm{i}\overline{y_k'}) = \sum_{k=1}^{n} (x_k + \mathrm{i}x_k')\,(\overline{x_k} - \mathrm{i}\overline{x_k'})\,,$$

und hieraus folgt

$$\sum_{k=1}^{n} (y_k'\overline{y_k} - y_k\overline{y_k'}) = \sum_{k=1}^{n} (x_k'\overline{x_k} - x_k\overline{x_k'})\,. \tag{115$_2$}$$

Die Gleichungen (115_1) und (115_2) ergeben

$$\sum_{k=1}^{n} y_k\overline{y_k'} = \sum_{k=1}^{n} x_k\overline{x_k'}\,, \tag{116}$$

d. h., das innere Produkt läßt sich wirklich nach der alten Formel darstellen. Erfüllt eine Transformation (113) die Bedingung (114), so befriedigt sie auch die Bedingung (116); das innere Produkt bleibt also invariant. Umgekehrt ergibt sich (114) aus (116), wenn in (116) $x_k' = x_k$ gesetzt wird, da sich das innere Produkt zweier gleicher Vektoren offenbar auf das Quadrat der Länge des betreffenden Vektors reduziert. Eine lineare Transformation, die die Bedingung (114) oder (116) erfüllt, wird gewöhnlich *unitäre Transformation* genannt.

Im reellen Raum sind die Matrizen der linearen Transformationen reell, und (114) vereinfacht sich zur Bedingung

$$y_1^2 + y_2^2 + \cdots + y_n^2 = x_1^2 + x_2^2 + \cdots + x_n^2\,. \tag{117}$$

Die entsprechenden reellen Transformationen heißen *orthogonal.* Sie bilden offenbar einen Spezialfall der unitären Transformationen.

Wir wollen jetzt die Haupteigenschaften der unitären Transformationen klären. Die Bedingung (114) für die Transformation (113) läßt sich explizit in der Gestalt

$$\sum_{k=1}^{n} |u_{k1}x_1 + u_{k2}x_2 + \cdots + u_{kn}x_n|^2 = \sum_{k=1}^{n} |x_k|^2$$

oder

$$\sum_{k=1}^{n} (u_{k1}x_1 + u_{k2}x_2 + \cdots + u_{kn}x_n)\,(\overline{u_{k1}}\overline{x_1} + \overline{u_{k2}}\overline{x_2} + \cdots + \overline{u_{kn}}\overline{x_n}) = \sum_{k=1}^{n} x_k\overline{x_k} \tag{118}$$

schreiben. Hierbei bedeuten u_{ik} die Elemente der Matrix U. Wir lösen auf der linken Seite der Gleichung die Klammern auf, setzen die Koeffizienten von $x_p\overline{x_p}$ gleich 1 und die von $x_p\overline{x_q}$ $(p \neq q)$ gleich 0. Für die Elemente der Matrix einer unitären Transformation ergibt sich so die notwendige und hinreichende Bedingung

$$\left.\begin{aligned} &\sum_{k=1}^{n} |u_{kp}|^2 = 1 \qquad (p = 1, 2, \ldots, n),\\ &\sum_{k=1}^{n} u_{kp}\overline{u_{kq}} = 0 \qquad (p \neq q)\,. \end{aligned}\right\} \tag{119}$$

Die Quadratsumme der absoluten Beträge der Elemente jeder Spalte muß also gleich 1 und die Summe der Produkte der Elemente einer Spalte mit den konjugierten der entsprechenden Elemente einer anderen Spalte muß gleich 0 werden.

Manchmal werden diese Bedingungen auch in der Gestalt

$$\sum_{k=1}^{n} u_{kp}\overline{u_{kq}} = \delta_{pq} \tag{120}$$

geschrieben. Hierbei bedeuten δ_{pq} die Elemente der Einheitsmatrix, d. h.

$$\delta_{pq} = \begin{cases} 0 & (p \neq q), \\ 1 & (p = q). \end{cases} \tag{121}$$

Wir wandten auf die Identität (118) die Methode der unbestimmten Koeffizienten an. Gleiche Koeffizienten sind hinreichend für das Erfülltsein der Identität. Geben wir den x_k spezielle Werte, so erkennen wir leicht, daß die Identität der Koeffizienten der entsprechenden Glieder auch eine notwendige Bedingung ist.

Wir betrachten neben einer Determinante $D(A)$ auch die aus den konjugiert komplexen Elementen gebildete Determinante $D(\overline{A})$. Multipliziert man sie nach der Regel „Spalte mit Spalte" [6], so erhält man nach (119) die Determinante der Einheitsmatrix, also 1. Andererseits sind offenbar die Werte der beiden erwähnten Determinanten konjugiert komplex. Daraus folgt unmittelbar

$$|D(A)|^2 = 1 .$$

Das Quadrat des absoluten Betrages der Determinante einer unitären Matrix ist gleich 1. Mit anderen Worten: Der absolute Betrag der Determinante einer unitären Matrix ist gleich 1; sie ist also eine komplexe Zahl der Form $e^{i\varphi}$ mit reellem φ.

Wir betrachten nun die zu U transponierte Matrix U^*. Die Orthogonalitätsbedingungen für die Spalten (119) können als Matrizengleichung

$$\overline{U}^*U = I \tag{122}$$

geschrieben werden. Das ist gleichbedeutend mit

$$U^{-1} = \overline{U}^* = \tilde{U} . \tag{123}$$

Für eine unitäre Matrix ist also die Inverse mit der adjungierten Matrix identisch.

Die zu U inverse Transformation U^{-1} drückt den Übergang vom Vektor $\boldsymbol{y}$ zum Vektor $\boldsymbol{x}$ aus. Sie erfüllt auch offenbar die Bedingung (114). Ist also U eine unitäre Matrix, so ist auch die Inverse U^{-1} unitär. Wegen (123) ist die Matrix $\tilde{U}$ unitär, und ihre Spalten genügen der Orthogonalitätsbedingung. Die Spalten von $\tilde{U}$ sind aber die Zeilen von $\overline{U}$. In einer unitären Matrix sind also nicht nur die Spalten, sondern auch die Zeilen orthogonal, und neben (120) gelten auch die Beziehungen

$$\sum_{k=1}^{n} u_{pk}\overline{u_{qk}} = \delta_{pq} . \tag{124}$$

Erfüllen zwei Matrizen U_1 und U_2 die Bedingung (114), so genügt dieser Bedingung auch ihr Produkt U_2U_1; das Produkt zweier unitärer Matrizen ist also wieder unitär.

Wir weisen auf zwei verschiedene Formen für die Definition des Begriffs der unitären Matrix hin:

$$||U\boldsymbol{x}||^2 = ||\boldsymbol{x}||^2 \quad \text{oder} \quad (U\boldsymbol{x}, U\boldsymbol{x}') = (\boldsymbol{x}, \boldsymbol{x}') . \tag{125$_1$}$$

In diesen Gleichungen bedeuten $\boldsymbol{x}$ und $\boldsymbol{x}'$ beliebige Vektoren.

Wir betrachten jetzt unitäre Matrizen mit reellen Elementen. In diesem Fall heißen die Matrix und die entsprechende Transformation, wie schon gesagt, orthogonal. An Stelle von (120) und (124) gilt dann

$$\sum_{k=1}^{n} u_{kp}u_{kq} = \delta_{pq}\,, \qquad \sum_{k=1}^{n} u_{pk}u_{qk} = \delta_{pq}\,. \tag{125_2}$$

Außerdem muß die Determinante der Transformation offensichtlich reell sein. Sie kann daher nur gleich ± 1 werden. Diese reellen orthogonalen Transformationen im n-dimensionalen Raum sind die Verallgemeinerungen der Transformationen des dreidimensionalen Raumes, welche wir in [**20**] betrachtet haben. In diesem reellen Fall ist außerdem $\tilde{U}$ mit U^* identisch, d. h., die inverse Transformation U^{-1} erhält man aus U durch Vertauschung der Zeilen und Spalten.

Wir erwähnen noch, daß jede komplexe Zahl $e^{i\varphi}$ mit reellem φ, aufgefaßt als Matrix $[e^{i\varphi}, e^{i\varphi}, \ldots, e^{i\varphi}]$ unitär ist. Ist U eine unitäre Matrix, so ist auch das Produkt $e^{i\varphi}U$ unitär. Das Produkt einer Zahl mit einer Matrix wurde in [**25**] erklärt.

29. Die Cauchy-Schwarzsche Ungleichung[1]. In diesem Abschnitt leiten wir eine Ungleichung her, die im folgenden sehr nützlich ist. Für irgendwelche reellen Zahlen $\alpha_1, \alpha_2, \ldots, \alpha_m$ und $\beta_1, \beta_2, \ldots, \beta_m$ ist

$$\left(\sum_{k=1}^{m} \alpha_k\beta_k\right)^2 \leqq \sum_{k=1}^{m} \alpha_k^2 \cdot \sum_{k=1}^{m} \beta_k^2\,. \tag{126}$$

Das Gleichheitszeichen gilt dann und nur dann, wenn die α_k und β_k proportional sind, d. h., wenn

$$\frac{\beta_1}{\alpha_1} = \frac{\beta_2}{\alpha_2} = \cdots = \frac{\beta_m}{\alpha_m} \tag{127}$$

ist. Es möge ξ eine beliebige reelle Zahl sein. Wir bilden die Summe

$$S = \sum_{k=1}^{m} (\xi\alpha_k - \beta_k)^2\,,$$

die offenbar größer oder gleich 0 ist. S wird gleich 0 genau dann, wenn

$$\frac{\beta_1}{\alpha_1} = \frac{\beta_2}{\alpha_2} = \cdots = \frac{\beta_m}{\alpha_m} = \xi$$

ist, und in diesem Fall ist, wie man leicht sieht,

$$\left(\sum_{k=1}^{m} \alpha_k\beta_k\right)^2 = \sum_{k=1}^{m} \alpha_k^2 \cdot \sum_{k=1}^{m} \beta_k^2\,.$$

Im allgemeinen erhält man durch Auflösen der Klammern im Ausdruck für S ein Trinom zweiten Grades,

$$S = A\xi^2 - 2B\xi + C\,,$$

wobei

$$A = \sum_{k=1}^{m} \alpha_k^2\,, \qquad B = \sum_{k=1}^{m} \alpha_k\beta_k\,, \qquad C = \sum_{k=1}^{m} \beta_k^2$$

ist. Dieses Trinom ist für alle reellen ξ größer oder gleich 0, woraus $AC - B^2 \geqq 0$ oder $B^2 \leqq AC$ folgt, was zu der Ungleichung (126) führt.

[1] Im russischen Original „Bunjakowskische Ungleichung" genannt. (Anm. d. Red.)

Ist $AC - B^2 = 0$, so muß das Trinom für ein reelles ξ verschwinden, und dabei muß, wie wir sehen, die Bedingung (127) erfüllt sein. Ist umgekehrt diese Bedingung erfüllt, so gilt in (126) das Gleichheitszeichen.

Wir nehmen jetzt an, α_k und β_k seien komplexe Zahlen. Da der absolute Betrag einer Summe kleiner oder gleich der Summe der absoluten Beträge der Summanden ist, ergibt sich

$$\left|\sum_{k=1}^{m} \alpha_k \beta_k\right| \leqq \sum_{k=1}^{m} |\alpha_k|\,|\beta_k| .$$

Die letzte Summe besteht aus lauter reellen positiven Summanden. Wenden wir die Ungleichung (126) an, so erhalten wir

$$\left|\sum_{k=1}^{m} \alpha_k \beta_k\right|^2 \leqq \sum_{k=1}^{m} |\alpha_k|^2 \cdot \sum_{k=1}^{m} |\beta_k|^2 . \tag{126_1}$$

Es ist nicht schwer zu zeigen, daß für komplexe α_k und β_k das Gleichheitszeichen dann und nur dann gilt, wenn $|\alpha_k|$ und $|\beta_k|$ proportional sind und alle Produkte $\alpha_k\beta_k$ ein und dasselbe Argument haben.

Die Ungleichung (126) ist nicht nur auf Summen anwendbar, sondern auch auf Integrale, wie wir schon früher erwähnten [**II, 161**]. Sind $f_1(x)$ und $f_2(x)$ zwei reelle Funktionen im Intervall $a \leqq x \leqq b$, so hat die Ungleichung für Integrale die Gestalt

$$\left[\int_a^b f_1(x)\, f_2(x)\, dx\right]^2 \leqq \int_a^b f_1^2(x)\, dx \cdot \int_a^b f_2^2(x)\, dx . \tag{126_2}$$

Zum Beweis bilden wir den Ausdruck

$$\int_a^b [\xi f_1(x) - f_2(x)]^2\, dx = \xi^2 \int_a^b f_1^2(x)\, dx - 2\xi \int_a^b f_1(x)\, f_2(x)\, dx + \int_a^b f_2^2(x)\, dx ,$$

wobei ξ eine beliebige reelle Zahl ist. Die linke Seite zeigt, daß dieser Ausdruck für kein ξ negativ sein kann. Wenn aber das Trinom $A\xi^2 - 2\xi B + C$ für alle reellen ξ nichtnegativ ist, so ist, wie aus der elementaren Algebra bekannt ist, $AC - B^2 \geqq 0$. Bei der Anwendung auf das obige Trinom erhält man die Ungleichung (126_2). Diese Ungleichung für Integrale wurde zum ersten Male von W. L. Bunjakowski bewiesen. Für Summen findet sie sich schon bei Cauchy.

30. Eigenschaften des inneren Produkts und der Norm. Wir wollen jetzt gewisse Eigenschaften des inneren Produkts und der Norm angeben. Wenden wir die Ungleichung (126_1) auf das innere Produkt zweier Vektoren an und berücksichtigen, daß $|\bar{y}_k| = |y_k|$ ist, so erhalten wir

$$|(\boldsymbol{x}, \boldsymbol{y})|^2 = \left|\sum_{k=1}^{n} x_k \bar{y}_k\right|^2 \leqq \sum_{k=1}^{n} |x_k|^2 \cdot \sum_{k=1}^{n} |y_k|^2 ,$$

d. h.

$$|(\boldsymbol{x}, \boldsymbol{y})| \leqq \|\boldsymbol{x}\| \cdot \|\boldsymbol{y}\| . \tag{128}$$

Wir beweisen jetzt die sogenannte *Dreiecksungleichung*

$$\|\boldsymbol{x} + \boldsymbol{y}\| \leqq \|\boldsymbol{x}\| + \|\boldsymbol{y}\| . \tag{129}$$

Es gilt

$$\|\boldsymbol{x} + \boldsymbol{y}\|^2 = (\boldsymbol{x} + \boldsymbol{y}, \boldsymbol{x} + \boldsymbol{y}) = (\boldsymbol{x}, \boldsymbol{x}) + (\boldsymbol{y}, \boldsymbol{y}) + (\boldsymbol{x}, \boldsymbol{y}) + (\boldsymbol{y}, \boldsymbol{x}) ,$$

und unter Berücksichtigung von (128) finden wir

$$||\boldsymbol{x} + \boldsymbol{y}||^2 \leqq ||\boldsymbol{x}||^2 + ||\boldsymbol{y}||^2 + 2\,||\boldsymbol{x}|| \cdot ||\boldsymbol{y}|| = (||\boldsymbol{x}|| + ||\boldsymbol{y}||)^2 ,$$

woraus (129) folgt.

Zum Schluß untersuchen wir, welchen Einfluß die Wahl eines Koordinatensystems auf die Metrik des Raumes, d. h. auf das Quadrat der Länge eines Vektors, hat. Wir führen an Stelle des kartesischen Grundsystems ein neues Koordinatensystem ein, wobei wir für die Grundvektoren irgendwelche linear unabhängigen Vektoren

$$\boldsymbol{z}^{(1)}, \boldsymbol{z}^{(2)}, \dots , \boldsymbol{z}^{(n)}$$

nehmen. Für jeden Vektor ist

$$\boldsymbol{x}^{(1)} = z_1\boldsymbol{z}^{(1)} + z_2\boldsymbol{z}^{(2)} + \cdots + z_n\boldsymbol{z}^{(n)} ,$$

dabei bedeuten die z_k die Komponenten von $\boldsymbol{x}$ im neuen Koordinatensystem.

Das Quadrat der Länge des Vektors ist gleich dem inneren Produkt des Vektors mit sich selbst:

$$||\boldsymbol{x}||^2 = (z_1\boldsymbol{z}^{(1)} + z_2\boldsymbol{z}^{(2)} + \cdots + z_n\boldsymbol{z}^{(n)}, z_1\boldsymbol{z}^{(1)} + z_2\boldsymbol{z}^{(2)} + \cdots + z_n\boldsymbol{z}^{(n)}) .$$

Entwickeln wir die rechte Seite dieser Gleichung nach dem Vorbild von (118), so erhalten wir für das Quadrat der Länge des Vektors

$$||\boldsymbol{x}||^2 = \sum_{i,k=1}^{n} \alpha_{ik} z_i \overline{z_k} ; \tag{130}$$

die Koeffizienten α_{ik} sind durch die Beziehung

$$\alpha_{ik} = (\boldsymbol{z}^{(i)}, \boldsymbol{z}^{(k)})$$

bestimmt. Bei Vertauschung der Indizes gehen die Koeffizienten offensichtlich in die konjugiert komplexen über:

$$\alpha_{ki} = \overline{\alpha_{ik}} . \tag{131}$$

Die in (130) rechts stehende Summe mit Koeffizienten, die die Bedingungen (131) erfüllen, wird gewöhnlich *hermitesche Form* genannt. Wie man unmittelbar sieht, nimmt ein solcher Ausdruck wegen (131) für alle komplexen z_k nur reelle Werte an. Für $i \neq k$ enthält nämlich die Summe (130) zwei konjugiert komplexe Glieder, für die Glieder $\alpha_{kk}\,|z_k|^2$ sind aber die Koeffizienten α_{kk} auf Grund von (131) reell. Außerdem können wir wegen der Konstruktion der Koeffizienten α_{ik} der hermiteschen Form (130) in unserem Fall aussagen, daß die Summe (130) nicht negativ ist und nur dann verschwindet, wenn alle z_k gleich 0 sind. Die Formel (130) definiert die Metrik des Raumes im neuen Koordinatensystem.

Die Metrik (130) stimmt mit der Metrik (110) in einem kartesischen System überein, wenn

$$\alpha_{ik} = \begin{cases} 0 \text{ für } i \neq k , \\ 1 \text{ für } i = k \end{cases} \quad \text{oder} \quad (\boldsymbol{z}^{(i)}, \boldsymbol{z}^{(k)}) = \begin{cases} 0 \text{ für } i \neq k , \\ 1 \text{ für } i = k \end{cases}$$

ist, d. h. mit anderen Worten, wenn die Vektoren $\boldsymbol{z}^{(k)}$, die als Grundvektoren angenommen werden, paarweise orthogonale Einheitsvektoren (der Länge 1) sind.

Im folgenden werden wir jedes System paarweise orthogonaler Einheitsvektoren $\boldsymbol{z}^{(k)}$ $(k = 1, 2, \dots , l)$ *orthonormiert* nennen.

Bestimmt (113) eine unitäre Transformation der Komponenten eines Vektors, so wird die entsprechende Transformation für den Übergang von den ursprünglichen Grundvektoren zu den neuen durch die Matrix $(U^*)^{-1}$, die kontragrediente Matrix von U, geliefert. In dem angegebenen Beispiel stimmt diese Matrix wegen (123) mit der Matrix $\overline{U}$ überein, und für reelle orthogonale Transformationen ist sie sogar mit U identisch.

31. Das Erhard-Schmidtsche Orthogalisierungsverfahren für Vektoren. Mit $\boldsymbol{x}^{(1)}$, $\boldsymbol{x}^{(2)}, \ldots, \boldsymbol{x}^{(m)}$ bezeichnen wir m beliebige, linear unabhängige Vektoren. Die Gesamtheit der Vektoren der Gestalt

$$C_1\boldsymbol{x}^{(1)} + C_2\boldsymbol{x}^{(2)} + \cdots + C_m\boldsymbol{x}^{(m)},$$

wobei die C_k willkürliche Koeffizienten sind, bildet für $m = n$ den ganzen Raum und für $m < n$ einen gewissen Unterraum R_m der Dimension m. Wir zeigen, daß wir immer orthonormierte Vektoren $\boldsymbol{z}^{(k)}$ $(k = 1, 2, \ldots, m)$ konstruieren können, die denselben Unterraum R_m wie die Vektoren $\boldsymbol{x}^{(k)}$ aufspannen. Mit anderen Worten, die Vektoren $\boldsymbol{z}^{(k)}$ müssen sich aus den $\boldsymbol{x}^{(k)}$ linear kombinieren lassen und umgekehrt auch die $\boldsymbol{x}^{(k)}$ aus den $\boldsymbol{z}^{(k)}$. Diese Vektoren können wir nach dem folgenden Schema konstruieren:

$$\left.\begin{aligned} \boldsymbol{y}^{(1)} &= \boldsymbol{x}^{(1)}, \\ \boldsymbol{y}^{(2)} &= \boldsymbol{x}^{(2)} - (\boldsymbol{x}^{(2)}, \boldsymbol{z}^{(1)})\,\boldsymbol{z}^{(1)}, \\ \boldsymbol{y}^{(3)} &= \boldsymbol{x}^{(3)} - (\boldsymbol{x}^{(3)}, \boldsymbol{z}^{(1)})\,\boldsymbol{z}^{(1)} - (\boldsymbol{x}^{(3)}, \boldsymbol{z}^{(2)})\,\boldsymbol{z}^{(2)}, \\ &\ldots\ldots\ldots\ldots\ldots\ldots\ldots\ldots\ldots\ldots \end{aligned}\right\} \tag{132}$$

wobei

$$\boldsymbol{z}^{(1)} = \frac{\boldsymbol{y}^{(1)}}{\|\boldsymbol{y}^{(1)}\|}, \qquad \boldsymbol{z}^{(2)} = \frac{\boldsymbol{y}^{(2)}}{\|\boldsymbol{y}^{(2)}\|}, \qquad \ldots, \qquad \boldsymbol{z}^{(m)} = \frac{\boldsymbol{y}^{(m)}}{\|\boldsymbol{y}^{(m)}\|} \tag{133}$$

gesetzt ist.

Den Vektor $\boldsymbol{z}^{(1)}$ erhält man aus $\boldsymbol{y}^{(1)}$ durch einfache Division durch die Länge von $\boldsymbol{y}^{(1)}$. Folglich ist die Länge von $\boldsymbol{z}^{(1)}$ gleich 1. Danach wird der Vektor $\boldsymbol{y}^{(2)}$ durch die oben angegebene Formel konstruiert. Aus seiner Definition ergibt sich unmittelbar, daß er zu $\boldsymbol{z}^{(1)}$ orthogonal ist:

$$(\boldsymbol{y}^{(2)}, \boldsymbol{z}^{(1)}) = (\boldsymbol{x}^{(2)}, \boldsymbol{z}^{(1)}) - (\boldsymbol{x}^{(2)}, \boldsymbol{z}^{(1)})\,(\boldsymbol{z}^{(1)}, \boldsymbol{z}^{(1)}) = 0.$$

Dividieren wir den Vektor $\boldsymbol{y}^{(2)}$ durch seine Länge, dann erhalten wir $\boldsymbol{z}^{(2)}$. Darauf wird nach der obigen Formel der Vektor $\boldsymbol{y}^{(3)}$ konstruiert. Aus ihr ergibt sich unmittelbar, daß er orthogonal zu $\boldsymbol{z}^{(1)}$ und $\boldsymbol{z}^{(2)}$ ist. Wegen der Orthogonalität von $\boldsymbol{z}^{(1)}$ und $\boldsymbol{z}^{(2)}$ erhalten wir nämlich

$$(\boldsymbol{y}^{(3)}, \boldsymbol{z}^{(2)}) = (\boldsymbol{x}^{(3)}, \boldsymbol{z}^{(2)}) - (\boldsymbol{x}^{(3)}, \boldsymbol{z}^{(2)})\,(\boldsymbol{z}^{(2)}, \boldsymbol{z}^{(2)}) = 0,$$

und den Vektor $\boldsymbol{z}^{(3)}$ finden wir wiederum durch Division des Vektors $\boldsymbol{y}^{(3)}$ durch seine Länge usw.

Alle neu konstruierten Vektoren lassen sich aus den $\boldsymbol{x}^{(k)}$ linear kombinieren. Umgekehrt kann man, wie man leicht sieht, auch die $\boldsymbol{x}^{(k)}$ durch die $\boldsymbol{z}^{(k)}$ ausdrücken; dazu genügt es, obige Gleichungen nach den $\boldsymbol{x}^{(1)}, \boldsymbol{x}^{(2)}, \ldots$ aufzulösen.

Wir weisen darauf hin, daß keiner der neu konstruierten Vektoren $\boldsymbol{y}^{(k)}$ gleich dem Nullvektor ist. Wäre nämlich bei einem Schritt in der obigen Berechnung ein Vektor $\boldsymbol{y}^{(k)}$ gleich dem Nullvektor, so ergäbe sich, da $\boldsymbol{y}^{(k)}$ eine Linearkombination ist, bei der der Koeffizient von $\boldsymbol{x}^{(k)}$ gleich 1 ist, eine lineare Abhängigkeit zwischen den Vektoren $\boldsymbol{x}^{(s)}$. Das widerspräche aber der vorausgesetzten linearen Unabhängigkeit der $\boldsymbol{x}^{(s)}$.

Wir erinnern an die Tatsache, daß vom Nullvektor verschiedene Vektoren aus einer Menge paarweise orthogonaler Vektoren stets linear unabhängig sind.

Ist $m = n$, so ergeben die $\boldsymbol{z}^{(k)}$ ein vollständiges orthonormiertes kartesisches System. Ist aber $m < n$, so müssen wir, um ein vollständiges kartesisches Koordinatensystem zu erhalten, zu den bereits konstruierten Vektoren $\boldsymbol{z}^{(k)}$ noch weitere $n - m$ Vektoren hinzufügen, die zueinander und zu den Vektoren $\boldsymbol{z}^{(k)}$ orthogonal sind. Die neuen Einheitsvektoren spannen also einen Unterraum R'_{n-m} der Dimension $n - m$ auf, der zu R_m orthogonal ist [12]. Die gesuchten neuen Vektoren $\boldsymbol{u}$ müssen das Gleichungssystem

$$(\boldsymbol{u}, \boldsymbol{x}^{(1)}) = 0\,, \quad (\boldsymbol{u}, \boldsymbol{x}^{(2)}) = 0\,, \ldots, (\boldsymbol{u}, \boldsymbol{x}^{(m)}) = 0$$

erfüllen.

Das ist ein System von m homogenen Gleichungen mit n Unbekannten, wobei der Rang des Systems gleich m ist, da die Vektoren linear unabhängig sind [12]. Dieses System hat $n - m$ linear unabhängige Lösungen, d. h., wir erhalten $n - m$ linear unabhängige Vektoren. Wenden wir auf sie das oben beschriebene Orthogonalisierungsverfahren an und normieren sie, so ergibt sich insgesamt ein vollständiges orthonormiertes System von Vektoren $\boldsymbol{z}^{(1)}, \boldsymbol{z}^{(2)}, \ldots, \boldsymbol{z}^{(m)}$.

Schließlich noch eine Bemerkung: Der Unterraum R_m, der von den orthonormierten Vektoren $\boldsymbol{z}^{(k)}$ aufgepsannt wird, kann auch durch ein anderes orthonormiertes System erzeugt werden. Dazu genügt es z. B., eine unitäre Transformation auf die Vektoren $\boldsymbol{z}^{(k)}$ anzuwenden. Wir sehen also, daß sich der Prozeß der Orthogonalisierung eines Systems von Vektoren auf verschiedene Weise vollziehen läßt. Das oben beschriebene Verfahren realisiert nur eine der Möglichkeiten.

§ 4. Quadratische Formen

32. Die Transformation einer quadratischen Form auf eine Summe von Quadraten. Wir betrachten im Raum eine Fläche zweiter Ordnung mit dem Mittelpunkt im Koordinatenursprung:

$$ax^2 + by^2 + cz^2 + 2dxy + 2exz + 2fyz + g = 0\,.$$

Man kann immer solche neuen Koordinatenachsen x', y', z' finden, daß in der transformierten Gleichung nur Glieder verbleiben, welche die Quadrate der Koordinaten enthalten, daß also die transformierte Gleichung die Gestalt

$$\lambda_1 x'^2 + \lambda_2 y'^2 + \lambda_3 z'^2 + g = 0$$

hat. Die Aufgabe besteht darin, eine solche orthogonale Transformation der x, y, z in x', y', z' zu finden, daß alle Glieder zweiten Grades in den Koordinaten auf der linken Seite der Gleichung in eine Summe von Quadraten übergehen.

Wir stellen jetzt die entsprechende Aufgabe für den n-dimensionalen reellen Raum.[1]) Es liege die *reelle quadratische Form* in n Veränderlichen

$$\varphi(x_1, x_2, \ldots, x_n) = \sum_{i,k=1}^{n} a_{ik} x_i x_k \tag{134}$$

vor, wobei die a_{ik} reelle Koeffizienten sind, die der Bedingung

$$a_{ki} = a_{ik} \tag{135}$$

[1]) Aus später zu erörternden Gründen spricht man hierbei von der *Hauptachsentransformation*. (Anm. d. Red.)

genügen. Im vorigen Beispiel können wir $x = x_1$, $y = x_2$, $z = x_3$ und $a = a_{11}$, $b = a_{22}$, $c = a_{33}$, $d = a_{12} = a_{21}$, $e = a_{13} = a_{31}$, $f = a_{23} = a_{32}$ annehmen.

Als *Matrix der quadratischen Form* (134) bezeichnen wir die Matrix, die aus den Elementen a_{ik} besteht. Diese ist symmetrisch, d. h., sie stimmt mit ihrer Transponierten überein.

Nehmen wir an, daß wir die Form (134) auf neue Veränderliche transformieren, indem wir an Stelle der x_k die Variablen x'_k einführen. Diese Transformation schreiben wir

$$(x_1, x_2, \dots, x_n) = B(x'_1, x'_2, \dots, x'_n) . \tag{136}$$

Dabei ist B eine Matrix mit den Elementen b_{ik}. Setzen wir den Ausdruck (136) in (134) ein, so erhalten wir

$$\varphi = \sum_{i,k=1}^{n} a_{ik}(b_{i1}x'_1 + b_{i2}x'_2 + \cdots + b_{in}x'_n)\,(b_{k1}x'_1 + b_{k2}x'_2 + \cdots + b_{kn}x'_n) .$$

Nach Auflösen der Klammern erhalten wir folgende Koeffizienten von $x'_p x'_q$ für $p \neq q$:

$$\sum_{i,k=1}^{n} a_{ik}(b_{ip}b_{kq} + b_{iq}b_{kp}) .$$

Mit Hilfe von (135) ist leicht zu erkennen, daß die Hälfte des aufgeschriebenen Ausdrucks einfach gleich der Summe

$$\sum_{i=1}^{n} b_{ip} \sum_{k=1}^{n} a_{ik}b_{kq}$$

ist.

Führt man die entsprechende Überlegung für $p = q$ durch, so erkennt man, daß in den neuen Variablen die quadratische Form die Gestalt

$$\varphi = \sum_{i,k=1}^{n} c_{ik}x'_i x'_k \tag{137}$$

hat, wobei

$$c_{ik} = c_{ki} = \sum_{t=1}^{n} b_{ti} \sum_{s=1}^{n} a_{ts}b_{sk}$$

bedeutet. Die Summation über s ergibt $\{AB\}_{tk}$. Fassen wir im Faktor b_{ti} jetzt t als Spaltenindex und i als Zeilenindex auf, so ist b_{ti} das Element der transponierten Matrix $\{B^*\}_{it}$. Hieraus folgt

$$c_{ik} = c_{ki} = \sum_{t=1}^{n} \{B^*\}_{it}\,\{AB\}_{tk} .$$

Die transformierte Form (137) hat eine Matrix, die in folgender Weise durch die Matrix A der Form in den ursprünglichen Variablen und durch die Transformationsmatrix bestimmt ist:

$$C = B^*AB . \tag{138}$$

Ist die Transformation (136) orthogonal, so stimmt die transponierte Matrix B^* der orthogonalen Matrix B mit deren Inversen B^{-1} überein, und wir erhalten in diesem Fall an Stelle von (138)

$$C = B^{-1}AB . \tag{139}$$

Somit ist unsere Aufgabe, eine orthogonale Transformation (136) zu konstruieren, welche die quadratische Form (134) auf eine Summe von Quadraten reduziert, mit der Aufgabe äquivalent, eine solche orthogonale Matrix B zu bestimmen, daß (139) eine Diagonalmatrix $[\lambda_1, \lambda_2, \ldots, \lambda_n]$ wird; denn die Matrix einer Form, die auf eine Summe von Quadraten gebracht ist, ist eben eine Diagonalmatrix, und ihre Elemente λ_k sind genau die Koeffizienten der Quadrate $x_k'^2$. Folglich müssen wir wie oben $B^{-1}AB = [\lambda_1, \lambda_2, \ldots, \lambda_n]$ oder

$$AB = B[\lambda_1, \lambda_2, \ldots, \lambda_n] \tag{140}$$

erhalten.

Im vorliegenden Fall ist A keine beliebige Matrix. Sie ist reell und symmetrisch, und B muß eine orthogonale Matrix sein. Wir verfahren genau so wie vorhin [27] bei der Betrachtung des allgemeinen Falles. Die Gleichung (140) wird in der Gestalt

$$\sum_{s=1}^{n} a_{is} b_{sk} = \lambda_k b_{ik} \tag{141}$$

geschrieben. Hieraus erhalten wir für die Elemente der k-ten Spalte von B ein System von n Gleichungen. Führen wir den Vektor $\boldsymbol{x}^{(k)}$ mit den Komponenten $b_{1k}, b_{2k}, \ldots, b_{nk}$ ein, so können wir diese Gleichung in der Gestalt

$$A\boldsymbol{x}^{(k)} = \lambda_k \boldsymbol{x}^{(k)} \tag{142}$$

schreiben. Bringen wir in (141) alle Glieder auf eine Seite, so erhalten wir zur Bestimmung von $b_{1k}, b_{2k}, \ldots, b_{nk}$ ein System von n homogenen Gleichungen:

$$\left.\begin{array}{rl} (a_{11} - \lambda_k)\, b_{1k} + a_{12} b_{2k} + \cdots + a_{1n} b_{nk} = 0\,, \\ a_{21} b_{1k} + (a_{22} - \lambda_k)\, b_{2k} + \cdots + a_{2n} b_{nk} = 0\,, \\ \cdots\cdots\cdots\cdots\cdots\cdots\cdots\cdots\cdots\cdots \\ a_{n1} b_{1k} + a_{n2} b_{2k} + \cdots + (a_{nn} - \lambda_k)\, b_{nk} = 0\,. \end{array}\right\} \tag{143}$$

Die Determinante dieses Systems muß gleich 0 sein, und für die Zahlen λ_k ergibt sich die algebraische Gleichung n-ten Grades

$$\begin{vmatrix} a_{11} - \lambda & a_{12} & \ldots & a_{1n} \\ a_{21} & a_{22} - \lambda & \ldots & a_{2n} \\ \cdots & \cdots & \cdots & \cdots \\ a_{n1} & a_{n2} & \ldots & a_{nn} - \lambda \end{vmatrix} = 0\,. \tag{144}$$

Dies ist, wie wir wissen, die charakteristische Gleichung der Matrix A.

Wir beweisen zunächst, daß für jede reelle symmetrische Matrix A die Gleichung (144) lauter reelle Wurzeln hat. Zuvor stellen wir die quadratische Form anders dar. Es sei $\boldsymbol{x}$ ein Vektor mit den (reellen oder komplexen) Komponenten $x_1, x_2, \ldots, x_n$ und A eine Matrix mit beliebigen Elementen a_{ik}. Wir bilden das innere Produkt

$$(A\boldsymbol{x}, \boldsymbol{x}) = \sum_{i=1}^{n} \bar{x}_i (a_{i1} x_1 + a_{i2} x_2 + \cdots + a_{in} x_n)\,.$$

Wir sehen, daß es in der Gestalt

$$(A\boldsymbol{x}, \boldsymbol{x}) = \sum_{i,k=1}^{n} a_{ik} \bar{x}_i x_k \tag{145}$$

geschrieben werden kann. Wenn die Bedingung

$$a_{ki} = \bar{a}_{ik} \qquad (a_{kk} \text{ reell}) \tag{146}$$

erfüllt ist, so ist dies eine hermitesche Form, deren Werte ausnahmslos reell sind. Ist insbesondere A eine reelle symmetrische Matrix, so sind die Bedingungen (146) erfüllt. Sind auch noch die Komponenten des Vektors $\boldsymbol{x}$ reell, so stellt die Formel (145) gerade eine quadratische Form (134) dar.

Wir beweisen nun, daß die Wurzeln der Gleichung (144) reell sind. Es sei λ_k eine Wurzel dieser Gleichung. Das System (143) bestimmt die Komponenten des Vektors $\boldsymbol{x}^{(k)}$ (reell oder komplex), welcher der Gleichung (142) genügt. Wir multiplizieren beide Seiten dieser Gleichung von rechts skalar mit $\boldsymbol{x}^{(k)}$ und erhalten

$$||\boldsymbol{x}^{(k)}||^2 \lambda_k = (A\boldsymbol{x}^{(k)}, \boldsymbol{x}^{(k)}) .$$

Der Ausdruck auf der rechten Seite ist, wie wir wissen, eine reelle Zahl, und folglich ist auch λ_k reell. Wir haben also bewiesen, daß die Wurzeln der Gleichung (144) reell sind, und zwar nicht nur für reelle symmetrische Matrizen, sondern allgemeiner für alle Matrizen, deren Elemente den Bedingungen (146) genügen. Solche Matrizen nennt man gewöhnlich *hermitesche Matrizen.*

Im betrachteten Fall sind die Koeffizienten des Systems (143) reelle Zahlen, und wir dürfen annehmen, daß auch die Komponenten von $\boldsymbol{x}^{(k)}$ reell sind. Sind λ_p und λ_q zwei verschiedene Wurzeln von (144), so können wir zeigen, daß dann die entsprechenden Vektoren $\boldsymbol{x}^{(p)}$ und $\boldsymbol{x}^{(q)}$, die der Gleichung (142) genügen, zueinander orthogonal sind. Nach Voraussetzung ist

$$A\boldsymbol{x}^{(p)} = \lambda_p \boldsymbol{x}^{(p)} \quad \text{und} \quad A\boldsymbol{x}^{(q)} = \lambda_q \boldsymbol{x}^{(q)} .$$

Wir multiplizieren die erste dieser Gleichungen skalar mit $\boldsymbol{x}^{(q)}$, die zweite mit $\boldsymbol{x}^{(p)}$ und subtrahieren. Dann erhalten wir

$$(A\boldsymbol{x}^{(p)}, \boldsymbol{x}^{(q)}) - (\boldsymbol{x}^{(p)}, A\boldsymbol{x}^{(q)}) = (\lambda_p - \lambda_q)(\boldsymbol{x}^{(p)}, \boldsymbol{x}^{(q)}) . \tag{147}$$

Nun zeigen wir, daß für je zwei beliebige (reelle oder komplexe) Vektoren $\boldsymbol{x}$ und $\boldsymbol{y}$ die Formel

$$(A\boldsymbol{x}, \boldsymbol{y}) = (\boldsymbol{x}, A\boldsymbol{y}) \tag{148}$$

gilt, sobald die Elemente der Matrix A den Bedingungen (146) genügen. Die linke Seite von (148) ergibt nämlich

$$(A\boldsymbol{x}, \boldsymbol{y}) = \sum_{k=1}^{n} (a_{k1}x_1 + a_{k2}x_2 + \cdots + a_{kn}x_n)\,\bar{y}_k = \sum_{i,k=1}^{n} a_{ki}x_i\bar{y}_k$$

oder wegen (146)

$$(A\boldsymbol{x}, \boldsymbol{y}) = \sum_{i,k=1}^{n} \overline{a_{ik}} x_i \bar{y}_k .$$

Das gleiche Resultat liefert auch die rechte Seite von (148). Die Beziehung (148) gilt daher auch für reelle symmetrische Matrizen, die ein Spezialfall der hermiteschen Matrizen sind. Wegen (148) ist die linke Seite von (147) gleich 0, und wegen $\lambda_p \neq \lambda_q$ erhalten wir $(\boldsymbol{x}^{(p)}, \boldsymbol{x}^{(q)}) = 0$. Die Vektoren $\boldsymbol{x}^{(p)}$ und $\boldsymbol{x}^{(q)}$ sind also tatsächlich orthogonal. Im vorliegenden Fall sind dies reelle Vektoren; die Bedingung für ihre Orthogonalität läuft darauf hinaus, daß die Produktsumme ihrer Komponenten gleich 0 ist.

Sind die Wurzeln von (144) alle verschieden, so erhalten wir auf diese Weise n paarweise orthogonale reelle Vektoren $\boldsymbol{x}^{(k)}$. Die Gleichung (142) ist linear und homogen in den $\boldsymbol{x}^{(k)}$, und wir können somit die Lösung dieser Gleichung mit einer beliebigen Konstanten multiplizieren. Daher dürfen wir annehmen, daß die Vektoren die Länge 1 haben.

Die Komponenten dieser Vektoren bilden die Spalten einer Matrix B. Diese Matrix genügt der Bedingung der Spaltenorthogonalität und ist somit orthogonal. Unsere Aufgabe, eine quadratische Form mit Hilfe einer orthogonalen Transformation auf eine Summe von Quadraten zu reduzieren oder, was dasselbe ist, die Matrix A auf Diagonalform zu bringen, ist unter der Voraussetzung gelöst, daß die Wurzeln von (144) alle verschieden sind. Die Zahlen λ_k nennt man *Eigenwerte* und die Vektoren $\boldsymbol{x}^{(k)}$ *Eigenvektoren* der Matrix A.

33. Mehrfache Wurzeln der charakteristischen Gleichung. Wir betrachten nun den allgemeinen Fall, lassen also zu, daß (144) auch mehrfache Wurzeln hat. Dazu nehmen wir eine Wurzel $\lambda = \lambda_1$ der Gleichung (144) und ermitteln die ihr entsprechende Lösung von (142). Das ist ein gewisser reeller Vektor $\boldsymbol{x}^{(1)}$ der Länge 1. Durch $n - 1$ reelle Einheitsvektoren ergänzen wir ihn zu einem vollständigen System orthogonaler Einheitsvektoren [31]. Der Übergang von der Ausgangsbasis zu der neuen wird, wie wir wissen, durch eine orthogonale Transformation der Vektorkomponenten vollzogen. Die Matrix A geht dabei in die äquivalente Matrix $A_1 = B_1^{-1} A B_1$ über. Die dieser neuen Matrix entsprechende Gleichung

$$A_1 \boldsymbol{x} = \lambda \boldsymbol{x} \tag{149}$$

wird für den Eigenwert $\lambda = \lambda_1$ als Lösung den Vektor $\boldsymbol{x}^{(1)}$ haben (Eigenwerte verändern sich bei beliebigen Ähnlichkeitstransformationen nicht). Diesen Vektor $\boldsymbol{x}^{(1)}$ hatten wir als ersten Basisvektor genommen. Er besitzt also die Komponenten $1, 0, \ldots, 0$. Setzen wir diese Lösung in (149) ein, so erhalten wir

$$A_1(1, 0, \ldots, 0) = (\lambda_1, 0, \ldots, 0)\,,$$

woraus für die Elemente der ersten Spalte unmittelbar

$$\{A_1\}_{11} = \lambda_1\,, \qquad \{A_1\}_{21} = \{A_1\}_{31} = \cdots = \{A_1\}_{n1} = 0 \tag{150}$$

folgt.

Wir zeigen nun, daß die reelle Matrix A_1 auch symmetrisch ist, d. h. mit ihrer Transponierten übereinstimmt. Es gilt nämlich

$$A_1^* = (B_1^{-1} A B_1)^* = B_1^* A^* (B_1^*)^{-1}\;;$$

wegen der Orthogonalität der Matrix B_1 ist $B_1^* = B_1^{-1}$ und $(B_1^*)^{-1} = B_1$, und daraus folgt

$$A_1^* = A_1\,.$$

Beachten wir außer (150) auch die Symmetrie der Matrix A_1, so können wir

$$\{A_1\}_{11} = \lambda_1\,, \qquad \{A_1\}_{21} = \{A_1\}_{12} = \cdots = \{A_1\}_{n1} = \{A_1\}_{1n} = 0$$

schreiben, d. h., bei der Matrix A_1 verschwinden alle Elemente der ersten Zeile und ersten Spalte, eventuell mit Ausnahme von $\{A_1\}_{11} = \lambda_1$. Die Matrix A_1 lautet also

$$A_1 = \begin{pmatrix} \lambda_1 & 0 & \cdots & 0 \\ 0 & a_{22}^{(1)} & \cdots & a_{2n}^{(1)} \\ \cdot & \cdot & \cdot & \cdot \\ 0 & a_{n2}^{(1)} & \cdots & a_{nn}^{(1)} \end{pmatrix},$$

wobei wir mit $a_{ik}^{(1)}$ die Elemente von A_1 bezeichnet haben.

Die quadratische Form φ lautet in den neuen Variablen

$$\varphi = \lambda_1 y_1'^2 + \sum_{i,k=2}^{n} a_{ik}^{(1)} y_i' y_k' .$$

So haben wir ein Quadrat abgespalten und können uns auf die Betrachtung einer quadratischen Form in $n - 1$ Variablen

$$\sum_{i,k=2}^{n} a_{ik}^{(1)} y_i' y_k'$$

beschränken oder, was dasselbe ist, auf die Untersuchung der ihr entsprechenden Matrix C_1 vom Grad $n - 1$, die eine Teilmatrix von A_1 ist. Hier schließen wir genau wie oben. Im $(n - 1)$-dimensionalen Unterraum, der durch die letzten $n - 1$ Grundvektoren aufgespannt wird, wählen wir einen Einheitsvektor $\boldsymbol{x}^{(2)}$, welcher Lösung der Gleichung

$$C_1 \boldsymbol{x}^{(2)} = \lambda_2 \boldsymbol{x}^{(2)}$$

ist. Dieser ist offenbar zum Vektor $\boldsymbol{x}^{(1)}$ orthogonal. Für diese zweite Transformation bleibt $\boldsymbol{x}^{(1)}$ fest, aber die übrigen Basisvektoren gehen in andere paarweise orthogonale Vektoren über, deren erster $\boldsymbol{x}^{(2)}$ ist. In den neuen Variablen lautet die quadratische Form

$$\varphi = \lambda_1 y_1''^2 + \lambda_2 y_2''^2 + \sum_{i,k=3}^{n} a_{ik}^{(2)} y_i'' y_k'' .$$

Setzen wir diesen Prozeß fort, so reduzieren wir schließlich die quadratische Form auf eine Summe von Quadraten, d. h. die ihr entsprechende Matrix auf Diagonalform. Diese Reduktion ist das Ergebnis mehrerer hintereinander ausgeführter orthogonaler Transformationen, sie läßt sich aber offenbar auch durch eine einzige orthogonale Transformation, nämlich durch deren Produkt B, erreichen.

Die endgültige Diagonalmatrix

$$B^{-1} A B = [\lambda_1, \lambda_2, \ldots, \lambda_n] \tag{151}$$

ist der Ausgangsmatrix A ähnlich, und folglich stimmt ihre charakteristische Gleichung

$$\begin{vmatrix} \lambda_1 - \lambda & 0 & \ldots & 0 \\ 0 & \lambda_2 - \lambda & \ldots & 0 \\ \cdots & \cdots & \cdots & \cdots \\ 0 & 0 & \ldots & \lambda_n - \lambda \end{vmatrix} = 0$$

mit der Gleichung (144) überein. Mit anderen Worten, die Koeffizienten λ_k der Quadrate in der reduzierten quadratischen Form

$$\varphi = \lambda_1 x_1'^2 + \lambda_2 x_2'^2 + \cdots + \lambda_n x_n'^2 \tag{152}$$

sind Wurzeln der Gleichung (144), wobei jede mehrfache Wurzel so oft vorkommt, wie ihre Vielfachheit angibt.

Jede Spalte der endgültigen orthogonalen Transformation B liefert, wie wir wissen, einen Vektor, welcher Lösung der Gleichung (142) ist. Dabei folgt aus dem Bildungsgesetz, daß der entsprechende Wert λ_k mit demjenigen Koeffizienten in der quadratischen Form (152) übereinstimmt, welcher bei der entsprechenden

Variablen steht. Wir untersuchen diese Beziehung jetzt genauer. Auf Grund von (136) führt die orthogonale Transformation B, die der Bedingung (140) genügt, die Variablen $x_1', x_2', \ldots, x_n'$ in die Variablen $x_1, x_2, \ldots, x_n$ über.

Die inverse Transformation B^{-1} ist die Transponierte von B, also ist

$$x_k' = b_{1k}x_1 + b_{2k}x_2 + \cdots + b_{nk}x_n \qquad (k = 1, 2, \ldots, n)\,, \tag{153}$$

und der Vektor $\boldsymbol{x}^{(k)}$, der die Komponenten $b_{1k}, b_{2k}, \ldots, b_{nk}$ hat, ist Lösung der Gleichung (142) für $\lambda = \lambda_k$.

Schließlich zeigen wir, daß wir *alle* Lösungen der Gleichung (142) gefunden haben. Zunächst ergibt sich aus den vorigen Erwägungen, daß der Wert λ_k eine Wurzel der Gleichung (144) sein muß. Wir wählen eine beliebige Wurzel λ von (144) und nehmen etwa an, sie habe die Vielfachheit 3, und es sei z. B. $\lambda = \lambda_1 = \lambda_2 = \lambda_3$. Die vorigen Überlegungen geben uns für die Gleichung

$$A\boldsymbol{x} = \lambda_1\boldsymbol{x} \tag{154}$$

drei Lösungen

$$\boldsymbol{x}^{(1)} = (b_{11}, b_{21}, \ldots, b_{n1})\,, \quad \boldsymbol{x}^{(2)} = (b_{12}, b_{22}, \ldots, b_{n2})\,, \quad \boldsymbol{x}^{(3)} = (b_{13}, b_{23}, \ldots, b_{n3})\,.$$

Wir zeigen, daß jede Lösung der Gleichung (154) eine Linearkombination aus ihnen sein muß. Andernfalls hätten wir nämlich noch eine weitere Lösung $\boldsymbol{y}$ dieser Gleichung, die von $\boldsymbol{x}^{(1)}$, $\boldsymbol{x}^{(2)}$ und $\boldsymbol{x}^{(3)}$ linear unabhängig wäre. Der Vektor $\boldsymbol{y}$ könnte auch komplex ausfallen, aber dann müßte sowohl sein Real- als auch sein Imaginärteil für sich der Gleichung (154) genügen, da diese reelle Koeffizienten hat. Offenbar müßte mindestens einer dieser Teile ein von $\boldsymbol{x}^{(k)}$ $(k = 1, 2, 3)$ linear unabhängiger Vektor sein. Wir dürfen daher annehmen, daß der oben erwähnte Vektor $\boldsymbol{y}$ reell ist. Wie früher bewiesen, müßte er orthogonal zu allen $\boldsymbol{x}^{(k)}$ mit $k > 3$ sein, da diesen Vektoren Werte $\lambda_k \neq \lambda_1$ entsprechen. Somit wäre der Vektor $\boldsymbol{y}$ von der Gesamtheit der Vektoren $\boldsymbol{x}^{(k)}$ linear unabhängig, d. h., wir hätten $n + 1$ linear unabhängige Vektoren, was unmöglich ist. Ebenso hat die Gleichung (154) für jede Wurzel von (144) mit der Vielfachheit m genau m linear unabhängige reelle Lösungen.

Nachdem wir in die Koeffizienten des Systems (143) an Stelle von λ_k eine Wurzel $\lambda = \lambda_0$ der Vielfachheit m eingesetzt haben, erhalten wir ein homogenes System, das m linear unabhängige Lösungen hat; der Rang dieses Systems ist gleich $n - m$. Anders gesagt, dieses System reduziert sich auf $n - m$ Gleichungen. Nehmen wir eine beliebige Lösung dieses Systems und multiplizieren sie mit einem solchen Faktor, daß die Quadratsumme der in diese Lösung eingehenden Zahlen gleich 1 ist, so erhalten wir einen Vektor, der der gewählten Wurzel $\lambda = \lambda_0$ der Gleichung entspricht. Um den nächsten Vektor zu finden, fügen wir zu den $n - m$ Gleichungen des Systems noch eine Gleichung hinzu, welche die Orthogonalität des neuen gesuchten Vektors zu dem schon konstruierten ausdrückt. So haben wir zur Bestimmung der Komponenten des neuen Vektors ein homogenes System von $n - m + 1$ Gleichungen. Wir nehmen irgendeine Lösung dieses Systems und normieren sie wieder auf die Einheit (die Länge des Vektors ist gleich 1). Dann gehen wir dazu über, einen dritten Vektor zu finden, der ebenfalls jener Wurzel $\lambda = \lambda_0$ der Gleichung entspricht. Hierzu fügen wir zu den $n - m$ Grundgleichungen des Systems noch zwei Gleichungen hinzu, welche die Orthogonalität des neuen gesuchten Vektors zu den beiden schon erhaltenen Vektoren zum Ausdruck bringen usw., bis wir die Gesamtheit der m paarweise orthogonalen Einheitsvektoren, die der m-fachen Wurzel $\lambda = \lambda_0$ der Gleichung entsprechen, konstruiert haben.

Die beschriebene Konstruktion zeigt, daß in der Bestimmung der Hauptlösung von (142) eine gewisse Willkür liegt. Sind alle Wurzeln der Gleichung einfach, dann besteht diese Willkür nur darin, daß man alle Komponenten des Vektors $\boldsymbol{x}^{(k)}$ mit -1 multiplizieren kann. Wir nehmen nun an, die Gleichung (144) habe eine Wurzel der Vielfachheit m. In diesem Fall spannen die entsprechenden m orthogonalen Einheitsvektoren, die als Lösung von (142) auftreten, einen m-dimensionalen Unterraum R_m auf. In diesem Unterraum kann man offenbar auf beliebige Weise paarweise orthonormale Basisvektoren auswählen, die sämtlich Lösungen von (142) für $\lambda = \lambda_0$ sind. Wir können also von dem einen System orthonormierter Lösungen zum anderen durch eine orthogonale Transformation des Unterraumes R_m übergehen. Alle Ausführungen beziehen sich auch auf jede andere mehrfache Wurzel der Gleichung (144).

Zur Erläuterung des Gesagten wenden wir uns der Aufgabe zu, mit der wir den vorigen Abschnitt begannen: Die Gleichung einer Fläche zweiter Ordnung ist auf Hauptachsen zu transformieren. Ohne Beschränkung der Allgemeinheit kann man annehmen, daß diese Fläche ein Ellipsoid sei. Sind alle Wurzeln der Gleichung (144) verschieden, so entspricht dies der Tatsache, daß alle Halbachsen des Ellipsoids verschieden sind. In diesem Fall besteht die einzige Willkür bei der Auswahl der endgültigen Koordinatenachsen in der möglichen Änderung der Orientierung dieser Achsen. Hat (144) — in dem betrachteten Fall ist das eine Gleichung dritten Grades — zwei gleiche Wurzeln, dann ist das Ellipsoid ein Rotationskörper; hierbei können zwei Symmetrieachsen ganz beliebig in der Ebene durch den Mittelpunkt und senkrecht zur Rotationsachse liegen, wenn sie nur zueinander orthogonal sind. Jetzt besteht die Willkür bei der Auswahl der endgültigen Achsen noch darin, daß man eine willkürliche orthogonale Transformation in der oben genannten Ebene durchführen kann. Sind schließlich alle drei Wurzeln von (144) einander gleich, dann ist das Ellipsoid eine Kugel, und die Gleichung enthält keine gemischten Glieder. In diesem Fall können wir überhaupt völlig willkürlich geradlinige rechtwinklige Koordinatenachsen im Raum wählen.

34. Beispiele. Wir betrachten jetzt zwei Zahlenbeispiele.

1. Es sei die Gleichung der Fläche

$$x_1^2 + 5x_2^2 + x_3^2 + 2x_1x_2 + 6x_1x_3 + 2x_2x_3 = 5$$

auf Hauptachsen zu transformieren.

Die entsprechende quadratische Form hat die Gestalt

$$\varphi = x_1^2 + x_1x_2 + 3x_1x_3 + x_2x_1 + 5x_2^2 + x_2x_3 + 3x_3x_1 + x_3x_2 + x_3^2 .$$

Die charakteristische Gleichung ihrer Matrix lautet

$$\begin{vmatrix} 1-\lambda & 1 & 3 \\ 1 & 5-\lambda & 1 \\ 3 & 1 & 1-\lambda \end{vmatrix} = 0 .$$

Daraus ergibt sich, wenn man nach der ersten Zeile entwickelt,

$$(1-\lambda)\,[(5-\lambda)\,(1-\lambda) - 1] - (1 - \lambda - 3) + 3[1 - 3(5-\lambda)] = 0$$

oder

$$\lambda^3 - 7\lambda^2 + 36 = 0 .$$

Diese Gleichung hat, wie man leicht nachprüft, die Wurzeln $\lambda_1 = -2$, $\lambda_2 = 3$, $\lambda_3 = 6$, und die Gleichung der auf Hauptachsen transformierten Fläche lautet

$$-2x_1'^2 + 3x_2'^2 + 6x_3'^2 = 5 .$$

Wir bestimmen jetzt die Elemente der orthogonalen Matrix

$$B = \begin{pmatrix} b_{11} & b_{12} & b_{13} \\ b_{21} & b_{22} & b_{23} \\ b_{31} & b_{32} & b_{33} \end{pmatrix}.$$

Sie genügen dem Gleichungssystem

$$\left.\begin{aligned} (1-\lambda)\, b_{1k} + b_{2k} + 3b_{3k} &= 0\,, \\ b_{1k} + (5-\lambda)\, b_{2k} + b_{3k} &= 0\,, \\ 3b_{1k} + b_{2k} + (1-\lambda)\, b_{3k} &= 0\,. \end{aligned}\right\} \tag{155}$$

Zuerst setzen wir $\lambda = \lambda_1 = -2$ und erhalten zwei Gleichungen:

$$\begin{aligned} 3b_{11} + b_{21} + 3b_{31} &= 0\,, \\ b_{11} + 7b_{21} + b_{31} &= 0\,. \end{aligned}$$

Die Lösung dieses Systems lautet $b_{11} = -k_1$, $b_{21} = 0$, $b_{31} = k_1$, wobei k_1 eine willkürliche Zahl ist. Wir wählen sie so, daß die Quadratsumme der Zahlen, die die Lösung bilden, gleich 1 ist. Dann erhalten wir

$$b_{11} = \frac{1}{\sqrt{2}}\,, \qquad b_{21} = 0\,, \qquad b_{31} = -\frac{1}{\sqrt{2}}\,;$$

man kann aber auch die Lösung mit entgegengesetzten Vorzeichen nehmen.

Setzen wir nun in die Koeffizienten des Systems (155) $\lambda = \lambda_2 = 3$ ein, so erhalten wir ein System, in dem die dritte Gleichung die Differenz der ersten beiden ist. Damit bekommen wir die beiden Gleichungen

$$\begin{aligned} -2b_{12} + b_{22} + 3b_{32} &= 0\,, \\ b_{12} + 2b_{22} + b_{32} &= 0\,. \end{aligned}$$

Ihre Lösung läßt sich leicht normieren und ergibt

$$b_{12} = \frac{1}{\sqrt{3}}\,, \qquad b_{22} = -\frac{1}{\sqrt{3}}\,, \qquad b_{32} = \frac{1}{\sqrt{3}}\,.$$

Setzen wir schließlich in die Koeffizienten des Systems (155) die dritte Wurzel ein, so ergibt sich wieder ein System, in dem die eine der Gleichungen aus den anderen beiden folgt. Lösen wir die zwei verbleibenden Gleichungen und normieren sie, so erhalten wir

$$b_{13} = \frac{1}{\sqrt{6}}\,, \qquad b_{23} = \frac{2}{\sqrt{6}}\,, \qquad b_{33} = \frac{1}{\sqrt{6}}\,.$$

Die Transformationsformeln für die Variablen lauten dann

$$\begin{aligned} x_1' &= \frac{1}{\sqrt{2}}\, x_1 - \frac{1}{\sqrt{2}}\, x_3\,, \\ x_2' &= \frac{1}{\sqrt{3}}\, x_1 - \frac{1}{\sqrt{3}}\, x_2 + \frac{1}{\sqrt{3}}\, x_3\,, \\ x_3' &= \frac{1}{\sqrt{6}}\, x_1 + \frac{2}{\sqrt{6}}\, x_2 + \frac{1}{\sqrt{6}}\, x_3\,. \end{aligned}$$

2. Es ist die Gleichung der Fläche

$$2x_1^2 + 6x_2^2 + 2x_3^2 + 8x_1x_3 = 1$$

auf Hauptachsen zu transformieren.

In diesem Fall lautet die quadratische Form

$$\varphi = 2x_1^2 + 0x_1x_2 + 4x_1x_3 + 0x_2x_1 + 6x_2^2 + 0x_2x_3 + 4x_3x_1 + 0x_3x_2 + 2x_3^2\,.$$

Die charakteristische Gleichung ihrer Matrix ist

$$\begin{vmatrix} 2-\lambda & 0 & 4 \\ 0 & 6-\lambda & 0 \\ 4 & 0 & 2-\lambda \end{vmatrix} = 0 .$$

Rechnen wir diese Determinante aus, so ergibt sich die Gleichung

$$\lambda^3 - 10\lambda^2 + 12\lambda + 72 = 0 .$$

Ihre Wurzeln sind

$$\lambda_1 = -2 , \qquad \lambda_1 = \lambda_3 = 6 ,$$

d. h., diese Gleichung hat eine Doppelwurzel.

Als Nächstes werden die Koeffizienten der orthogonalen Transformation bestimmt. Sie genügen dem Gleichungssystem

$$\left.\begin{aligned} (2-\lambda)\, b_{1k} \qquad\qquad\qquad\qquad &+ 4b_{3k} = 0 , \\ (6-\lambda)\, b_{2k} \qquad\qquad &= 0 , \\ 4b_{1k} \qquad\qquad\qquad + (2-\lambda)\, &b_{3k} = 0 . \end{aligned}\right\} \tag{155_1}$$

Für $\lambda = -2$ erhalten wir, wie man leicht nachrechnet, die normierte Lösung

$$b_{11} = \frac{1}{\sqrt{2}} , \qquad b_{21} = 0 , \qquad b_{31} = -\frac{1}{\sqrt{2}} .$$

Wir setzen nun in die Koeffizienten von (155_1) die Doppelwurzel $\lambda = 6$ ein, für die wir zwei linear unabhängige und zueinander orthogonale Lösungen erhalten müssen. Dann reduziert sich das System auf die eine Gleichung

$$-b_{12} + b_{32} = 0 . \tag{155_2}$$

Nun greifen wir eine normierte Lösung, etwa

$$b_{12} = \frac{1}{\sqrt{2}} , \qquad b_{22} = 0 , \qquad b_{32} = \frac{1}{\sqrt{2}} ,$$

heraus. Um eine zweite Lösung zu finden, beachte man, daß diese sowohl der Gleichung (155_2) genügen als auch zur ersten Lösung orthogonal sein muß. Das führt uns auf die beiden Gleichungen

$$-b_{13} + b_{33} = 0 ,$$

$$\frac{1}{\sqrt{2}} b_{13} + \frac{1}{\sqrt{2}} b_{33} = 0$$

oder $b_{13} = b_{33} = 0$. Aus ihnen erhält man die normierte Lösung

$$b_{13} = 0 , \qquad b_{23} = 1 , \qquad b_{33} = 0 .$$

Die gesuchte orthogonale Transformation lautet also

$$\begin{aligned} x_1' &= \frac{1}{\sqrt{2}} x_1 - \frac{1}{\sqrt{2}} x_3 \\ x_2' &= \frac{1}{\sqrt{2}} x_1 + \frac{1}{\sqrt{2}} x_3 \\ x_3' &= x_2 \end{aligned}$$

und die Gleichung der Fläche, auf Hauptachsen transformiert,

$$-2x_1'^2 + 6(x_2'^2 + x_3'^2) = 1 .$$

35. Klassifikation der quadratischen Formen. Die Aufgabe, eine quadratische Form auf eine Summe von Quadraten zu transformieren, kann auch noch allgemeiner gestellt werden. Oben wurde verlangt, daß die lineare Transformation der neuen in die alten Variablen orthogonal sei. Wir können aber auch das folgende Problem aufwerfen: Man soll die reelle quadratische Form (134) auf die Gestalt

$$\varphi = \mu_1 X_1^2 + \mu_2 X_2^2 + \cdots + \mu_n X_n^2 \tag{156}$$

bringen, wobei die X_k irgendwelche n linear unabhängige, reelle Linearformen der Variablen x_k sind. Die Koeffizienten μ_k sind dann nicht, wie oben, wohlbestimmte Zahlen. Es läßt sich jedoch über sie die folgende Aussage machen: Die Anzahl der von 0 verschiedenen Koeffizienten ist stets gleich dem Rang der Koeffizientenmatrix (a_{ik}) der quadratischen Form. Mit anderen Worten, bei jeder Umformung einer quadratischen Form auf eine Summe von Quadraten linear unabhängiger Linearformen ist die Anzahl der Quadrate gleich dem Rang der Ausgangsmatrix. Außerdem gilt auch noch eine weitere Eigenschaft, die man gewöhnlich das *Trägheitsgesetz der quadratischen Formen* nennt: Bei jeder Umformung einer reellen quadratischen Form in die Gestalt (156) mit reellen Linearformen X_k *ist die Anzahl der positiven Koeffizienten* μ_k (*und die Anzahl der negativen Koeffizienten* μ_k) *immer die gleiche.* Diese Tatsachen werden am Schluß dieses Abschnitts bewiesen.

Die allgemeine Aufgabe, eine quadratische Form auf die Gestalt (156) zu reduzieren, wird überaus einfach durch die *quadratische Ergänzung* gelöst. Wir zeigen dies an dem speziellen Beispiel

$$\varphi = x_1^2 + 4x_2^2 + x_3^2 + 2x_1x_2 - 6x_1x_3 + 8x_2x_3 .$$

Addieren wir zu den Gliedern $x_1^2 + 2x_1x_2 - 6x_1x_3$ den Ausdruck $x_2^2 + 9x_3^2 - 6x_2x_3$, so erhalten wir ein vollständiges Quadrat und können φ in der Form

$$\varphi = (x_1 + x_2 - 3x_3)^2 + 3x_2^2 - 8x_3^2 + 14x_2x_3$$

schreiben. Sondern wir noch ein Quadrat ab, so kommen wir auf die Gestalt (156)

$$\varphi = (x_1 + x_2 - 3x_3)^2 - 2\left(2x_3 - \frac{7}{4}x_2\right)^2 + \frac{73}{8}(x_2)^2 .$$

Die Linearformen in den runden Klammern sind offenbar linear unabhängig.

Treten im Ausdruck φ die Quadrate der Variablen nicht auf, so muß man etwas anders vorgehen. Es sei

$$\varphi = ax_1x_2 + Px_1 + Qx_2 + R$$

gegeben. Hierbei seien a ein von 0 verschiedener Zahlenkoeffizient, P und Q Linearformen der Variablen, die x_1 und x_2 nicht enthalten, R eine quadratische Form, die ebenfalls x_1 und x_2 nicht enthält. Es gilt

$$\varphi = a\left(x_1 + \frac{Q}{a}\right)\left(x_2 + \frac{P}{a}\right) + R - \frac{PQ}{a^2},$$

Durch die Substitutionen

$$X_1 = \frac{1}{2}\left(x_1 + x_2 + \frac{P+Q}{a}\right), \qquad X_2 = \frac{1}{2}\left(x_1 - x_2 - \frac{P-Q}{a}\right)$$

und

$$\varphi_1 = R - \frac{PQ}{a^2}$$

erhalten wir

$$\varphi = aX_1^2 - aX_2^2 + \varphi_1 ,$$

wobei φ_1 eine quadratische Form ist, in der x_1 und x_2 nicht mehr vorkommen. Durch Abtrennen von zwei Quadraten haben wir uns von zwei Variablen befreit.

Die Reduktion auf die Gestalt (156) macht eine natürliche Klassifikation der quadratischen Formen möglich. Wir diskutieren eine Reihe von Fällen.

I. Alle Koeffizienten μ_k in (156) seien positiv. Dann heißt die Form *positiv definit.* Wie man leicht zeigt, ist sie für alle reellen Werte x_k positiv und nur dann gleich 0, wenn alle x_k gleich 0 sind. Da alle μ_k positiv sind, ist nämlich für das Verschwinden der rechten Seite von (156) notwendig und hinreichend, daß alle Linearformen X_k gleich 0 sind. Das ergibt für die x_k ein System von n homogenen Gleichungen mit einer von 0 verschiedenen Determinante. (Die Formen sind linear unabhängig.) Das System hat also nur die triviale Lösung.

II. Wenn alle Koeffizienten μ_k negativ sind, heißt die quadratische Form *negativ definit.* Wie oben läßt sich zeigen, daß sie für alle reellen Werte x_k nur negative Werte annimmt und nur dann gleich 0 wird, wenn alle x_k verschwinden.

III. Wir betrachten jetzt den Fall, daß unter den Koeffizienten μ_k einige gleich 0 sind, aber alle von 0 verschiedenen ein bestimmtes Vorzeichen, z. B. das Pluszeichen, haben. Dann erhalten wir für die Form φ eine Darstellung

$$\varphi = \mu_1 X_1^2 + \mu_2 X_2^2 + \cdots + \mu_m X_m^2 \qquad (m < n) , \tag{156_1}$$

wobei alle μ_k positiv sind. Die Form ist dann stets nichtnegativ, sie kann jedoch für Werte von x_k, die nicht alle gleich 0 sind, verschwinden. Um nämlich eine Nullstelle der Form zu erhalten, müssen wir das System

$$X_1 = X_2 = \cdots = X_m = 0$$

von m homogenen Gleichungen für x_k lösen. Da $m < n$ ist, gibt es sicherlich nichttriviale Lösungen. Wenn in (156_1) alle Koeffizienten μ_k negativ sind, braucht die quadratische Form nicht positiv zu sein, sondern kann auch für von 0 verschiedene x_k verschwinden. In diesem Fall heißt die Form *semidefinit* (positiv semidefinit oder negativ semidefinit).

IV. Treten schließlich unter den Koeffizienten μ_k von (156) sowohl positive als auch negative auf, dann ist die quadratische Form, wie man leicht sieht, sowohl positiver als auch negativer Werte für reelle x_k fähig. In diesem Fall heißt sie *indefinit.*

Diese Klassifikation quadratischer reeller Formen läßt sich unmittelbar anwenden auf das Problem der Maxima und Minima einer Funktion von mehreren Veränderlichen. Es liege eine Funktion von n unabhängigen Variablen $x_1, x_2, \ldots , x_n$ vor:

$$\psi(x_1, x_2, \ldots , x_n) .$$

Für die Werte $x_1 = x_2 = \cdots = x_n = 0$ seien die notwendigen Bedingungen für Maxima und Minima erfüllt, d. h., alle partiellen Ableitungen der Funktion ψ nach den unabhängigen Variablen seien gleich 0. Entwickeln wir unsere Funktion in die Maclaurinsche Reihe, so erhalten wir

$$\psi(x_1, x_2, \ldots , x_n) - \psi(0, 0, \ldots , 0) = \varphi(x_1, x_2, \ldots , x_n) + \omega ,$$

wobei wir mit $\varphi(x_1, x_2, \dots, x_n)$ die quadratische Form der Variablen x_k und mit ω die Gesamtheit der Glieder höheren als zweiten Grades in den x_k bezeichnen. Ist die quadratische Form φ positiv definit, dann haben wir ein Minimum der Funktion im Punkt $x_1 = x_2 = \cdots = x_n = 0$. Ist sie negativ definit, so haben wir dort ein Maximum. Wenn sie indefinit ist, so liegt weder ein Minimum noch ein Maximum vor. Ist schließlich φ semidefinit, so ist die Frage hierdurch nicht entscheidbar. Dieses Resultat ist die natürliche Ergänzung des in [I, 163] für Funktionen zweier unabhängiger Veränderlicher erhaltenen Ergebnisses.

Wir beweisen jetzt die Aussagen, die wir zu Beginn dieses Abschnitts formuliert haben. Es sei

$$\varphi = \sum_{i,k=1}^{n} a_{ik} x_i x_k \qquad (a_{ik} = a_{ki})$$

eine quadratische Form und r der Rang ihrer Koeffizientenmatrix. Wir bilden das System der n Linearformen

$$\frac{1}{2}\frac{\partial\varphi}{\partial x_s} \sum_{l=1}^{n} a_{sl} x_l \qquad (s = 1, 2, \dots, n)\,. \tag{157}$$

Bei der Bildung der Ausdrücke für die partiellen Ableitungen benutzen wir die Bedingungen $a_{ik} = a_{ki}$; r ist offenbar der Rang des Systems (157) im Sinne von [11].

Wir nehmen an, φ werde auf die Summe von m Quadraten der linear unabhängigen Formen

$$y_s = \beta_{s1} x_1 + \beta_{s2} x_2 + \cdots + \beta_{sn} x_n \qquad (s = 1, 2, \dots, m) \tag{158}$$

transformiert. Es gelte also

$$\varphi = \mu_1 y_1^2 + \mu_2 y_2^2 + \cdots + \mu_m y_m^2\,, \tag{159}$$

wobei die μ_s von 0 verschieden sind. Es ist $m = r$ zu beweisen. Ausgehend von (159) bilden wir die Linearformen (157):

$$\frac{1}{2}\frac{\partial\varphi}{\partial x_s} = \mu_1 \beta_{1s} y_1 + \mu_2 \beta_{2s} y_2 + \cdots + \mu_m \beta_{ms} y_m \qquad (s = 1, 2, \dots, n)\,. \tag{157$_1$}$$

Die Veränderlichen y_s können beliebige Werte annehmen, da die Formen (158) linear unabhängig sind. Daher können bei der Bestimmung der linearen Abhängigkeit der Formen (157$_1$) die y_s als unabhängige Variable gelten. Die Maximalzahl linear unabhängiger Formen (157$_1$) ist gleich dem Rang der Koeffizientenmatrix $\mu_k \beta_{ki}$, wobei der Spaltenindex k die Werte $k = 1, 2, \dots, m$ und der Zeilenindex i die Werte $i = 1, 2, \dots, n$ annimmt. Die Elemente jeder Spalte dieser Matrix enthalten den gemeinsamen von 0 verschiedenen Faktor μ_k, und daher stimmt der Rang der Matrix $\mu_k \beta_{ki}$ mit dem Rang der Matrix β_{ki} überein. Der letztere ist gleich m, da die m Formen (158) linear unabhängig sind. Die Maximalzahl der linear unabhängigen Formen im System (157$_1$) oder (157) ist gleich also m. Andererseits ist diese Zahl nach Voraussetzung gleich r. Somit ist $m = r$.

Wir zeigen jetzt, daß für alle Darstellungen von φ in der Gestalt (159), wobei die y_s reelle linear unabhängige Formen sind, die Anzahl der positiven und der negativen Koeffizienten μ_s stets dieselbe ist. Wir beweisen dies indirekt. Wir nehmen an, in zwei Darstellungen von φ der Gestalt (159) sei die Anzahl der positiven Koeffizienten verschieden:

$$\begin{aligned}\varphi &= \lambda_1 y_1^2 + \cdots + \lambda_p y_p^2 - \lambda_{p+1} y_{p+1}^2 - \cdots - \lambda_m y_m^2\,,\\ \varphi &= \lambda_1' y_1'^2 + \cdots + \lambda_q' y_q'^2 - \lambda_{q+1}' y_{q+1}'^2 - \cdots - \lambda_m' y_m'^2\,.\end{aligned} \tag{160}$$

Die λ_s und λ_s' bezeichnen positive Zahlen. Die Formen $y_1, y_2, \dots, y_m$ und $y_1', y_2', \dots, y_m'$ sind jeweils linear unabhängig. Wäre $p \neq q$, so könnte man ohne Beschränkung der Allgemeinheit $p < q$ annehmen. Wir zeigen, daß dies zum Widerspruch führt. Zu den Formen $y_1, y_2, \dots, y_m$ fügen wir $y_{m+1}, y_{m+2}, \dots, y_n$ so hinzu, daß wir ein vollständiges System linear unabhängiger Formen erhalten [11]. Wir betrachten folgendes System linearer homogener Gleichungen für $x_1, x_2, \dots, x_n$:

$$y_1 = 0, \dots, y_p = 0\,, \qquad y_{q+1}' = 0, \dots, y_m' = 0\,, \qquad y_{m+1} = 0\,, \dots, y_n = 0\,. \tag{161}$$

Die Anzahl dieser homogenen Gleichungen ist

$$p + (m - q) + (n - m) = n - (q - p),$$

und wegen $q - p > 0$ ist diese Anzahl kleiner als n. Folglich hat dieses homogene System nichttriviale reelle Lösungen. Es sei $x_s = x_s^{(0)}$ $(s = 1, 2, \ldots, n)$ eine von ihnen. Bei diesen Werten für x_s gelangen wir wegen (161) zu der Beziehung

$$\varphi = -\lambda_{p+1} y_{p+1}^2 - \cdots - \lambda_m y_m^2 = \lambda_1' y_1'^2 + \cdots + \lambda_q' y_q'^2 .$$

Wie man sieht, verschwindet die quadratische Form φ für $x_s = x_s^{(0)}$. Daher müssen die $x_s = x_s^{(0)}$ außer den Gleichungen (161) auch den Beziehungen

$$y_{p+1} = 0, \ldots, y_m = 0$$

genügen, und es ergibt sich, daß $x_s = x_s^{(0)}$ alle linear unabhängigen Formen $y_1, y_2, \ldots, y_n$ zu 0 macht. Dies ist aber unmöglich, da in dem homogenen System (für die $x_1, x_2, \ldots, x_n$)

$$y_1 = 0, \quad y_2 = 0, \quad \ldots, \quad y_n = 0$$

die Determinante von 0 verschieden ist (die Formen y_s sind linear unabhängig). Dieser Widerspruch beweist das Trägheitsgesetz.

36. Die Formel von Jacobi. Ohne Beweis geben wir die bequeme Formel von Jacobi für die Reduktion einer quadratischen Form auf eine Summe von Quadraten an.

Zunächst einige Bezeichnungen. Wir setzen

$$A_i(x) = \sum_{k=1}^{n} a_{ik} x_k \qquad (i = 1, 2, \ldots, n),$$

$$\Delta_0 = 1, \qquad \Delta_1 = a_{11}, \qquad \Delta_k = \begin{vmatrix} a_{11} & a_{12} & \ldots & a_{1k} \\ a_{21} & a_{22} & \ldots & a_{2k} \\ \cdots & \cdots & \cdots & \cdots \\ a_{k1} & a_{k2} & \ldots & a_{kk} \end{vmatrix},$$

$$X_1 = A_1(x), \qquad X_k = \begin{vmatrix} a_{11} & \ldots & a_{1,k-1} & A_1(x) \\ a_{21} & \ldots & a_{2,k-1} & A_2(x) \\ \cdots & \cdots & \cdots & \cdots \\ a_{k1} & \ldots & a_{k,k-1} & A_k(x) \end{vmatrix} \qquad (k = 2, 3, \ldots, n).$$

Ist der Rang der Koeffizientenmatrix a_{ik} gleich r und sind alle Determinanten $\Delta_1, \Delta_2, \ldots, \Delta_r$ von 0 verschieden, so lautet die Formel von Jacobi

$$\varphi = \sum_{i,k=1}^{n} a_{ik} x_i x_k = \sum_{k=1}^{r} \frac{X_k^2}{\Delta_k \Delta_{k-1}}. \tag{162}$$

Dabei sind die Linearformen X_k $(k = 1, 2, \ldots, r)$ linear unabhängig. Diese Formel gibt die Möglichkeit, an Hand der Vorzeichen der Δ_k zu bestimmen, welchem Typ hinsichtlich des Trägheitsgesetzes die Form φ angehört.

Wenn insbesondere alle Determinanten $\Delta_1, \Delta_2, \ldots, \Delta_n$ positiv sind (hierbei ist $r = n$), folgt aus (162), daß φ positiv definit ist. Man kann auch die Umkehrung beweisen: Ist φ eine positiv definite Form, so müssen alle besagten Determinanten positiv sein. Bei der Verwendung der Formel (162) kann man selbstverständlich die Variablen x_s in beliebiger Reihenfolge numerieren. Bei einer Änderung der Numerierung ändern sich offensichtlich auch die oben definierten Determinanten Δ_k. Jede der Hauptunterdeterminanten der Matrix (a_{ik}) ist bei geeigneter Numerierung der Variablen eine Determinante aus der Folge der Δ_k. Aus dem oben Gesagten ergibt sich, daß bei einer positiv definiten Form φ alle Hauptunterdeterminanten positiv sind; hierbei genügt es, sich von der Positivität der Determinanten

$$\Delta_s \qquad (s = 1, 2, \ldots, n)$$

zu überzeugen. Wie man zeigen kann, ist eine Form φ genau dann positiv, wenn alle Hauptunterdeterminanten nichtnegativ, d. h. größer oder gleich 0 sind. Dabei genügt es aber nicht, nur die Vorzeichen der Determinanten Δ_s zu ermitteln, sondern man muß die Vorzeichen aller Hauptunterdeterminanten betrachten.

Die Form φ ist genau dann negativ definit, wenn die Ungleichungen $(-1)^k \Delta_k > 0$ $(k = 1, 2, \ldots, n)$ erfüllt sind. Die Form φ ist genau dann negativ, wenn die Hauptunterdeterminanten das Vorzeichen $(-1)^k$ haben, wobei k die Ordnung der Unterdeterminante ist, oder gleich 0 sind.

Der Beweis, der in diesem Abschnitt formulierten Aussagen ist in dem Buch von F. R. Gantmacher, Matrizentheorie (vgl. die Literaturhinweise am Ende des Buches) zu finden.

37. Gleichzeitige Reduktion zweier quadratischer Formen auf eine Summe von Quadraten. Es seien

$$\varphi_1 = \sum_{i,k=1}^{n} a_{ik} x_i x_k\,, \qquad \varphi_2 = \sum_{i,k=1}^{n} b_{ik} x_i x_k$$

zwei quadratische Formen, wobei φ_1 positiv definit sei (φ_1 läßt sich also auf eine Summe von n positiven Quadraten reduzieren). Gesucht ist eine nicht notwendig orthogonale lineare Transformation, die beide Formen in eine Summe von Quadraten überführt.

Zunächst wählen wir solche Variablen y_k, für welche φ_1 eine Summe von Quadraten ist. Das läßt sich durch das im vorigen Abschnitt angegebene elementare Verfahren bewerkstelligen. In den neuen Variablen haben wir für die quadratischen Formen die folgende Darstellung:

$$\varphi_1 = \sum_{k=1}^{n} \mu_k y_k^2\,, \qquad \varphi_2 = \sum_{i,k=1}^{n} b'_{ik} y_i y_k\,.$$

Nach Voraussetzung sind alle Zahlen μ_k positiv, und wir können neue reelle Variable $z_k = \sqrt{\mu_k}\, y_k$ einführen. Dann haben die Formen die Gestalt

$$\varphi_1 = \sum_{k=1}^{n} z_k^2\,, \qquad \varphi_2 = \sum_{i,k=1}^{n} b''_{ik} z_i z_k\,.$$

Wir bestimmen eine lineare orthogonale Transformation der Variablen z_k in Variable z'_k, die die Form φ_2 in eine Summe von Quadraten transformiert.

Dabei bleibt φ_1 eine Summe von Quadraten, weil die Transformation orthogonal ist. Wir erhalten schließlich beide Formen als Summe von Quadraten

$$\varphi_1 = \sum_{k=1}^{n} z_k'^2\,, \qquad \varphi_2 = \sum_{k=1}^{n} \lambda_k z_k'^2\,.$$

Die Zahlen λ_k werden *charakteristische Zahlen der Form φ_2 bezüglich der Form φ_1* genannt.

Wir stellen die Gleichung auf, welche die Wurzeln λ_k hat. Diese ist der Gleichung (144) aus [32] völlig analog. Dazu führen wir den Begriff der *Diskriminante* einer quadratischen Form ein. Darunter versteht man die *Determinante der Koeffizientenmatrix der Form.*

In einer Form φ mit der Koeffizientenmatrix A mögen mit Hilfe der Transformation

$$(x_1, x_2, \ldots, x_n) = B(x'_1, x'_2, \ldots, x'_n)$$

neue Variable eingeführt werden. Die Matrix der neuen Form ist bekanntlich [32]

$$C = B^* A B\,,$$

und ihre Determinante berechnet sich aus

$$D(C) = D(B^*)\,D(A)\,D(B)\,.$$

Die Determinanten $D(B^*)$ und $D(B)$ sind offenbar gleich, weil die entsprechenden Matrizen durch Vertauschen der Zeilen und Spalten auseinander hervorgehen. Somit gilt

$$D(C) = D(A)\,D(B)^2\,,$$

d. h., bei einer linearen Transformation der Variablen in einer quadratischen Form wird die Diskriminante der Form mit dem Quadrat der Transformationsdeterminante multipliziert.

Wir kehren jetzt zu den quadratischen Formen φ_1 und φ_2 zurück und bilden die quadratische Form

$$\omega = \varphi_2 - \lambda\varphi_1 = \sum_{i,k=1}^{n} (b_{ik} - \lambda a_{ik})\,x_i x_k\,,$$

deren Koeffizienten den Parameter λ enthalten.

Nach dem Übergang zu den neuen Variablen hat diese Form die Gestalt

$$\omega = \sum_{k=1}^{n} (\lambda_k - \lambda)\,z_k'^2\,,$$

und ihre Diskriminante drückt sich in den neuen Veränderlichen durch das Produkt

$$(\lambda_1 - \lambda)\,(\lambda_2 - \lambda)\,\ldots\,(\lambda_n - \lambda) \tag{163}$$

aus; in den alten Variablen ist diese Diskriminante gleich der Determinante mit den Elementen $b_{ik} - \lambda a_{ik}$. Wie gezeigt, unterscheiden sich diese beiden Diskriminanten nur durch einen Faktor, nämlich das Quadrat der Determinante der Transformation, der λ nicht enthält und von 0 verschieden ist. Hieraus folgt unmittelbar, daß beide Diskriminanten als Funktionen des Parameters λ die gleichen Nullstellen besitzen. Beachten wir (163), so sehen wir, daß die Zahlen λ_k Lösungen der Gleichung

$$\begin{vmatrix} b_{11} - \lambda a_{11} & b_{12} - \lambda a_{12} & \ldots & b_{1n} - \lambda a_{1n} \\ b_{21} - \lambda a_{21} & b_{22} - \lambda a_{22} & \cdots & b_{2n} - \lambda a_{2n} \\ \cdots & \cdots & \cdots & \cdots \\ b_{n1} - \lambda a_{n1} & b_{n2} - \lambda a_{n2} & \ldots & b_{nn} - \lambda a_{nn} \end{vmatrix} = 0$$

sind.

38. Kleine Schwingungen. In **[II, 20]** haben wir folgenden Sachverhalt festgestellt: Die Bewegung eines mechanischen Systems von n Freiheitsgraden, in dessen Bindungen die Zeit nicht eingeht und das sich unter der Einwirkung von Kräften mit einem Potential befindet, wird durch Differentialgleichungen der Form

$$\frac{\mathrm{d}}{\mathrm{d}t}\left(\frac{\partial T}{\partial q_k'}\right) - \frac{\partial T}{\partial q} = \frac{\partial U}{\partial q_k} \qquad (k = 1, 2, \ldots, n) \tag{164}$$

bestimmt. Dabei bedeutet T die kinetische Energie des Systems und U eine vorgegebene Funktion (Kraftfunktion) von q_k, die wir als unabhängig von t annehmen wollen. Wie wir früher erwähnten, ist T eine quadratische Form der Ableitungen q_k' von q_k nach der Zeit:

$$T = \sum_{i,k=1}^{n} a_{ik} q_i' q_k' \qquad (a_{ki} = a_{ik}) . \tag{165}$$

Dabei sind die Koeffizienten vorgegebene Funktionen von q_k. Wir nehmen an, daß für die Werte $q_k = 0$ die partiellen Ableitungen verschwinden:

$$\frac{\partial U}{\partial q_k} = 0 \quad \text{für} \quad q_1 = q_2 = \cdots = q_n = 0 \qquad (k = 1, 2, \ldots, n) . \tag{166}$$

Unter diesen Umständen hat das System (164) die triviale Lösung $q_1 = q_2 = \cdots = q_n = 0$. Ihr entspricht eine gewisse Gleichgewichtslage des Systems. Die Funktion U ist nur bis auf einen konstanten Summanden genau bestimmt, und wir können immer annehmen, daß sie für $q_1 = q_2 = \cdots = q_n = 0$ verschwindet. Wegen der Bedingung (166) kann somit angenommen werden, daß die Entwicklung von U nach Potenzen von q_k erst mit den Gliedern zweiten Grades anfängt. Nehmen wir an, daß die quadratische Form, die man aus diesen Gliedern zweiten Grades erhält, negativ definit ist, dann folgt daraus, daß U für $q_1 = q_2 = \cdots = q_n = 0$ ein Maximum (oder, was dasselbe ist, die potentielle Energie $- U$ ein Minimum) hat. Wie wir in **[II, 20]** bewiesen haben, liegt dann ein stabiles Gleichgewicht vor. Bei kleinen Anfangsbewegungen wird das System kleine Schwingungen um die erwähnte Gleichgewichtslage ausführen, so daß die q_k während der ganzen Bewegungszeit klein bleiben. Wir können daher bei der Untersuchung dieser kleinen Schwingungen so vorgehen, als ob U sich nur aus Gliedern zweiten Grades zusammensetze, d. h. die Gestalt

$$- U = \sum_{i,k=1}^{n} b_{ik} q_i q_k \qquad (b_{ik} = b_{ki}) \tag{167}$$

annähme.

Entsprechend können wir in erster Näherung in den Koeffizienten a_{ik} des Ausdrucks (165) $q_k = 0$ setzen. Dann werden diese Koeffizienten vorgegebene Zahlen. Setzen wir dies alles in das System (164) ein, so erhalten wir ein System von n linearen Differentialgleichungen mit konstanten Koeffizienten:

$$\left.\begin{aligned} a_{11} q_1'' + a_{12} q_2'' + \cdots + a_{1n} q_n'' + b_{11} q_1 + b_{12} q_2 + \cdots + b_{1n} q_n = 0 , \\ a_{21} q_1'' + a_{22} q_2'' + \cdots + a_{2n} q_n'' + b_{21} q_1 + b_{22} q_2 + \cdots + b_{2n} q_n = 0 , \\ \cdots\cdots\cdots\cdots\cdots\cdots\cdots\cdots\cdots\cdots\cdots\cdots \\ a_{n1} q_1'' + a_{n2} q_2'' + \cdots + a_{nn} q_n'' + b_{n1} q_1 + b_{n2} q_2 + \cdots + b_{nn} q_n = 0 . \end{aligned}\right\} \tag{168}$$

Suchen wir Lösungen dieses Systems in der Form harmonischer Schwingungen mit ein und derselben Frequenz und Anfangsphase, aber mit verschiedenen Amplituden,

$$q_k = A_k \cos (\lambda t + \varphi) \qquad (k = 1, 2, \ldots, n) , \tag{169}$$

so erhalten wir durch Substitution in (168) ein System von Gleichungen für A_k und λ:

$$\left.\begin{aligned} (b_{11} - \lambda^2 a_{11}) A_1 + (b_{12} - \lambda^2 a_{12}) A_2 + \cdots + (b_{1n} - \lambda^2 a_{1n}) A_n = 0 , \\ (b_{21} - \lambda^2 a_{21}) A_1 + (b_{22} - \lambda^2 b_{22}) A_2 + \cdots + (b_{2n} - \lambda^2 a_{2n}) A_n = 0 , \\ \cdots\cdots\cdots\cdots\cdots\cdots\cdots\cdots\cdots\cdots\cdots\cdots \\ (b_{n1} - \lambda^2 a_{n1}) A_1 + (b_{n2} - \lambda^2 a_{n2}) A_2 + \cdots + (b_{nn} - \lambda^2 a_{nn}) A_n = 0 . \end{aligned}\right\} \tag{170}$$

Damit dieses System für die A_k eine von 0 verschiedene Lösung hat, muß seine Determinante verschwinden:

$$\begin{vmatrix} b_{11} - \lambda^2 a_{11} & b_{12} - \lambda^2 a_{12} & \dots & b_{1n} - \lambda^2 a_{1n} \\ b_{21} - \lambda^2 a_{21} & b_{22} - \lambda^2 a_{22} & \dots & b_{2n} - \lambda^2 a_{2n} \\ \dots & \dots & \dots & \dots \\ b_{n1} - \lambda^2 a_{n1} & b_{n2} - \lambda^2 a_{n2} & \dots & b_{nn} - \lambda^2 a_{nn} \end{vmatrix} = 0 . \tag{171}$$

Wir nehmen irgendeine Wurzel dieser Gleichung und setzen sie für die Koeffizienten von (170) ein. Für A_k erhalten wir dann eine (oder mehrere) Lösungen, die wir noch mit einer willkürlichen Konstanten multiplizieren können. Außerdem enthält (169) noch die weitere willkürliche Konstante φ.

Wir erhalten eine übersichtlichere Lösung der Aufgabe, wenn wir die Theorie der quadratischen Formen anwenden. Wir bemerken zunächst, daß die quadratische Form (165) in den Variablen q_k' für die kinetische Energie bei einer Bewegung positiv ist. Außerdem ist im vorliegenden Fall nach Voraussetzung auch die Form (167) positiv definit. Wie wir sahen, kann man an Stelle der q_k durch eine lineare Transformation mit konstanten Koeffizienten neue Variable p_k derart einführen, daß in den p_k die quadratischen Formen T und $-U$ gleichzeitig auf eine Summe von Quadraten reduziert sind, und zwar sogar so, daß die Form T eine reine Summe von Quadraten mit den Koeffizienten 1 ist. Wir bemerken, daß dabei eine lineare Abhängigkeit der p_k und q_k eine solche zwischen den p_k' und q_k' nach sich zieht. Wir erhalten schließlich

$$T = \sum_{s=1}^{n} p_s'^2 , \qquad -U = \sum_{s=1}^{n} \lambda_s^2 p_s^2 , \tag{172}$$

wobei alle Koeffizienten der p_s^2 positiv sind, so daß wir sie als Quadrate schreiben konnten. An Stelle des Systems (168) können wir die Lagrangesche Gleichung (164) mit neuen Veränderlichen schreiben:

$$\frac{\mathrm{d}}{\mathrm{d}t}\left[\frac{\partial T}{\partial p_k'}\right] = \frac{\partial U}{\partial p_k} .$$

Wegen (172) ergibt sich das sehr einfache System

$$p_k'' + \lambda_k^2 p_k = 0 \qquad (k = 1, 2, \dots, n) .$$

Die Lösung dieses Systems ist

$$p_k = C_k \cos(\lambda_k t + \psi_k) \qquad (k = 1, 2, \dots, n) , \tag{173}$$

wobei C_k und ψ_k beliebige Konstanten sind. Die verallgemeinerten Koordinaten p_k werden Hauptkoordinaten des mechanischen Systems genannt.

Die gewöhnlichen Koordinaten q_k lassen sich durch sie linear ausdrücken. Wie aus den Resultaten des vorigen Abschnitts unmittelbar folgt, sind die Zahlen λ_k Wurzeln von (170). Wir bemerken, daß sie nicht alle verschieden sein müssen; aber auch dann geben die Formeln (169) die allgemeine Lösung der Aufgabe über kleine Schwingungen im betrachteten Fall.

39. Extremaleigenschaften von Eigenwerten quadratischer Formen. Wir betrachten jetzt die Transformation einer reellen quadratischen Form in eine Summe von Quadraten unter einem neuen Gesichtspunkt. Der Einfachheit halber beschränken wir uns auf drei Veränderliche:

$$\varphi = \sum_{i,k=1}^{3} a_{ik} x_i x_k = \sum_{k=1}^{3} \lambda_k x_k'^2 , \tag{174}$$

wobei die x_k mit den x_k' durch die orthogonale Transformation

$$\left.\begin{aligned} x_1 &= b_{11} x_1' + b_{12} x_2' + b_{13} x_3' , \\ x_2 &= b_{21} x_1' + b_{22} x_2' + b_{23} x_3' , \\ x_3 &= b_{31} x_1' + b_{32} x_2' + b_{33} x_3' \end{aligned}\right\} \tag{175}$$

zusammenhängen. Dabei nehmen wir zunächst an, die Zahlen λ_k seien der Größe nach geordnet, d. h.

$$\lambda_1 > \lambda_2 > \lambda_3 \,. \tag{176}$$

Unsere Aufgabe besteht in der Bestimmung der Zahlen λ_k und der Koeffizienten b_{ik} durch die Werte der Form φ auf der Einheitskugel K, d. h. der Kugel mit dem Radius 1 um den Koordinatenursprung:

$$x_1^2 + x_2^2 + x_3^2 = 1 \quad \text{oder} \quad x_1'^2 + x_2'^2 + x_3'^2 = 1 \,. \tag{177}$$

Jeder Punkt dieser Kugel bestimmt durch den Einheitsvektor, der vom Ursprung zu dem betreffenden Punkt führt, eine Richtung im Raum. Wir können (174) in folgender Gestalt schreiben:

$$\varphi = \lambda_1(x_1'^2 + x_2'^2 + x_3'^2) + (\lambda_2 - \lambda_1)\, x_2'^2 + (\lambda_3 - \lambda_1)\, x_3'^2 \,,$$

und man sieht, daß auf der Einheitskugel K

$$\varphi = \lambda_1 + (\lambda_2 - \lambda_1)\, x_2'^2 + (\lambda_3 - \lambda_1)\, x_3'^2$$

gilt. Hieraus folgt unmittelbar, daß λ_1 ein Maximum von φ auf K ist. Dieses Maximum wird offenbar im Punkt

$$x_1' = 1 \,, \qquad x_2' = x_3' = 0$$

angenommen oder, wegen (175), in alten Koordinaten im Punkt

$$x_1 = b_{11} \,, \qquad x_2 = b_{21} \,, \qquad x_3 = b_{31}$$

von K. Dieser Punkt bestimmt einen Vektor, der der ersten Spalte der orthogonalen Transformation (175) entspricht, d. h. einen Vektor, der eine Lösung der Gleichung

$$\boldsymbol{A x} = \lambda \boldsymbol{x} \tag{178}$$

für $\lambda = \lambda_1$ ist. Also ist der größte Eigenwert der quadratischen Form (174) gleich dem Maximalwert dieser Form auf der Einheitskugel, und ein zugehöriger Eigenvektor $\boldsymbol{x}^{(1)}$, d. h. eine Lösung der Gleichung (178), ist jeder Vektor, der vom Ursprung zu einem Punkt der Einheitskugel führt, in dem dieses Maximum angenommen wird.

Wir gehen nun zur Bestimmung des zweiten Eigenwertes und des zugehörigen Eigenvektors über. Dazu setzen wir $x_1' = 0$. Dieser Gleichung entspricht die Ebene, die durch den Ursprung geht und zu dem Vektor $\boldsymbol{x}^{(1)}$ orthogonal ist. Der Schnitt dieser Ebene mit der Einheitskugel liefert den Kreis $x_2'^2 + x_3'^2 = 1$. Auf diesem Kreis gilt

$$\varphi = \lambda_2 x_2'^2 + \lambda_3 x_3'^2 \,,$$

woraus unmittelbar ersichtlich ist, daß λ_2 ein Maximalwert von φ auf der Einheitskugel ist, unter der Nebenbedingung, daß die zum Vergleich zugelassenen Vektoren zu dem schon bestimmten Vektor $\boldsymbol{x}^{(1)}$ orthogonal sind. Genau wie oben beweisen wir, daß ein Eigenvektor $\boldsymbol{x}^{(2)}$, d. h. eine Lösung der Gleichung (178) für $\lambda = \lambda_2$, ein solcher Vektor ist, der zu einem Punkt hinführt, in dem dieses Maximum angenommen wird.

Nachdem die beiden Vektoren bestimmt sind, erhalten wir einen dritten $\boldsymbol{x}^{(3)}$ als einen zu diesen beiden orthogonalen, während der Eigenwert λ_3 der Wert der Form φ in dem Punkt der Einheitskugel ist, in dem sie von dem Vektor $\boldsymbol{x}^{(3)}$ geschnitten wird.

Wäre einmal z. B. $\lambda_1 = \lambda_2$ gewesen, so hätten wir bei der Bestimmung des ersten Maximums der Form φ auf der Einheitskugel keinen Punkt, sondern einen ganzen Kreis erhalten, auf dem dieses Maximum angenommen wird.

Vorstehende Überlegung läßt sich leicht auf beliebig viele Veränderliche übertragen. Wir führen für diesen allgemeinen Fall nur das Resultat an, das dem obigen völlig analog ist. Es sei eine reelle quadratische Form in n Variablen gegeben:

$$\varphi = \sum_{i,k=1}^{n} a_{ik} x_i x_k \,. \tag{179}$$

Ein Einheitsvektor im reellen n-dimensionalen Raum wird durch ein n-Tupel reeller Zahlen mit der Quadratsumme 1 dargestellt. Wir sagen, daß die Enden solcher Vektoren auf der Einheitskugel liegen, deren Gleichung offenbar

$$x_1^2 + x_2^2 + \cdots + x_n^2 = 1 \tag{180}$$

ist. Der größte Eigenwert der Form φ ist gleich dem Maximum dieser Form auf der Einheitskugel (180), und einen zugehörigen Eigenvektor bekommt man mit jedem Vektor $\boldsymbol{x}^{(1)}$, der vom Ursprung zu einem Punkt der Einheitskugel hinführt, in dem φ das Maximum annimmt. Um den zweitgrößten Eigenwert zu erhalten, betrachten wir die Einheitsvektoren, die zu dem schon bestimmten Vektor $\boldsymbol{x}^{(1)}$ orthogonal sind. Unter ihnen findet sich ein Vektor $\boldsymbol{x}^{(2)}$, der ein Maximum der Form φ ergibt. Dieses zweite Maximum λ_2 ist der zweite Eigenwert der Form, während der erwähnte Vektor $\boldsymbol{x}^{(2)}$ ein zugehöriger Eigenvektor ist. Jetzt betrachten wir die Einheitsvektoren, die zu $\boldsymbol{x}^{(1)}$ und $\boldsymbol{x}^{(2)}$ orthogonal sind oder, was dasselbe besagt, wir fügen die beiden Nebenbedingungen $(\boldsymbol{x}^{(1)}, \boldsymbol{x}) = 0$ und $(\boldsymbol{x}^{(2)}, \boldsymbol{x}) = 0$ zu (180) hinzu.

Unter diesen Vektoren findet sich wieder ein solcher, der φ zu einem Maximum macht. Dieses ist der drittgrößte Eigenwert λ_3 der Form und der Vektor selbst ein zugehöriger Eigenvektor usw.

Wir könnten auch die Eigenwerte einer quadratischen Form nicht abnehmend, sondern wachsend anordnen, so daß der erste Eigenwert der kleinste wäre, der zweite der nächstgrößere usw. Dabei erhielten wir eine der vorigen völlig analoge Aufgabe, nur müßte überall, wo von dem größten Wert die Rede war, jetzt vom kleinsten gesprochen werden.

Alle diese Überlegungen lassen sich auf den Fall der gleichzeitigen Umformung zweier quadratischer Formen auf Quadratsummen verallgemeinern. Es seien die zwei quadratischen Formen

$$\varphi = \sum_{i,k=1}^{n} a_{ik} x_i x_k\,, \qquad \psi = \sum_{i,k=1}^{n} b_{ik} x_i x_k$$

in die Quadratsummen

$$\varphi = \sum_{k=1}^{n} x_k'^2\,, \qquad \psi = \sum_{k=1}^{n} \lambda_k x_k'^2$$

mittels einer linearen Transformation

$$(x_1, x_2, \ldots, x_n) = B(x_1', x_2', \ldots, x_n')$$

zu transformieren, wobei wir die Zahlen λ_k fallend angeordnet annehmen. Dabei wird λ_1 der größte Wert von ψ unter der Nebenbedingung $\varphi = 1$; er wird für $x_1 = b_{11}, x_2 = b_{21}, \ldots, x_n = b_{n1}$ angenommen. Analog lassen sich auch die folgenden Eigenwerte bestimmen.

40. Hermitesche Matrizen und hermitesche Formen. In den vorigen Abschnitten hatten wir reelle symmetrische Matrizen betrachtet und bemerkt, daß sie einen Spezialfall der hermiteschen Matrizen darstellen, deren Elemente den Gleichungen

$$a_{ki} = \overline{a_{ik}} \tag{181}$$

genügende komplexe Zahlen sind. Für $i = k$ zeigen die Gleichungen, daß die Diagonalelemente a_{kk} reell sind.

Die Definition einer hermiteschen Matrix kann auch folgendermaßen formuliert werden: Eine *hermitesche Matrix* bleibt ungeändert, wenn darin Zeilen und Spalten vertauscht und alle Elemente durch ihre konjugiert komplexen ersetzt werden, d. h. in den Bezeichnungen von [26]:

$$\overline{A}^* = A \quad \text{oder} \quad \tilde{A} = A\,. \tag{182}$$

Die Matrix $\tilde{A}$ heißt, wie wir wissen, die zu A *hermitesch adjungierte* Matrix. Daher werden die hermiteschen Matrizen auch *selbstadjungiert* genannt.

In [32] haben wir bewiesen, daß eine hermitesche Matrix A für beliebige Vektoren $\boldsymbol{x}$ und $\boldsymbol{y}$ die Beziehung

$$(A\boldsymbol{x}, \boldsymbol{y}) = (\boldsymbol{x}, A\boldsymbol{y}) \tag{183}$$

erfüllt. Auch diese Beziehung kann, wie die beiden vorhergehenden, zur Definition einer hermiteschen Matrix dienen.

Wir führen noch eine Eigenschaft dieser Matrizen an: Ist A eine hermitesche und U eine beliebige unitäre Matrix, so ist auch $U^{-1}AU$ hermitesch. Nach Voraussetzung ist $\bar{A}^* = A$, und es muß gezeigt werden, daß dies auch für $U^{-1}AU$ zutrifft. Nach [26] gilt

$$(\overline{U^{-1}AU})^* = \bar{U}^*\bar{A}^*(\bar{U}^*)^{-1}$$

oder, unter Beachtung der Voraussetzung für A und der Tatsache, daß U unitär, also $\bar{U}^* = U^{-1}$ ist,

$$(\overline{U^{-1}AU})^* = U^{-1}AU\,,$$

was zu beweisen war.

Man kann sagen, daß bei einer unitären Koordinatentransformation, die für die Komponenten eines Vektors durch

$$(x_1, x_2, \ldots, x_n) = U(x_1', x_2', \ldots, x_n')$$

gegeben ist, eine hermitesche Matrix A, wenn man sie als Operator einer linearen Transformation des Raumes ansieht, in den neuen Koordinaten die Gestalt $U^{-1}AU$ annimmt; daher kann der obige Satz auch so formuliert werden: Durch eine unitäre Transformation des Raumes bleibt der hermitesche Charakter einer als Operator betrachteten Matrix erhalten.

Wir stellen uns jetzt die Aufgabe, eine hermitesche Matrix mittels einer unitären Transformation auf Diagonalform zu bringen:

$$U^{-1}AU = [\lambda_1, \lambda_2, \ldots, \lambda_n]\,. \tag{184}$$

Wie oben bei reellen symmetrischen Matrizen ist auch hier unser Problem gleichbedeutend mit der Lösung einer Gleichung der Gestalt

$$A\boldsymbol{x} = \lambda\boldsymbol{x}\,, \tag{185}$$

wobei λ eine der Zahlen λ_k ist und die Komponenten des Vektors $\boldsymbol{x}$ die Elemente der entsprechenden Spalte der Matrix U liefern. Diese Zahlen λ_k und die zugehörigen Vektoren $\boldsymbol{x}^{(k)}$ heißen die *Eigenwerte* bzw. die *Eigenvektoren* der Matrix A.

Die Eigenwerte müssen, wie wir wissen, notwendig Wurzeln der Gleichung

$$\begin{vmatrix} a_{11} - \lambda & a_{12} & \ldots & a_{1n} \\ a_{21} & a_{22} - \lambda & \ldots & a_{2n} \\ \ldots & \ldots & \ldots & \ldots \\ a_{n1} & a_{n2} & \ldots & a_{nn} - \lambda \end{vmatrix} = 0 \tag{186}$$

sein. Es sei $\lambda = \lambda_1$ eine Wurzel dieser Gleichung und $\boldsymbol{x}^{(1)}$ eine Lösung von (185) für $\lambda = \lambda_1$.

Diese Gleichung ist linear und homogen, so daß ihre Lösung mit einer beliebigen Konstanten multipliziert werden kann; daher können wir die Länge des Vektors $\boldsymbol{x}^{(1)}$ gleich 1 annehmen. Wir machen diesen Vektor zum ersten Einheitsvektor eines neuen Koordinatensystems und konstruieren dann irgendwie noch $n - 1$

weitere Einheitsvektoren, und zwar so, daß wir insgesamt ein System von n zueinander orthogonalen Vektoren erhalten. Diese Vektoren benutzen wir als neue Grundvektoren und suchen diejenige unitäre Transformation U_1, die dem Übergang vom alten Koordinatensystem zum neuen entspricht. Im neuen Koordinatensystem geht nun die hermitesche Matrix A in die hermitesche Matrix $A_1 = U_1^{-1} A U_1$ über, wobei die entsprechende Gleichung

$$A_1 \boldsymbol{x} = \lambda \boldsymbol{x}$$

für $\lambda = \lambda_1$ den Vektor $(1, 0, \ldots, 0)$ als Lösung haben muß. Wie auch in [33] ergibt sich daraus, daß in der Matrix A_1 alle Elemente der ersten Zeile und der ersten Spalte verschwinden, mit Ausnahme des Diagonalelements, das gerade λ_1 ist.

Da A_1 eine hermitesche Matrix ist, folgt sofort, daß dieses Element λ_1 reell sein muß, und hieraus u. a., daß alle Wurzeln der Gleichung (186) reell sind, was wir auch schon früher gesehen hatten. Daher lautet die Matrix A_1

$$\begin{pmatrix} \lambda_1 & 0 & \ldots & 0 \\ 0 & a_{22}^{(1)} & \ldots & a_{2n}^{(1)} \\ \ldots & \ldots & \ldots & \ldots \\ 0 & a_{n2}^{(1)} & \ldots & a_{nn}^{(1)} \end{pmatrix},$$

d. h., sie ist eine quasidiagonale Matrix der Gestalt

$$[\lambda_1, C_1],$$

wobei C_1 eine hermitesche Matrix vom Grad $n - 1$ mit den Elementen $a_{ik}^{(1)}$ bezeichnet. Durch Wiederholung der vorstehenden Überlegung können wir mittels einer unitären Transformation U_2, die auf die Grundvektoren außer dem ersten angewandt wird, die Matrix C_1 in eine solche Gestalt bringen, daß alle Elemente ihrer ersten Zeile und Spalte bis auf das Diagonalelement verschwinden.

Die erwähnte unitäre Transformation können wir als unitäre Transformation in unserem ganzen n-dimensionalen Raum betrachten. Ihr entspricht eine quasidiagonale unitäre Matrix der Gestalt

$$[1, U_2].$$

Als Ergebnis dieser Transformation geht die hermitesche Matrix in die hermitesche Matrix

$$[1, U_2]^{-1} [\lambda_1, C_1] [1, U_2] = [\lambda_1, U_2^{-1} C_1 U_2]$$

über oder, ausführlich geschrieben, in

$$\begin{pmatrix} \lambda_1 & 0 & 0 & \ldots & 0 \\ 0 & \lambda_2 & 0 & \ldots & 0 \\ 0 & 0 & a_{33}^{(2)} & \ldots & a_{3n}^{(2)} \\ \ldots & \ldots & \ldots & \ldots & \ldots \\ 0 & 0 & a_{n3}^{(2)} & \ldots & a_{nn}^{(2)} \end{pmatrix}.$$

Durch Fortsetzen dieser Überlegung bringen wir schließlich die hermitesche Matrix auf Diagonalform, wobei die ganze unitäre Transformation U, die in die Formel (184) eingeht, das Produkt von unitären Transformationen ist, die jeweils nacheinander bei dem oben geschilderten Prozeß der Überführung einer Matrix auf Diagonalform entstehen.

Wir wenden uns jetzt der Gleichung (185) zu. In [33] haben wir gezeigt, daß ihre Lösungen, welche verschiedenen Werten von λ entsprechen, notwendig zueinander orthogonal sind.

Genau wie in [33] können wir zeigen, daß die Vektoren, die durch die Spalten der Matrix U dargestellt werden, für die zulässigen Werte von λ alle Lösungen der Gleichung (185) geben. Dabei ist nun ein wichtiger Umstand im Auge zu behalten, der die mehrfachen Wurzeln der Gleichung (186) betrifft. Hat z. B. Gleichung (186) die Wurzel $\lambda = \lambda_1$ der Vielfachheit m, so hat die Gleichung (185) für $\lambda = \lambda_1$ die m linear unabhängigen Lösungen $\boldsymbol{x}^{(1)}, \boldsymbol{x}^{(2)}, \ldots, \boldsymbol{x}^{(m)}$. Jede ihrer Linearkombinationen mit beliebigen Koeffizienten ist offenbar ebenfalls Lösung von (185), d. h., die Gleichung

$$A\boldsymbol{x} = \lambda_1 \boldsymbol{x}$$

hat eine Gesamtheit von Lösungen, die durch den von den Vektoren $\boldsymbol{x}^{(1)}, \boldsymbol{x}^{(2)}, \ldots, \boldsymbol{x}^{(m)}$ gebildeten Unterraum dargestellt wird, d. h. durch Summen

$$\boldsymbol{x} = C_1\boldsymbol{x}^{(1)} + C_2\boldsymbol{x}^{(2)} + \cdots + C_m\boldsymbol{x}^{(m)}$$

mit beliebigen Koeffizienten $C_1, C_2, \ldots, C_m$. Wir können in diesem Raum auf beliebige Weise ein System von m zueinander orthogonalen Einheitsvektoren auswählen, so daß ihre Komponenten genau die zum Eigenwert $\lambda = \lambda_1$ gehörigen Spalten der Matrix U bilden. Hier haben wir folglich dieselbe Willkür bei der Wahl der Matrix U, die wir auch in [33] für B hatten. Außerdem können wir offenbar die Komponenten jedes Einheitsvektors $\boldsymbol{x}^{(s)}$, den wir als Lösung der Gleichung (185) erhielten, mit einem beliebigen Zahlenfaktor vom absoluten Betrag 1 multiplizieren, d. h. mit einem Zahlenfaktor der Form $e^{i\varphi}$ (Phasenfaktor). Dabei bleibt die Länge des Vektors gleich 1, auch bleibt die Orthogonalität dieses Vektors zu den übrigen Vektoren erhalten, die zu dem vollen Lösungssystem der Gleichung (185) gehören. Schließlich können wir in der Matrix U die Reihenfolge der Spalten beliebig ändern. Diese unwesentliche Transformation ist offenbar eine Umnumerierung der Grundvektoren des neuen Koordinatensystems und zieht nur eine Vertauschung der Zahlen λ_k in der Diagonalform der Matrix nach sich. Wir werden im folgenden immer annehmen, diese Zahlen seien wachsend geordnet.

Wir gehen jetzt zur Betrachtung der hermiteschen Formen über und sagen, eine hermitesche Matrix A entspreche einer *hermiteschen Form* der Gestalt

$$(A\boldsymbol{x}, \boldsymbol{x}) = \sum_{i,k=1}^{n} a_{ik}\bar{x}_i x_k\,, \tag{187}$$

wobei $x_1, x_2, \ldots, x_n$ die Komponenten des Vektors $\boldsymbol{x}$ sind. Die Zahl $(A\boldsymbol{x}, \boldsymbol{x})$ ist reell [32].

Wir nehmen jetzt an, daß wir in unserem Raum eine unitäre Transformation ausführen, wobei die alten Komponenten eines Vektors sich durch die neuen mittels $\boldsymbol{x} = U\boldsymbol{x}'$ ausdrücken. In den neuen Koordinaten hat die hermitesche Form (187) die Gestalt

$$(AU\boldsymbol{x}', U\boldsymbol{x}')\,.$$

Unter Benutzung der Eigenschaft (125_1) unitärer Transformationen können wir beide Vektoren, die das innere Produkt bilden, von links mit der unitären Matrix U^{-1} multiplizieren und erhalten so in den neuen Koordinaten folgenden Ausdruck für die hermitesche Form (187):

$$(U^{-1}AU\boldsymbol{x}', \boldsymbol{x}')\,. \tag{188}$$

Insbesondere bleiben in der hermiteschen Form in den neuen Koordinaten, wenn die unitäre Transformation U die Matrix A gerade auf Diagonalform bringt, d. h. (184) gilt, nur Glieder, die die Produkte $\bar{x}'_i \cdot x'_i$ enthalten, und wir haben die hermitesche Form in eine Summe von Quadraten transformiert:

$$(U^{-1}AU\boldsymbol{x}', \boldsymbol{x}) = \lambda_1 \bar{x}'_1 x'_1 + \lambda_2 \bar{x}'_2 x'_2 + \cdots + \lambda_n \bar{x}'_n x'_n .$$

So ist auch hier, wie in [32], das Problem, eine Matrix A auf Diagonalform zu bringen, gleichbedeutend mit der Aufgabe, die entsprechende hermitesche Form in eine Summe von Quadraten zu verwandeln.

Statt einer hermiteschen Form betrachtet man manchmal eine sogenannte *Bilinearform*, die folgendermaßen definiert ist:

$$(A\boldsymbol{y}, \boldsymbol{x}) = \sum_{i,k=1}^{n} a_{ik} \bar{x}_i y_k .$$

Führen wir wieder im Raum eine unitäre Transformation aus derart, daß die neuen Komponenten sich durch die alten nach der obigen Formel ausdrücken, so erhalten wir in den neuen Koordinaten

$$(A\boldsymbol{y}, \boldsymbol{x}) = (AU\boldsymbol{y}', U\boldsymbol{x}')$$

oder, da die Transformation U unitär ist,

$$(U^{-1}AU\boldsymbol{y}', \boldsymbol{x}') .$$

Wird A durch U auf Diagonalform transformiert, so nimmt schließlich die Bilinearform in den entsprechenden Koordinaten die folgende sehr einfache Gestalt an:

$$\sum_{k=1}^{n} \lambda_k \bar{x}'_k y'_k .$$

Wir bemerken, daß jede Diagonalmatrix mit reellen Elementen hermitesch ist; daher ist auch die Matrix $U^{-1}[\lambda_1, \lambda_2, \ldots, \lambda_n]\, U$, wobei U beliebig unitär ist, hermitesch. Oben haben wir gesehen, daß auch jede hermitesche Matrix in dieser Form geschrieben werden kann.

Die hermiteschen Formen werden, wie auch die reellen quadratischen Formen [35], nach dem Vorzeichen der Eigenwerte λ_k klassifiziert. Sind z. B. alle λ_k positiv, so heißt die hermitesche Form positiv definit. Für sie ist die Eigenschaft charakteristisch, daß ihr Wert für alle x_k positiv ist und sie nur für $x_1 = x_2 = \cdots = x_n = 0$ verschwinden kann. Analog lassen sich hermitesche Formen ohne und mit Vorzeichenwechsel definieren. Die Untersuchung ist dem Fall reeller quadratischer Formen völlig analog und beruht auf der Formel

$$(A\boldsymbol{x}, \boldsymbol{x}) = \lambda_1 \bar{x}'_1 x'_1 + \lambda_2 \bar{x}'_2 x'_2 + \cdots + \lambda_n \bar{x}'_n x'_n .$$

Die Formel (183) gilt nur für hermitesche Matrizen. Ist A eine beliebige und $\tilde{A} = \bar{A}^*$ die zu ihr adjungierte Matrix, so gilt statt (183)

$$(A\boldsymbol{x}, \boldsymbol{y}) = (\boldsymbol{x}, \tilde{A}\boldsymbol{y}) . \qquad (183_1)$$

Sind a_{ik} die Elemente der Matrix A, so sind die Elemente der Matrix $\tilde{A}$ die Zahlen $\{\tilde{A}\}_{ik} = \bar{a}_{ki}$, und (183_1) verifiziert sich durch unmittelbare Vertauschung, wie auch (183).

41. Vertauschbare hermitesche Matrizen. Es seien A und B zwei hermitesche Matrizen. Wir untersuchen, unter welchen Bedingungen auch ihr Produkt BA hermitesch ist. Wir bilden die Matrix, die zu dem Produkt BA hermitesch konjugiert ist: Es ist

$$(\overline{BA})^* = \bar{A}^*\bar{B}^*$$

oder, weil A und B hermitesch sind,

$$(\overline{BA})^* = AB\,.$$

Die Matrix BA ist genau dann hermitesch, wenn AB mit BA übereinstimmt, d. h., wenn die Matrizen *vertauschbar* sind. Wir nehmen an, daß die hermiteschen Matrizen A und B durch ein und dieselbe unitäre Transformation U auf Diagonalform gebracht werden können:

$$A = U^{-1}[\lambda_1, \lambda_2, \dots, \lambda_n]\,U\,, \qquad B = U^{-1}[\mu_1, \mu_2, \dots, \mu_n]\,U\,.$$

Dann ist nicht schwer zu sehen, daß sie vertauschbar sind:

$$AB = BA = U^{-1}[\lambda_1\mu_1, \lambda_2\mu_2, \dots, \lambda_n\mu_n]\,U\,.$$

Wir zeigen jetzt die Umkehrung: *Sind zwei hermitesche Matrizen vertauschbar, so kann man sie mittels ein und derselben unitären Transformation gleichzeitig auf Diagonalform bringen,* d. h., die Vertauschbarkeit hermitescher Matrizen ist nicht nur notwendig, sondern auch hinreichend für die Möglichkeit ihrer gleichzeitigen Umformung auf Diagonalform mittels derselben unitären Transformation. Nehmen wir also an, es sei $AB = BA$. Wir bemerken dazu, daß dann auch die ihnen ähnlichen Matrizen vertauschbar sind. In der Tat gilt

$$(C^{-1}AC)\,(C^{-1}BC) = C^{-1}ABC = C^{-1}BAC\,,$$

und genau denselben Ausdruck erhält man für das Produkt

$$(C^{-1}BC)\,(C^{-1}AC)\,.$$

Wir nehmen an, wir hätten für C eine unitäre Transformation gewählt, die A auf Diagonalform bringt, und B derselben Transformation unterworfen. Die neuen Matrizen sind gleichfalls vertauschbar; wir können daher beim Beweis unserer Behauptung einfach annehmen, A sei schon auf Diagonalform gebracht, d. h., die Elemente a_{ik} genügen der Bedingung

$$a_{ik} = 0 \quad \text{für} \quad i \neq k\,. \tag{189}$$

Wir bezeichnen die Elemente der Matrix B mit b_{ik} und schreiben die Bedingung, daß A und B vertauschbar sind, in der Form

$$\sum_{s=1}^{n} a_{is}b_{sk} = \sum_{s=1}^{n} b_{is}a_{sk} \qquad (i, k = 1, 2, \dots, n)\,.$$

Nach (189) besagt das

$$(a_{ii} - a_{kk})\,b_{ik} = 0 \qquad (i, k = 1, 2, \dots, n)\,. \tag{190}$$

Sind alle a_{ii} verschieden, so folgt aus diesen Identitäten unmittelbar, daß $b_{ik} = 0$ ist für $i \neq k$, d. h., daß auch B Diagonalform hat, womit die Behauptung bewiesen ist.

Wir gehen jetzt zu der Betrachtung des Falles über, daß einige der Zahlen a_{ii} gleich sind. Wir nehmen etwa an, es gelte

$$a_{11} = a_{22} = \cdots = a_{mm}\,, \qquad a_{m+1,m+1} = a_{m+2,m+2} = \cdots = a_{nn}\,.$$

Aus (190) folgt unmittelbar, daß in diesem Fall die Elemente b_{ik} nur dann von 0 verschieden sein können, wenn entweder beide Indizes i und k größer oder kleiner als m sind. Daher hat die Matrix B Quasidiagonalform, $B = [B_1, B_2]$, wobei B_1 eine hermitesche Matrix vom Grade m und B_2 eine hermitesche Matrix vom Grade $n - m$ ist. Ausführlich läßt sich die Matrix B in der Gestalt

$$\begin{Bmatrix} b_{11} & \dots & b_{1m} & 0 & \dots & 0 \\ \dots & \dots & \dots & \dots & \dots & \dots \\ b_{m1} & \dots & b_{mm} & 0 & \dots & 0 \\ 0 & \dots & 0 & b_{m+1,m+1} & \dots & b_{m+1,n} \\ \dots & \dots & \dots & \dots & \dots & \dots \\ 0 & \dots & 0 & b_{n,m+1} & \dots & b_{nn} \end{Bmatrix}$$

schreiben.

Wir können, ohne die Diagonalform von A zu ändern, den von den ersten Grundvektoren aufgespannten Unterraum einer beliebigen unitären Transformation unterwerfen und ebenso den von den letzten $n - m$ Grundvektoren aufgespannten. Wir wählen diese unitären Transformationen V_1 und V_2 so, daß die Matrizen B_1 und B_2 auf Diagonalform kommen. Insgesamt haben wir eine unitäre Transformation des ganzen n-dimensionalen Raumes, die Quasidiagonalform hat: $[V_1, V_2]$.

Nach dem oben Gesagten behält die Matrix A in den neuen Koordinaten die Diagonalform, während B folgende Gestalt annimmt:

$$[V_1, V_2]^{-1}\,[B_1, B_2]\,[V_1, V_2] = [V_1^{-1} B_1 V_1, V_2^{-1} B_2 V_2]\,,$$

d. h. ebenfalls Diagonalform hat, womit der Satz bewiesen ist.

Bilden wir jetzt für die vertauschbaren Matrizen A, B die Gleichungen

$$A\boldsymbol{x} = \lambda\boldsymbol{x}\,, \qquad B\boldsymbol{x} = \mu\boldsymbol{x}\,, \tag{191}$$

so folgt aus dem Vorhergehenden unmittelbar, daß wir für diese beiden Gleichungen ein und dasselbe System linear unabhängiger Lösungen bilden können. Diese Lösungen liefern die Spalten der unitären Matrix U, die die beiden Matrizen auf Diagonalform bringt. Mit anderen Worten, wir können für zwei vertauschbare hermitesche Matrizen ein und dasselbe vollständige System n linear unabhängiger Eigenvektoren bilden. Was die Eigenwerte betrifft, d. h. die Werte der Parameter λ und μ, so sind sie natürlich im allgemeinen verschieden. Wir bemerken, daß aus dem Vorhergehenden noch nicht folgt, daß jeder Eigenvektor der Matrix A auch Eigenvektor von B ist. Sind alle Eigenwerte von A und B verschieden, derart, daß jedem Wert λ_k und μ_k bis auf Zahlenfaktoren nur ein Vektor entspricht, dann ist es natürlich so. Das gilt aber im allgemeinen schon nicht mehr, wenn unter den Eigenwerten gleiche vorkommen. Es sei $\{\boldsymbol{x}^{(k)}\}$ ein vollständiges System von Eigenvektoren der Matrizen A und B, und λ_k und μ_k seien die entsprechenden Eigenwerte. Wir nehmen an, es sei z. B. $\lambda_1 = \lambda_2$, aber $\mu_1 \neq \mu_2$. Dann sind die Vektoren $C_1\boldsymbol{x}^{(1)} + C_2\boldsymbol{x}^{(2)}$ bei beliebiger Wahl der Konstanten C_1 und C_2 Eigenvektoren für A, aber nicht Eigenvektoren für B.

Alle vorstehenden Überlegungen lassen sich leicht auf den Fall mehrerer Matrizen übertragen, und zwar: Sind mehrere hermitesche Matrizen $A_1, A_2, \dots, A_l$ gegeben, so sind sie genau dann mittels einer unitären Transformation gleichzeitig auf Diagonalform zu bringen, wenn sie paarweise vertauschbar sind, d. h., wenn $A_iA_k = A_kA_i$ ist für beliebige i und k $(i, k = 1, \dots, l)$.

42. Umformung unitärer Matrizen auf Diagonalform. Die unitären Matrizen besitzen bezüglich ihrer Umformung auf Diagonalform Eigenschaften, die denen der hermiteschen völlig analog sind. Ist V eine gewisse unitäre Matrix, so kann man stets eine unitäre Matrix U finden, so daß $U^{-1}VU$ eine Diagonalmatrix ist. Wir können unser Problem in der folgenden Form schreiben:

$$VU = U[\lambda_1, \lambda_2, \dots, \lambda_k], \tag{192}$$

wobei U die gesuchte unitäre Matrix und λ_k die gesuchten Zahlen sind.

Wie früher für hermitesche Matrizen entsprechen die Spalten von U gewissen Vektoren $\boldsymbol{x}^{(k)}$, und diese Vektoren müssen Lösungen der Gleichung

$$V\boldsymbol{x} = \lambda \boldsymbol{x} \tag{193}$$

sein, in der λ mit den Zahlen λ_k übereinstimmt. Hieraus folgt wie oben unmittelbar, daß diese Zahlen λ die Wurzeln der charakteristischen Gleichung

$$\begin{vmatrix} v_{11} - \lambda & v_{12} & \dots & v_{1n} \\ v_{21} & v_{22} - \lambda & \dots & v_{2n} \\ \dots & \dots & \dots & \dots \\ v_{n1} & v_{n2} & \dots & v_{nn} - \lambda \end{vmatrix} = 0 \tag{194}$$

sein müssen, wobei die v_{ik} die Elemente der Matrix V sind.

Wir bemerken zunächst, daß mit den Matrizen V_1 und U_1 auch $U_1^{-1} V_1 U_1$ unitär ist. Da nämlich U_1 unitär ist, ist es auch U_1^{-1}, und das Produkt unitärer Matrizen ist ebenfalls unitär.

Wir nehmen irgendeine Wurzel $\lambda = \lambda_1$ der Gleichung (194) und bestimmen, indem wir sie in (193) einsetzen, einen Einheitsvektor $\boldsymbol{x}^{(1)}$, der dieser Gleichung genügt. Wir wählen diesen Vektor als neuen Grundvektor und dazu noch $n - 1$ weitere Einheitsvektoren, und zwar so, daß wir n zueinander orthogonale Einheitsvektoren erhalten. Dem Übergang von den alten zu den neuen Grundvektoren entspricht eine gewisse unitäre Transformation U_1; dabei geht die unitäre Matrix V in die äquivalente $V_1 = U_1^{-1} V U_1$ über.

Die Gleichung

$$V_1 \boldsymbol{x} = \lambda \boldsymbol{x}$$

besitzt jetzt für $\lambda = \lambda_1$ den Vektor mit den Komponenten $(1, 0, \dots, 0)$ als Lösung, woraus (vgl. S. 125) unmittelbar folgt, daß alle Elemente der ersten Spalte der Matrix V_1 außer dem ersten, das gleich λ_1 ist, verschwinden. Da in einer unitären Matrix die Summe der Quadrate der absoluten Beträge der Elemente jeder Spalte gleich 1 ist, können wir sagen, daß λ_1 den absoluten Betrag 1 hat. Wir erinnern jetzt daran, daß in der unitären Matrix V_1 die Quadratsumme der absoluten Beträge der Elemente jeder Zeile ebenfalls gleich 1 ist. Da, wie eben erwähnt, das erste Element der ersten Zeile λ_1 den absoluten Betrag 1 hat, müssen folglich die anderen Elemente dieser Zeile verschwinden. Daher bringen wir im Ergebnis der ersten unitären Transformation die unitäre Matrix auf eine Gestalt, in der die Elemente der ersten Zeile und die der ersten Spalte außer dem ersten gleich 0 sind:

$$\begin{pmatrix} \lambda_1 & 0 & \dots & 0 \\ 0 & v_{22}^{(1)} & \dots & v_{2n}^{(1)} \\ \dots & \dots & \dots & \dots \\ 0 & v_{n2}^{(1)} & \dots & v_{nn}^{(1)} \end{pmatrix}.$$

Völlig analoge Verhältnisse hatten wir oben für hermitesche Matrizen. Ferner bilden die Elemente $v_{ik}^{(1)}$ eine unitäre Matrix $(n - 1)$-ten Grades. Durch nochmalige Anwendung einer unitären Transformation können wir auch in dieser Matrix in der ersten Zeile und der ersten Spalte außer dem ersten Element, das den absoluten Betrag 1 hat, Nullen erhalten. Schließlich nimmt durch das Produkt dieser beiden unitären Transformationen die unitäre Matrix folgende Gestalt an:

$$\begin{Vmatrix} \lambda_1 & 0 & 0 & \ldots & 0 \\ 0 & \lambda_2 & 0 & \ldots & 0 \\ 0 & 0 & v_{33}^{(2)} & \ldots & v_{3n}^{(2)} \\ \cdots & \cdots & \cdots & \cdots & \cdots \\ 0 & 0 & v_{n3}^{(2)} & \ldots & v_{nn}^{(2)} \end{Vmatrix}.$$

Indem wir diese Überlegung fortsetzen, führen wir die unitäre Matrix mit Hilfe einer gewissen unitären Transformation in Diagonalform über. Wir bemerken noch, daß aus den vorstehenden Erwägungen folgt, daß *alle Eigenwerte unitärer Matrizen den absoluten Betrag* 1 *haben.*

Genau wie in [41] kann man zeigen, daß miteinander paarweise vertauschbare unitäre Matrizen mittels ein und derselben unitären Transformation gleichzeitig auf Diagonalform gebracht werden können.

Wir erwähnen noch folgende Tatsache: Eine unitäre Matrix führe eine gewisse Matrix A in Diagonalform über, d. h., $U^{-1}AU$ sei eine Diagonalmatrix. Bekanntlich hat die Determinante von U den absoluten Betrag 1, und wir können eine reelle Zahl ω finden, für die die Determinante der unitären Matrix $e^{i\omega}U$ gleich 1 ist. Dabei führt auch die unitäre Matrix $e^{i\omega}U$ die gegebene Matrix A in Diagonalform über, denn es gilt

$$(e^{i\omega} U)^{-1} A(e^{i\omega} U) = e^{i\omega} e^{-i\omega} U^{-1}AU = U^{-1}AU .$$

Daher kann man immer annehmen, die Determinante einer unitären Matrix U, die eine gewisse Matrix auf Diagonalform bringt, sei gleich 1.

Beispiel. Wir betrachten als Beispiel für die Transformation auf Diagonalform eine orthogonale Matrix dritten Grades,

$$V = \begin{pmatrix} v_{11} & v_{12} & v_{13} \\ v_{21} & v_{22} & v_{23} \\ v_{31} & v_{32} & v_{33} \end{pmatrix}, \tag{195}$$

und nehmen an, die Determinante dieser Matrix sei gleich $+1$, so daß sie einer Bewegung des dreidimensionalen Raumes entspricht. Die charakteristische Gleichung für die Matrix (195) hat nach Voraussetzung das absolute Glied 1, denn dieses absolute Glied ist offenbar mit der Determinante der Matrix identisch. Andererseits haben wir gesehen, daß alle Wurzeln der charakteristischen Gleichung vom Absolutbetrag 1 sein müssen. Das höchste Glied dieser charakteristischen Gleichung ist $(-\lambda)^3 = -\lambda^3$, und daher ist das absolute Glied der Gleichung, nämlich 1, einfach gleich dem Produkt ihrer Wurzeln. Da sie reelle Koeffizienten hat, sind nur zwei Fälle möglich, nämlich: Entweder hat diese Gleichung eine Wurzel gleich 1 und zwei konjugiert komplexe vom Absolutbetrag 1, d. h. der Form $e^{\pm i\varphi}$, oder eine Wurzel der Gleichung ist gleich 1 und die beiden anderen sind gleich -1. Die zweite Möglichkeit ist ein Spezialfall der ersten (für $\varphi = \pi$).

Dem Eigenwert $\lambda = 1$ entspricht ein reeller Vektor $\boldsymbol{x}^{(1)}$, welcher Lösung der Gleichung

$$V\boldsymbol{x}^{(1)} = \boldsymbol{x}^{(1)} \tag{196}$$

sein muß.

Mit anderen Worten, dieser Vektor wird bei der durch die Matrix V bestimmten Drehung des Raumes nicht geändert. Dieser Vektor, der dem reellen Wert $\lambda = 1$ entspricht, ist reell und bestimmt offenbar die Achse, um die sich der Raum dreht. (Jede Drehung des Raumes um seinen Ursprung ist äquivalent einer Drehung um eine Achse durch den Ursprung.) Zur Bestimmung der Komponenten dieses Vektors $\boldsymbol{x}^{(1)}$ durch die Elemente der Matrix V schreiben wir die Gleichung (196) in der Gestalt $V^{-1}\boldsymbol{x}^{(1)} = \boldsymbol{x}^{(1)}$. Da V reell und unitär ist, können wir auch $V^*\boldsymbol{x}^{(1)} = \boldsymbol{x}^{(1)}$ schreiben. Subtraktion dieser Gleichung von (196) liefert

$$(V - V^*)\,\boldsymbol{x}^{(1)} = 0\,.$$

Wir erhalten hieraus, wenn die Komponenten von $\boldsymbol{x}^{(1)}$ mit u_{11}, u_{21}, u_{31} bezeichnet werden, das Gleichungssystem

$$\begin{aligned} (v_{12} - v_{21})\,u_{21} + (v_{13} - v_{31})\,u_{31} &= 0\,,\\ (v_{21} - v_{12})\,u_{11} \qquad\qquad + (v_{23} - v_{32})\,u_{31} &= 0\,,\\ (v_{31} - v_{13})\,u_{11} + (v_{32} - v_{23})\,u_{21} \qquad\qquad &= 0\,. \end{aligned}$$

Aus ihm folgen unmittelbar die Formeln, welche die Richtung der Drehachse bestimmen:

$$u_{11} : u_{21} : u_{31} = (v_{23} - v_{32}) : (v_{31} - v_{13}) : (v_{12} - v_{21})\,.$$

Die beiden anderen Eigenvektoren $\boldsymbol{x}^{(2)}$ und $\boldsymbol{x}^{(3)}$ müssen offenbar den Gleichungen

$$V\boldsymbol{x}^{(2)} = \mathrm{e}^{\mathrm{i}\varphi}\,\boldsymbol{x}^{(2)} \quad \text{und} \quad V\boldsymbol{x}^{(3)} = \mathrm{e}^{-\mathrm{i}\varphi}\,\boldsymbol{x}^{(3)} \tag{197}$$

genügen, und das sind schon Vektoren mit komplexen Komponenten. Wir können φ aus der Bedingung bestimmen, daß die Summe der Wurzeln der charakteristischen Gleichung offenbar gleich der Summe der Diagonalglieder ist, d. h. gleich der Spur von V:

$$1 + \mathrm{e}^{-\mathrm{i}\varphi} + \mathrm{e}^{\mathrm{i}\varphi} = 1 + 2\cos\varphi = v_{11} + v_{22} + v_{33}\,.$$

Dabei können wir annehmen, daß φ zwischen 0 und π liegt.

Aus den Gleichungen (197) folgt, daß wir die Komponenten der Vektoren $\boldsymbol{x}^{(2)}$ und $\boldsymbol{x}^{(3)}$ konjugiert komplex annehmen können, da die Werte λ in (197) konjugiert komplex sind. Wir bilden die neue unitäre Matrix

$$U_0 = \begin{Vmatrix} 1 & 0 & 0 \\ 0 & \dfrac{1}{\sqrt{2}} & \dfrac{\mathrm{i}}{\sqrt{2}} \\ 0 & \dfrac{1}{\sqrt{2}} & -\dfrac{\mathrm{i}}{\sqrt{2}} \end{Vmatrix}. \tag{198}$$

Man überzeugt sich leicht davon, daß die Elemente der Spalten der Matrix $W = UU_0$ gleich den Komponenten der Vektoren

$$\boldsymbol{x}^{(1)}\,, \quad \frac{\boldsymbol{x}^{(2)} + \boldsymbol{x}^{(3)}}{\sqrt{2}}\,, \quad \mathrm{i}\,\frac{\boldsymbol{x}^{(2)} - \boldsymbol{x}^{(3)}}{\sqrt{2}}\,,$$

also reell sind. Außerdem ist die Matrix W als Produkt zweier unitärer Matrizen selber unitär, d. h., W ist eine orthogonale Matrix. Wir wenden jetzt auf V eine Ähnlichkeitstransformation unter Benutzung der unitären reellen Matrix W an und erhalten

$$W^{-1}VW = U_0^{-1}U^{-1}VUU_0 = U_0^{-1}[1, \mathrm{e}^{\mathrm{i}\varphi}, \mathrm{e}^{-\mathrm{i}\varphi}]\,U_0\,.$$

Führen wir die Matrizenmultiplikation wirklich aus, so ergibt sich

$$W^{-1}VW = \begin{pmatrix} 1 & 0 & 0 \\ 0 & \cos\varphi & -\sin\varphi \\ 0 & \sin\varphi & \cos\varphi \end{pmatrix}. \tag{199}$$

Wir können stets annehmen, daß die Determinante der orthogonalen Matrix W gleich $+1$ ist; sonst könnten wir sie mit -1 multiplizieren, wodurch sich die Beziehung (199) nicht ändert. Daher entspricht auch W einer gewissen Bewegung des dreidimensionalen Raumes. Die Matrix (199), die wir im Ergebnis der Koordinatentransformation $\boldsymbol{x} = W\boldsymbol{x}'$ erhalten hatten, ist der Matrix V äquivalent und gibt in neuen Koordinaten die Transformation, die die ursprüngliche Matrix V in den alten geliefert hat. Aus der Gestalt der Matrix (199) folgt sofort, daß diese Matrix (199) einer Drehung um die neue Achse $\boldsymbol{x}^{(1)'}$ um den Winkel φ entspricht, und das Wesen der Transformation besteht darin, daß wir als Achse $\boldsymbol{x}'^{(1)}$ die oben erwähnte Drehachse nahmen, die vom Vektor $\boldsymbol{x}^{(1)}$ dargestellt wird.

Hieraus folgt sofort noch ein wichtiger Umstand: Alle reellen Matrizen, denen eine Drehung des Raumes um einen gewissen Winkel entspricht, können mittels Ähnlichkeitstransformationen, die für verschiedene Matrizen verschieden sind, auf ein und dieselbe Gestalt (199) gebracht werden. Daher sind alle diese Matrizen einander ähnlich.

Matrizen, die verschiedenen Drehungswinkeln entsprechen, können einander nicht ähnlich sein, da die Eigenwerte solcher Matrizen, 1, $e^{i\varphi}$ und $e^{-i\varphi}$, für verschiedene Werte von φ sicher voneinander verschieden sind. Alle diese Eigenschaften haben sehr einfache geometrische Bedeutung.

43. Projektionsmatrizen. Wir wenden uns jetzt der Behandlung eines gewissen Spezialfalls hermitescher Matrizen zu. Es sei R_m ein gewisser m-dimensionaler Teilraum, der von m linear unabhängigen Vektoren $\boldsymbol{y}^{(1)}, \boldsymbol{y}^{(2)}, \ldots, \boldsymbol{y}^{(m)}$ aufgespannt werde. Dieser Unterraum R_m ist die Gesamtheit aller Vektoren der Gestalt

$$C_1\boldsymbol{y}^{(1)} + C_2\boldsymbol{y}^{(2)} + \cdots + C_m\boldsymbol{y}^{(m)},$$

wobei die C_k beliebige Zahlenkoeffizienten sind. Durch Orthogonalisierung der $\boldsymbol{y}^{(k)}$ können wir m zueinander orthogonale Einheitsvektoren

$$\boldsymbol{x}^{(1)}, \boldsymbol{x}^{(2)}, \ldots, \boldsymbol{x}^{(m)}$$

bilden, die denselben Unterraum R_m aufspannen. Wir können sie ferner zu einem vollständigen System von n zueinander orthogonalen Einheitsvektoren ergänzen, indem wir noch $n - m$ geeignete Einheitsvektoren

$$\boldsymbol{x}^{(m+1)}, \boldsymbol{x}^{(m+2)}, \ldots, \boldsymbol{x}^{(n)}$$

konstruieren.

Letztere bilden einen gewissen Teilraum R'_{n-m} der Dimension $n - m$, wobei die zwei Teilräume R_m und R'_{n-m} zueinander orthogonal sind in dem Sinne, daß jeder Vektor aus R_m orthogonal zu jedem Vektor aus R'_{n-m} ist [14]. Jeder Vektor $\boldsymbol{x}$ läßt sich durch Zerlegung nach den Grundvektoren $\boldsymbol{x}^{(k)}$,

$$\boldsymbol{x} = x_1\boldsymbol{x}^{(1)} + x_2\boldsymbol{x}^{(2)} + \cdots + x_n\boldsymbol{x}^{(n)}, \tag{200}$$

als Summe zweier Vektoren schreiben, von denen einer zu R_m und der andere zu R'_{n-m} gehört:

$$\boldsymbol{x} = [x_1\boldsymbol{x}^{(1)} + \cdots + x_m\boldsymbol{x}^{(m)}] + [x_{m+1}\boldsymbol{x}^{(m+1)} + \cdots + x_n\boldsymbol{x}^{(n)}] = \boldsymbol{u} + \boldsymbol{v}. \tag{201}$$

Es ist leicht zu sehen, daß diese Zerlegung jedes Vektors $\boldsymbol{x}$ in zwei Komponenten eindeutig ist: Nehmen wir an, außer der Zerlegung (201) hätten wir eine zweite, $\boldsymbol{x} = \boldsymbol{u}' + \boldsymbol{v}'$, mit obigen Eigenschaften, so ergibt sich

$$\boldsymbol{u} + \boldsymbol{v} = \boldsymbol{u}' + \boldsymbol{v}' \quad \text{oder} \quad \boldsymbol{u} - \boldsymbol{u}' = \boldsymbol{v}' - \boldsymbol{v}.$$

Der links stehende Vektor gehört zu R_m, der rechts stehende zu R'_{n-m}, folglich müssen $\boldsymbol{u} - \boldsymbol{u}'$ und $\boldsymbol{v} - \boldsymbol{v}'$ orthogonal sein.

Nun ist aber jeder zu sich selbst orthogonale Vektor offenbar gleich 0 [14], daher ist $\boldsymbol{u} - \boldsymbol{u}' = 0$, d. h., $\boldsymbol{u}$ fällt mit $\boldsymbol{u}'$ und $\boldsymbol{v}$ mit $\boldsymbol{v}'$ zusammen, die Vektoren $\boldsymbol{u}$ und $\boldsymbol{v}$ sind also durch den Vektor $\boldsymbol{x}$ eindeutig bestimmt. Der Vektor $\boldsymbol{u}$ heißt die *Projektion des Vektors $\boldsymbol{x}$ in den Teilraum R_m*. Die Matrix, die den Übergang vom Vektor $\boldsymbol{x}$ zum Vektor $\boldsymbol{u}$ vermittelt, heißt *Projektionsmatrix* in den Teilraum R_m; wir bezeichnen sie mit P_{R_m}. Ihre Gestalt hängt natürlich von der Wahl der Koordinatenachsen ab.

Wenn wir die $\boldsymbol{x}^{(k)}$ als Grundvektoren wählen, so wird $\boldsymbol{x}$ durch (201) dargestellt und $\boldsymbol{u}$ durch

$$\boldsymbol{u} = x_1\boldsymbol{x}^{(1)} + x_2\boldsymbol{x}^{(2)} + \cdots + x_m\boldsymbol{x}^{(m)},$$

und im gegebenen Fall bewirkt die Projektion einfach folgendes: Die ersten m Komponenten bleiben ungeändert, die übrigen werden 0. Die entsprechende Projektionsmatrix ist offenbar eine Diagonalmatrix der Gestalt

$$P_{R_m} = [1, 1, \ldots, 1, 0, 0, \ldots, 0],$$

in der an den ersten m Stellen Einsen und an den übrigen Nullen stehen. Numerieren wir die Grundvektoren anders, so erhalten wir nur eine andere Reihenfolge der Elemente, aber wieder eine Diagonalmatrix aus Einsen und Nullen. Im allgemeinen Fall hat bei beliebiger Wahl kartesischer Achsen eine Projektionsmatrix die Gestalt

$$P_{R_m} = U^{-1}[1, 1, \ldots, 1, 0, 0, \ldots, 0]\, U, \tag{202}$$

wobei U eine gewisse unitäre Matrix ist und die Eigenwerte von P_{R_m} gleich 0 oder 1 sind. Umgekehrt ist jede hermitesche Matrix der obigen Gestalt eine Projektionsmatrix in einen gewissen Unterraum, dessen Dimension gleich der Anzahl derjenigen Eigenwerte von P_{R_m} ist, die gleich 1 sind.

Man kann eine Projektionsmatrix auch anders definieren: Eine Projektionsmatrix ist eine hermitesche Matrix, die der Beziehung

$$P^2 = P \tag{203}$$

genügt.

In der Tat ist unter Beachtung von $1^2 = 1$ und $0^2 = 0$ unschwer zu verifizieren, daß eine Matrix der Gestalt (202) die Beziehung (203) erfüllt. Erfüllt umgekehrt eine gewisse hermitesche Matrix die Beziehung (203) und stellen wir sie in der Gestalt

$$P = U^{-1}[\lambda_1, \lambda_2, \ldots, \lambda_n]\, U$$

dar, so gilt wegen (203)

$$U^{-1}[\lambda_1^2, \lambda_2^2, \ldots, \lambda_n^2]\, U = U^{-1}[\lambda_1, \lambda_2, \ldots, \lambda_n]\, U,$$

d. h. $\lambda_k^2 = \lambda_k$ $(k = 1, 2, \ldots, n)$, woraus sofort folgt, daß $\lambda_k = 1$ oder 0 ist. Sind alle Eigenwerte der Matrix gleich 1, so ist diese Matrix die Einheitsmatrix, und ihr entspricht die identische Transformation, d. h. mit anderen Worten, die Projektion des Vektors in den ganzen Raum (der Vektor bleibt ungeändert). Schließen wir diesen trivialen Fall aus, so haben wir bei einer Projektionsmatrix mindestens einen Eigenwert 0. Daher ist die Determinante dieser Matrix, die gleich dem Produkt der Eigenwerte ist, ebenfalls gleich 0, und wir können natürlich nicht von der inversen Matrix P^{-1} sprechen. Wir bemerken noch, daß unmittelbar aus der Definition folgt, daß eine Projektionsmatrix P_{R_m} einen Vektor nicht ändert, wenn er dem Teilraum R_m angehört, und die Länge eines Vektors verkleinert, wenn er nicht zu R_m gehört.

Nach dieser einleitenden Übersicht gehen wir zur Betrachtung gewisser Operationen mit Projektionsmatrizen über. Es seien zwei Projektionsmatrizen P_R und P_S gegeben, deren Produkt gleich 0 ist, d. h. eine Matrix, deren Elemente sämtlich gleich 0 sind:

$$P_S P_R = 0. \tag{204}$$

Wir nehmen einen gewissen Vektor $\boldsymbol{x}$ aus dem Teilraum R derart, daß $P_R\boldsymbol{x} = \boldsymbol{x}$ ist. Aus Formel (204) folgt $P_S\boldsymbol{x} = 0$. Hieraus sieht man aber sofort, daß $\boldsymbol{x}$ zu jedem Vektor des Teilraumes S orthogonal ist. Sonst könnten wir nämlich im Teilraum S einen Einheitsvektor $\boldsymbol{y}$ finden, der zu $\boldsymbol{x}$ nicht orthogonal wäre, und indem wir ihn als ersten Grundvektor nehmen, hätten wir als erste Komponente des Vektors $\boldsymbol{x}$ eine von 0 verschiedene Größe, und bei der Projektion von $\boldsymbol{x}$ in S bliebe diese Komponente ungeändert. Also sehen wir, daß im Fall der Gültigkeit der Bedingung (204) jeder Vektor aus R zu jedem Vektor aus S orthogonal ist und umgekehrt. Dann gilt aber neben (204) auch

$$P_R P_S = 0. \tag{205}$$

In der Tat gehört für jeden Vektor $\boldsymbol{y}$ der Vektor $P_S\boldsymbol{y}$ zu S und ist daher zu jedem Vektor aus R orthogonal, d. h., für jeden Vektor $\boldsymbol{y}$ gilt

$$P_R P_S \boldsymbol{y} = 0\,,$$

das ist aber gerade mit (205) gleichbedeutend. Sind umgekehrt zwei Teilräume R und S in obigem Sinne zueinander orthogonal, dann gelten (204) und (205).

Wir betrachten jetzt die Summe zweier Projektionsmatrizen

$$P = P_R + P_S \tag{206}$$

und nehmen an, (204) und W(205) seien erfüllt. Wir zeigen, daß die Matrix (206), die offenbar hermitesch ist, ebenfalls eine Projektionsmatrix ist. Zu diesem Zweck überzeugen wir uns davon, daß ihr Quadrat mit ihr identisch ist:

$$P^2 = (P_R + P_S)\,(P_R + P_S) = P_R^2 + P_R P_S + P_S P_R + P_S^2\,.$$

Daraus folgt nach Voraussetzung und, da P_R und P_S Projektionsmatrizen sind,

$$P^2 = P_R + P_S = P\,.$$

Es ist nicht schwer zu zeigen, daß in diesem Fall die Matrix P der Projektion in den Teilraum $R + S$ entspricht, der die Vereinigung der Teilräume R und S in dem Sinne ist, daß $R + S$ aus der Gesamtheit aller Vektoren besteht, die zur Bildung der Räume R und S dienen; d. h., bilden $\boldsymbol{x}^{(1)}, \boldsymbol{x}^{(2)}, \ldots, \boldsymbol{x}^{(p)}$ den Raum R und $\boldsymbol{y}^{(1)}, \boldsymbol{y}^{(2)}, \ldots, \boldsymbol{y}^{(q)}$ den Raum S, so besteht $R + S$ aus allen Vektoren

$$C_1\boldsymbol{x}^{(1)} + \cdots + C_p\boldsymbol{x}^{(p)} + D_1\boldsymbol{y}^{(1)} + \cdots + D_q\boldsymbol{y}^{(q)}\,,$$

wobei C_k und D_k beliebige Konstanten sind. Obige Eigenschaft läßt sich auf beliebig, aber endlich viele Summanden verallgemeinern:

$$P = P_{S_1} + P_{S_2} + \cdots + P_{S_m}\,. \tag{207}$$

Sind die Teilräume S_k paarweise orthogonal, d. h., ist jeder beliebige Vektor aus S_i orthogonal zu jedem beliebigen Vektor aus S_j für $i \neq j$, so ist die Summe (207) die Matrix der Projektion in den Teilraum $S_1 + S_2 + \cdots + S_m$, der aus allen Vektoren besteht, welche die Teilräume S_k erzeugen. Speziell kann diese Summe gleich der Einheitsmatrix sein,

$$I = P_{S_1} + P_{S_2} + \cdots + P_{S_m}\,,$$

und in diesem Fall spricht man gewöhnlich von einer Zerlegung der Einheitsmatrix nach Projektionsmatrizen oder einfach von einer Zerlegung der Einheit.

Wir betrachten noch das Produkt zweier Projektionsmatrizen:

$$P = P_S P_R\,. \tag{208}$$

Damit dieses Produkt wieder eine Projektionsmatrix ist, muß es eine hermitesche Matrix sein, und dafür ist bekanntlich [**41**] notwendig, daß die Matrizen vertauschbar sind:

$$P_R P_S = P_S P_R\,. \tag{209}$$

Wir zeigen jetzt, daß diese Bedingung auch hinreichend ist, d.h. daß im gegebenen Fall das Quadrat der Matrix, P^2, mit P selbst identisch ist:

$$P^2 = P_S P_R P_S P_R$$

oder nach Vertauschung der Matrizen gemäß (209)

$$P^2 = P_S^2 P_R^2 = P_S P_R\,,$$

was zu zeigen war. Es ist leicht nachzuprüfen, daß im Fall der Vertauschbarkeit (209) die Matrix (208) eine Projektion in den Teilraum ist, der von denjenigen Vektoren gebildet wird, welche beiden Vektorräumen R und S gemeinsam sind.

Wir notieren noch ein Resultat, mit dessen Beweis wir uns nicht aufhalten wollen, da er keine Schwierigkeiten bietet: Ist der Unterraum S ein Teil des Unterraumes R, so ist die Differenz

$$P = P_R - P_S \tag{210}$$

ebenfalls eine Projektionsmatrix. Sind $x^{(k)}$ die Grundvektoren, die S aufspannen, so müssen wir, um die R bildenden Grundvektoren zu erhalten, zu den oben erwähnten Vektoren noch einen oder mehrere linear unabhängige Vektoren hinzunehmen. Letztere bilden für sich einen gewissen Teilraum T, und die Matrix (210) ist in dem betrachteten Fall genau die Projektionsmatrix in diesem Teilraum.

Unter Benutzung der Projektionsmatrizen kann man das Problem der Überführung einer hermiteschen Matrix auf Diagonalform völlig eindeutig formulieren, auch wenn mehrfache Eigenwerte auftreten.

Wir nehmen z. B. an, wir hätten eine hermitesche Matrix

$$A = U[\lambda_1, \lambda_2, \dots, \lambda_n]\, U^{-1},$$

wobei U eine gewisse unitäre Matrix ist. Wir setzen weiter voraus, die Zahlen λ_k zerfielen in zwei Klassen untereinander gleicher, wobei die ersten m gleich μ, die übrigen $n - m$ gleich ν seien:

$$A = U[\mu, \mu, \dots, \mu, \nu, \nu, \dots, \nu]\, U^{-1}.$$

Wir können unsere Matrix offenbar in der folgenden Gestalt schreiben:

$$A = \mu U[1, \dots, 1, 0, \dots, 0]\, U^{-1} + \nu U[0, \dots 0, 1, \dots, 1]\, U^{-1}.$$

Nun betrachten wir die Projektionsmatrizen

$$P_R = U[1, \dots, 1, 0, \dots, 0]\, U^{-1}, \qquad P_S = U[0, \dots, 0, 1, \dots, 1]\, U^{-1}.$$

Die entsprechenden Teilräume R und S sind offenbar zueinander orthogonal, und die Summe der Projektionsmatrizen ist die Einheitsmatrix. Wir haben daher in diesem Fall

$$A = \mu P_R + \nu P_S$$

mit

$$\lambda_1 = \lambda_2 = \dots = \lambda_m = \mu \quad \text{und} \quad \lambda_{m+1} = \lambda_{m+2} = \dots = \lambda_m = \nu .$$

Im allgemeinen Fall läuft die Überführung einer hermiteschen Matrix in Diagonalform auf eine Zerlegung der Einheit hinaus,

$$I = P_{S_1} + P_{S_2} + \dots + P_{S_m}, \tag{211}$$

bei der die Matrix A in der Gestalt

$$A = \mu_1 P_{S_1} + \mu_2 P_{S_2} + \dots + \mu_m P_{S_m} \tag{212}$$

dargestellt werden kann, wobei die μ_k die verschiedenen Eigenwerte von A sind. So entspricht jeder hermiteschen Matrix eine bestimmte Zerlegung der Einheit (211), bei der diese Matrix in der Gestalt (212) dargestellt ist.

Es ist nicht schwer, alle eben erhaltenen Resultate in die Sprache der hermiteschen Formen zu übersetzen. Jeder Projektionsmatrix P_R mit den Elementen p_{ik} entspricht eine gewisse hermitesche Form

$$P_R(x) = (P_R x, x) = \sum_{i,k=1}^{n} p_{ik} \overline{x_i} x_k, \tag{213}$$

die manchmal *Einzelform* genannt wird. Hat der entsprechende Teilraum R die Dimension m und wählen wir als erste Grundvektoren m zueinander orthogonale Einheitsvektoren des Raumes R, so hat unsere Form (213) in diesem Koordinatensystem folgende Gestalt:

$$(P_R x', x') = \overline{x_1'} x_1' + \overline{x_2'} x_2' + \dots + \overline{x_m'} x_m' .$$

Wir bemerken weiter, daß bei der Zerlegung der Einheit gemäß (211) für die Matrizen P_{S_k}, wenn als Grundvektoren in jedem Teilraum S_k zueinander orthogonale Einheitsvektoren gewählt werden, offenbar

$$\sum_{k=1}^{m} P_{S_k}(x') = \sum_{i=1}^{n} \overline{x_i'} x_i'$$

gilt und daher bei jeder Wahl der Koordinatenachsen die Summe

$$\sum_{k=1}^{m} P_{S_k}(\boldsymbol{x})$$

das Quadrat der Länge des Vektors ausdrückt. Wir können also sagen, daß *die Aufgabe, eine hermitesche Form A in eine Quadratsumme zu transformieren, gleichbedeutend ist mit den folgenden beiden Gleichungen*:

$$(A\boldsymbol{x}, \boldsymbol{x}) = \sum_{k=1}^{m} \mu_k P_{S_k}(\boldsymbol{x}) \,, \tag{214}$$

$$\|\boldsymbol{x}\|^2 = \sum_{k=1}^{m} P_{S_k}(\boldsymbol{x}) \,. \tag{215}$$

Die Einführung der Projektionsmatrizen erlaubt also, das Problem der Transformation einer hermiteschen Matrix auf Diagonalform zu formulieren, ohne spezielle Koordinatensysteme heranziehen zu müssen. Das gibt seinerseits die Möglichkeit, die vorstehenden Resultate mit entsprechenden Änderungen auch auf den Fall eines unendlichdimensionalen Raumes zu übertragen, was die Grundaufgabe des mathematischen Apparats der heutigen Quantenmechanik ist. Davon werden wir aber erst bedeutend später sprechen. Denn diese Erweiterung auf den Fall unendlich vieler Dimensionen führt uns aus dem Rahmen der Algebra hinaus und hängt wesentlich mit der Einführung analytischer Hilfsmittel zusammen.

44. Matrizenfunktionen. Eine Matrix kann als Argument einer Funktion auftreten. Wir beschränken uns hier auf die Betrachtung von ganz elementaren Funktionen, nämlich der *Polynome und rationalen Funktionen von Matrizen.* Eine ausführlichere Betrachtung der Theorie der Matrizenfunktionen bringen wir in Teil III/2 nach dem Studium der Theorie der Funktionen komplexer Veränderlicher. Ein Polynom $f(A)$ vom Grade m in einer Matrix A hat die Gestalt

$$f(A) = c_0 + c_1 A + \cdots + c_m A^m \,, \tag{216}$$

wobei die c_k gewisse Zahlenkoeffizienten sind. Die Wert der Funktion ist in diesem Fall wieder eine Matrix, deren Elemente offenbar durch

$$\{f(A)\}_{ik} = c_0 \delta_{ik} + c_1 \{A\}_{ik} + \cdots + c_m \{A^m\}_{ik}$$

gegeben werden, wobei $\delta_{ik} = 0$ für $i \neq k$ und $\delta_{ii} = 1$ ist.

Man kann auch Polynome von mehreren Matrizen betrachten, wobei allerdings die Nichtkommutativität dieser Matrizen bezüglich der Multiplikation zu beachten ist. Die allgemeine Gestalt eines Polynoms zweiten Grades in zwei Matrizenveränderlichen A und B ist

$$f(A, B) = c_0 + c_1 A + c_2 B + c_3 A^2 + c_4 B^2 + c_5 AB + c_6 BA \,.$$

Wir ersetzen in (216) die Matrix A durch eine ihr ähnliche $U^{-1}AU$. Unter Beachtung von $(U^{-1}AU)^k = U^{-1}A^kU$ erhalten wir

$$f(U^{-1}AU) = c_0 + c_1 U^{-1}AU + \cdots + c_m U^{-1}A^m U$$
$$= U^{-1}(c_0 + c_1 A + \cdots + c_m A^m)\, U \,,$$

d. h.

$$f(U^{-1}AU) = U^{-1} f(A)\, U \,. \tag{217}$$

Eine analoge Formel gilt auch für Polynome mehrerer Matrizen:

$$f(U^{-1}AU, U^{-1}BU) = U^{-1} f(A, B)\, U \,. \tag{218}$$

Wir gehen jetzt auf einige Einzelheiten im Fall hermitescher Matrizen ein. Ist A hermitesch, so folgt sofort aus der Definition, daß für jedes ganze positive k die Potenz A^k und jedes Produkt cA für reelles konstantes c ebenfalls hermitesch sind. Außerdem ist die Summe hermitescher Matrizen ebenfalls hermitesch. Hieraus folgt unmittelbar, daß in (216) mit hermiteschem A und reellen c_k der Funktionswert $f(A)$ ebenfalls eine hermitesche Matrix ist. Diese hermitesche Matrix $f(A)$ ist offenbar mit A vertauschbar, beide können daher gleichzeitig durch eine gewisse unitäre Transformation auf Diagonalform gebracht werden. Wir bemerken zunächst, daß wir beim Einsetzen einer Diagonalmatrix $[\lambda_1, \lambda_2, \dots, \lambda_n]$ für A in (216) schließlich wieder eine Diagonalmatrix erhalten:

$$\sum_{k=0}^{m} c_k[\lambda_1^k, \lambda_2^k, \dots, \lambda_n^k] = [f(\lambda_1), f(\lambda_2), \dots, f(\lambda_n)], \tag{219}$$

wobei $f(\lambda_k)$ der (Zahlen-)Wert des Polynoms ist, der sich beim Ersetzen von A durch die Zahl λ_k ergibt.

Wir nehmen jetzt an, V sei eine unitäre Transformation, die A auf Diagonalform bringt: $A = V[\lambda_1, \lambda_2, \dots, \lambda_n]\, V^{-1}$. Nach (217) und (219) gilt

$$f(A) = V[f(\lambda_1), f(\lambda_2), \dots, f(\lambda_n)]\, V^{-1},$$

d. h., V bringt auch $f(A)$ auf Diagonalform, wobei die $f(\lambda_k)$ die Eigenwerte der Matrix $f(A)$ sind.

Wir kommen jetzt zur Betrachtung rationaler Funktionen. Es seien $f_1(A)$ und $f_2(A)$ zwei Polynome der Matrix A. Wir betrachten ihren Quotienten

$$\frac{f_1(A)}{f_2(A)}. \tag{220}$$

Wie wir früher sahen, hat der Quotient zweier Matrizen im allgemeinen keinen bestimmten Wert [26], aber in unserem Fall erhalten wir für den Quotienten (220) wohl einen solchen, sobald die Determinante der Matrix $f_2(A)$ von 0 verschieden ist.

Den Quotienten (220) können wir auf zwei Arten schreiben:

$$f_1(A)\,[f_2(A)]^{-1} \quad \text{oder} \quad [f_2(A)]^{-1} f_1(A).$$

Wir zeigen, daß diese beiden Produkte einander gleich sind,

$$f_1(A)\,[f_2(A)]^{-1} = [f_2(A)]^{-1} f_1(A),$$

oder, was damit gleichbedeutend ist,

$$f_2(A)\, f_1(A) = f_1(A)\, f_2(A). \tag{221}$$

Da die Polynome nur eine einzige Matrix A enthalten, sind sie vertauschbar, d. h., (221) gilt tatsächlich, und der Quotient (220) hat einen wohlbestimmten Wert. Es ist ferner leicht nachzuprüfen, daß sich rationale Funktionen im Fall einer einzigen Matrix wie gewöhnliche Brüche multiplizieren lassen. In der Tat ist

$$\frac{f_1(A)}{f_2(A)} \cdot \frac{f_3(A)}{f_4(A)} = f_1(A)\,[f_2(A)]^{-1} f_3(A)\,[f_4(A)]^{-1}$$

oder, unter Beachtung der Vertauschbarkeit,

$$\frac{f_1(A)}{f_2(A)} \cdot \frac{f_3(A)}{f_4(A)} = f_1(A)\, f_3(A) \cdot [f_2(A)\, f_4(A)]^{-1} = \frac{f_1(A)\, f_3(A)}{f_2(A)\, f_4(A)}.$$

Als Beispiel betrachten wir einen Bruch der Gestalt

$$U = \frac{I + \mathrm{i}A}{I - \mathrm{i}A}, \tag{222}$$

in dem A eine hermitesche Matrix, d. h. $\bar{A}^* = A$, und I die Einheitsmatrix ist. Es ist leicht zu zeigen, daß U unitär, d. h.

$$\bar{U}^* = U^{-1} \tag{223}$$

ist. In der Tat gilt

$$\bar{U} = \frac{I - \mathrm{i}\bar{A}}{I + \mathrm{i}\bar{A}} = (I - \mathrm{i}\bar{A})\,(I + \mathrm{i}\bar{A})^{-1}\,.$$

Daraus folgt durch Übergang zur Transponierten [26]

$$\bar{U}^* = \big((I + \mathrm{i}\bar{A})^*\big)^{-1}\,(I - \mathrm{i}\bar{A})^* = (I + \mathrm{i}\bar{A}^*)^{-1}\,(I - \mathrm{i}\bar{A}^*)$$

oder wegen $\bar{A}^* = A$

$$\bar{U}^* = (I + \mathrm{i}A)^{-1}\,(I - \mathrm{i}A) = \frac{I - \mathrm{i}A}{I + \mathrm{i}A} = U^{-1}\,,$$

d. h., (223) ist erfüllt, und U ist wirklich unitär.

Die Formel (222) können wir in folgender Gestalt schreiben:

$$U(I - \mathrm{i}A) = (I + \mathrm{i}A)\,,$$

wobei wegen (222) U mit A vertauschbar, also

$$A = \mathrm{i}\,\frac{I - U}{U + I} \tag{224}$$

ist.

Ganz entsprechend kann man zeigen, daß für unitäres U und für von 0 verschiedene Determinante von $U + I$ die durch (224) definierte Matrix A hermitesch ist. Somit kann jede unitäre Matrix U, für die $D(U + I) \neq 0$ gilt, mittels einer hermiteschen Matrix A nach Formel (222) dargestellt werden.

45. Der unendlichdimensionale Raum. Wir führen jetzt den unendlichdimensionalen Raum ein. Vorher müssen wir den Limes einer komplexen Veränderlichen definieren. Wir nehmen an, eine komplexe Veränderliche $z = x + y\mathrm{i}$ durchlaufe nacheinander die Werte

$$z_1 = x_1 + y_1\,\mathrm{i}\,, \qquad z_2 = x_2 + y_2\,\mathrm{i}, \quad \ldots\,, \qquad z_n = x_n + y_n\,\mathrm{i}\,\,, \ldots \tag{225}$$

Dann heißt die komplexe Zahl $\alpha = a + b\,\mathrm{i}$ Limes der Folge (225), wenn der absolute Betrag der Differenz $\alpha - z_n$ bei unbegrenzt wachsendem n gegen 0 strebt, d. h. $|\alpha - z_n| \to 0$ geht für $n \to \infty$; man schreibt $\alpha = \lim z_n$ oder $z_n \to \alpha$. Nun gilt

$$|\alpha - z_n| = |(a - x_n) + (b - y_n)\,\mathrm{i}| = \sqrt{(a - x_n)^2 + (b - y_n)^2}\,.$$

Da beide Summanden unter dem Wurzelzeichen nicht negativ sind, ist die Bedingung $|\alpha - z_n| \to 0$ gleichbedeutend mit den beiden Bedingungen $x_n \to a$ und $y_n \to b$. Also ist

$$x_n + y_n\,\mathrm{i} \to a + b\,\mathrm{i} \tag{226}$$

gleichbedeutend mit $x_n \to a$ und $y_n \to b$. Wir betrachten jetzt eine Reihe mit komplexen Gliedern:

$$\sum_{k=1}^{\infty} (a_k + b_k \mathrm{i}) \,. \tag{227}$$

Sie heißt konvergent, wenn die Summe ihrer ersten n Glieder

$$S_n = \sum_{k=1}^{n} (a_k + b_k \mathrm{i}) = (a_1 + a_2 + \cdots + a_n) + (b_1 + b_2 + \cdots + b_n)\,\mathrm{i}$$

bei unbegrenzt wachsendem n gegen einen Limes strebt: $S_n \to (a + b\,\mathrm{i})$, und dieser Limes $a + b\,\mathrm{i}$ heißt die Summe der Reihe. Aus der Definition des Limes folgt, daß die Konvergenz der Reihe (227) gleichbedeutend ist mit der Konvergenz der Reihen

$$a = \sum_{k=1}^{\infty} a_k \quad \text{und} \quad b = \sum_{k=1}^{\infty} b_k \,, \tag{228}$$

die aus den Realteilen bzw. Imaginärteilen der Glieder der Reihe (227) gebildet sind.

Wir nehmen jetzt an, die aus den absoluten Beträgen der Glieder der Reihe (227) gebildete Reihe

$$\sum_{k=1}^{\infty} |a_k + \mathrm{i} b_k| = \sum_{k=1}^{\infty} \sqrt{a_k^2 + b_k^2} \tag{229}$$

konvergiere. Wegen der trivialen Ungleichungen

$$|a_k| \leqq \sqrt{a_k^2 + b_k^2} \quad \text{und} \quad |b_k| \leqq \sqrt{a_k^2 + b_k^2} \tag{230}$$

konvergieren dann auch die Reihen (228), und sie konvergieren sogar absolut. Daher konvergiert auch die Reihe (227); ist also (229) konvergent, so konvergiert (227) erst recht. In diesem Fall heißt die Reihe (227) *absolut konvergent.* Unter Benutzung des gewöhnlichen Cauchyschen Kriteriums können wir eine notwendige und hinreichende Bedingung für die absolute Konvergenz formulieren: Zu jedem noch so kleinen positiven ε existiert ein N derart, daß

$$\sum_{k=1}^{n+p} |a_k + \mathrm{i} b_k| < \varepsilon \tag{231}$$

ist für $n > N$ und jedes positive ganze p.

Wir wenden jetzt unser Ergebnis auf einen Spezialfall an, der im folgenden eine wesentliche Rolle spielen wird. Wir betrachten eine Reihe der Gestalt

$$\sum_{k=1}^{\infty} \alpha_k \beta_k \,, \tag{232}$$

wobei α_k und β_k gewisse komplexe Zahlen sind, von denen bekannt ist, daß die Reihen

$$\sum_{k=1}^{\infty} |\alpha_k|^2 \quad \text{und} \quad \sum_{k=1}^{\infty} |\beta_k|^2 \tag{233}$$

konvergieren. Wir wenden die in [29] bewiesene Ungleichung

$$\left\{\sum_{k=n}^{n+p} |\alpha_k \beta_k|\right\}^2 \leqq \sum_{k=n}^{n+p} |\alpha_k|^2 \sum_{k=n}^{n+p} |\beta_k|^2$$

an. Wenn wir die Konvergenz der Reihen (233) beachten, ergibt sich hieraus, daß die Summe

$$\sum_{k=n}^{n+p} |\alpha_k \beta_k|$$

für große n und alle p beliebig klein wird; die Konvergenz von (233) gewährleistet also die absolute Konvergenz von (232).

Wir betrachten jetzt die Reihe

$$\sum_{k=1}^{\infty} |\alpha_k + \beta_k|^2 = \sum_{k=1}^{\infty} (\alpha_k + \beta_k)(\bar{\alpha}_k + \bar{\beta}_k), \tag{234}$$

wobei wir wie oben annehmen, daß die Reihen (233) konvergieren. Die Reihe (234) kann als Summe der vier Reihen

$$\sum_{k=1}^{\infty} |\alpha_k|^2, \qquad \sum_{k=1}^{\infty} |\beta_k|^2, \qquad \sum_{k=1}^{\infty} \alpha_k \bar{\beta}_k, \qquad \sum_{k=1}^{\infty} \bar{\alpha}_k \beta_k$$

dargestellt werden. Die ersten beiden konvergieren nach Voraussetzung. Die Konvergenz der letzten beiden folgt aus der oben bewiesenen Beziehung; die Konvergenz der Reihen (233) sichert also auch die der Reihe (234).

Wir wenden uns jetzt der Betrachtung eines *unendlichdimensionalen Raumes* zu. Wir verstehen unter einem *Vektor* dieses Raumes eine unendliche Folge komplexer Zahlen $x_1, x_2, \ldots$, also $\boldsymbol{x} = (x_1, x_2, \ldots)$; dabei nehmen wir stets an, daß diese Zahlen der Bedingung unterworfen sind, daß die Reihe

$$\sum_{k=1}^{\infty} |x_k|^2 \tag{235}$$

konvergiert. Die Gesamtheit dieser Vektoren wird gewöhnlich *Hilbertscher Raum* genannt, da dieser Raum zuerst von Hilbert untersucht wurde. Zur Abkürzung werden wir ihn im folgenden mit l_2 bezeichnen.

Für die Vektoren von l_2 führen wir wie oben als Grundoperationen die Multiplikation eines Vektors mit einer Zahl und die Vektoraddition ein. Sind x_k die Komponenten von $\boldsymbol{x}$, so seien die Komponenten des Vektors $c\boldsymbol{x}$, wobei c eine komplexe Zahl ist, die Zahlen cx_k. Sind x_k und y_k die Komponenten von $\boldsymbol{x}$ und $\boldsymbol{y}$, so seien die Komponenten des Vektors $\boldsymbol{x} + \boldsymbol{y}$ die Zahlen $x_k + y_k$. Die Differenz $\boldsymbol{x} - \boldsymbol{y}$ ist die Summe von $\boldsymbol{x}$ und $(-1)\,\boldsymbol{y}$ [12]. Da die Reihe (235) konvergiert, konvergiert offenbar auch $\sum_{k=1}^{\infty} |cx_k|^2$. Ebenso folgt aus der Konvergenz der Reihen

$$\sum_{k=1}^{\infty} |x_k|^2 \quad \text{und} \quad \sum_{k=1}^{\infty} |y_k|^2$$

nach dem oben Gesagten, daß auch die Reihe

$$\sum_{k=1}^{\infty} |x_k + y_k|^2$$

konvergiert, d. h., die Zahlenfolgen $(cx_1, cx_2, \ldots)$ und $(x_1 + y_1, x_2 + y_2, \ldots)$ bestimmen die Vektoren $c\boldsymbol{x}$ bzw. $\boldsymbol{x} + \boldsymbol{y}$ in l_2, wenn $\boldsymbol{x}$ und $\boldsymbol{y}$ zu l_2 gehören. Der Nullvektor ist derjenige Vektor, dessen Komponenten alle gleich 0 sind. Wir werden ihn ebenfalls mit 0 bezeichnen.

Die Vektoroperationen gehorchen den gewöhnlichen Regeln (siehe [12]):

$$\boldsymbol{x} + \boldsymbol{y} = \boldsymbol{y} + \boldsymbol{x}\,, \qquad (\boldsymbol{x} + \boldsymbol{y}) + \boldsymbol{z} = \boldsymbol{x} + (\boldsymbol{y} + \boldsymbol{z})\,,$$

$$(a + b)\,\boldsymbol{x} = a\boldsymbol{x} + b\boldsymbol{x}\,, \qquad a(\boldsymbol{x} + \boldsymbol{y}) = a\boldsymbol{x} + a\boldsymbol{y}\,, \qquad a(b\boldsymbol{x}) = (ab)\,\boldsymbol{x}\,.$$

Entsprechend können wir für zwei Vektoren $\boldsymbol{x}$ und $\boldsymbol{y}$ aus l_2 das innere Produkt bilden:

$$(\boldsymbol{x}, \boldsymbol{y}) = \sum_{k=1}^{\infty} x_k \bar{y}_k\,.$$

Daraus folgen die Formeln

$$(\boldsymbol{y}, \boldsymbol{x}) = \overline{(\boldsymbol{x}, \boldsymbol{y})}\,, \qquad (a\boldsymbol{x}, \boldsymbol{y}) = a(\boldsymbol{x}, \boldsymbol{y})\,, \qquad (\boldsymbol{x}, a\boldsymbol{y}) = \bar{a}(\boldsymbol{x}, \boldsymbol{y})\,,$$

$$(\boldsymbol{x} + \boldsymbol{y}, \boldsymbol{z}) = (\boldsymbol{x}, \boldsymbol{z}) + (\boldsymbol{y}, \boldsymbol{z})\,, \qquad (\boldsymbol{z}, \boldsymbol{x} + \boldsymbol{y}) = (\boldsymbol{z}, \boldsymbol{x}) + (\boldsymbol{z}, \boldsymbol{y})\,.$$

Die Summe

$$(\boldsymbol{x}, \boldsymbol{x}) = \sum_{k=1}^{\infty} |x_k|^2 \tag{236}$$

bestimmt das Quadrat der Länge oder, wie man auch sagt, das Quadrat der *Norm* des Vektors $\boldsymbol{x}$. Wir führen dafür folgende Bezeichnung ein:

$$\sum_{k=1}^{\infty} |x_k|^2 = ||\boldsymbol{x}||^2\,, \tag{237}$$

d. h., $||\boldsymbol{x}||$ bezeichnet die Norm des Vektors $\boldsymbol{x}$.

Für das Skalarprodukt gilt die Ungleichung [30]

$$|(\boldsymbol{x}, \boldsymbol{y})| \leqq ||\boldsymbol{x}|| \cdot ||\boldsymbol{y}||\,, \tag{238}$$

und genau wie in [30] folgt hieraus die Dreiecksungleichung

$$||\boldsymbol{x} + \boldsymbol{y}|| \leqq ||\boldsymbol{x}|| + ||\boldsymbol{y}||\,. \tag{239}$$

Die Norm ist für jeden Vektor positiv außer für den Nullvektor, für den sie verschwindet. Zwei Vektoren $\boldsymbol{u}$ und $\boldsymbol{v}$ heißen *zueinander orthogonal* oder einfach *orthogonal,* wenn ihr inneres Produkt verschwindet, d. h. $(\boldsymbol{u}, \boldsymbol{v}) = 0$ oder $(\boldsymbol{v}, \boldsymbol{u}) = 0$ gilt, wobei die eine dieser Gleichungen aus der anderen folgt.

Sind die Vektoren $\boldsymbol{x}^{(k)}$ $(k = 1, 2, \ldots, m)$ paarweise orthogonal, d. h. $(\boldsymbol{x}^{(i)}, \boldsymbol{x}^{(j)}) = 0$ für $i \neq j$, so gilt offenbar

$$\begin{aligned}&(\boldsymbol{x}^{(1)} + \boldsymbol{x}^{(2)} + \cdots + \boldsymbol{x}^{(m)},\ \boldsymbol{x}^{(1)} + \boldsymbol{x}^{(2)} + \cdots + \boldsymbol{x}^{(m)})\\ &= (\boldsymbol{x}^{(1)}, \boldsymbol{x}^{(1)}) + (\boldsymbol{x}^{(2)}, \boldsymbol{x}^{(2)}) + \cdots + (\boldsymbol{x}^{(m)}, \boldsymbol{x}^{(m)})\end{aligned}$$

oder, was dasselbe ist,

$$||\boldsymbol{x}^{(1)} + \boldsymbol{x}^{(2)} + \cdots + \boldsymbol{x}^{(m)}||^2 = ||\boldsymbol{x}^{(1)}||^2 + ||\boldsymbol{x}^{(2)}||^2 + \cdots + ||\boldsymbol{x}^{(m)}||^2\,, \tag{240}$$

d. h., *das Quadrat der Norm einer Summe paarweise orthogonaler Vektoren ist gleich der Summe der Quadrate ihrer Summanden.* Man nennt diese Aussage auch den *Satz des Pythagoras.* Aus der Definition der Norm folgt sofort, daß für beliebiges komplexes c für die Norm des Vektors $c\boldsymbol{x}$

$$||c\boldsymbol{x}|| = |c| \cdot ||\boldsymbol{x}||$$

gilt. Man sagt, die Vektoren

$$\boldsymbol{x}^{(1)}, \boldsymbol{x}^{(2)}, \ldots, \boldsymbol{x}^{(m)} \tag{241}$$

bilden ein *Orthonormalsystem*, wenn sie paarweise orthogonal sind und ihre Norm gleich 1 ist, d. h.

$$(\boldsymbol{x}^{(i)}, \boldsymbol{x}^{(k)}) = \delta_{ik} ,$$

wobei $\delta_{ik} = 0$ für $i \neq k$ und $\delta_{ii} = 1$ ist. Aus (240) folgt dann

$$||\alpha_1 \boldsymbol{x}^{(1)} + \alpha_2 \boldsymbol{x}^{(2)} + \cdots + \alpha_m \boldsymbol{x}^{(m)}||^2 = |\alpha_1|^2 + |\alpha_2|^2 + \cdots + |\alpha_m|^2 ,$$

wobei die α_k beliebige komplexe Zahlen sind. Orthonormierte Systeme können aus einer unendlichen Menge von Vektoren bestehen. Als Beispiel wollen wir die natürlichen Einheitsvektoren des Raumes l_2 anführen:

$$\boldsymbol{a}^{(1)} = (1, 0, 0, 0, \ldots) , \quad \boldsymbol{a}^{(2)} = (0, 1, 0, 0, \ldots) , \quad \boldsymbol{a}^{(3)} = (0, 0, 1, 0, \ldots) , \ldots$$

Für die Komponenten eines beliebigen Vektors $\boldsymbol{y} = (y_1, y_2, \ldots)$ gilt

$$y_k = (\boldsymbol{y}, \boldsymbol{a}^{(k)}) .$$

Wir wollen jetzt zu dem endlichen orthonormierten System (241) zurückkehren. Das Skalarprodukt $(\boldsymbol{y}, \boldsymbol{x}^{(k)})$ nennt man häufig *Fourierkoeffizient* des Vektors $\boldsymbol{y}$ bezüglich des orthonormierten Systems (241) oder *Projektion von* $\boldsymbol{y}$ *auf die Achse* $\boldsymbol{x}^{(k)}$. Die Summe

$$\sum_{k=1}^{m} (\boldsymbol{y}, \boldsymbol{x}^{(k)})\, \boldsymbol{x}^{(k)}$$

ist im allgemeinen vom Vektor $\boldsymbol{y}$ verschieden. Wir stellen jetzt den Vektor $\boldsymbol{y}$ in der Gestalt

$$\boldsymbol{y} = \sum_{k=1}^{m} (\boldsymbol{y}, \boldsymbol{x}^{(k)})\, \boldsymbol{x}^{(k)} + \boldsymbol{u} \tag{242}$$

dar. Wenn wir beide Seiten dieser Gleichung skalar mit $\boldsymbol{x}^{(l)}$ multiplizieren und beachten, daß das System (241) orthonormiert ist, erhalten wir $(\boldsymbol{y}, \boldsymbol{x}^{(l)}) = (\boldsymbol{y}, \boldsymbol{x}^{(l)}) + (\boldsymbol{u}, \boldsymbol{x}^{(l)})$, d. h.

$$(\boldsymbol{u}, \boldsymbol{x}^{(l)}) = 0 \qquad (l = 1, 2, \ldots , m)$$

oder, mit anderen Worten, der Vektor $\boldsymbol{u}$ ist zu allen Vektoren $\boldsymbol{x}^{(k)}$ $(k = 1, 2, \ldots , m)$ orthogonal. Wir können also auf die rechte Seite der Gleichung (242) den Satz des Pythagoras anwenden:

$$||\boldsymbol{y}||^2 = \sum_{k=1}^{m} |(\boldsymbol{y}, \boldsymbol{x}^{(k)})|^2 + ||\boldsymbol{u}||^2 ; \tag{243}$$

daraus folgt unmittelbar die sogenannte *Besselsche Ungleichung*

$$\sum_{k=1}^{m} |(\boldsymbol{y}, \boldsymbol{x}^{(k)})|^2 \leqq ||\boldsymbol{y}||^2 . \tag{244}$$

In dieser Ungleichung gilt das Gleichheitszeichen genau dann, wenn $\boldsymbol{u} = 0$ ist, d. h., wenn $\boldsymbol{u}$ der Nullvektor ist. Das folgt unmittelbar aus (243).

Für die Übertragung der letzten Resultate auf den Fall unendlicher orthonormierter Systeme müssen wir den Begriff des Grenzwertes einer Vektorfolge einführen und unendliche Reihen betrachten, deren Glieder Vektoren in l_2 sind.

46. Konvergenz von Vektoren. Wir klären jetzt den Begriff des *Limes eines veränderlichen Vektors.* Es sei eine Folge von Vektoren $\boldsymbol{v}^{(k)}$ gegeben, wobei k die Werte 1, 2, ... durchläuft und mit $v_1^{(k)}, v_2^{(k)}, \ldots$ die Komponenten des Vektors $\boldsymbol{v}^{(k)}$ bezeichnet werden. Wir sagen, daß die Vektoren $\boldsymbol{v}^{(k)}$ *gegen den Vektor* $\boldsymbol{v}$ *streben* (*den Limes* $\boldsymbol{v}$ *haben*), wenn für $k \to \infty$

$$||\boldsymbol{v} - \boldsymbol{v}^{(k)}|| \to 0 \,, \qquad \text{d. h.} \qquad ||\boldsymbol{v} - \boldsymbol{v}^{(k)}||^2 \to 0 \tag{245}$$

gilt. Bezeichnen wir mit $v_1, v_2, \ldots$ die Komponenten von $\boldsymbol{v}$, so können wir (245) in der Gestalt

$$\lim_{k \to \infty} \sum_{k=1}^{\infty} [|v_1 - v_1^{(k)}|^2 + |v_2 - v_2^{(k)}|^2 + \cdots] = 0 \tag{246}$$

schreiben. Da diese Summe positiver Summanden gegen 0 strebt, muß das auch für jeden Summanden gelten; aus (246) folgt

$$\lim_{k \to \infty} |v_m - v_m^{(k)}| = 0 \qquad (m = 1, 2, \ldots) \,, \tag{247}$$

d. h., jede Komponente $v_m^{(k)}$ konvergiert gegen die Komponente v_m oder, genauer gesagt, der Real- und der Imaginärteil von $v_m^{(k)}$ streben gegen Real- bzw. Imaginärteil von v_m [**45**]. Wir bemerken, daß die umgekehrte Aussage nicht richtig ist, d. h. aus (247) folgt noch nicht (246). Wir nehmen z. B. an, $\boldsymbol{v}^{(k)}$ habe die Komponenten $(0, \ldots, 0, 1, 0, \ldots)$, wobei die Eins an der k-ten Stelle steht. Wenn k unbegrenzt wächst, strebt jede Komponente gegen 0; für jedes ganze m gilt also $v_m^{(k)} \to 0$, d. h. $v_m = 0$ $(m = 1, 2, \ldots)$, während die Summe (246) stets gleich 1 bleibt.

Strebt die Folge $v^{(k)}$ gegen $\boldsymbol{v}$, so schreibt man $\boldsymbol{v}^{(k)} \Rightarrow \boldsymbol{v}$.

Wir betrachten noch ein Beispiel, in dem Konvergenz stattfindet. Es sei $\boldsymbol{v} = (v_1, v_2, \ldots)$ ein Vektor. Wir bestimmen die Vektoren $\boldsymbol{v}^{(k)}$ folgendermaßen: Die ersten k Komponenten des Vektors $\boldsymbol{v}^{(k)}$ seien gleich denen von $\boldsymbol{v}$, und die übrigen seien 0, d. h.

$$\boldsymbol{v}^{(k)} = (v_1, v_2, \ldots, v_k, 0, 0, \ldots) \,.$$

Es ist nicht schwer zu zeigen, daß $\boldsymbol{v}^{(k)} \Rightarrow \boldsymbol{v}$ gilt. In der Tat ist

$$||\boldsymbol{v} - \boldsymbol{v}^{(k)}||^2 = \sum_{n=k+1}^{\infty} |v_n|^2 \,,$$

und wegen der Konvergenz der Reihe mit dem allgemeinen Glied $|v_n|^2$ strebt die Summe bei unbegrenzt wachsendem k gegen 0.

Wir geben noch einige einfache Regeln an, die mit dem Limesbegriff zusammenhängen. Gilt $\boldsymbol{u}^{(k)} \Rightarrow \boldsymbol{u}$ und $\boldsymbol{v}^{(k)} \Rightarrow \boldsymbol{v}$, so gilt

$$\boldsymbol{u}^{(k)} + \boldsymbol{v}^{(k)} \Rightarrow \boldsymbol{u} + \boldsymbol{v} \quad \text{und} \quad (\boldsymbol{u}^{(k)}, \boldsymbol{v}^{(k)}) \to (\boldsymbol{u}, \boldsymbol{v}) \,.$$

Wir bemerken, daß das innere Produkt eine komplexe Zahl ist und wir daher in der letzten Formel $\to$ und nicht $\Rightarrow$ schreiben müssen. Man kann sagen, daß die Formel die Stetigkeit des inneren Produkts zum Ausdruck bringt. Es ist wegen (239)

$$\begin{aligned} ||(\boldsymbol{u} + \boldsymbol{v}) - (\boldsymbol{u}^{(k)} + \boldsymbol{v}^{(k)})|| &= ||(\boldsymbol{u} - \boldsymbol{u}^{(k)}) + (\boldsymbol{v} - \boldsymbol{v}^{(k)})|| \\ &\leqq ||\boldsymbol{u} - \boldsymbol{u}^{(k)}|| + ||\boldsymbol{v} - \boldsymbol{v}^{(k)}|| \,, \end{aligned}$$

wobei nach Definition des Limes $||\boldsymbol{u} - \boldsymbol{u}^{(k)}|| \to 0$ und $||\boldsymbol{v} - \boldsymbol{v}^{(k)}|| \to 0$ gilt. Aus der letzten Ungleichung folgt, daß auch

$$||(\boldsymbol{u} + \boldsymbol{v}) - (\boldsymbol{u}^{(k)} + \boldsymbol{v}^{(k)})|| \to 0$$

gilt, d. h. $\boldsymbol{u}^{(k)} + \boldsymbol{v}^{(k)} \Rightarrow \boldsymbol{u} + \boldsymbol{v}$. Ferner folgt nach der Limesdefinition

$$\boldsymbol{u}^{(k)} = \boldsymbol{u} + \boldsymbol{s}^{(k)}, \qquad \boldsymbol{v}^{(k)} = \boldsymbol{v} + \boldsymbol{t}^{(k)},$$

wobei $\|\boldsymbol{s}^{(k)}\| \to 0$ und $\|\boldsymbol{t}^{(k)}\| \to 0$ gilt. Für das innere Produkt gilt

$$(\boldsymbol{u}^{(k)}, \boldsymbol{v}^{(k)}) = (\boldsymbol{u} + \boldsymbol{s}^{(k)}, \boldsymbol{v} + \boldsymbol{t}^{(k)}) = (\boldsymbol{u}, \boldsymbol{v}) + (\boldsymbol{u}, \boldsymbol{t}^{(k)}) + (\boldsymbol{s}^{(k)}, \boldsymbol{v}) + (\boldsymbol{s}^{(k)}, \boldsymbol{t}^{(k)}),$$

woraus sich

$$|(\boldsymbol{u}, \boldsymbol{v}) - (\boldsymbol{u}^{(k)}, \boldsymbol{v}^{(k)})| \leqq |(\boldsymbol{u}, \boldsymbol{t}^{(k)})| + |(\boldsymbol{s}^{(k)}, \boldsymbol{v})| + |(\boldsymbol{s}^{(k)}, \boldsymbol{t}^{(k)})|$$

oder nach (238)

$$|(\boldsymbol{u}, \boldsymbol{v}) - (\boldsymbol{u}^{(k)}, \boldsymbol{v}^{(k)})| \leqq \|\boldsymbol{u}\| \cdot \|\boldsymbol{t}^{(k)}\| + \|\boldsymbol{s}^{(k)}\| \cdot \|\boldsymbol{v}\| + \|\boldsymbol{s}^{(k)}\| \cdot \|\boldsymbol{t}^{(k)}\|$$

ergibt. Die rechte Seite strebt gegen 0, also auch

$$|(\boldsymbol{u}, \boldsymbol{v}) - (\boldsymbol{u}^{(k)}, \boldsymbol{v}^{(k)})| \to 0, \quad \text{d. h.} \quad (\boldsymbol{u}^{(k)}, \boldsymbol{v}^{(k)}) \to (\boldsymbol{u}, \boldsymbol{v}).$$

Insbesondere gilt $(\boldsymbol{u}^{(k)}, \boldsymbol{u}^{(k)}) \to (\boldsymbol{u}, \boldsymbol{u})$, d. h. $\|\boldsymbol{u}^{(k)}\|^2 \to \|\boldsymbol{u}\|^2$ oder $\|\boldsymbol{u}^{(k)}\| \to \|\boldsymbol{u}\|$. Es ist auch leicht zu zeigen, daß im Fall der Konvergenz der Zahlenfolge c_k gegen c auch $c_k\boldsymbol{u}^{(k)} \Rightarrow c\boldsymbol{u}$ gilt.

Es gibt eine notwendige und hinreichende Bedingung für die Existenz eines Limes, die dem gewöhnlichen Cauchyschen Kriterium entspricht. Wir formulieren sie für unseren Fall. Es sei eine Folge von Vektoren

$$\boldsymbol{v}^{(k)} \quad (k = 1, 2, \ldots) \tag{248}$$

gegeben. Diese Folge hat genau dann einen Limes, wenn folgende Bedingung erfüllt ist: Zu jedem positiven ε existiert ein N derart, daß

$$\|\boldsymbol{v}^{(n)} - \boldsymbol{v}^{(m)}\| < \varepsilon \tag{249}$$

gilt, sobald $n, m > N$ ist.

Wir zeigen zunächst die Notwendigkeit der Bedingung. Die Folge (248) habe den Limes $\boldsymbol{v}$. Wir können dann

$$\boldsymbol{v}^{(n)} - \boldsymbol{v}^{(m)} = (\boldsymbol{v}^{(n)} - \boldsymbol{v}) + (\boldsymbol{v} - \boldsymbol{v}^{(m)})$$

schreiben, woraus wegen der Dreiecksungleichung

$$\|\boldsymbol{v}^{(n)} - \boldsymbol{v}^{(m)}\| \leqq \|\boldsymbol{v}^{(n)} - \boldsymbol{v}\| + \|\boldsymbol{v} - \boldsymbol{v}^{(m)}\|$$

folgt. Aus der Limesdefinition ergibt sich sofort, daß beide Summanden der rechten Seite für wachsende n und m gegen 0 streben; folglich gilt das auch für die linke Seite, d. h., die Bedingung (249) muß notwendigerweise erfüllt sein. Wir beweisen jetzt, daß (249) hinreichend ist, nehmen dazu die Bedingung (249) als erfüllt an und zeigen, daß die Folge (248) gegen einen Limes strebt. Ausgeschrieben lautet (249)

$$\sum_{s=1}^{\infty} |v_s^{(n)} - v_s^{(m)}|^2 \leqq \varepsilon^2 \quad \text{für} \quad n, m > N, \tag{250}$$

wobei $v_s^{(j)}$ die Komponenten von $\boldsymbol{v}^{(j)}$ sind. Hieraus folgt sofort, daß für beliebiges s

$$|v_s^{(n)} - v_s^{(m)}| \leqq \varepsilon \quad \text{für} \quad n, m > N$$

gilt. Wenn wir dies in Real- und Imaginärteil zerlegen,

$$v_s^{(n)} = \alpha_s^{(n)} + i\beta_s^{(n)},$$

können wir auch

$$|\alpha_s^{(n)} - \alpha_s^{(m)}| \leqq \varepsilon \quad \text{und} \quad |\beta_s^{(n)} - \beta_s^{(m)}| < \varepsilon$$

schreiben.

Die Anwendung des gewöhnlichen Cauchyschen Kriteriums [I, 31] sichert die Existenz der Limites α_s bzw. β_s für $\alpha_s^{(n)}$ bzw. $\beta_s^{(n)}$; daher hat die Folge $v_s^{(n)}$ den komplexen Limes $\alpha_s + i\beta_s$. Wir bezeichnen ihn mit v_s und zeigen zunächst, daß die Reihe $\sum\limits_{s=1}^{\infty} |v_s|^2$ konvergiert und daher die v_s die Komponenten eines Vektors sind. Nehmen wir in der Summe (250) endlich viele Summanden und gehen wir in dieser endlichen Summe zum Limes für $n \to \infty$ über, so erhalten wir

$$\sum_{s=1}^{M} |v_s - v_s^{(m)}|^2 \leqq \varepsilon^2,$$

wobei M eine beliebige natürliche Zahl ist. Gehen wir in dieser Beziehung zum Limes für $M \to \infty$ über, so ergibt sich

$$\sum_{s=1}^{\infty} |v_s - v_s^{(m)}|^2 \leqq \varepsilon^2, \tag{251}$$

woraus sofort folgt, daß die Zahlen $v_s - v_s^{(m)}$ die Komponenten eines gewissen Vektors bilden. Dasselbe wissen wir von den Zahlen $v_s^{(m)}$, folglich können wir das gleiche von ihrer Summe, d. h. von den Zahlen v_s, sagen. Also sind diese Zahlen die Komponenten eines Vektors $\boldsymbol{v}$, und die Ungleichung (251) kann in der Gestalt

$$||\boldsymbol{v} - \boldsymbol{v}^{(m)}|| \leqq \varepsilon$$

für $m > N$ geschrieben werden, d. h. $\boldsymbol{v}^{(m)} \to \boldsymbol{v}$; also hat die Folge (248) in der Tat einen Limes. Jede Komponente v_s des Vektors $\boldsymbol{v}$ läßt sich offenbar als Limes $v_s^{(m)}$ bestimmen, woraus unmittelbar folgt, daß dieser Limes eindeutig ist. Wir betrachten jetzt die unendliche Summe von Vektoren

$$\boldsymbol{u}^{(1)} + \boldsymbol{u}^{(2)} + \cdots. \tag{252}$$

Sie heißt konvergent, wenn die Summe der ersten n Summanden

$$\boldsymbol{s}^{(n)} = \boldsymbol{u}^{(1)} + \boldsymbol{u}^{(2)} + \cdots + \boldsymbol{u}^{(n)}$$

im obigen Sinne einen Limes für $n \to \infty$ hat. Nach dem Cauchyschen Kriterium ist für die Konvergenz notwendig und hinreichend, daß die Ungleichung

$$||\boldsymbol{s}^{(n+p)} - \boldsymbol{s}^{(n)}|| = ||\boldsymbol{u}^{(n+1)} + \boldsymbol{u}^{(n+2)} + \cdots + \boldsymbol{u}^{(n+p)}|| \leqq \varepsilon \tag{253}$$

für $n > N$ und beliebiges p gilt.

Unter Beachtung der Stetigkeit des inneren Produkts gilt [46]: Wenn die Reihe (252) konvergiert und die Summe $\boldsymbol{s}$ hat und $\boldsymbol{z}$ ein beliebiges Element aus l_2 ist, dann ist

$$(\boldsymbol{s}, \boldsymbol{z}) = \sum_{k=1}^{\infty} (\boldsymbol{u}^{(k)}, \boldsymbol{z}) \quad \text{und} \quad (\boldsymbol{z}, \boldsymbol{s}) = \sum_{k=1}^{\infty} (\boldsymbol{z}, \boldsymbol{u}^{(k)}). \tag{254}$$

Das bedeutet, daß die inneren Produkte $(\boldsymbol{s}, \boldsymbol{z})$ und $(\boldsymbol{z}, \boldsymbol{s})$ gliedweise berechnet werden können.

Wir stellen jetzt eine notwendige und hinreichende Bedingung dafür auf, daß die aus paarweise orthogonalen Vektoren $\boldsymbol{u}^{(k)}$ bestehende Reihe (252) konvergiert. Wir müssen dazu nach dem Cauchyschen Kriterium den Ausdruck (253) bilden, der nach dem Satz des PYTHAGORAS gleich

$$||\boldsymbol{u}^{(n+1)}||^2 + ||\boldsymbol{u}^{(n+2)}||^2 + \cdots + ||\boldsymbol{u}^{(n+p)}||^2$$

ist. Hieraus folgt sofort, daß *für die Konvergenz der Reihe notwendig und hinreichend ist, daß die Reihe der Quadrate der Normen der Vektoren konvergiert.* Dieses Resultat kann man auch wie folgt ausdrücken: Es seien $\boldsymbol{x}^{(k)}$ $(k = 1, 2, \ldots)$ paarweise orthonormierte Vektoren, und wir bilden die Reihe

$$\sum_{k=1}^{\infty} \alpha_k \boldsymbol{x}^{(k)} \tag{255}$$

mit beliebigen komplexen Zahlen α_k. Notwendig und hinreichend für die Konvergenz dieser Reihe ist die Konvergenz der Reihe

$$\sum_{k=1}^{\infty} |\alpha_k|^2 .$$

Unter anderem folgt hieraus unmittelbar, daß eine Umordnung der Summanden in der Reihe (255) deren Konvergenz nicht beeinflußt. Es ist auch nicht schwer zu zeigen, daß sich bei einer solchen Umordnung auch die Summe (255) nicht ändert. Wir nehmen einmal an, daß die Reihe (255) konvergiert, und bezeichnen mit $\boldsymbol{s}$ ihre Summe:

$$\boldsymbol{s} = \sum_{k=1}^{\infty} \alpha_k \boldsymbol{x}^{(k)} . \tag{255_1}$$

Wenn wir beide Seiten mit $\boldsymbol{x}^{(l)}$ multiplizieren und ausnutzen, daß das System der $\boldsymbol{x}^{(k)}$ orthonormiert ist, erhalten wir $\alpha_l = (\boldsymbol{s}, \boldsymbol{x}^{(l)})$ $(l = 1, 2, \ldots)$. Wenn wir die α_k durch $(\boldsymbol{s}, \boldsymbol{x}^{(k)})$ ersetzen und beide Seiten von (255_1) skalar mit $\boldsymbol{s}$ multiplizieren, ergibt sich

$$||\boldsymbol{s}||^2 = \sum_{k=1}^{\infty} |(\boldsymbol{s}, \alpha^{(k)})|^2 , \tag{256}$$

d. h., *die Koeffizienten der konvergenten Reihe* (255_1) *sind genau die Fourierkoeffizienten. Für die Summe dieser Fourierkoeffizienten gilt die Vollständigkeitsrelation* (256), *was auf die Orthonormiertheit des Systems der* $\boldsymbol{x}^{(k)}$ *zurückzuführen ist.*

Wenn wir noch einmal die Reihe (252) betrachten, so sehen wir, daß die Glieder dieser Reihe paarweise orthogonal sind und daß die Reihe konvergiert. Wir wollen dabei $\boldsymbol{u}^{(k)} = \alpha_k \boldsymbol{x}^{(k)}$ setzen, wobei $\alpha_k = ||\boldsymbol{u}^{(k)}||$ eine Zahl ist und die $\boldsymbol{x}^{(k)}$ ein orthonormiertes System bilden. Das oben erhaltene Resultat kann dann in der folgenden Weise dargestellt werden:

$$||\boldsymbol{s}||^2 = \sum_{k=1}^{\infty} ||\boldsymbol{u}^{(k)}||^2 ,$$

d. h., der Satz des PYTHAGORAS gilt auch für konvergente Reihen mit paarweise orthogonalen Gliedern.

47. Orthonormierte Systeme. Es sei ein unendliches orthonormiertes System

$$\boldsymbol{x}^{(k)} \quad (k = 1, 2, \ldots) , \tag{257}$$

d. h.

$$(\boldsymbol{x}^{(i)}, \boldsymbol{x}^{(k)}) = \delta_{ik} \tag{257_1}$$

gegeben, und $\boldsymbol{y}$ sei ein beliebiger Vektor aus l_2. Wir wollen nun die Fourierreihe von $\boldsymbol{y}$ bezüglich des Systems (257) aufstellen:

$$\sum_{k=1}^{\infty} (\boldsymbol{y}, \boldsymbol{x}^{(k)})\, \boldsymbol{x}^{(k)} . \tag{258}$$

Wie wir in [45] gesehen haben, gilt für ein beliebiges endliches m

$$\sum_{k=1}^{m} |(\boldsymbol{y}, \boldsymbol{x}^{(k)})|^2 \leqq ||\boldsymbol{y}||^2 ;$$

im Limes für $m \to \infty$ erhalten wir dann

$$\sum_{k=1}^{\infty} |(\boldsymbol{y}, \boldsymbol{x}^{(k)})|^2 \leqq ||\boldsymbol{y}||^2 . \tag{259}$$

Also ist die Reihe, die auf der linken Seite der (Besselschen) Ungleichung steht, konvergent. So ergibt sich aus dem Vorhergehenden unmittelbar [**46**], daß auch die Reihe (258) konvergent ist. Wir setzen

$$\boldsymbol{y} = \sum_{k=1}^{\infty} (\boldsymbol{y}, \boldsymbol{x}^{(k)})\, \boldsymbol{x}^{(k)} + \boldsymbol{u} . \tag{260}$$

Analog zu [**45**] kann man nun zeigen, daß $\boldsymbol{u}$ zu allen $\boldsymbol{x}^{(k)}$ orthogonal ist und daher nach dem Satz des PYTHAGORAS

$$||\boldsymbol{y}||^2 = \sum_{k=1}^{\infty} |(\boldsymbol{y}, \boldsymbol{x}^{(k)})|^2 + ||\boldsymbol{u}||^2$$

gilt. Entsprechend [**45**] sehen wir, daß *das Gleichheitszeichen in der Ungleichung* (259) *gleichbedeutend damit ist, daß der Vektor* $\boldsymbol{u}$ *in* (260) *der Nullvektor ist.*

Das orthonormierte System (257) heißt *vollständig,* wenn kein vom Nullvektor verschiedener Vektor existiert, der zu allen $\boldsymbol{x}^{(k)}$ orthogonal ist; es heißt *abgeschlossen,* wenn für einen beliebigen Vektor $\boldsymbol{y}$ aus l_2 die *Vollständigkeitsrelation* (*Parsevalsche Gleichung*) gilt:

$$||\boldsymbol{y}||^2 = \sum_{k=1}^{\infty} |(\boldsymbol{y}, \boldsymbol{x}^{(k)})|^2 . \tag{261}$$

Wenn das System (257) vollständig ist, dann ist der Vektor $\boldsymbol{u}$ in (260) der Nullvektor. Es ergibt sich dann die folgende Zerlegung:

$$\boldsymbol{y} = \sum_{k=1}^{\infty} (\boldsymbol{y}, \boldsymbol{x}^{(k)})\, \boldsymbol{x}^{(k)} . \tag{262}$$

Wir sehen daraus wie in [**46**], daß die Vollständigkeitsrelation (261) gilt. Es sei nun umgekehrt das System abgeschlossen. Wenn wir annehmen, daß der Vektor $\boldsymbol{u}$ zu allen $\boldsymbol{x}^{(k)}$ orthogonal ist, d. h. $(\boldsymbol{u}, \boldsymbol{x}^{(k)}) = 0$ $(k = 1, 2, \ldots)$ ist, erhalten wir aus (261), indem wir $\boldsymbol{y}$ durch $\boldsymbol{u}$ ersetzen, $||\boldsymbol{u}||^2 = 0$. Das besagt aber gerade, daß $\boldsymbol{u}$ der Nullvektor ist. Somit sind die Begriffe „vollständig" und „abgeschlossen" in l_2 äquivalent. Aus dem oben Gesagten folgt nun leicht, daß *die Vollständigkeit* (*Abgeschlossenheit*) *eines Systems* $\boldsymbol{x}^{(k)}$ *gleichbedeutend mit der Möglichkeit der Darstellung eines beliebigen Vektors* $\boldsymbol{y}$ *als Reihe* (262) *ist.*

Wir wollen jetzt annehmen, daß das System (257) abgeschlossen ist, und daraus für zwei beliebige Vektoren $\boldsymbol{y}$ und $\boldsymbol{z}$ aus l_2 die verallgemeinerte Vollständigkeitsrelation folgern. Es ist leicht zu sehen, daß für die Vektoren $\boldsymbol{y} + \boldsymbol{z}$ und $\boldsymbol{y} + i\boldsymbol{z}$

die Fourierkoeffizienten $(\boldsymbol{y}, \boldsymbol{x}^{(k)}) + (\boldsymbol{z}, \boldsymbol{x}^{(k)})$ bzw. $(\boldsymbol{y}, \boldsymbol{x}^{(k)}) + \mathrm{i}(\boldsymbol{z}, \boldsymbol{x}^{(k)})$ lauten. Durch Anwendung der Vollständigkeitsrelation für $\boldsymbol{y} + \boldsymbol{z}$ und $\boldsymbol{y} + \mathrm{i}\boldsymbol{z}$ erhalten wir

$$\sum_{k=1}^{\infty} [(\boldsymbol{y}, \boldsymbol{x}^{(k)}) + (\boldsymbol{z}, \boldsymbol{x}^{(k)})] [\overline{(\boldsymbol{y}, \boldsymbol{x}^{(k)})} + \overline{(\boldsymbol{z}, \boldsymbol{x}^{(k)})}] = (\boldsymbol{y} + \boldsymbol{z}, \boldsymbol{y} + \boldsymbol{z}) ,$$

$$\sum_{k=1}^{\infty} [(\boldsymbol{y}, \boldsymbol{x}^{(k)}) + \mathrm{i}(\boldsymbol{z}, \boldsymbol{x}^{(k)})] [\overline{(\boldsymbol{y}, \boldsymbol{x}^{(k)})} - \mathrm{i}\overline{(\boldsymbol{z}, \boldsymbol{x}^{(k)})}] = (\boldsymbol{y} + \mathrm{i}\boldsymbol{z}, \boldsymbol{y} + \mathrm{i}\boldsymbol{z}) .$$

Unter Benutzung der Vollständigkeitsrelation für $\boldsymbol{y}$ und $\boldsymbol{z}$ ergibt sich

$$\sum_{k=1}^{\infty} (\boldsymbol{y}, \boldsymbol{x}^{(k)}) \overline{(\boldsymbol{z}, \boldsymbol{x}^{(k)})} + \sum_{k=1}^{\infty} (\boldsymbol{z}, \boldsymbol{x}^{(k)}) \overline{(\boldsymbol{y}, \boldsymbol{x}^{(k)})} = (\boldsymbol{y}, \boldsymbol{z}) + (\boldsymbol{z}, \boldsymbol{y}) ,$$

$$\sum_{k=1}^{\infty} (\boldsymbol{y}, \boldsymbol{x}^{(k)}) \overline{(\boldsymbol{z}, \boldsymbol{x}^{(k)})} - \sum_{k=1}^{\infty} (\boldsymbol{z}, \boldsymbol{x}^{(k)}) \overline{(\boldsymbol{y}, \boldsymbol{x}^{(k)})} = (\boldsymbol{y}, \boldsymbol{z}) - (\boldsymbol{z}, \boldsymbol{y}) ,$$

woraus gerade die verallgemeinerte Vollständigkeitsrelation für vollständige orthonormierte Systeme (257) folgt:

$$(\boldsymbol{y}, \boldsymbol{z}) = \sum_{k=1}^{\infty} (\boldsymbol{y}, \boldsymbol{x}^{(k)}) \overline{(\boldsymbol{z}, \boldsymbol{x}^{(k)})} . \tag{261$_1$}$$

Wenn $\boldsymbol{y}$ mit $\boldsymbol{z}$ übereinstimmt, geht dieser Ausdruck in (261) über. Wir bezeichnen mit $x_s^{(k)}$ die Komponenten der Vektoren $\boldsymbol{x}^{(k)}$ $(k, s = 1, 2, \ldots)$ des orthonormierten Systems (257) und schreiben sie als unendliche Matrix:

$$\begin{pmatrix} x_1^{(1)} & x_1^{(2)} & x_1^{(3)} & \ldots \\ x_2^{(1)} & x_2^{(2)} & x_2^{(3)} & \ldots \\ x_3^{(1)} & x_3^{(2)} & x_3^{(3)} & \ldots \\ \ldots & \ldots & \ldots & \ldots \end{pmatrix}. \tag{263}$$

Aus der Orthonormiertheit (257_1) folgen nun unmittelbar die Relationen

$$\sum_{s=1}^{\infty} x_s^{(i)} \overline{x_s^{(k)}} = \delta_{ik} \qquad (i, k = 1, 2, \ldots) ,$$

d. h. die Orthonormiertheit der Spalten der Matrix (263).

Wir untersuchen jetzt, unter welchen Bedingungen das orthonormierte System (257) vollständig ist. Zuerst wollen wir notwendige Bedingungen für die Vollständigkeit aufstellen. Wir nehmen dazu an, daß das System (257) vollständig ist, und wenden auf die Vektoren $\boldsymbol{a}^{(k)} = (0, 0, \ldots, 1, 0, \ldots)$, die wir in [45] eingeführt haben, die Vollständigkeitsrelationen (261) und (261_1) an. Wenn wir berücksichtigen, daß $(\boldsymbol{a}^{(k)}, \boldsymbol{x}^{(l)}) = \overline{x_k^{(l)}}$ ist und daß die $\boldsymbol{a}^{(k)}$ ein orthonormiertes System bilden, erhalten wir

$$\sum_{s=1}^{\infty} x_i^{(s)} \overline{x_k^{(s)}} = \delta_{ik} ,$$

d. h., notwendig für die Vollständigkeit des orthonormierten Systems $\boldsymbol{x}^{(k)}$ ist die Orthonormiertheit der Zeilen der Matrix (263). Wir werden zeigen, daß für die Vollständigkeit bereits hinreichend ist, nur die Normiertheit der Zeilen zu fordern:

$$\sum_{s=1}^{\infty} |x_k^{(s)}|^2 = 1 . \tag{264}$$

Wir setzen voraus, daß diese Bedingung erfüllt ist, und zeigen die Vollständigkeit des Systems der $\boldsymbol{x}^{(k)}$. Die Gleichung (264) ist die Vollständigkeitsrelation für die Vektoren $\boldsymbol{a}^{(k)}$, da $(\boldsymbol{a}^{(k)}, \boldsymbol{x}^{(s)}) = \overline{x_k^{(s)}}$ und $||\boldsymbol{a}^{(k)}|| = 1$ ist; wir haben folglich

$$\boldsymbol{a}^{(k)} = \sum_{s=1}^{\infty} (\boldsymbol{a}^{(k)}, \boldsymbol{x}^{(s)})\, \boldsymbol{x}^{(s)} . \tag{265}$$

Außerdem sind aber die Fourierkoeffizienten eines beliebigen Vektors $\boldsymbol{y} = (y_1, y_2, \ldots)$ bezüglich des orthonormierten Systems der $\boldsymbol{a}^{(k)}$ gleich den Komponenten y_k $(k = 1, 2, \ldots)$ dieses Vektors. Die Vollständigkeitsrelation für $\boldsymbol{y}$ stimmt deshalb mit der Definition der Norm von $\boldsymbol{y}$ (236) überein, d. h., das System der $\boldsymbol{a}^{(k)}$ ist vollständig. Es sei $\boldsymbol{v}$ ein Vektor, der zu allen $\boldsymbol{x}^{(k)}$ orthogonal ist. Wir werden beweisen, daß das der Nullvektor ist. Aus (265) folgt, daß $(\boldsymbol{a}^{(k)}, \boldsymbol{v}) = 0$ ist $(k = 1, 2, \ldots)$. Da nun die $\boldsymbol{a}^{(k)}$ ein vollständiges System bilden, folgt hieraus, daß $\boldsymbol{v}$ der Nullvektor ist. Damit ist unter Beachtung der Bedingung (264) die Vollständigkeit des orthonormierten Systems $\boldsymbol{x}^{(k)}$ bewiesen. Wir können das erhaltene Resultat wie folgt formulieren: *Das orthonormierte System $\boldsymbol{x}^{(k)}$ ist genau dann vollständig (abgeschlossen), wenn die Relationen* (264) (*Normiertheit der Zeilen der Matrix* (263)) *erfüllt sind.* Sind diese Bedingungen erfüllt, so sind auch die Zeilen der Matrix (263) orthogonal.

48. Lineare Abbildungen in unendlich vielen Veränderlichen. Wir betrachten in kurzen Zügen lineare Abbildungen in unendlich vielen Veränderlichen:

$$\left.\begin{aligned} x_1' &= a_{11}x_1 + a_{12}x_2 + \cdots , \\ x_2' &= a_{21}x_1 + a_{22}x_2 + \cdots , \\ &\cdots\cdots\cdots\cdots\cdots\cdots \end{aligned}\right\} \tag{266}$$

oder

$$\boldsymbol{x}' = A\boldsymbol{x} , \tag{267}$$

wobei A eine unendliche Matrix mit den Elementen a_{ik} ist. Wir stellen zunächst eine Bedingung dafür auf, daß die auf den rechten Seiten der Gleichungen (266) auftretenden unendlichen Reihen für alle Vektoren $\boldsymbol{x}$ des Raumes l_2 konvergieren. Wie wir wissen, ist diese Bedingung erfüllt, wenn die Reihen

$$\sum_{k=1}^{\infty} |a_{ik}|^2 \qquad (i = 1, 2, \ldots)$$

für jedes i konvergieren. Man kann zeigen, daß diese Bedingung nicht nur hinreichend, sondern auch notwendig ist. Ist sie nicht erfüllt, so konvergieren die Reihen in (266) nicht für ganz l_2, sondern nur für einen gewissen Unterraum.

Natürlich muß man auch eine Bedingung dafür aufstellen, daß die Zahlen x_k', die man als Ergebnis der Transformation (266) erhält, ebenfalls die Komponenten eines Vektors aus l_2 sind, selbstverständlich unter der Voraussetzung, daß die x_k die Komponenten eines solchen sind. Es geht also um die Frage, wann die Reihe $\sum_{k=1}^{\infty} |x_k'|^2$ konvergiert, falls $\sum_{k=1}^{\infty} |x_k|^2$ konvergent ist. Erfüllt eine Matrix A diese beiden Bedingungen, so heißt die entsprechende Abbildung A *beschränkt*. Diese Bezeichnung erklärt sich daraus, daß man bei einer solchen Abbildung eine positive Zahl M angeben kann derart, daß

$$||\boldsymbol{x}'||^2 \leqq M\, ||\boldsymbol{x}||^2 \tag{268}$$

gilt oder, ausführlich geschrieben,

$$\sum_{k=1}^{\infty} |x_k'|^2 \leqq M \sum_{k=1}^{\infty} |x_k|^2 . \tag{269}$$

Wir behandeln einen Spezialfall linearer Transformationen. Wir betrachten die lineare Abbildung

$$\left.\begin{array}{l} x_1' = u_{11}x_1 + u_{12}x_2 + \cdots , \\ x_2' = u_{21}x_1 + u_{22}x_2 + \cdots , \\ \ldots\ldots\ldots\ldots\ldots\ldots \end{array}\right\} \tag{270}$$

wobei wir wieder annehmen, daß

$$\sum_{k=1}^{\infty} |u_{ik}|^2$$

für jedes i konvergiert. Die Vektoren $\boldsymbol{u}^{(k)}$ haben die Komponenten $\bar{u}_{k1}, \bar{u}_{k2}, \ldots$, und wir nehmen an, die Koeffizienten u_{ik} seien so beschaffen, daß die $\boldsymbol{u}^{(k)}$ ein vollständiges Orthonormalsystem bilden. Wie wir oben gezeigt haben, ist das gleichbedeutend mit der Normiertheit und Orthogonalität der Matrix der u_{ik} bezüglich der Zeilen und Spalten, d. h.

$$\sum_{s=1}^{\infty} u_{sp}\bar{u}_{sq} = \delta_{pq} , \qquad \sum_{s=1}^{\infty} u_{ps}\bar{u}_{qs} = \delta_{pq} . \tag{271}$$

Die zugehörige Abbildung (270) heißt in diesem Fall *unitär.*

Die Gleichungen (270) können wir in folgender Gestalt schreiben:

$$\left.\begin{array}{l} (\boldsymbol{x}, \boldsymbol{u}^{(1)}) = x_1' , \\ (\boldsymbol{x}, \boldsymbol{u}^{(2)}) = x_2' , \\ \ldots\ldots\ldots\ldots \end{array}\right\} \tag{272}$$

Die Vollständigkeitsrelation liefert

$$\sum_{k=1}^{\infty} |x_k'|^2 = ||\boldsymbol{x}||^2 = \sum_{k=1}^{\infty} |x_k|^2 ;$$

wie im Fall endlich vieler Veränderlicher läßt also eine unitäre Transformation die Länge eines Vektors unverändert. In (268) können wir daher $M = 1$ annehmen.

Das System (270) nach den x_k aufzulösen ist nicht schwer. Die Auflösung liefert die zu (270) inverse Transformation. Unter Benutzung der Vollständigkeit des Vektorsystems $\boldsymbol{u}^{(k)}$ erhalten wir aus (272) folgenden wohlbestimmten Ausdruck für den Vektor $\boldsymbol{x}$:

$$\boldsymbol{x} = x_1'\boldsymbol{u}^{(1)} + x_2'\boldsymbol{u}^{(2)} + \cdots \tag{273}$$

oder

$$\left.\begin{array}{l} x_1 = \bar{u}_{11}x_1' + \bar{u}_{21}x_2' + \cdots , \\ x_2 = \bar{u}_{12}x_1' + \bar{u}_{22}x_2' + \cdots , \\ \ldots\ldots\ldots\ldots\ldots\ldots \end{array}\right\} \tag{274}$$

Dies zeigt, daß man die Matrix der unitären inversen Transformation erhält, wenn man die Zeilen durch Spalten und alle Elemente durch ihre konjugierten ersetzt; hier herrscht also völlige Analogie zum endlichdimensionalen Fall.

Im allgemeinen bietet selbst für beschränkte Matrizen die Frage nach der inversen Matrix und der Überführung einer Matrix auf Diagonalform größere Schwierigkeiten und führt zu Ergebnissen, die in endlichdimensionalen Räumen, genau genommen, kein Analogon haben. Eine nähere Untersuchung linearer Transformationen, die durch unendliche Matrizen bewirkt werden, wird in Teil V durchgeführt. Hier beschränken wir uns auf die Mitteilung einiger Ergebnisse. Man kann eine solche notwendige und hinreichende Bedingung für die Koeffizienten a_{ik} angeben, daß (266) eine beschränkte Transformation vermittelt. Sie lautet folgendermaßen: *Es gibt ein positives M derart, daß für beliebiges ganzes l und für beliebige Zahlen* x_s $(s = 1, 2, 3, \ldots)$ *die Ungleichung*

$$\left|\sum_{i,k=1}^{l} a_{ik} x_i \bar{x}_k\right| \leqq M \sum_{k=1}^{l} |x_k|^2$$

gilt. Man kann auch folgende einfache hinreichende Bedingung für die Beschränktheit der Transformation (266) beweisen: *Es gibt ein positives p (das nicht von i und k abhängt), so daß die Ungleichungen*

$$\sum_{i=1}^{\infty} |a_{ik}| \leqq p \quad (k = 1, 2, \ldots), \qquad \sum_{k=1}^{\infty} |a_{ik}| \leqq p \qquad (i = 1, 2, \ldots)$$

gelten. Bestimmt die Matrix A eine beschränkte Transformation, so existiert eine eindeutig bestimmte Matrix $\tilde{A}$ derart, daß für beliebige $\boldsymbol{x}$ und $\boldsymbol{y}$ die Gleichung

$$(A\boldsymbol{x}, \boldsymbol{y}) = (\boldsymbol{x}, \tilde{A}\boldsymbol{y})$$

gilt und die Elemente $\tilde{a}_{ik}$ von $\tilde{A}$ durch die Formel $\tilde{a}_{ki} = \overline{a_{ki}}$ bestimmt sind. Stimmt $\tilde{A}$ mit A überein, d. h., ist $a_{ik} = \overline{a_{ki}}$, so heißt die Transformation (266) *hermitesch* oder *selbstadjungiert.*

Für beschränkte Transformationen gilt die Formel

$$(A\boldsymbol{x}, \boldsymbol{y}) = \sum_{n=1}^{\infty} \left(\sum_{m=1}^{\infty} a_{nm} x_m\right) \bar{y}_n = \sum_{m=1}^{\infty} x_m \left(\sum_{n=1}^{\infty} a_{nm} \bar{y}_n\right)$$

$$= \lim_{\substack{k \to \infty \\ l \to \infty}} \sum_{m=1}^{k} \sum_{n=1}^{l} a_{nm} x_m \bar{y}_n .$$

Wir bringen noch einen wichtigen Spezialfall beschränkter Operatoren (Abbildungen), nämlich den Fall, daß die Doppelreihe

$$\sum_{n,m=1}^{\infty} |a_{nm}|^2 \tag{275}$$

konvergiert. Dann konvergiert die Doppelreihe

$$\sum_{n,m=1}^{\infty} a_{nm} x_m \bar{y}_n$$

bei beliebiger Wahl der Vektoren $\boldsymbol{x} = (x_1, x_2, \ldots)$ und $\boldsymbol{y} = (y_1, y_2, \ldots)$ absolut. Gilt außer der Konvergenz der Reihe (275) noch $a_{ik} = \overline{a_{ki}}$, so kann man die hermitesche Form auf eine Quadratsumme bringen mittels einer unitären Transformation

$$\sum_{n,m=1}^{\infty} a_{nm} x_m \bar{y}_n = \sum_{k=1}^{\infty} \lambda_k z_k \bar{z}_k ,$$

wobei sich der Vektor $\boldsymbol{z} = (z_1, z_2, \ldots)$ mittels einer gewissen unitären Transformation aus dem Vektor $\boldsymbol{x} = (x_1, x_2, \ldots)$ ergibt: $\boldsymbol{z} = U\boldsymbol{x}$. Dabei gilt $\lambda_k \to 0$ für $k \to \infty$. Sind A und B zwei unendliche Matrizen, die beschränkte Transformationen vermitteln, so ergibt auch ihre Hintereinanderausführung eine beschränkte Transformation, deren Koeffizienten in üblicher Weise berechnet werden:

$$\{BA\}_{ik} = \sum_{s=1}^{\infty} \{B\}_{is} \{A\}_{sk} .$$

Wir bemerken noch: Aus der Konvergenz der Vektorfolge $\boldsymbol{x}^{(k)}$ gegen den Limes $\boldsymbol{x}$, d. h. bei $\boldsymbol{x}^{(k)} \Rightarrow \boldsymbol{x}$, ergibt sich $A\boldsymbol{x}^{(k)} \Rightarrow A\boldsymbol{x}$, falls A die Matrix einer beschränkten Transformation ist.

Eine sehr wichtige Rolle in den Anwendungen auf die mathematische Physik spielen auch unbeschränkte lineare Transformationen. Diese Transformationen werden in Teil V untersucht.

49. Der Funktionenraum L_2. Wir haben bisher den Raum l_2 betrachtet, in dem ein Vektor durch unendlich viele Komponenten bestimmt war, die wir mit ganzen Zahlen numeriert hatten: Die erste war x_1, die zweite x_2 usw.

Jetzt gehen wir zur Betrachtung einer Familie $L(E)$ komplexer Funktionen $f(x) = f_1(x) + \mathrm{i} f_2(x)$ über, die auf einer meßbaren Menge E definiert und von der Gestalt sind, daß die reellen Funktionen $f_1(x)$ und $f_2(x)$ auf E meßbar sind und zu $L_2(E)$ **[II, 161–163]** gehören. Daraus folgt, daß $|f(x)|$ eine auf E meßbare Funktion ist und zu $L_2(E)$ gehört. Wenn die Real- bzw. Imaginärteile zweier Funktionen äquivalent sind, dann heißen die Funktionen *äquivalent*, und sie werden als Elemente des Funktionenraumes $L_2(E)$ identifiziert, d. h., die Elemente des Raumes sind die Mengen aller jeweils äquivalenten Funktionen, und eine beliebige Funktion einer dieser Mengen kann Erzeugende dieser Menge sein. Das Nullelement von $L_2(E)$ ist die Funktion, die äquivalent zu 0 in E ist, z. B. die Funktion, die identisch gleich 0 auf E ist. Im folgenden werden wir immer statt $L_2(E)$ einfach L_2 schreiben.

Die Eigenschaften des Funktionenraumes L_2 sind zu denen von l_2 analog. Die Elemente von L_2 kann man mit komplexen Zahlen multiplizieren und addieren **[II, 161]**. Das Skalarprodukt zweier Elemente $f(x)$ und $g(x)$ wird durch die Gleichung

$$(f, g) = \int_E f(x) \overline{g(x)} \, \mathrm{d}x \tag{276}$$

definiert. Entsprechend ist das Quadrat der Norm des Elements $f(x)$ durch die Gleichung

$$\|f\|^2 = (f, f) = \int_E |f(x)|^2 \, \mathrm{d}x \tag{277}$$

gegeben. Die Orthogonalität definiert man wie in l_2. Es gelten auch ohne Veränderung die dort erhaltenen Resultate **[45]**. Die Konvergenz einer Folge von Elementen $f_n(x)$ gegen das Element $f(x)$ wird definiert durch

$$\lim_{n \to \infty} \int_E |f(x) - f_n(x)|^2 \, \mathrm{d}x = 0 . \tag{278}$$

Ohne Veränderung lassen sich die Definitionen und Resultate aus **[46]** und **[47]** übertragen, wobei man **[II, 161–163]** beachten muß. Sind a_k und b_k die Fourierkoeffizienten der Elemente $f(x)$ und $g(x)$ bezüglich des vollständigen orthonormierten Systems $\varphi_k(x)$ $(k = 1, 2, \ldots)$, d. h.

$$a_k = \int_E f(x)\,\overline{\varphi_k(x)}\,\mathrm{d}x\,, \qquad b_k = \int_E g(x)\,\overline{\varphi_k(x)}\,\mathrm{d}x\,, \tag{279}$$

dann gilt wie in [47] die verallgemeinerte Vollständigkeitsrelation

$$\int_E f(x)\,\overline{g(x)}\,\mathrm{d}x = \sum_{k=1}^{\infty} a_k \overline{b_k}\,. \tag{280}$$

Aus dem oben Gesagten folgt, daß die Konvergenz einer Reihe im L_2 die Konvergenz im Mittel ist:

$$\lim_{n\to\infty} \int_E |f(x) - s_n(x)|^2\,\mathrm{d}x = 0\,,$$

wobei die $s_n(x)$ die Summe der ersten n Glieder der Reihe ist.

50. Der Zusammenhang zwischen den Räumen l_2 und L_2. Es sei wie oben

$$\varphi_k(x) \qquad (k = 1, 2, \ldots) \tag{281}$$

ein beliebiges vollständiges orthonormiertes System im L_2. Dabei entspricht einem beliebigen Element aus L_2 die unendliche Folge a_k seiner Fourierkoeffizienten, deren Summe der Quadrate ihrer Beträge konvergiert. Umgekehrt entspricht einer beliebigen unendlichen Folge komplexer Zahlen c_k $(k = 1, 2, \ldots)$, deren Summe der Quadrate ihrer Beträge konvergiert, ein bestimmtes Element aus L_2, für das die c_k die Fourierkoeffizienten bezüglich des Systems (281) sind **[II, 163]**. Auf diese Weise führt dieses System zu einer eineindeutigen Beziehung der Elemente von L_2 und der von l_2: Jedes Element aus L_2 entspricht einem bestimmten Element aus l_2 und umgekehrt **[II, 163]**. Dabei bleiben die Addition, die Multiplikation mit einer Zahl, das Skalarprodukt (nach (280)) und die Norm erhalten. Wenn eine Folge $f_n(x)$ von Elementen aus L_2 gegen ein Element $f(x)$ konvergiert, d. h. $\|f - f_n\| \to 0$ für $n \to \infty$ ist, folgt aus der Gleichung der Norm, daß dies auch für die entsprechenden Elemente aus l_2 gilt:

$$\sum_{k=1}^{\infty} |a_k - a_k^{(n)}|^2 = \int_E |f(x) - f_n(x)|^2\,\mathrm{d}x\,.$$

Dabei sind a_k und $a_k^{(n)}$ diejenigen Elemente aus l_2, die $f(x)$ bzw. $f_n(x)$ entsprechen.

Bei der Herleitung des Zusammenhangs zwischen den Räumen L_2 und l_2 gingen wir von einem bestimmten vollständigen orthonormierten System (281) aus. Führen wir statt dessen ein anderes derartiges System

$$\psi_k(x) \qquad (k = 1, 2, \ldots) \tag{282}$$

ein, so wird natürlich auch das Zuordnungsgesetz ein anderes sein. Jede Funktion des Systems (283) zerfällt in eine Fourierreihe in den $\varphi_k(x)$,

$$\psi_k(x) = \sum_{i=1}^{\infty} u_{ik}\varphi_i(x) \qquad (k = 1, 2, \ldots)\,, \tag{283}$$

wobei die auf der rechten Seite stehende Reihe in L_2 konvergiert. Unter Berücksichtigung der verallgemeinerten Vollständigkeitsrelation erhalten wir

$$\sum_{s=1}^{\infty} u_{si}\bar{u}_{sk} = \delta_{ik} \qquad (i, k = 1, 2, \ldots)\,,$$

d. h., die Matrix U mit den u_{ik} als Elementen ist in den Zeilen orthonormiert. Wenn wir berücksichtigen, daß

$$u_{ik} = \int_E \psi_k(x)\,\overline{\varphi_i(x)}\,\mathrm{d}x$$

und das System (281) vollständig ist, erhalten wir

$$\sum_{i=1}^{\infty} |u_{ik}|^2 = \int_E |\psi(x)|^2\,\mathrm{d}x = 1\,.$$

Daraus folgt, daß U die Matrix einer unitären Abbildung ist. Es ist nicht schwer zu zeigen, daß auch umgekehrt jede Matrix einer unitären Abbildung U durch (283) zu einem vollständigen orthonormierten System (282) führt, wenn das System (281) ein solches war. Als Beispiel dazu wollen wir für den Raum L_2 der Funktionen einer unabhängigen Veränderlichen auf dem Intervall $(-\pi, \pi)$ das System der Funktionen [**II, 174**] anführen:

$$\varphi_k(x) = \frac{1}{\sqrt{2\pi}}\cdot \mathrm{e}^{ikx} \qquad (k = 1, 2, \ldots)\,. \tag{284}$$

Es ist nicht schwer zu beweisen, daß dies ein orthonormiertes System ist. Wir wollen noch bemerken, daß die Numerierung über k nicht, wie hier vorgenommen, von 1 bis ∞, sondern von $-\infty$ bis ∞ geht. Eine solche Veränderung der Numerierung ist aber unwesentlich. Wenn man die Resultate von [**II, 169**] ausnutzt, kann man zeigen, daß das System (284) vollständig ist.

51. Lineare Operatoren in L_2. Wir nehmen an, es sei ein Gesetz gegeben, wonach jeder Funktion $f(x)$ aus $L_2(E)$ eine gewisse andere Funktion $F(x)$ aus demselben Raum $L_2(E)$ zugeordnet ist,

$$F(x) = A[f(x)]\,, \tag{285}$$

wobei A symbolisch dieses Zuordnungsgesetz bezeichnet. Hier haben wir sozusagen eine Verallgemeinerung des Funktionsbegriffs: Die Rolle des Arguments spielt nicht eine veränderliche Zahl aus einer gewissen Menge, z. B. einem Intervall, sondern eine beliebige Funktion aus $L_2(E)$, und der Funktionswert ist ebenfalls eine gewisse Funktion aus $L_2(E)$. Eine solche verallgemeinerte Funktion, wie sie in dem Ausdruck (285) gegeben ist, nennt man gewöhnlich *Funktionaloperator*. Der Operator A heißt *linear*, wenn

$$\left.\begin{aligned} A[f(x) + g(x)] &= A[f(x)] + A[g(x)]\,,\\ A[\alpha f(x)] &= \alpha A[f(x)] \end{aligned}\right\} \tag{286}$$

gilt, wobei α eine beliebige komplexe Zahl ist. Er heißt *beschränkt*, wenn eine solche positive Zahl M existiert, daß

$$\|Af\| \leqq M\,\|f\| \tag{287}$$

ist, wobei $f(x)$ ein beliebiges Element aus $L_2(E)$ ist.

Wenn eine Folge $f_n(x)$ gegen $f(x)$ in L_2 konvergiert und A ein linearer beschränkter Operator ist, dann konvergiert $Af_n(x)$ gegen $Af(x)$ in L_2. Das folgt unmittelbar aus der Ungleichung

$$||A[f(x) - f_n(x)]|| \leqq M\, ||f - f_n||\,, \quad \text{d. h.} \quad ||Af - Af_n|| = M||f - f_n||\,.$$

Es ist nicht schwer, die Definition unitärer und hermitescher Operatoren auf den betrachteten Fall auszudehnen. Ein linearer beschränkter Operator A heißt *hermitesch* (*selbstadjungiert*), wenn

$$(Af, g) = (f, Ag) \tag{288}$$

für beliebige $f(x)$ und $g(x)$ aus L_2 ist. Ein linearer Operator U heißt *unitär*, wenn er eindeutig den L_2 auf sich abbildet

$$U[f(x)] = F(x)\,, \tag{289}$$

und nicht die Norm ändert: $||Uf(x)|| = ||f||$.

Die erwähnte Eindeutigkeit der Abbildung (289) bedeutet, daß nicht nur jedes Element $f(x)$ aus L_2 einem bestimmten Element $F(x)$ entspricht, sondern auch jedes $F(x)$ aus L_2 entspricht einem eindeutig bestimmten Urbild $f(x)$. Daraus folgt, daß für U ein inverser Operator U^{-1} existiert, der $F(x)$ in $f(x)$ überführt. Wie man leicht sieht, ist der inverse Operator U^{-1} auch unitär. Für unitäre Operatoren kann man die Ungleichung (287) durch eine Gleichung ersetzen, indem man $M = 1$ setzt. Es ist leicht zu sehen, daß die unitäre Abbildung weder die Norm noch das Skalarprodukt ändert, d. h., es ist

$$(Uf, Ug) = (f, g)$$

für beliebige $f(x)$ und $g(x)$ aus L_2, und daß U die vollständigen Systeme aus L_2 in solche überführt.

Wir wollen noch den Begriff des adjungierten Operators definieren. Der Operator A^* heißt *adjungiert* zu dem linear beschränkten Operator A, wenn für beliebige $f(x)$ und $g(x)$ aus L_2 die Gleichung

$$(Af, g) = (f, A^*g)$$

erfüllt ist. Man kann zeigen, daß für jeden linearen beschränkten Operator A ein eineindeutig bestimmter adjungierter Operator A^* existiert. Wir wollen im folgenden den Raum L_2 der Funktionen einer unabhängigen Veränderlichen, die auf einem endlichen oder unendlichen Intervall (a, b) definiert sind, betrachten. In diesem L_2 sind lineare Operatoren oft durch eine Gleichung

$$F(x) = \int_a^b K(x, t)\, f(t)\, dt \tag{290}$$

definiert, wobei $K(x, t)$ eine Funktion ist, die im Quadrat $a \leqq x \leqq b$, $a \leqq t \leqq b$ definiert (meßbar) ist. Operatoren der Art (290) nennt man gewöhnlich *Integraloperatoren*, die Funktion $K(x, t)$ den *Kern* des Operators. Wenn

$$\int_a^b \int_a^b |K(x, t)|^2\, dx\, dt < \infty$$

ist oder wenn eine solche Zahl p existiert, daß $\int_a^b |K(x, t)|\, dt \leqq p$ und $\int_a^b |K(x, t)|\, dx \leqq p$ ist für beliebige t, x aus (a, b), dann definiert die Gleichung (290) einen linearen beschränkten Operator. Man kann zeigen, daß der Operator, der zu dem beschränkten Operator (290) adjungiert ist, auch ein Integraloperator mit dem Kern $K^*(x, t) = \overline{K(t, x)}$ ist. Ein Beispiel einer unitären Abbildung des L_2 (bezüglich des Intervalls $(-\infty, \infty)$) auf sich ist die Fouriertransformation

$$F(x) = Uf(x) = \lim_{\substack{n \to \infty \\ m \to \infty}} \frac{1}{\sqrt{2\pi}} \int_{-n}^{m} e^{-ixt} f(t)\, dt\,,$$

wobei wir unter lim hier den Grenzwert der Funktion von x verstehen, der bezüglich der durch das Integrieren im L_2 gegebenen Metrik auf dem Intervall $(-\infty, \infty)$ gebildet wird. Setzen wir also

$$\varphi_{nm}(x) = \frac{1}{\sqrt{2\pi}} \int_{-n}^{m} e^{-ixt} f(t)\, dt\,,$$

dann ist

$$\lim_{\substack{n \to \infty \\ m \to \infty}} \int_{-\infty}^{\infty} |F(x) - \varphi_{n,m}(x)|^2\, dx = 0\,.$$

Wenn $f(x)$ nicht nur zu L_2 gehört (L_2 bezüglich des Intervalls $(-\infty, \infty)$), sondern auch noch summierbar auf diesem Intervall ist, dann kann man die Fouriertransformation in der gewöhnlichen Form

$$F(x) = \frac{1}{\sqrt{2\pi}} \int_{-\infty}^{\infty} e^{-ixt} f(t)\, dt$$

schreiben. Die Unveränderlichkeit der Norm bei der Fouriertransformation bedeutet:

$$\int_{-\infty}^{\infty} |F(x)|^2\, dx = \int_{-\infty}^{\infty} |f(x)|^2\, dx\,.$$

Wir wollen jetzt noch ein spezielles Beispiel betrachten. Im Raum L_2 bezüglich des Intervalls $(-\pi, \pi)$ sei der lineare Operator der Multiplikation mit der unabhängigen Veränderlichen gegeben:

$$A[f(x)] = xf(x). \tag{291}$$

Offensichtlich ist

$$||Af||^2 = \int_{-\pi}^{\pi} |x|^2\, |f(x)|^2\, dx \leqq \pi^2\, ||f||^2\,,$$

d. h., für den Operator (291) kann man in (287) mit $M = \pi$ rechnen. Wir werden die lineare Abbildung konstruieren, die den Operator (291) im l_2 darstellt, wobei wir das vollständige Orthonormalsystem (284) zugrunde legen wollen. Es seien

c_k die Fourierkoeffizienten von $f(x)$ bezüglich des Systems (284),

$$c_k = \frac{1}{\sqrt{2\pi}} \int_{-\pi}^{\pi} e^{-ikx} f(x)\, dx \qquad (k = 0, \pm 1, \pm 2, \ldots)$$

und c'_k die Fourierkoeffizienten von $xf(x)$,

$$c'_k = \frac{1}{\sqrt{2\pi}} \int_{-\pi}^{\pi} e^{-ikx} xf(x)\, dx \qquad (k = 0, \pm 1, \pm 2, \ldots)\,.$$

Wir müssen eine lineare Abbildung (unendliche Matrix) konstruieren, mit deren Hilfe wir die c'_k durch die c_k darstellen. Wir wollen deshalb die Fourierkoeffizienten der Funktion $\frac{1}{\sqrt{2\pi}} e^{ikx} x$ bestimmen:

$$b_m = \frac{1}{\sqrt{2\pi}} \int_{-\pi}^{\pi} e^{i(k-m)x}\, x\, dx \qquad (m = 0, \pm 1, \pm 2, \ldots\,).$$

Integrieren wir partiell, so erhalten wir $b_m = \frac{(-1)^{k-m}}{i\,(k-m)}$ für $m \neq k$, $b_k = 0$. Wenn wir c'_k in der Gestalt

$$c_k = \frac{1}{\sqrt{2\pi}} \int_{-\pi}^{\pi} e^{ikx} xf(x)\, dx$$

darstellen und die verallgemeinerte Vollständigkeitsrelation anwenden, ergibt sich

$$c'_k = i \sum_{m=-\infty}^{\infty}{}' \frac{(-1)^{k-m}}{k-m}\, c_m \qquad (k = 0\,, \pm 1, \pm 2, \ldots)\,, \tag{292}$$

wobei der Strich am Summenzeichen bedeutet, daß das Glied, das $m = k$ entspricht, bei der Summierung ausgelassen wird. Die Gleichung (292) liefert eine lineare Abbildung im l_2, die dem Operator (291) im L_2 entspricht, wenn für die Koordinatenfunktionen im Raum L_2 die Funktionen (284) genommen werden. Es ist nicht schwer zu sehen, daß der Operator (291) selbstadjungiert ist.

Wir werden jetzt eine allgemeine Überlegung für einen beliebigen linearen beschränkten selbstadjungierten Operator durchführen, wobei wir die Fourierkoeffizienten als Skalarprodukt darstellen werden. Dabei werden wir die Definition des selbstadjungierten Operators (288) berücksichtigen. Zu diesem Zweck wollen wir zunächst Fourierkoeffizienten c_k und c'_k für $f(x)$ und $Af(x)$ bezüglich eines vollständigen orthonormierten Systems $\varphi_k(x)$ einführen:

$$c_k = (f, \varphi_k)\,, \qquad c'_k = (Af, \varphi_k) = (f, A\varphi_k)\,. \tag{293}$$

Weiterhin benötigen wir die Fourierkoeffizienten der Funktionen $A\varphi_m(x)$. Diese sind gegeben durch

$$a_{km} = (A\varphi_m, \varphi_k) = (\varphi_m, A\varphi_k)\,. \tag{294}$$

Daraus folgt $a_{mk} = \overline{a_{km}}$, wobei nach Definition $a_{mk} = (A\varphi_k, \varphi_m)$ ist. Unter Benutzung der verallgemeinerten Vollständigkeitsrelation, der Gleichung für c_k' und (294) erhalten wir

$$c_k' = \sum_{m=1}^{\infty} (f, \varphi_m)\,(A\varphi_k, \varphi_m) = \sum_{m=1}^{\infty} (f, \varphi_m)\,(\varphi_m, A\varphi_k)\,,$$

d. h.

$$c_k' = \sum_{k=1}^{\infty} a_{km} c_m \qquad (k = 1, 2, \ldots)\,.$$

Diese Abbildung stellt den Operator A in l_2 dar, wenn wir annehmen, daß die $\varphi_k(x)$ Koordinatenfunktionen in L_2 sind.

Wir betrachteten in den vorhergehenden Abschnitten drei Fälle, in denen ein linearer Operator auf dem ganzen L_2 gegeben und beschränkt war. Beispielsweise ist aber der Differentialoperator $A[f(x)] = f'(x)$ nicht auf dem ganzen L_2 definiert, denn nicht jede Funktion aus L_2 besitzt eine Ableitung. Außerdem ist der genannte Operator auf der Menge der Funktionen, auf der er definiert ist, nicht beschränkt.

Eine genauere Darlegung des Stoffes der letzten Abschnitte wird in Teil V gegeben werden.

III. Elemente der Gruppentheorie und lineare Darstellungen von Gruppen

§ 5. Allgemeine Grundbegriffe der Gruppentheorie

52. Gruppen linearer Transformationen. Wir betrachten die Gesamtheit aller unitären Transformationen im n-dimensionalen Raum. Alle diese Transformationen haben eine von 0 verschiedene Determinante, so daß zu jeder unitären Transformation $U\boldsymbol{x}$, die durch eine gewisse Matrix U charakterisiert wird, eine inverse Transformation $U^{-1}\boldsymbol{x}$ existiert, die ebenfalls unitär ist [**28**]. Sind außerdem $U_1\boldsymbol{x}$ und $U_2\boldsymbol{x}$ zwei unitäre Transformationen, dann ist auch ihr Produkt $U_2U_1\boldsymbol{x}$ unitär. Diese Eigenschaften der unitären Transformationen bringt man kurz dadurch zum Ausdruck, daß man sagt, die Gesamtheit der unitären Transformationen bilde eine Gruppe.

Allgemein bildet eine Menge irgendwelcher linearer Transformationen mit von 0 verschiedener Determinante eine *Gruppe*, wenn die beiden folgenden Bedingungen erfüllt sind: *1. Wenn eine gewisse Transformation der Menge angehört, gehört ihr auch die inverse Transformation an. 2. Das Produkt zweier Transformationen, die zur Menge gehören, gehört (bei beliebiger Reihenfolge der Faktoren) ebenfalls zur Menge.* Dabei dürfen die Faktoren auch einander gleich sein. Beachten wir, daß das Produkt jeder Transformation mit ihrer Inversen die identische Transformation ergibt, so folgt daraus, daß eine Gruppe notwendig die identische Transformation, d. h. die Einheitsmatrix, enthalten muß.

Im allgemeinen ist eine Gruppe linearer Transformationen durch ihre Matrizen vollständig bestimmt, und man kann stets von einer *Gruppe linearer Transformationen* oder von einer *Matrizengruppe* sprechen.

Wir führen noch einige Beispiele von Gruppen linearer Transformationen an. Wie man leicht sieht, bildet die Gesamtheit aller reellen orthogonalen Transformationen eine Gruppe. Bekanntlich haben diese Transformationen die Determinante $+1$ oder -1. Nimmt man die Menge aller reellen orthogonalen Transformationen mit der Determinante $+1$, so bilden auch diese noch eine Gruppe. Nehmen wir jedoch die Menge aller reellen orthogonalen Transformationen mit der Determinante -1, so bilden diese keine Gruppe, da das Produkt zweier Matrizen mit der Determinante -1 eine Matrix mit der Determinante $+1$ ergibt.

Wir betrachten nun insbesondere die Gruppe der reellen orthogonalen Transformationen von drei Veränderlichen. Die Gruppe besteht aus reinen Drehungen des Raumes um den Ursprung und aus Transformationen, die man aus einer solchen Drehung und einer Spiegelung am Ursprung erhält. Dagegen ist die Gruppe der linearen orthogonalen Transformationen von drei Veränderlichen mit der Determinante $+1$ die Gruppe der reinen Drehungen des Raumes um den Ursprung.

In allen bisher betrachteten Fällen enthielt die Gruppe unendlich viele Transformationen; insbesondere hängt die Gruppe der Drehungen des dreidimensionalen

Raumes um den Ursprung von drei reellen Parametern (den Eulerschen Winkeln) ab, von denen wir schon weiter oben sprachen.

Als nächstes Beispiel betrachten wir die Drehung des Raumes um die z-Achse um den Winkel φ. Die entsprechenden Formeln lauten

$$\begin{aligned} x' &= x\cos\varphi - y\sin\varphi\,, \\ y' &= x\sin\varphi + y\cos\varphi\,. \end{aligned} \tag{1}$$

Durchläuft φ alle Werte des Intervalls $(0, 2\pi)$, so erhalten wir offenbar eine Gruppe, die unendlich viele Transformationen enthält und von dem reellen Parameter φ abhängt. Für die Matrix der Transformation führen wir die Bezeichnung

$$Z_\varphi = \begin{pmatrix} \cos\varphi & -\sin\varphi \\ \sin\varphi & \cos\varphi \end{pmatrix} \tag{2}$$

ein. Es ist unmittelbar klar, daß das Produkt zweier Drehungen um die Winkel φ_1 und φ_2 eine Drehung um den Winkel $\varphi_1 + \varphi_2$ ergibt,

$$Z_{\varphi_2} Z_{\varphi_1} = Z_{\varphi_2 + \varphi_1}\,, \tag{3}$$

und ebenso

$$Z_{\varphi_1} Z_{\varphi_2} = Z_{\varphi_1 + \varphi_2}\,.$$

Wir sehen also, daß in dem vorliegenden Fall alle Transformationen oder, wie man auch sagt, alle Elemente der Gruppe paarweise vertauschbar sind. Eine solche Gruppe heißt *abelsch*, so benannt nach dem Mathematiker N. H. ABEL. Überdies läßt sich im letzten Beispiel die Multiplikation zweier Elemente der Gruppe einfach auf die Addition der Werte des Parameters φ zurückführen, die den beiden Elementen entsprechen.

Betrachtet man nicht nur die Drehung der x, y-Ebene um den Ursprung, sondern auch die Spiegelung an der y-Achse, so läßt sich die obige Gruppe etwas erweitern. Dabei ist es offenbar gleichgültig, in welcher Reihenfolge man die Operationen ausführt, d. h., ob man zuerst um den Ursprung dreht und dann an der y-Achse spiegelt oder umgekehrt. Für je zwei Operationen hängt zwar das Resultat von der Reihenfolge ab, aber die Gesamtheit der Transformationen ist in beiden Fällen dieselbe. Es sind dies die reellen orthogonalen Transformationen von zwei Veränderlichen. Die allgemeine Form der entsprechenden Matrizen ist

$$\{\varphi, d\} = \begin{pmatrix} d\cos\varphi & -d\sin\varphi \\ \sin\varphi & \cos\varphi \end{pmatrix}. \tag{4}$$

Dabei ist φ der schon oben eingeführte Parameter und d eine Zahl, die entweder gleich $+1$ oder -1 ist. Für $d = 1$ erhalten wir eine reine Drehung der x, y-Ebene um den Ursprung und für $d = -1$ die oben erwähnte Drehspiegelung. Wie man leicht sieht, gilt für das Produkt der Matrizen (4) die Gleichung

$$\{\varphi_2, d_2\}\,\{\varphi_1, d_1\} = \{\varphi_1 + d_1\varphi_2, d_1 d_2\}\,. \tag{5}$$

Das Produkt hängt im allgemeinen von der Reihenfolge der Faktoren ab; die Gruppe ist also nicht abelsch. Offenbar ist auch die Gruppe der reellen orthogonalen Transformationen im dreidimensionalen Raum sowie die Drehungsgruppe des dreidimensionalen Raumes nicht abelsch.

Bisher führten wir Beispiele von Gruppen an, die unendlich viele Transformationen (Elemente) enthielten; die entsprechenden Matrizen hingen von reellen Parametern ab. Jetzt geben wir einige Beispiele von Gruppen mit nur endlich vielen Elementen. Es sei m eine beliebige natürliche Zahl. Wir betrachten die Gesamtheit der Drehungen der x, y-Ebene um den Ursprung um die Winkel

$$0, \frac{2\pi}{m}, \frac{4\pi}{m}, \ldots, \frac{2(m-1)\pi}{m}.$$

Hier liegen also m Transformationen mit den Matrizen

$$Z_{\frac{2k\pi}{m}} = \begin{pmatrix} \cos\frac{2k\pi}{m} & -\sin\frac{2k\pi}{m} \\ \sin\frac{2k\pi}{m} & \cos\frac{2k\pi}{m} \end{pmatrix} \qquad (k = 0, 1, \ldots, m-1)$$

vor. Diese Transformationen bilden offenbar eine Gruppe; ihre Elemente sind ganze positive Potenzen einer der Transformationen, nämlich

$$Z_{\frac{2k\pi}{m}} = \left(Z_{\frac{2\pi}{m}}\right)^k \qquad (k = 0, 1, \ldots, m-1). \tag{6}$$

Eine Gruppe G mit endlich vielen Elementen heißt *endlich*. Die Anzahl der Elemente von G gibt die *Ordnung* der Gruppe an. Sind alle Elemente einer Gruppe Potenzen eines einzigen Elements (wie hier), so heißt die Gruppe *zyklisch*.

Ist φ_0 ein Winkel, der mit π inkommensurabel ist, so bilden die Transformationen

$$(Z_{\varphi_0})^k = Z_{k\varphi_0} \qquad (k = 0, \pm 1, \pm 2, \ldots) \tag{7}$$

ebenfalls eine Gruppe. Diese Gruppe besteht aber aus unendlich vielen Elementen, da für keinen ganzen positiven Exponenten k die Matrix $Z_{\varphi_0}^k$ mit $Z_{\varphi_0}^0 = I$ übereinstimmt. Die Gruppe (7) ist zwar unendlich, aber ihre Matrizen enthalten keinen kontinuierlichen Parameter. *Die Gesamtheit der Elemente dieser Gruppe ist abzählbar.* Jedem Element der Gruppe kann man eine ganze Zahl als Index zuordnen, so daß verschiedenen Elementen verschiedene Indizes entsprechen und jede ganze Zahl Index eines gewissen Elements ist. Bei Gruppen, die stetige Parameter enthalten, ist dies unmöglich.

53. Die Gruppen der regulären Polyeder. Wir bringen jetzt weitere Beispiele von endlichen Gruppen, die sich aus gewissen Drehungen des dreidimensionalen Raumes um den Ursprung zusammensetzen. Solche Drehungen werden bekanntlich in einem vorgegebenen Koordinatensystem durch gewisse lineare Transformationen der Koordinaten dargestellt. Wenn wir von einer Drehung des Raumes um den Ursprung sprechen, so verstehen wir darunter lediglich das Ergebnis des Übergangs aus der Anfangslage in die transformierte Lage. Wie sich dieser Übergang vollzieht, geht überhaupt nicht in unsere Betrachtungen ein. Eine lineare Transformation bestimmt nämlich die Koordinaten des Bildpunktes, sagt aber nichts über den Weg des Originalpunktes aus. Dieser bleibt unberücksichtigt.

Wir betrachten eine Kugel mit dem Mittelpunkt im Ursprung und dem Radius 1. In diese wird ein beliebiges reguläres Polyeder, z.B. ein Oktaeder (Abb. 2) einbeschrieben. Seine Oberfläche besteht bekanntlich aus acht gleichseitigen Dreiecken. Wir betrachten die Gesamtheit der Drehungen des dreidimensionalen Raumes um den Ursprung, bei denen das vorgegebene Oktaeder in sich übergeht. Wie man leicht sieht, bildet die Gesamtheit dieser Drehungen eine endliche Gruppe. Um ihre *Ordnung*, d. h. die Anzahl ihrer Elemente, zu bestimmen, nehmen wir eine beliebige Achse des Oktaeders, die zwei gegenüberliegende Ecken verbindet. Das Oktaeder

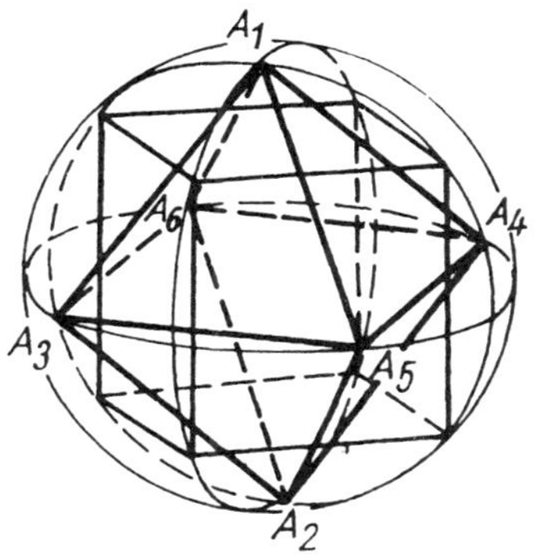

Abb. 2

geht in sich über, wenn wir den Raum um diese Achse um die Winkel $0, \frac{\pi}{2}, \pi, \frac{3\pi}{2}$ drehen. Die Drehung um den Winkel 0 entspricht offenbar der identischen Transformation, d. h. der Einheitsmatrix. Diese vier erwähnten Drehungen um die gewählte Achse bezeichnen wir mit

$$S_0 = I, S_1, S_2, S_3 . \tag{8}$$

Es sei A eine Ecke des Oktaeders, die auf der erwähnten Achse liegt. Wir betrachten jetzt noch fünf lineare Transformationen

$$T_1, T_2, T_3, T_4, T_5,$$

bei denen das Oktaeder in sich selbst übergeht und die Ecke A mit einer der fünf übrigen Ecken des Oktaeders zusammenfällt. Neben den vier Drehungen (8) bilden wir weitere 20 Drehungen des Raumes um den Ursprung von der Form

$$T_kS_0, \quad T_kS_1, \quad T_kS_2, \quad T_kS_3 \qquad (k = 1, 2, 3, 4, 5) . \tag{9}$$

Man bestätigt leicht, daß die 24 Drehungen (8) und (9) voneinander verschieden sind. Dies ist geometrisch vollkommen klar; es kann aber auch auf folgendem Wege gezeigt werden. Es sei

$$T_pS_q = T_{p_1}S_{q_1} . \tag{10}$$

Die Transformationen S_i entsprechen der Drehung um eine Achse, die durch die Ecke A geht; A bleibt also bei den Drehungen S_i fest. T_p und T_{p_1} führen für verschiedene Indizes p und p_1 die Ecke A in verschiedene Ecken über. Aus (10) folgt also, daß die Indizes p und p_1 gleich sein müssen, und durch Multiplikation dieser Gleichung von links mit $T_p^{-1} = T_{p_1}^{-1}$ folgt, daß auch die Indizes q und q_1 gleich sein müssen. Die Beziehung (10) besteht also nur dann, wenn auf der rechten und der linken Seite die gleichen Faktoren stehen. Folglich geben uns die Ausdrücke (8) und (9) insgesamt 24 verschiedene Drehungen, bei denen das Oktaeder in sich übergeht. Wir zeigen nun, daß dadurch auch alle derartigen Drehungen erfaßt sind.

Es sei V eine beliebige Drehung, bei der das Oktaeder in sich übergeht. Dabei möge A in irgendeine andere Ecke A_j übergehen. T_j sei diejenige der Transformationen T_k, die ebenfalls A in A_j überführt. Wir bilden die Transformation $T_j^{-1}V$. Dabei geht das Oktaeder in sich selbst über, und A bleibt fest. Daher bleibt auch die gegenüberliegende Ecke fest. $T_j^{-1}V$ ist also eine der Drehungen S_i um die Achse, die durch die Ecke A geht, d. h. $T_j^{-1}V = S_i$ oder $V = T_jS_i$. Mit anderen Worten: Jede Drehung um den Ursprung, bei der das Oktaeder in sich selbst übergeht, muß unter den 24 Drehungen (9) vorkommen. *Also enthält die Gruppe aller Drehungen, bei denen das Oktaeder in sich übergeht, genau* 24 *Elemente.*

Offenbar können wir in die Einheitskugel einen Würfel so einbeschreiben, daß die durch die Mittelpunkte der Seitenflächen des Oktaeders verlaufenden Radien in den Ecken des Würfels enden. Daraus folgt unmittelbar, daß die Drehungsgruppe des Würfels mit der des Oktaeders identisch ist.

Wir nehmen nun an, das Oktaeder sei im Raum anders gelagert. Seine neue Lage möge aus der ursprünglichen durch eine Drehung hervorgehen, die durch eine gewisse Matrix U charakterisiert wird. Ist nun V eine beliebige Drehung, bei der das alte Oktaeder in sich übergeht, so ist UVU^{-1} eine Drehung, bei der das neue Oktaeder in sich übergeht, und umgekehrt. Wenn also die Drehungsgruppe des alten Oktaeders aus den Matrizen V_k $(k = 1, 2, \ldots, 24)$ bestand, so besteht die Drehungsgruppe des neuen Oktaeders aus den konjugierten Matrizen UV_kU^{-1}. Allgemein gilt: *Wenn die Gesamtheit der Matrizen V_k eine Gruppe bildet, so bildet die Menge der konjugierten Matrizen UV_kU^{-1} für eine beliebige, aber feste Matrix U ebenfalls eine Gruppe.* Dies läßt sich leicht mit Hilfe der Definition der Gruppe zeigen, was wir dem Leser überlassen wollen. Die neue Gruppe heißt der alten *ähnlich.*

In einem regulären Tetraeder wählen wir eine beliebige Achse, die eine Ecke A mit dem Mittelpunkt der gegenüberliegenden Seitenfläche verbindet. Das Tetraeder geht in sich selbst über, wenn wir den Raum um diese Achse in einer beliebigen Richtung um die Winkel $0, \frac{2\pi}{3}, \frac{4\pi}{3}$ drehen. Es seien S_0, S_1, S_2 diese Drehungen. Weiter führen wir die drei linearen Transformationen T_1, T_2, T_3 ein, bei denen das Tetraeder mit sich selbst und die Ecke A mit einer der übrigen Ecken zusammenfällt. Neben den Drehungen S_0, S_1, S_2 stellen wir weitere neun Drehungen T_kS_0, T_kS_1, T_kS_2 $(k = 1, 2, 3)$ auf. Die so erhaltenen 12 Drehungen sind voneinander verschieden, und dies sind auch alle Drehungen, bei denen das Tetraeder in sich übergeht.

Wir betrachten jetzt ein reguläres Ikosaeder. Es hat zwölf Ecken, und seine Oberfläche besteht aus 20 gleichseitigen Dreiecken. Wie vorher wählen wir irgendeine Achse, die eine Ecke A mit der gegenüberliegenden Ecke verbindet. Das Ikosaeder geht in sich selbst über, wenn wir den Raum um den Winkel $\frac{2k\pi}{5}$ $(k = 0, 1, \ldots, 4)$ drehen. Es seien S_k diese Drehungen. Weiter haben wir elf Drehungen T_l $(l = 1, 2, \ldots, 11)$, bei denen das Ikosaeder in sich selbst und die Ecke A in eine der übrigen Ecken übergeht. Die volle Gruppe der Drehungen, bei denen das Ikosaeder in sich selbst übergeht, besteht demnach aus fünf Drehungen S_k und 55 Drehungen T_lS_k; die Gruppe besteht also aus 60 Drehungen. Diese Gruppe läßt sich auch als die Drehungsgruppe des regulären Dodekaeders deuten. (Das ist ein regulärer Körper mit 20 Ecken, dessen Oberfläche aus zwölf regulären Fünfecken besteht.) Um sich davon zu überzeugen, daß beide Gruppen übereinstimmen, braucht man nur das Dodekaeder bezüglich des Ikosaeders so zu legen, wie wir es vorher für den Würfel im Oktaeder getan haben.

Wir betrachten noch eine Gruppe, die aus Drehungen des dreidimensionalen Raumes besteht. In der x, y-Ebene sei ein reguläres n-Eck gelegen, dessen Mittelpunkt mit dem Koordinatenursprung zusammenfällt. Wir wählen irgendeine Achse des n-Ecks, die eine Ecke A mit der gegenüberliegenden Ecke (falls n gerade ist) oder mit dem Mittelpunkt der gegenüberliegenden Seite (falls n ungerade ist) verbindet. Bei einer Umklappung der x, y-Ebene um diese Achse um die Winkel 0 und π geht das n-Eck in sich selbst über. Die erste Drehung ist die identische Transformation I, und die zweite bezeichnen wir mit S.

Außerdem gibt es Drehungen T_k um die z-Achse um die Winkel $\frac{2k\pi}{n}$ ($k = 1, 2, \ldots, n - 1$), bei denen das n-Eck in sich selbst, aber seine Ecke A in eine der anderen Ecken übergeht. Für $k = 0$ erhalten wir die identische Transformation $T_0 = I$. Die volle Gruppe der Transformationen, für die das n-Eck in sich übergeht, besteht aus den $2n$ Transformationen T_k und T_kS ($k = 0, 1, \ldots, n - 1$).

Ein im Raum betrachtetes n-Eck, dessen Oberfläche zweimal gezählt wird (Oberseite und Unterseite), wird gewöhnlich *Dieder* genannt und die konstruierte Gruppe *Diedergruppe*.

54. Die Lorentz-Transformation. Alle bis jetzt angegebenen Beispiele von Gruppen linearer Transformationen bestanden aus unitären Transformationen oder aus Drehungen des dreidimensionalen Raumes (einem Spezialfall von unitären Transformationen). Jetzt untersuchen wir eine neue Gruppe linearer Transformationen, deren Elemente keine unitären Transformationen mehr sind. Diese Gruppe spielt eine wichtige Rolle in der Relativitätstheorie, in der Elektrodynamik und in demjenigen Teil der Quantenmechanik, der mit der Relativitätstheorie zusammenhängt.

Wir betrachten vier Veränderliche x_1, x_2, x_3, x_4, von denen die ersten drei die Raumkoordinaten eines Punktes sind, während die letzte Veränderliche die Zeit bedeutet. Eine grundlegende Forderung der speziellen Relativitätstheorie verlangt, daß die Lichtgeschwindigkeit c bei Änderung des Bezugssystems konstant bleibt. Im Zusammenhang damit taucht für relative Bewegungen die Frage nach solchen Transformationen der vier Veränderlichen x_1, x_2, x_3, x_4 auf, für die der Ausdruck

$$x_1^2 + x_2^2 + x_3^2 - c^2x_4^2$$

invariant bleibt. Ausführlicher gesagt: Gesucht sind lineare Transformationen, welche die Veränderlichen x_k so in Veränderliche x_k' überführen, daß

$$x_1'^2 + x_2'^2 + x_3'^2 - c^2x_4'^2 = x_1^2 + x_2^2 + x_3^2 - c^2x_4^2$$

gilt.

Wir betrachten zunächst den Fall, daß die Koordinaten x_2 und x_3 unverändert bleiben und nur die Veränderlichen x_1 und x_4 eine lineare Transformation erleiden. Gesucht sind also lineare Transformationen

$$x_1' = a_{11}x_1 + a_{14}x_4, \qquad x_4' = a_{41}x_1 + a_{44}x_4\,, \tag{11}$$

für die

$$x_1'^2 - c^2x_4'^2 = x_1^2 - c^2x_4^2 \tag{12}$$

gilt. Durch

$$y_1 = \mathrm{i}\, cx_4$$

führen wir an Stelle von x_4 eine neue imaginäre Veränderliche y_1 ein.

Die gesuchten linearen Transformationen müssen dann die Gestalt

$$x_1' = \alpha_{11} x_1 + \alpha_{12} y_1, \qquad y_1' = \alpha_{21} x_1 + \alpha_{22} y_1 \tag{13}$$

haben, wobei

$$\alpha_{11} = a_{11}, \qquad \alpha_{12} = \frac{a_{14}}{\mathrm{i}\, c}, \qquad \alpha_{21} = \mathrm{i}\, c a_{41}, \qquad \alpha_{22} = a_{44}$$

ist. Dabei geht (12) über in

$$x_1'^2 + y_1'^2 = x_1^2 + y_1^2 . \tag{14}$$

Die Koeffizienten α_{11} und α_{22} sind reell, während α_{12} und α_{21} rein imaginär sind. Wir setzen daher $\alpha_{12} = \mathrm{i}\,\beta_{12}$ und $\alpha_{21} = \mathrm{i}\,\beta_{21}$. Offenbar ist (14) mit der Orthogonalität der Transformation (13) gleichbedeutend; die Quadratsumme jeder Zeile und jeder Spalte ist demnach gleich 1. Das ergibt, wie man leicht bestätigt, $\beta_{12}^2 = \beta_{21}^2 = \alpha_{11}^2 - 1 = \alpha_{22}^2 - 1$ und $\alpha_{11}^2 = \alpha_{22}^2$.

Wir setzen $\alpha_{22} = \alpha$ und $\beta_{12} = \alpha\beta$. Die Koeffizienten α_{11} und α_{22} nehmen wir als positiv an, was gleichbedeutend damit ist, daß die x_1-Achse und die x_4-Achse ihre Richtung nicht ändern sollen. An Stelle von (13) erhalten wir

$$x_1' = \alpha x_1 + \mathrm{i}\,\alpha\beta y_1, \qquad y_1' = \alpha_{21} x_1 + \alpha y_1 .$$

Die Orthogonalitätsbedingung für die Zeilen,

$$\alpha\alpha_{21} + \mathrm{i}\,\alpha^2\beta = 0 ,$$

liefert $\alpha_{21} = -\mathrm{i}\,\alpha\beta$, d. h., β_{12} und β_{21} müssen entgegengesetzte Vorzeichen haben. Schließlich besagt die Bedingung

$$\alpha_{11}^2 + \alpha_{12}^2 = 1 ,$$

daß

$$\alpha^2 - \alpha^2\beta^2 = 1 \quad \text{oder} \quad \alpha = \frac{1}{\sqrt{1-\beta^2}} \qquad (\beta < 1)$$

gilt. Wir kommen so zu den Formeln

$$x_1' = \frac{x_1 + \mathrm{i}\,\beta y_1}{\sqrt{1-\beta^2}}, \qquad y_1' = \frac{-\mathrm{i}\,\beta x_1 + y_1}{\sqrt{1-\beta^2}}$$

oder, wenn wir wieder von $y_1 = \mathrm{i}\, c x_4$ zu x_4 übergehen,

$$x_1' = \frac{x_1 - \beta c x_4}{\sqrt{1-\beta^2}}, \qquad x_4' = \frac{-\dfrac{\beta}{c} x_1 + x_4}{\sqrt{1-\beta^2}}. \tag{15}$$

Aus diesen Gleichungen folgt unmittelbar, daß sich das Koordinatensystem, das den Veränderlichen x_1', x_4' entspricht, bezüglich des ursprünglichen Koordinatensystems mit der Geschwindigkeit

$$v = \beta c \tag{16}$$

längs der x_1-Achse bewegt. Nehmen wir nämlich x_1' als konstant an, so erhalten wir

$$\mathrm{d}x_1 - \beta c\, \mathrm{d}x_4 = 0, \quad \text{d. h.} \quad \frac{\mathrm{d}x_1}{\mathrm{d}x_4} = \beta c .$$

Führen wir in (15) an Stelle von βc die Geschwindigkeit v ein und ersetzen x_1 durch x und x_4 durch t, so erhalten wir die übliche Form der *Lorentz-Transformation* von zwei Veränderlichen:

$$x' = \frac{x - vt}{\sqrt{1 - \frac{v^2}{c^2}}}, \qquad t' = \frac{-\frac{v}{c^2}x + t}{\sqrt{1 - \frac{v^2}{c^2}}}. \tag{17}$$

Für $c \to \infty$ ergeben sich die gewöhnlichen Formeln der Relativbewegungen der klassischen Mechanik:

$$x' = x - vt, \qquad t' = t\,.$$

Wie man leicht bestätigt, bilden die Lorentz-Transformationen, die von einem reellen Parameter v abhängen, eine Gruppe. Lösen wir die Gleichungen (17) nach x und t auf, so erhalten wir die zu (17) inverse Transformation. Wir zeigen, daß dies dieselbe Lorentz-Transformation ist, die man aus (17) erhält, wenn man v durch $-v$ ersetzt. Löst man nämlich die Gleichungen (17) auf, so ergibt sich

$$\left(1 - \frac{v^2}{c^2}\right)x = \sqrt{1 - \frac{v^2}{c^2}}\,(x' + vt')\,,$$

$$\left(1 - \frac{v^2}{c^2}\right)t = \sqrt{1 - \frac{v^2}{c^2}}\left(\frac{v}{c^2}x' + t'\right).$$

Daraus folgt unmittelbar

$$x = \frac{x' + vt'}{\sqrt{1 - \frac{v^2}{c^2}}}, \qquad t = \frac{\frac{v}{c^2}x' + t'}{\sqrt{1 - \frac{v^2}{c^2}}}.$$

Wir betrachten jetzt zwei Lorentz-Transformationen L_1 und L_2, die den Werten v_1 und v_2 des Parameters v entsprechen, und zeigen, daß ihr Produkt L_2L_1 wieder eine Lorentz-Transformation ist. Dazu bilden wir das Produkt der beiden Matrizen

$$\begin{pmatrix} \frac{1}{\sqrt{1-\beta_2^2}} & -\frac{\beta_2 c}{\sqrt{1-\beta_2^2}} \\ -\frac{\frac{\beta_2}{c}}{\sqrt{1-\beta_2^2}} & \frac{1}{\sqrt{1-\beta_2^2}} \end{pmatrix}, \qquad \begin{pmatrix} \frac{1}{\sqrt{1-\beta_1^2}} & -\frac{\beta_1 c}{\sqrt{1-\beta_1^2}} \\ -\frac{\frac{\beta_1}{c}}{\sqrt{1-\beta_1^2}} & \frac{1}{\sqrt{1-\beta_1^2}} \end{pmatrix},$$

wobei $\beta_1 = \frac{v_1}{c}$, $\beta_2 = \frac{v_2}{c}$ ist. Die übliche Regel für die Matrizenmultiplikation ergibt für das Produkt die Matrix

$$\frac{1 + \beta_1\beta_2}{\sqrt{1-\beta_2^2}\sqrt{1-\beta_1^2}} \begin{pmatrix} 1 & -\frac{\beta_1 c + \beta_2 c}{1 + \beta_1\beta_2} \\ -\frac{\frac{\beta_1}{c} + \frac{\beta_2}{c}}{1 + \beta_1\beta_2} & 1 \end{pmatrix}. \tag{18}$$

Setzt man

$$v_3 = \frac{v_1 + v_2}{1 + \frac{v_1 v_2}{c^2}}, \tag{19}$$

so gilt, wie man leicht bestätigt, die Identität

$$\frac{1 + \frac{v_1 v_2}{c^2}}{\sqrt{1 - \frac{v_2^2}{c^2}}\sqrt{1 - \frac{v_1^2}{c^2}}} = \frac{1}{\sqrt{1 - \frac{v_3^2}{c^2}}}.$$

Der Matrix (18) kann man dann die Gestalt

$$\begin{pmatrix} \frac{1}{\sqrt{1 - \beta_3^2}} & -\frac{\beta_3 c}{\sqrt{1 - \beta_3^2}} \\ -\frac{\frac{\beta_3}{c}}{\sqrt{1 - \beta_3^2}} & \frac{1}{\sqrt{1 - \beta_3}} \end{pmatrix} \qquad \left(\beta_3 = \frac{v_3}{c}\right)$$

geben, d. h., ihr entspricht wieder eine Lorentz-Transformation mit dem Parameter $v = v_3$. Somit gibt (19) das *Additionstheorem für die Geschwindigkeiten in der speziellen Relativitätstheorie* an. Setzen wir in (19) $v_1 = c$, so erhalten wir, wie man leicht bestätigt, auch für die resultierende Geschwindigkeit v_3 den Wert $v_3 = c$, d. h., *die Geschwindigkeit c ändert sich bei Zusammensetzung mit einer zweiten Geschwindigkeit nicht.*

Bei der Herleitung von (15) setzten wir die Vorzeichen der Koeffizienten der linearen Transformation (11) in ganz bestimmter Weise fest: a_{11} und a_{44} sollten positiv sein. Man kann diese Forderungen durch eine andere ersetzen, nämlich: a_{44} und die Determinante

$$a_{11}a_{44} - a_{14}a_{41} \tag{20}$$

sollen positiv sein. Wie man leicht sieht, folgt daraus, daß auch der Koeffizient a_{11} positiv ist, und umgekehrt. Die Determinante der Transformation (17) ist nämlich gleich $+1$, d. h., für $a_{11} > 0$ ist auch die Determinante (20) positiv. Wenn wir $a_{11} = -\alpha$ und $a_{44} = \alpha$ setzen, wobei $\alpha > 0$ ist, so erhalten wir eine Transformation mit der Determinante -1. Die Bedingung, daß a_{41} positiv sein soll, ist gleichbedeutend damit, daß x_4' bei festem x_1 für $x_4 \to \infty$ gegen ∞ strebt. Dem entspricht gerade die Forderung, daß die Zeitachse ihre Richtung nicht ändern soll. So liefern die Formeln nicht alle linearen Transformationen, die der Bedingung (12) genügen, sondern nur solche, für welche die Determinante (20) positiv ist und für welche die Zeitachse ihre Richtung nicht ändert.

Wir kehren jetzt zur Betrachtung der *allgemeinen Lorentz-Transformation* für den Fall von vier Veränderlichen x_k $(k = 1, 2, 3, 4)$ zurück, wobei die Bedingung

$$x_1'^2 + x_2'^2 + x_3'^2 - c^2 x_4'^2 = x_1^2 + x_2^2 + x_3^2 - c^2 x_4^2 \tag{21}$$

erfüllt sein soll.

Die x_k und die x'_k $(k = 1, 2, 3)$ fassen wir als kartesische Koordinaten in zwei verschiedenen dreidimensionalen Räumen R und R' auf. Wir zeigen, daß wir bei geeigneter Wahl der Koordinatenachsen in diesen beiden Räumen die allgemeine Lorentz-Transformation auf den oben betrachteten Spezialfall zurückführen können. Mit T bezeichnen wir die allgemeine, mit S die spezielle Lorentz-Transformation der oben betrachteten Art. Unsere Behauptung ist gleichbedeutend damit, daß wir T in der Gestalt

$$T = VSU \tag{22}$$

darstellen können, wobei U und V reelle orthogonale Transformationen sind, die den oben erwähnten Koordinatentransformationen in R und R' entsprechen.

Wie oben führen wir vier neue Veränderliche

$$y_1 = x_1, \qquad y_2 = x_2, \qquad y_3 = x_3, \qquad y_4 = \mathrm{i}\, c x_4$$

und ganz analog

$$y'_1 = x'_1, \qquad y'_2 = x'_2, \qquad y'_3 = x'_3, \qquad y'_4 = \mathrm{i}\, c x'_4$$

ein. An Stelle der Bedingung (21) erhalten wir für die neuen Veränderlichen die üblichen Bedingungen für eine orthogonale Transformation:

$$y_1'^2 + y_2'^2 + y_3'^2 + y_4'^2 = y_1^2 + y_2^2 + y_3^2 + y_4^2 \,. \tag{23}$$

Die gesuchte lineare Transformation hat die Gestalt

$$y'_k = \alpha_{k1} y_1 + \alpha_{k2} y_2 + \alpha_{k3} y_3 + \alpha_{k4} y_4 \quad (k = 1, 2, 3, 4)\,. \tag{24}$$

Beachten wir, daß y_4 und y'_4 rein imaginär sind, so sehen wir, daß die Koeffizienten α_{k1}, α_{k2}, α_{k3} für $k = 1, 2, 3$ und α_{44} reell, aber die Koeffizienten α_{41}, α_{42}, α_{43} und α_{k4} für $k = 1, 2, 3$ rein imaginär sein müssen. Ein Wechsel der Koordinatenachsen in R' ist mit einer reellen orthogonalen Transformation der Veränderlichen y'_1, y'_2, y'_3 gleichbedeutend.

Wir betrachten die Koeffizienten

$$\alpha_{14} = \mathrm{i}\,\beta_{14}, \qquad \alpha_{24} = \mathrm{i}\,\beta_{24}, \qquad \alpha_{34} = \mathrm{i}\,\beta_{34}\,.$$

Die drei reellen Zahlen β_{14}, β_{24}, β_{34} bestimmen einen Vektor, und wenn wir die Richtung dieses Vektors als Richtung der neuen ersten Achse von R' wählen, so gehen bei der entsprechenden orthogonalen Transformation die Koeffizienten α_{24} und α_{34} in 0 über. Um sich hiervon zu überzeugen, genügt es zu bemerken, daß nach Formel (24) eine orthogonale Transformation der Veränderlichen y'_1, y'_2, y'_3 eine Transformation der β_{14}, β_{24}, β_{34} bewirkt. Wir nehmen an, diese Koordinatentransformation in R' sei schon durchgeführt, so daß $\alpha_{24} = \alpha_{34} = 0$ ist. Die Bedingung (23) zeigt uns, daß die Koeffizienten der Transformation (24) den üblichen Bedingungen einer orthogonalen Transformation genügen müssen. Beachten wir, daß die oben erwähnten Koeffizienten gleich 0 sind, so erhalten wir für die zweite und dritte Zeile die Bedingungen

$$\alpha_{k1}^2 + \alpha_{k2}^2 + \alpha_{k3}^2 = 1 \qquad (k = 2, 3), \qquad \alpha_{21}\alpha_{31} + \alpha_{22}\alpha_{32} + \alpha_{23}\alpha_{33} = 0\,,$$

wobei alle auftretenden Koeffizienten reell sind.

Auf Grund dieser Bedingungen haben die beiden Vektoren $(\alpha_{21}, \alpha_{22}, \alpha_{23})$ und $(\alpha_{31}, \alpha_{32}, \alpha_{33})$ die Länge 1 und sind zueinander orthogonal. Wählen wir in R diese beiden Vektoren als Basisvektoren in Richtung der x_2- und x_3-Achse, so müssen die beiden Summen

$$\alpha_{k1} y_1 + \alpha_{k2} y_2 + \alpha_{k3} y_3 \qquad (k = 2, 3)\,,$$

die das innere Produkt der obigen Vektoren mit dem veränderlichen Vektor (y_1, y_2, y_3) darstellen, genau y_2 und y_3 ergeben, und es gilt also

$$\alpha_{22} = \alpha_{33} = 1, \qquad \alpha_{21} = \alpha_{23} = \alpha_{31} = \alpha_{32} = 0 .$$

Daher hat schließlich bei dieser Wahl der Koordinatenachsen in beiden Räumen die Transformationsmatrix (24) die Gestalt

$$\begin{pmatrix} \alpha_{11} & \alpha_{12} & \alpha_{13} & \alpha_{14} \\ 0 & 1 & 0 & 0 \\ 0 & 0 & 1 & 0 \\ \alpha_{41} & \alpha_{42} & \alpha_{43} & \alpha_{44} \end{pmatrix}. \tag{25}$$

Diese Matrix erhält man durch Multiplikation der ursprünglichen Matrix mit zwei orthogonalen Matrizen, die nur die ersten drei Veränderlichen betreffen, die man aber auch als orthogonale Transformation von vier Veränderlichen auffassen kann, bei denen die vierte Veränderliche unverändert bleibt. Beachten wir, daß das Produkt zweier orthogonaler Matrizen ebenfalls orthogonal ist, so sehen wir, daß auch die Elemente der Matrix (25) den Orthogonalitätsbedingungen genügen müssen. Die Orthogonalität der ersten Zeile zu der zweiten und der dritten ergibt $\alpha_{12} = \alpha_{13} = 0$. Aus der Orthogonalität der vierten Zeile zur zweiten und dritten folgt $\alpha_{43} = \alpha_{42} = 0$. So kommen wir zu der Matrix

$$\begin{pmatrix} \alpha_{11} & 0 & 0 & \alpha_{14} \\ 0 & 1 & 0 & 0 \\ 0 & 0 & 1 & 0 \\ \alpha_{41} & 0 & 0 & \alpha_{44} \end{pmatrix}$$

und haben also in diesem Fall eine lineare Transformation

$$y_1' = \alpha_{11} y_1 + \alpha_{14} y_4, \qquad y_4' = \alpha_{41} y_1 + \alpha_{44} y_4 ,$$

die der Bedingung

$$y_1'^2 + y_4'^2 = y_1^2 + y_4^2$$

genügt.

Mit solchen Transformationen haben wir uns oben beschäftigt. Sie führten uns auf spezielle Lorentz-Transformationen der Gestalt (15). Damit ist die Gültigkeit von (22) nachgewiesen. Die Regel für die Vorzeichenwahl bei der Bestimmung der Transformation S ist die gleiche wie oben, falls wir fordern, daß die allgemeine Lorentz-Transformation T die Richtung der Zeitachse fest läßt und eine positive Determinante hat. Die orthogonalen Transformationen U und V können wir nämlich immer als Drehungen eines dreidimensionalen Raumes auffassen, so daß ihre Determinante positiv ist; die vierte Veränderliche bleibt von ihnen unberührt. Daraus folgt, daß die Determinante von S ebenfalls positiv sein muß und daß S die Richtung der Zeitachse nicht ändert. Fordern wir also, daß die allgemeine Lorentz-Transformation T diese Eigenschaft hat, so genügt die entsprechende spezielle Transformation genau den Bedingungen, die wir zu Anfang des Abschnitts bei der Herleitung der Formeln stellten. Allgemeine Lorentz-Transformationen dieser Art nennt man gewöhnlich *positive Lorentz-Transformationen*. Aus unseren Überlegungen folgt, daß die ihnen entsprechenden Matrizen durch (22) gegeben werden, wobei S eine spezielle Lorentz-Transformation der Gestalt (15) ist, während U und V Matrizen von Drehungen des dreidimensionalen Raumes bedeuten. Man kann zeigen, daß die positiven Lorentz-Transformationen genau wie die Transformationen (15) eine Gruppe bilden.

Wie wir sehen, kann die Matrix der allgemeinsten Lorentz-Transformation, die also lediglich der Bedingung (21) genügt, durch (22) dargestellt werden, wobei U und V Drehungen sind und S eine allgemeine Lorentz-Transformation von zwei Veränderlichen bedeutet. Handelt es sich um positive Transformationen, so ist nach (15) $D(S) = 1$, und da auch $|U| = |V| = 1$ ist, ist die Determinante jeder positiven Lorentz-Transformation ebenfalls gleich 1. (U, S und V werden dabei als Matrizen vierten Grades betrachtet.) Die Determinante der allgemeinsten Lorentz-Transformation ist gleich ± 1, denn man kann leicht zeigen, daß die Determinante einer allgemeinen Lorentz-Transformation zweiten Grades diesen Wert hat.

55. Permutationen. Bisher haben wir Beispiele von Gruppen betrachtet, deren Elemente lineare Transformationen waren. Der Begriff der Gruppe hängt aber nicht unbedingt mit linearen Transformationen zusammen. Man kann auch Gruppen von anderen Operationen bilden. Wir betrachten hier die *Permutationen*; das sind Operationen, die uns bereits früher in [**2**] begegnet sind. Zunächst geben wir einige Grundtatsachen und Begriffe an.

Es seien n Objekte gegeben, die wir wie in [**2**] durchnumerieren, oder wir nehmen einfach an, diese Objekte seien die ganzen Zahlen 1, 2, ..., n. Diese Zahlen können wir bekanntlich auf $n!$ verschiedene Arten anordnen. Es sei

$$p_1, p_2, \ldots, p_n \tag{26}$$

eine davon. Die p_k sind alle ganzen Zahlen von 1 bis n, die in einer bestimmten Reihenfolge angeordnet sind. Wir vergleichen die Anordnung (26) mit der Ausgangsanordnung 1, 2, ..., n:

$$\begin{pmatrix} 1, & 2, & \ldots, & n \\ p_1, & p_2, & \ldots, & p_n \end{pmatrix} = P\,. \tag{27}$$

Der Übergang von der Ausgangsanordnung zur Anordnung (26) vollzieht sich dadurch, daß 1 durch p_1, 2 durch p_2 usw. ersetzt wird. Wir bezeichnen diese Operationen mit P. Unter dem Ausdruck „Permutation" wollen wir von nun an eine solche Operation verstehen. Dann definieren wir den Begriff der *inversen Permutation* P^{-1}. Das ist die Operation, die (26) in die ursprüngliche Anordnung zurückführt, d. h. p_1 durch 1, p_2 durch 2 usw. ersetzt. Ein Beispiel mag diesen Begriff erläutern. Für $n = 5$ betrachten wir die Permutation

$$\begin{pmatrix} 1, 2, 3, 4, 5 \\ 3, 2, 5, 1, 4 \end{pmatrix} = P\,.$$

Die inverse Permutation ist dann

$$\begin{pmatrix} 1, 2, 3, 4, 5 \\ 4, 2, 1, 5, 3 \end{pmatrix} = P^{-1}\,.$$

Wie man leicht sieht, gilt

$$(P^{-1})^{-1} = P\,. \tag{28}$$

Wir führen jetzt die *Multiplikation von Permutationen* ein: P_1 und P_2 seien zwei beliebige Permutationen. Unter ihrem *Produkt* P_2P_1 verstehen wir diejenige Permutation, die man erhält, wenn man erst P_1 und dann P_2 ausführt. Liegen z. B. die beiden Permutationen

$$\begin{pmatrix}1, 2, 3, 4, 5\\ 5, 1, 4, 3, 2\end{pmatrix} = P_2 \quad \text{und} \quad \begin{pmatrix}1, 2, 3, 4, 5\\ 3, 1, 5, 2, 4\end{pmatrix} = P_1$$

vor, so ist ihr Produkt P_2P_1 die Permutation

$$\begin{pmatrix}1, 2, 3, 4, 5\\ 4, 5, 2, 1, 3\end{pmatrix} = P_2P_1 .$$

Es ist unmittelbar klar, daß die inverse Permutation P^{-1} durch die Bedingung

$$P^{-1}P = PP^{-1} = I \tag{29}$$

eindeutig bestimmt ist. Mit I wird dabei die identische Permutation bezeichnet, für die jedes Element in sich selbst übergeht.

Ein Produkt $P_3P_2P_1$ von mehreren Permutationen läßt sich dadurch bilden, daß man diese Permutationen hintereinander ausführt. Wie man leicht sieht, genügt das Produkt dem assoziativen Gesetz

$$P_3(P_2P_1) = (P_3P_2)\, P_1 . \tag{30}$$

Nach P_1 kann man nämlich entweder nacheinander P_2 oder P_3 oder, was damit gleichbedeutend ist, die eine Permutation (P_3P_2) ausführen. Wir bemerken schließlich, daß die identische Permutation für jede Permutation P der Bedingung

$$IP = PI = P \tag{31}$$

genügt. Das Produkt zweier Permutationen genügt im allgemeinen nicht dem kommutativen Gesetz, P_2P_1 und P_1P_2 sind im allgemeinen verschiedene Permutationen. Das sieht man schon an dem oben angegebenen Beispiel.

Damit haben wir die grundlegenden Begriffe, wie die des Produkts, der inversen Permutation und der identischen Permutation, in ganz ähnlicher Weise wie früher für die linearen Transformationen (die Matrizen) eingeführt. Wir können diese Analogie weiter fortsetzen und auch den Begriff der Permutationsgruppe definieren. Eine Gesamtheit von Permutationen bildet eine *Gruppe*, falls folgende beiden Bedingungen erfüllt sind: 1. Mit jeder Permutation gehört auch die inverse der Gesamtheit an. 2. Das Produkt zweier Permutationen aus der Gesamtheit gehört (bei beliebiger Reihenfolge der Faktoren) ebenfalls dazu. Wie bei linearen Transformationen gehört die identische Permutation notwendig zur Gruppe.

Die Gesamtheit aller $n!$ Permutationen bildet offenbar eine Gruppe. Wir definieren eine andere Gruppe, die nur einen Teil der vorhergehenden bildet. Dazu bemerken wir, daß jede Permutation durch Ausführen mehrerer Transpositionen erhalten werden kann **[2]**. Für eine feste Permutation kann die Anzahl der Transpositionen der gegebenen Permutation verschieden ausfallen, aber diese Anzahl ist, wie wir früher zeigten, entweder immer gerade oder immer ungerade. Die aus einer geraden Anzahl von Transpositionen erhaltenen Permutationen bilden für sich eine Gruppe. Die aus allen Permutationen von Elementen gebildete Gruppe heißt die *symmetrische Gruppe*, die Gruppe der geraden Permutationen (d. h. der Permutationen, die man aus einer geraden Anzahl von Transpositionen erhält) heißt die *alternierende Gruppe*.

Wir betrachten nun spezielle Permutationen. Es seien $l_1, l_2, \ldots, l_m$ beliebige verschiedene Zahlen unter den Zahlen von 1 bis n ($m \leqq n$). Die Permutation soll l_1 in l_2, l_2 in $l_3, \ldots, l_{m-1}$ in l_m und schließlich l_m in l_1 überführen. Eine Permutation dieser Art heißt ein *Zyklus* und wird mit $(l_1, l_2, \ldots, l_m)$ bezeichnet. Permutieren wir die Zahlen innerhalb der Klammer zyklisch, so erhalten wir die Zyklen

$$(l_2, l_3, \ldots, l_m, l_1), \qquad (l_3, l_4, \ldots, l_m, l_1, l_2), \qquad \ldots,$$

die dieselbe Permutation wie $(l_1, l_2, \ldots, l_m)$ ergeben. Ist $m = 1$, d. h., liegt ein Zyklus (l_1) vor, so setzen wir diesen gleich der identischen Permutation. Zyklen aus zwei Elementen (l_1, l_2) sind offenbar mit den Transpositionen zweier Elemente gleichbedeutend.

Haben zwei Zyklen kein Element gemeinsam, so hängt ihr Produkt nicht von der Reihenfolge der Faktoren ab. Es seien z.B. für $n = 5$ die Produkte aus Zyklen

$$(1, 3)\,(2, 4, 5) \quad \text{und} \quad (2, 4, 5)\,(1, 3)$$

ohne gemeinsames Element gegeben. Ihre beiden Produkte ergeben offensichtlich dieselbe Permutation

$$\begin{pmatrix} 1, 2, 3, 4, 5 \\ 3, 4, 1, 5, 2 \end{pmatrix}.$$

Jede Permutation P kann man als *Produkt von elementfremden Zyklen* darstellen. Dazu nehmen wir das Element 1 und setzen es als erstes Element in einen Zyklus. Als zweites Element nehmen wir dasjenige, das aus 1 durch P hervorgeht. Dieses sei etwa l_2. Als drittes Element nehmen wir dasjenige, das sich aus l_2 durch P ergibt usw., bis wir schließlich zu einem Element gelangen, das durch P in 1 übergeht. Dieses soll das letzte Element des Zyklus sein. Wie man leicht sieht, kann ein solcher Zyklus keine gleichen Elemente enthalten. Im allgemeinen erfaßt ein so konstruierter Zyklus aber noch nicht alle n Elemente. Aus den übriggebliebenen wählen wir ein beliebiges erstes Element aus und stellen wie oben einen neuen Zyklus auf, usw.

Als Beispiel betrachten wir für $n = 6$ die Permutation

$$\begin{pmatrix} 1, 2, 3, 4, 5, 6 \\ 3, 6, 4, 1, 2, 5 \end{pmatrix}.$$

Bei Anwendung des obigen Verfahrens kann man diese Permutation als Produkt von Zyklen darstellen:

$$\begin{pmatrix} 1, 2, 3, 4, 5, 6 \\ 3, 6, 4, 1, 2, 5 \end{pmatrix} = (1, 3, 4)\,(2, 6, 5)\,.$$

Dabei spielt die Reihenfolge der Faktoren auf der rechten Seite keine Rolle.

Wie sich leicht zeigen läßt, kann das Produkt zweier Transpositionen als Produkt dreigliedriger Zyklen dargestellt werden. Haben nämlich zwei zweigliedrige Zyklen kein gemeinsames Element, dann gilt

$$(l_3, l_4)\,(l_1, l_2) = (l_1, l_3, l_4)\,(l_1, l_2, l_4)\,,$$

wie man leicht bestätigt. Ist aber ein gemeinsames Element vorhanden, so gilt

$$(l_1, l_3)\,(l_1, l_2) = (l_1, l_2, l_3)\,.$$

Es kann somit jede Permutation der alternierenden Gruppe als Produkt von dreigliedrigen Zyklen dargestellt werden.

Wir erwähnen noch, daß man bei einer Permutation die Zahlen in der ersten Zeile statt in der natürlichen Reihenfolge auch in beliebiger Anordnung schreiben kann. Wichtig ist nur, daß unter jeder Zahl der ersten Zeile gerade diejenige Zahl steht, in die die obere Zahl bei der gegebenen Permutation übergeführt wird. Als Beispiel geben wir zwei Schreibweisen für ein und dieselbe Permutation an:

$$\begin{pmatrix} 1, 2, 3, 4, 5 \\ 3, 2, 5, 1, 4 \end{pmatrix} = \begin{pmatrix} 3, 1, 5, 4, 2 \\ 5, 3, 4, 1, 2 \end{pmatrix}.$$

Ist eine beliebige Permutation

$$P = \begin{pmatrix} a_1, a_2, \ldots, a_n \\ b_1, b_2, \ldots, b_n \end{pmatrix}$$

gegeben, so können wir die dazu inverse Permutation offenbar in der Gestalt

$$P^{-1} = \begin{pmatrix} b_1, b_2, \ldots, b_n \\ a_1, a_2, \ldots, a_n \end{pmatrix}$$

schreiben.

Es seien nun zwei Permutationen gegeben, von denen wir die zweite auf zwei verschiedene Arten schreiben:

$$P = \begin{pmatrix} 1, 2, \ldots, n \\ c_1, c_2, \ldots, c_n \end{pmatrix}, \qquad Q = \begin{pmatrix} 1, 2, \ldots, n \\ d_1, d_2, \ldots, d_n \end{pmatrix} = \begin{pmatrix} c_1, c_2, \ldots, c_n \\ f_1, f_2, \ldots, f_n \end{pmatrix}.$$

Wir erhalten

$$PQ^{-1} = \begin{pmatrix} 1, 2, \ldots, n \\ c_1, c_2, \ldots, c_n \end{pmatrix} \begin{pmatrix} d_1, d_2, \ldots, d_n \\ 1, 2, \ldots, n \end{pmatrix} = \begin{pmatrix} d_1, d_2, \ldots, d_n \\ c_1\ c_2, \ldots, c_n \end{pmatrix}$$

und somit

$$QPQ^{-1} = \begin{pmatrix} c_1, c_2, \ldots, c_n \\ f_1, f_2, \ldots, f_n \end{pmatrix} \begin{pmatrix} d_1, d_2, \ldots, d_n \\ c_1, c_2, \ldots, c_n \end{pmatrix} = \begin{pmatrix} d_1, d_2, \ldots, d_n \\ f_1, f_2, \ldots, f_n \end{pmatrix}.$$

Daraus ergibt sich folgende Regel: Um die Permutation QPQ^{-1} zu erhalten, muß man auf beide Zeilen der Permutation

$$P = \begin{pmatrix} 1, 2, \ldots, n \\ c_1, c_2, \ldots, c_n \end{pmatrix}$$

die Permutation Q anwenden.

56. Abstrakte Gruppen. Bei der Definition einer Gruppe können wir von der konkreten Bedeutung der Operationen absehen, deren Gesamtheit die Gruppe bildet; in den vorangegangenen Beispielen waren dies lineare Transformationen oder Permutationen. So gelangen wir zu dem Begriff der *abstrakten Gruppe.*

Eine abstrakte Gruppe ist eine Menge von Symbolen, für die eine im allgemeinen als Multiplikation bezeichnete Verknüpfung im folgenden Sinne erklärt ist: Es ist eine Vorschrift gegeben, nach der jedem geordneten Paar von (verschiedenen oder gleichen) Elementen P und Q der Menge eindeutig ein drittes Element der Menge zugeordnet ist. Dieses heißt das Produkt von P und Q und wird mit QP bezeichnet. Dabei müssen folgende drei Bedingungen erfüllt sein.

1. *Die Multiplikation genügt dem assoziativen Gesetz,* d. h. $(RQ)\,P = R(QP)$. Daraus folgt allgemein: In jedem Produkt kann man, wenn man die Reihenfolge nicht ändert, die Faktoren beliebig zusammenfassen.

2. *In der Menge muß genau ein Element E existieren, das bei Multiplikation von rechts oder von links mit jedem anderen Element wieder dieses Element ergibt,* d. h.

$$EP = PE = P\,. \tag{32}$$

Dieses Element heißt *Einselement.*

3. *Zu jedem Element P der Menge gibt es in dieser Menge genau ein Element Q, das der Bedingung*

$$QP = PQ = E \qquad (Q = P^{-1}) \tag{33}$$

genügt. Man nennt es das *inverse Element.*

Aus (32) folgt für $P = E$ die Beziehung $EE = E$, d. h., nach Definition des inversen Elements ist das zu E inverse Element wieder E selbst.

Man kann diese Bedingungen, die eine abstrakte Gruppe definieren, in einer viel kürzeren Form aufstellen, weil sich aus diesen Forderungen die übrigen als notwendige Folgerungen ergeben. Doch damit werden wir uns nicht weiter aufhalten. Wir beschränken uns überhaupt nur auf einfachste und elementarste Tatsachen, die mit dem Begriff einer abstrakten Gruppe zusammenhängen. Eine ausführlichere Untersuchung der Gruppentheorie würde Stoff für ein ganzes Buch geben. Unser Ziel ist nur, dem Leser die elementarsten Begriffe mitzuteilen, um ihm die Lektüre physikalischer Literatur zu erleichtern, in welcher der Gruppenbegriff und fundamentale Gruppeneigenschaften häufig benutzt werden. Im folgenden werden wir an Stelle von E bisweilen I schreiben. Das durch die Beziehungen (33) definierte Element Q wird mit P^{-1} bezeichnet. Offensichtlich gilt (28), da aus (33) folgt, daß P zu Q invers ist.

Nach dem Begriff einer abstrakten Gruppe erklären wir einige weitere Begriffe und beweisen einige Eigenschaften abstrakter Gruppen. Vorher bemerken wir, daß die Anzahl der Elemente einer Gruppe endlich oder auch unendlich sein kann. Ein Produkt

$$RQP$$

aus Elementen der Gruppe ist ebenfalls Element dieser Gruppe. Das inverse Element erhält man, wie bei einer Gruppe linearer Transformationen, durch

$$(RQP)^{-1} = P^{-1}Q^{-1}R^{-1}\,.$$

Man überzeugt sich davon leicht, wenn man die Multiplikation ausführt und das assoziative Gesetz anwendet.

Es sei P ein beliebiges Element einer Gruppe. Seine positiven ganzzahligen Potenzen

$$P_0 = I,\ P^1,\ P^2, \ldots$$

sind ebenfalls Elemente der Gruppe. Gibt es eine positive ganze Zahl m derart, daß $P^m = I$ ist, so sagt man, P sei von *endlicher Ordnung*; als *Ordnung von P* bezeichnet man die kleinste positive Zahl m, für die $P^m = I$ gilt. Die Elemente

$$I,\ P,\ P^2 \ldots,\ P^{m-1}$$

sind dann alle voneinander verschieden. Aus $P^k = P^l$ $(k < l)$ würde sonst nämlich $P^{l-k} = I$ folgen. Alle Elemente einer endlichen Gruppe sind natürlich von endlicher Ordnung.

Wir bezeichnen die Elemente der Gruppe mit P_α. Ist die Gruppe endlich, so durchläuft α endlich viele positive ganze Zahlen. Ist die Gruppe unendlich, so kann α alle ganzen Zahlen durchlaufen [**52**] oder sich stetig ändern oder sogar von mehreren sich stetig ändernden Indizes abhängen. Es sei U ein beliebiges, aber festes Element unserer Gruppe. Wir stellen alle Produkte UP_α auf. Wenn α den gesamten Indexbereich durchläuft, ergeben diese Produkte, wie man leicht sieht, wieder alle Elemente der Gruppe; jedes tritt genau einmal auf. Aus der Gleichung

$$UP_{\alpha_1} = UP_{\alpha_2}$$

folgt nämlich durch Multiplikation mit U^{-1} von links unmittelbar $P_{\alpha_1} = P_{\alpha_2}$, d. h., für verschiedene α sind auch die Produkte UP_α verschieden. Jedes Element der Gruppe läßt sich als ein solches Produkt darstellen, da die Gleichung $UP_\alpha = P_{\alpha_0}$ gleichbedeutend ist mit $P_\alpha = U^{-1}P_{\alpha_0}$. Ein entsprechendes Ergebnis erhalten wir, wenn wir das feste Element U nicht von rechts, sondern von links mit P_α multiplizieren. Die Überlegung zeigt: *Durchläuft P_α alle Elemente der Gruppe und ist U irgendein festes Element, so durchläuft auch das Produkt UP_α* (oder $P_\alpha U$) *alle Elemente, und zwar jedes genau einmal.*

Wir betrachten als Beispiel eine Gruppe aus sechs Elementen (Gruppe der Ordnung 6)

$$E, A, B, C, D, F\ .$$

Die Verknüpfung legen wir durch folgende *Gruppentafel* fest:

	E	*A*	*B*	*C*	*D*	*F*
E	*E*	*A*	*B*	*C*	*D*	*F*
A	*A*	*E*	*D*	*F*	*B*	*C*
B	*B*	*F*	*E*	*D*	*C*	*A*
C	*C*	*D*	*F*	*E*	*A*	*B*
D	*D*	*C*	*A*	*B*	*F*	*E*
F	*F*	*B*	*C*	*A*	*E*	*D*

(34)

Diese Tabelle wird folgendermaßen zur Bestimmung eines Produkts benutzt: Wollen wir z.B. das Produkt DB bilden, so müssen wir in der obersten Zeile B und in der linken Spalte D aufsuchen. Im Schnittpunkt der Zeile für D mit der Spalte für B finden wir das Element A, welches genau das Produkt DB ist. Wie man leicht bestätigt, sind alle Bedingungen erfüllt, die wir bei der Definition einer abstrakten Gruppe forderten. Dabei spielt E die Rolle des Einselements.

In den vorhergehenden Abschnitten führten wir konkrete Beispiele an, die Realisierungen des Gruppenbegriffs sind. Das eine Mal setzte sich die Gruppe aus linearen Transformationen zusammen (d. h. aus den entsprechenden Matrizen), und die Multiplikation zweier Elemente bestand darin, daß zwei lineare Transformationen nacheinander ausgeführt wurden. (Diese Definition des Produkts läuft auf eine Multiplikation der entsprechenden Transformationsmatrizen hinaus.) Das andere Mal waren Permutationen die Grundelemente, und die Multiplikation zweier Elemente wurde wieder als Hintereinanderausführung zweier Permutationen definiert.

Wir geben noch ein weiteres konkretes Beispiel einer Gruppe. Die Gruppe bestehe aus allen komplexen Zahlen, und die „Multiplikation" zweier Elemente werde als Addition der entsprechenden Zahlen erklärt. Hier spielt die Null die Rolle des Einselements, und das zu α inverse Element ist $-\alpha$. An Stelle der komplexen Zahlen könnten wir als Elemente auch alle Vektoren $\boldsymbol{x} = (x_1, x_2, \ldots, x_n)$ des komplexen n-dimensionalen Raumes R_n nehmen und die Multiplikation der Elemente als Addition der entsprechenden Vektoren erklären. Dabei spielt der Nullvektor die Rolle des Einselements. Man kann den Sachverhalt auch folgendermaßen ausdrücken: Die Elemente der Gruppe sind die Vektoren aus R_n, und die Gruppenoperation ist die Addition von Vektoren. Wie man sieht, hängt in den letzten beiden Beispielen das Ergebnis der Multiplikation zweier Elemente nicht von der Reihenfolge der Faktoren ab; man sagt auch: Zwei beliebige Elemente der Gruppe sind vertauschbar. Gruppen mit dieser Eigenschaft heißen *abelsch* (vgl. [**52**]). Das einfachste Beispiel einer abelschen Gruppe ist eine sogenannte *zyklische Gruppe*, die aus dem Einselement und den Potenzen eines beliebigen Elements P besteht. Ist m die kleinste positive ganze Zahl, für die $P^m = E$ gilt, so enthält die zyklische Gruppe m Elemente: $E, P, P^2, \ldots, P^{m-1}$. Gibt es eine solche positive ganze Zahl m nicht, so ist die zyklische Gruppe unendlich: $E, P, P^2, \ldots$

57. Untergruppen. Eine Untermenge $\mathfrak{H}$ einer beliebigen Gruppe $\mathfrak{G}$ heißt *Untergruppe von* $\mathfrak{G}$, wenn $\mathfrak{H}$ bezüglich der in $\mathfrak{G}$ erklärten Verknüpfung eine Gruppe bildet. Wie man leicht sieht, bildet die aus dem Einselement der Gruppe bestehende Menge immer eine Untergruppe. Dies ist eine triviale Untergruppe. Wir werden im folgenden unter einer Untergruppe eine nichttriviale Untergruppe verstehen.

Mit H_α bezeichnen wir die Elemente der Untergruppe $\mathfrak{H}$. Es sei G_1 ein beliebiges Element der Gruppe $\mathfrak{G}$, das nicht zu $\mathfrak{H}$ gehört. Die Produkte G_1H_α liefern, wie wir oben sahen, lauter verschiedene Elemente von $\mathfrak{G}$, von denen keines zu $\mathfrak{H}$ gehört. Andernfalls hätten wir nämlich für gewisse Werte α_1 und α_2 des Index α die Gleichung $G_1H_{\alpha_1} = H_{\alpha_2}$, woraus $G_1 = H_{\alpha_2}H_{\alpha_1}^{-1}$ folgt, d. h., G_1 müßte, entgegen der Voraussetzung, zu $\mathfrak{H}$ gehören. Es seien jetzt G_1 und G_2 zwei nicht zu $\mathfrak{H}$ gehörende verschiedene Elemente der Gruppe $\mathfrak{G}$. Wir zeigen, daß die Mengen $\{G_1H_\alpha\}$ und $\{G_2H_\alpha\}$ entweder kein gemeinsames Element haben oder aber übereinstimmen, d. h. aus den gleichen Elementen bestehen. Gilt für verschiedene Werte α die Beziehung $G_2H_{\alpha_2} = G_1H_{\alpha_1}$, so folgt $G_2 = G_1H_{\alpha_1}H_{\alpha_2}^{-1} = G_1H_{\alpha_3}$, d. h., G_2 gehört zur Menge $\{G_1H_\alpha\}$, und ebenso gehört G_1 zu $\{G_2H_\alpha\}$. Daraus folgt, daß die Produkte G_1H_α und G_2H_α ein und dieselbe Menge von Elementen bilden.

Wir nehmen jetzt alle Elemente H_α der Untergruppe $\mathfrak{H}$. Sie schöpfen nicht alle Elemente von $\mathfrak{G}$ aus. Wir wählen ein beliebiges, nicht zu $\mathfrak{H}$ gehörendes Element G_1 und stellen alle Produkte G_1H_α auf, die, wie wir oben sahen, alle voneinander und auch von den Elementen von $\mathfrak{H}$ verschieden sind.

Es kann vorkommen, daß auch die Elemente H_α und G_1H_α noch nicht alle Elemente der Gruppe ausschöpfen. Dann wählen wir ein beliebiges, weder zu den H_α noch zu den G_1H_α gehörendes Element G_2 der Gruppe und stellen alle Produkte G_2H_α auf. Wie wir oben sahen, sind die Elemente G_2H_α alle voneinander und von den Elementen H_α und G_1H_α verschieden. Schöpfen die Elemente H_α, G_1H_α, G_2H_α noch nicht alle Elemente von $\mathfrak{G}$ aus, so nehmen wir ein weiteres beliebiges, nicht zu den oben betrachteten Mengen gehörendes Element G_3 und stellen alle Produkte G_3H_α auf. So erhalten wir neue Elemente der Gruppe usw. Wir nehmen an, daß wir durch endlich viele derartige Operationen alle Elemente der Gruppe $\mathfrak{G}$ erfassen. Es seien dazu $m-1$ Elemente G_k erforderlich. Dann lassen sich alle Elemente von $\mathfrak{G}$ in der Gestalt

$$H_\alpha,\ G_1H_\alpha,\ G_2H_\alpha,\ \ldots,\ G_{m-1}H_\alpha \tag{35}$$

darstellen. Dabei durchläuft der Index α alle den Elementen von $\mathfrak{H}$ entsprechenden Werte. Setzen wir $G'_k = G_k H_{\alpha_0}$, wobei α_0 beliebig, aber fest ist, dann stimmt die Menge der Elemente $G'_k H_\alpha$, wie oben gezeigt wurde, mit der Menge der Elemente $G_k H_\alpha$ überein. Mit anderen Worten: In jeder Menge $\{G_k H_\alpha\}$ $(G_0 = I)$ kann jedes Element der Menge die Rolle des Repräsentanten G_k spielen. Daraus folgt unmittelbar, daß bei vorgegebener Untergruppe $\mathfrak{H}$ eine Einteilung der Elemente von $\mathfrak{G}$ in Mengen (35) eindeutig bestimmt ist. Die Mengen $\{G_k H_\alpha\}$ heißen *Nebenklassen* (oder *Restklassen*) nach $\mathfrak{H}$.

Im betrachteten Fall (35) heißt die Untergruppe $\mathfrak{H}$ *Untergruppe von endlichem Index m*. Ist die Gruppe $\mathfrak{G}$ endlich, dann ist der Index der Untergruppe $\mathfrak{H}$ offenbar gleich dem Quotienten aus der Ordnung von $\mathfrak{G}$ und der Ordnung der Untergruppe $\mathfrak{H}$.[1]) Dabei versteht man unter der *Ordnung einer endlichen Gruppe* die Anzahl ihrer Elemente. Wir bemerken, daß von den Mengen (35) nur die erste eine Untergruppe bildet. Jede der übrigen Mengen $\{G_k H_\alpha\}$ enthält nicht das Einselement und kann daher keine Untergruppe sein.

Bei der Konstruktion der Mengenfolge (35) multiplizierten wir die Elemente H_α einer Untergruppe $\mathfrak{H}$ von links mit den Elementen G_k von $\mathfrak{G}$. Wir können diese Multiplikation auch von rechts durchführen. Indem wir an Stelle von G_k eine andere Bezeichnung G'_k einführen, würden wir genauso zur Aufstellung aller Elemente von $\mathfrak{G}$ an Stelle von (35) in der Gestalt

$$H_\alpha,\ H_\alpha G'_1,\ H_\alpha G'_2,\ \ldots,\ H_\alpha G'_{m-1} \tag{36}$$

gelangen, wobei wir noch beweisen werden, daß die Anzahl m die gleiche wie oben ist. Die Gesamtheit der Elemente $G_k H_\alpha$ heißt *linksseitige Nebenklasse* und die Menge der Elemente $H_\alpha G'_k$ *rechtsseitige Nebenklasse*.

Nimmt α nacheinander alle Werte an, so durchlaufen die Elemente H_α^{-1} alle Elemente von $\mathfrak{H}$. Dies folgt unmittelbar daraus, daß jedes zu einem Element von $\mathfrak{H}$ inverse Element selbst zu $\mathfrak{H}$ gehört. Wir beweisen jetzt, daß die Indizes (Anzahl) der rechtsseitigen und der linksseitigen Nebenklassen gleich sind. Wir wählen zwei verschiedene Mengen aus (35) aus, $\{G_p H_\alpha\}$ und $\{G_q H_\alpha\}$ $(p \neq q)$, wobei wir z. B. für das erste Element aus (35) $G_p = E$ wählen können. Wir betrachten die zu den gewählten Elementen inversen Elemente

$$(G_p H_\alpha)^{-1} = H_\alpha^{-1} G_p^{-1} \quad \text{und} \quad (G_q H_\alpha)^{-1} = H_\alpha^{-1} G_q^{-1}\,.$$

Nach der obigen Bemerkung können wir diese Mengen in der Gestalt $H_\alpha G_p^{-1}$ und $H_\alpha G_q^{-1}$ schreiben. Wie man leicht sieht, haben sie kein Element gemeinsam. Wären nämlich $H_{\alpha_1} G_p^{-1} = H_{\alpha_2} G_q^{-1}$, so würde daraus $G_p^{-1} G_q = H_{\alpha_1}^{-1} H_{\alpha_2} = H_{\alpha_3}$ oder $G_q = G_p H_{\alpha_3}$ folgen und G_q würde, entgegen der Annahme, zu $\{G_p H_\alpha\}$ gehören. Also sind die Mengen

$$H_\alpha,\ H_\alpha G_1^{-1},\ H_\alpha G_2^{-1},\ \ldots,\ H_\alpha G_{m-1}^{-1}$$

rechtsseitige Nebenklassen, so daß man in (36) einfach $G'_s = G_s^{-1}$ setzen kann.

Nun betrachten wir einige Beispiele von Untergruppen. Es sei $\mathfrak{G}$ die Gesamtheit der reellen orthogonalen Transformationen von drei Veränderlichen und $\mathfrak{H}$ die Gesamtheit der reellen orthogonalen Transformationen von drei Veränderlichen mit der Determinante $+1$. Jede reelle orthogonale Transformation ist entweder eine Drehung, d. h., sie gehört zu $\mathfrak{H}$, oder ist Ergebnis einer Drehung und einer Spiegelung S am Ursprung, die den Formeln

$$x' = -x,\ y' = -y,\ z' = -z \tag{37}$$

[1]) Dieser Satz wird in der Literatur häufig nach LAGRANGE benannt. (Anm. d. Red.)

genügt. Hier kann $\mathfrak{G}$ durch

$$H_\alpha,\ SH_\alpha \tag{38}$$

oder durch

$$H_\alpha,\ H_\alpha S \tag{39}$$

dargestellt werden, wobei H_α die Menge aller Elemente von $\mathfrak{H}$ bezeichnet; H_α ist in diesem Fall eine Untergruppe vom Index 2.

Es sei $\mathfrak{G}$ die symmetrische Gruppe der Permutationen von n Elementen, $\mathfrak{H}$ die aus den geraden Permutationen bestehende alternierende Gruppe. Es sei ferner S eine beliebige ungerade Permutation, z. B. der Zyklus (1, 2), d. h. eine Transposition der Elemente 1 und 2. Dann läßt sich $\mathfrak{G}$ offenbar durch (38) oder (39) darstellen. In beiden Fällen führt die Multiplikation von links zu demselben Ergebnis wie die Multiplikation von rechts. Die alternierende Gruppe ist also eine Untergruppe der symmetrischen Gruppe vom Index 2.

Wir betrachten noch die endliche Gruppe des regulären Oktaeders, von der wir schon oben sprachen. Es sei A eine beliebige Ecke des Oktaeders und l eine durch diese Ecke gehende Achse. Es seien S_0, S_1, S_2, S_3 Drehungen um die Winkel 0, $\frac{\pi}{2}$, π und $\frac{3\pi}{2}$ um diese Achse. Diese Drehungen bilden eine Untergruppe der vollen Drehungsgruppe des Oktaeders. Wir bezeichnen mit T_k $(k = 1, 2, \ldots, 5)$ die Drehungen, die die Ecke A in die übrigen fünf Ecken des Oktaeders überführen. Dann können wir die volle Drehungsgruppe des Oktaeders durch folgendes Schema darstellen:

$$S_\alpha,\ T_1 S_\alpha,\ T_2 S_\alpha,\ T_3 S_\alpha,\ T_4 S_\alpha,\ T_5 S_\alpha\ ,$$

d. h., S_α ist eine Untergruppe vom Index 6.

Es seien G_s, G_s^{-1} $(s = 1, 2, \ldots, k)$ beliebige Elemente einer Gruppe $\mathfrak{G}$. Wir betrachten die Menge aller Elemente von $\mathfrak{G}$, die als Produkt aus den Elementen G_s, G_s^{-1} $(s = 1, 2, \ldots, k)$ dargestellt werden können. Offenbar bildet diese Menge eine Gruppe, die eine Untergruppe von $\mathfrak{G}$ ist oder die mit $\mathfrak{G}$ zusammenfällt. Man sagt, diese Untergruppe werde durch die Menge der Elemente G_s und G_s^{-1} $(s = 1, 2, \ldots, k)$ erzeugt.

58. Klassen und Normalteiler. Es seien U und V beliebige Elemente einer Gruppe. Das Element $W = VUV^{-1}$ heißt zu U *konjugiert*. Wie man leicht sieht, ist auch umgekehrt U konjugiert zu W. Es ist nämlich $U = V^{-1}WV$. Zwei zu ein und demselben dritten Element W konjugierte Elemente U_1 und U_2,

$$U_1 = V_1 W V_1^{-1}, \qquad U_2 = V_2 W V_2^{-1}\ ,$$

sind auch zueinander konjugiert, denn es ist

$$U_2 = V_2 V_1^{-1} U_1 (V_2 V_1^{-1})^{-1}\ .$$

Die Menge aller zueinander konjugierten Elemente einer Gruppe bildet, wie man sagt, eine *Klasse* (konjugierter Elemente) *der Gruppe*. Eine Klasse ist durch jedes ihrer Elemente eindeutig bestimmt. Ist nämlich U gegeben, so erhalten wir die ganze Klasse durch $G_a U G_a^{-1}$, wobei G_a alle Elemente der Gruppe durchläuft. So kann man die ganze Gruppe in Klassen einteilen. Wenn wir die in [**56**] formulierte wichtige Eigenschaft des Einselements beachten, erhalten wir

$$G_a I G_a^{-1} = I ,$$

d. h., das Einselement bildet für sich eine Klasse.

Hat das Element U die Ordnung m, d. h., ist m die kleinste natürliche Zahl, für die $U^m = I$ ist, dann hat auch jedes konjugierte Element $G_a U G_a^{-1}$ dieselbe Ordnung m. Dies folgt unmittelbar aus der Gleichung

$$(G_a U G_a^{-1})^m = G_a U^m G_a^{-1} = I .$$

Mit anderen Worten, alle Elemente derselben Klasse haben die gleiche Ordnung.

Wir bemerken, daß das Produkt $G_a U G_a^{-1}$ die Elemente einer Klasse ergibt, wenn G_a alle Elemente der Gruppe $\mathfrak{G}$ durchläuft, und zwar eventuell mehrfach. So ist für $U = I$ dieses Produkt stets dasselbe.

Als Beispiel nehmen wir wieder die Drehungsgruppe des Oktaeders. Es sei U eine Drehung um den Winkel $\frac{\pi}{2}$ um eine beliebige Achse $A_p A_q$ des Oktaeders. Führt die zur Drehungsgruppe des Oktaeders gehörige Drehung T_k die Achse l in die Achse l_1 über, wobei die Ecke A_p in A_r und die Ecke A_q in A_s übergeht, dann gibt das Element $T_k U T_k^{-1}$ der Gruppe eine Drehung um den Winkel $\frac{\pi}{2}$ um die Achse $A_r A_s$. Führt T_k beispielsweise A_p in A_q über, dann gibt das Produkt eine Drehung um den Winkel $\frac{\pi}{2}$ um die Achse $A_q A_p$ oder, mit anderen Worten, eine Drehung um den Winkel $\frac{3\pi}{2}$ um die Achse $A_p A_q$. Führt T_k die Achse $A_p A_q$ in sich selbst über, d. h. ist T_k eine Drehung um diese Achse, so stimmt das Produkt $T_k U T_k^{-1}$ mit U überein. In diesem Fall bildet die Klasse der zu U konjugierten Elemente die Menge der Drehungen um den Winkel $\frac{\pi}{2}$ um eine Achse des Oktaeders.

Nehmen wir die Gruppe der Drehungen des dreidimensionalen Raumes um den Ursprung, so stellt bekanntlich jedes Element U dieser Gruppe eine Drehung um einen gewissen Winkel φ um eine Achse dar. In diesem Fall ist die Klasse der zu U konjugierten Elemente die Menge aller Drehungen um den Winkel φ um alle durch den Ursprung gehenden Achsen.

In engem Zusammenhang mit dem Begriff der Klasse steht auch ein anderer wichtiger Begriff, nämlich der des *Normalteilers.* Davon wollen wir jetzt sprechen. Es sei $\mathfrak{G}$ eine beliebige Gruppe und $\mathfrak{H}$ eine Untergruppe von $\mathfrak{G}$. Es sei ferner G_1 ein beliebiges, aber festes Element von $\mathfrak{G}$. Wir betrachten die Menge aller durch

$$G_1 H_a G_1^{-1} \tag{40}$$

darstellbaren Elemente dieser Gruppe, wobei wir mit H_a das veränderliche Element der Untergruppe $\mathfrak{H}$ bezeichnen. (Mit anderen Worten: H_a durchläuft alle Elemente der Untergruppe $\mathfrak{H}$.) Wie man leicht sieht, bilden die Produkte (40) ebenfalls eine Untergruppe. Nimmt man nämlich beispielsweise das Produkt zweier zu (40) gehörenden Elemente, so gehört es ebenfalls dieser Menge an:

$$(G_1 H_{a_2} G_1^{-1})(G_1 H_{a_1} G_1^{-1}) = G_1 H_{a_2} H_{a_1} G_1^{-1} = G_1 H_{a_3} G_1^{-1} ;$$

analog sind auch die übrigen Gruppenbedingungen erfüllt. Die Untergruppe (40) heißt *zur Untergruppe* $\mathfrak{H}$ *konjugiert.* Falls G_1 zur Untergruppe $\mathfrak{H}$ gehört, besteht die Untergruppe (40) aus zu $\mathfrak{H}$ gehörenden Elementen und stimmt sogar, wie man leicht sieht, mit $\mathfrak{H}$ überein. Jedes Element H_{a_0} der Untergruppe $\mathfrak{H}$ kann in diesem Fall aus (40) erhalten werden, wenn wir

$$H_a = G_1^{-1} H_{a_0} G_1$$

setzen.

Gehört das Element G_1 nicht zu $\mathfrak{H}$, so kann die Untergruppe (40) auch von $\mathfrak{H}$ verschieden sein. Die Untergruppe $\mathfrak{H}$ heißt *Normalteiler* von $\mathfrak{G}$, wenn bei beliebiger Wahl von G_1 aus $\mathfrak{G}$ die Untergruppe (40) stets mit $\mathfrak{H}$ übereinstimmt.

Wir bringen jetzt Beispiele von Normalteilern einer Gruppe und werden dabei gleich einige neue Begriffe erklären, die mit dem Begriff des Normalteilers zusammenhängen.

Es sei $\mathfrak{H}$ ein Normalteiler von $\mathfrak{G}$. Der Einfachheit halber nehmen wir an, daß diese Untergruppe einen endlichen Index m hat. In diesem Fall können alle Elemente der Gruppe $\mathfrak{G}$ durch das Schema

$$H_a,\ G_1 H_a,\ G_2 H_a,\ \ldots,\ G_{m-1} H_a \tag{41}$$

dargestellt werden; dabei bedeutet H_a wie üblich das veränderliche Element der Untergruppe $\mathfrak{H}$. Da $\mathfrak{H}$ Normalteiler ist, ist die Menge der Elemente $G_k H_a G_k^{-1}$ mit der Menge der Elemente H_a identisch, d. h., $G_k H_a$ stimmt mit der Menge der Elemente $H_a G_k$ überein.

Ist $\mathfrak{H}$ Normalteiler, so ist die Einteilung der Elemente der Gruppe in Nebenklassen nach dem Schema (41) mit der Einteilung der Elemente nach dem Schema

$$H_a,\ H_a G_1,\ H_a G_2,\ \ldots,\ H_a G_{m-1} \tag{42}$$

identisch. *Also stimmen hier rechtsseitige und linksseitige Nebenklassen überein.*

Ist H_{a_0} ein beliebiges Element eines Normalteilers, so gehört bei beliebigem G_0 aus $\mathfrak{G}$ das Element $G_0 H_{a_0} G_0^{-1}$ ebenfalls zum Normalteiler, d. h., wenn ein beliebiges Element einem Normalteiler angehört, so gehört auch die ganze Klasse, in der dieses Element liegt, diesem Normalteiler an. Man zeigt auch leicht die Umkehrung: Enthält eine beliebige Untergruppe mit einem gewissen Element auch die ganze Klasse dieses Elements, dann ist diese Gruppe ein Normalteiler.

Wir wenden uns nun den Nebenklassen im Schema (41) oder (42) zu, wobei die Elemente H_a den Normalteiler $\mathfrak{H}$ bilden. Wir betrachten die Produkte $G_l H_a G_k H_{a'}$ von Elementen einer beliebigen Nebenklasse $G_l H_a$ mit den Elementen der Nebenklassen $G_k H_{a'}$.

Die Menge dieser Produkte können wir in der Gestalt

$$G_l (H_a G_k)\, H_{a'}, \qquad G_l G_k H_a H_{a'}$$

schreiben. Die Elemente H_a und $H_{a'}$ sind im Normalteiler $\mathfrak{H}$ enthalten, das gleiche gilt von ihren Produkten. Also können wir die obigen Produkte in der Gestalt

$$G_l G_k H_a$$

schreiben.

Alle Elemente dieser Gestalt sind in ein und derselben Nebenklasse (41) enthalten, nämlich in der Nebenklasse, zu der das Element $G_l G_k$ gehört. Man zeigt auch leicht, daß man so alle Elemente dieser Nebenklasse erhält. Mit anderen Worten, ist die Untergruppe ein Normalteiler, so ergibt die Multiplikation einer Nebenklasse mit einer anderen Nebenklasse ebenfalls eine bestimmte Nebenklasse.

Wir werden jede Nebenklasse als ein neues Element betrachten, wobei wir die erste Nebenklasse im Schema (41), (38) als Einselement annehmen. Das obige Ergebnis über die Multiplikation von Nebenklassen gibt uns eine Regel für die Multiplikation dieser von uns neu eingeführten Elemente. Dabei bestätigt man leicht (was wir dem Leser überlassen wollen), daß diese Regel für die Multiplikation allen Bedingungen genügt, die für eine Gruppe gefordert werden, d. h., die von uns neu eingeführten Elemente bilden bezüglich der angegebenen Multiplikationsregel eine Gruppe, bei der die erste Nebenklasse des Schemas die Rolle des Einselements spielt. Diese neue Gruppe, deren Ordnung gleich dem Index des Normalteilers in $\mathfrak{G}$ ist, heißt *Faktorgruppe* von $\mathfrak{G}$ nach $\mathfrak{H}$, und man schreibt $\mathfrak{G}/\mathfrak{H}$.

Jede Gruppe $\mathfrak{G}$ hat zwei triviale Normalteiler: Der eine besteht aus dem Einselement, und der andere ist die Gruppe selbst. Wenn wir im folgenden von einem Normalteiler sprechen, nehmen wir an, daß er von diesen beiden trivialen verschieden ist. Es kann vorkommen, daß eine Gruppe keinen einzigen Normalteiler besitzt; eine solche Gruppe heißt *einfach*.

59. Beispiele.

1. Wir betrachten die Gruppe $\mathfrak{G}$ der reellen orthogonalen Transformationen im dreidimensionalen Raum. Es sei $\mathfrak{H}$ die Untergruppe der Drehungen, d. h. die Menge aller orthogonalen Transformationen mit der Determinante $+1$. Es sei ferner S die Spiegelung am Ursprung, die durch (37) bestimmt ist. Ist H_a das veränderliche Element aus $\mathfrak{H}$, so kann die ganze Gruppe $\mathfrak{G}$ durch das Schema

$$H_a, SH_a \quad \text{oder} \quad H_a, H_aS \tag{43}$$

dargestellt werden.

Ist G_1 eine beliebige Transformation aus $\mathfrak{G}$, so hat $G_1H_aG_1^{-1}$ die Determinante $+1$, d. h., G_1 gehört zu $\mathfrak{H}$, und $\mathfrak{H}$ ist Normalteiler vom Index 2. Wir betrachten die Faktorgruppe nach $\mathfrak{H}$. Die erste Menge von (43) entspricht dem Einselement dieser Gruppe. Das Produkt zweier Elemente aus der zweiten Menge, also das Produkt von zwei orthogonalen Transformationen mit der Determinante -1, ergibt eine orthogonale Transformation mit der Determinante $+1$, die zur ersten Menge gehört. Ist K ein der zweiten Menge entsprechendes Element, so gilt $K^2 = E$. Daher besteht die Faktorgruppe nach $\mathfrak{H}$ aus zwei Elementen E und K, und es ist $K^2 = E$, d. h., sie ist eine zyklische Gruppe der Ordnung 2. Dies gilt allgemein für Normalteiler vom Index 2.

2. Für die symmetrische Gruppe der Permutationen ist die alternierende Gruppe Normalteiler vom Index 2.

Dazu schreiben wir die Elemente der symmetrischen Gruppe von drei Elementen auf und bezeichnen jedes davon mit einem Buchstaben. Dabei verwenden wir die Bezeichnungen von [56]:

$$E, \quad A = (2, 3)\,, \quad B = (1, 2)\,, \quad C = (1, 3)\,, \quad D = (1, 3, 2)\,, \quad F = (1, 2, 3)\,.$$

Die alternierende Gruppe besteht aus den Permutationen E, D und F, sie ist eine zyklische Gruppe der Ordnung 3 ($F = D^2$ und $D = F^2$), wobei $D^3 = F^3 = E$ gilt. Die volle symmetrische Gruppe besteht aus drei Klassen: I. E, II. A, B und C, III. D und F. Die alternierende Gruppe besteht auch aus drei Klassen: I. E, II. D, III. F. Man sieht leicht, daß das Gesetz für die Multiplikation der Elemente der betrachteten symmetrischen Gruppe mit dem in der Tabelle (34) aus [56] aufgestellten Gesetz identisch ist.

Die alternierende Gruppe für $n = 4$ enthält 12 Elemente, die sich in vier Klassen einteilen lassen:

$$\begin{aligned}
&\text{I. } E;\\
&\text{II. } A_1 = (1, 2)(3, 4)\,, \quad A_2 = (1, 3)(2, 4)\,, \quad A_3 = (1, 4)(2, 3);\\
&\text{III. } B_1 = (1, 2, 3)\,, \quad B_2 = (2, 1, 4)\,, \quad B_3 = (3, 4, 1)\,, \quad B_4 = (4, 3, 2);\\
&\text{IV. } C_1 = (1, 2, 4)\,, \quad C_2 = (2, 1, 3)\,, \quad C_3 = (3, 4, 2)\,, \quad C_4 = (4, 3, 1)\,.
\end{aligned}$$

Die zweite Klasse besteht aus drei Elementen der Ordnung 2, während die dritte und vierte Klasse je vier Elemente der Ordnung 3 enthalten. Das Produkt zweier Elemente der zweiten Klasse ergibt, wie man leicht bestätigt, ebenfalls ein Element der zweiten Klasse. Da alle Elemente der Ordnung 2 in der zweiten Klasse liegen, bilden diese drei Elemente zusammen mit dem Einselement einen Normalteiler der alternierenden Gruppe. Dieser hat die Ordnung 4 und den Index 3 in der alternierenden Gruppe. Man bestätigt leicht, daß die Menge der Elemente B_i der dritten Klasse mit einer der Nebenklassen nach diesem Normalteiler übereinstimmt, und die Elemente C_i mit einer anderen Nebenklasse. Man sieht auch sofort, daß das Produkt zweier Elemente der dritten Klasse ein Element der vierten Klasse und das Produkt zweier Elemente der vierten Klasse ein Element der dritten Klasse ergibt. In der Faktorgruppe entspricht dem obigen Normalteiler das Einselement E. Es seien A und B zwei andere Elemente der Faktorgruppe. Aus dem oben Gesagten folgt unmittelbar, daß $A^2 = B$ und $B^2 = A$ gilt. Die aus den Elementen E, A und A^2 bestehende Faktorgruppe, wobei $A^3 = E$ ist, ist also eine zyklische Gruppe der Ordnung 3.

Die Elemente $E = (1, 2, 3)$ und $(2, 1, 3)$ unserer alternierenden Gruppe bilden eine zyklische Untergruppe der Ordnung 3. Diese Gruppe ist jedoch kein Normalteiler.

Wenn wir die Ecken eines Tetraeders in beliebiger Reihenfolge numerieren, so sieht man leicht, daß die soeben betrachtete alternierende Gruppe für $n = 4$ den Drehungen entspricht, die das Tetraeder in sich selbst überführen. Jede Permutation bestimmt den Übergang einer Ecke in eine andere. Den Permutationen aus der dritten Klasse entsprechen Drehungen um eine der Achsen des Tetraeders um den Winkel $\frac{2\pi}{3}$ und den Permutationen der vierten Klasse die Drehungen in der entgegengesetzten Richtung um dieselben Achsen und den gleichen Winkel. So entsprechen z. B. den Permutationen $(1, 2, 3)$ und $(2, 1, 3)$ die Drehungen um die Achse, die durch die Ecke mit der Nummer 4 geht. Den Permutationen aus der zweiten Klasse sind solche Drehungen des Tetraeders zugeordnet, die keine Ecke fest lassen.

Man kann beweisen, daß die alternierende Gruppe für $n > 4$ einfach ist.

3. Ist eine abelsche Gruppe $\mathfrak{G}$ und eine beliebige Untergruppe $\mathfrak{H}$ von $\mathfrak{G}$ gegeben, so erhalten wir bei beliebiger Wahl der Elemente H_a aus $\mathfrak{H}$ und G_1 aus $\mathfrak{G}$ die Beziehung $G_1 H_a = H_a G_1$, d. h. $G_1 H_a G_1^{-1} = H_a$. Daraus ersieht man unmittelbar, daß H_a Normalteiler ist. Somit ist jede Untergruppe einer abelschen Gruppe ein Normalteiler.

Als Beispiel betrachten wir die additive Gruppe $\mathfrak{G}$ der Vektoren im R_n, von der wir bereits in [**56**] gesprochen haben. Als Untergruppe $\mathfrak{H}$ nehmen wir Vektoren aus einem Unterraum L_k des R_n $(0 < k < n)$. Die Nebenklassen erhält man, wenn man zu einem beliebigen Vektor $\boldsymbol{x}$ aus R_n alle Vektoren des Unterraumes L_k addiert.

Gehört $\boldsymbol{x}$ zu L_k, so stimmt die Nebenklasse mit der Untergruppe $\mathfrak{H}$ überein. Wir führen in L_k und in dem komplementären Raum M_{n-k} Basisvektoren $\boldsymbol{x}^{(1)}, \boldsymbol{x}^{(2)}, \ldots, \boldsymbol{x}^{(k)}$ bzw. $\boldsymbol{x}^{(k+1)}, \ldots, \boldsymbol{x}^{(n)}$ ein. Wie bemerkt, besteht jede Nebenklasse aus den Vektoren

$$c_1\boldsymbol{x}^{(1)} + c_2\boldsymbol{x}^{(2)} + \cdots + c_k\boldsymbol{x}^{(k)} + c_{k+1}\boldsymbol{x}^{(k+1)} + \cdots + c_n\boldsymbol{x}^{(n)} ,$$

wobei die $c_{k+1}, \ldots, c_n$ fest sind, während die $c_1, c_2, \ldots, c_k$ beliebige Werte annehmen können.

So kann man jede Nebenklasse durch einen bestimmten Vektor aus M_{n-k} darstellen, und umgekehrt entspricht jedem Vektor aus M_{n-k} eine bestimmte Nebenklasse. Der Addition zweier Vektoren aus verschiedenen Nebenklassen entspricht die Addition der ihnen zugeordneten Vektoren aus M_{n-k}. Mit anderen Worten, die Elemente der Faktorgruppe kann man als Vektoren aus M_{n-k} auffassen, wobei die Gruppenoperation (Addition von Vektoren) erhalten bleibt. In diesem Beispiel sind die Ordnung des Normalteilers $\mathfrak{H}$ und sein Index ∞.

60. Isomorphe und homomorphe Gruppen. Zwei Gruppen $\mathfrak{A}$ und $\mathfrak{B}$ heißen *isomorph*, wenn man zwischen ihren Elementen eine Zuordnung herstellen kann, die jedem Element aus $\mathfrak{A}$ ein bestimmtes Element aus $\mathfrak{B}$ und umgekehrt jedem Element aus $\mathfrak{B}$ ein bestimmtes aus $\mathfrak{A}$ zuordnet (*eineindeutige Zuordnung*), wobei dem Produkt zweier Elemente aus $\mathfrak{A}$ das Produkt der entsprechenden Elemente aus $\mathfrak{B}$ entspricht und umgekehrt. Sind $\mathfrak{A}$ und $\mathfrak{B}$ abstrakte Gruppen, so haben sie dieselbe Struktur und sind im Grunde nicht voneinander verschieden.

Wir definieren jetzt einen neuen Begriff, der den Begriff der Isomorphie von Gruppen verallgemeinert. Eine Gruppe $\mathfrak{B}$ heißt zur Gruppe $\mathfrak{A}$ *homomorph*, wenn sich jedem Element aus $\mathfrak{A}$ ein bestimmtes Element aus $\mathfrak{B}$ zuordnen läßt, so daß jedes Element aus $\mathfrak{B}$ mindestens einem Element aus $\mathfrak{A}$ entspricht und dabei das Produkt zweier Elemente aus $\mathfrak{A}$ in das Produkt der zugeordneten Elemente aus $\mathfrak{B}$ übergeht. In diesem Fall braucht im Gegensatz zur Isomorphie von Gruppen die Zuordnung nicht eineindeutig zu sein, d. h., ein und dasselbe Element von $\mathfrak{B}$ kann auch mehreren verschiedenen Elementen von $\mathfrak{A}$ entsprechen. Ist $\mathfrak{B}$ homomorph zu $\mathfrak{A}$ und entspricht auch jedem Element aus $\mathfrak{B}$ genau ein Element aus $\mathfrak{A}$, so sind diese Gruppen sogar isomorph. Falls den Elementen A_1 und A_2 aus $\mathfrak{A}$ die Elemente B_1 und B_2 aus $\mathfrak{B}$ entsprechen, gilt nach Definition der Homomorphie, daß dem Element A_2A_1 aus $\mathfrak{A}$ das Element B_2B_1 aus $\mathfrak{B}$ zugeordnet ist.

Es sei A_0 das Einselement aus $\mathfrak{A}$ und B_0 das ihm zugeordnete Element aus $\mathfrak{B}$. Man kann leicht zeigen, daß B_0 Einselement von $\mathfrak{B}$ ist. Für beliebiges A_1 aus $\mathfrak{A}$ gilt nämlich die Gleichung

$$A_0A_1 = A_1A_0 = A_1\,,$$

die zu der Gleichung der entsprechenden Elemente aus $\mathfrak{B}$ führt:

$$B_0B_1 = B_1B_0 = B_1\;;$$

dabei kann B_1 nach Definition der Homomorphie ein beliebiges Element aus $\mathfrak{B}$ sein. Die letzte Gleichung zeigt, daß B_0 Einselement von $\mathfrak{B}$ ist. Also entspricht in isomorphen und homomorphen Gruppen dem Einselement aus $\mathfrak{A}$ das Einselement aus $\mathfrak{B}$.

Wir nehmen jetzt zwei zueinander inverse Elemente A_1 und A_1^{-1} aus $\mathfrak{A}$. Es seien B_1 und B_2 die entsprechenden Elemente aus $\mathfrak{B}$. Die Gleichung $A_1A_1^{-1} = A_1^{-1}A_1 = A_0$, wobei A_0 Einselement ist, ergibt nach Definition homomorpher Gruppen die Beziehung $B_1B_2 = B_2B_1 = B_0$. Dabei ist nach dem Vorhergehenden B_0 das Einselement, und daher gilt $B_2 = B_1^{-1}$, d. h., zueinander inversen Elementen aus $\mathfrak{A}$ entsprechen zueinander inverse Elemente aus $\mathfrak{B}$.

Wir setzen nun voraus, die Gruppen seien homomorph, aber nicht isomorph. Wir betrachten die Menge der Elemente C_a in der Gruppe $\mathfrak{A}$, die dem Einselement B_0 aus $\mathfrak{B}$ entsprechen. Wenn C_a dem Element B_0 entspricht, dann entspricht C_a^{-1} nach dem Vorangehenden $B_0^{-1} = B_0$. Jedem Produkt $C_{a_2}C_{a_1}$ entspricht $B_0B_0 = B_0$. Also bildet die Menge der Elemente C_a von $\mathfrak{A}$, die dem Einselement aus $\mathfrak{B}$ entsprechen, eine Untergruppe $\mathfrak{C}$ von $\mathfrak{A}$.

Wir zeigen, daß diese Untergruppe Normalteiler ist. Ist nämlich A_1 ein beliebiges Element aus $\mathfrak{A}$ und B_1 das entsprechende Element aus $\mathfrak{B}$, so entspricht jedem Element der Form $A_1C_aA^{-1}$ in $\mathfrak{B}$ ein Element $B_1B_0B_1^{-1}$, d. h., auf Grund der Eigenschaft des Einselements entspricht jedem Element $A_1C_aA_1^{-1}$ das Einselement aus $\mathfrak{B}$. Jedes Element $A_1C_aA_1^{-1}$ ist also ebenfalls eins der Elemente C_a, gehört also zur Untergruppe $\mathfrak{C}$. Folglich ist diese Untergruppe Normalteiler.

Wir betrachten jetzt eine Einteilung der Gruppe $\mathfrak{A}$ in Nebenklassen

$$C_a,\, A_1C_a,\, A_2C_a,\, \ldots \tag{44}$$

Es sei B_k das A_k entsprechende Element. Wir nehmen zwei zur gleichen Nebenklasse gehörende Elemente $A_kC_{a_1}$ und $A_kC_{a_2}$. Ihnen entsprechen die Elemente B_kB_0 und B_kB_0, d. h. ein und dasselbe Element B_k aus $\mathfrak{B}$.

Den Elementen aus verschiedenen Nebenklassen A_kC_a und A_lC_a entsprechen Elemente B_k und B_l. Wir zeigen, daß B_k und B_l verschieden sind. Wären sie nämlich einander gleich, so würde dem Element $A_k^{-1}A_l$ das Einselement B_0 aus $\mathfrak{B}$

entsprechen, d. h., $A_k^{-1}A_l$ müßte eins der Elemente C_a sein. Wir hätten $A_k^{-1}A_l = C_{a_0}$ und somit $A_l = A_k C_{a_0}$, was jedoch (44) widerspricht. *Ist also* $\mathfrak{B}$ *homomorph zu* $\mathfrak{A}$, *so bildet die Menge der Elemente C aus* $\mathfrak{A}$, *die dem Einselement aus* $\mathfrak{B}$ *entsprechen, einen Normalteiler, und jede Nebenklasse nach diesem Normalteiler stellt die Menge aller Elemente aus* $\mathfrak{A}$ *dar, denen ein und dasselbe Element aus* $\mathfrak{B}$ *entspricht.* Aus der Definition der Homomorphie von Gruppen folgt überdies unmittelbar: Dem Produkt zweier beliebiger Elemente aus verschiedenen (oder gleichen) Nebenklassen entspricht das Produkt derjenigen Elemente aus $\mathfrak{B}$, die diesen Nebenklassen zugeordnet sind. Mit anderen Worten, jeder Nebenklasse aus $\mathfrak{A}$ entspricht ein bestimmtes Element aus $\mathfrak{B}$, verschiedenen Nebenklassen entsprechen verschiedene Elemente aus $\mathfrak{B}$. Diese Zuordnung stellt einen Isomorphismus zwischen $\mathfrak{B}$ und der Faktorgruppe nach C_a in $\mathfrak{A}$ her.

Als Beispiel nehmen wir wieder die Gruppe der reellen orthogonalen Transformationen im dreidimensionalen Raum und ordnen jeder dieser Transformationen diejenige Zahl zu, die gleich der Determinante der Transformation ist. Wir definieren die Multiplikation in der Menge dieser Zahlen in der üblichen Weise als Multiplikation von Zahlen. In diesem Fall ist unsere Gruppe homomorph derjenigen Gruppe, die aus den beiden Elementen $+1$ und -1 besteht, für die die Multiplikation in der üblichen Weise als Multiplikation von Zahlen erklärt ist. Die Rolle des Einselements spielt $+1$. In diesem Beispiel ist der Normalteiler die Drehungsgruppe.

Ist $\mathfrak{B}$ homomorph, aber nicht isomorph zu $\mathfrak{A}$, so wird die Menge aller Elemente von $\mathfrak{A}$, denen das Einselement aus $\mathfrak{B}$ entspricht, gewöhnlich der *Kern des Homomorphismus* genannt. Wir sahen, daß der Kern des Homomorphismus Normalteiler von $\mathfrak{A}$ ist.

61. Beispiele.

1. Wir betrachten die Gruppe $\mathfrak{G}$ der reellen orthogonalen Transformationen im dreidimensionalen Raum, ordnen jeder Transformation den Wert ihrer Determinante zu und definieren als Gruppenoperation für diese Zahlen ihre gewöhnliche Multiplikation. Dabei ist die Gruppe $\mathfrak{G}'$, die aus den Zahlen $+1$ und -1 besteht, bei der gewöhnlichen Multiplikation dieser Zahlen homomorph zu $\mathfrak{G}$. Das Einselement $+1$ von $\mathfrak{G}'$ entspricht den Drehungen des dreidimensionalen Raumes aus $\mathfrak{G}$. Diese Drehungen bilden einen Normalteiler, und die Faktorgruppe ist eine zyklische Gruppe der Ordnung 2 [58].

2. In der x,y-Ebene betrachten wir ein gleichseitiges Dreieck mit den Ecken

$$(1, 0)\,, \qquad (\cos 120°, \sin 120°)\,, \qquad (\cos 240°, \sin 240°)\,.$$

Wir bilden die Gruppe $\mathfrak{G}$, die aus den Drehungen der Ebene um die Winkel 0°, 120°, 240° um den Ursprung, bei denen das Dreieck in sich selbst übergeht, und aus einer Spiegelung der Ebene bezüglich der x-Achse mit einer anschließenden Drehung um die Winkel 0°, 120°, 240° besteht. Das ist die Diedergruppe für $n = 3$.

Wir schreiben für die Elemente dieser Gruppe alle entsprechenden Matrizen auf:

$$E = \begin{pmatrix} 1 & 0 \\ 0 & 1 \end{pmatrix}, \qquad A = \begin{pmatrix} 1 & 0 \\ 0 & -1 \end{pmatrix}, \qquad B = \begin{pmatrix} -\frac{1}{2} & \frac{1}{2}\sqrt{3} \\ \frac{1}{2}\sqrt{3} & \frac{1}{2} \end{pmatrix},$$

$$C = \begin{pmatrix} -\frac{1}{2} & -\frac{1}{2}\sqrt{3} \\ -\frac{1}{2}\sqrt{3} & \frac{1}{2} \end{pmatrix}, \qquad D = \begin{pmatrix} -\frac{1}{2} & \frac{1}{2}\sqrt{3} \\ -\frac{1}{2}\sqrt{3} & -\frac{1}{2} \end{pmatrix}, \qquad F = \begin{pmatrix} -\frac{1}{2} & -\frac{1}{2}\sqrt{3} \\ \frac{1}{2}\sqrt{3} & -\frac{1}{2} \end{pmatrix}.$$

Wenn wir zu dem in der Tabelle (34) aus [56] definierten Multiplikationsschema zurückkehren, so sehen wir, daß es genau der Multiplikation der Matrizen entspricht, die unsere Gruppe bilden. Oben sahen wir [59], daß dieses Multiplikationsschema auch zur symmetrischen Gruppe der Permutationen von drei Elementen,

$$E,\quad A = (2, 3)\,,\quad B = (1, 2)\,,\quad C = (1, 3)\,,\quad D = (1, 3, 2)\,,\quad F = (1, 2, 3)\,, \tag{45}$$

gehört.

Ordnen wir die durch ein und denselben Buchstaben bezeichneten Elemente der beiden Gruppen einander zu, so sind diese beiden Gruppen isomorph. Die Permutationen der Gruppe (45) entsprechen den Permutationen der Ecken des obigen Dreiecks, wenn wir sie in entsprechender Weise numerieren.

Wie wir schon in [59] erwähnten, ist die Tetraedergruppe isomorph zur alternierenden Gruppe für $n = 4$.

3. Man kann ein allgemeines Verfahren zur Konstruktion von Permutationsgruppen angeben, die zu einer gegebenen Gruppe $\mathfrak{G}$ homomorph sind. Es sei $\mathfrak{H}$ eine beliebige Untergruppe der Gruppe $\mathfrak{G}$ vom Index n. Wir schreiben die ihr entsprechenden Nebenklassen auf:

$$\mathfrak{H},\quad \mathfrak{H}S_1,\quad \mathfrak{H}S_2, \ldots, \mathfrak{H}S_{n-1}\,.$$

Wenn wir jede dieser Nebenklassen von rechts mit einem beliebigen Element S aus $\mathfrak{G}$ multiplizieren, ergibt sich eine Permutation dieser Nebenklassen. Wir ordnen diese Permutation dem gewählten Element S aus $\mathfrak{G}$ zu. Man kann leicht zeigen, daß sich so eine zu $\mathfrak{G}$ homomorphe Permutationsgruppe $\mathfrak{G}'$ ergibt.

Dem Element S aus $\mathfrak{G}$ entspricht genau dann das Einselement aus $\mathfrak{G}'$, wenn bei der Multiplikation von rechts mit S jede Nebenklasse in sich selbst übergeht, d. h., wenn

$$H_\alpha S = H_\beta \quad \text{und} \quad H_\alpha S_k S = H_\gamma S_k \qquad (k = 1, 2, \ldots, n-1)$$

ist, wobei H_α ein beliebiges Element aus $\mathfrak{H}$ ist und H_β und H_γ ebenfalls zu $\mathfrak{H}$ gehören. Man kann diese Gleichungen auch so schreiben:

$$S = H_\alpha^{-1} H_\beta \quad \text{und} \quad S = (S_k^{-1} H_\alpha S_k)^{-1}\,(S_k^{-1} H_\gamma S_k)\,,$$

und daraus folgt: Dem Element S entspricht das Einselement von $\mathfrak{G}'$ genau dann, wenn S gleichzeitig $\mathfrak{H}$ und allen konjugierten Untergruppen $S_k^{-1}\mathfrak{H}S_k$ angehört.

Ist $\mathfrak{H}$ Normalteiler von $\mathfrak{G}$, so vereinfacht sich diese Forderung dahingehend, daß S zu $\mathfrak{H}$ gehört; in diesem Fall ist die Gruppe $\mathfrak{G}'$ zur Faktorgruppe isomorph. Besteht $\mathfrak{H}$ nur aus dem Einselement, so ist die Gruppe $\mathfrak{G}$ isomorph zur Permutationsgruppe $\mathfrak{G}'$, die man erhält, wenn man die Elemente der Gruppe $\mathfrak{G}$ von rechts mit jedem Element S aus $\mathfrak{G}$ multipliziert. Dies führt zu einer Permutation der Elemente von $\mathfrak{G}$.

Im folgenden werden wir ausführlich die Konstruktion von Gruppen linearer Transformationen betrachten, die zu einer vorgegebenen Gruppe isomorph sind.

62. Stereographische Projektion. Nachdem wir die Darlegung der Elemente der allgemeinen Gruppentheorie beendet haben, betrachten wir jetzt ein spezielles Beispiel einer Zuordnung zwischen Gruppen, das in der Physik eine große Rolle spielt. Zuerst erklären wir den Begriff der *stereographischen Projektion*. Es handelt sich um ein Zuordnungsgesetz zwischen den Punkten einer Kugel und einer Ebene. Wir betrachten den dreidimensionalen Raum mit den Koordinatenachsen X, Y, Z und die Einheitskugel C mit dem Mittelpunkt im Ursprung. Es sei S der Punkt mit den Koordinaten $0, 0, -1$ und M ein veränderlicher Punkt auf der Kugel (Abb. 3). Die Gerade SM schneidet die x, y-Ebene in einem Punkt P. Lassen wir diesen dem Punkt M entsprechen, so haben wir eine eineindeutige Zuordnung zwischen den Punkten der Kugel C und den Punkten der x, y-Ebene. Dabei entspricht dem Punkt S mit den Koordinaten $0, 0, -1$ auf der Kugel der unendlich ferne Punkt der Ebene. Durch diese Zuordnung zwischen den Punkten ist eine stereographische Projektion der Kugel auf die Ebene gegeben.

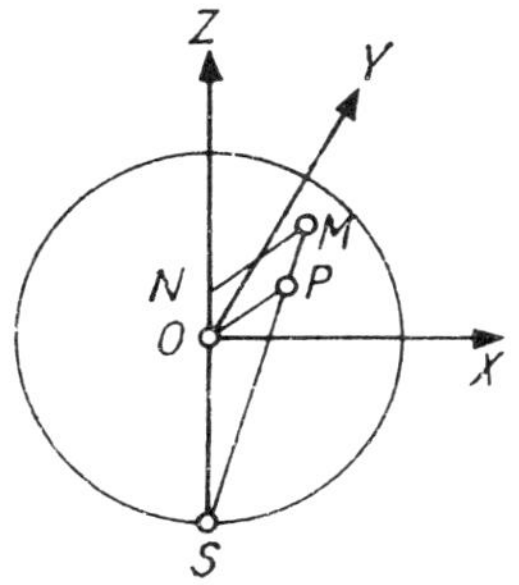

Abb. 3

Wir wollen jetzt die Formeln herleiten, die diese stereographische Projektion beschreiben. Es sei MN das Lot vom Punkt M auf die z-Achse. Da $\overline{SO} = 1$ ist, gilt wegen der Ähnlichkeit der Dreiecke

$$\overline{NM} = (1 + \overline{ON}) \cdot \overline{OP}\,. \tag{46}$$

Bezeichnen wir mit x, y, z die Koordinaten des Punktes M und mit α, β die Koordinaten von P, so erhalten wir

$$\overline{NM} = (1 + z) \cdot \overline{OP}$$

oder, wenn wir die Parallelenabschnitte $\overline{OP}$ und $\overline{MN}$ auf die X-Achse bzw. die Y-Achse projizieren,

$$x = (1 + z)\alpha, \qquad y = (1 + z)\beta\,. \tag{47}$$

Die Gleichung $x^2 + y^2 + z^2 = 1$ liefert eine quadratische Gleichung für z:

$$(\alpha^2 + \beta^2)(1 + z)^2 + z^2 = 1\,.$$

Lösen wir diese auf, so erhalten wir

$$z = \frac{\pm 1 - (\alpha^2 + \beta^2)}{1 + (\alpha^2 + \beta^2)}\,.$$

Für alle Punkte (α, β) im Endlichen ist aber $z > -1$, und daher müssen wir in der letzten Formel $+1$ nehmen. Nach (47) erhalten wir schließlich folgende Ausdrücke für x, y und z:

$$x = \frac{2\alpha}{1 + \alpha^2 + \beta^2}, \qquad y = \frac{2\beta}{1 + \alpha^2 + \beta^2}, \qquad z = \frac{1 - (\alpha^2 + \beta^2)}{1 + \alpha^2 + \beta^2}. \tag{48}$$

An Stelle der zwei reellen Koordinaten α und β in der Ebene führen wir eine komplexe Koordinate $\zeta = \alpha + i\beta$ ein. Wenn wir, wie üblich, mit $\bar{\zeta}$ die zu ζ konjugiert komplexe Zahl bezeichnen, können wir obige Formeln in folgender Gestalt schreiben:

$$x + iy = \frac{2\zeta}{1 + \zeta\bar{\zeta}}, \qquad x - iy = \frac{2\bar{\zeta}}{1 + \zeta\bar{\zeta}}, \qquad z = \frac{1 - \zeta\bar{\zeta}}{1 + \zeta\bar{\zeta}}. \tag{49}$$

Es sei die komplexe Veränderliche ζ als Quotient zweier komplexer Zahlen ξ und η gegeben:

$$\zeta = \frac{\eta}{\xi}. \tag{50}$$

Die Wertepaare ξ und η, die sich durch einen gemeinsamen Faktor unterscheiden, d. h. alle Paare der Form $k\xi$, $k\eta$ und ξ, η ergeben ein und dasselbe ζ, also denselben Punkt der Ebene. Ein Wertepaar mit $\eta \neq 0$, $\xi = 0$ gibt den unendlich fernen Punkt der Ebene. Die komplexen Zahlen ξ und η heißen homogene komplexe Koordinaten der Ebene. Verwenden wir (50) und trennen Real- und Imaginärteil voneinander, dann lauten die Formeln (49):

$$x = \frac{\bar{\xi}\eta + y\bar{\eta}}{\xi\bar{\xi} + \eta\bar{\eta}}, \qquad y = \frac{1\bar{\xi}\eta - \xi\bar{\eta}}{\mathrm{i}\xi\bar{\xi} + \eta\bar{\eta}}, \qquad z = \frac{\xi\bar{\xi} - \eta\bar{\eta}}{\xi\bar{\xi} + \eta\bar{\eta}} \quad (\xi^2 + \eta^2 \neq 0)\,. \tag{51}$$

Für beliebige komplexe Werte ξ und η ergeben diese Formeln reelle x, y, z, die der Bedingung

$$x^2 + y^2 + z^2 - 1 = 0 \tag{51_1}$$

genügen, was auch zu erwarten war, da der Punkt (x, y, z) auf der Einheitskugel liegt.

63. Die Gruppe der unitären Transformationen und die Bewegungsgruppe. Wir betrachten jetzt eine unitäre Transformation der Veränderlichen ξ, η:

$$\begin{aligned} \xi' &= a\xi + b\eta\,, \\ \eta' &= c\xi + d\eta\,, \end{aligned} \tag{52}$$

also eine lineare Transformation, für welche

$$\xi\overline{\xi'} + \eta'\overline{\eta'} = \xi\bar{\xi} + \eta\bar{\eta} \tag{53}$$

ist. Die neuen Werte der Veränderlichen ξ', η' liefern einen neuen Punkt

$$x' = \frac{\overline{\xi'}\eta' + \xi'\overline{\eta'}}{\xi'\overline{\xi'} + \eta'\overline{\eta'}}, \qquad y' = \frac{1}{\mathrm{i}}\,\frac{\overline{\xi'}\eta' - \xi'\overline{\eta'}}{\xi'\overline{\xi'} + \eta'\overline{\eta'}}, \qquad z' = \frac{\xi'\overline{\xi'} - \eta'\overline{\eta'}}{\xi'\overline{\xi'} + \eta'\overline{\eta'}} \tag{54}$$

auf der Kugel.

Der absolute Betrag der Determinante einer unitären Transformation (52) ist bekanntlich gleich 1, mithin kann der Wert der Determinante in der Form $e^{i\varphi}$ dargestellt werden. Multiplizieren wir alle Koeffizienten der Transformation (52) mit $e^{-i\frac{\varphi}{2}}$, so erhalten wir eine unitäre Transformation mit der Determinante 1. Dabei multiplizieren sich auch ξ' und η' mit $e^{-i\frac{\varphi}{2}}$. Dieser Faktor beeinflußt aber die Größe ζ nicht. Wir können uns also auf die Betrachtung unitärer Transformationen beschränken, deren Determinante gleich 1 ist, d. h.

$$ad - bc = 1\,. \tag{55}$$

Sogar bei dieser einschränkenden Bedingung liefern zwei Transformationen, deren Koeffizienten sich durch ihre Vorzeichen unterscheiden, Werte ξ' und η', die sich ebenfalls durch ihre Vorzeichen unterscheiden, und beide Transformationen führen zum gleichen Punkt ζ'.

Setzen wir in den Formeln (54) an Stelle von ξ' und η' ihre Ausdrücke (52) ein und beachten die Bedingung (53), so sehen wir, daß wegen (51) die Veränderlichen x', y', z' sich als lineare homogene Polynome in x, y, z ausdrücken lassen. Wegen (53) sind die Nenner in den Ausdrücken (51) und (54) gleich, und die Veränderlichen

x, y, z erfahren dieselben linearen Transformationen wie auch die Ausdrücke

$$u = \bar{\xi}\eta + \xi\bar{\eta}, \qquad v = \frac{1}{\mathrm{i}}\,(\bar{\xi}\eta - \xi\bar{\eta}), \qquad w = \xi\bar{\xi} - \eta\bar{\eta} \tag{56}$$

bei einer unitären Transformation (52). Im folgenden werden wir diese lineare Transformation explizit herleiten.

Zuerst stellen wir die allgemeine Form einer unitären Transformation (52) mit der Determinante 1 auf. Da die Transformation unitär sein soll, folgt zunächst [28]

$$a\bar{c} + b\bar{d} = 0, \qquad c\bar{c} + d\bar{d} = 1\,.$$

Wenn wir (55) mit $\bar{c}$ multiplizieren und die erste der beiden Bedingungen verwenden, erhalten wir

$$-bd\bar{d} - bc\bar{c} = \bar{c}\,,$$

woraus wegen der zweiten Bedingung $\bar{c} = -b$ oder $c = -\bar{b}$ folgt. Ganz analog kann man zeigen, daß $d = \bar{a}$ ist. Alle unitären Transformationen mit der Determinante 1 lassen sich also in folgender Weise schreiben:

$$\begin{aligned} \xi' &= a\xi + b\eta\,, \\ \eta' &= -\bar{b}\xi + \bar{a}\eta\,. \end{aligned} \tag{57}$$

Dabei sind a und b beliebige komplexe Zahlen, die der Bedingung

$$a\bar{a} + b\bar{b} = 1 \tag{58}$$

genügen.

In den neuen Veränderlichen erhalten wir für die Ausdrücke (56)

$$u' + \mathrm{i}v' = 2\overline{\xi'}\eta', \qquad u' - \mathrm{i}v' = 2\xi'\overline{\eta'}, \qquad w' = \xi'\overline{\xi'} - \eta'\overline{\eta'}$$

oder unter Benutzung von (57)

$$\begin{aligned} u' + \mathrm{i}v' &= \overline{a^2}\,2\xi\eta - \overline{b^2}\,2\xi\bar{\eta} - 2\overline{ab}(\xi\bar{\xi} - \eta\bar{\eta})\,, \\ u' - \mathrm{i}v' &= -b^2\,2\bar{\xi}\eta + a^2\,2\xi\bar{\eta} - 2ab(\xi\bar{\xi} - \eta\bar{\eta})\,, \\ w' &= \bar{a}b\,2\bar{\xi}\eta + a\bar{b}\,2\xi\bar{\eta} + (a\bar{a} - b\bar{b})\,(\xi\bar{\xi} - \eta\bar{\eta})\,. \end{aligned}$$

Beachten wir nun, daß

$$2\bar{\xi}\eta = u + \mathrm{i}v, \qquad 2\xi\bar{\eta} = u - \mathrm{i}v, \qquad \xi\bar{\xi} - \eta\bar{\eta} = w$$

ist, so erhalten wir, wenn wir die ersten beiden Gleichungen addieren bzw. subtrahieren, Ausdrücke für u', v', w' in u, v, w oder auch Ausdrücke für x', y', z' in x, y, z:

$$\left.\begin{aligned} x' &= \frac{1}{2}\,(a^2 + \overline{a^2} - b^2 - \overline{b^2})\,x + \frac{\mathrm{i}}{2}\,(\overline{a^2} + \overline{b^2} - a^2 - b^2)\,y - (\bar{a}\bar{b} + ab)\,z\,, \\ y' &= \frac{\mathrm{i}}{2}\,(a^2 + \overline{b^2} - \overline{a^2} - b^2)\,x + \frac{1}{2}\,(a^2 + \overline{a^2} + b^2 + \overline{b^2})\,y + \mathrm{i}(\overline{ab} - ab)\,z\,, \\ z' &= (a\bar{b} + \bar{a}b)\,x + \mathrm{i}(\bar{a}b - a\bar{b})\,y + (a\bar{a} - b\bar{b})\,z\,. \end{aligned}\right\} \tag{59}$$

Jeder unitären Transformation (57) entspricht eine gewisse Transformation der x, y-Ebene. Die stereographische Projektion ordnet dieser eine bestimmte Transformation der Kugel zu.

In Übereinstimmung damit ist (59) eine reelle Transformation, durch die die Gleichung $x'^2 + y'^2 + z'^2 = 1$ in die Gleichung $x^2 + y^2 + z^2 = 1$ übergeführt wird. Nun ändert aber die lineare homogene Transformation (59) das konstante Glied 1 auf der rechten Seite nicht; somit bleibt auch die linke Seite der Gleichung bei dieser Transformation erhalten, d. h., es ist

$$x'^2 + y'^2 + z'^2 = x^2 + y^2 + z^2 .$$

Alle diese Tatsachen kann man auch unmittelbar aus der Transformation (59) selbst ablesen. Die Formeln (59) stellen also reelle orthogonale Transformationen von drei Veränderlichen dar.

Wir zeigen jetzt, daß die Determinante von (59) immer gleich $+1$ ist. Diese Determinante ist eine stetige Funktion der Real- und Imaginärteile der komplexen Veränderlichen a und b, die den Bedingungen (58) genügen. Ihr Wert ist stets $+1$ oder -1, und wegen der soeben erwähnten Stetigkeit muß sie entweder immer gleich $+1$ oder immer gleich -1 sein. Für $a = 1$ und $b = 0$ ergeben die Formeln (59) die identische Transformation, deren Determinante $+1$ ist; also ist die Determinante der Transformation (59) immer gleich $+1$. Daher ist die lineare Transformation (59) selbst eine Drehung des Raumes um den Ursprung.

Wir zeigen nun, daß jede Drehung des Raumes in der Gestalt (59) dargestellt werden kann. Setzen wir nämlich

$$a = \mathrm{e}^{-\frac{\mathrm{i}}{2}\varphi}, \qquad \bar{a} = \mathrm{e}^{\frac{\mathrm{i}}{2}\varphi}, \qquad b = \bar{b} = 0 ,$$

d. h., nehmen wir

$$A_\varphi = \begin{pmatrix} \mathrm{e}^{-\frac{\mathrm{i}}{2}\varphi} & 0 \\ 0 & \mathrm{e}^{\frac{\mathrm{i}}{2}\varphi} \end{pmatrix} \tag{60}$$

als Matrix einer unitären Transformation, so ergeben die Formeln (59)

$$\left.\begin{aligned} x' &= x \cos\varphi - y \sin\varphi , \\ y' &= x \sin\varphi + y \cos\varphi , \\ z' &= z , \end{aligned}\right\} \tag{61}$$

wir erhalten also eine Drehung um die Z-Achse um den Winkel φ. Setzen wir jetzt

$$a = \bar{a} = \cos\frac{\psi}{2}, \qquad b = -\mathrm{i}\sin\frac{\psi}{2}, \qquad \bar{b} = \mathrm{i}\sin\frac{\psi}{2},$$

d. h., nehmen wir

$$B_\psi = \begin{pmatrix} \cos\frac{\psi}{2} & -\mathrm{i}\sin\frac{\psi}{2} \\ -\mathrm{i}\sin\frac{\psi}{2} & \cos\frac{\psi}{2} \end{pmatrix} \tag{62}$$

als Matrix einer unitären Transformation, so ergeben die Formeln (59)

$$\left.\begin{aligned} x' &= x , \\ y' &= y \cos\psi - z \sin\psi , \\ z' &= y \sin\psi + z \cos\psi . \end{aligned}\right\} \tag{63}$$

Dies ist eine Drehung um die X-Achse um den Winkel ψ.

Bekanntlich [20] kann man nun jede Drehung mit den Eulerschen Winkeln $\{\alpha, \beta, \gamma\}$ als Ergebnis einer Drehung um die Z-Achse mit dem Winkel α, einer anschließenden Drehung um die neue X-Achse mit dem Winkel β und einer darauffolgenden Drehung um die neue Z-Achse mit dem Winkel γ erhalten.

Bezeichnen wir mit Z_φ die der Transformation (61) entsprechende Matrix dritten Grades und mit X_ψ die Matrix der Transformation (63), so wird die Drehung um die Z-Achse um den Winkel α durch die Matrix Z_α bewirkt. Dabei erhält man die neue X-Achse aus der ursprünglichen mit Hilfe derselben Matrix. Die Drehung um die neue X-Achse um den Winkel β wird dann, wie man leicht sieht, durch die Matrix $Z_\alpha X_\beta Z_\alpha^{-1}$ bewirkt, und die ersten beiden Drehungen ergeben sich mittels der Matrix

$$Z_\alpha X_\beta Z_\alpha^{-1} Z_\alpha = Z_\alpha X_\beta \,.$$

In derselben Weise erhält man die Drehung um die neue Z-Achse um den Winkel γ durch die Matrix

$$(Z_\alpha X_\beta)\, Z_\gamma (Z_\alpha X_\beta)^{-1} \,,$$

so daß schließlich die Drehung mit den Eulerschen Winkeln $\{\alpha, \beta, \gamma\}$ durch die Matrix

$$(Z_\alpha X_\beta)\, Z_\gamma (Z_\alpha X_\beta)^{-1}\, (Z_\alpha X_\beta)$$

oder

$$Z_\alpha X_\beta Z_\gamma \tag{64}$$

ausgedrückt wird.

In den vorangehenden Überlegungen benutzten wir folgende offensichtliche Tatsache: Bewirkt Z_φ die Drehung um den Winkel φ um eine beliebige, durch den Ursprung gehende Achse l und führt die Matrix M die Achse l in eine Achse l_1 über, so wird die Drehung um l_1 um den Winkel φ durch die ähnliche Matrix

$$M Z_\varphi M^{-1}$$

bestimmt.

Sind A_1 und A_2 zwei unitäre Transformationen (57), denen die orthogonalen Transformationen (59) U_1 und U_2 entsprechen, so entspricht dem Produkt $A_2 A_1$ offenbar das Produkt $U_2 U_1$. Wegen (64) erhält man also jede Drehung $\{\alpha, \beta, \gamma\}$ des Raumes durch eine unitäre Matrix, die das Produkt dreier unitärer Matrizen ist:

$$\begin{pmatrix} e^{-i\frac{\alpha}{2}} & 0 \\ 0 & e^{i\frac{\alpha}{2}} \end{pmatrix} \begin{pmatrix} \cos\frac{\beta}{2} & -i\sin\frac{\beta}{2} \\ -i\sin\frac{\beta}{2} & \cos\frac{\beta}{2} \end{pmatrix} \begin{pmatrix} e^{-i\frac{\gamma}{2}} & 0 \\ 0 & e^{i\frac{\gamma}{2}} \end{pmatrix} \tag{65}$$

Jeder unitären Transformation entspricht also eine bestimmte Drehung des dreidimensionalen Raumes, und man erhält so auch alle Drehungen. Dem Produkt zweier unitärer Transformationen ist das Produkt der entsprechenden Drehungen zugeordnet, d. h., die Formeln (59) bestimmen einen Homomorphismus zwischen der Gruppe der unitären Transformationen mit der Determinante 1 und der Drehungsgruppe des dreidimensionalen Raumes.

Wir untersuchen jetzt, welche unitären Transformationen die identische Transformation, also das Einselement der Drehungsgruppe, ergeben. Aus der dritten Formel (59) folgt

$$a\bar{b} = 0, \qquad a\bar{a} - b\bar{b} = 1 \,,$$

daher muß $|a| = 1$ und $b = 0$ sein. Setzen wir dann $a = e^{i\vartheta}$, so ergibt die erste Formel von (59)

$$\frac{1}{2}\left(e^{i2\vartheta} + e^{-i2\vartheta}\right) = 1 .$$

Daraus folgt unmittelbar $\vartheta = 0$ oder $\vartheta = \pi$, d. h., $a = \pm 1$.

Auf diese Weise erhalten wir zwei unitäre Transformationen mit den Matrizen

$$E = \begin{pmatrix} 1 & 0 \\ 0 & 1 \end{pmatrix}, \qquad S = \begin{pmatrix} -1 & 0 \\ 0 & -1 \end{pmatrix} = -E ,$$

denen das Einselement der Drehungsgruppe entspricht.

Wir nehmen nun an, daß zwei Matrizen U und V ein und dieselbe Drehung ergeben. Dann liefert $V^{-1}U$ die identische Transformation in der Gruppe der Drehungen des Raumes, d. h., es gilt $V^{-1}U = E$ oder $V^{-1}U = -E$, d. h., $U = V$ oder $U = -V$. Das Minuszeichen vor einer Matrix zeigt an, daß bei allen Elementen das Vorzeichen geändert werden muß. Aus den vorangehenden Überlegungen folgt, daß die unitären Transformationen (57) nur dann dieselbe Drehung des Raumes bewirken, wenn sie sich höchstens durch ihr Vorzeichen unterscheiden. Umgekehrt: Unterscheiden sie sich höchstens durch ihr Vorzeichen voneinander, so ergeben sie, wie wir soeben erwähnt haben und wie aus (59) folgt, die gleiche Drehung des Raumes. Wir können somit abschließend formulieren: *Die Drehungsgruppe des Raumes ist homomorph zur Gruppe der unitären Transformationen* (57) *mit der Determinante* 1. *Man erhält genau dann ein und dieselbe Drehung, wenn die unitären Matrizen sich höchstens durch ihr Vorzeichen unterscheiden.*

Die Matrizen E und $-E$ bilden in der Gruppe $\mathfrak{G}$ aller unitären Transformationen (57) mit der Determinante 1 einen Normalteiler $\mathfrak{H}$. Jede Restklasse nach diesem Normalteiler $\mathfrak{H}$ besteht aus zwei Elementen G_1 und $-G_1$, wobei G_1 ein beliebiges Element der Gruppe ist. Aus dem oben Gesagten folgt unmittelbar, daß *die Drehungsgruppe zur Faktorgruppe von* $\mathfrak{G}$ *nach* $\mathfrak{H}$ *isomorph ist.*

Die Formeln (59) enthalten zwei komplexe Parameter a und b, die der Beziehung (58) genügen. Jeder dieser beiden komplexen Parameter enthält nun zwei reelle Parameter,

$$a = a_1 + ia_2, \qquad b = b_1 + ib_2 ,$$

und die Beziehung (58) ist äquivalent mit

$$a_1^2 + a_2^2 + b_1^2 + b_2^2 = 1 .$$

Somit enthalten die Formeln (59) vier reelle Parameter, die einer Beziehung genügen, d. h., (59) enthält drei unabhängige reelle Parameter, wie das für die Drehungsgruppe der Fall sein muß. Die Parameter a und b werden gewöhnlich *Cayley-Kleinsche Parameter* genannt. Es ist nicht schwer, sie durch die Eulerschen Winkel auszudrücken. Multipliziert man die drei unitären Matrizen (65) miteinander, so erhält man, wie wir oben gesehen haben, diejenige unitäre Matrix, die der Drehung mit den Eulerschen Winkeln $\{\alpha, \beta, \gamma\}$ entspricht. Führen wir nun diese Multiplikation durch, so erhalten wir für a und b die folgenden Ausdrücke:

$$a = e^{-i\frac{\alpha+\gamma}{2}} \cos\frac{\beta}{2}, \qquad b = -ie^{i\frac{\gamma-\alpha}{2}} \sin\frac{\beta}{2}. \tag{66}$$

Ändert man einen der Winkel α oder γ um 2π, so ändern zwar a und b beide ihr Vorzeichen, die Drehung aber bleibt, wie oben gezeigt, dieselbe.

64. Die allgemeine lineare Gruppe und die Lorentz-Gruppe. Soeben haben wir einen engen Zusammenhang zwischen der unitären Gruppe in zwei Veränderlichen und der Drehungsgruppe des dreidimensionalen Raumes hergestellt. Ganz analog kann man nun auch eine Verbindung herstellen zwischen der allgemeinen linearen Gruppe in zwei Veränderlichen mit der Determinante 1 und der Lorentz-Gruppe.

Hierzu führen wir vier neue Veränderliche x_1, x_2, x_3, x_0 durch den Ansatz

$$x = \frac{x_1}{x_0}, \qquad y = \frac{x_2}{x_0}, \qquad z = \frac{x_3}{x_0} \tag{67}$$

ein. Gehen wir damit in die Formeln (51) für die stereographische Projektion ein, so kommen wir zu folgenden Formeln:

$$\frac{x_1}{x_0} = \frac{\bar{\xi}\eta + \xi\bar{\eta}}{\xi\bar{\xi} + \eta\bar{\eta}}, \qquad \frac{x_2}{x_0} = \frac{1}{\mathrm{i}}\,\frac{\bar{\xi}\eta - \xi\bar{\eta}}{\xi\bar{\xi} + \eta\bar{\eta}}, \qquad \frac{x_3}{x_0} = \frac{\xi\bar{\xi} - \eta\bar{\eta}}{\xi\bar{\xi} + \eta\bar{\eta}}.$$

Da die x_k nur bis auf einen gemeinsamen Faktor bestimmt sind, können wir

$$\begin{aligned} x_0 &= \xi\bar{\xi} + \eta\bar{\eta}, & x_1 &= \bar{\xi}\eta + \xi\bar{\eta}\,, \\ x_2 &= \frac{1}{\mathrm{i}}\,(\bar{\xi}\eta - \xi\bar{\eta}), & x_3 &= \xi\bar{\xi} - \eta\bar{\eta} \end{aligned} \tag{68}$$

setzen.

Die früheren Veränderlichen genügten der Relation (51_1). Nach (67) stehen also die durch (68) definierten neuen Veränderlichen für beliebige komplexe ξ und η zueinander in der Beziehung

$$x_1^2 + x_2^2 + x_3^2 - x_0^2 = 0\,. \tag{69}$$

Wendet man auf ξ und η eine unitäre Transformation an, so bleibt der Ausdruck $\xi\bar{\xi} + \eta\bar{\eta}$ ungeändert, also bleibt gemäß (68) die Veränderliche x_0, die jetzt die Zeit ausdrückt, ungeändert. Damit erhalten wir eine Drehung des dreidimensionalen Raumes. Wir lassen jetzt die Forderung, daß die Transformation unitär sein soll, fallen und betrachten die allgemeine Gruppe der linearen Transformationen

$$\begin{aligned} \xi' &= a\xi + b\eta\,, \\ \eta' &= c\xi + d\eta\,. \end{aligned} \tag{70}$$

Analog zum Fall der unitären Transformationen bilden wir die Ausdrücke

$$\begin{aligned} x_1 + \mathrm{i}x_2 &= 2\bar{\xi}\eta, & x_1 - \mathrm{i}x_2 &= 2\xi\bar{\eta}\,, \\ x_0 + x_3 &= 2\xi\bar{\xi}, & x_0 - x_3 &= 2\eta\bar{\eta}\,. \end{aligned} \tag{71}$$

Für die neuen Veränderlichen ξ', η' ergeben sich neue x_k':

$$\begin{aligned} x_1' + \mathrm{i}x_2' &= 2\bar{\xi}'\eta', & x_1' - \mathrm{i}x_2' &= 2\xi'\bar{\eta}'\,, \\ x_0' + x_3' &= 2\xi'\bar{\xi}', & x_0' - x_3' &= 2\eta'\bar{\eta}'\,. \end{aligned}$$

Setzen wir hier für ξ' und η' die Ausdrücke (70) ein und benutzen (71), so erhalten wir

$$\left.\begin{aligned} x_1' + \mathrm{i}x_2' &= \bar{a}d(x_1 + \mathrm{i}x_2) + \bar{b}c(x_1 - \mathrm{i}x_2) + \bar{a}c(x_0 + x_3) + \bar{b}d(x_0 - x_3)\,, \\ x_1' - \mathrm{i}x_2' &= b\bar{c}(x_1 + \mathrm{i}x_2) + a\bar{d}(x_1 - \mathrm{i}x_2) + a\bar{c}(x_0 + x_3) + b\bar{d}(x_0 - x_3)\,, \\ x_0' + x_3' &= \bar{a}b(x_1 + \mathrm{i}x_2) + a\bar{b}(x_1 - \mathrm{i}x_2) + a\bar{a}(x_0 + x_3) + b\bar{b}(x_0 - x_3)\,, \\ x_0' - x_3' &= \bar{c}d(x_1 + \mathrm{i}x_2) + c\bar{d}(x_1 - \mathrm{i}x_2) + c\bar{c}(x_0 + x_3) + d\bar{d}(x_0 - x_3)\,. \end{aligned}\right\} \tag{72}$$

Daraus ergeben sich für die x'_k unmittelbar lineare Ausdrücke in den x_k mit reellen Koeffizienten, die wir aber nicht explizit aufstellen wollen. Addiert man die letzten beiden Gleichungen aus (72), so wird in dem Ausdruck für x'_0 der Koeffizient von x_0 gleich $\frac{1}{2}(a\bar{a} + b\bar{b} + c\bar{c} + d\bar{d})$, d. h., dieser Koeffizient fällt immer positiv aus.

Die neuen Veränderlichen x'_k erfüllen ebenso wie die ursprünglichen x_k die Gleichung

$$x_1'^2 + x_2'^2 + x_3'^2 - x_0'^2 = 0\,. \tag{73}$$

Ersetzt man auf der linken Seite dieser Gleichung die x'_k durch ihre Ausdrücke in den x_k, so muß (69) herauskommen. Jedoch kann sich dabei die linke Seite von (69) von der linken Seite von (73) noch durch einen konstanten Faktor unterscheiden. Es gilt dann also

$$x_1'^2 + x_2'^2 + x_3'^2 - x_0'^2 = k(x_1^2 + x_2^2 + x_3^2 - x_0^2)\,,$$

wobei k irgendeine Konstante ist. Benutzt man nun die vorhergehenden Formeln und beachtet, daß

$$x_1'^2 + x_2'^2 + x_3'^2 - x_0'^2 = (x'_1 + \mathrm{i}x'_2)(x'_1 - \mathrm{i}x'_2) - (x'_0 + x'_3)(x'_0 - x'_3)$$

ist, so zeigt man leicht, daß $k = (ad - bc)(\bar{a}\bar{d} - \bar{b}\bar{c}) = |ad - bc|^2$ ist. Im Fall der Lorentz-Transformation, für die $k = 1$, also

$$x_1'^2 + x_2'^2 + x_3'^2 - x_0'^2 = x_1^2 + x_2^2 + x_3^2 - x_0^2 \tag{74}$$

gilt, muß man die lineare Transformation (70) so wählen, daß der absolute Betrag ihrer Determinante gleich 1 ist. Dann läßt sich der Wert dieser Determinante auf die Form $e^{i\varphi}$ bringen. Multipliziert man wie früher alle Koeffizienten der Transformation (70) mit $e^{-i\frac{\varphi}{2}}$, so ändern sich die durch (68) bestimmten Größen x'_1, x'_2, x'_3, x'_0 nicht, da die Formeln (68) nur Produkte aus einer der Größen ξ', η' mit einer der Größen $\overline{\xi'}$, $\overline{\eta'}$ enthalten. Andererseits wird durch die Multiplikation die Determinante der Transformationen zu 1.

Wir beschränken uns im folgenden auf Transformationen (70), deren Determinante gleich 1 ist:

$$ad - bc = 1\,. \tag{75}$$

Wie im vorigen Abschnitt können wir zeigen, daß die lineare Transformation, die die x'_k durch die x_k ausdrückt, die Determinante $+1$ besitzt. Außerdem erinnern wir daran, daß in ihr der Koeffizient von x_0 in dem Ausdruck für x'_0 stets positiv ist, d. h. also: Die Transformation hat die Determinante $+1$ und ändert die Richtung der Zeitachse nicht; sie ist also eine positive Lorentz-Transformation.

Fassen wir zusammen: *Eine lineare Transformation ergibt unter der Bedingung* (75) *eine positive Lorentz-Transformation.* Diesen Begriff hatten wir in [54] eingeführt.

Wie im vorigen Abschnitt stellen wir uns jetzt die Frage, ob man durch (72) auch jede positive Lorentz-Transformation erhalten kann. Wie dort sieht man, daß dem Produkt zweier linearer Transformationen (70) das Produkt der zugeordneten Lorentz-Transformationen entspricht. Genauer gesagt: Sind A, B zwei lineare Transformationen (70), denen durch (72) die Lorentz-Transformationen T_1, T_2 zugeordnet sind, so entspricht dem Produkt BA die Lorentz-Transformation T_2T_1.

Wie wir in [54] gesehen haben, kann jede positive Lorentz-Transformation auf die Form

$$T = VSU$$

gebracht werden, wobei U und V Drehungen des dreidimensionalen Raumes sind und S eine positive Lorentz-Transformation von zwei Veränderlichen bedeutet. Nach den Ergebnissen des vorigen Abschnitts läßt sich jede Drehung aus einer unitären Transformation der Gestalt (70) mit der Determinante 1 gewinnen. Es bleibt also nur noch zu zeigen, daß man auch jede positive Lorentz-Transformation von zwei Veränderlichen aus einer geeigneten linearen Transformation (70) nach Formel (72) erhalten kann. Vergleicht man (74) mit (21) aus [54] so sieht man, daß wir jetzt $c = 1$ annehmen müssen und die Formeln (17) aus [54] für die positive Lorentz-Transformation von zwei Veränderlichen die folgende Gestalt erhalten:

$$\begin{aligned} x_3' &= \frac{-vx_0 + x_3}{\sqrt{1 - v^2}}, \qquad x_0' = \frac{x_0 - vx_3}{\sqrt{1 - v^2}}, \\ x_1' &= x_1, \qquad x_2' = x_2 . \end{aligned} \tag{76}$$

Wir setzen

$$u = \frac{1}{\sqrt{1 - v^2}} > 1$$

und betrachten spezielle lineare Transformationen (70) der Gestalt

$$\xi' = l\xi, \qquad \eta' = \frac{1}{l}\eta$$

mit konstantem reellem l. Die Determinante dieser linearen Transformationen ist offenbar gleich 1. Es gilt außerdem $a = l$, $d = \frac{1}{l}$ und $b = c = 0$. Gehen wir damit in die Formeln (72) ein, so bekommen wir genau die Transformation (76), wenn l den folgenden Gleichungen genügt:

$$\frac{l^2}{2} + \frac{1}{2l^2} = u, \qquad \frac{l^2}{2} - \frac{1}{2l^2} = -vu .$$

Aus diesen Gleichungen ergibt sich $l^2 = u \pm \sqrt{u^2 - 1}$, und zwar muß, damit auch die zweite Gleichung erfüllt ist, im Fall $v > 0$ das Vorzeichen im Ausdruck für l^2 so bestimmt werden, daß $l^2 < 1$ ist; für $v < 0$ wählt man es so, daß $l^2 > 1$ ist. Damit ist die zweite Bedingungsgleichung erfüllt. Zieht man nun die Wurzel, so erhält man zwei Werte für l, die sich nur durch ihr Vorzeichen unterscheiden. Wir können also abschließend feststellen: *Die Gruppe der linearen Transformationen* (70) *mit der Determinante* 1 *ist homomorph zur Gruppe der positiven Lorentz-Transformationen. Der Homomorphismus wird durch* (72) *beschrieben.* Wie im vorigen Abschnitt ist dieser Homomorphismus kein Isomorphismus, d. h., verschiedene Transformationen (70) können sehr wohl auf ein und dieselbe Lorentz-Transformation führen. Die Formeln (72) zeigen unmittelbar, daß die identische Transformation der Lorentz-Gruppe aus zwei linearen Transformationen mit den Matrizen

$$E = \begin{pmatrix} 1 & 0 \\ 0 & 1 \end{pmatrix}, \qquad S = \begin{pmatrix} -1 & 0 \\ 0 & -1 \end{pmatrix} = -E$$

hervorgeht. Wie im vorigen Abschnitt kommen wir also zu dem Ergebnis: *Jede Transformation der Lorentz-Gruppe geht aus genau zwei verschiedenen Transformationen* (70) *hervor, deren Koeffizienten sich durch ihre Vorzeichen voneinander unterscheiden.*

Genauso wie in [63] bilden die Elemente E und $-E$ einen Normalteiler $\mathfrak{H}$ in der Gruppe aller linearen Transformationen mit der Determinante 1, und *die Gruppe der positiven Lorentz-Transformationen ist der Faktorgruppe nach diesem Normalteiler isomorph.*

Die linearen Transformationen (70) enthalten vier komplexe Koeffizienten, die miteinander durch die Beziehung (75) verknüpft sind. Somit enthalten die Formeln (72) drei freie komplexe Parameter oder, anders ausgedrückt, sechs freie reelle Parameter.

§ 6. Lineare Darstellungen von Gruppen

65. Darstellung von Gruppen durch lineare Transformationen. Es sei $\mathfrak{G}$ eine beliebige Gruppe mit den Elementen G_α, und jedem Gruppenelement G_α sei eindeutig eine Matrix A_α zugeordnet. Dabei sollen die A_α Matrizen ein und desselben Grades mit von 0 verschiedenen Determinanten sein. Entspricht dabei jedem Produkt $G_{\alpha_2}G_{\alpha_1}$ die Matrix $A_{\alpha_2}A_{\alpha_1}$, so sagt man, daß die Matrizen A_α bzw. die ihnen entsprechenden linearen Transformationen eine *lineare Darstellung der Gruppe* $\mathfrak{G}$ bilden. Ist G_0 das Einselement von $\mathfrak{G}$ und A_0 die ihm entsprechende Matrix, so muß wegen $G_0G_\alpha = G_\alpha$ auch $A_0A_\alpha = A_\alpha$ gelten. Multipliziert man beide Seiten von rechts mit A_α^{-1}, so ergibt sich $A_0 = I$, d. h., dem Einselement muß die Einheitsmatrix entsprechen. Sind G_{α_1}, G_{α_2} zueinander inverse Elemente und A_{α_1}, A_{α_2} die ihnen entsprechenden Matrizen, so folgt aus $G_{\alpha_2}G_{\alpha_1} = G_0$ die Gleichung $A_{\alpha_2}A_{\alpha_1} = I$, d. h., inversen Gruppenelementen entsprechen inverse Matrizen. Aus dem Dargelegten folgt unmittelbar, daß *die Matrizen* A_α (bzw. die ihnen entsprechenden linearen Transformationen) *eine zu* $\mathfrak{G}$ *homomorphe Gruppe* $\mathfrak{A}$ *bilden.* Entsprechen verschiedenen Elementen der Gruppe auch verschiedene Matrizen, so ist $\mathfrak{A}$ nicht nur homomorph, sondern sogar isomorph zu $\mathfrak{G}$. In diesem Fall spricht man von einer *treuen linearen Darstellung.*

Andernfalls bildet die Gesamtheit der Elemente von $\mathfrak{G}$, denen die Einheitsmatrix in $\mathfrak{A}$ entspricht, einen Normalteiler von $\mathfrak{G}$, und $\mathfrak{A}$ ist isomorph der Faktorgruppe von $\mathfrak{G}$ nach diesem Normalteiler [58].

Ist die Gruppe $\mathfrak{G}$ selbst eine Gruppe linearer Transformationen, so bildet sie offenbar eine der möglichen linearen Darstellungen von sich.

Wir fügen noch eine Bemerkung über die obige Definition der linearen Darstellung an. Es sei uns bereits bekannt, daß jedem Element G_α eindeutig eine Matrix A_α und dem Produkt von Elementen das Produkt der zugeordneten Matrizen entspricht; jedoch sei noch unbekannt, ob die Determinanten der Matrizen A_α von 0 verschieden sind oder nicht. Wir zeigen nun: Wenn für irgendein A_{α_0} die Determinante $D(A_{\alpha_0})$ gleich 0 ist, so verschwinden alle $D(A_\alpha)$. In der Tat, mit A_α durchläuft auch $A_{\alpha_0}A_\alpha$ die Gesamtheit aller Matrizen, die irgendwelchen Gruppenelementen entsprechen [56]. Nun gilt aber $D(A_{\alpha_0}A_\alpha) = D(A_{\alpha_0})\,D(A_\alpha)$. Dieses Produkt ist aber für alle A_α gleich 0, weil nach Voraussetzung der erste Faktor verschwindet. Eine eindeutige Zuordnung zwischen den Elementen G_α einer Gruppe $\mathfrak{G}$ und Matrizen A_α gleichen Grades, bei der dem Produkt von Gruppenelementen das Produkt der zugeordneten Matrizen entspricht, ist also bereits dann eine lineare Darstellung von $\mathfrak{G}$, wenn wenigstens eine der Determinanten $D(A_\alpha)$ von 0 verschieden ist; z.B. reicht es schon aus, zu wissen, daß dem Einselement von $\mathfrak{G}$ die Einheitsmatrix in A entspricht.

Es sei nun X eine beliebige Matrix mit nichtverschwindender Determinante vom gleichen Grad wie A_α. Dann gilt

$$(XA_{\alpha_2}X^{-1})\,(XA_{\alpha_1}X^{-1}) = XA_{\alpha_2}A_{\alpha_1}X^{-1}\,,$$

also bilden auch die Matrizen $XA_\alpha X^{-1}$ eine lineare Darstellung von $\mathfrak{G}$. Zwei solche konjugierte Darstellungen werden *äquivalent* genannt. Ist n der Grad der Matrizen A_α, so läßt sich die Gruppe $\mathfrak{A}$ als eine Transformationsgruppe des n-dimensionalen Raumes auffassen. Sind nämlich $x_1, x_2, \ldots, x_n$ die Komponenten eines Vektors $\boldsymbol{x}$ des n-dimensionalen Raumes, so können wir

$$\boldsymbol{x}' = A_\alpha \boldsymbol{x} \tag{77}$$

setzen. Der Übergang zu einer äquivalenten linearen Darstellung

$$\boldsymbol{y}' = XA_\alpha X^{-1}\boldsymbol{y} \tag{78}$$

bedeutet dann, wie wir bereits wissen [25], daß in dem oben betrachteten Raum neue Koordinatenachsen eingeführt werden, wobei die neuen Koordinaten durch

$$(y_1, y_2, \ldots, y_n) = X(x_1, x_2, \ldots, x_n) \tag{79}$$

aus den alten hervorgehen.

In diesem neuen Koordinatensystem drücken sich unsere linearen Transformationen durch (78) aus, d. h., man erhält die äquivalenten Darstellungen, indem man einfach gemäß (79) neue Koordinatenachsen einführt. Wir bezeichnen die Vektoren $(x_1, x_2, \ldots, x_n)$, die in (77) eingehen, als *Objekte der linearen Darstellung.* Der Übergang zu einer äquivalenten linearen Darstellung bedeutet also nichts anderes als den Ersatz der alten Objekte der linearen Darstellung durch neue mit Hilfe einer linearen Transformation (79) mit nichtverschwindender Determinante.

Es seien nun zwei lineare Darstellungen einer Gruppe $\mathfrak{G}$ durch die Matrizen A_α des Grades n bzw. B_α des Grades m gegeben. Wir bilden nun die $(n+m)$-reihigen quasidiagonalen Matrizen

$$[A_\alpha, B_\alpha] = \begin{pmatrix} A_\alpha & 0 \\ 0 & B_\alpha \end{pmatrix}. \tag{80}$$

Nach der Multiplikationsregel für quasidiagonale Matrizen erhalten wir

$$[A_{\alpha_2}, B_{\alpha_2}]\,[A_{\alpha_1}, B_{\alpha_1}] = [A_{\alpha_2}A_{\alpha_1}, B_{\alpha_2}B_{\alpha_1}]\,.$$

Also bilden auch die Matrizen (80) eine lineare Darstellung der Gruppe $\mathfrak{G}$. Allgemein kann man mehrere Darstellungen einer Gruppe $\mathfrak{G}$ durch die Matrizen A_α, B_α, C_α zu einer neuen Darstellung zusammensetzen, daß man quasidiagonale Matrizen der Gestalt

$$D_\alpha = [A_\alpha, B_\alpha, C_\alpha] = \begin{pmatrix} A_\alpha & 0 & 0 \\ 0 & B_\alpha & 0 \\ 0 & 0 & C_\alpha \end{pmatrix} \tag{81}$$

bildet.

Wir bemerken nun folgendes: Geht man zu einer äquivalenten Darstellung durch die Matrizen $XD_\alpha X^{-1}$ über, so geht im allgemeinen die quasidiagonale Gestalt der Matrizen verloren, und man kann der neuen Darstellung nicht unmittelbar ansehen, ob sie bis auf Äquivalenz aus anderen Darstellungen geringerer Dimension nach (81) zusammengesetzt ist. Besitzt nun eine lineare Darstellung D_α die rein quasidiagonale Gestalt (80), so zerfällt sie in mehrere lineare Darstellungen A_α, B_α von geringerer Dimension, d. h. in Darstellungen durch Matrizen kleineren Grades. In diesem Fall heißt die lineare Darstellung *zerlegt*. Wenn eine lineare Darstellung E_α nicht quasidiagonale Form besitzt, jedoch eine zu ihr äquivalente Darstellung diese Gestalt hat, so heißt die Darstellung *zerlegbar*. Besitzt schließlich weder die Darstellung selbst noch irgendeine zu ihr äquivalente Darstellung Quasidiagonalform, so heißt sie *unzerlegbar*.

Wir geben einige hinreichende Kriterien für die Zerlegbarkeit von Darstellungen an. Eine lineare Darstellung werde durch Matrizen A_α vom Grade n gebildet, die eine lineare Transformation der Veränderlichen $x_1, x_2, \ldots, x_n$ bewirken. Wir nehmen an, alle A_α seien unitär, und der Unterraum R', der von den ersten k Koordinatenachsen aufgespannt wird, gehe bei allen linearen Transformationen A_α in sich über, d. h., aus $x_{k+1} = x_{k+2} = \cdots = x_n = 0$ folge $x'_{k+1} = x'_{k+2} = \cdots = x'_n = 0$. Mit anderen Worten, alle Matrizen A_α sollen die Gestalt

$$\begin{pmatrix} A'_\alpha & N_\alpha \\ 0 & A''_\alpha \end{pmatrix} \tag{82}$$

haben, wobei A'_α eine Matrix k-ten Grades, A''_α eine Matrix $(n-k)$-ten Grades ist und in der linken unteren Ecke in dem rechteckigen Kästchen mit $n-k$ Zeilen und k Spalten lauter Nullen stehen. Wir betrachten nun den Unterraum R'', der durch die letzten $n-k$ Koordinatenachsen aufgespannt wird. Er besteht aus denjenigen Vektoren des n-dimensionalen Raumes, die zu allen Vektoren des Unterraumes R' orthogonal sind. Da nun alle linearen Transformationen A_α den Unterraum R' in sich transformieren und da, weil alle A_α unitär sind, die Orthogonalität von Vektoren erhalten bleibt, geht jeder Vektor aus R'' bei Anwendung einer Transformation A_α wieder in einen Vektor aus R'' über. Mit anderen Worten, aus $x_1 = x_2 = \cdots = x_k = 0$ folgt auch $x'_1 = x'_2 = \cdots = x'_k = 0$, und hieraus unmittelbar, daß in der Matrix (82) alle Elemente der rechteckigen Matrix N_α ebenfalls verschwinden, d. h., die Matrizen der betrachteten linearen Darstellung haben die Gestalt

$$\begin{pmatrix} A'_\alpha & 0 \\ 0 & A''_\alpha \end{pmatrix} = [A'_\alpha, A''_\alpha].$$

Die Darstellung ist also zerlegt. Nun nehmen wir an, daß alle unitären Transformationen A_α irgendeinen Unterraum R_1 der Dimension k $(k < n)$ invariant lassen, wobei n der Grad der A_α ist. Wir transformieren zunächst das Koordinatensystem so, daß der Unterraum R_1 durch die ersten k Koordinatenachsen aufgespannt wird. Dies ist gleichbedeutend mit dem Übergang zu einer äquivalenten Darstellung, und zwar kann dieser Übergang durch eine unitäre Transformation ausgeführt werden. Nach einer solchen Transformation ist auf Grund des Vorangehenden die Darstellung zerlegt. Somit kommen wir zu folgendem

Satz. *Ist eine lineare Darstellung einer Gruppe durch unitäre Matrizen gegeben und führen alle diese Matrizen einen festen Unterraum in sich über, so ist die Darstellung zerlegbar.*[1])

[1]) In der deutschen mathematischen Literatur heißt eine Darstellung *reduzibel* oder *irreduzibel*, je nachdem, ob sie einen vom Nullraum verschiedenen echten Unterraum invariant läßt oder nicht. Weiter wird in der Regel eine in irreduzible Bestandteile zerlegbare Darstellung als *vollreduzibel* bezeichnet. Der soeben bewiesene Satz besagt dann, daß bei einer Darstellung durch unitäre Matrizen aus der Reduzibilität und erst recht aus der Zerlegbarkeit stets die Vollreduzibilität folgt. (Anm. d. Red.)

Die Frage, ob eine Darstellung zerlegbar oder unzerlegbar ist, hängt eng mit der Frage nach dem Übergang von den Matrizen A_α zu konjugierten Matrizen $XA_\alpha X^{-1}$ zusammen. Wir geben einige Beispiele für den Übergang zu äquivalenten Darstellungen für spezielle Matrizen X. Es sei X eine Matrix, die aus der Einheitsmatrix durch Vertauschung der ersten beiden Zeilen entsteht, also die Matrix

$$X = \begin{Vmatrix} 0 & 1 & 0 & 0 & \dots & 0 \\ 1 & 0 & 0 & 0 & \dots & 0 \\ 0 & 0 & 1 & 0 & \dots & 0 \\ 0 & 0 & 0 & 1 & \dots & 0 \\ \cdot & \cdot & \cdot & \cdot & \cdot & \cdot \\ 0 & 0 & 0 & 0 & \dots & 1 \end{Vmatrix}.$$

Man sieht unmittelbar, daß $D(X) = -1$ ist. Durch Ausmultiplizieren verifiziert man ohne Mühe, daß man aus jeder Matrix Y die zu ihr konjugierte Matrix XYX^{-1} erhält, wenn man in Y zugleich die erste Zeile mit der zweiten Zeile und die erste Spalte mit der zweiten Spalte vertauscht. Ganz analog erkennt man, daß jede Permutation irgendwelcher Zeilen einer Matrix Y, die von der entsprechenden Permutation der Spalten begleitet ist, dem Übergang zu einer konjugierten Matrix XYX^{-1} mittels einer offensichtlich von Y unabhängigen unitären Transformation X entspricht. Mithin gilt: *Bilden die Matrizen A_α eine lineare Darstellung einer Gruppe $\mathfrak{G}$, so bilden die Matrizen, die entstehen, wenn man in allen A_α ein und dieselbe Permutation der Zeilen und Spalten ausführt, eine zur ursprünglichen äquivalente Darstellung von $\mathfrak{G}$.*

Bilden die Matrizen A_α des Grades n eine lineare Darstellung einer Gruppe $\mathfrak{G}$ und lassen sich die Zahlen 1, 2, ..., n derart in zwei disjunkte Klassen einteilen, daß in jeder Matrix A_α im Schnittpunkt einer beliebigen Zeile (deren Index aus einer der Klassen ist) mit einer beliebigen Spalte (deren Index aus der anderen ist) stets die Null auftritt, so ist diese Darstellung zerlegbar. Um sie zu zerlegen (d. h., um sie auf Quasidiagonalform zu bringen), braucht man nämlich nur die Zeilen und Spalten so umzuordnen, daß die Zeilen und Spalten der einen Klasse alle oben links und die Zeilen und Spalten der anderen Klasse unten rechts stehen.

Zum Schluß dieses Abschnitts erwähnen wir noch den Fall einer linearen Darstellung einer Gruppe $\mathfrak{G}$ von Grad 1. Hierbei sind alle Matrizen A_α vom Grad 1, also, mit anderen Worten, gewöhnliche Zahlen. In diesem Fall entspricht jedem Element G_α unserer Gruppe die Transformation $x' = m_\alpha x$ oder, einfacher gesagt, die Zahl m_α und damit dem Produkt G_2G_1 das gewöhnliche Produkt der Zahlen m_2m_1.

66. Grundlegende Sätze. Es sei $\mathfrak{G}$ eine endliche Gruppe mit den Elementen G_1, $G_2, \dots, G_m$. Es seien ferner $A_1, A_2, \dots, A_m$ Matrizen n-ten Grades, die eine lineare Darstellung von $\mathfrak{G}$ bilden. Die Objekte dieser Darstellung seien mit $\boldsymbol{x} = (x_1, x_2, \dots, x_n)$ bezeichnet. Wir betrachten nun den Ausdruck

$$\varphi(x_1, x_2, \dots, x_n) = \sum_{s=1}^{m} ||A_s\boldsymbol{x}||^2 ; \tag{83}$$

explizit lautet er

$$\varphi = \sum_{s=1}^{m} \sum_{i=1}^{n} (a_{i1}^{(s)}x_1 + \cdots + a_{in}^{(s)}x_n)\,(\bar{a}_{i1}^{(s)}\bar{x}_1 + \cdots + \bar{a}_{in}^{(s)}\bar{x}_n)\,. \tag{84}$$

Dabei sind die Elemente der Matrix A_s mit $a_{ik}^{(s)}$ bezeichnet. Man verifiziert mühelos, daß der Ausdruck (84) eine hermitesche Form ist, d. h., daß in diesem Ausdruck die Koeffizienten von $\bar{x}_p x_q$ und $x_p \bar{x}_q$ konjugiert komplexe Zahlen sind. Aus (83) folgt außerdem, daß diese hermitesche Form die Summe der Quadrate der Längen gewisser Vektoren ist, d. h., (84) ist sogar eine positiv definite hermitesche Form [40]. Mit anderen Worten, nach Anwendung einer geeigneten unitären Transformation $\boldsymbol{y} = U\boldsymbol{x}$, die die Form in eine Summe von Quadraten, $\varphi = \sum_{j=1}^{n} \lambda_j \bar{y}_j y_j$, überführt, sind alle Koeffizienten λ_j positiv. Nach der Transformation $z_j = \sqrt{\lambda_j} y_j$ reduziert sich die hermitesche Form auf eine Summe von reinen Quadraten

$$\varphi = \bar{z}_1 z_1 + \bar{z}_2 z_2 + \cdots + \bar{z}_n z_n \,. \tag{85}$$

Wir unterwerfen nun die Veränderlichen $x_1, x_2, \ldots, x_n$ einer Transformation

$$\boldsymbol{x}' = A_k \boldsymbol{x} \,, \tag{86}$$

die der linearen Darstellung der Gruppe $\mathfrak{G}$ angehört. Wie man leicht sieht, ändert sich dadurch die hermitesche Form φ nicht. Es gilt nämlich

$$\varphi(x_1', x_2', \ldots, x_n') = \sum_{s=1}^{m} ||A_s A_k \boldsymbol{x}||^2 \,.$$

Wir wissen aber schon [56], daß die Gesamtheit der Transformationen (Matrizen) $A_1 A_k, A_2 A_k, \ldots, A_m A_k$ mit der Gesamtheit $A_1, A_2, \ldots, A_m$ übereinstimmt. Drücken wir also die Transformation (86) in den neuen Veränderlichen $z_1, z_2, \ldots, z_n$ aus, die aus den alten durch eine Transformation der Gestalt

$$(z_1, z_2, \ldots, z_n) = B_0(x_1, x_2, \ldots, x_n)$$

mit Hilfe einer passenden Matrix B_0 hervorgeht, so erhalten wir an Stelle der Gruppe der A_k die konjugierte Gruppe der $B_0 A_k B^{-1}$, und alle Transformationen der konjugierten Gruppe ändern den Ausdruck (85) nicht, lassen also die Quadratsumme der absoluten Beträge ungeändert, d. h., sie sind unitär. Wir haben somit für endliche Gruppen bewiesen, daß jede lineare Darstellung einer unitären Darstellung äquivalent ist, d. h. einer solchen, die aus lauter unitären Matrizen besteht. Unter geeigneten zusätzlichen Bedingungen bleibt diese Eigenschaft auch für lineare Darstellungen unendlicher Gruppen, die von Parametern abhängen, erhalten, und wenn wir im folgenden von einer linearen Darstellung einer Gruppe sprechen, werden wir darunter immer eine unitäre Darstellung verstehen. Wir haben also den folgenden Satz bewiesen:

Satz I. *Jede lineare Darstellung einer (endlichen) Gruppe ist einer unitären Darstellung äquivalent.*

Wir leiten nun eine notwendige und hinreichende Bedingung für die Zerlegbarkeit einer Darstellung ab. Zunächst sei eine neue Bezeichnung eingeführt. Eine Diagonalmatrix $[k, \ldots, k]$ mit lauter gleichen Elementen in der Diagonale soll ein *Vielfaches der Einheitsmatrix* heißen und mit kI bezeichnet werden. Wie früher dargelegt wurde, verhält sich eine solche Matrix in bezug auf algebraische Operationen wie die Zahl k.

Es sei nun eine zerlegbare Darstellung einer Gruppe gegeben. Sie soll z. B. aus Matrizen der Gestalt

$$D_a = X[A_a, B_a, C_a]\, X^{-1}$$

bestehen; wobei X beliebig und die innerhalb der Klammer stehende Matrix quasidiagonal ist. Wir bilden nun die Matrix

$$Y = X[kI, lI, mI]\, X^{-1},$$

in der das mittlere quasidiagonale Glied die gleiche Struktur besitzt wie in den Matrizen D_a.

Man erkennt mühelos, daß die Matrix Y mit allen Matrizen D_a vertauschbar ist; denn es gilt

$$D_a Y = X[A_a k, B_a l, C_a m]\, X^{-1}$$

und

$$Y D_a = X[kA_a, lB_a, mC_a]\, X^{-1}.$$

Bei der Multiplikation einer beliebigen Matrix mit einer Zahl ist das Produkt von der Reihenfolge der Faktoren unabhängig. Sind die Zahlen k, l und m verschieden, so ist Y sicherlich nicht ein Vielfaches der Einheitsmatrix, denn Y besitzt dann nämlich die verschiedenen Eigenwerte k, l und m. Das ergibt den folgenden Satz:

Satz II. *Ist eine lineare Darstellung zerlegbar, so existiert eine Matrix, die kein Vielfaches der Einheitsmatrix und mit allen Matrizen der Darstellung vertauschbar ist.*

Es gilt auch die Umkehrung:

Satz III. *Existiert eine Matrix Y, die kein Vielfaches der Einheitsmatrix und die mit allen Matrizen D_a einer linearen Darstellung vertauschbar ist, so ist diese Darstellung zerlegbar.*

Nach Voraussetzung gilt also für jeden Index a

$$D_a Y = Y D_a. \tag{87}$$

Es sei nun Z eine Matrix mit nichtverschwindender Determinante derart, daß alle Matrizen $Z D_a Z^{-1}$ unitär sind: $Z D_a Z^{-1} = U_a$. Die Gleichung (87) erhält die Gestalt

$$Z^{-1} U_a Z Y = Y Z^{-1} U_a Z$$

und nach Multiplikation von links mit Z und von rechts mit Z^{-1}

$$U_a (Z Y Z^{-1}) = (Z Y Z^{-1})\, U_a,$$

d. h., die Matrix ZYZ^{-1} ist mit allen Matrizen der unitären Darstellung vertauschbar. Offenbar ist auch diese Matrix kein Vielfaches der Einheitsmatrix; denn aus $ZYZ^{-1} = kI$ würde $Y = kI$ folgen. Es genügt nun, wenn wir die Zerlegbarkeit der äquivalenten unitären Darstellung U_a zeigen. Somit ist der Beweis unseres Satzes auf den Fall zurückgeführt, daß die lineare Darstellung unitär ist. Der Einfachheit halber sei angenommen, daß die ursprünglich vorgegebene, durch die D_a vermittelte lineare Darstellung bereits selbst unitär ist.

Es sei λ_1 ein Eigenwert von Y. Bekanntlich [25] ist die Matrix $\lambda_1 I$ mit jeder anderen Matrix vertauschbar. Also genügt auch die Matrix $Y - \lambda_1 I$ ebenso wie Y selbst der Bedingung (87), d. h., auch sie ist mit allen Matrizen D_a vertauschbar. Wie man leicht sieht, ist wenigstens einer der Eigenwerte von $Y_1 = Y - \lambda_1 I$ gleich 0. In der Tat, die charakteristische Gleichung von Y_1 hat die Gestalt

$$D(Y_1 - \lambda I) = D[Y - (\lambda + \lambda_1)\, I] = 0,$$

d. h., sie geht aus der charakteristischen Gleichung von Y hervor, wenn man in der letzteren λ durch $\lambda + \lambda_1$ ersetzt. Da nun aber unter den Eigenwerten von Y die Zahl λ_1 vorkommt, ist mindestens einer der Eigenwerte von Y_1 gleich 0. Somit verschwindet auch die Determinante von Y_1. Diese ist bekanntlich das Produkt aller Eigenwerte von Y_1. Wir können also beim Beweis des Satzes annehmen, daß alle Matrizen D_a unitär sind und die Determinante der in (87) eingehenden Matrix Y verschwindet.

Wir betrachten nun die Gesamtheit der Vektoren mit den Komponenten

$$\left.\begin{aligned} x_1 &= y_{11}u_1 + y_{12}u_2 + \cdots + y_{1n}u_n\,, \\ x_2 &= y_{21}u_1 + y_{22}u_2 + \cdots + y_{2n}u_n\,, \\ &\cdots\cdots\cdots\cdots\cdots\cdots \\ x_n &= y_{n1}u_1 + y_{n2}u_2 + \cdots + y_{nn}u_n\,, \end{aligned}\right\} \tag{88}$$

wobei die u_s beliebiger Werte fähig sind und die y_{ik} die Elemente der Matrix Y bedeuten. Da die Determinante von Y verschwindet, ist der Rang der Matrix (y_{ik}) gleich einer Zahl $r < n$. Wie wir wissen [**16**], bestimmt also (88) einen r-dimensionalen Unterraum R'.

Nun untersuchen wir die linke Seite der Gleichung

$$D_a Y\boldsymbol{u} = Y D_a \boldsymbol{u}\,. \tag{89}$$

Der Vektor $Y\boldsymbol{u}$ hat genau die Komponenten (88), und somit ist $D_a Y\boldsymbol{u}$ das Bild bei der Transformation D_a eines Vektors aus dem Unterraum R', der willkürlich gewählt werden kann, da $Y\boldsymbol{u}$ mit $\boldsymbol{u}$ ganz R' durchläuft. Auf der rechten Seite von (89) steht das bei der Transformation Y des Vektors $D_a\boldsymbol{u}$ erzeugte Bild, d. h., die Komponenten der rechten Seite lassen sich ebenfalls durch (88) ausdrücken, wenn man $u_1, u_2, \ldots, u_n$ durch die Komponenten des Vektors $D_a\boldsymbol{u}$ ersetzt. Auf der rechten Seite von (89) steht also ein Vektor, der ebenfalls dem Unterraum R' angehört. Vergleichen wir die linke Seite mit der rechten, so sehen wir, daß das bei der Transformation D_a eines beliebigen Vektors des Unterraumes R' erzeugte Bild ebenfalls zu R' gehört. Wir wissen aber bereits [**65**], daß eine unitäre Darstellung, die einen Unterraum invariant läßt, reduzibel ist. Damit ist der Satz bewiesen.

Die Sätze II und III zeigen: *Eine lineare Darstellung ist dann und nur dann unzerlegbar, wenn es außer den Vielfachen der Einheitsmatrix keine Matrix gibt, die mit allen Matrizen der Darstellung vertauschbar ist.*

Aus Satz I folgt übrigens unmittelbar, daß es nicht notwendig ist, in dem Satz aus [**65**] zu verlangen, daß die Darstellung unitär sei. Man kann ganz allgemein sagen: Lassen alle Matrizen einer linearen Darstellung (einer endlichen Gruppe) einen Unterraum invariant, so ist diese Darstellung zerlegbar und sogar vollreduzibel. Hiervon gilt auch die Umkehrung.

67. Abelsche Gruppen und Darstellungen ersten Grades. Eine Gruppe $\mathfrak{G}$ heißt *abelsch*, wenn alle ihre Elemente miteinander vertauschbar sind, d. h., wenn für beliebige Indizes $G_{a_2}G_{a_1} = G_{a_1}G_{a_2}$ ist [**56**]. Es seien nun A_{a_1} und A_{a_2} die Matrizen, die bei einer gegebenen linearen Darstellung den Elementen G_{a_1} und G_{a_2} entsprechen. Dann entspricht dem Produkt $G_{a_2}G_{a_1}$ die Matrix $A_{a_2}A_{a_1}$ und dem Produkt $G_{a_1}G_{a_2}$ die Matrix $A_{a_1}A_{a_2}$. Nun stimmen aber diese beiden Produkte überein, also muß gelten

$$A_{a_2}A_{a_1} = A_{a_1}A_{a_2}\,,$$

d. h., *die Matrizen, die eine lineare Darstellung einer abelschen Gruppe vermitteln, sind miteinander vertauschbar.*

Wir nehmen nun an, die Darstellung sei unitär (d. h., alle Matrizen der Darstellung seien unitär). Bekanntlich existiert dann eine unitäre Transformation U derart, daß alle Matrizen UA_aU^{-1} reine Diagonalform besitzen [42], d. h., es gibt eine äquivalente Darstellung, die aus reinen Diagonalmatrizen besteht:

$$UA_aU^{-1} = [k_1^{(a)}, k_2^{(a)}, \ldots, k_n^{(a)}] .$$

Wir sehen somit, daß in unserem Fall die lineare Darstellung in n Darstellungen ersten Grades zerfällt:

$$B_a^{(s)} = k_s^{(a)} \qquad (s = 1, 2, \ldots, n) .$$

Es gilt also: *Jede unitäre Darstellung einer abelschen Gruppe ist einer Darstellung äquivalent, die in lauter Darstellungen ersten Grades zerlegt ist. Der Übergang zu einer solchen äquivalenten Darstellung kann ebenfalls mittels einer unitären Matrix vollzogen werden.*

Wir geben jetzt eine Reihe von Beispielen von Darstellungen abelscher Gruppen und auch einige Beispiele linearer Darstellungen ersten Grades an, darunter auch solcher von nicht abelschen Gruppen.

Beispiel 1. Als erstes Beispiel betrachten wir eine zyklische (abelsche) Gruppe der Ordnung m, bestehend aus den Elementen

$$S_0 = I, S, S^2, \ldots, S^{m-1} \qquad (S^m = I) . \tag{90}$$

Entspricht dem Element S die lineare Transformation $x' = \omega x$ oder, was auf dasselbe herauskommt, die Zahl ω, so entsprechen den Elementen (90) die Zahlen

$$1, \omega, \omega^2, \ldots, \omega^{m-1} .$$

Wegen $S^m = I$ muß auch $\omega^m = 1$ sein, d. h. $\omega = e^{\frac{2k\pi i}{m}}$, wobei k irgendeine ganze Zahl sein kann, von der wir offensichtlich annehmen können, daß sie mit einer Zahl der Folge $0, 1, 2, \ldots, m-1$ übereinstimmt.

Der Fall $m = 2$ soll etwas ausführlicher betrachtet werden. Hier haben wir

$$I, \quad S \quad \text{und} \quad S^2 = I ,$$

d. h. $S = S^{-1}$. Ist $k = 0$, so entspricht den beiden Elementen I und S ein und dieselbe identische Transformation $x' = x$ oder die Zahl 1; ist dagegen $k = 1$, so entspricht dem Element I die Transformation $x' = x$ und dem Element S die Transformation $x' = -x$ oder, einfacher gesagt, dem Element I die Zahl 1 und dem Element S die Zahl -1. In physikalischen Anwendungen spielt die Gruppe, die aus der identischen Transformation des dreidimensionalen Raumes und der Spiegelung S am Ursprung,

$$x' = -x, \qquad y' = -y, \qquad z' = -z ,$$

besteht, eine gewisse Rolle. Offenbar ist hier $m = 2$. Die beiden oben angeführten Darstellungen kann man als die identische und als die alternierende Darstellung der Spiegelung am Ursprung bezeichnen.

Beispiel 2. Wir untersuchen die Gruppe der Drehungen um die Z-Achse. Die Matrizen dieser Gruppe haben die Gestalt

$$Z_\varphi = \begin{pmatrix} \cos\varphi & -\sin\varphi \\ \sin\varphi & \cos\varphi \end{pmatrix} \tag{91}$$

und genügen, wie wir oben gesehen haben, der Beziehung

$$Z_{\varphi_2} Z_{\varphi_1} = Z_{\varphi_1} Z_{\varphi_2} = Z_{\varphi_1 + \varphi_2} .$$

Die Funktion $e^{l\varphi}$ erfüllt ebenfalls diese Beziehung. Man muß aber beachten, daß die Drehung mit der identischen Transformation gleichbedeutend wird, wenn $\varphi = 2\pi$ ist. Also muß $e^{2\pi l} = 1$ sein, d. h., die Zahl l muß die Form ki haben mit irgendeinem ganzzahligen k. Ordnen wir der Matrix (91) die Zahl $e^{\varphi k i}$ zu, so erhalten wir in der Tat eine lineare Darstellung unserer Drehungsgruppe.

Läßt man die Zahl k alle möglichen Werte,

$$k = 0, \pm 1, \pm 2, \ldots,$$

durchlaufen, so erhält man eine unendliche Menge linearer Darstellungen der Drehungsgruppe.

Beispiel 3. Es sei jetzt die Gruppe der $n!$ Permutationen von n Elementen gegeben. Jeder Permutation kann man die Zahl $+1$ zuordnen und erhält so die sogenannte symmetrische Darstellung der Permutationsgruppe. Man kann aber auch jeder Permutation der ersten Klasse, die also aus einer geraden Anzahl von Transpositionen besteht, die Zahl $+1$ und jeder Permutation der zweiten Klasse die Zahl -1 zuordnen. Das ergibt die sogenannte antisymmetrische Darstellung der Permutationsgruppe. In dieser Darstellung entspricht jeder Permutation aus der alternierenden Untergruppe die Zahl $+1$ und den übrigen Permutationen die Zahl -1. Man kann zeigen, daß mit den aufgezählten beiden Fällen schon alle möglichen linearen Darstellungen ersten Grades der Permutationsgruppe ausgeschöpft sind; wir wollen uns aber damit nicht aufhalten. Dagegen besitzt diese Gruppe noch andere lineare Darstellungen höheren Grades.

Beispiel 4. Wir betrachten jetzt die Gruppe aller reellen orthogonalen Transformationen der Ebene, d. h. diejenige Gruppe, die aus den Drehungen um den Ursprung und der Spiegelung an der Y-Achse erzeugt wird. Wie wir oben gesehen haben [52], haben die Matrizen dieser Gruppe die Gestalt

$$\{\varphi, d\} = \begin{pmatrix} d \cos\varphi & -d \sin\varphi \\ \sin\varphi & \cos\varphi \end{pmatrix}, \tag{92}$$

wobei für eine reine Drehung $d = 1$ und für das Produkt einer Drehung mit einer Spiegelung $d = -1$ ist. Außer der trivialen linearen Darstellung ersten Grades, die jeder Matrix (92) die Zahl $+1$ zuordnet, können wir noch eine andere lineare Darstellung ersten Grades angeben. Bei ihr entspricht der Matrix (92) die Zahl $+1$, wenn $d = 1$ ist, und -1, wenn $d = -1$ ist. Das ist wirklich eine lineare Darstellung, denn das Produkt zweier Matrizen (92) entspricht einer reinen Drehung, wenn d in beiden Faktoren das gleiche Vorzeichen besitzt, und einer Drehung und einer Spiegelung, wenn die Vorzeichen von d verschieden sind.

68. Lineare Darstellungen der unitären Gruppe von zwei Veränderlichen. Wir betrachten jetzt die linearen Darstellungen der unitären Gruppe von zwei Veränderlichen. Bekanntlich haben die Elemente dieser Gruppe die Gestalt

$$\begin{aligned} x_1' &= a x_1 + b x_2 , \\ x_2' &= -\bar{b} x_1 + \bar{a} x_2 , \end{aligned} \tag{93}$$

wobei die komplexen Zahlen a und b der Bedingung

$$a\bar{a} + b\bar{b} = 1 \tag{94}$$

genügen müssen.

Man definiert $m + 1$ neue Größen

$$\xi_0 = x_1^m, \qquad \xi_1 = x_1^{m-1} x_2, \ldots, \xi_m = x_2^m . \tag{95}$$

Entsprechend sei $\xi'_k = x_1'^{m-k} x_2'^k$. Setzen wir in ξ'_k für x'_1 und x'_2 ihre Ausdrücke aus (93) ein, so drückt sich offensichtlich jedes ξ'_k linear durch die ξ_k aus. Dadurch entspricht jeder Transformation der Gruppe (93) eine lineare Transformation der Veränderlichen ξ_k in die Veränderlichen ξ'_k. Offenbar entspricht einem Produkt von Transformationen aus (93) das Produkt der zugeordneten Transformationen. So erhält man eine lineare Darstellung $(m + 1)$-ten Grades der Gruppe (93). Diese Darstellung ist aber nicht unitär. Um eine solche zu konstruieren, genügt es, jede der Veränderlichen (95) mit einem geeigneten konstanten Faktor zu multiplizieren. An Stelle von (95) definiere man

$$\eta_k = \frac{x_1^{m-k} x_2^k}{\sqrt{(m-k)!\, k!}} \qquad (k = 0, 1, \ldots, m) \tag{96$_1$}$$

und entsprechend

$$\eta'_k = \frac{x_1'^{m-k} x_2'^k}{\sqrt{(m-k)!\, k!}} \qquad (k = 0, 1, \ldots, m)\,, \tag{96$_2$}$$

dabei ist wie üblich $0! = 1$ gesetzt.

Wir verifizieren, daß bei dieser Definition der Veränderlichen die Darstellung unitär ist, d. h.

$$\sum_{k=0}^{m} \eta'_k \overline{\eta'_k} = \sum_{k=0}^{m} \eta_k \overline{\eta}_k . \tag{97}$$

Der binomische Satz ergibt nämlich

$$m! \sum_{k=1}^{m} \eta'_k \overline{\eta'_k} = m! \sum_{k=0}^{m} \frac{x_1'^{m-k} \overline{x_1'^{m-k}} x_2'^k \overline{x_2'^k}}{(m-k)!\, k!} = (x'_1 \overline{x'_1} + x'_2 \overline{x'_2})^m$$

und

$$m! \cdot \sum_{k=0}^{m} \eta_k \overline{\eta_k} = (x_1 \overline{x_1} + x_2 \overline{x_2})^m ,$$

und da nun die Transformation (93) unitär ist, gilt

$$x'_1 \overline{x'_1} + x'_2 \overline{x'_2} = x_1 \overline{x_1} + x_2 \overline{x_2} ,$$

somit auch (97).

Nun sollen die expliziten Formeln für die Koeffizienten der eben konstruierten unitären Darstellung der Gruppe (93) angegeben werden. Zu diesem Zweck ändern wir zunächst die bisherigen Bezeichnungen etwas ab und setzen

$$\eta_l = \frac{x_1^{j+l} x_2^{j-l}}{\sqrt{(j+l)!\,(j-l)!}} \qquad (l = -j, -j+1, \ldots, j-1, j)\,. \tag{98}$$

In den früheren Bezeichnungen gilt $m = 2j$. Die Zahl j ist also ganz, wenn m gerade, und gleich der Hälfte einer ungeraden Zahl, wenn m ungerade ist. Ist z. B. $m = 5$, so definieren die Formeln (98) die folgenden sechs Veränderlichen:

$$\eta_{-5/2} = \frac{x_2^5}{\sqrt{5!}}, \qquad \eta_{-3/2} = \frac{x_1 x_2^4}{\sqrt{1!4!}}, \qquad \eta_{-1/2} = \frac{x_1^2 x_2^3}{\sqrt{2!3!}},$$

$$\eta_{1/2} = \frac{x_1^3 x_2^2}{\sqrt{3!2!}}, \qquad \eta_{3/2} = \frac{x_1^4 x_2}{\sqrt{4!1!}}, \qquad \eta_{5/2} = \frac{x_1^5}{\sqrt{5!}}.$$

Die Veränderlichen sind jetzt nicht mehr mit Hilfe der ersten sechs ganzen Zahlen durchnumeriert, sondern mit Hilfe von Brüchen, die sich voneinander jeweils um 1 unterscheiden und von $-\frac{5}{2}$ bis $+\frac{5}{2}$ variieren. Ist jedoch $m = 4$, so entstehen gemäß (98) fünf Veränderliche

$$\eta_{-2} = \frac{x_2^4}{\sqrt{4!}}, \quad \eta_{-1} = \frac{x_1 x_2^3}{\sqrt{1!3!}}, \quad \eta_0 = \frac{x_1^2 x_2^2}{\sqrt{2!2!}}, \quad \eta_1 = \frac{x_1^3 x_2}{\sqrt{3!1!}}, \quad \eta_2 = \frac{x_1^4}{\sqrt{4!}}.$$

Hier wird die Numerierung mit Hilfe der von -2 bis $+2$ laufenden ganzen Zahlen vorgenommen.

Für jedes festgehaltene $m = 2j$ bekommen wir genau dieselbe Numerierung der Zeilen und Spalten in den Matrizen, die eine lineare Darstellung $(2j + 1)$-ten Grades der Gruppe (93) vermitteln.

Wir wollen jetzt die Elemente dieser Matrizen bestimmen. Es gilt

$$\eta_l' = \frac{x_1'^{j+l} x_2'^{j-l}}{\sqrt{(j+l)!\,(j-l)!}} = \frac{(a x_1 + b x_2)^{j+l}\,(-\bar{b} x_1 + \bar{a} x_2)^{j-l}}{\sqrt{(j+l)!\,(j-l)!}}.$$

Die rechte Seite muß als Linearkombination der η_l dargestellt werden. Der binomische Satz ergibt

$$\eta_l' = \sum_{k=0}^{j+l} \sum_{k'=0}^{j-l} (-1)^{j-l-k} \frac{\sqrt{(j+l)!\,(j-l)!}}{k!k'!(j+l-k)!\,(j-l-k')!}$$
$$\times\ \bar{a}^{k'} a^{j+l-k} \bar{b}^{j-l-k'} b^k x_1^{2j-k-k'} x_2^{k+k'}.$$

Wenn wir $p! = \infty$ setzen für den Fall, daß p eine negative ganze Zahl ist, so können wir in der letzten Formel die Summation über k und k' jeweils von $-\infty$ bis $+\infty$ erstrecken, da dann die überzähligen Summanden alle $+\infty$ oder $-\infty$ als Faktor im Nenner enthalten und daher verschwinden. Wir führen nun an Stelle von k' die neue Summationsvariable $s = j - k - k'$ ein. Auch in ihr kann die Summation von $-\infty$ bis $+\infty$ erstreckt werden, und zwar nimmt s ganze oder halbe ungerade Werte an, je nachdem, ob j ganz oder die Hälfte einer ungeraden Zahl ist. Damit kommen wir zu

$$\eta_l' = \sum_k \sum_s (-1)^{k+s-l} \frac{\sqrt{(j+l)!\,(j-l)!}}{k!(j-k-s)!\,(j+l-k)!\,(k+s-l)!}$$
$$\times\ \bar{a}^{j-k-s} a^{j+l-k} \bar{b}^{k+s-l} b^k x_1^{j+s} x_2^{j-s}.$$

Gemäß (98) gilt nun

$$x_1^{j+s} x_2^{j-s} = \sqrt{(j+s)!\,(j-s)!}\,\eta_s,$$

so daß wir schließlich die gesuchte lineare Abhängigkeit in folgender Form erhalten:

$$\eta_l' = \sum_k \sum_s (-1)^{k+s-l} \frac{\sqrt{(j+l)!\,(j-l)!\,(j+s)!\,(j-s)!}}{k!(j-k-s)!\,(j+l-k)!\,(k+s-l)!}$$
$$\times\ \bar{a}^{j-k-s} a^{j+l-k} \bar{b}^{k+s-l} b^k \eta_s.$$

Für fest vorgegebenes j sind also die Elemente der Matrix derjenigen linearen Transformation $(2j + 1)$-ten Grades, die der unitären Transformation (93) mit der Matrix $\begin{pmatrix} a & b \\ -\bar{b} & \bar{a} \end{pmatrix}$ entspricht, gleich

$$D_j \begin{Bmatrix} a & b \\ -\bar{b} & \bar{a} \end{Bmatrix}_{ls} = (-1)^{s-l} \sum_k (-1)^k \frac{\sqrt{(j+l)!\,(j-l)!\,(j+s)!\,(j-s)!}}{k!(j-k-s)!\,(j+l-k)!\,(k+s-l)!} \times \bar{a}^{j-k-s} a^{j+l-k} \bar{b}^{k+s-l} b^k . \qquad (99)$$

Die Indizes l und s durchlaufen hier die Werte

$$-j, -j+1, \ldots, j-1, j .$$

Es werde noch einmal daran erinnert, daß die Numerierung der Zeilen und Spalten der Matrizen ebenfalls mit halben ungeraden Zahlen erfolgt, wenn j die Hälfte einer ungeraden Zahl ist. Halten wir uns nun vor Augen, daß $p! = \infty$ ist, wenn p eine negative ganze Zahl ist, so kommen wir auf die folgenden echten Grenzen für die Summationsvariable k in (99):

$$k \geqq 0, \qquad k \geqq l - s, \qquad k \leqq j - s, \qquad k \leqq j + l . \qquad (100)$$

Wir machen noch auf eine gewisse Vereinfachung von (99) aufmerksam, die man erhält, wenn man zu einer äquivalenten Darstellung übergeht. Es sei A irgendeine Matrix mit den Elementen a_{pq} und $S = [\delta_1, \ldots, \delta_n]$ eine Diagonalmatrix. Durch einfaches Ausmultiplizieren zeigt man, daß die Matrix SAS^{-1} aus den folgenden Elementen besteht:

$$\{SAS^{-1}\}_{pq} = \delta_p a_{pq} \delta_q^{-1} .$$

Wenden wir dies auf die Matrizen

$$D_j \begin{Bmatrix} a & b \\ -\bar{b} & \bar{a} \end{Bmatrix}$$

an, wobei wir $\delta_k = (-1)^k$ setzen, so fällt in (99) der Faktor $(-1)^{s-l}$ fort. Im folgenden können wir also stets annehmen, daß dieser Faktor fehlt.

Wir beweisen jetzt die Behauptung: *Die lineare Darstellung der unitären Gruppe* (93), *die durch die Matrizen mit den Elementen* (99) *bestimmt wird, ist irreduzibel.* Dazu beweisen wir zunächst zwei Hilfssätze.

Lemma I. *Ist eine Diagonalmatrix mit paarweise verschiedenen Diagonalelementen mit einer Matrix A vertauschbar, so ist A ebenfalls eine Diagonalmatrix.*

Nach Voraussetzung sei also

$$A[\delta_1, \delta_2, \ldots, \delta_n] = [\delta_1, \delta_2, \ldots, \delta_n]\, A ,$$

wobei die Zahlen δ_k paarweise verschieden sind. Sind nun a_{pq} die Elemente von A, so gilt auf Grund der Multiplikationsregel

$$a_{pq}\delta_q = \delta_p a_{pq} \quad \text{oder} \quad a_{pq}(\delta_q - \delta_p) = 0 .$$

Für jedes p und q mit $p \neq q$ gilt also $a_{pq} = 0$, und A ist tatsächlich eine Diagonalmatrix.

Lemma II. *Ist eine Diagonalmatrix $[\delta_1, \delta_2, \ldots, \delta_n]$ mit einer Matrix A, in der mindestens in einer Spalte keine Null steht, vertauschbar, so gilt $\delta_1 = \delta_2 = \cdots = \delta_n$.*

Durch eine Permutation der Zeilen und Spalten von A, d. h. durch den Übergang zu einer ähnlichen Matrix, können wir zunächst erreichen, daß die erste Spalte der betrachteten Matrix keine Null enthält. Wenden wir auf $[\delta_1, \delta_2, \ldots, \delta_n]$ die entsprechende Transformation an, so bleibt die Form der Diagonalmatrix erhalten, und die neuen Matrizen sind gleichfalls vertauschbar. Wir können also annehmen, daß $a_{i1} \neq 0$ $(i = 1, 2, \ldots, n)$ ist, wobei mit a_{pq} wieder die Elemente von A bezeichnet werden. Nach Voraussetzung gilt wie oben $a_{i1}(\delta_1 - \delta_i) = 0$ $(i = 1, 2, \ldots, n)$, d. h. $\delta_1 = \delta_2 = \cdots = \delta_n$. Damit ist auch Lemma II bewiesen.

Jetzt beweisen wir die Irreduzibilität der aus den Matrizen (99) bestehenden linearen Darstellung. Es sei Y eine Matrix $(2j + 1)$-ten Grades, die mit allen Matrizen

$$D_j\begin{Bmatrix} a & b \\ -\bar{b} & \bar{a} \end{Bmatrix}$$

vertauschbar ist; dabei bedeuten a und b beliebige der Bedingung (94) genügende Zahlen. Zum Beweis der Irreduzibilität genügt es zu zeigen, daß Y ein Vielfaches der Einheitsmatrix sein muß. Es sei zunächst $b = 0$ und $a = e^{i\alpha}$. Offenbar genügen diese Zahlen der Bedingung (94). Aus (99) folgt

$$D_j\begin{Bmatrix} e^{i\alpha} & 0 \\ 0 & e^{-i\alpha} \end{Bmatrix} = 0 \quad \text{für} \quad l \neq s$$

und für die Diagonalelemente

$$D_j\begin{Bmatrix} e^{i\alpha} & 0 \\ 0 & e^{-i\alpha} \end{Bmatrix}_{ll} = e^{i2l\alpha} \qquad (l = -j, -j + 1, \ldots, j - 1, j)\,.$$

Unsere Matrix hat also die Gestalt

$$D_j\begin{Bmatrix} e^{i\alpha} & 0 \\ 0 & e^{-i\alpha} \end{Bmatrix} = \begin{Vmatrix} e^{-i2j\alpha} & 0 & 0 & \ldots & 0 \\ 0 & e^{-i2(j-1)\alpha} & 0 & \ldots & 0 \\ 0 & 0 & e^{-i2(j-1)\alpha} & \ldots & 0 \\ \cdots & \cdots & \cdots & \cdots & \cdots \\ 0 & 0 & 0 & \ldots & e^{i2j\alpha} \end{Vmatrix}, \tag{101}$$

d. h., für geeignete α ist sie eine Diagonalmatrix mit paarweise verschiedenen Elementen in der Hauptdiagonalen. Aus Lemma I folgt dann, daß eine Matrix Y, die mit allen Matrizen (101) vertauschbar ist, eine Diagonalmatrix sein muß, d. h.

$$Y = [\delta_1, \delta_2, \ldots, \delta_n]\,. \tag{102}$$

Nun seien die Elemente a und b beide von 0 verschieden. Wie sieht dann die erste Spalte der Matrix $D_j\begin{Bmatrix} a & b \\ -\bar{b} & \bar{a} \end{Bmatrix}$ aus? Ihre Elemente ergeben sich nach den Formeln (99), wenn wir darin $s = -j$ setzen. In diesem Fall liefern uns die Ungleichungen (100):

$$k \geqq 0, \quad k \geqq l + j, \quad k \leqq 2j, \quad k \leqq j + l \qquad (l = -j, -j + 1, \ldots, j - 1, j)\,.$$

Also besteht in diesem Fall die Summe in (99) aus einem einzigen Summanden, den man für $k = j + l$ erhält und der offensichtlich von 0 verschieden ist. In diesem Fall sind die Elemente der ersten Spalte von $D_j\begin{Bmatrix} a & b \\ -\bar{b} & \bar{a} \end{Bmatrix}$ von 0 verschieden.

Ist nun also eine Diagonalmatrix (102) mit einer solchen Matrix vertauschbar, so müssen nach Lemma II in ihr alle δ_k übereinstimmen, d. h., Y ist ein Vielfaches der Einheitsmatrix. Somit bilden die Matrizen $D_j\begin{Bmatrix} a & b \\ -\bar{b} & \bar{a}\end{Bmatrix}$ in der Tat eine irreduzible lineare Darstellung der unitären Gruppe (93).

Durchläuft j die Werte

$$0, \tfrac{1}{2}, 1, \tfrac{3}{2}, 2, \ldots,$$

so erhalten wir eine unendliche Menge solcher linearen Darstellungen. Für $j = 0$ ergibt sich die triviale identische Darstellung, in der jedem Element der Gruppe (93) die Zahl 1 entspricht. Wir untersuchen jetzt, welchen Transformationen aus der Gruppe (93) für $j > 0$ die identische Transformation in der Gruppe $D_j\begin{Bmatrix} a & b \\ -\bar{b} & \bar{a}\end{Bmatrix}$ entspricht, für die ja $\eta_l' = \eta_l$ oder, was dasselbe ist,

$$(ax_1 + bx_2)^{j+l}(-\bar{b}x_1 + \bar{a}x_2)^{j-l} = x_1^{j+l}x_2^{j-l} \quad (l = -j, -j+1, \ldots, j-1, j)$$

gilt. Setzen wir darin $l = j$, so erhalten wir

$$(ax_1 + bx_2)^{2j} = x_1^{2j}\,.$$

Daraus folgt $b = 0$, und die letzte Identität erhält die Gestalt

$$a^{j+l}\bar{a}^{j-l}x_1^{j+l}x_2^{j-l} = x_1^{j+l}x_2^{j-l} \qquad (l = -j, -j+1, \ldots, j-1, j)\,,$$

woraus sich $a^{j+l}\bar{a}^{j-l} = 1$ ergibt. Aus $b = 0$ folgt ferner gemäß (94) $|a| = 1$, also kann man die vorangehende Gleichung auch in der Form

$$a^{2j} = 1 \qquad (l = -j, -j+1, \ldots, j-1, j)$$

schreiben. Ist j die Hälfte einer ungeraden Zahl, so können wir $l = \frac{1}{2}$ setzen, was uns $a = 1$ liefert. Ist j eine ganze Zahl, so reduzieren sich die Gleichungen auf $a^{2l} = 1$, woraus $a^2 = 1$ und mithin $a = \pm 1$ folgt.

Somit entspricht, wenn j die Hälfte einer ungeraden Zahl ist, der identischen Transformation in der Gruppe der $D_j\begin{Bmatrix} a & b \\ -\bar{b} & \bar{a}\end{Bmatrix}$ nur die identische Transformation in der Gruppe (93), d. h., in diesem Fall vermitteln die $D_j\begin{Bmatrix} a & b \\ -\bar{b} & \bar{a}\end{Bmatrix}$ eine treue Darstellung der Gruppe (93). Ist dagegen j eine ganze Zahl, so entsprechen der identischen Transformation in der Gruppe der $D_j\begin{Bmatrix} a & b \\ -\bar{b} & \bar{a}\end{Bmatrix}$ in (93) zwei Transformationen mit den Matrizen

$$E = \begin{pmatrix} 1 & 0 \\ 0 & 1\end{pmatrix}, \qquad S = \begin{pmatrix} -1 & 0 \\ 0 & -1\end{pmatrix} = -E\,.$$

Diese Transformationen bilden eine zyklische Gruppe der Ordnung 2, und die $D_j\begin{Bmatrix} a & b \\ -\bar{b} & \bar{a}\end{Bmatrix}$ vermitteln eine treue Darstellung der Faktorgruppe von (93) nach dieser zyklischen Gruppe [**65**]. Also entsprechen bei ganzzahligen j jeder Transformation der Darstellung durch die $D_j\begin{Bmatrix} a & b \\ -\bar{b} & \bar{a}\end{Bmatrix}$ zwei Transformationen aus der Gruppe (93), bei denen sich die Zahlen a und b nur durch ihre Vorzeichen unterscheiden.

69. Lineare Darstellungen der Drehungsgruppe. Die letzten Resultate sind im Hinblick auf den Zusammenhang zwischen der unitären Gruppe (93) und der Drehungsgruppe des dreidimensionalen Raumes besonders wichtig. Das Ergebnis des vorigen Abschnitts führt uns daher unmittelbar auf die irreduziblen linearen Darstellungen der Drehungsgruppe.

Jeder unitären Transformation (93) entspricht eine bestimmte Drehung. Dabei führt eine gleichzeitige Änderung der Vorzeichen von a und b auf eine unitäre Transformation, der dieselbe Drehung zugeordnet ist. Die Parameter a und b hängen entsprechend den folgenden Formeln mit den Eulerschen Winkeln der zugeordneten Drehung zusammen [**63**]:

$$a = e^{-\frac{1}{2}i(\gamma+\alpha)} \cos\frac{1}{2}\beta, \qquad b = -i\,e^{\frac{1}{2}i(\gamma-\alpha)} \sin\frac{1}{2}\beta. \tag{103}$$

Wir betrachten zunächst den Fall der ganzzahligen j. Dann zeigen uns die Formeln (99), daß eine gleichzeitige Änderung der Vorzeichen von a und b die rechts stehenden Summanden nicht ändert, weil in diesem Fall die Summe der Exponenten von $a, \bar{a}, b$ und $\bar{b}$ gleich der geraden Zahl $2j$ ist. Somit entspricht in der linearen Darstellung denjenigen beiden unitären Transformationen, die zur gleichen Drehung gehören, dieselbe Matrix. Mit anderen Worten, für ganzzahliges j ist jeder Drehung um die Eulerschen Winkel $\{\alpha, \beta, \gamma\}$ in der linearen Darstellung D_j eine bestimmte Matrix zugeordnet. Wir wollen diese Matrix $D_j\begin{Bmatrix} a & b \\ -\bar{b} & \bar{a}\end{Bmatrix}$ im folgenden mit

$$D_j\{\alpha, \beta, \gamma\} \tag{104}$$

bezeichnen.

Ist j die Hälfte einer ungeraden Zahl, so ergibt eine gleichzeitige Änderung der Vorzeichen von a und b in allen Ausdrücken (99) einen Vorzeichenwechsel, d. h., in diesem Fall entsprechen unitären Transformationen, die auf ein und dieselbe Drehung führen, verschiedene Matrizen, nämlich solche, deren sämtliche Elemente sich durch ihre Vorzeichen voneinander unterscheiden. In diesem Fall entsprechen also jeder Drehung zwei Matrizen, die sich durch ihr Vorzeichen unterscheiden, d. h., wir müssen in (104) vor D_j zwei Vorzeichen setzen. Somit ergeben die Matrizen (104), wenn j ganz ist, eine lineare Darstellung der Drehungsgruppe. Ist dagegen j die Hälfte einer ungeraden Zahl, so bekommen wir, genaugenommen, überhaupt keine lineare Darstellung. Man spricht in diesem Fall von einer zweideutigen linearen Darstellung.

Um einen Ausdruck für die Elemente der Matrix (104) zu erhalten, genügt es, in den Ausdrücken (99) a und b gemäß (103) durch ihre Ausdrücke in den Eulerschen Winkeln zu ersetzen. Somit finden wir, wenn wir den Faktor $(-1)^{s-l}$ vorläufig fortfallen lassen,

$$D_j\{\alpha, \beta, \gamma\}_{ls} = i^{s-l} \sum_k \frac{(-1)^k \sqrt{(j+l)!\,(j-l)!\,(j+s)!\,(j-s)!}}{k!(j-k-s)!\,(j+l-k)!\,(k+s-l)!}$$

$$\times\, e^{-il\alpha - is\gamma} \cos^{2j+l-2k-s}\frac{\beta}{2} \sin^{2k+s-l}\frac{\beta}{2}. \tag{105}$$

Vollziehen wir nun mit Hilfe der Matrix

$$X = \begin{vmatrix} 0 & 0 & \dots & 0 & 1 \\ 0 & 0 & \dots & 1 & 0 \\ \cdot & \cdot & \cdot & \cdot & \cdot \\ 0 & 1 & \dots & 0 & 0 \\ 1 & 0 & \dots & 0 & 0 \end{vmatrix}$$

den Übergang zu einer äquivalenten Darstellung, so läuft dies darauf hinaus, daß Zeilen und Spalten in der entgegengesetzten Reihenfolge angeordnet werden, d. h., daß l und s durch $-l$ bzw. $-s$ ersetzt werden. Somit ergeben sich an Stelle von (105) die Formeln

$$D'_j\{\alpha, \beta, \gamma\}_{ls} = \mathrm{i}^{l-s} \sum_k \frac{(-1)^k \sqrt{(j+l)!\,(j-l)!\,(j+s)!\,(j-s)!}}{k!(j-k+s)!\,(j-l-k)!\,(k-s+l)!}$$
$$\times\, \mathrm{e}^{\mathrm{i}l\alpha+\mathrm{i}s\gamma} \cos^{2j-l-2k+s}\frac{\beta}{2}\sin^{2k-s+l}\frac{\beta}{2}, \qquad (106)$$

wobei man auf Grund derselben Überlegungen wie in [68] den Faktor i^{l-s} weglassen kann.

Wir betrachten jetzt die einfachsten Spezialfälle. Für $j = 0$ ergibt sich die lineare Darstellung ersten Grades

$$\eta' = \eta\,.$$

Dies ist die triviale identische Darstellung. Für $j = \frac{1}{2}$ ist $2j + 1 = 2$, und die Größen $\eta_{-1/2}$ und $\eta_{1/2}$ stimmen mit x_1 und x_2 überein. In diesem Fall ist, abgesehen von einer Permutation der Zeilen und Spalten, die unitäre Gruppe (93) ihre eigene lineare Darstellung.

Für die Drehungsgruppe bekommen wir eine zweideutige Darstellung zweiten Grades, die durch folgende Matrizen bestimmt ist:

$$D'_{1/2}\{\alpha, \beta, \gamma\} = \begin{pmatrix} \mathrm{e}^{-\frac{1}{2}\mathrm{i}(\gamma+\alpha)}\cos\frac{1}{2}\beta & \mathrm{i}\,\mathrm{e}^{\frac{1}{2}\mathrm{i}(\gamma-\alpha)}\sin\frac{1}{2}\beta \\ \mathrm{i}\,\mathrm{e}^{-\frac{1}{2}\mathrm{i}(\gamma-\alpha)}\sin\frac{1}{2}\beta & \mathrm{e}^{\frac{1}{2}\mathrm{i}(\gamma+\alpha)}\cos\frac{1}{2}\beta \end{pmatrix}.$$

Für $j = 1$ entsteht eine lineare Darstellung dritten Grades:

$$D'_1\{\alpha, \beta, \gamma\} = \begin{Vmatrix} \mathrm{e}^{-\mathrm{i}(\gamma+\alpha)}\dfrac{1+\cos\beta}{2} & -\mathrm{e}^{-\mathrm{i}\alpha}\dfrac{\sin\beta}{\sqrt{2}} & \mathrm{e}^{\mathrm{i}(\gamma-\alpha)}\dfrac{1-\cos\beta}{2} \\ \mathrm{e}^{-\mathrm{i}\gamma}\dfrac{\sin\beta}{\sqrt{2}} & \cos\beta & -\mathrm{e}^{\mathrm{i}\gamma}\dfrac{\sin\beta}{\sqrt{2}} \\ \mathrm{e}^{-\mathrm{i}(\gamma-\alpha)}\dfrac{1-\cos\beta}{2} & \mathrm{e}^{\mathrm{i}\alpha}\dfrac{\sin\beta}{\sqrt{2}} & \mathrm{e}^{\mathrm{i}(\gamma+\alpha)}\dfrac{1+\cos\beta}{2} \end{Vmatrix}.$$

Für ganzzahlige j ist die lineare Darstellung $D'_j\{\alpha, \beta, \gamma\}$ der Drehungsgruppe treu. Das folgt unmittelbar daraus, daß jedem $D_j\{\alpha, \beta, \gamma\}$ zwei Matrizen der Gruppe (93) entsprechen, die sich nur durch die Vorzeichen von a und b unterscheiden. Solchen Matrizen entspricht aber, wie wir oben gesehen haben, ein und dieselbe Drehung. Ist dagegen j die Hälfte einer ungeraden Zahl, so entsprechen jeder

Drehung zwei Matrizen aus der Darstellung $D_j\{\alpha, \beta, \gamma\}$, die sich nur durch ihr Vorzeichen unterscheiden. Insbesondere entsprechen der identischen Transformation der Drehungsgruppe in $D_j\{\alpha, \beta, \gamma\}$ die Matrizen $\pm E$, wobei E die Einheitsmatrix $(2j + 1)$-ten Grades ist. *Beschränkt man sich auf solche Transformationen aus $D_j\{\alpha, \beta, \gamma\}$, die genügend nahe bei der identischen Transformation liegen, so ist $D_j\{\alpha, \beta, \gamma\}$ eine eindeutige Darstellung der Drehungsgruppe.* Dies erreicht man, wenn man sich in den allgemeinen Formeln (106) auf Werte von α, β und γ in einer genügend kleinen Umgebung der Null beschränkt. Fügen wir aber 2π zu α oder γ hinzu, so ändern alle Elemente von $D_j\{\alpha, \beta, \gamma\}$ ihr Vorzeichen, weil s und l beide halbe ungerade Zahlen sind, und wir erhalten eine zweite Darstellung für die gleiche Drehung. Später wird gezeigt, daß *die angegebenen Darstellungen bis auf Isomorphie alle irreduziblen Darstellungen der Drehungsgruppe ausschöpfen.*

Da die Darstellungen $D_j\{\alpha, \beta, \gamma\}$ im wesentlichen alle Darstellungen der Drehungsgruppe ausschöpfen, muß die Matrix $D_1'\{\alpha, \beta, \gamma\}$ zur Matrix $D\{\alpha, \beta, \gamma\}$, die der Drehung des Raumes um die Eulerschen Winkel $\{\alpha, \beta, \gamma\}$ entspricht, konjugiert sein. In [**63**] sahen wir, daß $D = Z_\alpha X_\beta Z_\gamma$ ist. Führen wir die Multiplikation der rechts stehenden Matrizen durch, so erhalten wir

$$D = \begin{vmatrix} \cos\alpha\cos\gamma - \sin\alpha\cos\beta\sin\gamma & -\cos\alpha\sin\gamma - \sin\alpha\cos\beta\cos\gamma & \sin\alpha\sin\beta \\ \sin\alpha\cos\gamma + \cos\alpha\cos\beta\sin\gamma & -\sin\alpha\sin\gamma + \cos\alpha\cos\beta\cos\gamma & -\cos\alpha\sin\beta \\ \sin\beta\sin\gamma & \sin\beta\cos\gamma & \cos\beta \end{vmatrix},$$

und man verifiziert ohne Mühe die Formel

$$A D_1'\{\alpha, \beta, \gamma\} A^{-1} = D\{\alpha, \beta, \gamma\} \quad \text{mit} \quad A = \begin{pmatrix} 1 & 0 & 1 \\ i & 0 & -i \\ 0 & \sqrt{2}i & 0 \end{pmatrix}.$$

70. Der Satz von der Einfachheit der Drehungsgruppe. Wir beweisen jetzt, daß die Drehungsgruppe einfach ist, d. h., daß sie keine Normalteiler [58] besitzt. Wäre nämlich ein solcher Normalteiler vorhanden, so müßte ihm auf Grund des in [**63**] Gesagten ein Normalteiler in der Gruppe $\mathfrak{G}$ der Transformationen (57) mit der Determinante 1 entsprechen, der von dem Normalteiler $\mathfrak{H}$, der aus E und $-E$ besteht, verschieden ist. Es bleibt somit zu zeigen, daß die Gruppe $\mathfrak{G}$ keinen von $\mathfrak{H}$ verschiedenen Normalteiler besitzt, d. h., es ist zu zeigen, daß ein Normalteiler $\mathfrak{H}_1$ der Gruppe $\mathfrak{G}$, der eine von E und $-E$ verschiedene Matrix A enthält, mit $\mathfrak{G}$ übereinstimmt. Zunächst ist auf Grund der Definition des Normalteilers klar, daß $\mathfrak{H}_1$ mit irgendeiner Matrix B auch alle Matrizen $U^{-1}BU$ enthält, wobei U eine beliebige Matrix aus $\mathfrak{G}$ ist. Durch passende Wahl von U kann man so jede Matrix aus $\mathfrak{G}$ erhalten, die dieselben Eigenwerte wie B besitzt. Um zu zeigen, daß $\mathfrak{H}_1$ mit $\mathfrak{G}$ übereinstimmt, brauchen wir also nur zu beweisen, daß $\mathfrak{H}_1$ Matrizen mit beliebigen zulässigen Eigenwerten enthält. Da alle diese Matrizen unitär sind und ihre Determinante gleich 1 ist, müssen die Eigenwerte jeder Matrix die Gestalt $e^{i\omega}$ und $e^{-i\omega}$ haben, wobei ω eine reelle Zahl ist.

Somit können wir zunächst an Stelle der Matrix A eine Matrix $U^{-1}AU$ setzen und annehmen, daß A Diagonalform hat.

Es möge also $\mathfrak{H}_1$ eine Matrix $A = [e^{i\varphi}, e^{-i\varphi}]$ enthalten, wobei φ reell und $e^{i\varphi} \neq \pm 1$ ist. Dann ist $A^{-1} = [e^{-i\varphi}, e^{i\varphi}]$. Es sei nun

$$U = \begin{pmatrix} x & y \\ -\bar{y} & \bar{x} \end{pmatrix} \qquad (x\bar{x} + y\bar{y} = 1)$$

eine beliebige Matrix aus der Gruppe $\mathfrak{G}$, dann gilt

$$U^{-1} = \begin{pmatrix} \bar{x} & -\bar{y} \\ y & x \end{pmatrix}.$$

Da nun A in der Untergruppe $\mathfrak{H}_1$ enthalten und diese Normalteiler ist, muß sie auch die Matrix

$$Y = A(UA^{-1}U^{-1})$$

enthalten. Führen wir diese Multiplikation der Matrizen aus und beachten die Gleichung $x\bar{x} + y\bar{y} = 1$, so bekommen wir für die Spur s von Y den Ausdruck

$$s = 2 - 4y\bar{y}\sin^2\varphi = 2 - 4\varrho^2\sin^2\varphi\,,$$

wobei $\varrho = |y|$ beliebige Werte aus dem Intervall $0 \leqq \varrho \leqq 1$ annehmen kann und $\sin\varphi \neq 0$ ist. Die Eigenwerte $e^{i\alpha}$, $e^{-i\alpha}$ der Matrix Y sind die Wurzeln der Gleichung

$$\lambda^2 - s\lambda + 1 = 0\,, \quad \text{d. h.} \quad \lambda^2 + (4\varrho^2\sin^2\varphi - 2)\,\lambda + 1 = 0\,.$$

Läßt man jetzt ϱ von 0 bis 1 laufen, so variiert α von 0 bis 2φ. Wir führen nun die folgende Bezeichnung ein:

$$U_\beta = [e^{i\beta}, e^{-i\beta}]\,.$$

Aus dem oben Gesagten folgt, daß $\mathfrak{H}_1$ alle Matrizen U_α mit $0 \leqq \alpha \leqq 2\varphi$ enthält. Es ist nun nicht schwer zu zeigen, daß $\mathfrak{H}_1$ jede Matrix U_β mit $\beta > 0$ enthält. In der Tat, n sei eine positive ganze Zahl, die der Ungleichung $0 < \dfrac{\beta}{n} < 2\varphi$ genügt. Dann enthält $\mathfrak{H}_1$ die Matrix $U_{\beta/n}$ und daher auch

$$(U_{\beta/n})^n = U_\beta\,.$$

Somit enthält $\mathfrak{H}_1$ Matrizen mit beliebigen zulässigen Eigenwerten und stimmt daher auf Grund des oben Gesagten mit $\mathfrak{G}$ überein. Damit haben wir bewiesen, daß *die Drehungsgruppe einfach ist.*

Daraus folgt unmittelbar, daß die Drehungsgruppe keine homomorphen (nichttreuen) Darstellungen besitzt. Wäre nämlich eine solche Darstellung vorhanden, so würden der identischen Transformation in der Gruppe der Darstellungen in der Drehungsgruppe solche Transformationen entsprechen, die einen Normalteiler bilden. Wie wir aber oben gesehen haben, gibt es keinen solchen Normalteiler.

71. Die Laplacesche Gleichung und die linearen Darstellungen der Drehungsgruppe. Wir klären jetzt den Zusammenhang zwischen den linearen Darstellungen von Gruppen und den Differentialgleichungen, dem die Anwendungen der linearen Darstellungen auf Fragen der modernen Physik zugrunde liegen. Wir beginnen mit dem einfachsten Fall der Laplaceschen Gleichung [**II, 202**]. Das wird uns keine neuen Erkenntnisse liefern und soll nur zur Klärung der allgemeinen Frage dienen. Zuvor behandeln wir noch einige allgemeine Tatsachen, die in den Fragen der linearen Darstellungen von Gruppen eine große Rolle spielen und die uns in speziellen Fällen schon in den vorangegangenen Beispielen begegnet sind.

Die Gruppe $\mathfrak{G}$, deren lineare Darstellung betrachtet wird, sei eine Gruppe von linearen Transformationen n-ten Grades:

$$x_k' = g_{k1}^{(\alpha)}x_1 + g_{k2}^{(\alpha)}x_2 + \cdots + g_{kn}^{(\alpha)}x_n \qquad (k = 1, 2, \ldots, n)\,, \tag{107}$$

wobei der Index α, der die Elemente der Gruppe charakterisiert, eine endliche oder unendliche Indexmenge durchläuft. Wir nehmen weiterhin an, daß m Funktionen

$$\varphi_s(x_1, x_2, \dots, x_n) \qquad (s = 1, 2, \dots, m) \tag{108}$$

vorliegen, derart, daß diese Funktionen einer linearen Substitution

$$\varphi_s(x'_1, x'_2, \dots, x'_n) = a^{(\alpha)}_{s1}\varphi_1(x_1, x_2, \dots, x_n) + a^{(\alpha)}_{s2}\varphi_2(x_1, x_2, \dots, x_n) + \cdots + a^{(\alpha)}_{sm}\varphi_m(x_1, x_2, \dots, x_n) \qquad (s = 1, 2, \dots, m) \tag{109}$$

unterworfen sind, wenn die unabhängigen Veränderlichen gemäß (107) transformiert werden. Auf diese Weise kommen wir zu einer Matrix A_α mit Elementen $a^{(\alpha)}_{ik}$, die der Transformation (107) der Gruppe $\mathfrak{G}$ entspricht. Wir betrachten nun zwei Transformationen der Gruppe $\mathfrak{G}$,

$$(x'_1, x'_2, \dots, x'_n) = G_{\alpha_1}(x_1, x_2, \dots, x_n),$$
$$(x''_1, x''_2, \dots, x''_n) = G_{\alpha_2}(x'_1, x'_2, \dots, x'_n)$$

mit $G_{\alpha_3} = G_{\alpha_2}G_{\alpha_1}$. Die entsprechenden Transformationen der Funktionen (108) sind dann

$$\varphi_s(x'_1, x'_2, \dots, x'_n) = a^{(\alpha_1)}_{s1}\varphi_1(x_1, x_2, \dots, x_n) + \cdots + a^{(\alpha_1)}_{sm}\varphi_m(x_1, x_2, \dots, x_n) \tag{110$_1$}$$

und

$$\varphi_s(x''_1, x''_2, \dots, x''_n) = a^{(\alpha_2)}_{s1}\varphi_1(x'_1, x'_2, \dots, x'_n) + \cdots + a^{(\alpha_2)}_{sm}\varphi_m(x'_1, x'_2, \dots, x'_n)\,. \tag{110$_2$}$$

Ersetzen wir in (110$_2$) die $\varphi_s(x'_1, x'_2, \dots, x'_n)$ durch die Ausdrücke (110$_1$), so erhalten wir unmittelbar die Abhängigkeit der $\varphi_s(x''_1, x''_2, \dots, x''_n)$ von den $\varphi_s(x_1, x_2, \dots, x_n)$, die durch die Matrix A_{α_3} vermittelt wird, und zwar gilt

$$\{A_{\alpha_3}\}_{ik} = \sum_{s=1}^{m} a^{(\alpha_2)}_{is}a^{(\alpha_1)}_{sk}\,, \quad \text{d. h.} \quad A_{\alpha_3} = A_{\alpha_2}A_{\alpha_1}\,.$$

Die Formeln (109) bestimmen also eine lineare Darstellung m-ten Grades der Gruppe $\mathfrak{G}$. In den vorangegangenen Überlegungen nahmen wir stets an, daß die Funktionen φ_s linear unabhängig sind. Dann ist die lineare Transformation (109) eindeutig bestimmt, und $D(A_\alpha)$ ist ungleich 0, da sonst die $\varphi_s(x'_1, x'_2, \dots, x'_n)$ durch eine lineare Abhängigkeit miteinander zusammenhingen.

In dem Spezialfall von linearen Darstellungen der unitären Gruppe spielten die Funktionen (96$_1$) die Rolle der φ_s.

Es sei nun $\mathfrak{G}$ die Gruppe der Drehungen des dreidimensionalen Raumes, so daß also $n = 3$ zu setzen ist. Wir setzen weiterhin voraus, die Funktionen φ_s seien in einer Kugel K um den Ursprung orthogonal und normiert, d. h., es soll

$$\iiint_K \varphi_p(x_1, x_2, x_3)\,\overline{\varphi_q(x_1, x_2, x_3)}\,\mathrm{d}x_1\,\mathrm{d}x_2\,\mathrm{d}x_3 = \delta_{pq} \tag{111}$$

gelten. Wir zeigen, daß unter diesen Annahmen die lineare Darstellung (109) der Drehungsgruppe unitär ist. Durch eine Drehung G_α geht die Kugel K in sich über, und die Determinante von G_α ist bekanntlich gleich 1. Die Bedingung (111) ergibt

$$\iiint_K \varphi_p(x'_1, x'_2, x'_3)\,\overline{\varphi_q(x'_1, x'_2, x'_3)}\,\mathrm{d}x'_1\,\mathrm{d}x'_2\,\mathrm{d}x'_3 = \delta_{pq}$$

oder auf Grund von (109)

$$\iiint_K \left[\sum_{i=1}^{m} a^{(\alpha)}_{pi}\varphi_i(x_1, x_2, x_3)\cdot\sum_{j=1}^{m}\overline{a^{(\alpha)}_{qj}\varphi_j(x_1, x_2, x_3)}\right]\mathrm{d}x'_1\,\mathrm{d}x'_2\,\mathrm{d}x'_3 = \delta_{pq}\,.$$

Gemäß den Regeln für die Einführung neuer Veränderlicher in dreifachen Integralen müssen wir hier beim Übergang zu den Integrationsveränderlichen x_1, x_2, x_3 lediglich $dx_1' \, dx_2' \, dx_3'$ durch $dx_1 \, dx_2 \, dx_3$ ersetzen und dann über dieselbe Kugel K integrieren. Nach (111) erhalten wir dann

$$\sum_{i=1}^{m} a_{pi}^{(\alpha)} \overline{a_{qi}^{(\alpha)}} = \delta_{pq} \qquad (p, q = 1, 2, \ldots, m),$$

wobei wie stets gelten soll: $\delta_{pq} = 0$ für $p \neq q$ und $\delta_{pp} = 1$, d. h., in jeder der Matrizen A_α sind je zwei Zeilen orthogonal. Also sind in den transponierten Matrizen je zwei Spalten orthogonal und folglich [28] auch je zwei Zeilen. Somit sind auch in den ursprünglichen Matrizen sowohl die Zeilen als auch die Spalten zueinander orthogonal, d. h., alle Matrizen A_α sind unitär.

Wir betrachten jetzt die zweidimensionale Laplacesche Gleichung

$$\frac{\partial^2 U}{\partial x^2} + \frac{\partial^2 U}{\partial y^2} = 0, \tag{112}$$

die wir mit den Bezeichnungen der Vektoranalysis in der Gestalt

$$\operatorname{div} \operatorname{grad} U = 0 \tag{113}$$

schreiben können. Es sei

$$\varphi_l(x, y) = a_0 x^l + a_1 x^{l-1} y + \cdots + a_k x^{l-k} y^k + \cdots + a_l y^l \tag{114}$$

ein homogenes Polynom l-ten Grades in x und y. Wir zeigen, daß zwei linear unabhängige Polynome (114) existieren, die Lösungen der Gleichung (112) sind, und daß jede Lösung von (112), die überhaupt als homogenes Polynom l-ten Grades dargestellt werden kann, eine Linearkombination dieser beiden Polynome ist. Bei dieser Linearkombination sollen natürlich die Koeffizienten konstant sein. Die Koeffizienten des Polynoms (114) lassen sich offensichtlich folgendermaßen ausdrücken:

$$a_k = \frac{1}{(l-k)!\,k!} \frac{\partial^l \varphi_l(x, y)}{\partial x^{l-k} \, \partial y^k}.$$

Genügt nun dieses Polynom der Gleichung (112), so ist seine zweite Ableitung nach y gleich seiner negativen zweiten Ableitung nach x, weil ja (112) gleichbedeutend ist mit

$$\frac{\partial^2 U}{\partial y^2} = -\frac{\partial^2 U}{\partial x^2}.$$

Somit erhalten wir für die Koeffizienten a_k Ausdrücke der Gestalt

$$a_k = \pm \frac{1}{(l-k)!\,k!} \frac{\partial^l \varphi_l}{\partial x} \quad \text{oder} \quad a_k = \pm \frac{1}{(l-k)!\,k!} \frac{\partial^l \varphi_l}{\partial x^{l-1} \, \partial y},$$

d. h., alle Koeffizienten des Polynoms (114) lassen sich linear durch die Koeffizienten a_0 und a_1 ausdrücken. Diese Überlegungen zeigen uns, daß es höchstens zwei linear unabhängige homogene Polynome l-ten Grades gibt, die der Gleichung (112) genügen. Wir beweisen jetzt, daß wirklich zwei Polynome dieser Art existieren. Dazu betrachten wir das homogene Polynom

$$\omega_l(x, y) = (x + iy)^l.$$

Entwickeln wir den Klammerausdruck und trennen den Real- vom Imaginärteil, so erhalten wir

$$\omega_l(x, y) = \varphi_l(x, y) + i\psi_l(x, y) .$$

Dabei sind $\varphi_l(x, y)$ und $\psi_l(x, y)$ reelle homogene Polynome l-ten Grades, die voneinander linear unabhängig sind. Durch Differentiation von $\omega_l(x, y)$ ergibt sich

$$\frac{\partial^2 \omega_l(x, y)}{\partial x^2} = l(l-1)\,(x + iy)^{l-2} , \qquad \frac{\partial^2 \omega_l(x, y)}{\partial y^2} = -l(l-1)(x+iy)^{l-2},$$

d. h., $\omega_l(x, y)$ erfüllt die Gleichung (112). Dasselbe kann man dann aber auch für den Real- und den Imaginärteil dieses Ausdrucks sagen, d. h., die Polynome $\varphi_l(x, y)$ und $\psi_l(x, y)$ liefern zwei gesuchte Lösungen der Gleichung (112). Führen wir Polarkoordinaten $x = r \cos \varphi$, $y = r \sin \varphi$ ein, so wird

$$\omega_l(x, y) = r^l\, e^{il\varphi} .$$

Die Polynome φ_l und ψ_l nehmen dann die folgende höchst einfache Gestalt an:

$$\varphi_l(x, y) = r^l \cos l\varphi , \qquad \psi_l(x, y) = r^l \sin l\varphi .$$

Wir drehen nun die x, y-Ebene um den Ursprung um den Winkel ϑ:

$$\begin{aligned} x' &= x \cos \vartheta - y \sin \vartheta , \\ y' &= x \sin \vartheta + y \cos \vartheta . \end{aligned} \tag{115}$$

Man erkennt mühelos, daß dabei die Gleichung (112) invariant bleibt, d. h. genauer gesagt, daß in den neuen Veränderlichen die Gleichung (112) genau die gleiche Gestalt

$$\frac{\partial^2 U}{\partial x'^2} + \frac{\partial^2 U}{\partial y'^2} = 0 \tag{116}$$

besitzt.

Man kann das nun unmittelbar unter Benutzung der Formeln (115) und der Differentiationsregel für zusammengesetzte Funktionen verifizieren. Außerdem folgt die erwähnte Tatsache auch unmittelbar daraus, daß die linke Seite von (113) einen Wert besitzt, der nicht von der Wahl der Koordinatenachsen abhängt und folglich in jedem geradlinig rechtwinkligen Koordinatensystem ein und dieselbe Gestalt besitzt. Somit müssen auch die Polynome $\varphi_l(x', y')$ und $\psi_l(x', y')$ die Gleichung (116) und folglich auch die Gleichung (112) erfüllen und sich daher linear durch die $\varphi_l(x, y)$ und $\psi_l(x, y)$ ausdrücken lassen. Das führt auf eine lineare Darstellung der Drehungsgruppe der Ebene.

Übrigens kann man an Stelle der angegebenen beiden Polynome auch zwei andere nehmen, die Linearkombinationen aus ihnen sind:

$$\varphi_l'(x, y) = \varphi_l(x, y) - i\psi_l(x, y) , \qquad \psi_l'(x, y) = \varphi_l(x, y) + i\psi_l(x, y)$$

bzw.

$$\varphi_l'(x, y) = (x - iy)^l = r^l\, e^{-il\varphi} , \qquad \psi_l'(x, y) = (x + iy)^l = r^l\, e^{il\varphi} .$$

Diese Polynome liefern die Transformation

$$\varphi_l'(x', y') = r^l\, e^{-il(\varphi+\vartheta)} = e^{-il\vartheta}\, \varphi_l'(x, y) ,$$

$$\psi_l'(x', y') = r^l\, e^{il(\varphi+\vartheta)} = e^{il\vartheta}\, \psi_l'(x, y) ,$$

d. h., der Transformation (115) entspricht bei dieser linearen Darstellung die Matrix

$$\begin{pmatrix} e^{-il\vartheta} & 0 \\ 0 & e^{il\vartheta} \end{pmatrix},$$

wobei der Winkel ϑ beliebige Werte annimmt. Aus der Gestalt der Matrizen geht unmittelbar hervor, daß diese lineare Darstellung vollreduzibel ist. Sie zerfällt somit in zwei lineare Darstellungen ersten Grades, die durch die Funktionen $e^{-il\vartheta}$ und $e^{il\vartheta}$ bestimmt werden. Dabei kann die Zahl l beliebige ganzzahlige Werte annehmen. Auf diese Weise sind wir zu denselben linearen Darstellungen der Gruppe der Drehungen der Ebene gelangt, auf welche wir schon früher in [69] gestoßen waren.

Wir gehen jetzt zur dreidimensionalen Laplaceschen Gleichung über. Diese lautet

$$\frac{\partial^2 U}{\partial x^2} + \frac{\partial^2 U}{\partial y^2} + \frac{\partial^2 U}{\partial z^2} = 0 \tag{117}$$

bzw.

$$\operatorname{div} \operatorname{grad} U = 0 \, . \tag{118}$$

Auch hier betrachten wir homogene Polynome l-ten Grades in drei Veränderlichen

$$\varphi_l(x, y, z) = a_0 z^l + X_1(x, y)\, z^{l-1} + X_2(x, y)\, z^{l-2} + \cdots + X_{l-1}(x, y)\, z + X_l(x, y) \, , \tag{119}$$

wobei die $X_k(x, y)$ jeweils homogene Polynome k-ten Grades in den Argumenten x und y sind. Jedes derartige Polynom $X_k(x, y)$ enthält $k + 1$ willkürlich wählbare Koeffizienten, so daß also das allgemeine homogene Polynom l-ten Grades in drei Veränderlichen die folgende Anzahl von frei wählbaren Koeffizienten enthält:

$$1 + 2 + 3 + \cdots + (l + 1) = \frac{(l+1)(l+2)}{2} \, .$$

Setzt man (119) in die Gleichung (117) ein, so ergibt sich auf der linken Seite ein homogenes Polynom $(l - 2)$-ten Grades. Setzen wir dessen Koeffizienten gleich 0, so bekommen wir $\frac{(l-1)l}{2}$ homogene Gleichungen für die $\frac{(l+1)(l+2)}{2}$ unbekannten Koeffizienten des Polynoms $\varphi_l(x, y, z)$. Nun gilt

$$\frac{(l+1)(l+2)}{2} - \frac{(l-1)\,l}{2} = 2l + 1 \, .$$

Somit bleiben mindestens $2l + 1$ Koeffizienten des Polynoms $\varphi_l(x, y, z)$ unbestimmt, d. h., es existieren mindestens $2l + 1$ linear unabhängige homogene Polynome l-ten Grades, die der Gleichung (117) genügen. Nach derselben Methode wie im Fall zweier Veränderlicher kann man zeigen, daß auch nicht mehr als $2l + 1$ derartige Polynome existieren können, d. h., daß es genau $2l + 1$ linear unabhängige gibt. Wir wollen diese Polynome mit $\psi_s^{(l)}(x, y, z)$ $(s = 1, 2, \dots, 2l + 1)$ bezeichnen. Ist

$$(x', y', z') = U \cdot (x, y, z)$$

eine Drehung des dreidimensionalen Raumes, so bleibt dabei die Gleichung (117) ungeändert, und die Polynome $\psi_s^{(l)}(x, y, z)$ geben eine lineare Darstellung $(2l + 1)$-ten Grades der Drehungsgruppe des dreidimensionalen Raumes.

Später werden wir die Theorie dieser harmonischen Polynome ausführlich entwickeln und für sie explizite Ausdrücke ableiten. Wir werden zeigen, daß man sie stets so wählen kann, daß sie in jeder Kugel um den Ursprung orthogonal und normiert sind. Dann wird die durch sie vermittelte lineare Darstellung der Drehungsgruppe unitär. Man kann zeigen, daß dies gerade eine lineare Darstellung ist, die zu der in [69] hergeleiteten Darstellung durch die Matrizen $D_l\,\{\alpha, \beta, \gamma\}$ äquivalent ist. Wir werden später noch auf diese Frage zurückkommen.

72. Das direkte Produkt von Matrizen.[1]) Es seien zwei Matrizen

$$A = \begin{pmatrix} a_{11} & a_{12} & \dots & a_{1n} \\ a_{21} & a_{22} & \dots & a_{2n} \\ \dots & \dots & \dots & \dots \\ a_{n1} & a_{n2} & \dots & a_{nn} \end{pmatrix} \quad \text{und} \quad B = \begin{pmatrix} b_{11} & b_{12} & \dots & b_{1m} \\ b_{21} & b_{22} & \dots & b_{2m} \\ \dots & \dots & \dots & \dots \\ b_{m1} & b_{m2} & \dots & b_{mm} \end{pmatrix} \tag{120}$$

gegeben. Die erste sei n-ten und die zweite m-ten Grades. Wir bilden eine neue Matrix C mit den Elementen $c_{ij;\,kl}$, die man durch Multiplikation aller Elemente von A mit allen Elementen von B erhält:

$$\{C\}_{ij;\,kl} = c_{ij;\,kl} = a_{ik} b_{jl}\,. \tag{121}$$

Hier spielt das Paar ganzer Zahlen (i, j) die Rolle des ersten Index und das Paar (k, l) die des zweiten; dabei sind

$$i \quad \text{und} \quad k = 1, 2, \dots, n\,, \qquad j \quad \text{und} \quad l = 1, 2, \dots, m\,.$$

Dies ist eine spezielle Indizierung der Zeilen und Spalten: Die Zeilen und Spalten werden mittels Paaren aus ganzen Zahlen gekennzeichnet, wobei die erste Zahl von 1 bis n und die zweite von 1 bis m läuft. Wir können natürlich Zeilen und Spalten auch wie gewöhnlich mit ganzen Zahlen durchnumerieren, die von 1 bis nm laufen, wobei dann jedem Zahlenpaar (i, j) bzw. (k, l) in der neuen Numerierung umkehrbar eindeutig eine ganze Zahl entspricht. Diese Durchnumerierung mit ganzen Zahlen kann man nun auf verschiedene Weise bewerkstelligen. Da sich der Übergang von einer Numerierung zu einer anderen auf eine gleichzeitige Permutation der Zeilen und Spalten, d. h. auf den Übergang zu einer konjugierten Matrix, reduziert, ist es im folgenden für uns gleichgültig, wie die Numerierung vorgenommen wird. Die Matrix C heißt das *direkte Produkt der Matrizen A und B* und wird gewöhnlich mit

$$C = A \times B \tag{122}$$

bezeichnet. Diese neue Art von Produktbildung ist kommutativ.

---

[1]) Das in diesem Abschnitt eingeführte Produkt wird in der Literatur auch das *tensorielle Produkt* oder auch das *Kronecker-Produkt* von Matrizen genannt. (Anm. d. Red.)

Sind z. B. die beiden Matrizen (120) vom Grade 2, so ist ihr direktes Produkt vom Grade 4. Wir können es u. a. in folgender Form schreiben:

$$C = \begin{pmatrix} a_{11}b_{11} & a_{11}b_{12} & a_{12}b_{11} & a_{12}b_{12} \\ a_{11}b_{21} & a_{11}b_{22} & a_{12}b_{21} & a_{12}b_{22} \\ a_{21}b_{11} & a_{21}b_{12} & a_{22}b_{11} & a_{22}b_{12} \\ a_{21}b_{21} & a_{21}b_{22} & a_{22}b_{21} & a_{22}b_{22} \end{pmatrix} = \begin{pmatrix} c_{11;11} & c_{11;12} & c_{11;21} & c_{11;22} \\ c_{12;11} & c_{12;12} & c_{12:21} & c_{12;22} \\ c_{21;11} & c_{21;12} & c_{21;21} & c_{21;22} \\ c_{22;11} & c_{22;12} & c_{22;21} & c_{22;22} \end{pmatrix}$$

oder auch anders, wenn wir gleichzeitig Zeilen und Spalten derselben Permutation unterwerfen.

Sind A und B Diagonalmatrizen

$$A = [\gamma_1, \dots, \gamma_n]\,, \qquad B = [\delta_1, \dots, \delta_m]\,,$$

so gilt $a_{ik} = 0$ und $b_{jl} = 0$ für $i \neq k$ und $j \neq l$. Gemäß (121) ist also $c_{ij;kl}$ höchstens dann von 0 verschieden, wenn das Zahlenpaar (i, j) mit dem Zahlenpaar (k, l) übereinstimmt; mithin ist auch C eine Diagonalmatrix, und zwar befinden sich in der Hauptdiagonalen von C alle möglichen Produkte der γ_k mit den δ_l. Sind insbesondere alle γ_k und alle δ_l gleich 1, so ist auch C eine Einheitsmatrix. Wir sind zu dem folgenden Satz gekommen:

Satz I. *Das direkte Produkt zweier Diagonalmatrizen ist ebenfalls eine Diagonalmatrix, und das direkte Produkt zweier Einheitsmatrizen ist ebenfalls eine Einheitsmatrix.*

Wir beweisen nun den folgenden Satz:

Satz II. *Sind $A^{(1)}$ und $A^{(2)}$ zwei Matrizen des Grades n, $B^{(1)}$ und $B^{(2)}$ zwei Matrizen des Grades m, so gilt*

$$(A^{(2)} \times B^{(2)})\,(A^{(1)} \times B^{(1)}) = A^{(2)}A^{(1)} \times B^{(2)}B^{(1)}\,. \tag{123}$$

Es sei bemerkt, daß AB für zwei Matrizen A und B gleichen Grades stets das gewöhnliche Produkt dieser Matrizen bedeutet. Bezeichnen wir die Elemente der Matrizen mit den entsprechenden kleinen Buchstaben mit zwei unteren Indizes, so erhalten wir nach der Definition des direkten Produkts

$$\{A^{(t)} \times B^{(t)}\}_{ij;kl} = a^{(t)}_{ik} b^{(t)}_{jl} \qquad (t = 1, 2)\,.$$

Die Regel für die gewöhnliche Multiplikation von Matrizen ergibt für die Elemente der auf der linken Seite von (123) stehenden Matrix

$$d_{ij;kl} = \sum_{p=1}^{n} \sum_{q=1}^{m} a^{(2)}_{ip} b^{(2)}_{jq} a^{(1)}_{pk} b^{(1)}_{ql}\,. \tag{124}$$

Wir zeigen, daß auch die Elemente der Matrix auf der rechten Seite von (123) diese Gestalt haben. Nach der Definition des gewöhnlichen Produkts gilt

$$\{A^{(2)}A^{(1)}\}_{ik} = \sum_{p=1}^{n} a^{(2)}_{ip} a^{(1)}_{pk}\,, \qquad \{B^{(2)}B^{(1)}\}_{jl} = \sum_{q=1}^{m} b^{(2)}_{jq} b^{(1)}_{ql}\,,$$

und aus der Definition des direkten Produkts folgt

$$d_{ij;kl} = \sum_{p=1}^{n} a^{(2)}_{ip} a^{(1)}_{pk} \cdot \sum_{q=1}^{m} b^{(2)}_{jq} b^{(1)}_{ql}\,,$$

was mit (124) übereinstimmt.

Wir wenden uns nun dem Beweis eines letzten Satzes über das direkte Produkt zu.

Satz III. *Das direkte Produkt $C = A \times B$ zweier unitärer Matrizen A und B ist unitär.*

Nach Voraussetzung gilt

$$\sum_{s=1}^{n} a_{sp}\overline{a_{sq}} = \delta_{pq}\,, \qquad \sum_{s=1}^{m} b_{sp}\overline{b_{sq}} = \delta_{pq}\,. \tag{125}$$

Um zu zeigen, daß auch die Spalten von C orthonormiert sind, setzen wir

$$\sum_{i=1}^{n}\sum_{j=1}^{m} c_{ij;\,p_1q_1}\overline{c_{ij;\,p_2q_2}} = \delta_{p_1q_1;\,p_2q_2}\,.$$

Auf Grund von (121) gilt dann

$$\delta_{p_1q_1;\,p_2q_2} = \sum_{i=1}^{n}\sum_{j=1}^{m} a_{ip_1}\overline{a}_{ip_2} b_{jq_1}\overline{b_{jq_2}} = \sum_{i=1}^{n} a_{ip_1}\overline{a}_{ip_2} \sum_{j=1}^{m} b_{jq_1}\overline{b_{jq_2}}\,. \tag{126}$$

Sind nun die Zahlenpaare (p_1, q_1) und (p_2, q_2) voneinander verschieden, so ist wenigstens einer der rechts stehenden Faktoren gleich 0. Stimmen aber beide Paare überein, so sind wegen (125) beide Faktoren gleich 1. Somit ist $\delta_{p_1q_1;\,p_2q_2}$ gleich 1 oder gleich 0, je nachdem, ob beide Zahlenpaare übereinstimmen oder nicht. Damit ist unser Satz bewiesen.

Wir können natürlich das direkte Produkt zweier Matrizen noch einmal im Sinne des direkten Produkts mit einer dritten Matrix multiplizieren und kommen so zu dem direkten Produkt dreier Matrizen

$$A^{(1)} \times A^{(2)} \times A^{(3)}\,.$$

Mit derselben Bezeichnungsweise bekommen wir für die Elemente dieser neuen Matrix folgende Ausdrücke:

$$c_{ikl;\,i'k'l'} = a^{(1)}_{ii'}a^{(2)}_{kk'}a^{(3)}_{ll'}\,.$$

Analog kann man auch das direkte Produkt einer beliebigen endlichen Anzahl von Matrizen definieren. Das direkte Produkt dieser Matrizen wird dann eine Matrix, deren Grad gleich dem Produkt der Grade der Faktoren ist. Die Reihenfolge der Faktoren spielt keine Rolle.

73. Das Kronecker-Produkt zweier linearer Darstellungen einer Gruppe. Es sei eine Gruppe $\mathfrak{G}$ mit den Elementen G_α und zwei linearen Darstellungen

$$x_i' = a^{(\alpha)}_{i1}x_1 + a^{(\alpha)}_{i2}x_2 + \cdots + a^{(\alpha)}_{in}x_n \qquad (i = 1, 2, \ldots, n) \tag{127}$$

und

$$y_k' = b^{(\alpha)}_{k1}y_1 + b^{(\alpha)}_{k2}y_2 + \cdots + b^{(\alpha)}_{km}y_m \qquad (k = 1, 2, \ldots, m) \tag{128}$$

dieser Gruppe gegeben, wobei α eine endliche oder unendliche Indexmenge durchläuft. Wir bezeichnen die Matrizen der Transformationen (127) und (128) mit $A^{(\alpha)}$ bzw. $B^{(\alpha)}$ und bilden ihr direktes Produkt

$$C^{(\alpha)} = A^{(\alpha)} \times B^{(\alpha)}\,. \tag{129}$$

Auch die Matrizen $C^{(\alpha)}$ bilden eine lineare Darstellung der Gruppe $\mathfrak{G}$, die man als Kronecker-Produkt der Darstellung (127) und (128) bezeichnet. In der Tat, jedem Element G_α der Gruppe $\mathfrak{G}$ entspricht eine Matrix $C^{(\alpha)}$; dem Produkt

$G_{\alpha_3}G_{\alpha_1} = G_{\alpha_3}$ entspricht die Matrix $C^{(\alpha_2)}C^{(\alpha_1)}$, die auf Grund von (123) durch die Formel

$$C^{(\alpha_2)}C^{(\alpha_1)} = (A^{(\alpha_2)} \times B^{(\alpha_2)})\,(A^{(\alpha_1)} \times B^{(\alpha_1)}) = (A^{(\alpha_2)}A^{(\alpha_1)}) \times (B^{(\alpha_2)}B^{(\alpha_1)})$$

bestimmt ist. Nun vermitteln aber die Matrizen $A^{(\alpha)}$ und $B^{(\alpha)}$ eine lineare Darstellung der Gruppe $\mathfrak{G}$, so daß also

$$A^{(\alpha_3)}A^{(\alpha_1)} = A^{(\alpha_3)} \quad \text{und} \quad B^{(\alpha_2)}B^{(\alpha_1)} = B^{(\alpha_3)}$$

gilt. Daher folgt auch

$$C^{(\alpha_2)}C^{(\alpha_1)} = A^{(\alpha_3)} \times B^{(\alpha_3)}\,,$$

d. h. gemäß (129)

$$C^{(\alpha_2)}C^{(\alpha_1)} = C^{(\alpha_3)}\,.$$

Somit entspricht dem Produkt von Elementen G_α wieder das Produkt der zugeordneten Matrizen $C^{(\alpha)}$, und diese Matrizen ergeben eine neue lineare Darstellung der Gruppe $\mathfrak{G}$. Wir bemerken hier noch, daß dem Einselement aus $\mathfrak{G}$ das direkte Produkt der Einheitsmatrix $A^{(\alpha)}$ und $B^{(\alpha)}$, also die Einheitsmatrix $C^{(\alpha)}$ entspricht.

Bilden wir nun die nm Produkte $x_i y_k$ und wenden auf jeden Faktor die Transformation (127) und (128) an, so bekommen wir

$$x_i' y_k' = (a_{i1}^{(\alpha)} x_1 + \cdots + a_{in}^{(\alpha)} x_n) \cdot (b_{k1}^{(\alpha)} y_1 + \cdots + b_{km}^{(\alpha)} y_m)$$

oder, ausmultipliziert,

$$x_i' y_k' = \sum_{p=1}^{n} \sum_{q=1}^{m} c_{ik;\,pq}^{(\alpha)} x_p y_q\,,$$

wobei

$$c_{ik;\,pq}^{(\alpha)} = a_{ip}^{(\alpha)} b_{kq}^{(\alpha)}$$

ist. *Sind x_i und y_k die Objekte zweier durch die Matrizen $A^{(\alpha)}$ und $B^{(\alpha)}$ bestimmten linearen Darstellungen der Gruppe $\mathfrak{G}$, so sind die $x_i y_k$ Objekte der durch die Matrizen $C^{(\alpha)}$ bestimmten linearen Darstellung derselben Gruppe.* Bilden die Matrizen $A^{(\alpha)}$ und $B^{(\alpha)}$ irreduzible lineare Darstellungen, so brauchen deshalb die Matrizen $C^{(\alpha)}$ nicht unbedingt wieder zu einer irreduziblen linearen Darstellung zu gehören. Im folgenden werden wir ausführlich auf den Fall eingehen, in dem die Gruppe $\mathfrak{G}$ die Gruppe der Drehungen des dreidimensionalen Raumes ist und die Matrizen $A^{(\alpha)}$ und $B^{(\alpha)}$ verschiedene irreduzible lineare Darstellungen dieser Gruppe sind, die wir in [69] konstruiert haben. Wir werden zeigen, daß in diesem Fall das Produkt

$$D_{j_1}\{\alpha, \beta, \gamma\} \times D_{j_2}\{\alpha, \beta, \gamma\}$$

reduzibel ist, und bestimmen, aus welchen irreduziblen Darstellungen die Darstellung zusammengesetzt werden kann.

Als Beispiel betrachten wir die Schrödinger-Gleichung für zwei Elektronen, die sich im Feld eines positiven Kerns befinden. Diese Gleichung besitzt die Gestalt

$$\left[-\frac{h^2}{8\pi^2 m}\sum_{s=1}^{2}\left(\frac{\partial^2}{\partial x_s^2} + \frac{\partial^2}{\partial y_s^2} + \frac{\partial^2}{\partial z_s^2}\right) + V\right]\psi = E\psi\,, \tag{130}$$

wobei

$$V = \sum_{s=1}^{2} - \frac{e^2 e_0}{\sqrt{x_s^2 + y_s^2 + z_s^2}} + \frac{1}{2}\,\frac{e^2}{\sqrt{(x_1 - x_2)^2 + (y_1 - y_2)^2 + (z_1 - z_2)^2}} \tag{131}$$

zu setzen ist und die Konstanten die übliche Bedeutung haben. Der zweite Summand in dem Ausdruck für V entspringt aus der Wechselwirkung der beiden Elektronen. Vernachlässigen wir in erster Näherung diese Wechselwirkung, so bekommt die Gleichung die Form

$$(H_1 + H_2)\,\psi = E\psi \tag{132}$$

mit

$$H_s = -\frac{h^2}{8\pi^2 m}\left(\frac{\partial^2}{\partial x_s^2} + \frac{\partial^2}{\partial y_s^2} + \frac{\partial^2}{\partial z_s^2}\right) - \frac{e^2 e_0}{\sqrt{x_s^2 + y_s^2 + z_s^2}} \qquad (s = 1, 2)\,.$$

Wir nehmen jetzt an, daß die einzelnen Gleichungen

$$H_1\psi = E\psi\,, \qquad H_2\psi = E\psi \tag{133}$$

die Eigenwerte E_1 und E_2 mit den Eigenfunktionen $\psi_1(x_1, y_1, z_1)$ und $\psi_2(x_2, y_2, z_2)$ besitzen, d. h., es gelte

$$H_1\psi_1 = E_1\psi_1 \quad \text{und} \quad H_2\psi_2 = E_2\psi_2\,. \tag{134}$$

Setzen wir nun in (132) die Funktion $\psi = \psi_1(x_1, y_1, z_1)\,\psi_2(x_2, y_2, z_2)$ ein, so kommen wir auf Grund von (134) zu

$$(H_1 + H_2)\,\psi = \psi_2 H_1\psi_1 + \psi_1 H_2\psi_2 = (E_1 + E_2)\,\psi_1\psi_2 = (E_1 + E_2)\,\psi\,,$$

d. h., die Gleichung (132) besitzt $\psi_1\psi_2$ als Eigenfunktion; $\psi_1\psi_2$ entspricht dabei dem Eigenwert $E_1 + E_2$. Die linke Seite der Gleichung (133) enthält lediglich den Laplaceschen Operator und den Abstand eines Punktes vom Koordinatenursprung. Sie ändert sich also nicht, wenn wir eine Drehung des Raumes um den Ursprung ausführen. Es kann passieren, daß dem Eigenwert $E = E_1$ in der ersten der Gleichungen (133) mehrere Eigenfunktionen ψ_1 entsprechen. Alle diese Funktionen sind dann Lösungen der Gleichung und liefern eine lineare Darstellung der Drehungsgruppe, genau so wie uns in [69] die homogenen harmonischen Polynome auf eine Darstellung der Drehungsgruppe führten. Dies sei z. B. die Darstellung $D_{j1}\{\alpha, \beta, \gamma\}$. Entsprechend mögen die Lösungen der zweiten Gleichung aus (133) für den gegebenen Eigenwert $E = E_2$ die Darstellung $D_{j2}\{\alpha, \beta, \gamma\}$ der Drehungsgruppe ergeben. Gemäß dem oben Gesagten liefert dann das Produkt $\psi_1\psi_2$ eine lineare Darstellung der Drehungsgruppe, die nichts anderes ist als das direkte Produkt $D_{j1} \times D_{j2}$. Zur physikalischen Charakterisierung des entsprechenden Eigenwertes $E_1 + E_2$ der Gleichung (132) ist es nun wesentlich, aus dieser Darstellung diejenigen irreduziblen Darstellungen herauszulösen, in welche sie zerfällt. Das spielt eine wesentliche Rolle in der Störungsrechnung.

74. Das direkte Produkt von Gruppen und seine linearen Darstellungen. Der Begriff des direkten Produkts von Matrizen spielt auch bei einer anderen Problemstellung eine Rolle, der wir uns jetzt zuwenden wollen. Es seien zwei Gruppen $\mathfrak{G}$ und $\mathfrak{H}$ vorgegeben, deren Elemente wir mit G_α und H_β bezeichnen wollen. Die Indizes α und β durchlaufen unabhängig voneinander im allgemeinen verschiedene Indexmengen. Wir definieren nun eine neue Gruppe $\mathfrak{F}$, deren Elemente die Paare von Elementen aus $\mathfrak{G}$ und $\mathfrak{H}$ sind:

$$F_{\alpha\beta} = (G_\alpha, H_\beta)\,,$$

wobei das erste Element des Paares in $\mathfrak{G}$ und das zweite in $\mathfrak{H}$ liegt. Als Einselement bezeichnen wir das Paar $F_{\alpha\beta}$, für das $\mathfrak{G}_\alpha$ und H_β die Einselemente aus $\mathfrak{G}$ und $\mathfrak{H}$ sind. Analog definieren wir die inversen Elemente der Gruppe $\mathfrak{F}$. Das Multiplikationsgesetz für die Gruppe $\mathfrak{F}$ erklären wir naturgemäß durch die Formel

$$F_{\alpha_2\beta_2}F_{\alpha_1\beta_1} = (G_{\alpha_2}G_{\alpha_1}, H_{\beta_2}H_{\beta_1})\,.$$

Man verifiziert ohne Mühe, daß die Gesamtheit der Elemente $F_{\alpha\beta}$ wirklich eine Gruppe bildet. Wir nennen diese Gruppe $\mathfrak{F}$ das *direkte Produkt der Gruppen* $\mathfrak{G}$ *und* $\mathfrak{H}$. Ist nun eine lineare Darstellung von $\mathfrak{G}$ durch Matrizen $A^{(\alpha)}$ und ebenso eine lineare Darstellung von $\mathfrak{H}$ durch Matrizen $B^{(\beta)}$ gegeben, so können wir unter Benutzung der Formel (123) wie im vorhergehenden Abschnitt zeigen, daß *die direkten Produkte*

$$C^{(\alpha,\beta)} = A^{(\alpha)} \times B^{(\beta)}$$

eine lineare Darstellung der Gruppe $\mathfrak{F}$ *vermitteln.* Außerdem gilt: Sind die Darstellungen $A^{(\alpha)}$ und $B^{(\beta)}$ unitär, so ist es auch die Darstellung $C^{(\alpha,\beta)}$ der Gruppe $\mathfrak{F}$ [72].

Wir zeigen jetzt: *Sind die Darstellungen* $A^{(\alpha)}$ *und* $B^{(\beta)}$ *irreduzibel, so ist auch die Darstellung* $C^{(\alpha,\beta)}$ *der Gruppe* $\mathfrak{F}$ *irreduzibel.* Haben die Matrizen $A^{(\alpha)}$ den Grad n und die Matrizen $B^{(\beta)}$ den Grad m, so haben die Matrizen $C^{(\alpha,\beta)}$ den Grad nm.

Es sei nun X eine Matrix vom Grade nm, die mit allen Matrizen C vertauschbar ist. Bezeichnen wir die Elemente der Matrizen durch entsprechende kleine Buchstaben, so gilt für beliebige Indizes i, j, p und q und beliebiges α und β

$$\sum_{l=1}^{m} \sum_{k=1}^{n} x_{ij;kl} a_{kp}^{(\alpha)} b_{lq}^{(\beta)} = \sum_{l=1}^{m} \sum_{k=1}^{n} a_{ik}^{(\alpha)} b_{jl}^{(\beta)} x_{kl;pq} \tag{135}$$

mit

$$a_{kp}^{(\alpha)} b_{lq}^{(\beta)} = c_{kl;pq}^{(\alpha,\beta)} \quad \text{und} \quad a_{ik}^{(\alpha)} b_{jl}^{(\beta)} = c_{ij;kl}^{(\alpha,\beta)} .$$

Ist nun $G^{(\alpha)}$ das Einselement der Gruppe $\mathfrak{G}$, so ist $A^{(\alpha)}$ eine Einheitsmatrix, d. h., es ist $a_{kp}^{(\alpha)} = 0$ für $k \neq p$ und $a_{pp}^{(\alpha)} = 1$. Die Formel (135) liefert dann

$$\sum_{l=1}^{m} x_{ij;pl} b_{lq}^{(\beta)} = \sum_{l=1}^{m} b_{jl}^{(\beta)} x_{il;pq} . \tag{136}$$

Ebenso können wir, wenn wir nur annehmen, daß $B^{(\beta)}$ das Einselement der Gruppe $\mathfrak{B}$ ist, zu

$$\sum_{k=1}^{m} x_{ij;kq} a_{kp}^{(\alpha)} = \sum_{k=i}^{n} a_{ik}^{(\alpha)} x_{kj;pq} \tag{137}$$

kommen.

Nehmen wir nun die $(nm)^2$ Elemente $x_{ij;kl}$ und halten die Indizes i und k fest, so finden wir die m^2 Elemente $x_{ij;kl}$ ($j, l = 1, 2, \ldots, m$), welche eine m-reihige Matrix bilden, die wir mit $X_1^{(i,k)}$ bezeichnen wollen. Halten wir in $x_{ij;kl}$ die Indizes j und l fest, so kommen wir entsprechend zu einer n-reihigen Matrix $X_2^{(j,l)}$. Wegen (136) sind alle Matrizen $X_1^{(i,k)}$ mit allen Matrizen $B^{(\beta)}$ vertauschbar, die ihrerseits nach Voraussetzung eine irreduzible lineare Darstellung der Gruppe $\mathfrak{B}$ vermitteln. Folglich sind alle $X_1^{(i,k)}$ Vielfache der Einheitsmatrix, d. h., bei festem i und k haben für $j = l$ alle Elemente $x_{ij;kl}$ den gleichen Wert, und sie sind gleich 0, wenn $j \neq l$ ist:

$$x_{ij;kl} = x_{i1;k1} \delta_{jl} . \tag{138$_1$}$$

Aus analogen Überlegungen für die Matrizen $X_2^{(j,l)}$ folgt

$$x_{ij;kl} = x_{1j;1l} \delta_{ik} , \tag{138$_2$}$$

wobei, wie immer, $\delta_{pq} = 0$ für $p \neq q$ und $\delta_{pp} = 1$ gesetzt ist.

Vergleicht man (138_1) mit (138_2), so sieht man, daß $x_{ij;kl}$ nur dann von 0 verschieden sein kann, wenn $i = k$ und $j = l$ ist, und daß alle $x_{ij;ij}$ einander gleich sind; d. h., die Matrix X, die mit allen Matrizen $C^{(\alpha,\beta)}$ vertauschbar ist, muß notwendig ein Vielfaches der Einheitsmatrix sein. Daraus folgt aber unmittelbar, daß die durch die direkten Produkte $A^{(\alpha)} \times B^{(\beta)}$ vermittelte lineare Darstellung der Gruppe $\mathfrak{F}$ irreduzibel ist. Man kann übrigens zeigen, daß *man auf diese Weise auch jede irreduzible Darstellung von* $\mathfrak{F}$ *erhält.*

Es seien nun $\mathfrak{G}$ und $\mathfrak{H}$ insbesondere Gruppen linearer Transformationen mit ein und derselben Anzahl von Veränderlichen, für die außerdem zwei beliebige Matrizen G_α und H_β miteinander paarweise vertauschbar sind, für die also

$$G_\alpha H_\beta = H_\beta G_\alpha \tag{139}$$

gilt.[1])

Während wir in den vorangegangenen Überlegungen die Elemente der Gruppe $\mathfrak{F}$ als Elementepaar (G_α, H_β) definierten und dann ein bestimmtes Multiplikationsgesetz innerhalb von $\mathfrak{F}$ festsetzten, können wir jetzt als Elemente von $\mathfrak{F}$ einfach die Produkte (139) nehmen, die laut Voraussetzung nicht von der Reihenfolge abhängen. Die so gebildete Gruppe $\mathfrak{F}$ ist zur alten Gruppe $\mathfrak{F}$ isomorph. Sind G_{α_0} und H_{β_0} Einheitsmatrizen, so ist auch ihr Produkt $G_{\alpha_0} H_{\beta_0} = H_{\beta_0} G_{\alpha_0}$ die Einheitsmatrix. Offensichtlich ist die Matrix $G_\alpha^{-1} H_\beta^{-1} = H_\beta^{-1} G_\alpha^{-1}$ zu dem Produkt $G_\alpha H_\beta$ invers, und auf Grund von (139) gilt das Multiplikationsgesetz

$$G_{\alpha_2} H_{\beta_2} \cdot G_{\alpha_1} H_{\beta_1} = (G_{\alpha_2} G_{\alpha_1})\,(H_{\beta_2} H_{\beta_1})\;,$$

d. h., alle die Eigenschaften, auf die wir oben bei der Konstruktion von $\mathfrak{F}$ hinwiesen, sind in unserem Fall erfüllt, so daß man sich also die Gruppe $\mathfrak{F}$ durch die Produkte (139) repräsentiert denken kann.

Als Beispiel wollen wir den Fall betrachten, daß $\mathfrak{G}$ die Gruppe der Drehungen des dreidimensionalen Raumes und $\mathfrak{H}$ die Gruppe der Ordnung 2 ist, die aus der identischen Transformation I und der Spiegelung S am Ursprung [**67**] besteht. Die Bedingung (139) ist hier erfülllt. Ist nämlich G_α eine beliebige Drehung des Raumes, so gilt offensichtlich $G_\alpha S = S G_\alpha$. Die Gruppe $\mathfrak{F}$ ist hier die Gruppe aller reellen orthogonalen Transformationen des dreidimensionalen Raumes. Für die Gruppe $\mathfrak{H}$ hatten wir in [**67**] zwei lineare Darstellungen ersten Grades hergeleitet. Die eine ist die identische Darstellung, die nur aus der Zahl $+1$ besteht, die andere ist die antisymmetrische, durch die der Matrix I die Zahl 1 und der Matrix S die Zahl -1 zugeordnet wird. Wählen wir jetzt irgendeine lineare Darstellung der Drehungsgruppe $D_j\{\alpha, \beta, \gamma\}$, so können wir das direkte Produkt der Matrizen dieser Darstellung mit den beiden Darstellungen der Gruppe der Spiegelung am Ursprung bilden. In dem einen Fall erhalten wir eine lineare Darstellung der vollen Gruppe der orthogonalen Transformationen, durch die jeder Drehung um die Eulerschen Winkel $\{\alpha, \beta, \gamma\}$ ein und dieselbe Matrix $D_j\{\alpha, \beta, \gamma\}$ entspricht, ganz gleich, ob man die reine Drehung oder die mit einer Spiegelung am Ursprung gekoppelte Drehung nimmt. Wir wollen diese Darstellung der Gruppe der orthogonalen Transformationen mit $D_j^+\{\alpha, \beta, \gamma\}$ bezeichnen. In dem anderen Fall entspricht der reinen Drehung die Matrix $D_j\{\alpha, \beta, \gamma\}$ und der Drehung, die mit einer Spiegelung gekoppelt ist, die Matrix $-D_j\{\alpha, \beta, \gamma\}$. Diese Darstellung der Gruppe der orthogonalen Transformationen wollen wir mit $D_j^-\{\alpha, \beta, \gamma\}$ bezeichnen.

Wir geben noch ein Beispiel für ein direktes Produkt zweier Gruppen. Es seien zwei Punkte (x_1, y_1, z_1) und (x_2, y_2, z_2) gegeben. Wir nehmen an, die Gruppe $\mathfrak{G}$ sei die Drehungsgruppe des dreidimensionalen Raumes. Unsere Veränderlichen erfahren dabei die linearen Transformationen

$$\left.\begin{aligned} x_k' &= g_{11} x_k + g_{12} y_k + g_{13} z_k\;,\\ y_k' &= g_{21} x_k + g_{22} y_k + g_{23} z_k\;,\\ z_k' &= g_{31} x_k + g_{32} y_k + g_{33} z_k\;, \end{aligned}\right\} \quad (k = 1, 2) \tag{140}$$

[1]) Es muß außerdem die Voraussetzung gemacht werden, daß $\mathfrak{G}$ und $\mathfrak{H}$ nur das Einselement gemeinsam haben. (Anm. d. Red.)

wo das Schema der g_{ik} die Matrix einer Drehung ist. Wir nehmen ferner an, $\mathfrak{H}$ sei die Gruppe, die aus der identischen Transformation und aus derjenigen Transformation besteht, welcher eine Vertauschung der Indizes 1 und 2 der Punkte entspricht. Letztere hat die Gestalt

$$\begin{pmatrix} 1 & 2 \\ 2 & 1 \end{pmatrix} = S\,. \tag{141}$$

Offenbar gilt $S^2 = I$, und daher besteht die Gruppe $\mathfrak{H}$ aus den beiden Transformationen I und S. Ist G_α eine Drehung, so ist offenbar $G_\alpha S = S G_\alpha$, da es gleichgültig ist, ob man vor oder nach der Drehung umnumeriert. In unserem Fall erhalten wir dieselben linearen Transformationen für die Gruppe $\mathfrak{F}$ wie auch oben. Hätten wir statt zwei jetzt n Punkte gewählt, so wären die Elemente von $\mathfrak{H}$, die ja Permutationen der Indizes dieser Punkte sind, lineare Transformationen in n Veränderlichen, und $\mathfrak{H}$ wäre der Permutationsgruppe von n Symbolen isomorph. Auch in diesem Fall sind die Drehung und die Permutationen der Punkte miteinander vertauschbar. Bilden wir das direkte Produkt der Matrix einer linearen Darstellung der Drehungsgruppe und der Matrizen einer linearen Darstellung der Permutationsgruppe, so erhalten wir eine lineare Darstellung der Gruppe $\mathfrak{F}$.

75. Das Ausreduzieren des Kronecker-Produkts $D_j \times D_{j'}$ von linearen Darstellungen der Drehungsgruppe. Wir wenden uns jetzt der Lösung der Aufgabe zu, die wir in [**73**] erwähnten. Wir sahen dort: Betrachtet man die Schrödinger-Gleichung für zwei Elektronen unter Vernachlässigung der Wechselwirkung der Elektronen, so liefern die Eigenfunktionen der Schrödinger-Gleichung eine lineare Darstellung der Drehungsgruppe, die durch das Kronecker-Produkt zweier linearer Darstellungen der Drehungsgruppe gebildet werden kann. Dabei taucht das Problem auf, eine derartige lineare Darstellung in irreduzible Bestandteile zu zerlegen. Diese Aufgabe läßt sich folgendermaßen mathematisch präzisieren: Es sind zwei irreduzible Darstellungen $D_j\{\alpha, \beta, \gamma\}$ und $D_{j'}\{\alpha, \beta, \gamma\}$ der Drehungsgruppe gegeben. Dann ist das Kronecker-Produkt $D_j \times D_{j'}$ ebenfalls eine lineare Darstellung der Drehungsgruppe [**73**]. Es wird dann verlangt, diejenigen irreduziblen Bestandteile herauszulösen, aus denen diese Darstellung zusammengesetzt ist.

Die Objekte der linearen Darstellung D_j vom Grade $2j + 1$ seien die Größen

$$U_m = \frac{u_1^{j+m} u_2^{j-m}}{\sqrt{(j+m)!\,(j-m)!}} \qquad (m = -j, -j+1, \ldots, j-1, j) \tag{142}$$

und die der linearen Darstellung $D_{j'}$ die Größen

$$V_{m'} = \frac{v_1^{j'+m'} v_2^{j'-m'}}{\sqrt{(j'+m')!\,(j'-m')!}} \qquad (m' = -j', -j'+1, \ldots, j'-1, j')\,, \tag{143}$$

wobei u_1, u_2 und v_1, v_2 derselben unitären Transformation mit der Determinante $+1$ [**68**] unterliegen. Bilden wir jetzt die $(2j+1)\,(2j'+1)$ Ausdrücke

$$W_{mm'} = U_m V_{m'} = \frac{u_1^{j+m} u_2^{j-m} v_1^{j'+m'} v_2^{j'-m'}}{\sqrt{(j+m)!\,(j-m)!\,(j'+m')!\,(j'-m')!}} \tag{144}$$

$$(m = -j, -j+1, \ldots, j-1, j; \quad m' = -j', -j'+1, \ldots, j'-1, j')\,,$$

so sind das die Objekte der durch die Komposition $D_j \times D_{j'}$ bestimmten linearen Darstellung der Drehungsgruppe.

Im folgenden setzen wir voraus, daß j und j' ganze Zahlen oder Hälften von ganzen Zahlen sind, d. h., wir betrachten lineare Darstellungen der unitären Gruppe in zwei Veränderlichen mit der Determinante 1.

Es sei nun k eine ganze Zahl (oder die Hälfte einer ganzen Zahl), die der Ungleichung

$$|j - j'| \leqq k \leqq j + j' \tag{145}$$

genügt. Wir zeigen, daß wir aus den Größen (144) $2k + 1$ Linearkombinationen bilden können, die auf die Darstellung D_k der Drehungsgruppe führen.

Zum Beweis dieser Behauptung bilden wir den Ausdruck

$$L = (u_1 v_2 - u_2 v_1)^l \, (u_1 x_1 + u_2 x_2)^{2j-l} \, (v_1 x_1 + v_2 x_2)^{2j'-l} \tag{146}$$

mit irgendeiner fest gewählten ganzen Zahl l, die den Ungleichungen

$$l \geqq 0, \qquad l \leqq 2j\,, \qquad l \leqq 2j' \tag{147}$$

genügt. Unterliegen nun die Veränderlichen u_1, u_2 und v_1, v_2 ein und derselben linearen Transformation

$$u_1' = a_{11} u_1 + a_{12} u_2\,, \qquad v_1' = a_{11} v_1 + a_{12} v_2\,,$$
$$u_2' = a_{21} u_1 + a_{22} u_2\,, \qquad v_2' = a_{21} v_1 + a_{22} v_2$$

mit der Determinante $+1$, d. h. mit $a_{11}a_{22} - a_{12}a_{21} = 1$, so erkennt man leicht, daß der erste Faktor des Ausdrucks (146) unverändert bleibt. Es gilt nämlich

$$u_1' v_2' - u_2' v_1' = (a_{11}a_{22} - a_{12}a_{21})\,(u_1 v_2 - u_2 v_1)\,.$$

Der Ausdruck (146) ist also ein homogenes Polynom in x_1 und x_2 vom Grade $2(j + j' - l)$. Er besteht demnach aus Summanden der Form

$$a_s x_1^s x_2^{2(j+j'-l)-s} \qquad \bigl(s = 0, 1, \ldots, 2(j + j' - l)\bigr)\,.$$

Setzen wir nun

$$k = j + j' - l\,, \tag{148}$$

$$y_{m''} = \frac{x_1^{k+m''} x_2^{k-m''}}{\sqrt{(k + m'')!\,(k - m'')!}} \qquad (m'' = -k, -k+1, \ldots, k-1, k)\,, \tag{149}$$

so können wir den Ausdruck (146) folgendermaßen umformen:

$$L = \sum_{m''=-k}^{k} c_{m''} y_{m''}\,. \tag{150}$$

Dabei hängen die Koeffizienten $c_{m''}$ von den Variablen u_1, u_2, v_1, v_2 ab.

Aus (146) folgt unmittelbar, daß $c_{m''}$ ein homogenes Polynom in u_1, u_2 vom Grade $2j$ und ein homogenes Polynom in v_1, v_2 vom Grade $2j'$ ist, d. h., daß $c_{m''}$ aus Summanden der Form

$$a'_{pq} u_1^p u_2^{2j-p} v_1^q v_2^{2j'-q}$$

besteht. Mittels (142) und (143) können wir die $c_{m''}$ auch in der Form

$$c_{m''} = \sum_m \sum_{m'} d_{mm'}^{(m'')} U_m V_{m'} \qquad (m'' = -k, -k + 1, \ldots, k - 1, k) \tag{151}$$

darstellen; dabei hängen die Koeffizienten $d_{mm'}^{(m'')}$ jetzt nicht mehr von u_1, u_2, v_1, v_2 ab. Wir bemerken ferner, daß in (146) die Veränderlichen u_1 und v_1 nur als Koeffizienten von x_1 oder in dem ersten Faktor von (146) auftreten, und zwar ist die

Summe der Exponenten von u_1 und v_1 in jedem Summanden dieses Faktors gleich l. Beachten wir außerdem, daß in $y_{m''}$ der Faktor $x_1^{k+m''}$ enthalten ist, so können wir sagen, daß in jedem Summanden von (151) die Summe der Exponenten von u_1 und v_1 gleich $k + m'' + l$ ist. Auf Grund von (148) ist diese Summe aber auch gleich $j + j' + m''$. Nun enthält U_m den Faktor u_1^{j+m} und $V_{m'}$ den Faktor $v_1^{j'+m'}$, mithin kann jeder der Ausdrücke (151) nur diejenigen Produkte $U_m V_{m'}$ enthalten, für die $m + m' = m''$ ist. Damit können wir zeigen, daß die Linearkombinationen (151) der Größen $U_m V_{m'}$ auf eine lineare Darstellung der Drehungsgruppe führen, die zu D_k äquivalent ist.

Zuvor erinnern wir an die Definition der kontragredienten Transformation. Sind

$$(x_1', x_2', \dots, x_n') = A(x_1, x_2, \dots, x_n) \quad \text{und} \quad (y_1', y_2', \dots, y_n') = B(y_1, y_2, \dots, y_n)$$

zwei lineare Transformationen, so heißt B *kontragredient* zu A, wenn $B = (A^*)^{-1}$ ist, und dies war gleichbedeutend mit

$$x_1'y_1' + x_2'y_2' + \cdots + x_n'y_n' = x_1y_1 + x_2y_2 + \cdots + x_ny_n$$

(siehe [**21**] und [**40**]).

Wir denken uns nun die Veränderlichen u_1, u_2 und v_1, v_2 zugleich ein und derselben Transformation A mit der Determinante $+1$ unterworfen. Außerdem mögen die Veränderlichen x_1 und x_2 der zu A kontragredienten Transformation $(A^*)^{-1}$ unterliegen. Gemäß der Definition der kontragredienten Transformation bleiben dabei die Summen

$$u_1x_1 + u_2x_2 \quad \text{und} \quad v_1x_1 + v_2x_2$$

ungeändert. Nach dem oben Gesagten bleibt außerdem auch der erste Faktor von (146) bei den angegebenen Transformationen unserer Variablen invariant. Somit bleibt auch die ganze Summe L ungeändert. Auf Grund von (150) können wir also sagen: Übt man auf die Veränderlichen $y_{m''}$ die durch A induzierte Transformation C aus, so unterliegen die Veränderlichen $c_{m''}$ einer Transformation B, die zu C kontragredient ist. Wir führen jetzt die neuen Veränderlichen

$$z_{m''} = \frac{u_1^{k+m''}u_2^{k-m''}}{\sqrt{(k+m'')!\,(k-m'')!}} \qquad (m'' = -k, -k+1, \dots, k-1, k)$$

ein. Nach dem binomischen Satz ergibt sich

$$(u_1x_1 + u_2x_2)^{2k} = (2k)! \sum_{m''=-k}^{k} z_{m''}y_{m''}\,.$$

Die linke Seite dieser Beziehung bleibt bei unseren Transformationen invariant. Also muß dies auch für die rechte Seite gelten, d. h., die Veränderlichen $z_{m''}$ unterliegen genau derselben zur Transformation C kontragredienten Transformation B wie die Veränderlichen $c_{m''}$. Wir wissen aber, daß die Veränderlichen $z_{m''}$ eine lineare Darstellung D_k der Drehungsgruppe A vermitteln, wenn u_1, u_2 Objekte der unitären Gruppe mit der Determinante $+1$ sind. Damit ist unsere Behauptung bewiesen.

Wir können also aus den Veränderlichen (144), die wir als Komponenten eines Vektors im $(2j+1)\,(2j'+1)$-dimensionalen Raum deuten, $2k+1$ Linearkombinationen bilden, welche die lineare Darstellung D_k der Drehungsgruppe vermitteln. Halten wir uns nun die Formel (148) und Ungleichung (147) vor Augen, so sehen wir, daß die Zahl k folgende Werte annehmen kann:

$$k = j + j', \quad j + j' - 1, \ldots, |j - j'| . \tag{152}$$

Wir rechnen jetzt aus, wie viele Linearkombinationen sich aus den Größen (144) bilden lassen, und setzen voraus, daß etwa $j \geqq j'$ ist. Die gesuchte Anzahl der Linearkombinationen ist offenbar

$$(2j + 2j' + 1) + (2j + 2j' - 1) + \cdots + (2j - 2j' + 1) .$$

Dies ist die Summe einer arithmetischen Reihe. Die Anzahl ihrer Glieder beträgt

$$\frac{(2j + 2j' + 1) - (2j - 2j' + 1)}{2} + 1 = 2j' + 1 .$$

Die gesuchte Anzahl der Linearkombinationen ist also gleich $(2j + 1)(2j' + 1)$, d. h. gleich der Anzahl der Größen (144). Genau dasselbe Resultat hätten wir auch im Fall $j < j'$ erhalten. Zur Abkürzung setzen wir

$$(2j + 1)(2j' + 1) = r$$

und bezeichnen die oben aufgestellten Linearkombinationen der Größen (144) mit

$$w_1, w_2, \ldots, w_r , \tag{153}$$

wobei wir annehmen, daß die Linearkombinationen entsprechend der Anordnung der linearen Darstellungen D_k angeordnet sind, wenn k die Werte (152) durchläuft. Wenn wir auf die Veränderlichen u_1, u_2 und v_1, v_2 eine unitäre Transformation mit der Determinante $+1$ anwenden, so erhalten wir neue Werte $U'_m V'_m$ für die Veränderlichen (144) und neue Werte w'_s für die w_s $(s = 1, 2, \ldots, r)$ aus (153). Dabei drücken sich die w'_s mittels der quasidiagonalen Matrix

$$[D_{j+j'}, D_{j+j'-1}, \ldots, D_{|j-j'|}] \tag{154}$$

durch die w_s aus, und jedes D_k entspricht der auf (u_1, u_2) und (v_1, v_2) angewandten unitären Transformation. Wir zeigen später, daß die Linearkombinationen (153) der Größen (144) linear unabhängig sind. Es sei nun T die Matrix derjenigen linearen Transformation, durch welche die w_s aus den Veränderlichen (144) hervorgehen. Das direkte Produkt $D_j \times D_{j'}$ ist die Matrix der linearen Transformation der Veränderlichen (144), und auf Grund des Vorhergehenden gilt

$$[D_{j+j'}, D_{j+j'-1}, \ldots, D_{|j-j'|}] = T(D_j \times D_{j'})\, T^{-1} . \tag{155}$$

Damit ist die Zerlegung des direkten Produkts in irreduzible Bestandteile vollzogen. Für die eben angeführte Formel schreibt man gewöhnlich

$$D_j \times D_{j'} = D_{j+j'} + D_{j+j'-1} + \cdots + D_{|j-j'|} . \tag{156}$$

Wir erinnern noch daran, daß jedes D_k von einer unitären Transformation abhängt und genauer in der Form $D_k \begin{Bmatrix} a & b \\ -\bar{b} & \bar{a} \end{Bmatrix}$ geschrieben wird.

Das eben hergeleitete Resultat kann auf den Fall mehrerer Faktoren verallgemeinert werden. In diesem Sinne gilt z. B.

$$\begin{aligned} D_1 \times D_1 \times D_1 &= (D_2 + D_1 + D_0) \times D_1 \\ &= D_3 + D_2 + D_1 + D_2 + D_1 + D_0 + D_1 \\ &= D_3 + 2D_2 + 3D_1 + D_0 . \end{aligned}$$

D_1 ist eine Matrix vom Grade 3 [68]. Das direkte Produkt $D_1 \times D_1$ ist also vom Grade 9 und schließlich das direkte Produkt $D_1 \times D_1 \times D_1$ vom Grade 27. Die vorangehende Formel zeigt, daß diese Matrix bei jeder Wahl der unitären Transformation der folgenden quasidiagonalen Matrix äquivalent ist:

$$[D_3, D_2, D_2, D_1, D_1, D_1, D_0] .$$

Für den Grad dieser Matrix gilt [68]

$$(2 \cdot 3 + 1) + 2(2 \cdot 2 + 1) + 3(2 \cdot 1 + 1) + (2 \cdot 0 + 1) = 27 .$$

Es bleibt also lediglich noch die lineare Unabhängigkeit der w_s als Linearkombination der Größen (144) zu beweisen. In der alten Bezeichnungsweise sind die Größen w_s die Größen $c_{m''}$; wir müssen nur dabei bedenken, daß bei der Konstruktion der $c_{m''}$ verschiedene Werte von k oder, was dasselbe ist, verschiedene Werte von l genommen werden können, so daß es korrekter ist, $c_{m''}^{(l)}$ zu schreiben. Wie wir oben gesehen haben, gehen in den Ausdruck für $c_{m''}^{(l)}$ nur diejenigen Größen $U_m V_{m'}$ ein, für die $m + m' = m''$ ist. Daraus geht unmittelbar hervor, daß bei verschiedenen l höchstens solche Größen $c_{m''}^{(l)}$ linear abhängig sein können, deren m'' übereinstimmt. Lösen wir in dem Ausdruck (146) die Klammern in den letzten beiden Faktoren auf und sammeln die Glieder mit $x_1^{k+m''} x_2^{k-m''}$, wobei k gemäß (148) bestimmt ist, so bekommen wir $c_{m''}^{(l)}$ bis auf einen konstanten Faktor als Funktion in den u_k und v_k. Dieser Ausdruck ist stets gleich dem Produkt von $(u_1 v_2 - u_2 v_1)^l$ mit einem Polynom in u_1, u_2, v_1 und v_2, dessen Koeffizienten positive ganze Zahlen sind. Man erkennt leicht, daß derartige Ausdrücke für verschiedene l nie linear abhängig sein können. Nehmen wir etwa an, wir hätten eine lineare Abhängigkeit der Gestalt

$$\alpha_1 c_{m''}^{(l_1)} + \alpha_2 c_{m''}^{(l_2)} + \alpha_3 c_{m''}^{(l_3)} = 0$$

mit $l_1 < l_2 < l_3$ und irgendwelchen von 0 verschiedenen Konstanten α_k, so müßte diese Beziehung identisch für alle u_1, u_2, v_1 und v_2 erfüllt sein. Setzt man z. B. $u_2 = v_1 = v_2 = 1$, so erhält man auf Grund des oben über den Ausdruck für $c_{m''}^{(l)}$ Gesagten eine Beziehung der Gestalt

$$\alpha_1 (u_1 - 1)^{l_1} p_1(u_1) + \alpha_2 (u_1 - 1)^{l_2} p_2(u_1) + \alpha_3 (u_1 - 1)^{l_3} p_3(u_1) = 0 ,$$

worin die $p_k(u_1)$ Polynome in u_1 mit positiven ganzzahligen Koeffizienten sind. Dividiert man diese Gleichung durch $(u_1 - 1)^{l_1}$ und setzt dann $u_1 = 1$, so erhält man $\alpha_1 = 0$. Das widerspricht unserer Annahme und beweist somit die Unmöglichkeit einer linearen Abhängigkeit.

Wir können schließlich die Größe w_s effektiv mit Hilfe der Veränderlichen (144) ausdrücken, wenn wir in (146) die Klammern auflösen.

76. Die Orthogonalitätseigenschaft nicht äquivalenter unitärer irreduzibler Darstellungen. Die Matrizen aus nicht äquivalenten unitären irreduziblen Darstellungen haben eine gewisse Eigenschaft, die gewöhnlich *Orthogonalitätseigenschaft* genannt wird. In den Anwendungen der Gruppentheorie auf die Physik wird sie des öfteren benutzt. Wir wollen zunächst einmal diese Eigenschaft formulieren:

Es sei eine endliche Gruppe $\mathfrak{G}$ der Ordnung m mit den Elementen $G_1, G_2, \ldots, G_m$ gegeben, und es seien ferner $A^{(1)}, A^{(2)}, \ldots, A^{(m)}$ und $B^{(1)}, B^{(2)}, \ldots, B^{(m)}$ zwei Systeme von Matrizen, welche jeweils eine lineare Darstellung von $\mathfrak{G}$ bilden. Wir bezeichnen die Elemente dieser Matrizen mit den entsprechenden mit zwei unteren Indizes versehenen kleinen Buchstaben, und nehmen weiterhin an, daß die beiden linearen Darstellungen irreduzibel und nicht äquivalent seien und aus unitären Matrizen bestehen. Damit gilt die Gleichung

$$\sum_{s=1}^{m} a_{ij}^{(s)} \overline{b_{kl}^{(s)}} = 0 \tag{157}$$

für beliebig gewählte untere Indizes. Analoge Gleichungen gelten ferner auch für die Elemente der Matrizen einer unitären irreduziblen Darstellung. Ist nämlich der Grad der Matrizen $A^{(s)}$, welche eine unitäre irreduzible Darstellung vermitteln, gleich p, so ist

$$\sum_{s=1}^{m} a_{ij}^{(s)} \overline{a_{kl}^{(s)}} = \frac{m}{p} \delta_{ik}\delta_{jl}, \tag{158}$$

d. h., die links stehende Summe verschwindet, wenn die Zahlenpaare (i, j) und (k, l) verschieden sind, und ist gleich m/p, wenn diese Paare übereinstimmen.

Der Beweis dieser Orthogonalitätseigenschaft beruht auf dem Satz III aus [**66**]. Zuvor erinnern wir noch an den Begriff der Multiplikation zweier nichtquadratischer rechteckiger Matrizen C und D mit den Elementen

$$\{D\}_{ik} \begin{pmatrix} i = 1, 2, \dots, n_1 \\ k = 1, 2, \dots, n_2 \end{pmatrix} \quad \text{und} \quad \{C\}_{jl} \begin{pmatrix} j = 1, 2, \dots, n_2 \\ l = 1, 2, \dots, n_3 \end{pmatrix},$$

wobei die Anzahl n_2 der Spalten von D mit der Anzahl der Zeilen von C übereinstimme. Dann definieren wir die Elemente des Produkts DC wie gewöhnlich durch

$$\{DC\}_{ik} = \sum_{s=1}^{n_2} \{D\}_{is} \{C\}_{sk} .$$

Die neue Matrix DC hat dann offenbar n_1 Zeilen und n_3 Spalten.

Wir formulieren jetzt einen grundlegenden Satz.

Satz. *Bilden die unitären Matrizen $A^{(s)}$ vom Grade p und die unitären Matrizen $B^{(s)}$ vom Grade q nicht äquivalente irreduzible Darstellungen einer Gruppe $\mathfrak{G}$ und genügt eine rechteckige Matrix C mit p Zeilen und q Spalten für jedes s der Bedingung*

$$A^{(s)}C = CB^{(s)} \qquad (s = 1, 2, \dots, m), \tag{159}$$

so ist C die Nullmatrix, d. h., alle Elemente von C verschwinden.

Wir betrachten zunächst den Fall $p = q$. Dann ist auch C eine quadratische Matrix. Ist nun die Determinante von C von 0 verschieden, so existiert C^{-1}, und aus (159) folgt

$$A^{(s)} = CB^{(s)}C^{-1},$$

d. h., entgegen unserer Annahme wären unsere beiden Darstellungen äquivalent. Somit muß die Determinante von C verschwinden. Wir nehmen nun an, daß nicht alle Elemente von C gleich 0 sind, und bezeichnen die Elemente von C mit c_{ik}. Bekanntlich bestimmen die Linearformen

$$c_{i1}x_1 + c_{i2}x_2 + \cdots + c_{ip}x_p \qquad (i = 1, 2, \dots, p)$$

bei variablen x_s einen Unterraum, dessen Dimension gleich dem Rang von C [**14**] ist; d. h., in unserem Fall ist dies ein Unterraum, dessen Dimension $\geqq 1$ und $< p$ ist. Es ist also sicher nicht der volle Raum der Dimension p, sondern ein echter Unterraum R. Wir schreiben nun (159) als lineare Transformation der Vektoren mit den Komponenten $x_1, x_2, \dots, x_p$:

$$A^{(s)}C(x_1, x_2, \dots, x_p) = CB^{(s)}(x_1, x_2, \dots, x_p) \qquad (s = 1, 2, \dots, m).$$

Links ist $C(x_1, x_2, \dots, x_p)$ ein beliebiger Vektor aus R, und die ganze rechte Seite stellt eine lineare Transformation C, angewandt auf den Vektor $B^{(s)}(x_1, x_1, \dots, x_p)$, dar und gehört somit ebenfalls zu R. Also führt die Transformation $A^{(s)}$ jeden Vektor aus R wieder in einen Vektor aus R über. Mithin ist also die durch die $A^{(s)}$ vermittelte Darstellung entgegen unserer Annahme reduzibel [**66**].

Dieser Beweis gilt auch im Fall $p > q$. Dann ist der Rang von C bestimmt kleiner als p, und die Linearformen

$$c_{i1}x_1 + c_{i2}x_2 + \cdots + c_{iq}x_q \qquad (i = 1, 2, \dots, p)$$

definieren im p-dimensionalen Raum einen Unterraum R, dessen Dimension kleiner als p ist; der weitere Beweis verläuft dann wie im Fall $p = q$. Ist schließlich $p < q$, so gehen wir in (159) zu den transponierten Matrizen über und bekommen

$$(B^{(s)})^* C^* = C^*(A^{(s)})^* .$$

Dann ist der Grad q der Matrizen $(B^{(s)})^*$ größer als der Grad p der Matrizen $(A^{(s)})^*$, und wie oben folgt daraus, daß die unitären Matrizen $(B^{(s)})^*$ einen Unterraum invariant lassen. Folglich können wir sie bei geeignet gewählten Koordinatenachsen auf Quasidiagonalform bringen. Dann sind aber auch die Matrizen $B^{(s)}$ quasidiagonal, was den Voraussetzungen des Satzes widerspricht. Damit ist der Satz vollständig bewiesen.

Wir brauchten in den Voraussetzungen des Satzes nicht zu fordern, daß die Matrizen $A^{(s)}$ und $B^{(s)}$ unitär sein sollen, denn uns ist bekannt, daß wir $A^{(s)}$ und $B^{(s)}$ durch Übergang zu konjugierten Darstellungen stets unitär machen können. Durch diesen Übergang zu ähnlichen Darstellungen geht in (159) an Stelle von C eine neue Matrix C_1 ein, die mit C durch die Beziehung

$$C = D_1 C_1 D_2$$

verknüpft ist. Ist aber C_1 eine Nullmatrix, so ist es auch C selbst.

Wir wenden uns nun dem Beweis der Formeln (157) zu. An Stelle von $A^{(s)}$ und $B^{(s)}$ führen wir jetzt die Bezeichnungen $A(G_s)$ und $B(G_s)$ ein, wobei G_s dasjenige Element der Gruppe bedeuten soll, das den Matrizen $A^{(s)}$ und $B^{(s)}$ entspricht. Es sei nun X eine beliebige Matrix mit p Zeilen und q Spalten. Wir führen dann die Matrix

$$C = \sum_{s=1}^{m} A(G_s)\, X[B(G_s)]^{-1} \tag{160}$$

ein und zeigen, daß sie den Beziehungen (159) genügt. Dazu sei G_t ein festes Element von $\mathfrak{G}$. Dann gilt

$$A(G_t)\, C = \sum_{s=1}^{m} A(G_t)\, A(G_s)\, X[B(G_s)]^{-1} .$$

Auf Grund der Definition der linearen Darstellungen gilt ferner

$$A(G_t)\, A(G_s) = A(G_t G_s) \quad \text{und} \quad B(G_t)\, B(G_s) = B(G_t G_s)$$

und daher auch

$$A(G_t)\, C = \sum_{s=1}^{m} A(G_t G_s)\, X[B(G_t G_s)]^{-1}\, B(G_t) .$$

Mit G_s durchläuft nun auch $G_t G_s$ alle Elemente der Gruppe, so daß man diese Formel auch in der Gestalt

$$A(G_t)\, C = C B(G_t)$$

schreiben kann, d. h., die Matrix C, die durch (160) definiert wird, genügt wirklich den Beziehungen (159) und ist somit eine Nullmatrix. Es gilt also für jede Matrix X

$$\sum_{s=1}^{m} A(G_s)\, X[B(G_s)]^{-1} = 0 . \tag{*}$$

Wir nehmen nun an, daß in X ein festgehaltenes Element $\{X\}_{jl}$ gleich 1 ist und alle anderen Elemente verschwinden. Dann ergibt die eben angegebene Formel

$$\sum_{s=1}^{m} \{A(G_s)\}_{ij}\ \{[B(G_s)]^{-1}\}_{lk} = 0 .$$

Da nun aber die Matrix $B(G_s)$ unitär ist, erhält man aus ihr $[B(G_s)]^{-1}$ durch Vertauschung der Zeilen mit den Spalten und durch Ersetzung aller Elemente durch die konjugiert komplexen, so daß also die obige Formel in der Tat

$$\sum_{s=1}^{m} a_{ij}^{(s)} \overline{b_{kl}^{(s)}} = 0$$

ergibt, wie (157) behauptet.

Bilden wir jetzt

$$D = \sum_{s=1}^{m} A(G_s)\, X A(G_s)^{-1},$$

wobei X eine beliebige quadratische Matrix vom Grade p ist, so können wir ganz genauso zeigen, daß

$$A(G_s)\, D = D A(G_s) \qquad (s = 1, 2, \ldots, m)$$

ist. Der Satz III aus **[66]** besagt dann, daß D ein Vielfaches der Einheitsmatrix ist, d. h., daß

$$\sum_{s=1}^{m} A(G_s)\, X[A(G_s)]^{-1} = cI$$

gilt, wobei c von der Wahl von X abhängt. Nehmen wir jetzt als X diejenige Matrix, für die $\{X\}_{jl} = 1$ ist und alle übrigen Elemente verschwinden, und bezeichnen wir die entsprechenden Werte von c mit c_{jl}, so gilt

$$\sum_{s=1}^{m} \{A(G_s)\}_{ij}\, \{[A(G_s)]^{-1}\}_{lk} = c_{jl}\delta_{ik}\,. \tag{161}$$

Zur Bestimmung von c_{jl} brauchen wir nur $i = k$ zu setzen und über i von 1 bis p zu summieren,

$$pc_{jl} = \sum_{s=1}^{m} \sum_{i=1}^{p} \{[A(G_s)]^{-1}\}_{li}\, \{A(G_s)\}_{ij} = \sum_{s=1}^{m} \{I\}_{lj}\,.$$

Ist $l = j$, so ist die rechte Seite gleich m; ist $l \neq j$, so ist sie gleich 0. Daher ist $c_{jl} = \frac{m}{p}\delta_{jl}$, und somit bekommt (161) die Gestalt

$$\sum_{s=1}^{m} \{A(G_s)\}_{ij}\, \{[A(G_s)]^{-1}\}_{lk} = \frac{m}{p}\, \delta_{ik}\delta_{jl}\,, \tag{162}$$

was auf (158) führt, da die Matrizen $A(G_s)$ unitär sind.

Man erkennt ohne Mühe, daß die Relation (157) nicht nur für unitäre Darstellungen der Gruppe gültig ist, sondern auch für beliebige nicht äquivalente irreduzible Darstellungen. Sind nämlich $A'(G_s)$ und $B'(G_s)$ zwei derartige Darstellungen der Grade p bzw. q und $A(G_s)$ und $B(G_s)$ zu ihnen äquivalente unitäre Darstellungen, so gilt also

$$A(G_s) = G_1 A'(G_s)\, C_1^{-1}\,, \qquad B(G_s) = C_2 B'(G_s)\, C_2^{-1}\,,$$

wobei C_1 und C_2 wohlbestimmte Matrizen sind, die nicht von s abhängen. Da $B(G_s)$ unitär ist, gilt

$$[B(G_s)]^{-1} = \overline{B(G_s)^*} = \overline{(C_2^{-1})^*}\; \overline{B'(G_s)^*}\; \overline{C_2^*}\,.$$

Für jede beliebige Matrix X von p Zeilen und q Spalten ergibt die Formel (*) auf S. 231

$$\sum_{s=1}^{m} C_1 A'(G_s)\, C_1^{-1} X \overline{(C_2^{-1})^*}\; \overline{B'(G_s)^*}\; \overline{C_2^*} = 0\,.$$

Man multipliziert links mit C_1^{-1} und rechts mit $(\overline{C_2^*})^{-1}$ und führt die mit X willkürliche Matrix Y der Form $Y = C_1^{-1} X \overline{(C_2^{-1})^*}$ ein (Y hat p Zeilen und q Spalten). Dies ergibt

$$\sum_{s=1}^{m} A'(G_s)\; Y \overline{B'(G_s)^*} = 0\,.$$

Da Y willkürlich ist, erhält man wie oben für die Elemente $a_{ij}^{(s)}$ bzw. $b_{ij}^{(s)}$ von $A'(G_s)$ bzw. $B'(G_s)$ die Beziehungen

$$\sum_{s=1}^{m} a_{ij}^{(s)} \overline{b_{kl}^{(s)}} = 0 .$$

Die Formel (162) gilt gleichfalls für beliebige, nicht notwendig unitäre Darstellungen. Man sieht dies unmittelbar aus ihrem Beweis und aus der Tatsache, daß in der Formulierung des oben bewiesenen Satzes die Forderung, daß $A^{(s)}$ und $B^{(s)}$ unitär sein sollten, überflüssig ist.

77. Charaktere. Wie oben sollen $A(G_s)$ und $B(G_s)$ zwei nicht äquivalente irreduzible Darstellungen der Grade p und q einer Gruppe $\mathfrak{G}$ mit den Elementen $G_1, G_2, \dots, G_m$ bedeuten. Wir bezeichnen mit $X(G_s)$ und $X'(G_s)$ die Spuren der Matrizen dieser Darstellungen (d. h. die Summe ihrer Diagonalelemente):

$$X(G_s) = \sum_{i=1}^{p} \{A(G_s)\}_{ii} , \qquad X'(G_s) = \sum_{k=1}^{q} \{B(G_s)\}_{kk} .$$

Diese Zahlen heißen die *Charaktere* der betreffenden Darstellungen. Äquivalente Darstellungen haben offensichtlich gleiche Charaktere [**27**]. Wir dürften sogar annehmen, die betrachteten Darstellungen seien unitär. Die Orthogonalitätsrelationen ergeben dann

$$\sum_{s=1}^{m} \{A(G_s)\}_{ii} \overline{\{B(G_s)\}_{kk}} = 0 .$$

Summiert man hier über i und k, so erhält man die Orthogonalitätsrelation für Charaktere:

$$\sum_{s=1}^{m} X(G_s) \overline{X'(G_s)} = 0 . \qquad (163)$$

Analog folgen aus (158) die Relationen

$$\sum_{s=1}^{m} \{A(G_s)\}_{ii} \overline{\{A(G_s)\}_{kk}} = \frac{m}{p} \delta_{ik} .$$

Durch Summation über i und k erhalten wir

$$\sum_{s=1}^{m} X(G_s) \overline{X(G_s)} = m . \qquad (164)$$

Mit Hilfe dieser Formeln beweisen wir nun einige Sätze.

Satz 1. *Zwei irreduzible Darstellungen sind dann und nur dann äquivalent, wenn sie dieselben Charaktere haben.*

Wir erwähnten bereits, daß die Charaktere äquivalenter (reduzibler wie irreduzibler) Darstellungen gleich sind. Damit ist die Notwendigkeit der Bedingung gezeigt. Wir wollen jetzt umgekehrt annehmen, daß die Charaktere zweier irreduzibler Darstellungen übereinstimmen, d. h., daß $X(G_s) = X'(G_s)$ $(s = 1, 2, \dots, m)$ ist, und die Äquivalenz der Darstellungen beweisen. Auf Grund von (164) erhält man

$$\sum_{s=1}^{m} X(G_s) \overline{X'(G_s)} = m .$$

Hieraus ergibt sich aber schon die Äquivalenz der Darstellungen. Wären sie nämlich nicht äquivalent, so müßte (163) gelten. Wir bemerken, daß die Grade der Matrizen äquivalenter Darstellungen offenbar einander gleich sind. Jeder irreduziblen Darstellung entspricht im m-dimensionalen komplexen Raum R_m der Vektor mit den Komponenten

$$\frac{1}{\sqrt{m}} X(G_1) , \qquad \frac{1}{\sqrt{m}} X(G_2), \dots , \frac{1}{\sqrt{m}} X(G_m) .$$

Nach (164) sind diese Vektoren normiert, und nach (163) sind Vektoren, die nicht äquivalenten Darstellungen entsprechen, zueinander orthogonal. Hieraus folgt, daß *nicht mehr als m nicht äquivalente irreduzible Darstellungen einer Gruppe der Ordnung m existieren können.* Später werden wir die Anzahl nicht äquivalenter irreduzibler Darstellungen einer Gruppe genauer bestimmen. Wir bezeichnen vorläufig diese Anzahl mit dem Buchstaben l. Es seien $\omega^{(i)}$ $(i = 1, 2, \dots, l)$ die nicht äquivalenten Darstellungen und

$$X^{(i)}(G_1)\,, \quad X^{(i)}(G_2)\,, \quad \dots, \quad X^{(i)}(G_m) \qquad (i = 1, 2, \dots, l)$$

ihre Charaktere. Ferner sei ω irgendeine Darstellung mit den Charakteren

$$X(G_1), \quad X(G_2), \dots, X(G_m)\,.$$

Durch Ausreduzieren läßt sich ω mit Hilfe quasidiagonaler Matrizen darstellen, die aus den Matrizen der Darstellungen $\omega^{(i)}$ zusammengesetzt sind. Für die Charaktere erhalten wir somit

$$X(G_s) = \sum_{i=1}^{l} a_i X^{(i)}(G_s)\,. \tag{165}$$

Hierbei sind die a_i nichtnegative ganze Zahlen, die angeben, wie oft eine Darstellung $\omega^{(i)}$ in die Darstellung ω eingeht. Mit Hilfe der Charaktere von ω kann man Formeln zur Bestimmung der Koeffizienten a_i angeben. Wenn k eine der Zahlen $1, 2, \dots, l$ ist, so multiplizieren wir beide Seiten von (165) mit $\overline{X^{(k)}(G_s)}$ und summieren über s. Mit Hilfe von (163) und (164) erhalten wir dann

$$\sum_{s=1}^{m} X(G_s)\, \overline{X^{(k)}(G_s)} = a_k m\,,$$

woraus

$$a_k = \frac{1}{m} \sum_{s=1}^{m} X(G_s)\, \overline{X^{(k)}(G_s)} \tag{166}$$

folgt. Diese Formel ergibt für jedes a_k einen wohlbestimmten Wert. Daraus erhalten wir den folgenden Satz.

Satz 2. *Jede reduzible Darstellung läßt sich eindeutig in irreduzible Darstellungen zerlegen.*

Mit Hilfe von (166) ist es nicht schwer, Satz 1 auf den Fall beliebiger reduzibler Darstellungen zu verallgemeinern.

Satz 3. *Zwei Darstellungen sind dann und nur dann äquivalent, wenn ihre Charaktere übereinstimmen.*

Die Notwendigkeit dieser Bedingung wurde schon beim Beweis von Satz 1 vermerkt. Sind umgekehrt die Charaktere $X(G_s)$ zweier Darstellungen einander gleich, so erhalten wir auf Grund von (166) gleiche Werte für die Zahlen a_k. Beide Darstellungen lassen sich daher auf quasidiagonale Matrizen reduzieren, die aus gleichen irreduziblen Darstellungen bestehen. Wir wollen annehmen, daß die irreduziblen Darstellungen in den quasidiagonalen Matrizen in derselben Reihenfolge angeordnet sind. Dabei muß man eventuell zu äquivalenten Darstellungen übergehen, denn die Anwendung derselben Permutation auf Zeilen und Spalten entspricht einem Übergang zu einer äquivalenten Darstellung.

Somit lassen sich Darstellungen mit gleichen Charakteren auf dieselben quasidiagonalen Matrizen reduzieren; also sind sie äquivalent.

Wir wollen jetzt die Anzahl l der irreduziblen, paarweise nicht äquivalenten Darstellungen einer Gruppe $\mathfrak{G}$ näher untersuchen. Die Elemente dieser Gruppe zerfallen in Klassen. Jede Klasse besteht aus allen Elementen, die sich aus einem festen unter ihnen durch

$$G_s G_t G_s^{-1} \qquad (s = 1, 2, \dots, m)$$

ergeben. In jeder beliebigen Darstellung entsprechen den Elementen einer Klasse äquivalente Matrizen, die dieselbe Spur haben. Es sei r die Anzahl der Klassen in der Gruppe $\mathfrak{G}$. Wie wir soeben bemerkt haben, hat jede lineare Darstellung von $\mathfrak{G}$ höchstens r verschiedene Charaktere. Jeder Charakter entspricht dabei nicht einem einzelnen Element, sondern allen Elementen einer gewissen Klasse. Die Klasse C_1 bestehe aus g_1, die Klasse C_2 aus g_2, ... und schließlich die Klasse C_r aus g_r Elementen. Die Summanden in der Summe (163), die den Elementen ein und derselben Klasse entsprechen, sind einander gleich. Wir bezeichnen mit $X(C_k)$, $X'(C_k)$ die Charaktere, die den Elementen einer Klasse C_k in zwei nicht äquivalenten irreduziblen Darstellungen entsprechen. Dann können wir (163) in der Gestalt

$$\sum_{k=1}^{r} X(C_k)\,\overline{X'(C_k)}\,g_k = 0$$

und (164) in der Gestalt

$$\sum_{k=1}^{r} X(C_k)\,\overline{X(C_k)}\,g_k = m$$

schreiben. Auf diese Weise erhalten wir für die Charaktere $X^{(i)}(C_k)$ nicht äquivalenter irreduzibler Darstellungen $\omega^{(i)}$ $(i = 1, 2, \ldots, l)$ die Relationen

$$\sum_{k=1}^{r} X^{(i_1)}(C_k)\,\overline{X^{(i_2)}(C_k)}\,g_k = 0 \quad \text{für} \quad i_1 \neq i_2\,, \tag{167}$$

$$\sum_{k=1}^{r} X^{(i)}(C_k)\,\overline{X^{(l)}(C_k)}\,g_k = m\,.$$

Im Raum R_r der Dimension r führen wir l Vektoren mit den Komponenten

$$\sqrt{\frac{g_1}{m}}\,X^{(i)}(C_1)\,, \qquad \sqrt{\frac{g_2}{m}}\,X^{(i)}(C_2), \ldots, \qquad \sqrt{\frac{g_r}{m}}\,X^{(i)}(C_r) \qquad (i = 1, 2, \ldots, l)$$

ein. Die vorhergehenden Gleichungen zeigen, daß diese Vektoren orthonormiert und daher linear unabhängig sind. Hieraus ergibt sich, daß ihre Anzahl l nicht größer ist als die Dimension r, d. h. $l \leqq r$. Wir erhalten so den folgenden Satz:

Satz 4. *Die Anzahl der nicht äquivalenten irreduziblen Darstellungen einer Gruppe ist nicht größer als die Klassenzahl dieser Gruppe.*

Im nächsten Abschnitt werden wir zeigen, daß stets $l = r$ ist. Da wir schon $l \leqq r$ gezeigt haben, genügt es dazu, die Ungleichung $l \geqq r$ zu beweisen. Der Beweis dieser Ungleichung hängt mit neuen Begriffen und Charakterenrelationen zusammen, die auch an und für sich von Interesse sind.

Wir wollen eine weitere Relation zwischen Charakteren einer beliebigen irreduziblen Darstellung ableiten. Die Klasse C_k möge aus den Elementen $G_1^{(k)}, G_2^{(k)}, \ldots, G_{g_k}^{(k)}$ bestehen. Für jedes feste Element G_s der Gruppe ergeben die Elemente $G_s G_i^{(k)} G_s^{-1}$ $(i = 1, 2, \ldots, g_k)$ wieder genau alle Elemente von C_k, aber im allgemeinen in anderer Reihenfolge. Nehmen wir daher die Gesamtheit aller Produkte

$$G_u^{(p)} G_v^{(q)} \qquad (u = 1, 2, \ldots, g_p, \quad v = 1, 2, \ldots, g_q) \tag{168}$$

der Elemente der Klassen C_p und C_q, so stellen bei jedem festen s die Elemente

$$G_s G_u^{(p)} G_v^{(q)} G_s^{-1} = (G_s G_u^{(p)} G_s^{-1})\,(G_s G_v^{(q)} G_s^{-1})$$

wieder die Elemente von (168) und jedes in derselben Vielfachheit wie vorher dar. Hieraus ergibt sich: Gehört irgendein Element dem System (168) an, so auch die ganze Klasse dieses Elements, und jedes Element einer Klasse kommt in (168) gleich oft vor.[1])

[1]) Das heißt, jedes Element der Klasse läßt sich auf gleich viele Arten als ein Produkt eines Elements aus C_p und eines Elements aus C_q schreiben. (Anm. d. Red.)

Mit a_{pqk} wollen wir diejenige nichtnegative ganze Zahl bezeichnen, welche angibt, wie oft ein Element der Klasse C_k in der Gesamtheit der Elemente (168) *vorkommt.* Rein formal läßt sich dies in der Gestalt

$$C_p C_q = \sum_{k=1}^{r} a_{pqk} C_k \tag{169}$$

oder

$$(G_1^{(p)} + G_2^{(p)} + \cdots + G_{g_p}^{(p)})\,(G_1^{(q)} + G_2^{(q)} + \cdots + G_{g_q}^{(q)})$$
$$= \sum_{k=1}^{r} a_{pqk}(G_1^{(k)} + G_2^{(k)} + \cdots + G_{g_k}^{(k)}) \tag{170}$$

darstellen.

Mit $A(G_s)$ bezeichnen wir nun die Matrizen n-ten Grades irgendeiner irreduziblen linearen Darstellung der Gruppe $\mathfrak{G}$. Wir bilden dann die Summe über alle Matrizen, die den Elementen einer Klasse entsprechen, und bezeichnen diese mit $A(C_k)$:

$$A(C_k) = \sum_{j=1}^{g_k} A(G_j^{(k)})\,.$$

Beachten wir, daß die Elemente $G_s G_i^{(k)} G_s^{-1}$ für $i = 1, 2, \ldots, g_k$ mit beliebigem G_s aus $\mathfrak{G}$ wieder die gesamte Klasse C_k bilden, so stellen wir fest, daß die Matrix $A(C_k)$ mit allen Matrizen $A(G_s)$ vertauschbar ist. Somit ist $A(C_k)$ das Vielfache einer Einheitsmatrix **[66]**. Wir können also

$$A(C_k) = b_k I \qquad (k = 1, 2, \ldots, r) \tag{171}$$

schreiben mit gewissen Zahlen b_k. Aus der Definition der Zahlen a_{pqk} oder, was dasselbe ist, aus der symbolischen Formel (170) erhalten wir die folgende Relation zwischen den Zahlen b_k:

$$b_p b_q = \sum_{k=1}^{r} a_{pqk} b_k\,. \tag{172}$$

Die Spur von $A(C_k)$ ist gleich der Summe der Spuren der Matrizen $A(G_i^{(k)})$ $(i = 1, 2, \ldots, g_k)$, d. h. gleich $g_k X(C_k)$. Andererseits folgt aus (171), daß die Spur von $A(C_k)$ gleich $n b_k$ ist. Es gilt also $n b_k = g_k X(C_k)$ oder

$$b_k = \frac{g_k}{n}\, X(C_k)\,.$$

Die Relation (172) führt uns damit zu folgendem Satz:

Satz 5. *Zwischen den Charakteren einer beliebigen irreduziblen Darstellung mit Matrizen des Grades n bestehen die Relationen*

$$g_p X(C_p)\, g_q X(C_q) = n \sum_{k=1}^{r} a_{pqk} g_k X(C_k)\,. \tag{173}$$

Unter den Klassen C_k kommt auch die Klasse vor, die nur aus dem Einselement E der Gruppe $\mathfrak{G}$ besteht. In jeder irreduziblen Darstellung entspricht dieser Klasse die Einheitsmatrix, deren Spur gleich dem Grad n ist. Diese Klasse bezeichnen wir mit C_1. Dann ist $X(C_1) = n$, und wir können die vorhergehende Formel in der Gestalt

$$g_p X(C_p)\, g_q X(C_q) = X(C_1) \sum_{k=1}^{r} a_{pqk} g_k X(C_k) \tag{174}$$

schreiben. Nun wollen wir die Bedeutung der Konstanten a_{pq1} feststellen. Jeder Klasse C_p entspricht eine gewisse Klasse $C_{p'}$, die aus den Inversen der Elemente von C_p besteht. Das folgt unmittelbar aus der Definition der Klassen und aus der Tatsache, daß die Beziehung $G_s G_t G_s^{-1} = G_u$ mit $G_s G_t^{-1} G_s^{-1} = G_u^{-1}$ gleichwertig ist.

Es ist möglich, daß $C_{p'}$ mit der Klasse C_p übereinstimmt, d. h., es kann sein, daß $p' = p$ ist. Jedenfalls enthalten C_p und $C_{p'}$ gleich viele Elemente. Es ist also $g_{p'} = g_p$. Setzt man in (173) oder (174) $q = p'$, so geht die Klasse C_1 in die rechte Seite g_p-mal ein.

Für $q \neq p'$ enthält die rechte Seite C_1 nicht. Es gilt also

$$a_{pq1} = \begin{cases} 0 & \text{für} \quad q \neq p', \\ g_p & \text{für} \quad q = p'. \end{cases} \tag{175}$$

78. Die reguläre Darstellung einer Gruppe. Wir haben schon ein Verfahren zur Darstellung einer endlichen Gruppe mit Hilfe von Permutationsgruppen angegeben. Jede Permutationsgruppe kann man als eine Transformationsgruppe auffassen. Man kann nämlich z. B. die Permutation

$$\begin{matrix} 1, 2, 3, 4 \\ 2, 4, 3, 1 \end{matrix}$$

als eine lineare Transformation auffassen, bei der x_1 in y_2, x_2 in y_4, x_3 in y_3 und x_4 in y_1 übergeht. Also ist

$$\begin{aligned} y_1 &= 0x_1 + 0x_2 + 0x_3 + x_4, \\ y_2 &= x_1 + 0x_2 + 0x_3 + 0x_4, \\ y_3 &= 0x_1 + 0x_2 + x_3 + 0x_4, \\ y_4 &= 0x_1 + x_2 + 0x_3 + 0x_4. \end{aligned}$$

Wir betrachten nun die folgende Darstellung der Gruppe $\mathfrak{G}$ durch eine Permutationsgruppe. Wir multiplizieren die Elemente $G_1, G_2, \ldots, G_m$ von rechts mit irgendeinem Element G_s. Das führt auf eine gewisse Permutation der Elemente, also auf Grund des Gesagten auf eine Matrix P_s, die man dem betreffenden Element G_s zuordnet. Diese Darstellung heißt gewöhnlich die *reguläre Darstellung* der Gruppe $\mathfrak{G}$. Eines der Elemente G_k ist das Einselement der Gruppe. Dieses bezeichnen wir wie stets mit E. Diesem entspricht die Einheitsmatrix I_m, und die Spur dieser Matrix ist m; also ist $X(E) = m$. Bei der Multiplikation der Elemente G_1, $G_2, \ldots, G_m$ mit einem beliebigen Element $G_s \neq E$ bleibt kein G_k fest. In der entsprechenden Matrix sind also alle Diagonalelemente gleich 0, und somit ist für die reguläre Darstellung $X(G_s) = 0$ für $G_s \neq E$. Wenn man sie ausreduziert hat, möge die reguläre Darstellung jede der oben erwähnten Darstellungen $\omega^{(k)}$ im ganzen h_k-mal enthalten. Nach dem Gesagten gilt

$$\sum_{t=1}^{l} h_t X^{(t)}(G_s) = \begin{cases} 0 & \text{für} \quad G_s \neq E, \\ m & \text{für} \quad G_s = E. \end{cases} \tag{176}$$

Multiplizieren wir beide Seiten dieser Gleichung mit $X^{(k)}(G_s)$ und summieren über s, so erhalten wir nach (163) und (164)

$$h_k m = m\overline{X^{(k)}(E)}.$$

Nun ist $X^{(k)}(E)$ aber gleich dem Grad der Matrizen in der Darstellung $\omega^{(k)}$, den wir mit n_k bezeichnen. Andererseits ist $\overline{X^{(k)}(E)} = X^{(k)}(E) = h_k$. Somit ist $h_k = n_k$, und (176) erhält die Gestalt

$$\sum_{t=1}^{l} X^{(t)}(E)\, X^{(t)}(G_s) = \sum_{t=1}^{l} n_i X^{(t)}(G_s) = \begin{cases} 0 & \text{für} \quad G_s \neq E, \\ m & \text{für} \quad G_s = E. \end{cases} \tag{177}$$

Das ergibt den folgenden Satz:

Satz 6. *Die reguläre Darstellung enthält jede irreduzible Darstellung $\omega^{(k)}$ so oft, wie der Grad n_k der Matrizen dieser Darstellung beträgt. Für die Charaktere von $\omega^{(k)}$ gilt* (177).

Wir setzen jetzt (174) für die Darstellung $\omega^{(t)}$ an,

$$g_p X^{(t)}(C_p)\, g_q X^{(t)}(C_q) = X^{(t)}(C_1) \sum_{k=1}^{r} a_{pqk} X^{(t)}(C_k)\, g_k,$$

und summieren über t von $t = 1$ bis $t = l$. Dann erhalten wir

$$g_p g_q \sum_{t=1}^{l} X^{(t)}(C_p)\, X^{(t)}(C_q) = \sum_{k=1}^{r} a_{pqk} \sum_{t=1}^{l} X^{(t)}(C_1)\, X^{(t)}(C_k)\, g_k \,.$$

Unter Benutzung von (177) ergibt sich $g_p g_q \sum_{t=1}^{l} X^{(t)}(C_p)\, X^{(t)}(C_q) = a_{pq1} m$, und daher gilt wegen (175)

$$\sum_{t=1}^{l} X^{(t)}(C_p)\, X^{(t)}(C_q) = \begin{cases} 0 & \text{für} \quad q \neq p' \,, \\ \dfrac{m}{g_{p'}} & \text{für} \quad q = p' \,. \end{cases} \tag{178}$$

Wir bilden nun die folgenden l homogenen linearen Gleichungen in $x_1, x_2, \ldots, x_r$,

$$\sum_{q=1}^{r} x_q X^{(k)}(C_q) = 0 \qquad (k = 1, 2, \ldots, l) \,, \tag{179}$$

und zeigen, daß diese nur die Nullösung besitzen. Multiplizieren wir nämlich beide Seiten von (179) mit $X^{(k)}(C_{p'})$ und summieren über k, so erhalten wir $x_{p'} = 0$. Das p' kann hierbei eine der Zahlen $1, 2, \ldots, r$ sein. Da das System (179) nur die triviale Lösung besitzt, ist die Anzahl der Gleichungen nicht kleiner als die Anzahl der Unbekannten. Also ist $l \geqq r$. Vorher hatten wir schon $l \leqq r$ bewiesen, folglich gilt $l = r$. Damit ist bewiesen:

Satz 7. *Die Gesamtzahl nicht äquivalenter irreduzibler Darstellungen einer endlichen Gruppe* $\mathfrak{G}$ *ist gleich der Klassenzahl dieser Gruppe.*

Wir ziehen noch eine weitere Folgerung aus Satz 6. Die reguläre Darstellung der Gruppe $\mathfrak{G}$ besteht aus Matrizen des Grades m. Andererseits enthält sie nach Satz 6 n_k-mal jede Darstellung $\omega^{(k)}$ des Grades n_k. Hieraus folgt

$$\sum_{k=1}^{r} n_k^2 = m \,. \tag{180}$$

Dies kann man folgendermaßen formulieren:

Satz 8. *Die Summe der Quadrate der Grade nicht äquivalenter Darstellungen* $\omega^{(k)}$ *einer endlichen Gruppe* $\mathfrak{G}$ *ist gleich der Ordnung dieser Gruppe.*

79. Beispiele von Darstellungen endlicher Gruppen.

1. Wir betrachten die abelsche Gruppe, die aus den Elementen $A_2^k A_1^i$ ($i = 0, 1, 2, \ldots, m - 1$; $k = 0, 1, 2, \ldots, n - 1$) besteht, wobei die Elemente A_1 und A_2 vertauschbar sind und $A_1^m = E$, $A_2^n = E$ ist. Ist $i = k = 0$, so muß man $A_2^0 A_1^0 = E$ setzen. Jedes Element bildet eine Klasse für sich, und alle Darstellungen sind vom ersten Grad. α und β sollen irgendwelche m-ten bzw. n-ten Einheitswurzeln sein. Lassen wir dem Element $A_2^k A_1^i$ die Zahl $\beta^k \alpha^i$ entsprechen, so erhalten wir, wie man leicht sieht, eine Darstellung der Gruppe. Die Gesamtzahl der Klassen (Elemente) ist $m\,n$. Wir erhalten in der beschriebenen Weise alle nicht äquivalenten Darstellungen. Analog konstruiert man die Darstellungen, wenn die Anzahl der Erzeugenden (d. h. der Elemente A_s) nicht 2, sondern größer ist.

2. Wir gehen nun zur Diedergruppe n-ten Grades über. Diese besteht aus $2n$ Elementen

$$E,\, A^i,\, T,\, TA^i \qquad (i = 1, 2, \ldots, n - 1)$$

mit den Relationen

$$A^n = E \,, \quad T^2 = E \,, \quad TAT^{-1} = A^{-1} \qquad (T^{-1} = T) \,. \tag{181}$$

Die letzte dieser Relationen ist unmittelbar auf Grund der geometrischen Deutung der Drehungen A und T ersichtlich. Aus dieser Relation ergibt sich sofort $TA^iT^{-1} = A^{-i}$. Wir nehmen zuerst $n = 2m + 1$ als ungerade an. Die Gruppe enthält dann $m + 2$ Klassen. Eine Klasse enthält E, m Klassen enthalten je zwei Elemente A^s und A^{-s} ($s = 1, 2, \ldots, m$), wobei A^{-s}

$= A^{2m+1-s}$ ist, und eine Klasse enthält alle Elemente der Form T und TA^i. Alles dies bestätigt man leicht unmittelbar unter Benutzung obiger Relationen. Es gibt zwei Darstellungen des Grades 1. Bei der einen entspricht jedem Element die Zahl 1, bei der anderen ordnet man A die Zahl 1 und T die Zahl -1 zu. Wir setzen $\varepsilon = \cos\frac{2\pi}{n} + i\sin\frac{2\pi}{n}$. Man kann m Darstellungen dadurch konstruieren, daß man den Elementen A und T die folgenden Matrizen zuordnet:

$$A \to \begin{pmatrix} \varepsilon^s & 0 \\ 0 & \varepsilon^{-s} \end{pmatrix}, \qquad T \to \begin{pmatrix} 0 & 1 \\ 1 & 0 \end{pmatrix} \qquad (s = 1, 2, \ldots, m)\,. \tag{182}$$

Diese Matrizen genügen den Relationen (181) und sind somit Darstellungen der Gruppe. Jede Relation zwischen den Elementen A und T ist eine Folgerung aus (181). Die Irreduzibilität jeder Darstellung ergibt sich daraus, daß sich diese andernfalls auf zwei vom ersten Grade reduzieren müßte. Die Matrizen unserer Darstellungen wären demnach vertauschbar. Wie man sich leicht überzeugt, ist dies aber für kein s der Fall. Da für verschiedene s die dem Element A entsprechenden Matrizen verschiedene Eigenwerte ε^s und ε^{-s} haben, sind die Darstellungen (182) für verschiedene s nicht äquivalent. Damit sind alle $m + 2$ nicht äquivalenten irreduziblen Darstellungen konstruiert. Die Formel (180) reduziert sich in dem vorliegenden Beispiel auf

$$2 \cdot 1^2 + m \cdot 2^2 = 4m + 2 = 2n\,.$$

Für gerades $n = 2m$ hat die dem Wert $s = m$ entsprechende Darstellung (182) die Gestalt

$$A \to \begin{pmatrix} -1 & 0 \\ 0 & -1 \end{pmatrix}, \qquad T \to \begin{pmatrix} 0 & 1 \\ 1 & 0 \end{pmatrix}.$$

Diese zerfällt in zwei Darstellungen ersten Grades:

$$A \to (-1)\,, \quad T \to (+1) \quad \text{und} \quad A \to (-1)\,, \quad T \to (-1)\,.$$

Um sie zu erhalten, genügt es, mit einer solchen Matrix S zu transformieren, daß STS^{-1} Diagonalform hat. Die Eigenwerte von T sind offensichtlich ± 1. Im Fall $n = 2m$ gibt es also vier Darstellungen ersten Grades und $m - 1$ Darstellungen zweiten Grades. Die Formel (180) hat die Gestalt

$$4 \cdot 1^2 + (m - 1)\, 2^2 = 4m = 2n\,.$$

3. Nun betrachten wir die Darstellungen der Tetraedergruppe oder, was dasselbe ist, der dazu isomorphen alternierenden Gruppe für $n = 4$ [**59**]. Die Gruppe besteht aus vier Klassen, und ihre Ordnung ist 12. Sie muß demnach vier nicht äquivalente irreduzible Darstellungen besitzen. Die Grade dieser Darstellungen müssen der Gleichung

$$n_1^2 + n_2^2 + n_3^2 + n_4^2 = 12$$

genügen. Diese Gleichung hat bis auf die Reihenfolge der Summanden auf der linken Seite nur eine einzige Lösung in positiven ganzen Zahlen, nämlich

$$n_1 = n_2 = n_3 = 1\,, \qquad n_4 = 3\,.$$

Die Gruppe besitzt also drei Darstellungen ersten Grades und eine Darstellung dritten Grades. Bei den Darstellungen ersten Grades entspricht den Elementen aus ein und derselben Klasse dieselbe Zahl. Es ist nicht schwer zu zeigen, daß in den drei Darstellungen ersten Grades den Klassen folgende Zahlen entsprechen:

$$\mathrm{I} \to 1\,, \quad \mathrm{II} \to 1\,, \quad \mathrm{III} \to 1\,, \quad \mathrm{IV} \to 1\,,$$

$$\mathrm{I} \to 1\,, \quad \mathrm{II} \to 1\,, \quad \mathrm{III} \to \varepsilon\,, \quad \mathrm{IV} \to \varepsilon^2\,,$$

$$\mathrm{I} \to 1\,, \quad \mathrm{II} \to 1\,, \quad \mathrm{III} \to \varepsilon^2\,, \quad \mathrm{IV} \to \varepsilon\,.$$

Dabei ist

$$\varepsilon = \cos\frac{2\pi}{3} + i\sin\frac{2\pi}{3}\,.$$

Eine irreduzible Darstellung dritten Grades ergibt die Tetraedergruppe selbst, d. h. die Gruppe der Drehungen des Raumes (Matrizen des Grades 3), bei denen das Tetraeder in sich übergeht. Wäre diese Darstellung reduzibel, so müßte sie sich auf drei Darstellungen ersten Grades reduzieren lassen. Dies ist unmöglich, da die Tetraedergruppe nicht abelsch ist. Die in den letzten Abschnitten dargelegte Theorie bezieht sich auf endliche Gruppen. Um sie auf den Fall der Drehungsgruppe zu übertragen, müssen wir unendliche, von Parametern abhängige Gruppen ausführlicher betrachten. Bevor wir zu der allgemeinen Betrachtung solcher Gruppen übergehen, behandeln wir die Frage nach den linearen Darstellungen der Lorentz-Gruppe. Diese Darstellungen werden uns neben den Darstellungen der Drehungsgruppe als Hauptbeispiel unendlicher, von Parametern abhängiger Gruppen dienen.

80. Darstellungen der linearen Gruppe zweier Veränderlicher. In [**68**] konstruierten wir die linearen Darstellungen der unitären Gruppe zweier Veränderlicher. Dies führte uns zu den linearen Darstellungen der Drehungsgruppen. Analog kann man die Darstellungen der linearen Gruppe zweier Veränderlicher mit der Determinante 1 ($ad - bc = 1$),

$$\begin{aligned} x_1' &= ax_1 + bx_2\,, \\ x_2' &= cx_1 + dx_2\,, \end{aligned} \tag{183}$$

konstruieren. Auf Grund des in [**64**] Gesagten führt uns dies auf eindeutige und zweideutige Darstellungen der Gruppe der positiven Lorentz-Transformationen. Die Resultate werden sich wesentlich von denen in [**68**] unterscheiden. Eine der möglichen linearen Darstellungen der unitären Gruppe (93) ist diese Gruppe selbst; d. h., es ist diejenige lineare Darstellung, bei der jede Transformation (93) sich selbst entspricht. Eine andere Darstellung ist, wie man leicht sieht, die folgende: Jeder Transformation (93) läßt man die Transformation mit den konjugiert komplexen Koeffizienten,

$$\begin{aligned} y_1' &= \bar{a}y_1 + \bar{b}y_2\,, \\ y_2' &= -by_1 + ay_2 \end{aligned}$$

entsprechen. Diese Darstellung ist aber der vorhergehenden äquivalent. Dies sieht man unmittelbar aus der leicht zu bestätigenden Formel

$$\begin{pmatrix} 0 & 1 \\ -1 & 0 \end{pmatrix}\begin{pmatrix} a & b \\ -\bar{b} & \bar{a} \end{pmatrix} = \begin{pmatrix} \bar{a} & \bar{b} \\ -b & a \end{pmatrix}\begin{pmatrix} 0 & 1 \\ -1 & 0 \end{pmatrix}.$$

Für die Gruppe (183) ist die konjugierte Darstellung

$$\begin{aligned} y_1' &= \bar{a}y_1 + \bar{b}y_2\,, \\ y_2' &= \bar{c}y_1 + \bar{d}y_2 \end{aligned} \tag{184}$$

der Gruppe selbst nicht äquivalent. Um sich davon zu überzeugen, genügt es, den Fall $b = c = 0$ zu betrachten. Dann besitzt die Matrix der Transformationen (183) die Eigenwerte a und d, während die Eigenwerte der Matrix von (184) $\bar{a}$ und $\bar{d}$ sind. Man kann nun offensichtlich komplexe Zahlen a und d mit der Nebenbedingung $ad = 1$ so wählen, daß das (ungeordnete) Paar $\bar{a}, \bar{d}$ von a, d verschieden ist. Die entsprechenden Transformationen können dann nicht äquivalent sein. Im betrachteten Fall haben wir also schon zwei nicht äquivalente Darstellungen zweiten Grades erhalten, die Gruppe (183) selbst und die Gruppe (184). Die Zerlegbarkeit bzw. Irreduzibilität der Darstellungen werden wir weiter unten behandeln.

Wir können nun wieder Darstellungen der Gruppe (183) genauso wie in [68] herstellen. In (99) müssen wir nur $\bar{a}$ durch d und $\bar{b}$ durch $-c$ ersetzen. Dies führt uns zu den folgenden Darstellungen $(2j+1)$-ten Grades, wobei j eine nichtnegative ganze Zahl oder die Hälfte einer solchen ist:

$$D_j\begin{Bmatrix} a & b \\ c & d \end{Bmatrix}_{ls}$$

$$= \sum_k \frac{\sqrt{(j+l)!\,(j-l)!\,(j+s)!\,(j-s)!}}{k!\,(j-k-s)!\,(j+l-k)!\,(k+s-l)!} a^{j+l-k} b^k c^{k+s-l} d^{j-k-s} \tag{185}$$

$$(j = 0, \tfrac{1}{2}, 1, \tfrac{3}{2}, \dots).$$

Hier durchlaufen l und s die Werte $-j, -j+1, \dots, j-1, j$, und die Summation über k wird unter den Nebenbedingungen

$$k \geqq 0, \quad k \geqq l - s, \quad k \leqq j - s, \quad k \leqq j + l$$

ausgeführt. In (185) ist $0! = 1$ und $0^0 = 1$ zu setzen. Für $j = 0$ ergibt sich die Darstellung, die identisch gleich 1 ist. Außer den Darstellungen (185) können wir unmittelbar andere herstellen, indem wir in den rechten Seiten von (185) die Zahlen a, b, c, d durch die konjugiert komplexen ersetzen. Die entsprechenden Darstellungen bezeichnen wir mit

$$\bar{D}_{j'}\begin{Bmatrix} a & b \\ c & d \end{Bmatrix} \qquad (j' = 0, \tfrac{1}{2}, 1, \tfrac{3}{2}, \dots). \tag{186}$$

Wir können jetzt auch das direkte Produkt der Darstellungen (185) und (186) [73] bilden und erhalten neue Darstellungen vom Grad $(2j+1)(2j'+1)$. Diese bezeichnen wir mit

$$E_{j,j'}\begin{Bmatrix} a & b \\ c & d \end{Bmatrix}. \tag{187}$$

Mit Hilfe der Formeln (185) ist es leicht, die Matrixelemente dieser Darstellung aufzuschreiben. Wir betrachten zwei verschiedene Darstellungen (187) vom gleichen Grade,

$$E_{p,q}\begin{Bmatrix} a & b \\ c & d \end{Bmatrix} \text{ und } E_{p_1,q_1}\begin{Bmatrix} a & b \\ c & d \end{Bmatrix} \text{ mit } (2p+1)(2q+1) = (2p_1+1)(2q_1+1),$$

und zeigen, daß diese beiden Darstellungen nicht äquivalent sind. Wir setzen $b = c = 0$. Die Matrix (185) reduziert sich dann auf Diagonalform,

$$D_j\begin{Bmatrix} a & 0 \\ 0 & d \end{Bmatrix}_{ll} = a^{j+l} d^{j-l} \qquad (l = -j, -j+1, \dots, j-1, j).$$

Das Produkt zweier Diagonalmatrizen ist wieder eine Diagonalmatrix. Die Matrizen $E_{p,q}$ und E_{p_1,q_1} haben also für $b = c = 0$ die folgenden Eigenwerte:

$$E_{p,q}: \quad a^{p+l} d^{p-l} (\bar{a})^{q+m} (\bar{d})^{q-m} \begin{pmatrix} l = -p, -p+1, \dots, p-1, p \\ m = -q, -q+1, \dots, q-1, q \end{pmatrix},$$

$$E_{p_1,q_1}: \quad a^{p_1+l_1} d^{p_1-l_1} (\bar{a})^{q_1+m_1} (\bar{d})^{q_1-m_1} \begin{pmatrix} l_1 = -p_1, -p_1+1, \dots, p_1-1, p_1 \\ m_1 = -q_1, -q_1+1, \dots, q_1-1, q_1 \end{pmatrix}.$$

Beachtet man $ad = 1$, so sieht man, daß die Eigenwerte auch die Gestalt

$$E_{p,q}\colon a^{2l}\bar{a}^{2m}\,, \qquad E_{p_1,q_1}\colon a^{2l_1}\bar{a}^{2m_1}$$

annehmen können. Für a können wir eine beliebige, von 0 verschiedene komplexe Zahl wählen. Man kann sie offensichtlich so annehmen, daß die Gesamtheit der Eigenwerte der Matrix $E_{p,q}$ von der Gesamtheit der Eigenwerte von E_{p_1,q_1} verschieden ist. Damit ist die Inäquivalenz der Darstellungen (187) für verschiedene Paare j, j' bewiesen. Für $j' = 0$ ist die Darstellung (187) mit (185) identisch. Für $j = 0$ dagegen stimmt sie mit der Darstellung überein, die sich aus (185) für $j = j'$ ergibt, wenn man a, b, c und d durch die konjugiert komplexen Werte ersetzt.

Wir wollen noch eine weitere Eigenschaft der Darstellungen (187) hervorheben. Diese Darstellungen sind keiner unitären Darstellung äquivalent. Wären sie es nämlich, so müßten alle Eigenwerte jeder Matrix der Darstellung den Betrag 1 haben. Wir hatten aber weiter oben gesehen, daß in der Darstellung $E_{p,q}$ für $b = c = 0$ die Eigenwerte gleich $a^{2l}\bar{a}^{2m}$ sind. Diese Ausdrücke können offenbar von 1 verschieden sein. Eine Ausnahme bildet die Darstellung $E_{0,0}$, in der jedem Element der Gruppe (183) die Eins entspricht.

Ist eine Darstellung, die nicht notwendig einer unitären äquivalent zu sein braucht, zerlegbar, d. h. einer Darstellung aus quasidiagonalen Matrizen vom selben Typ äquivalent, so gibt es, wie wir in [66] sahen, eine Matrix, die mit allen Matrizen der Darstellung vertauschbar ist und die nicht ein Vielfaches der Einheitsmatrix ist. Um also die Irreduzibilität irgendeiner Darstellung (187) zu beweisen, genügt es zu zeigen, daß eine mit allen Matrizen der Darstellung (187) vertauschbare Matrix ein Vielfaches der Einheitsmatrix ist. Dies läßt sich genauso zeigen wie in [68]. Somit sind die Darstellungen (187) paarweise nicht äquivalent, und jede von ihnen ist unzerlegbar.

Abweichend von der in [65] gegebenen Definition nennt man gelegentlich auch diese Zerlegbarkeit *Reduzibilität.* Laut der Definition aus [65] heißt nämlich eine Darstellung *reduzibel,* wenn alle ihre linearen Transformationen (ihr Grad sei n) einen gewissen Unterraum L_k mit $0 < k < n$ invariant lassen. Wie wir in [68] sahen, folgt aus der Reduzibilität im alten Sinne einer aus unitären Matrizen bestehenden Darstellung die Reduzibilität im neuen Sinne, also die Zerlegbarkeit, d. h., eine solche Darstellung ist einer quasidiagonalen Darstellung äquivalent. Ist dagegen die Darstellung nicht unitär, so folgt aus der Invarianz eines gewissen echten Unterraumes nicht notwendig die Reduzibilität im neuen Sinne. Es läßt sich noch zeigen, daß jede der Darstellungen (187) nicht nur unzerlegbar, sondern sogar irreduzibel ist, d. h., daß sie auch keinen echten Unterraum invariant läßt.[1]) Es läßt sich ferner beweisen, daß jede lineare Darstellung der Gruppe (183) entweder einer der Darstellungen (187) äquivalent ist oder sich auf eine Form reduzieren läßt, die aus mehreren Darstellungen (187) besteht.

Wie wir in [73] sahen, läuft die Komposition zweier linearer Darstellungen einer Gruppe darauf hinaus, daß man die zu transformierende Objekte der in die Komposition eingehenden Darstellungen miteinander multipliziert. Beachtet man dies, so läßt sich feststellen, daß die zu transformierenden Objekte für die Darstellung

---

[1]) Anders als etwa bei Darstellungen endlicher Gruppen durch Matrizen aus komplexen Zahlen stellen sich die beiden Definitionen der Reduzibilität als wesentlich verschieden heraus, wenn Darstellungen durch Matrizen mit Elementen aus allgemeineren abstrakten Körpern oder Darstellungen unendlicher Gruppen betrachtet werden. (Anm. d. Red.)

(187) von der Gestalt

$$\eta_{kk'} = \frac{x_1^{j+k} x_2^{j-k}}{\sqrt{(j+k)!\,(j-k)!}} \cdot \frac{y_1^{j'+k'} y_2^{j'-k'}}{\sqrt{(j'+k')!\,(j'-k')!}}$$

$$(k = j, j-1, \ldots, -j+1, -j; \quad k' = j', j'-1, \ldots, -j'+1, -j')$$

sind. Hierbei transformieren sich x_1, x_2 nach (183) und y_1, y_2 nach (184).

Bisher sprachen wir von den linearen Darstellungen der Gruppe, die aus den positiven Lorentz-Transformationen [64] bestehen. Diese positiven Transformationen bilden nur einen Teil der Lorentz-Transformationen mit der Determinante 1. Außerdem gibt es noch Lorentz-Transformationen mit der Determinante -1. Die Strukturuntersuchungen dieser allgemeinen Transformationsmannigfaltigkeiten und die Ausdehnung der Darstellungen der Gruppe der positiven Lorentz-Transformationen auf die volle Lorentz-Gruppe zeigen verschiedene Besonderheiten gegenüber der Gruppe der orthogonalen Transformationen des dreidimensionalen Raumes. Wir wollen hervorheben, daß man bei der Definition der vollen Lorentz-Gruppe die Forderung nach der Invarianz der Zeitrichtung stellen darf. Dabei muß man zur Lorentz-Gruppe noch die Spiegelung

$$x_1' = -x_1, \qquad x_2' = -x_2\,, \qquad x_3' = -x_3\,, \qquad x_4' = x_4$$

hinzufügen. Die Untersuchung aller aufgeworfenen Probleme kann man z. B. in dem Buch von E. Cartan „Théorie des spineurs" oder im Buch von B. L. van der Waerden „Die gruppentheoretische Methode in der Quantenmechanik" finden.

81. Der Satz von der Einfachheit der Lorentz-Gruppe. Mit Methoden, die denen aus [70] analog sind, wollen wir zeigen, daß die Lorentz-Gruppe einfach ist. Dazu genügt es zu zeigen, daß die aus den Transformationen (183) bestehende Gruppe $\mathfrak{G}$ keinen anderen Normalteiler hat als den, der aus den Matrizen E und $-E$ besteht. Angenommen, es gäbe einen solchen Normalteiler $\mathfrak{H}_1$, der eine von E und $-E$ verschiedene Matrix

$$A = \begin{pmatrix} a & b \\ c & d \end{pmatrix}, \qquad ad - bc = 1\,,$$

enthält. Man muß dann zeigen, daß $\mathfrak{H}_1$ mit $\mathfrak{G}$ übereinstimmt. Mit irgendeiner Matrix B enthält $\mathfrak{H}_1$ alle Matrizen der Form $U^{-1}BU$, wobei U ein beliebiges Element aus $\mathfrak{G}$ ist. Wir benutzen das grundlegende Resultat über die Transformierbarkeit einer Matrix auf die kanonische Form und die Tatsache, daß die Matrix U, die die gegebene Matrix auf die kanonische Form transformiert, so gewählt werden kann, daß ihre Determinante 1 ist [27]. Berücksichtigt man, daß das Produkt der Eigenwerte der Matrizen aus $\mathfrak{G}$ gleich 1 ist, so sieht man, daß es völlig genügt, zu zeigen, daß $\mathfrak{H}_1$ für jede beliebig gegebene, von 0 und ± 1 verschiedene komplexe Zahl t Matrizen mit den beiden dann von selbst verschiedenen Eigenwerten t und t^{-1} enthält. Dann muß notwendig $\mathfrak{H}_1$ die Matrizen E und $-E$ enthalten. Außerdem ist der Fall gleicher Eigenwerte und eines Elementarteilers der Vielfachheit 2 zu berücksichtigen. Für diesen Fall wird gezeigt werden, daß $\mathfrak{H}_1$ die Matrizen

$$\begin{pmatrix} 1 & 0 \\ 1 & 1 \end{pmatrix} \text{ und } \begin{pmatrix} -1 & 0 \\ 1 & -1 \end{pmatrix} \tag{188}$$

enthält. Wir nehmen dazu eine Matrix mit beliebigen Elementen aus $\mathfrak{G}$,

$$X = \begin{pmatrix} x & y \\ z & x \end{pmatrix} \qquad (x^2 - yz = 1),$$

und bilden

$$Y = A(XA^{-1}X^{-1}).$$

Ebenso wie in [70] schließen wir, daß Y zu $\mathfrak{H}_1$ gehören muß. Für die Spur s von Y erhalten wir den Ausdruck

$$s = 2 + bz^2 + cy^2 - [(a - d)^2 + 2bc]\, yz.$$

Da A von E und $-E$ verschieden ist, kann $b = c = 0$ und $a = d$ nicht gleichzeitig bestehen. Daher ist s keine Konstante, und durch Variieren von z und y können wir s beliebige Werte beilegen. Die Eigenwerte von Y bestimmen sich aus der quadratischen Gleichung

$$\lambda^2 - s\lambda + 1 = 0,$$

deren Wurzeln für beliebiges s die Werte t und t^{-1} sind. $\mathfrak{H}_1$ enthält also Matrizen der Determinante 1 mit allen möglichen voneinander verschiedenen Eigenwerten. Weiterhin enthält $\mathfrak{H}_1$ neben E aber auch $-E$, denn diese Matrix läßt sich in der Gestalt

$$-E = [t, t^{-1}] \cdot [-t^{-1}, -t]$$

darstellen, wobei jeder Faktor zu $\mathfrak{H}_1$ gehört. Auch die Matrizen (188) lassen sich leicht als Produkte zweier Matrizen mit der Determinante 1 und verschiedenen Eigenwerten darstellen und gehören demnach zu $\mathfrak{H}_1$. Es bestehen nämlich die folgenden Darstellungen:

$$\left.\begin{aligned} \begin{pmatrix} 1 & 0 \\ 1 & 1 \end{pmatrix} &= \begin{pmatrix} \frac{1}{\beta} & 0 \\ 0 & \beta \end{pmatrix} \cdot \begin{pmatrix} \beta & 0 \\ \frac{1}{\beta} & \frac{1}{\beta} \end{pmatrix}, \\ \begin{pmatrix} -1 & 0 \\ 1 & -1 \end{pmatrix} &= \begin{pmatrix} \frac{1}{\beta} & 0 \\ 0 & \beta \end{pmatrix} \cdot \begin{pmatrix} -\beta & 0 \\ \frac{1}{\beta} & -\frac{1}{\beta} \end{pmatrix} \end{aligned}\right\} \quad (\beta \neq 0 \quad \text{und} \quad \beta \neq \pm 1).$$

Damit ist bewiesen, daß $\mathfrak{H}_1$ mit $\mathfrak{G}$ übereinstimmt. Mit anderen Worten, $\mathfrak{G}$ hat keinen echten Normalteiler außer dem, der aus E und $-E$ besteht. Gleichzeitig ist gezeigt, daß die Gruppe der positiven Lorentz-Transformationen einfach ist. Wie in [70] folgt hieraus, daß diese Gruppe keine echt homomorphen, d. h. nicht isomorphen Darstellungen haben kann.

§ 7. Kontinuierliche Gruppen

82. Kontinuierliche Gruppen. Strukturkonstanten. Die Gruppe der Drehungen des dreidimensionalen Raumes und die Gruppe der positiven Lorentz-Transformationen sind Beispiele unendlicher Gruppen, deren Elemente von stetigen Parametern abhängen. Für die Drehungsgruppe können z. B. die Eulerschen Winkel die Rolle der Parameter spielen. In den von uns betrachteten Fällen bestehen die Gruppen aus linearen Transformationen. Die Abhängigkeit der Gruppenelemente von Parametern kommt dann darin zum Ausdruck, daß die Elemente der Matrizen, die den linearen Transformationen entsprechen, Funktionen dieser Parameter sind. Auch weiterhin betrachten wir Gruppen linearer Transformationen. Die Elemente a_{ik} der Matrizen linearer Transformationen, die eine Gruppe $\mathfrak{G}$ bilden, sollen von r reellen Parametern $\alpha_1, \alpha_2, \ldots, \alpha_r$ abhängen. Dabei sollen folgende Bedingungen erfüllt sein: Die a_{ik} sollen eindeutige Funktionen der Parameter α_s sein für alle Werte dieser Parameter, die genügend nahe dem Nullpunkt $\alpha_1 = \alpha_2 = \cdots = \alpha_r = 0$ liegen. Dem Nullpunkt entspreche das Einselement von $\mathfrak{G}$, das durch die Bedingungen $a_{ik} = 0$ für $i \neq k$ und $a_{ii} = 1$ charakterisiert ist. Ferner nehmen wir an, daß jedem dem Einselement genügend benachbarten Element von $\mathfrak{G}$ wohlbestimmte Werte von α_s entsprechen, die genügend nahe am Nullpunkt liegen. Wir sagen, daß ein Gruppenelement in einer Umgebung des Einselements liegt, wenn die Elemente a_{ik} der entsprechenden Matrizen für $i \neq k$ in einer Umgebung der Null und für $i = k$ in einer Umgebung der Eins liegen. Unter unseren Voraussetzungen haben wir also eine umkehrbar eindeutige Zuordnung zwischen denjenigen Elementen von $\mathfrak{G}$ erhalten, die in einer gewissen Umgebung des Einselementes liegen, und einer gewissen Umgebung des Koordinatenursprungs eines r-dimensionalen reellen Raumes T_r. Später werden wir nicht nur eine lokale eineindeutige Zuordnung erhalten, sondern eine solche „im Großen". Dann wird jedem Element von $\mathfrak{G}$ ein wohlbestimmter Punkt von T_r aus einem Gebiet V dieses Raumes entsprechen, welches auch den Koordinatenursprung enthält. Umgekehrt wird jedem Punkt von V ein Element von $\mathfrak{G}$ entsprechen. Vorerst fordern wir nur die oben beschriebene lokale Zuordnung. Durch Symbole G_α, G_β, G_γ usw. bezeichnen wir die Elemente von $\mathfrak{G}$, die den Parameterwerten α_s, β_s, γ_s $(s = 1, 2, \ldots, r)$ entsprechen. Vom lokalen Standpunkt aus muß man annehmen, daß die Parameterwerte genügend nahe dem Nullpunkt und die Gruppenelemente genügend nahe dem Einselement sind.

Wir betrachten das Produkt zweier beliebiger Gruppenelemente

$$G_\beta G_\alpha = G_\gamma\,.$$

Das durch die Multiplikation entstandene Element G_γ wird durch Parameter γ_s charakterisiert, die eindeutige Funktionen von α_s und β_s sind:

$$\gamma_s = \varphi_s(\beta_1, \beta_2, \ldots, \beta_r;\ \alpha_1, \alpha_2, \ldots, \alpha_r)\,. \tag{189}$$

Wir nehmen an, daß diese Funktionen stetig und viermal stetig differenzierbar sind für alle α_s und β_s, die genügend nahe am Nullpunkt liegen.

Aus der Tatsache, daß den Nullwerten der Parameter das Einselement der Gruppe entspricht, folgen die Gleichungen

$$\left.\begin{aligned} \varphi_s(\beta_1, \beta_2, \ldots, \beta_r;\ 0, 0, \ldots, 0) &= \beta_s\,,\\ \varphi_s(0, 0, \ldots, 0;\ \alpha_1, \alpha_2, \ldots, \alpha_r) &= \alpha_s \end{aligned}\right\} \quad (s = 1, 2, \ldots, r) \tag{190}$$

und hieraus

$$\left.\begin{aligned} \frac{\partial \varphi_i}{\partial \beta_k} &= \delta_{ik} \quad \text{für} \quad \alpha_s = 0\,,\\ \frac{\partial \varphi_i}{\partial \alpha_k} &= \delta_{ik} \quad \text{für} \quad \beta_s = 0 \end{aligned}\right\} \quad (s = 1, 2, \ldots, r)\,. \tag{191}$$

Die dem inversen Element G_α^{-1} entsprechenden Parameter $\tilde{\alpha}_s$ bestimmen sich offensichtlich aus den Gleichungen

$$\varphi_s(\tilde{\alpha}_1, \tilde{\alpha}_2, \ldots, \tilde{\alpha}_r; \alpha_1, \alpha_2, \ldots, \alpha_r) = 0 \qquad (s = 1, 2, \ldots, r). \tag{192}$$

Dabei sind diese Gleichungen sicherlich erfüllt, wenn wir alle α_s und alle $\tilde{\alpha}_s$ gleich 0 setzen. Die Funktionaldeterminante der linken Seiten von (192) bezüglich $\tilde{\alpha}_s$ ist auf Grund von (191) gleich 1 für $\alpha_s = \tilde{\alpha}_s = 0$ $(s = 1, 2, \ldots, r)$. Nach dem Satz über implizite Funktionen bestimmen die Gleichungen (192) $\tilde{\alpha}_s$ als stetige Funktion von α_s für alle α_s aus einer genügend kleinen Umgebung der Null. Dabei ist $\tilde{\alpha}_s = 0$ für $\alpha_s = 0$ $(s = 1, 2, \ldots, r)$.

Mit Hilfe der Maclaurinschen Formel entwickeln wir die Funktionen (189) nach Potenzen der α_s und β_s, wobei wir die Entwicklung bis zu den Gliedern dritter Ordnung ausführen. Unter Berücksichtigung der Formeln (190) und (191) erhalten wir

$$\gamma_s = \alpha_s + \beta_s + \sum_{i,k} a_{ik}^{(s)} \alpha_i \beta_k + \sum_{i,k,l} a_{ikl}^{(s)} \alpha_i \alpha_k \beta_l + \sum_{i,k,l} b_{ikl}^{(s)} \alpha_i \beta_k \beta_l + \varepsilon^{(s)}. \tag{193}$$

Hierbei sind $a_{ik}^{(s)}$, $a_{ikl}^{(s)}$ und $b_{ikl}^{(s)}$ Zahlenkoeffizienten, $\varepsilon^{(s)}$ ist klein von mindestens vierter Ordnung bezüglich α_s und β_s, und die Summation über i, k, l wird von 1 bis r erstreckt. Die Zahlen

$$C_{ik}^{(s)} = a_{ik}^{(s)} - a_{ki}^{(s)} \qquad (s, i, k = 1, 2, \ldots, r) \tag{194}$$

heißen *Strukturkonstanten* der Gruppe $\mathfrak{G}$ für die Parameter α_s. Wenn man an Stelle von α_s neue Parameter α_s' durch die Gleichungen

$$\alpha_s = \omega_s(\alpha_1', \alpha_2', \ldots, \alpha_r') \qquad (s = 1, 2, \ldots, r)$$

einführt, wobei $\omega_s(0, 0, \ldots, 0) = 0$ ist, diese Gleichungen für alle α_s aus einer genügend kleinen Umgebung der Null nach α_s' auflösbar und die Funktionen ω_s genügend oft differenzierbar sind, so erhält man für α_s' im allgemeinen andere Strukturkonstanten.

Aus der Definition (194) folgen unmittelbar die Beziehungen

$$C_{ki}^{(s)} = -C_{ik}^{(s)}. \tag{194$_1$}$$

Mit Hilfe von (192) und des Assoziativgesetzes der Multiplikation in $\mathfrak{G}$ lassen sich noch die folgenden Relationen zwischen den Strukturkonstanten beweisen:

$$\sum_{s=1}^{r} (C_{is}^{(t)} C_{jk}^{(s)} + C_{js}^{(t)} C_{ki}^{(s)} + C_{ks}^{(t)} C_{ij}^{(s)}) = 0 \qquad (i, j, k, t = 1, 2, \ldots, r). \tag{194$_2$}$$

Diese Relationen werden wir nicht benutzen; wir beweisen sie daher auch nicht.

Wir kehren zu den Formeln (193) zurück. Liegen α_s und β_s in einer genügend kleinen Umgebung der Null, so auch die γ_s. Die Formeln (191) und der Satz über implizite Funktionen gestatten festzustellen, daß die Gleichungen (193) in einer gewissen Umgebung des Koordinatenursprungs von T_r nach den β_s auflösbar sind:

$$\beta_s = \psi_s(\gamma_1, \gamma_2, \ldots, \gamma_r; \alpha_1, \alpha_2, \ldots, \alpha_r) \qquad (s = 1, 2, \ldots, r). \tag{195}$$

Die Bedingungen $\beta_s = 0$ $(s = 1, 2, \ldots, r)$ sind dabei den Bedingungen $\gamma_s = \alpha_s$ $(s = 1, 2, \ldots, r)$ gleichwertig. Mit Hilfe der Formeln (193) und (195) bilden wir zwei quadratische Matrizen $S(\alpha_s)$ und $T(\alpha_s)$ der Ordnung r mit Elementen $S_{ik}(\alpha_s)$ und $T_{ik}(\alpha_s)$, die von den Parametern α_s abhängen:

$$S_{ik}(\alpha_s) = \left(\frac{\partial \gamma_i}{\partial \beta_k}\right)_{\beta_s = 0}, \qquad T_{ik}(\alpha_s) = \left(\frac{\partial \beta_i}{\partial \gamma_k}\right)_{\gamma_s = \alpha_s} \qquad (s, i, k = 1, 2, \ldots, r). \tag{196}$$

Unter Beachtung der Differentiationsregel für zusammengesetzte Funktionen berechnen wir die Ableitung von γ_i nach γ_k und von β_i nach β_k und erhalten dadurch

$$S(\alpha_s)\, T(\alpha_s) = E \quad \text{und} \quad T(\alpha_s)\, S(\alpha_s) = E\,, \tag{197}$$

wobei E die Einheitsmatrix des Grades r ist. Aus den Formeln (191) ergibt sich, daß $S(\alpha_s)$ zur Einheitsmatrix wird für $\alpha_s = 0$ $(s = 1, 2, \ldots, r)$. Aus den Formeln (197) ergibt sich dieselbe Tatsache für die Matrix $T(\alpha_s)$. Die Strukturkonstanten $C_{ik}^{(p)}$ sind durch die Elemente der betreffenden Matrizen leicht auszudrücken. Wir erhalten dafür die folgenden Darstellungen:

$$C_{ik}^{(p)} = \left(\frac{\partial S_{pk}(\alpha_s)}{\partial \alpha_i} - \frac{\partial S_{pi}(\alpha_s)}{\partial \alpha_k}\right)_{\alpha_s = 0} \tag{198}$$

oder

$$C_{ik}^{(p)} = \left(\frac{\partial T_{pi}(\alpha_s)}{\partial \alpha_k} - \frac{\partial T_{pk}(\alpha_s)}{\partial \alpha_i}\right)_{\alpha_s = 0}. \tag{199}$$

Auf Grund von (193) und (196) erhalten wir nämlich

$$a_{ik}^{(p)} = \left(\frac{\partial \gamma_p}{\partial \alpha_i\, \partial \beta_k}\right)_{\alpha_s = \beta_s = 0} = \left(\frac{\partial S_{pk}(\alpha_s)}{\partial \alpha_i}\right)_{\alpha_s = 0}. \tag{200}$$

Die Vertauschung der Indizes i und k ergibt

$$a_{ki}^{(p)} = \left(\frac{\partial S_{pi}(\alpha_s)}{\partial \alpha_k}\right)_{\alpha_s = 0}, \tag{201}$$

woraus unmittelbar (198) folgt. Unter Berücksichtigung von (197) finden wir

$$\sum_{j=1}^{r} S_{pj}(\alpha_s)\, T_{jk}(\alpha_s) = \delta_{pk}\,.$$

Beide Seiten dieser Gleichung differenzieren wir nach α_i und setzen dann alle α_s gleich 0. Da die Matrizen $S(\alpha_s)$ und $T(\alpha_s)$ für $\alpha_s = 0$ $(s = 1, 2, \ldots, r)$ zur Einheitsmatrix werden, erhalten wir

$$\left(\frac{\partial S_{pk}(\alpha_s)}{\partial \alpha_i}\right)_{\alpha_s = 0} + \left(\frac{\partial T_{pk}(\alpha_i)}{\partial \alpha_i}\right)_{\alpha_s = 0} = 0$$

und somit nach (201)

$$a_{ik}^{(p)} = -\left(\frac{\partial T_{pk}(\alpha_s)}{\partial \alpha_i}\right)_{\alpha_s = 0}.$$

Wie oben folgt hieraus (199). Die Formeln (193) definieren die Komposition in der kontinuierlichen Gruppe. Sie gestatten, aus den Parametern α_s und β_s der Elemente G_α bzw. G_β aus $\mathfrak{G}$ die Parameter γ_s des Produkts $G_\beta G_\alpha$ zu berechnen. Der Ausdruck (193) zeigt, daß für hinreichend kleine α_s und β_s die Gruppenoperation in erster Näherung auf $\gamma_s = \alpha_s + \beta_s$ hinausläuft. In erster Näherung ist die Gruppe abelsch. Ist die Gruppe genau abelsch, so ist

$$\varphi_s(\beta_1, \beta_2, \ldots, \beta_r;\ \alpha_1, \alpha_2, \ldots, \alpha_r) = \varphi_s(\alpha_1, \alpha_2, \ldots, \alpha_r;\ \beta_1, \beta_2, \ldots, \beta_r)$$
$$(s = 1, 2, \ldots, r)\,,$$

und in der Entwicklung (193) gilt $a_{ik}^{(s)} = a_{ki}^{(s)}$. Für abelsche Gruppen sind also alle Strukturkonstanten gleich 0. Bei allgemeinen Gruppen ergeben schon die Glieder zweiter Ordnung in den Entwicklungen (193) eine Abweichung von der Kommutativität. Dies kommt durch das Auftreten der von 0 verschiedenen Strukturkonstanten zum Ausdruck.

Mit Hilfe der Entwicklung (193) kann man mühelos die Entwicklung der Parameter $\tilde{\alpha}_s$ des Elements G_α^{-1} erhalten. Dazu muß man in (193) alle γ_s gleich 0 setzen und β_s durch $\tilde{\alpha}_s$ ersetzen. Durch Anwendung der gewöhnlichen Differentiationsregeln für implizite Funktionen erhält man

$$\tilde{\alpha}_s = -\alpha_s + \sum_{i,k} a_{ik}^{(s)} \alpha_i \alpha_k + \varepsilon_1^{(s)} ,$$

wobei die $\varepsilon_1^{(s)}$ von mindestens dritter Ordnung bezüglich $\alpha_1, \alpha_2, \dots, \alpha_r$ klein sind.

83. Infinitesimale Transformationen. Wie zuvor soll $\mathfrak{G}$ eine kontinuierliche Gruppe linearer Transformationen des Grades n sein, die durch Parameter α_s ($s = 1, 2, \dots, r$) bestimmt wird. Ferner soll wie bisher G_α diejenige Transformationsmatrix sein, die den Parameterwerten α_s entspricht. Diese lineare Transformation hat dann die Gestalt

$$\boldsymbol{x} = G_\alpha \boldsymbol{u} . \tag{202}$$

Dabei ist $\boldsymbol{u}$ ein beliebiger Vektor des n-dimensionalen komplexen Vektorraumes R_n und $\boldsymbol{x}$ der transformierte Vektor. Wir führen durch folgende Vorschrift eine Differentiation von Matrizen ein: Sind alle Elemente einer Matrix A differenzierbare Funktionen eines Parameters t, so bezeichnen wir diejenige Matrix als Ableitung von A nach t, deren Elemente die Ableitungen entsprechender Elemente von A nach t sind. Also ist

$$\left\{\frac{\mathrm{d}A}{\mathrm{d}t}\right\}_{ik} = \frac{\mathrm{d}\{A\}_{ik}}{\mathrm{d}t} .$$

Hängen die Elemente von A von mehreren Veränderlichen ab, so erhalten wir in analoger Weise die partiellen Ableitungen von A.

Entsprechend wird die Ableitung eines Vektors erklärt. Sind die Komponenten $z_1, z_2, \dots, z_n$ eines Vektors $\boldsymbol{z}$ aus R_n differenzierbare Funktionen eines Parameters t, so soll $\frac{\mathrm{d}\boldsymbol{z}}{\mathrm{d}t}$ den Vektor mit den Komponenten $\frac{\mathrm{d}z_i}{\mathrm{d}t}$ bedeuten. Die Differentiation eines Vektors läuft also auf Differentiation seiner Komponenten hinaus [**II, 119**].

Wir führen jetzt sogenannte infinitesimale Transformationen der Gruppe $\mathfrak{G}$ durch folgende Festsetzung ein:

$$I_k = \left(\frac{\partial G_\alpha}{\partial \alpha_k}\right)_{\alpha_s = 0} \qquad (k = 1, 2, \dots, r) . \tag{203}$$

Das Symbol I_k bezeichnet offensichtlich eine Matrix n-ter Ordnung, deren Elemente Zahlen sind. Wir gehen auf (202) zurück und nehmen an, daß $\boldsymbol{u}$ ein fester Vektor ist, d. h., daß seine Komponenten nicht von den α_s abhängen. Der transformierte Vektor hängt dagegen im allgemeinen von diesen Parametern ab. Für ihn stellen wir die grundlegenden Differentialgleichungen auf. Dazu wenden wir auf beide Seiten von (202) die lineare Transformation an, die der Matrix G_β entspricht:

$$G_\beta \boldsymbol{x} = G_\gamma \boldsymbol{u} .$$

Dabei ist $G_\gamma = G_\beta G_\alpha$, und die Parameter γ_s bestimmen sich aus den α_s und β_s durch die grundlegende Gruppenoperation (193). Man differenziere beide Seiten der letzten Formel nach β_p und setze $\beta_s = 0$, d. h. $\gamma_s = \alpha_s$. Definition (203) ergibt

$$I_p\boldsymbol{x} = \sum_{j=1}^{r} \left[\frac{\partial (G_\gamma \boldsymbol{u})}{\partial \gamma_j}\right]_{\gamma_s=\alpha_s} \left(\frac{\partial \gamma_j}{\partial \beta_p}\right)_{\beta_s=0} .$$

Der erste Faktor unter dem Summenzeichen ist offensichtlich gleich der Ableitung der rechten Seite von (202) nach α_j, und unter Benutzung der Bezeichnungen (196) können wir die letzte Formel auf die Gestalt

$$I_p\boldsymbol{x} = \sum_{j=1}^{r} S_{jp}(\alpha_s) \frac{\partial \boldsymbol{x}}{\partial \alpha_j} \qquad (p = 1, 2, \ldots, r)$$

bringen. Führt man die Vektoren

$$X = \left(\frac{\partial \boldsymbol{x}}{\partial \alpha_1}, \frac{\partial \boldsymbol{x}}{\partial \alpha_2}, \ldots, \frac{\partial \boldsymbol{x}}{\partial \alpha_r}\right) \quad \text{und} \quad Y = (I_1\boldsymbol{x}, I_2\boldsymbol{x}, \ldots, I_r\boldsymbol{x})$$

ein, so lassen sich die vorhergehenden Formeln als lineare Transformation

$$Y = S^*(\alpha_s)\, X$$

schreiben. Dabei bezeichnet $S^*(\alpha_s)$ die transponierte Matrix. Die Multiplikation von links mit $T^*(\alpha_s)$ ergibt unter Anwendung von (197)

$$X = T^*(\alpha_s)\, Y$$

oder explizit

$$\frac{\partial \boldsymbol{x}}{\partial \alpha_p} = \sum_{j=1}^{r} T_{jp}(\alpha_s)\, I_j\boldsymbol{x} \qquad (p = 1, 2, \ldots, r) . \tag{204}$$

Für die durch (202) bestimmten Komponenten x_k von $\boldsymbol{x}$ erhalten wir

$$\frac{\partial x_k}{\partial \alpha_p} = \sum_{j=1}^{r} T_{jp}(\alpha_s) \sum_{t=1}^{n} \{I_j\}_{kt}\, x_t \qquad (k = 1, 2, \ldots, n;\quad p = 1, 2, \ldots, r) , \tag{205}$$

wobei $\{I_j\}_{kt}$ die Elemente von I_j bedeuten. Zu den Gleichungen (204) für $\boldsymbol{x}$ sind die Anfangsbedingungen

$$\boldsymbol{x}|_{\alpha_s=0} = \boldsymbol{u} , \tag{206}$$

wobei $\boldsymbol{u}$ ein beliebig vorgegebener Vektor ist, hinzuzunehmen. Diese ergeben sich unmittelbar aus (202). Die Größen $T_{jp}(\alpha_s)$, die als Koeffizienten in den Gleichungen (204) auftreten, bestimmen sich unmittelbar aus der Gruppenoperation (193). Aus (204) ergeben sich gewisse Relationen zwischen den I_j. Um sie zu erhalten, genügt es zu bemerken, daß die zweite Ableitung von $\boldsymbol{x}$ nach α_p und α_q nicht von der Reihenfolge der Differentiationen abhängt.

Aus (204) ergibt sich

$$\frac{\partial^2 \boldsymbol{x}}{\partial \alpha_p\, \partial \alpha_q} = \sum_{j=1}^{r} \left(\frac{\partial T_{jp}(\alpha_s)}{\partial \alpha_q} I_j\boldsymbol{x} + T_{jp}(\alpha_s)\, I_j \frac{\partial \boldsymbol{x}}{\partial \alpha_q}\right).$$

Substituiert man für $\dfrac{\partial \boldsymbol{x}}{\partial \alpha_q}$ den Ausdruck (204) für $p = q$, so erhält man

$$\frac{\partial^2 \boldsymbol{x}}{\partial \alpha_p\, \partial \alpha_q} = \sum_{j=1}^{r} \frac{\partial T_{jp}(\alpha_s)}{\partial \alpha_q} I_j\boldsymbol{x} + \sum_{j=1}^{r} \sum_{k=1}^{r} T_{jp}(\alpha_s)\, T_{kq}(\alpha_s)\, I_j I_k \boldsymbol{x} .$$

Vertauschen wir rechts p und q und setzen wir die neue rechte Seite gleich der alten, so erhalten wir als Folgerung von (205) die Gleichungen

$$\left[\sum_{j=1}^{r}\left(\frac{\partial T_{jp}(\alpha_s)}{\partial \alpha_q}-\frac{\partial T_{jq}(\alpha_s)}{\partial \alpha_p}\right) I_j + \sum_{j,k=1}^{r}\left(T_{jp}(\alpha_s)\, T_{kq}(\alpha_s) - T_{jq}(\alpha_s)\, T_{kp}(\alpha_s)\right) I_j I_k\right] \boldsymbol{x} = 0\,. \tag{207}$$

In dieser Relation setzen wir alle α_s gleich 0. Benutzen wir sowohl (199) als auch die Tatsache, daß $T(\alpha_s) = E$ ist, falls alle $\alpha_s = 0$ sind, so finden wir

$$\left[\sum_{j=1}^{r} C_{pq}^{(j)} I_j + (I_p I_q - I_q I_p)\right] \boldsymbol{u} = 0\,.$$

Da nun $\boldsymbol{u}$ beliebig ist, ergeben sich hieraus folgende Relationen zwischen den infinitesimalen Bedingungen:

$$I_q I_p - I_p I_q = \sum_{j=1}^{r} C_{pq}^{(j)} I_j \qquad (p, q = 1, 2, \dots, r)\,.^{1)} \tag{208}$$

Wir bestimmten die I_j und bewiesen, ausgehend von der kontinuierlichen Gruppe $\mathfrak{G}$ und unter Benutzung der Gleichungen (204), die Relationen (208). Wir zeigen, daß dieses System (204) oder, was dasselbe ist, das Gleichungssystem (205) bei gegebenen Anfangsbedingungen (206) eine einzige Lösung besitzt. Die Gleichungen (204) sind linear. Daher ist die Differenz zweier Lösungen ebenfalls eine Lösung, die für $\alpha_s = 0$ $(s = 1, 2, \dots, r)$ zum Nullvektor wird. Es braucht also nur gezeigt zu werden, daß die Lösung $\boldsymbol{x}$ von (204) für die Anfangsbedingung $\boldsymbol{u} = 0$ identisch gleich 0 ist. Der bequemeren Schreibweise wegen nehmen wir $r = 3$ an. Es sei $\boldsymbol{x}(\alpha_1, \alpha_2, \alpha_3)$ die in Frage kommende Lösung. Wir schreiben die Gleichungen (204) für $p = 1$ hin und setzen $\alpha_2 = \alpha_3 = 0$. Es entsteht ein gewöhnliches Differentialgleichungssystem für $\boldsymbol{x}(\alpha_1, 0, 0)$ in der unabhängigen Veränderlichen α_1 mit den Anfangswerten 0. Auf Grund des bekannten Eindeutigkeitssatzes [**II, 50**] ist die Lösung identisch gleich 0, also $\boldsymbol{x}(\alpha_1, 0, 0) \equiv 0$. Wir gehen jetzt mit $\boldsymbol{x}(\alpha_1, \alpha_2, 0)$ in die Gleichungen (204) für $p = 2$ ein und setzen $\alpha_3 = 0$. Für jedes feste α_1 entsteht ein gewöhnliches Differentialgleichungssystem für $\boldsymbol{x}(\alpha_1, \alpha_2, 0)$ in α_2, und jedesmal ist $\boldsymbol{x}(\alpha_1, 0, 0) = 0$. Nach dem Eindeutigkeitssatz gilt daher $\boldsymbol{x}(\alpha_1, \alpha_2, 0) \equiv 0$. Wir betrachten jetzt die Gleichungen (204) für $p = 3$. Für beliebige feste α_1, α_2 bilden sie ein gewöhnliches Differentialgleichungssystem für $\boldsymbol{x}(\alpha_1, \alpha_2, \alpha_3)$ mit $\boldsymbol{x}(\alpha_1, \alpha_2, 0) = 0$. Folglich ist $\boldsymbol{x}(\alpha_1, \alpha_2, \alpha_3) \equiv 0$. Das ist die zu beweisende Identität.

Für gegebene infinitesimale Transformationen I_j und gegebene $T_{jp}(\alpha_s)$, die durch die Gruppenoperation (193) bestimmt werden, führen also die Gleichungen (204) zu einer einzigen endlichen linearen Transformation (202). Mit anderen Worten, die infinitesimalen Transformationen bestimmen die Gruppe. Dies ist für das Folgende

---

1) Wie in [87] gezeigt werden wird, ist die Gültigkeit der Relation (208), d. h. das Verschwinden der eckigen Klammern in (207) für $\alpha_1 = \dots = \alpha_s = 0$, gleichwertig mit dem in den α_s identischen Verschwinden der eckigen Klammern in (207). Unter Beachtung der beiden (207) vorangehenden Formelzeilen erkennt man daraus, daß die identisch in den α_s verschwindenden eckigen Klammern in (207) oder die Relationen (208) die Integrabilitätsbedingungen für das System (204) darstellen. Vgl. auch [88]. (Anm. d. Red.)

wesentlich. Der Beweis der Existenz einer Lösung der Gleichungen (204) beruht auf einem allgemeinen Satz über partielle Differentialgleichungen. Um diesen auf die Gleichungen (204) anwenden zu können, formulieren wir ihn folgendermaßen: Damit die Gleichungen (204) für beliebige Anfangsbedingungen (206) eine Lösung haben, ist notwendig und hinreichend, daß jede eckige Klammer in (207) für beliebige p und q in α_s identisch 0 ist. Im weiteren werden wir diesen Existenzsatz nicht verwenden.

84. Drehungsgruppe. Als Beispiel betrachten wir die Gruppe der Drehungen des Raumes um den Koordinatenursprung. Die entsprechenden Matrizen dritten Grades hängen von drei Parametern ab. Als solche Parameter kann man z. B. die drei Eulerschen Winkel nehmen. Wir wollen aber andere Parameter $\alpha_1, \alpha_2, \alpha_3$ einführen und mit ihnen die weiteren Rechnungen durchführen. Jede Drehung können wir auch als eine Drehung um eine gerichtete, vom Koordinatenursprung ausgehende Achse l betrachten. Sie kann dabei entgegen dem Uhrzeigersinn um einen Winkel kleiner oder höchstens gleich π ausgeführt werden. Es ist also möglich, jede Drehung durch einen Vektor darzustellen, der vom Koordinatenursprung ausgeht, die Richtung der Drehachse hat und dessen Länge gleich dem Drehungswinkel ist. Die Projektionen $\alpha_1, \alpha_2, \alpha_3$ dieses Vektors auf die Koordinatenachsen sollen uns als Parameter dienen.

Wenn wir eine Kugel V mit dem Mittelpunkt im Koordinatenursprung und dem Radius π nehmen und entgegengesetzte Endpunkte jedes Durchmessers identifizieren, so erhalten wir zwischen den Punkten $(\alpha_1, \alpha_2, \alpha_3)$ der Kugel und den Elementen der Drehungsgruppe eine eineindeutige Zuordnung. Im vorliegenden Fall besteht diese Zuordnung nicht nur zwischen einer Umgebung des Koordinatenursprungs und einer Umgebung des Einselements der Gruppe, sondern für die ganze Gruppe, wenn man die ganze Kugel V betrachtet. Man kann alle Matrizen der Drehungsgruppe durch die Parameter $\alpha_1, \alpha_2, \alpha_3$ ausdrücken und sich von der Stetigkeit und der Existenz der Ableitungen überzeugen, wovon wir weiter oben gesprochen haben.

Wir wollen für den betrachteten Fall die Formeln (193) für die Gruppenoperation nicht herleiten, sondern werden die Strukturkonstanten bestimmen, indem wir die Matrizen der Infinitesimaltransformation unmittelbar ausrechnen.

Zur Berechnung von I_1 können wir annehmen, daß $\alpha_2 = \alpha_3 = 0$ sei. Dann differenzieren wir die Transformationsmatrix nach α_1 und setzen $\alpha_1 = 0$. Nun bedeutet aber $\alpha_2 = \alpha_3 = 0$ eine Drehung um die x-Achse um den Winkel α_1. Das ergibt die Gleichungen

$$x_1' = x_1\,,$$
$$x_2' = x_2 \cos\alpha_1 - x_3 \sin\alpha_1\,,$$
$$x_3' = x_2 \sin\alpha_1 + x_3 \cos\alpha_1\,.$$

Differenzieren wir die Matrix nach α_1 und setzen dann $\alpha_1 = 0$, so erhalten wir

$$I_1 = \begin{pmatrix} 0 & 0 & 0 \\ 0 & 0 & -1 \\ 0 & 1 & 0 \end{pmatrix}. \tag{209}$$

Entsprechend ergibt sich

$$I_2 = \begin{pmatrix} 0 & 0 & 1 \\ 0 & 0 & 0 \\ -1 & 0 & 0 \end{pmatrix}, \qquad I_3 = \begin{pmatrix} 0 & -1 & 0 \\ 1 & 0 & 0 \\ 0 & 0 & 0 \end{pmatrix}. \tag{210}$$

Danach kann man die linken Seiten der Relationen (208) unmittelbar ausrechnen und somit die Strukturkonstanten bestimmen. Diese elementaren Rechnungen führen auf folgende Relationen:

$$I_1 I_2 - I_2 I_1 = I_3\,, \qquad I_2 I_3 - I_3 I_2 = I_1\,, \qquad I_3 I_1 - I_1 I_3 = I_2\,. \tag{211}$$

Wenn wir nun die rechte Seite der Formel (202) nach Potenzen von α_s entwickeln und uns dabei auf die Glieder erster Ordnung beschränken, so ergibt sich

$$\boldsymbol{x} \doteq \boldsymbol{u} + (\alpha_1 I_1 + \alpha_2 I_2 + \alpha_3 I_3)\, \boldsymbol{u}\,.$$[1]

Der Vektor $\boldsymbol{u}$ erhält durch diese Transformation folgenden Zuwachs:

$$\delta \boldsymbol{u} \doteq \alpha_1 I_1 \boldsymbol{u} + \alpha_2 I_2 \boldsymbol{u} + \alpha_3 I_3 \boldsymbol{u}\,.$$

Jeder Summand der rechten Seite gibt den Zuwachs von $\boldsymbol{u}$ bei einer kleinen Drehung um eine der Koordinatenachsen an. So erhalten wir z. B. den folgenden Zuwachs der Komponenten u_1, u_2, u_3 von $\boldsymbol{u}$ bei der Drehung um die X-Achse um einen kleinen Winkel α_1:

$$\delta u_1 \doteq 0\,, \qquad \delta u_2 \doteq -u_3 \alpha_1\,, \qquad \delta u_3 \doteq u_2 \alpha_1\,.$$

Dabei beschränken wir uns wie oben auf Glieder erster Ordnung bezüglich α_1.

85. Infinitesimale Transformationen und Darstellungen der Drehungsgruppe. Wir wollen jetzt den Zusammenhang zwischen dem, was wir über infinitesimale Transformationen gesagt haben, und den Darstellungen der Drehungsgruppe klären. Wir wollen annehmen, die Darstellung sei in der Umgebung der Identität eindeutig.

Die darstellenden Matrizen $F(\alpha_1, \alpha_2, \alpha_3)$ des Grades n sollen Elemente haben, die stetige und differenzierbare Funktionen der Parameter α_1, α_2, α_3 sind. Jede Drehung D läßt sich als Produkt endlich vieler Drehungen aus der erwähnten Umgebung darstellen. Das Produkt der entsprechenden Darstellungsmatrizen ergibt dann eine Darstellungsmatrix für D. Auf diese Weise aber kann im großen eine mehrdeutige Darstellung der Drehungsgruppe entstehen. Wenn wir nämlich die Drehungsparameter stetig verändern und dabei zur Ausgangsdrehung zurückkommen, so kann es vorkommen, daß wir für sie eine neue Darstellungsmatrix erhalten. Dieser Fall ist uns schon früher bei einer zweideutigen Darstellung der vollen Drehungsgruppe [69] begegnet. Für die Matrizen $F(\alpha_1, \alpha_2, \alpha_3)$ haben wir dieselbe Gruppenoperation wie für die Drehungen und daher auch die gleichen Strukturkonstanten. Für die Gruppe $\mathfrak{G}'$ der Matrizen $F(\alpha_1, \alpha_2, \alpha_3)$ können wir die infinitesimalen Transformationen I_k bilden. Das sind gewisse Matrizen n-ten Grades, die den Relationen (211) genügen. Um die Matrizen I_k zu bestimmen, können wir für den Vektor $\boldsymbol{x}$ aus R_n die Differentialgleichungen (204) aufschreiben; denn die $T_{jp}(\alpha_s)$ sind allein durch die Gruppenoperation bestimmt. Bei gegebenen Anfangsbedingungen (206) können diese Gleichungen nur eine Lösung haben. Diese Lösung ergibt offenbar die Transformation

$$\boldsymbol{x} = F(\alpha_1, \alpha_2, \alpha_3)\, \boldsymbol{u}\,,$$

die die Drehungsgruppe in der Nähe der Identität darstellt.

---

[1]) Der Punkt über dem Gleichheitszeichen soll darauf hinweisen, daß bei der Gleichheit die Glieder höherer Ordnung vernachlässigt werden. (Anm. d. Red.)

Im vorliegenden Fall ist $r = 3$, und wenn man in der Gleichung (204) zu den Komponenten von $\boldsymbol{x}$ übergeht, so erhält man $3n$ Gleichungen für diese n Komponenten des Vektors

$$\boldsymbol{x} = (x_1, x_2, \dots, x_n) .$$

Für das Folgende ist für uns nur wichtig, daß die Gleichungen (204) bei gegebenen Anfangsbedingungen (206) nicht mehr als eine Lösung haben können. Wie wir schon weiter oben erwähnt haben, läßt sich diese Tatsache wie folgt formulieren: *Eine Darstellung der Drehungsgruppe wird durch ihre Infinitesimaltransformationen* I_1, I_2, I_3 *vollständig bestimmt.* Damit wird die ganze Aufgabe auf die Bestimmung der Infinitesimaltransformationen zurückgeführt, womit wir uns jetzt beschäftigen wollen. An Stelle der gesuchten Matrizen I_1, I_2, I_3 führen wir neue Matrizen

$$A_1 = -I_2 + \mathrm{i}I_1 , \qquad A_2 = I_2 + \mathrm{i}I_1 , \qquad A_3 = \mathrm{i}I_3 \tag{212}$$

ein. Man bestätigt leicht, daß für diese Matrizen an Stelle von (211) die Relationen

$$\left.\begin{aligned} A_3A_1 - A_1A_3 &= A_1 , \\ A_3A_2 - A_2A_3 &= -A_2 , \\ A_1A_2 - A_2A_1 &= 2A_3 \end{aligned}\right\} \tag{213}$$

gelten.

Die Darstellung durch die Matrizen $F(\alpha_1, \alpha_2, \alpha_3)$ enthält insbesondere eine Darstellung der abelschen Gruppe der Drehungen um die Z-Achse. Den Elementen dieser Gruppe entsprechen die Matrizen $F(0, 0, \alpha_3)$. Durch geeignete Wahl der Basisvektoren lassen sich alle diese Matrizen auf die Diagonalform bringen; denn die irreduziblen Darstellungen einer abelschen Gruppe sind vom Grad 1. Für diese Basisvektoren nimmt die Transformation die Gestalt [69]

$$F(0, 0, \alpha_3)\, \boldsymbol{v} = \mathrm{e}^{l\alpha_3}\, \boldsymbol{v}$$

an. Setzen wir hier $l = -\mathrm{i}m$ und bezeichnen $\boldsymbol{v}$ mit $\boldsymbol{v}_m$, so erhalten wir

$$F(0, 0, \alpha_3)\, \boldsymbol{v}_m = \mathrm{e}^{-\mathrm{i}m\alpha_3}\, \boldsymbol{v}_m .$$

Da wir die Eindeutigkeit der Darstellung nur in der Umgebung von $\alpha_s = 0$ ($s = 1, 2, 3$) fordern, brauchen wir nicht anzunehmen, daß m eine ganze Zahl ist. Auf Grund der Definition von I_3 erhalten wir

$$A_3\boldsymbol{v}_m = \mathrm{i}I_3\boldsymbol{v}_m = \mathrm{i}\left[\frac{\partial}{\partial\alpha_3} F(0, 0, \alpha_3)\, \boldsymbol{v}_m\right]_{\alpha_3=0} = \mathrm{i}\left(\frac{\partial}{\partial\alpha_3}\, \mathrm{e}^{-\mathrm{i}m\alpha_3}\, \boldsymbol{v}_m\right)_{\alpha_3=0} = m\boldsymbol{v}_m .$$

Also ist

$$A_3\boldsymbol{v}_m = m\boldsymbol{v}_m ; \tag{214}$$

$\boldsymbol{v}_m$ ist daher Eigenvektor des Operators A_3 zum Eigenwert m. Wenn mehrere solcher Eigenvektoren vorhanden sind, bezeichnen wir mit $\boldsymbol{v}_m$ einen beliebigen unter ihnen.

Wir beweisen jetzt den folgenden Hilfssatz:

Hilfssatz. *Wenn* $\boldsymbol{v}$ *Eigenvektor von* A_3 *zum Eigenwert* a *ist, so ist der Vektor* $A_1\boldsymbol{v}$, *falls er von 0 verschieden ist, ebenfalls Eigenvektor von* A_3 *zum Eigenwert* $a + 1$. *Entsprechend ist* $A_2\boldsymbol{v}$ *Eigenvektor von* A_3 *zum Eigenwert* $a - 1$.

Nach Voraussetzung ist $A_3\boldsymbol{v} = a\boldsymbol{v}$, und auf Grund von (213) erhalten wir

$$\begin{aligned} A_3(A_1\boldsymbol{v}) &= (A_1A_3 + A_1)\, \boldsymbol{v} = A_1(A_3\boldsymbol{v}) + A_1\boldsymbol{v} \\ &= A_1(a\boldsymbol{v}) + A_1\boldsymbol{v} = (a + 1)\, A_1\boldsymbol{v} \end{aligned}$$

und entsprechend

$$A_3(A_2\boldsymbol{v}) = (a - 1)\, A_2\boldsymbol{v} \,.$$

Die Anzahl der verschiedenen Eigenwerte von A_3 ist nicht größer als n. Unter ihnen gibt es einen oder mehrere mit einem größten Realteil. Wir bezeichnen diesen Eigenwert (oder einen unter ihnen) mit j und mit $\boldsymbol{v}_j$ den zugehörigen Eigenvektor (oder einen von ihnen, wenn es mehrere gibt). Nach dem bewiesenen Hilfssatz müßte $A_1\boldsymbol{v}_j$ Eigenvektor von A_3 zum Eigenwert $j + 1$ sein. Aber auf Grund der Definition von j hat A_3 keinen solchen Eigenwert. Daher muß

$$A_1\boldsymbol{v}_j = 0 \tag{215}$$

gelten. Nach dem obigen Hilfssatz sind die Vektoren

$$\boldsymbol{v}_{j-1} = A_2\boldsymbol{v}_j \,, \qquad \boldsymbol{v}_{j-2} = A_2\boldsymbol{v}_{j-1} \,, \dots \tag{216}$$

entweder Nullvektoren oder aber Eigenvektoren von A_3 zu den Eigenwerten $j - 1, j - 2, \dots$ Die Folge (216) wird von einem gewissen Glied an identisch 0, da A_3 nicht mehr als n Eigenwerte besitzt. Wir beweisen die Formel

$$A_1\boldsymbol{v}_k = \varrho_k\boldsymbol{v}_{k+1} \qquad (k = j, j - 1, j - 2, \dots) \,, \tag{217}$$

wobei die ϱ_k ganze Zahlen bedeuten. Nach (215) gilt sie für $k = j$, wenn $\varrho_j = 0$ ist und man für $\boldsymbol{v}_{j+1}$ z. B. den Nullvektor nimmt. Angenommen, (217) gelte für irgendein k, dann beweisen wir diese Beziehung für $k - 1$. Nach (213), (216) und (217) gilt

$$\begin{aligned} A_1\boldsymbol{v}_{k-1} &= A_1(A_2\boldsymbol{v}_k) = (A_2A_1 + 2A_3)\,\boldsymbol{v}_k \\ &= A_2(A_1\boldsymbol{v}_k) + 2A_3\boldsymbol{v}_k = A_2(\varrho_k\boldsymbol{v}_{k+1}) + 2k\boldsymbol{v}_k = (\varrho_k + 2k)\,\boldsymbol{v}_k \,. \end{aligned}$$

Wir bemerken, daß dabei (wegen $\varrho_k = 0$ für $k = j$) die Beziehung

$$A_2\boldsymbol{v}_{k+1} = \boldsymbol{v}_k$$

für $k = j$ nicht benutzt wird. Somit ist die Formel (217) bewiesen, und die Zahlen ϱ_k lassen sich aus den Relationen

$$\varrho_{k-1} = \varrho_k + 2k \,, \qquad \varrho_j = 0 \qquad (k = j, j - 1, \dots)$$

bestimmen. Die sukzessive Ausrechnung ergibt $\varrho_k = j(j + 1) - k(k + 1)$, also ist

$$A_1\boldsymbol{v}_k = [j(j + 1) - k(k + 1)]\,\boldsymbol{v}_{k+1} \qquad (k = j, j - 1, \dots) \,. \tag{218}$$

Mit Hilfe dieser Gleichung bestimmen wir den Index s des ersten Nullvektors in der Folge (216), für den $\boldsymbol{v}_s = 0$ und $\boldsymbol{v}_{s+1} \neq 0$ ist. Aus (217) ergibt sich $\varrho_s = 0$ und somit

$$j(j + 1) - s(s + 1) = 0 \,.$$

Diese quadratische Gleichung für s hat die Wurzeln $s = j$ und $s = -(j + 1)$. Dabei ist $s = j$ ausgeschlossen, da $\boldsymbol{v}_j$ kein Nullvektor ist und auch nicht zur Folge (216) gehört. Die Vektoren

$$\boldsymbol{v}_j, \boldsymbol{v}_{j-1}, \dots, \boldsymbol{v}_{-j+1}, \boldsymbol{v}_{-j} \tag{219}$$

sind daher von 0 verschieden, und es ist $A_2\boldsymbol{v}_{-j} = 0$. Die Anzahl dieser Vektoren ist $2j + 1$. Hieraus sieht man, daß j entweder eine nichtnegative ganze Zahl oder die Hälfte einer solchen ist. Ist $2j + 1 = n$, so können wir die Vektoren (219) als Basisvektoren von R_n wählen. Ist dagegen $2j + 1 < n$, so spannen diese Vektoren im R_n einen Raum L_{2j+1} auf. Der letzte Fall möge vorliegen. Jeder

Vektor $\boldsymbol{v}_k$ der Folge (219) genügt der Gleichung

$$A_3 \boldsymbol{v}_k = k \boldsymbol{v}_k \qquad (k = j, j-1, \dots, -j+1, -j).$$

Außerdem gelten $A_2 \boldsymbol{v}_k = \boldsymbol{v}_{k-1}$, wobei $\boldsymbol{v}_{-j-1} = 0$ ist, und die Formel (218). Somit führen die Operatoren A_1, A_2, A_3 den Raum L_{2j+1} in sich über, und die angegebenen Formeln bestimmen diese Operatoren in L_{2j+1} vollständig. Darüber hinaus folgt aus (216) und (218), daß kein Unterraum L_k von L_{2j+1} mit $0 < k < 2j+1$ für die Operatoren A_1, A_2, A_3 invariant bleibt. Nachdem A_k bestimmt worden ist. können wir für den Unterraum L_{2j+1} die Gleichungen (204) bilden, denen der Vektor

$$\boldsymbol{x} = F_j(\alpha_1, \alpha_2, \alpha_3)\, \boldsymbol{u} \tag{220}$$

der gesuchten Darstellung in L_{2j+1} genügen muß. Diese Darstellung läßt keinen echten Unterraum L_k von L_{2j+1} invariant, und die Darstellung in L_{2j+1} ist irreduzibel. Andernfalls müßte jeder Operator A_s definitionsgemäß L_k invariant lassen. Wir sahen aber, daß dies nicht der Fall ist. Ist $2j+1 = n$, so beziehen sich diese Überlegungen auf den ganzen Raum R_n. Ist dagegen $2j+1 < n$, so haben wir gezeigt, wie man von R_n eine im Sinne von [**65**] irreduzible Darstellung des Grades $2j+1$ abspaltet; das ist eine solche Darstellung, die keinen Unterraum L_k mit $0 < k < 2j+1$ invariant läßt. Aus unseren Überlegungen folgt, daß bis auf Äquivalenz nur eine irreduzible Darstellung eines gegebenen Grades existiert. In [**69**] haben wir aber schon eine unitäre irreduzible Darstellung jedes beliebigen Grades konstruiert. Damit sind alle möglichen irreduziblen Darstellungen ausgeschöpft, und die oben mit Hilfe der Operatoren A_s konstruierten Darstellungen in L_{2j+1} müssen ihnen äquivalent sein.

Die Vektoren (219) kann man mit beliebigen von 0 verschiedenen Zahlenfaktoren multiplizieren. Dabei erhalten auch die Relationen (216) und (218) entsprechende Zahlenfaktoren. Diese Zahlenfaktoren kann man so wählen, daß schließlich die Relationen

$$\left.\begin{aligned} A_1 \boldsymbol{v}_k &= \sqrt{j(j+1) - k(k+1)}\, \boldsymbol{v}_{k+1}, \\ A_2 \boldsymbol{v}_k &= \sqrt{j(j+1) - k(k-1)}\, \boldsymbol{v}_{k-1}, \\ A_3 \boldsymbol{v}_k &= k \boldsymbol{v}_k \end{aligned}\right\} \tag{221}$$

bestehen, wobei $\boldsymbol{v}_{j+1} = 0$ und $\boldsymbol{v}_{-j-1} = 0$ sind.

Bei dieser Wahl der Faktoren ergeben sich gerade die Darstellungen, welche wir in [**69**], ausgehend von den Ausdrücken

$$\eta_l = \frac{x_1^{j+l} x_2^{j-l}}{\sqrt{(j+l)!\,(j-l)!}}, \tag{222}$$

erhalten haben. Die oben angegebene Konstruktion gestattet es, aus einer beliebigen Darstellung irreduzible Bestandteile abzuspalten. Alles kommt darauf hinaus, Eigenvektoren $\boldsymbol{v}_j$ von A_3 zu größten Eigenwerten zu bestimmen und die Konstruktion (216) anzuwenden.

86. Die Darstellungen der Lorentz-Gruppe. Wir betrachten die Gruppe der linearen Transformationen mit der Determinante 1:

$$\left.\begin{aligned} x_1' &= a x_1 + b x_2, \\ x_2' &= c x_1 + d x_2 \end{aligned}\right\} \qquad (ad - bc = 1). \tag{223}$$

Die Transformationsmatrix enthält vier komplexe Koeffizienten, zwischen denen eine Relation besteht. Drei Koeffizienten bleiben willkürlich, so daß wir sechs reelle Parameter haben. Wir führen die reellen Parameter dadurch ein, daß wir die Transformationsmatrizen in der Gestalt

$$A = \begin{pmatrix} 1 + \alpha_1 + i\alpha_2 & \alpha_3 + i\alpha_4 \\ \alpha_5 + i\alpha_6 & d(\alpha_s) \end{pmatrix} \tag{224}$$

ansetzen, wobei

$$d(\alpha_s) = \frac{1 + (\alpha_3 + i\alpha_4)(\alpha_5 + i\alpha_6)}{1 + \alpha_1 + i\alpha_2}$$

ist. Wir erhalten sechs Infinitesimaltransformationen I'_k, die leicht zu konstruieren sind. Um z. B. I'_1 zu bestimmen, muß man in der Matrix A alle α_s außer α_1 gleich 0 setzen, die Matrizen nach α_1 differenzieren und dann α_1 gleich 0 setzen. Auf diese Weise erhalten wir

$$I'_1 = \begin{pmatrix} 1 & 0 \\ 0 & -1 \end{pmatrix}, \quad I'_2 = \begin{pmatrix} i & 0 \\ 0 & -i \end{pmatrix}, \quad I'_3 = \begin{pmatrix} 0 & 1 \\ 0 & 0 \end{pmatrix},$$

$$I'_4 = \begin{pmatrix} 0 & i \\ 0 & 0 \end{pmatrix}, \quad I'_5 = \begin{pmatrix} 0 & 0 \\ 1 & 0 \end{pmatrix}, \quad I'_6 = \begin{pmatrix} 0 & 0 \\ i & 0 \end{pmatrix}.$$

Die Strukturkonstanten $C^{(j)}_{pq}$, die in die Relation (208) eingehen, müssen definitionsgemäß reell sein und können aus den 15 Beziehungen

$$I'_p I'_q - I'_q I'_p = \sum_{j=1}^{6} C^{(j)}_{pq} I'_j \qquad (p < q;\ p, q = 1, \dots, 6)$$

bestimmt werden. Dabei ist zu beachten, daß zwischen den Matrizen I'_j keine linearen Beziehungen mit reellen Koeffizienten bestehen. Man erhält die folgenden 15 Gleichungen:

$$\begin{aligned}
I'_1 I'_3 - I'_3 I'_1 &= 2I'_3, & I'_3 I'_6 - I'_6 I'_3 &= I'_2, \\
I'_1 I'_5 - I'_5 I'_1 &= -2I'_5, & I'_1 I'_2 - I'_2 I'_1 &= 0, \\
I'_3 I'_5 - I'_5 I'_3 &= I'_1, & I'_3 I'_4 - I'_4 I'_3 &= 0, \\
I'_2 I'_4 - I'_4 I'_2 &= -2I'_3, & I'_5 I'_6 - I'_6 I'_5 &= 0, \\
I'_2 I'_6 - I'_6 I'_2 &= 2I'_5, & I'_2 I'_3 - I'_3 I'_2 &= 2I'_4, \\
I'_4 I'_6 - I'_6 I'_4 &= -I'_1, & I'_2 I'_5 - I'_5 I'_2 &= -2I'_6, \\
I'_1 I'_4 - I'_4 I'_1 &= 2I'_4, & I'_4 I'_5 - I'_5 I'_4 &= I'_2. \\
I'_1 I'_6 - I'_6 I'_1 &= -2I'_6,
\end{aligned}$$

Für die Infinitesimaltransformationen I_k $(k = 1, \dots, 6)$ einer beliebigen Darstellung der untersuchten Gruppe bestehen ebenfalls 15 Beziehungen

$$I_p I_q - I_q I_p = \sum_{j=1}^{6} C^{(j)}_{pq} I_j$$

mit den gleichen Konstanten $C^{(j)}_{pq}$.

Führen wir die Bezeichnungen

$$\begin{aligned}
I_3 + iI_4 &= 2A_1, & I_5 + iI_6 &= 2A_2, & I_1 + iI_2 &= 4A_3, \\
I_3 - iI_4 &= 2B_1, & I_5 - iI_6 &= 2B_2, & I_1 - iI_2 &= 4B_3
\end{aligned} \tag{225}$$

ein, so lassen sich die erwähnten 15 Relationen folgendermaßen bequem darstellen:

$$A_p B_q - B_p A_q = 0 \qquad (p, q = 1, 2, 3) \tag{226}$$

und außerdem

$$\left.\begin{aligned} A_3 A_1 - A_1 A_3 &= A_1\,, \\ A_3 A_2 - A_2 A_1 &= -A_2\,, \\ A_1 A_2 - A_2 A_1 &= 2A_3\,, \end{aligned}\right\} \tag{227}$$

$$\left.\begin{aligned} B_3 B_1 - B_1 B_3 &= B_1\,, \\ B_3 B_2 - B_2 B_1 &= -B_2\,, \\ B_1 B_2 - B_2 B_1 &= 2B_3\,. \end{aligned}\right\} \tag{228}$$

Wir erwähnen noch, daß die Beziehungen (226) und (227) von den Matrizen I_k' trivialerweise erfüllt werden, denn es sind alle A_k' $(k = 1, 2, 3)$ gleich 0.

Die Beziehungen (227) stimmen mit den Beziehungen (213) überein, und die Überlegungen des vorigen Abschnitts bleiben gültig. Wir wenden diese Relationen auf die Infinitesimaltransformationen einer beliebigen linearen Darstellung der Gruppe (223) an. Ist $\boldsymbol{v}_j$ ein Eigenvektor zu einem größtmöglichen Eigenwert des Operators A_3, so gibt es $2j + 1$ Eigenvektoren $\boldsymbol{v}_k$ $(k = j, j - 1, \ldots, -j + 1, -j)$ von A_3, die sich bei Anwendung der Operatoren A_1, A_2, A_3 gemäß (221) transformieren. Dabei ist $\boldsymbol{v}_{j+1} = 0$ und $\boldsymbol{v}_{-j-1} = 0$. $L^{(j)}$ sei der Unterraum, der von allen zum Eigenwert j gehörenden Eigenvektoren von A_3 aufgespannt wird. Gehört ein Vektor $\boldsymbol{v}$ zu $L^{(j)}$, so gehören auch die Vektoren $B_q\boldsymbol{v}$ $(q = 1, 2, 3)$ zu $L^{(j)}$. Nach (226) gilt nämlich

$$A_3(B_q\boldsymbol{v}) = B_q(A_3\boldsymbol{v}) = B_q(j\boldsymbol{v}) = jB_q\boldsymbol{v}\,.$$

Hieraus folgt, daß $B_q\boldsymbol{v}$ Eigenvektor von A_3 zum Eigenwert j (oder der Nullvektor) ist. Also gehört $B_q\boldsymbol{v}$ zu $L^{(j)}$. Auf $L^{(j)}$ können wir die Überlegungen von **[85]** anwenden, wobei wir statt der A_k die Operatoren B_k betrachten. Dadurch ist es möglich, in $L^{(j)}$ eine Reihe von Vektoren $\boldsymbol{v}_{jk'}$ $(k' = j', j' - 1, \ldots, -j' + 1, -j')$ zu konstruieren, die sich nach den Formeln (221) transformieren, wenn man j durch j' und A_k durch B_k ersetzt. Jeder Vektor $\boldsymbol{v}_{jk'}$ ergibt, wenn man auf ihn sukzessive die Operation A_2 anwendet, $2j + 1$ Vektoren $\boldsymbol{v}_{kk'}$ $(k = j, j - 1, \ldots, -j + 1, -j)$. Im ganzen erhalten wir daher $(2j + 1)(2j' + 1)$ Vektoren $\boldsymbol{v}_{kk'}$, für die die Relationen

$$\left.\begin{aligned} A_1\boldsymbol{v}_{kk'} &= \sqrt{j(j+1) - k(k+1)}\,\boldsymbol{v}_{k+1,k'}\,, \\ A_2\boldsymbol{v}_{kk'} &= \sqrt{j(j+1) - k(k-1)}\,\boldsymbol{v}_{k-1,k'}\,, \\ A_3\boldsymbol{v}_{kk'} &= k\boldsymbol{v}_{kk'}\,, \\ B_1\boldsymbol{v}_{kk'} &= \sqrt{j(j+1) - k'(k'+1)}\,\boldsymbol{v}_{k,k'+1}\,, \\ B_2\boldsymbol{v}_{kk'} &= \sqrt{j(j+1) - k'(k'-1)}\,\boldsymbol{v}_{k,k'-1}\,, \\ B_3\boldsymbol{v}_{kk'} &= k'\boldsymbol{v}_{kk'} \end{aligned}\right\} \tag{229}$$

bestehen. Diese Formeln bestimmen im Raum der Dimension $(2j + 1)(2j' + 1)$ die Operatoren A_p und B_q. Aus ihnen lassen sich nach den Formeln (225) die Operatoren I_k berechnen, die nach den Gleichungen (204) auf eine einzige Darstellung der Gruppe führen. Dies ist gerade die Darstellung, die wir in **[80]** konstruiert haben.

In den letzten Abschnitten folgten wir den Darlegungen van der Waerdens in seinem Buch „Die gruppentheoretische Methode in der Quantenmechanik".

87. Einige Hilfsformeln. Wir kehren jetzt zu den Formeln aus [**82**] zurück. Es sei

$$G_\beta G_\alpha = G_\gamma \, , \tag{230}$$

wobei sich die Parameter γ_s aus den α_s und β_s nach den Formeln (189) und (192) berechnen. Damit wird das Multiplikationsgesetz der Gruppe festgelegt. Wir bilden eine Matrix, die von den Variablen α_s und β_s abhängt und somit eine Funktion der Gruppenelemente G_α und G_β ist. Wir bezeichnen diese Matrix mit $S(G_\beta, G_\alpha)$; ihre Elemente seien durch

$$S_{ik}(G_\beta, G_\alpha) = \frac{\partial \gamma_i}{\partial \beta_k} \qquad (i, k = 1, 2, \ldots, r) \tag{231}$$

bestimmt. In [**82**] betrachteten wir schon diese Matrix für $\beta_s = 0$, d. h. für den Fall $G_\beta = E$, wobei E das Einselement der Gruppe ist. Wir wollen die Eigenschaften dieser Matrix näher studieren. Aus der Definition folgt unmittelbar

$$S(G_\beta, E) = I \, . \tag{232}$$

Wir beweisen die Formel

$$S(G_\beta, G_\alpha) \cdot S(E, G_\beta) = S(E, G_\beta G_\alpha) \, . \tag{233}$$

Dazu setzen wir $G_\alpha = G_{\alpha''} G_{\alpha'}$, so daß $G_\gamma = G_\beta G_\alpha = (G_\beta G_{\alpha''}) G_{\alpha'} = G_\delta G_{\alpha'}$ $(G_\delta = G_\beta G_{\alpha''})$ ist. Darauf wenden wir die Regel für die Differentiation zusammengesetzter Funktionen an und erhalten

$$\frac{\partial \gamma_i}{\partial \beta_k} = \sum_{s=1}^{r} \frac{\partial \gamma_i}{\partial \delta_s} \cdot \frac{\partial \delta_s}{\partial \beta_k} = \sum_{s=1}^{r} S_{is}(G_\delta, G_{\alpha'}) \, S_{sk}(G_\beta, G_{\alpha''}) \, ,$$

woraus

$$S(G_\beta, G_{\alpha''} G_{\alpha'}) = S(G_\delta, G_{\alpha'}) \, S(G_\beta, G_{\alpha''})$$

folgt. Hier setzen wir $G_\beta = E$, $G_{\alpha''} = G_\beta$ und $G_{\alpha'} = G_\alpha$, und es ergibt sich die zu beweisende Gleichung (233). Für $G_\alpha = G_\beta^{-1}$ bekommen wir einen Ausdruck für die Inverse der Matrix $S(E, G_\beta)$:

$$S^{-1}(E, G_\beta) = S(G_\beta, G_\beta^{-1}) \, . \tag{234}$$

In den Bezeichnungen von [**82**] ist $S(E, G_\beta)$ gleich $S(\beta_s)$, und die dazu inverse Matrix ist $T(\beta_s)$. Hier wollen wir diese Matrizen mit $S(G_\beta)$ und $T(G_\beta)$ bezeichnen. Also ist

$$S(E, G_\beta) = S(G_\beta) \, , \qquad S^{-1}(E, G_\beta) = T(G_\beta) \, . \tag{235}$$

Ferner gilt

$$S(G_\beta) \, T(G_\beta) = T(G_\beta) \, S(G_\beta) = E \, . \tag{236}$$

Aus (233) ergibt sich

$$S(G_\beta, G_\alpha) = S(E, G_\gamma) \, S^{-1}(E, G_\beta) = S(G_\gamma) \, S^{-1}(G_\beta) \, , \tag{237}$$

und die Relation (231) kann in der Gestalt

$$\frac{\partial \gamma_i}{\partial \beta_k} = \sum_{s=1}^{r} S_{is}(G_\gamma) \, T_{sk}(G_\beta) \tag{238}$$

geschrieben werden. Beide Seiten dieser Gleichung multiplizieren wir mit $T_{mi}(G_\gamma)$, summieren über i und erhalten auf Grund von (236) die Beziehung

$$\sum_{i=1}^{r} T_{mi}(G_\gamma) \frac{\partial \gamma_i}{\partial \beta_k} = T_{mk}(G_\beta) \, . \tag{239}$$

Nun differenzieren wir (238) nach β_l und erhalten

$$\frac{\partial^2 \gamma_i}{\partial \beta_k \, \partial \beta_l} = \sum_{s, p=1}^{r} \frac{\partial S_{is}(G_\gamma)}{\partial \gamma_p} \frac{\partial \gamma_p}{\partial \beta_l} T_{sk}(G_\beta) + \sum_{s=1}^{r} S_{is}(G_\gamma) \frac{\partial T_{sk}(G_\beta)}{\partial \beta_l} \, .$$

Setzt man hier für $\partial \gamma_p / \partial \beta_l$ den Ausdruck ein, der sich aus (238) ergibt, so erhält man

$$\frac{\partial^2 \gamma_i}{\partial \beta_k \, \partial \beta_l} = \sum_{s, p, q=1}^{r} \frac{\partial S_{is}(G_\gamma)}{\partial \gamma_p} S_{pq}(G_\gamma) \, T_{ql}(G_\beta) \, T_{sk}(G_\beta) + \sum_{s=1}^{r} S_{is}(G_\gamma) \frac{\partial T_{sk}(G_\beta)}{\partial \beta_l} \, .$$

Auf der rechten Seite vertauscht man die Indizes k und l, benutzt die Unabhängigkeit der linken Seite von der Reihenfolge des Differenzierens und vertauscht die Summationsindizes s und q. Dann erhält man

$$\sum_{s,p,q=1}^{r}\left[\frac{\partial S_{is}(G_\gamma)}{\partial\gamma_p}S_{pq}(G_\gamma)-\frac{\partial S_{iq}(G_\gamma)}{\partial\gamma_p}S_{ps}(G_\gamma)\right]T_{ql}(G_\beta)\,T_{sk}(G_\beta)$$
$$=-\sum_{s=1}^{r}S_{is}(G_\gamma)\left[\frac{\partial T_{sk}(G_\beta)}{\partial\beta_l}-\frac{\partial T_{sl}(G_\beta)}{\partial\beta_k}\right].$$

Beide Seiten dieser Gleichung multiplizieren wir jetzt mit $S_{lf}(G_\beta)\,S_{kg}(G_\beta)\,T_{hi}(G_\gamma)$ und summieren über i, k und l von 1 bis r. Unter Beachtung von (236) erhalten wir das gleichwertige Gleichungssystem

$$\sum_{i,p=1}^{r}\left[\frac{\partial S_{ig}(G_\gamma)}{\partial\gamma_p}S_{pf}(G_\gamma)-\frac{\partial S_{if}(G_\gamma)}{\partial\gamma_p}S_{pg}(G_\gamma)\right]T_{hi}(G_\gamma)$$
$$=-\sum_{k,l=1}^{r}S_{lf}(G_\beta)\,S_{kg}(G_\beta)\left[\frac{\partial T_{hk}(G_\beta)}{\partial\beta_l}-\frac{\partial T_{hl}(G_\beta)}{\partial\beta_k}\right].$$

Man kommt von diesen Gleichungen zu den vorhergehenden zurück, wenn man beide Seiten mit $T_{fl_1}(G_\beta)\,T_{gk_1}(G_\beta)\,S_{i_1h}(G_\gamma)$ multipliziert und über f, g und h summiert. In der letzten Gleichung hängt die linke Seite nur von γ_s, die rechte nur von β_s ab. Da nun in (230) G_α beliebig ist und somit die β_s und γ_s voneinander unabhängig sind, müssen beide Seiten der Formel gleich ein und derselben Konstanten sein. Insbesondere gilt

$$\sum_{k,l=1}^{r}S_{lf}(G_\beta)\,S_{kg}(G_\beta)\left[\frac{\partial T_{hk}(G_\beta)}{\partial\beta_l}-\frac{\partial T_{hl}(G_\beta)}{\partial\beta_k}\right]=C_{fg}^{(h)}.$$

Durch Umbenennung der Indizes können wir auch

$$\sum_{s,t=1}^{r}S_{ti}(G_\alpha)\,S_{sk}(G_\alpha)\left[\frac{\partial T_{ps}(G_\alpha)}{\partial\alpha_t}-\frac{\partial T_{pt}(G_\alpha)}{\partial\alpha_s}\right]=-C_{ik}^{(p)} \tag{240}$$

schreiben. Wenn wir in dieser Identität $G_\alpha = E$ setzen (d. h. $\alpha_s = 0$ $(s = 1, 2, \ldots, r)$ und $S(E) = E$ berücksichtigen), so erhalten wir

$$-C_{ik}^{(p)}=\left[\frac{\partial T_{pk}(G_\alpha)}{\partial\alpha_i}-\frac{\partial T_{pi}(G_\alpha)}{\partial\alpha_k}\right]_{\alpha_s=0}.$$

Der Vergleich mit (199) aus [82] zeigt, daß die $C_{ik}^{(p)}$ die früher definierten Strukturkonstanten sind. Beide Seiten von (240) multiplizieren wir mit $T_{il}(G_\alpha)\,T_{km}(G_\alpha)$ und summieren über i und k. So erhalten wir

$$\frac{\partial T_{pm}(G_\alpha)}{\partial\alpha_l}-\frac{\partial T_{pl}(G_\beta)}{\partial\alpha_m}=-\sum_{i,k=1}^{r}C_{ik}^{(p)}T_{il}(G_\alpha)\,T_{km}(G_\alpha). \tag{241}$$

Nun kehren wir zu den Formeln (207) und (208) zurück. Wie wir sahen, ergab sich (208) dadurch, daß man in (207) für $\alpha_s = 0$ $(s = 1, 2, \ldots, r)$ die eckigen Klammern gleich 0 setzte. Mit Hilfe von (241) ist nun die folgende Tatsache leicht zu zeigen: *Aus* (208) *ergibt sich, daß die eckige Klammer in* (207) *auch für beliebige* α_s *gleich* 0 *ist.*

Den zweiten Summanden in dieser Klammer schreiben wir in der Gestalt

$$\sum_{j,k=1}^{r}T_{jp}T_{kq}I_jI_k-\sum_{j,k=1}^{r}T_{jq}T_{kp}I_jI_k,$$

wobei wir für die T das Argument G_α nicht mitschreiben. In dem Subtrahenden vertauschen wir die Indizes k und j und erhalten

$$\sum_{j,k=1}^{r}T_{jq}T_{kp}(I_jI_k-I_kI_j)=\sum_{j,k,s=1}^{r}T_{jp}T_{kq}C_{kj}^{(s)}I_s.$$

Wenn wir den ersten Summanden

$$\sum_{j=1}^{r} \left(\frac{\partial T_{jp}}{\partial \alpha_q} - \frac{\partial T_{jq}}{\partial \alpha_p} \right) I_j$$

in der Klammer von (207) gemäß (241) umformen, so erhalten wir dasselbe Resultat, aber mit umgekehrtem Vorzeichen.

Neben der Matrix $S(G_\beta, G_\alpha)$ wollen wir auch die Matrix $S'(G_\beta, G_\alpha)$ betrachten, deren Elemente durch die Formeln

$$\frac{\partial \gamma_i}{\partial \alpha_k} = S'(G_\beta, G_\alpha) \tag{242}$$

definiert sind.

Analog wie oben lassen sich dann die Beziehungen

$$\left. \begin{aligned} S'(E, G_\alpha) &= I\,, \\ S'(G_\beta G_\alpha, E) &= S'(G_\beta, G_\alpha)\, S'(G_\alpha, E)\,, \\ S'^{-1}(G_\alpha, E) &= S'(G_\alpha^{-1}, G_\alpha) \end{aligned} \right\} \tag{243}$$

beweisen. Diese Formeln werden wir später benötigen.

88. Konstruktion einer Gruppe aus ihren Strukturkonstanten. Im vorliegenden Abschnitt wollen wir in großen Zügen die Frage anschneiden, wie man eine Gruppenoperation und eine Gruppe linearer Transformationen aus vorgegebenen Strukturkonstanten aufbaut, wobei vorausgesetzt wird, daß diese Strukturkonstanten den Relationen (194_1) und (194_2) genügen. Diese Konstruktion stützt sich auf einen Satz aus der Theorie der partiellen Differentialgleichungen, den wir schon weiter oben erwähnt haben. Jetzt werden wir diesen Satz formulieren.

Es sei das folgende System von partiellen Differentialgleichungen gegeben:

$$\frac{\partial z_i}{\partial x_k} = X_{ik}(x_1, \ldots, x_n; z_1, \ldots, z_m) \quad (i = 1, 2, \ldots m;\ k = 1, 2, \ldots, n)\,. \tag{244}$$

Unter Benutzung dieses Systems schreibt sich die Identität

$$\frac{\partial^2 z_i}{\partial x_k\, \partial x_l} = \frac{\partial^2 z_i}{\partial x_l\, \partial x_k}$$

in der Gestalt

$$\frac{\partial X_{ik}}{\partial x_l} + \sum_{s=1}^{m} \frac{\partial X_{ik}}{\partial z_s} \cdot \frac{\partial z_s}{\partial x_l} = \frac{\partial X_{il}}{\partial x_k} + \sum_{s=1}^{m} \frac{\partial X_{il}}{\partial z_s} \cdot \frac{\partial z_s}{\partial x_k}\,,$$

und wenn wir $\frac{\partial z_s}{\partial x_l}$ und $\frac{\partial z_s}{\partial x_k}$ durch ihren Ausdruck aus (244) ersetzen, ergibt sich

$$\frac{\partial X_{ik}}{\partial x_l} + \sum_{s=1}^{m} \frac{\partial X_{ik}}{\partial z_s} \cdot X_{sl} = \frac{\partial X_{il}}{\partial x_k} + \sum_{s=1}^{m} \frac{\partial X_{il}}{\partial z_s} X_{sk} \quad (k \neq l)\,. \tag{245}$$

Diese Gleichung ist eine Relation zwischen den Variablen x_k und z_i.

S a t z. *Die Funktionen* X_{ik} *mögen in der Umgebung des Punktes* $x_k = x_k^{(0)}$, $z_i = z_i^{(0)}$ *(und für diesen Punkt selbst) samt ihren in* (245) *auftretenden partiellen Ableitungen stetig sein. Die Relationen* (245) *seien identisch in den* x_k *und* z_i *erfüllt. Dann hat das System* (244) *mit den Anfangsbedingungen*

$$z_i \big|_{x_k = x_k^{(0)}} = z_i^{(0)}$$

genau eine Lösung.

Sind die genannten Stetigkeits- und Differenzierbarkeitsbedingungen erfüllt, so heißen die Bedingungen, laut denen (245) erfüllt ist, die *Integrabilitätsbedingungen.*

Wir geben jetzt in großen Zügen die Konstruktion der Gruppenkomposition und der Gruppe linearer Transformationen aus gegebenen Strukturkonstanten an.

Es seien also $C_{ik}^{(p)}$ $(i, k, p = 1, 2, \dots)$ gegebene Konstanten, von denen wir voraussetzen, daß sie den Relationen (194_1) und (194_2) genügen.

Wenn man das System (241) nach den partiellen Ableitungen auflöst, so kann man nachprüfen, daß die erwähnten Relationen die Integrabilitätsbedingungen für das System (241) sind. Es gibt daher genau eine Matrix $T(G_\alpha)$ mit den Elementen $T_{pq}(G_\alpha)$ $(p, q = 1, 2, \dots, r)$, die für $G_\alpha = E$, d. h. für $\alpha_s = 0$ $(s = 1, 2, \dots, r)$, zur Einheitsmatrix wird und dem System (241) genügt. Da wir $T(G_\alpha)$ haben, können wir auch die inverse Matrix $S(G_\alpha) = T^{-1}(G_\alpha)$ konstruieren. Für die Aufstellung der Gruppenoperation greifen wir auf das System (238) zurück. Die rechten Seiten dieser Gleichungen sind bekannte Funktionen von β_s und γ_s $(s = 1, 2, \dots, r)$. Man prüft nach, daß das System (241) gerade die Integrabilitätsbedingungen des Systems (238) darstellt. Es gibt also genau eine Lösung des Systems (238), das den Anfangsbedingungen

$$\gamma_i \,|_{\beta_k = 0} = \alpha_i$$

genügt. Die so konstruierte Lösung ergibt die gesuchte Gruppenkomposition. Die Anfangsbedingungen drücken die Tatsache aus, daß das durch (230) bestimmte Element G_γ sich für $\beta_s = 0$ $(s = 1, 2, \dots, r)$ auf G_α reduziert.

Wir gehen jetzt zur Konstruktion einer Gruppe linearer Transformationen über. Wir wollen also eine Gruppe von Matrizen gegebenen Grades aus den Strukturkonstanten konstruieren, wobei, wie wir oben sahen, die Matrix $T(G_\alpha)$ bestimmt ist. Wie in **[83]** und **[87]** gezeigt wurde, bedeuten die Integrabilitätsbedingungen von (204) oder (205), daß die eckige Klammer in Gleichung (207) für jede Indexwahl identisch 0 ist. Wie wir in **[87]** bemerkten, ist diese letzte Bedingung erfüllt, wenn die Matrizen I_s den Relationen (208) genügen. Die Lösung der Aufgabe muß also mit der Konstruktion von Matrizen I_s gegebenen Grades, die den Relationen (208) genügen, beginnen. Das ist eine komplizierte algebraische Aufgabe. Wenn aber die Matrizen I_s bestimmt sind, so können wir aussagen, daß das System (205) eine einzige, den Anfangsbedingungen (206) genügende Lösung besitzt. Aus dieser Lösung ergibt sich die Matrizengruppe mit gegebenen Strukturkonstanten $C_{ik}^{(p)}$.

Es kann gezeigt werden, daß die Integration des Systems (241) mit den Anfangsbedingungen $T(E) = I$ auf die Integration eines Systems gewöhnlicher Differentialgleichungen mit konstanten Koeffizienten hinausläuft. Wir formulieren dieses Resultat: Man konstruiert das System gewöhnlicher Differentialgleichungen mit konstanten Koeffizienten

$$\frac{\mathrm{d}w_{ik}(t)}{\mathrm{d}t} = \delta_{ik} + \sum_{p,q=1}^{r} C_{pq}^{(i)} \alpha_p w_{qk}(t)\,,$$

wobei $\delta_{ik} = 0$ für $i \neq k$, $\delta_{ii} = 1$ und $\alpha_1, \alpha_2, \dots, \alpha_r$ gegebene Konstanten sind. Dann genügen die Funktionen $T_{ik}(\alpha_s) = w_{ik}(t)$ dem System (241) und der Anfangsbedingung $T(E) = I$. Eine ausführliche Untersuchung über die Konstruktion einer kontinuierlichen Gruppe aus gegebenen Strukturkonstanten sowie Studien über andere Fragen aus der Theorie kontinuierlicher Gruppen findet man in dem Buch von L. S. Pontrajagin: „Topologische Gruppen", Bd. I/II, Leipzig 1957 bzw. 1958 (Übersetzung aus dem Russischen).

89. Integration auf einer Gruppe. In den Abschnitten **[76, 77]** haben wir eine Reihe von Relationen bewiesen. Diese enthalten Summen über gewisse Größen, die von den Gruppenelementen abhängen. Dabei wurde die Summation über alle Gruppenelemente erstreckt. Im Fall kontinuierlicher Gruppen läßt sich die Summation durch eine Integration über die Gruppenparameter ersetzen. Wir wollen annehmen, daß die kontinuierliche Gruppe $\mathfrak{G}$ von der Art ist, daß bei einer gewissen Parameterwahl $\alpha_1, \alpha_2, \dots, \alpha_r$ aus einem r-dimensionalen Raum T_r jedem Element von $\mathfrak{G}$ ein Punkt eines beschränkten abgeschlossenen Bereiches V (Gebiet einschließlich Rand) entspricht und daß umgekehrt jedem Punkt von V ein Gruppenelement zugeordnet ist. Die Funktionen $\varphi_j(\beta_1, \dots, \beta_r; \alpha_1, \dots, \alpha_r)$, die die Gruppenoperation definieren, sollen im Innern von V stetig und genügend oft differenzierbar, ja sogar auf ganz V (einschließlich des Randes) stetig sein. Die Parameter von G_α^{-1} sollen ebenfalls stetige Funktionen der α_s sein. Eine Gruppe mit diesen Eigenschaften wird gewöhnlich als *kompakt* bezeichnet.

Um eine Integration auf dieser Gruppe zu definieren, betrachten wir die Determinante der Matrix $S'(G_\beta, G_\alpha)$ [87]. Für diese Determinante führen wir die Bezeichnung

$$\Delta'(G_\beta, G_\alpha) = \left|\frac{\partial \gamma_i}{\partial \alpha_k}\right| \quad (i, k = 1, \dots, r) \tag{246}$$

ein. Aus (243) folgen unmittelbar die Beziehungen

$$\Delta'(E, G_\alpha) = 1, \tag{247$_1$}$$

$$\Delta'(G_\beta G_\alpha, E) = \Delta'(G_\beta, G_\alpha) \cdot \Delta'(G_\alpha, E). \tag{247$_2$}$$

Wir setzen $\delta'(G_\beta) = \Delta'(G_\beta, E)$ und erhalten, da aus (243) $\delta'(G_\alpha) \neq 0$ folgt,

$$\Delta'(G_\beta, G_\alpha) = \frac{\delta'(G_\beta G_\alpha)}{\delta'(G_\alpha)}. \tag{248}$$

Da nun $\delta'(E) = \Delta'(E, E) = 1$ ist, ergibt sich

$$\Delta'(G_\alpha^{-1}, G_\alpha) = \frac{1}{\delta'(G_\alpha)}. \tag{249}$$

Ferner setzen wir

$$u'(G_\alpha) = \Delta'(G_\alpha^{-1}, G_\alpha). \tag{250}$$

Auf Grund der gemachten Voraussetzungen ist auch $u'(G_\alpha)$ eine stetige Funktion im abgeschlossenen Bereich V. Sie verschwindet nirgends, weil die Funktion

$$\frac{1}{u'(G_\alpha)} = \delta'(G_\alpha) = \Delta'(G_\alpha, E)$$

ebenfalls stetig ist. Da nun $u'(E) = 1$ ist, sehen wir, daß $u'(G_\alpha)$ und $\delta(G_\alpha)$ positive Funktionen sind. Auf Grund von (248) kann man dasselbe von $\Delta'(G_\beta, G_\alpha)$ aussagen.

Es sei nun $f(G_\alpha) = f(\alpha_1, \alpha_2, \dots, \alpha_r)$ eine beliebige, im abgeschlossenen Bereich V stetige Funktion.

Wir definieren das Integral dieser Funktion über die Gruppe $\mathfrak{G}$ durch

$$\int_{\mathfrak{G}} f(G_\alpha)\, \mathrm{d}G_\alpha = \int_V f(\alpha_1, \alpha_2, \dots, \alpha_r)\, u'(G_\alpha)\, \mathrm{d}\alpha_1\, \mathrm{d}\alpha_2 \dots \mathrm{d}\alpha_r. \tag{251}$$

Das Integral auf der rechten Seite soll dabei als ein gewöhnliches Integral über V aufgefaßt werden. Wir beweisen, daß dieses Integral die Eigenschaft (die man *Linksinvarianz* nennt)

$$\int_{\mathfrak{G}} f(G_\alpha)\, \mathrm{d}G_\alpha = \int_{\mathfrak{G}} f(G_\beta G_\alpha)\, \mathrm{d}G_\alpha \tag{252}$$

besitzt. In den Koordinaten schreibt sich diese Beziehung folgendermaßen:

$$\int_V f(\alpha_1, \alpha_2, \dots, \alpha_r)\, u'(G_\alpha)\, \mathrm{d}\alpha_1\, \mathrm{d}\alpha_2 \dots \mathrm{d}\alpha_r = \int_V f(\gamma_1, \gamma_2, \dots, \gamma_r)\, u'(G_\alpha)\, \mathrm{d}\alpha_1\, \mathrm{d}\alpha_2 \dots \mathrm{d}\alpha_r. \tag{253}$$

G_β ist dabei ein beliebiges festes Element der Gruppe. Zum Beweis ersetzen wir in dem Integral der linken Seite das veränderliche Element G_α durch G_δ, wobei G_δ durch die Gleichung $G_\alpha = G_\beta G_\delta$ definiert sei. Der Variationsbereich der Parameter $\delta_1, \delta_2, \dots, \delta_r$ ist wiederum V. Die Funktionaldeterminante der Transformation ist

$$\left|\frac{\partial \alpha_i}{\partial \delta_k}\right| = \Delta'(G_\beta, G_\delta) = \frac{\delta'(G_\beta G_\delta)}{\delta'(G_\delta)} = \frac{u'(G_\delta)}{u'(G_\beta G_\delta)} = \frac{u'(G_\delta)}{u'(G_\alpha)},$$

und wir erhalten

$$\int_V f(\alpha_1, \alpha_2, \dots, \alpha_r)\, u'(G_\alpha)\, \mathrm{d}\alpha_1\, \mathrm{d}\alpha_2 \dots \mathrm{d}\alpha_r = \int_V f(\alpha_1, \alpha_2, \dots, \alpha_r)\, u'(G_\alpha)\, \frac{u'(G_\delta)}{u'(G_\alpha)}\, \mathrm{d}\delta_1\, \mathrm{d}\delta_2 \dots \mathrm{d}\delta_r$$

$$= \int_{\mathfrak{G}} f(G_\beta G_\delta)\, \mathrm{d}G_\delta.$$

Der letzte Ausdruck stimmt mit (253) überein. Daß wir auf der rechten Seite G_α durch G_δ ersetzen, ist unwesentlich.

Analog konstruiert man ein rechtsinvariantes Integral. Dazu führen wir die Determinante der Matrix $S(G_\beta, G_\alpha)$

$$\Delta(G_\beta, G_\alpha) = \left|\frac{\partial \gamma_i}{\partial \beta_k}\right| \quad (i, k = 1, \dots, r) \tag{254}$$

ein. Wie vorher erhalten wir

$$\left.\begin{aligned} \Delta(G_\alpha, E) &= 1\,, \\ \Delta(E, G_\beta, G_\alpha) &= \Delta(G_\beta, G_\alpha)\,\Delta(E, G_\beta)\,, \\ \Delta(G_\beta, G_\alpha) &= \frac{\delta(G_\beta, G_\alpha)}{\delta(G_\beta)} \quad \text{mit} \quad \delta(G_\alpha) = \Delta(E, G_\alpha)\,. \end{aligned}\right\} \tag{255}$$

Dann führt man die positive Funktion

$$u(G_\alpha) = \frac{1}{\delta(G_\alpha)} = \Delta(G_\alpha, G_\alpha^{-1}) \tag{256}$$

ein und definiert das Integral durch

$$\int_V f(\alpha_1, \alpha_2, \dots, \alpha_r)\, u(G_\alpha)\, d\alpha_1\, d\alpha_2 \dots d\alpha_r = \int_{\mathfrak{G}} f(G_\alpha)\, \widetilde{dG}_\alpha\,. \tag{257}$$

Die Schlange über dem Differentialzeichen soll dieses Integral vom Integral (251) unterscheiden.

Es gilt hier die Rechtsinvarianz

$$\int_{\mathfrak{G}} f(G_\alpha)\, \widetilde{dG}_\alpha = \int_{\mathfrak{G}} f(G_\alpha G_\beta)\, \widetilde{dG}_\alpha\,. \tag{258}$$

Wir wollen jetzt beweisen: Wenn wir G_α durch G_α^{-1} in der zu integrierenden Funktion ersetzen, wird das linksinvariante Integral in das rechtsinvariante übergeführt und umgekehrt. Dazu differenzieren wir die in den Parametern ausgeschriebene Gleichung $G_\lambda = G_\alpha G_\beta$ nach α_k und setzen in allen weiteren Formeln $G_\beta = G_\alpha^{-1}$. Wir erhalten

$$\frac{\partial \lambda_i}{\partial \alpha_k} + \sum_{s=1}^{r} \frac{\partial \lambda_i}{\partial \beta_s} \cdot \frac{\partial \beta_s}{\partial \alpha_k} = 0 \text{ und hieraus } \left|\frac{\partial \lambda_i}{\partial \alpha_k}\right| = (-1)^r \left|\frac{\partial \lambda_i}{\partial \beta_k}\right| \cdot \left|\frac{\partial \beta_i}{\partial \alpha_k}\right|.$$

Unter Zuhilfenahme von (246) und (254) ergibt sich

$$\left|\frac{\partial \beta_i}{\partial \alpha_k}\right| = (-1)^r \frac{\Delta(G_\alpha, G_\alpha^{-1})}{\Delta'(G_\alpha, G_\alpha^{-1})} = (-1)^r \frac{u(G_\alpha)}{u'(G_\alpha^{-1})}\,. \tag{259}$$

Diese Determinante läßt sich auch anders schreiben. Aus der Gleichung

$$\left|\frac{\partial \beta_i}{\partial \alpha_k}\right| \left|\frac{\partial \alpha_i}{\partial \beta_k}\right| = 1$$

folgt

$$\left|\frac{\partial \alpha_i}{\partial \beta_k}\right| = (-1)^r \frac{u'(G_\alpha^{-1})}{u(G_\alpha)} \tag{260}$$

oder, durch Vertauschung von G_α mit G_α^{-1},

$$\left|\frac{\partial \beta_i}{\partial \alpha_k}\right| = (-1)^r \frac{u'(G_\alpha)}{u(G_\alpha^{-1})}\,. \tag{261}$$

Wir wenden uns jetzt den Integralen zu. Durch Einführung einer neuen Integrationsvariablen[1]) erhalten wir mit Hilfe von (260)

$$\int_V f(\alpha_1, \alpha_2, \ldots, \alpha_r)\, u'(G_\alpha)\, d\alpha_1\, d\alpha_2 \ldots d\alpha_r = \int_V f(\tilde{\beta}_1, \tilde{\beta}_2, \ldots, \tilde{\beta}_r)\, u'(G_\alpha) \left\| \frac{\partial \alpha_i}{\partial \beta_k} \right\| d\beta_1\, d\beta_2 \ldots d\beta_r$$

$$= \int_V f(\tilde{\beta}_1, \tilde{\beta}_2, \ldots, \tilde{\beta}_r)\, u'(G_\alpha)\, \frac{u(G_\beta)}{u'(G_\alpha)}\, d\beta_1\, d\beta_2 \ldots d\beta_r .$$

Wir kürzen durch $u'(G_\alpha)$ und ersetzen das veränderliche Element G_β durch G_α. Dann ergibt sich

$$\int_V f(\tilde{\alpha}_1, \tilde{\alpha}_2, \ldots, \tilde{\alpha}_r)\, u(G_\alpha)\, d\alpha_1\, d\alpha_2 \ldots d\alpha_r = \int_V f(\alpha_1, \alpha_2, \ldots, \alpha_r)\, u'(G_\alpha)\, d\alpha_1\, d\alpha_2 \ldots d\alpha_r . \qquad (262)$$

Genauso erhält man mit Hilfe der Formel (261) die Beziehung

$$\int_V f(\tilde{\alpha}_1, \tilde{\alpha}_2, \ldots, \tilde{\alpha}_r)\, u'(G_\alpha)\, d\alpha_1\, d\alpha_2 \ldots d\alpha_r = \int_V f(\alpha_1, \alpha_2, \ldots, \alpha_r)\, u(G_\alpha)\, d\alpha_1\, d\alpha_2 \ldots d\alpha_r . \qquad (263)$$

Bis jetzt haben wir die Kompaktheit der Gruppe nicht benutzt. Der Bereich V kann auch unendlich sein. Man muß dabei über die Funktion $f(\alpha_1, \alpha_2, \ldots, \alpha_r)$ nur voraussetzen, daß alle vorkommenden Integrale existieren. Jetzt wollen wir aber die Kompaktheit der Gruppe benutzen und zeigen, daß dann $u(G_\alpha) = u'(G_\alpha)$ ist. Dazu betrachten wir die Determinante

$$D(G_\beta, G_\alpha) = \left| \frac{\partial \mu_i}{\partial \beta_k} \right| , \qquad (264)$$

wobei $G_\mu = G_\alpha^{-1} G_\beta G_\alpha$ ist, und beweisen

$$D(G_\beta, G_{\alpha''} G_{\alpha'}) = D(G_{\alpha''}^{-1} G_\beta G_{\alpha''}, G_{\alpha'})\, D(G_\beta, G_{\alpha''}) . \qquad (265)$$

Es gilt

$$G_\mu = (G_{\alpha''} G_{\alpha'})^{-1}\, G_\beta (G_{\alpha''} G_{\alpha'}) = G_{\alpha'}^{-1} G_\nu G_{\alpha'} ,$$

wobei $G_\nu = G_{\alpha''}^{-1} G_\beta G_{\alpha''}$ gesetzt ist, und daher

$$\left| \frac{\partial \mu_i}{\partial \beta_k} \right| = \left| \frac{\partial \mu_i}{\partial \nu_k} \right| \cdot \left| \frac{\partial \nu_i}{\partial \beta_k} \right| = D(G_\nu, G_{\alpha'})\, D(G_\beta, G_{\alpha''}) \quad (i, k = 1, \ldots, r) .$$

Hieraus folgt (265). Setzen wir $G_\beta = E$, so erhalten wir

$$D(E, G_{\alpha''} G_{\alpha'}) = D(E, G_{\alpha'})\, D(E, G_{\alpha''}) . \qquad (266)$$

Führt man die auf der Gruppe definierte Funktion

$$\eta(G_\alpha) = D(E, G_\alpha) \qquad (267)$$

ein, deren Werte Zahlen sind, so gilt wegen (266)

$$\eta(G_{\alpha''} G_{\alpha'}) = \eta(G_{\alpha''})\, \eta(G_{\alpha'}) . \qquad (268)$$

Der Multiplikation der Elemente entspricht also die Multiplikation der Funktionswerte $\eta(G_\alpha)$. Offenbar gilt

$$\eta(E) = 1 \quad \text{und} \quad \eta(G_\alpha)\, \eta(G_\alpha^{-1}) = 1 , \qquad (269)$$

und die Funktion $\eta(G_\alpha)$ ist stetig und positiv im abgeschlossenen Bereich V.

Unter Benutzung der Kompaktheit der Gruppe wollen wir jetzt zeigen, daß für jedes Element G_α der Gruppe $\eta(G_\alpha) = 1$ ist. Dazu nehmen wir an, es gelte für ein Element G_α die Ungleichung $\eta(G_\alpha) \neq 1$. Da aus $\eta(G_\alpha) < 1$ nach (269) $\eta(G_\alpha^{-1}) > 0$ folgt, dürfen wir von vornherein annehmen, daß $\eta(G_\alpha) > 1$ ist. Dann gilt

$$\eta(G_\alpha^n) = [\eta(G_\alpha)]^n \to \infty \quad \text{für} \quad n \to \infty .$$

---

[1]) Hat G_α die Parameter α_s, so soll G_α^{-1} die Parameter $\tilde{\alpha}_s$ besitzen. (Anm. d. Red.)

Das widerspricht aber der Tatsache, daß die in dem beschränkten abgeschlossenen Bereich V stetige Funktion $\eta(G_\alpha)$ selbst beschränkt ist. Wir stellen jetzt den Zusammenhang zwischen $u(G_\alpha)$ und $u'(G_\alpha)$ fest. Es sei

$$G_\gamma = G_\beta G_\alpha = G_\alpha^{-1}(G_\alpha G_\beta)\, G_\alpha = G_\alpha^{-1} G_\varrho G_\alpha \qquad (G_\varrho = G_\alpha G_\beta)\,,$$

dann gilt

$$\left|\frac{\partial \gamma_i}{\partial \beta_k}\right| = \Delta(G_\beta, G_\alpha)\,.$$

Aber andererseits gilt

$$\left|\frac{\partial \gamma_i}{\partial \beta_k}\right| = \left|\frac{\partial \gamma_i}{\partial \varrho_k}\right| \cdot \left|\frac{\partial \varrho_i}{\partial \beta_k}\right| = D(G_\varrho, G_\alpha)\, \Delta'(G_\alpha, G_\beta)\,,$$

d. h.

$$\Delta(G_\beta, G_\alpha) = D(G_\alpha G_\beta, G_\alpha) \cdot \Delta'(G_\alpha, G_\beta)\,.$$

Setzen wir $G_\beta = G_\alpha^{-1}$, so erhalten wir $\Delta(G_\alpha^{-1}, G_\alpha) = D(E, G_\alpha) \cdot \Delta'(G_\alpha, G_\alpha^{-1})$, also $u(G_\alpha^{-1}) = \eta(G_\alpha) u'(G_\alpha^{-1})$ oder $u(G_\alpha^{-1}) = u'(G_\alpha^{-1})$ für beliebiges G_α; denn es ist $\eta(G_\alpha) = 1$. In kompakten Gruppen stimmt also das linksinvariante Integral (251) mit dem rechtsinvarianten (257) überein. Aus (262) oder (263) folgt außerdem, daß dieses Integral auch mit dem Integral

$$\int_V f(\tilde{\alpha}_1, \tilde{\alpha}_2, \ldots, \tilde{\alpha}_r)\, u'(G_\alpha)\, d\alpha_1\, d\alpha_2 \ldots d\alpha_r$$

übereinstimmt.

Für nicht kompakte Gruppen kann das linksinvariante Integral vom rechtsinvarianten verschieden sein. Als Beispiel betrachten wir die Gruppe linearer Transformationen der Gestalt

$$z' = e^{\alpha_1} z + \alpha_2\,,$$

wobei α_1 und α_2 von $-\infty$ bis ∞ variieren. Hier ist $r = 2$, und V ist die ganze Ebene. Die Komposition zweier Transformationen ergibt

$$z' = e^{\alpha_1} z + \alpha_2\,, \qquad z'' = e^{\beta_1} z' + \beta_2\,,$$
$$z'' = e^{\beta_1 + \alpha_1} z + (e^{\beta_1} \alpha_2 + \beta_2)\,,$$

also

$$\gamma_1 = \varphi_1(\beta_1, \beta_2; \alpha_1, \alpha_2) = \beta_1 + \alpha_1\,,$$
$$\gamma_2 = \varphi_2(\beta_1, \beta_2; \alpha_1, \alpha_2) = e^{\beta_1} \alpha_2 + \beta_2\,.$$

Dem Einselement entsprechen die Parameter $\alpha_1 = \alpha_2 = 0$. G_α^{-1} hat $\tilde{\alpha}_1 = -\alpha_1$, $\tilde{\alpha}_2 = -\alpha_2\, e^{-\alpha_1}$ als Parameter. Wir berechnen die Funktionaldeterminante:

$$\Delta'(G_\beta, G_\alpha) = \begin{vmatrix} 1 & 0 \\ 0 & e^{\alpha_1} \end{vmatrix} = e^{\alpha_1}\,, \qquad \delta'(G_\alpha) = e^{\alpha_1}\,, \qquad u'(G_\alpha) = e^{-\alpha_1}\,,$$

$$\Delta(G_\beta, G_\alpha) = \begin{vmatrix} 1 & e^{\alpha_1} \beta_2 \\ 0 & 1 \end{vmatrix} = 1\,, \qquad \delta(G_\alpha) = u(G_\alpha) = 1\,.$$

Das linksinvariante Integral hat die Gestalt

$$\int_{-\infty}^{\infty} \int_{-\infty}^{\infty} f(\alpha_1, \alpha_2)\, e^{-\alpha_1}\, d\alpha_1\, d\alpha_2$$

und das rechtsinvariante die Gestalt

$$\int_{-\infty}^{\infty} \int_{-\infty}^{\infty} f(\alpha_1, \alpha_2)\, d\alpha_1\, d\alpha_2\,.$$

In dem Beweis der Gleichheit der rechts- und linksinvarianten Integrale, d. h. der Gleichung $u(G_\alpha) = u'(G_\alpha)$, kann man die Forderung nach Kompaktheit der Gruppe durch eine andere Bedingung ersetzen. $\mathfrak{G}'$ sei die Untergruppe von $\mathfrak{G}$, die aus allen Elementen der Gestalt

$$G_\alpha G_\beta G_\alpha^{-1} G_\beta^{-1} \tag{270}$$

und aus Produkten dieser Elemente besteht, wobei G_α und G_β beliebige Gruppenelemente sind.

Man sieht folgendes leicht ein: Kommt G_γ unter den Elementen (270) vor, so ist auch G_γ^{-1} und für beliebiges G_δ aus $\mathfrak{G}$ auch $G_\delta^{-1}G_\gamma G_\delta$ unter den Elementen (270) enthalten. Die Untergruppe $\mathfrak{G}'$, die durch die Elemente (270) erzeugt wird, ist daher ein Normalteiler von $\mathfrak{G}$. Die Untergruppe $\mathfrak{G}'$ reduziert sich auf das Einselement genau dann, wenn alle Elemente von (270) mit dem Einselement zusammenfallen, also genau dann, wenn $\mathfrak{G}$ abelsch ist. $\mathfrak{G}'$ kann auch mit $\mathfrak{G}$ übereinstimmen; dies gilt insbesondere, wenn $\mathfrak{G}$ eine nicht abelsche einfache Gruppe ist. $\mathfrak{G}'$ wird gewöhnlich *Kommutatorgruppe* von $\mathfrak{G}$ genannt.

Aus den Definitionen (268) und (269) folgt $\eta(G_\alpha G_\beta G_\alpha^{-1} G_\beta^{-1}) = 1$. Ferner ist $\eta(G_\gamma) = 1$ für alle G_γ aus $\mathfrak{G}'$, und $\eta(G_\alpha)$ hat denselben Wert für alle Elemente einer Restklasse von $\mathfrak{G}$ nach $\mathfrak{G}'$. Mit anderen Worten, $\eta(G_\alpha)$ hat einen wohlbestimmten Wert für jedes Element der Faktorgruppe von $\mathfrak{G}$ nach $\mathfrak{G}'$. Stimmt insbesondere $\mathfrak{G}'$ mit $\mathfrak{G}$ überein, so ist $\eta(G_\alpha) = 1$ für jedes G_α aus $\mathfrak{G}$. Dasselbe gilt, wenn die Faktorgruppe von $\mathfrak{G}$ nach $\mathfrak{G}'$ kompakt ist. Ist aber

$$\eta(G_\alpha) = 1 \,,$$

so gilt auch

$$u(G_\alpha) = u'(G_\alpha) \,.$$

90. Orthogonalität. Beispiele. Die Rechts- und Linksinvarianz des Integrals folgt im Fall endlicher Gruppen aus der Tatsache, daß für ein variables Element G_s und ein festes Element G_t die Produkte $G_s G_t$ und $G_t G_s$ beide die ganze Gruppe durchlaufen. Diese Eigenschaft benutzten wir beim Beweis des Satzes, daß jede Darstellung der Gruppe einer unitären Darstellung äquivalent ist, und beim Beweis der Orthogonalitätseigenschaften.

Mit Hilfe des invarianten Integrals lassen sich analoge Aussagen auch für kompakte Gruppen beweisen. Wir bezeichnen mit $A(G_\alpha)$ unitäre Matrizen, die eine irreduzible lineare Darstellung einer kompakten Gruppe $\mathfrak{G}$ bilden, ebenso mit $B(G_\alpha)$ solche, die zu einer nicht äquivalenten irreduziblen Darstellung derselben Gruppe gehören mögen. Die Elemente der Matrizen sollen wie bisher durch das Anhängen von zwei unteren Indizes gekennzeichnet werden. Mit diesen Vereinbarungen gelten folgende Formeln, die die Orthogonalität nicht äquivalenter irreduzibler unitärer Matrizen ausdrücken:

$$\int_V \{A(G_\alpha)\}_{ij}\, \overline{\{B(G_\alpha)\}_{kl}}\, u(G_\alpha)\, d\alpha_1\, d\alpha_2 \dots d\alpha_r = 0 \,. \tag{271}$$

Für eine einzige irreduzible Darstellung erhält man

$$\int_V \{A(G_\alpha)\}_{ij}\, \overline{\{A(G_\alpha)\}_{kl}}\, u(G_\alpha)\, d\alpha_1\, d\alpha_2 \dots d\alpha_r = \frac{\delta_{ik}\delta_{jl}}{p} \int_V u(G_\alpha)\, d\alpha_1\, d\alpha_2 \dots d\alpha_r \,, \tag{272}$$

wobei p den Grad der Matrizen bedeutet. Ähnlich ergeben sich für die Charaktere

$$X(G_\alpha) = \sum_{i=1}^{p} \{A(G_\alpha)\}_{ii} \,, \qquad X'(G_\alpha) = \sum_{i=1}^{q} \{B(G_\alpha)\}_{ii} \,,$$

wobei p und q die Grade von $A(G_\alpha)$ und $B(G_\alpha)$ sind, die Beziehungen

$$\int_V X(G_\alpha)\, \overline{X'(G_\alpha)}\, u(G_\alpha)\, d\alpha_1\, d\alpha_2 \dots d\alpha_r = 0 \,, \tag{273}$$

$$\int_V X(G_\alpha)\, \overline{X(G_\alpha)}\, u(G_\alpha)\, d\alpha_1\, d\alpha_2 \dots d\alpha_r = \int_V u(G_\alpha)\, d\alpha_1\, d\alpha_2 \dots d\alpha_r \,. \tag{274}$$

Wir betrachten jetzt einige Beispiele.

1. Es sei $\mathfrak{G}$ die abelsche Gruppe der Drehungen der Ebene um den Koordinatenursprung. Hier ist $r = 1$, und der einzige Parameter α gibt die Größe des Drehwinkels an. Wir nehmen an, α gehöre zum Intervall $(0, 2\pi)$, wobei die Endpunkte des Intervalls identifiziert werden. Die Drehungen erst um den Winkel α, dann um den Winkel β ergeben eine Drehung um $\beta + \alpha$, wobei man, wenn es notwendig ist, 2π zu subtrahieren hat, damit die Summe in das angegebene Intervall fällt. In diesem Beispiel reduzieren sich die Funktionaldeterminanten $\Delta(G_\beta, G_\alpha)$ und $\Delta'(G_\beta, G_\alpha)$ auf die Ableitung von $\beta + \alpha$ nach β und α. Diese sind gleich 1, so

daß $u(G_\alpha) = u'(G_\alpha) = 1$ ist. Wir wissen, daß $\mathfrak{G}$ irreduzible unitäre Darstellungen ersten Grades $e^{im\alpha}$ ($m = 0, \pm 1, \pm 2, \ldots$) hat, und (273) und (274) ergeben die bekannten Formeln

$$\int_0^{2\pi} e^{im_1\alpha}\, \overline{e^{im_2\alpha}}\, d\alpha = \int_0^{2\pi} e^{i(m_1-m_2)\alpha}\, d\alpha = \begin{cases} 0 & \text{für} \quad m_1 \neq m_2\,, \\ 2\pi & \text{für} \quad m_1 = m_2\,. \end{cases} \tag{275}$$

Wir möchten hervorheben, daß die Notwendigkeit, die Summe $\beta + \alpha$ so zu reduzieren, daß sie in das Intervall $(0, 2\pi)$ fällt, zu einer Besonderheit in der Stetigkeit und in der Existenz der Ableitungen dann führt, wenn α und β im Intervall liegen und ihre Summe gleich 2π ist.

2. Wir betrachten die Gruppe der Drehungen des dreidimensionalen Raumes. Die Parameter, die wir einführen wollen, werden von denen in [**84**] etwas verschieden sein. Der Raum möge sich um einen Winkel ω um eine Achse gedreht haben, die mit den Koordinatenachsen X, Y, Z die Winkel α, β, γ bildet. Wir führen die vier Parameter

$$a_0 = \cos\tfrac{1}{2}\omega\,, \quad a_1 = \cos\alpha \sin\tfrac{1}{2}\omega\,, \quad a_2 = \cos\beta \sin\tfrac{1}{2}\omega\,, \quad a_3 = \cos\gamma \sin\tfrac{1}{2}\omega \tag{276}$$

ein. Diese sind durch die Relation

$$a_0^2 + a_1^2 + a_2^2 + a_3^2 = 1 \tag{277}$$

verknüpft. Der identischen Transformation entsprechen die Werte $a_0 = 1$, $a_1 = a_2 = a_3 = 0$. Wir können a_1, a_2, a_3 als Parameter wählen und a_0 als Funktion dieser Parameter betrachten.

Führt man nacheinander die Drehungen mit den Parametern a_0, a_1, a_2, a_3 und b_0, b_1, b_2, b_3 aus, so sind die Parameter c_0, c_1, c_2, c_3 der resultierenden Drehung, wie man leicht sieht, durch

$$\begin{aligned} c_0 &= a_0b_0 - a_1b_1 - a_2b_2 - a_3b_3\,, & c_1 &= a_0b_1 + a_1b_0 + a_2b_3 - a_3b_2\,, \\ c_2 &= a_0b_2 - a_1b_3 + a_2b_0 + a_2b_1\,, & c_3 &= a_0b_3 + a_1b_2 - a_2b_1 + a_3b_0 \end{aligned} \tag{278}$$

bestimmt. Wenn wir a_0 als Funktion von a_1, a_2, a_3 auffassen, so erhalten wir wegen (277)

$$a_0 \frac{\partial a_0}{\partial a_j} + a_j = 0 \qquad (j = 1, 2, 3)$$

und für E hieraus $\dfrac{\partial a_0}{\partial a_j} = 0$. Mit Hilfe dieser Beziehung können wir leicht die Funktionaldeterminante für $b_0 = 1$, $b_1 = b_2 = b_3 = 0$ bilden und finden

$$\frac{D(c_1, c_2, c_3)}{D(b_1, b_2, b_3)} = \begin{vmatrix} a_0 & -a_3 & a_2 \\ a_3 & a_0 & -a_1 \\ -a_2 & a_1 & a_0 \end{vmatrix}$$
$$= a_0(a_0^2 + a_1^2 + a_2^2 + a_3^2) = a_0 = \sqrt{1 - a_1^2 - a_2^2 - a_3^2}\,.$$

Das invariante Integral hat die Gestalt

$$\int_V f(a_1, a_1, a_3)\, \frac{1}{\sqrt{1 - a_1^2 - a_2^2 - a_3^2}}\, da_1\, da_2\, da_3\,. \tag{279}$$

Der Bereich V ist eine Kugel mit dem Mittelpunkt im Koordinatenursprung und dem Radius 1. Die Formeln (278) ergeben sich leicht aus dem Multiplikationsgesetz für Quaternionen,

$$c_0 + c_1 i + c_2 j + c_3 k = (a_0 + a_1 i + a_2 j + a_3 k)\,(b_0 + b_1 i + b_2 j + b_3 k)\,,$$

wobei für die Einheiten i, j, k folgendes Multiplikationsschema gilt:

$$i^2 = j^2 = k^2 = -1\,, \qquad ij = -ji = k\,, \quad jk = -kj = i\,, \quad ki = -ik = j\,.$$

Der Zusammenhang zwischen den Parametern a_0, a_1, a_2, a_3 und den Eulerschen Winkeln α, β, γ läßt sich leicht herstellen. Nach der entsprechenden Substitution ergibt sich schließlich das invariante Integral in den Parametern α, β, γ in der Gestalt

$$\int_V F(\alpha, \beta, \gamma) \sin\beta \sin^2 \tfrac{1}{2}(\alpha - \gamma)\, d\alpha\, d\beta\, d\gamma\,, \tag{280}$$

wobei $0 \leqq \alpha < 2\pi$, $0 \leqq \beta < \pi$, $0 \leqq \gamma < 2\pi$ ist. Im Integral (279) wird die Funktion

$$\frac{1}{a_0} = \frac{1}{\sqrt{1 - a_1^2 - a_2^2 - a_3^2}}$$

für $\omega = \pi$ gleich ∞. Dies hängt damit zusammen, daß in den Formeln (276) für a_1, a_2, a_3 an Stelle von ω die Größe $\sin \frac{\omega}{2}$ steht. Wir wollen noch erwähnen, daß die Eigenschaften, von denen wir in [**89**] im Zusammenhang mit der Kompaktheit sprachen, nur für eine gewisse Parameterwahl erfüllt sein müssen. Beim Übergang zu anderen Parametern können diese Eigenschaften verlorengehen. Außerdem bestehen für die Gruppe der Drehungen des dreidimensionalen Raumes Besonderheiten hinsichtlich der Stetigkeit und der Existenz der Ableitungen, ähnlich wie wir sie schon beim ersten Beispiel der Drehungsgruppe der Ebene um den Koordinatenursprung erwähnten.

Die Übereinstimmung der invarianten Integrale bei der Drehungsgruppe des Raumes ergibt sich übrigens unmittelbar daraus, daß es sich um eine einfache nicht abelsche Gruppe handelt.

3. Durch unmittelbare Rechnung kann die Übereinstimmung des rechts- und des linksinvarianten Integrals für die Lorentz-Gruppe bestätigt werden. Wie wir sahen, ist diese Gruppe der Gruppe linearer Transformationen mit der Determinante 1 homomorph:

$$\left.\begin{aligned} x_1' &= a_0 x_1 + a_1 x_2\,, \\ x_2' &= a_2 x_1 + a_3 x_2 \end{aligned}\right\} \quad (a_0 a_3 - a_1 a_2 = 1)\,. \tag{281}$$

Dem Einselement entsprechen die Werte $a_0 = a_3 = 1$, $a_1 = a_2 = 0$. Man kann a_0 als Funktion von a_1, a_2, a_3 betrachten und als Parameter die Real- und Imaginärteile von a_1, a_2 und $a_3 - 1$ wählen. Der Gruppenoperation entspricht die Multiplikation der Matrizen zweiten Grades, so daß wir

$$c_0 = b_0 a_0 + b_1 a_2\,, \qquad c_1 = b_0 a_1 + b_1 a_3\,, \qquad c_2 = b_2 a_0 + b_3 a_2\,, \qquad c_3 = b_2 a_1 + b_3 a_3 \tag{282}$$

erhalten.

Wenn man $a_k = \alpha_k' + i\alpha_k''$ $(k = 0, 1, 2, 3)$ setzt, so sind $\alpha_1', \alpha_2', \alpha_3', \alpha_1'', \alpha_2'', \alpha_3''$ die Gruppenparameter. Setzen wir weiterhin $b_k = \beta_k' + i\beta_k''$ und $c_k = \gamma_k' + i\gamma_k''$, so müssen wir zur Bestimmung der invarianten Integrale die Funktionaldeterminanten

$$\frac{D(\gamma_1', \gamma_2', \gamma_3', \gamma_1'', \gamma_2'', \gamma_3'')}{D(\beta_1', \beta_2', \beta_3', \beta_1'', \beta_2'', \beta_3'')} \quad \text{für} \quad \beta_1' = \beta_2' = \beta_1'' = \beta_2'' = \beta_3'' = 0\,, \quad \beta_3' = 1$$

oder

$$\frac{D(\gamma_1', \gamma_2', \gamma_3', \gamma_1'', \gamma_2'', \gamma_3'')}{D(\alpha_1', \alpha_2', \alpha_3', \alpha_1'', \alpha_2'', \alpha_3'')} \quad \text{für} \quad \alpha_1' = \alpha_2' = \alpha_1'' = \alpha_2'' = \alpha_3'' = 0\,, \quad \alpha_3' = 1$$

ausrechnen. Ferner ist die Tatsache wesentlich, daß für die identische Transformation der Gruppe α_3' gleich 1 und nicht 0 ist. In beiden Fällen erhalten wir dasselbe invariante Integral

$$\int\limits_V f(\alpha_1', \alpha_2', \alpha_3', \alpha_1'', \alpha_2'', \alpha_3'')\, \frac{1}{\alpha_3'^2 + \alpha_3''^2}\, d\alpha_1'\, d\alpha_2'\, d\alpha_3'\, d\alpha_1''\, d\alpha_2''\, d\alpha_3''\,. \tag{283}$$

Der Bereich V ist der volle sechsdimensionale Raum. Die Übereinstimmung der invarianten Integrale hängt damit zusammen, daß für die Gruppe (281) die Kommutatorgruppe $\mathfrak{G}'$, von der wir in [**89**] sprachen, mit der ganzen Gruppe identisch ist. Man zeigt nämlich leicht, daß sich $\mathfrak{G}'$ weder auf die identische Transformation noch auf den aus E und $-E$ bestehenden Normalteiler reduziert. Die explizite Berechnung der Dichte im invarianten Integral (283) kann man auf Grund eines Hilfssatzes, in dem der Begriff der analytischen Funktion mehrerer komplexer Veränderlicher benutzt wird, durchführen (siehe Kap. IV in Teil III/2).

Hilfssatz. *Es seien $w_s = u_s + iv_s$ $(s = 1, 2, \ldots, k)$ analytische Funktionen der komplexen Veränderlichen $z_s = x_s + iy_s$ $(s = 1, 2, \ldots, k)$. Dann ist die Funktionaldeterminante der Funktionen $(u_1, v_1, u_2, v_2, \ldots, u_k, v_k)$ nach $(x_1, y_1, x_2, y_2, \ldots, x_k, y_k)$ gleich dem Quadrat des absoluten Betrages der Funktionaldeterminante von $(w_1, w_2, \ldots, w_k)$ nach $(z_1, z_2, \ldots, z_k)$.*

Es gelten (siehe Kap. I und IV in Teil III/2) die folgenden Gleichungen:

$$\frac{\partial u_i}{\partial x_k} = \frac{\partial v_i}{\partial y_k}, \qquad \frac{\partial v_i}{\partial x_k} = -\frac{\partial u_i}{\partial y_k}.$$

Setzen wir $a_{ik} = \frac{\partial u_i}{\partial x_k}$, $b_{ik} = \frac{\partial v_i}{\partial x_k}$, so können wir

$$\frac{D(u_1, v_1, u_2, v_2, \ldots, u_k, v_k)}{D(x_1, y_1, x_2, y_2, \ldots, x_k, y_k)} = \begin{vmatrix} a_{11} & b_{11} & a_{12} & b_{12} & \ldots & a_{1k} & b_{1k} \\ -b_{11} & a_{11} & -b_{12} & a_{12} & \ldots & -b_{1k} & a_{1k} \\ \cdots & \cdots & \cdots & \cdots & \cdots & \cdots & \cdots \\ a_{k1} & b_{k1} & a_{k2} & b_{k2} & \ldots & a_{kk} & b_{kk} \\ -b_{k1} & a_{k1} & -b_{k2} & a_{k2} & \ldots & -b_{kk} & a_{kk} \end{vmatrix}$$

schreiben. Wenn wir zu jeder Spalte ungerader Nummer die mit i multiplizierte darauffolgende Spalte gerader Nummer addieren, so erhalten wir die Determinante

$$\begin{vmatrix} c_{11} & b_{11} & c_{12} & b_{12} & \ldots & c_{1k} & b_{1k} \\ ic_{11} & a_{11} & ic_{12} & a_{12} & \ldots & ic_{1k} & a_{1k} \\ \cdots & \cdots & \cdots & \cdots & \cdots & \cdots & \cdots \\ c_{k1} & b_{k1} & c_{k2} & b_{k2} & \ldots & c_{kk} & b_{kk} \\ ic_{k1} & a_{k1} & ic_{k2} & a_{k2} & \ldots & ic_{kk} & a_{kk} \end{vmatrix} \qquad (c_{ik} = a_{ik} + ib_{ik}).$$

Subtrahieren wir von jeder Zeile gerader Nummer die mit i multiplizierte vorhergehende Zeile ungerader Nummer, so gelangen wir zu

$$\begin{vmatrix} c_{11} & b_{11} & c_{12} & b_{12} & \ldots & c_{1k} & b_{1k} \\ 0 & \overline{c_{11}} & 0 & \overline{c_{12}} & \ldots & 0 & \overline{c_{1k}} \\ \cdots & \cdots & \cdots & \cdots & \cdots & \cdots & \cdots \\ c_{k1} & b_{k1} & c_{k2} & b_{k2} & \ldots & c_{kk} & b_{kk} \\ 0 & \overline{c_{k1}} & 0 & \overline{c_{k2}} & \ldots & 0 & \overline{c_{kk}} \end{vmatrix}.$$

Dann bringen wir alle ungeraden Spalten nach links und alle ungeraden Zeilen nach oben. Es ergibt sich

$$\begin{vmatrix} c_{11} & c_{12} & \ldots & c_{1k} & b_{11} & b_{12} & \ldots & b_{1k} \\ c_{21} & c_{22} & \ldots & c_{2k} & b_{21} & b_{22} & \ldots & b_{2k} \\ \cdots & \cdots & \cdots & \cdots & \cdots & \cdots & \cdots & \cdots \\ c_{k1} & c_{k2} & \ldots & c_{kk} & b_{k1} & b_{k2} & \ldots & b_{kk} \\ 0 & 0 & \ldots & 0 & \overline{c_{11}} & \overline{c_{12}} & \ldots & \overline{c_{1k}} \\ \cdots & \cdots & \cdots & \cdots & \cdots & \cdots & \cdots & \cdots \\ 0 & 0 & \ldots & 0 & \overline{c_{k1}} & \overline{c_{k2}} & \ldots & \overline{c_{kk}} \end{vmatrix}.$$

Hieraus folgt

$$\frac{D(u_1, v_1, u_2, v_2, \ldots, u_k, v_k)}{D(x_1, y_1, x_2, y_2, \ldots, x_k, y_k)} = \begin{vmatrix} c_{11} & \ldots & c_{1k} \\ \cdots & \cdots & \cdots \\ c_{k1} & \ldots & c_{kk} \end{vmatrix} \cdot \begin{vmatrix} \overline{c_{11}} & \ldots & \overline{c_{1k}} \\ \cdots & \cdots & \cdots \\ \overline{c_{k1}} & \ldots & \overline{c_{kk}} \end{vmatrix} = \left| \frac{D(w_1, w_2, \ldots, w_k)}{D(z_1, z_2, \ldots, z_k)} \right|^2.$$

Jetzt berechnen wir $u(G_\alpha)$ in dem invarianten Integral. Dazu muß man gemäß dem Hilfssatz die Funktionaldeterminante

$$\frac{D(c_1, c_2, c_3)}{D(b_1, b_2, b_3)} \quad \text{für} \quad b_0 = b_3 = 1, \quad b_1 = b_2 = 0 \tag{284}$$

oder

$$\frac{D(c_1, c_2, c_3)}{D(a_1, a_2, a_3)} \quad \text{für} \quad a_0 = a_3 = 1,\ a_1 = a_2 = 0 \tag{285}$$

bestimmen. Aus der Relation $a_0 a_3 - a_1 a_2 = 1$ ergibt sich

$$-a_2 + a_3 \frac{\partial a_0}{\partial a_1} = 0\,, \quad -a_1 + a_3 \frac{\partial a_0}{\partial a_2} = 0\,, \quad a_0 + a_3 \frac{\partial a_0}{\partial a_3} = 0\,.$$

Außerdem gilt

$$\frac{\partial c_1}{\partial a_1} = b_0\,, \qquad \frac{\partial c_1}{\partial a_2} = 0\,, \qquad \frac{\partial c_1}{\partial a_3} = b_1\,,$$

$$\frac{\partial c_2}{\partial a_1} = b_2 \frac{\partial a_0}{\partial a_1}\,, \qquad \frac{\partial c_2}{\partial a_2} = b_2 \frac{\partial a_0}{\partial a_2} + b_3\,, \qquad \frac{\partial c_2}{\partial a_3} = b_2 \frac{\partial a_0}{\partial a_3}\,,$$

$$\frac{\partial c_3}{\partial a_1} = b_2\,, \qquad \frac{\partial c_3}{\partial a_2} = 0\,, \qquad \frac{\partial c_3}{\partial a_3} = b_3\,,$$

und hieraus folgt (283). Zu demselben Ergebnis kommen wir unter Benutzung der Formel (284).

Literaturhinweise

Die folgende Aufstellung berücksichtigt in erster Linie neuere Bücher, und zwar vor allem diejenigen Werke, die verhältnismäßig leicht zugänglich sind.

Die Grundlagen des in diesem Teil behandelten Stoffes finden sich unter anderem auch in den folgenden Büchern:

BOURBAKI, N.: Algèbre, Chap. I: Structures algébriques, 2ème éd.; Chap. II: Algèbre linéaire; Chap. III: Algèbre multilinéaire, Hermann et Cie., Paris 1951 bzw. 1947 bzw. 1948.

CHEVALLEY, C.: Fundamental Concepts of Algebra, Academic Press, New York 1956.

COHN, P. M.: Algebra, Wiley & Sons, Chichester 1977.

FERRAR, W.: Höhere Algebra, Oldenbourg, München 1954.

FLACHSMEYER, J.; PROHASKA, L.: Algebra, 3. Aufl., VEB Deutscher Verlag der Wissenschaften, Berlin 1979.

GROVE, L. C.: Algebra, Academic Press, New York 1983.

HAUPT, O.: Einführung in die Algebra, T. 1: 3. Aufl.; T. 2: 2. Aufl., Akademische Verlagsgesellschaft, Leipzig 1956 bzw. 1954.

HERSTEIN, I. N.: Algebra, Physik Verlag, Weinheim 1978.

HORNFECK, B.: Algebra, 3. verb. Aufl., W. de Gruyter, Berlin 1976.

HUNGERFORD, T. W.: Algebra, Springer-Verlag, Berlin-Göttingen-Heidelberg Reprint 1980.

KOCHENDÖRFFER, R.: Einführung in die Algebra, 4. neubearb. Aufl., VEB Deutscher Verlag der Wissenschaften, Berlin 1974.

KOSTRIKIN, A. I.: Introduction to Algebra, Springer-Verlag, Berlin-Göttingen-Heidelberg 1982 (Übersetzung aus dem Russischen).

KRULL, W.: Elementare und klassische Algebra vom modernen Standpunkt, T. 1, 2. erw. Aufl., W. de Gruyter, Berlin 1952.

KUROŠ, A. G.: Vorlesungen über allgemeine Algebra, BSB B. G. Teubner Verlagsgesellschaft, Leipzig 1964 (Übersetzung aus dem Russischen).

LAMPRECHT, E.: Einführung in die Algebra, Birkhäuser, Basel 1978.

LIDL, R.: Algebra für Naturwissenschaftler und Ingenieure, W. de Gruyter, Berlin 1975.

LÜNEBURG, H.: Einführung in die Algebra, Springer-Verlag, Berlin-Göttingen-Heidelberg 1973.

LUGOWSKI, H.; WEINERT, H. J.: Grundzüge der Algebra, T. 1, 4. verb. Aufl.; T. 2, 3. verb. Aufl.; T. 3, B. G. Teubner Verlagsgesellschaft, Leipzig 1968 bzw. 1967 bzw. 1960.

MACLANE, S.; BIRKHOFF, G.: Algebra, 6. print., Macmillan, London 1971.

MARCUS, M.: Introduction to Modern Algebra, Marcel Dekker, Basel 1978.

MEYBERG, K.: Algebra, T. 1, 2. durchges. Aufl.; T. 2., Hanser, München 1980 bzw. 1976.

NEVANLINNA, F.: Einführung in die Algebra und die Theorie der algebraischen Gleichungen, Birkhäuser, Basel 1965.

PICKERT, G.: Einführung in die höhere Algebra, Vandenhoeck & Ruprecht, Göttingen 1951.

RÉDEI, L.: Algebra, T. 1, Akademische Verlagsgesellschaft, Leipzig 1959.

SHAW, R.: Linear Algebra and Group Representations, Vol. I, II, Academic Press, New York 1983.

SIGLER, L. E.: Algebra, Springer-Verlag, Berlin-Göttingen-Heidelberg 1976.

VIEREGGE, H.: Einführung in die klassische Algebra, VEB Deutscher Verlag der Wissenschaften, Berlin 1972.

van der Waerden, B. L.: Algebra I, 8. Aufl. der „Modernen Algebra"; Algebra II, 5. Aufl. der „Modernen Algebra", Springer-Verlag, Berlin-Göttingen-Heidelberg 1971 bzw. 1967.
Zariski, O.; Samuel, P.: Commutative Algebra, Vol. I, II, Van Nostrand Comp., Princeton 1958 bzw. 1960.

An Aufgabensammlungen zum behandelten Stoffgebiet sind zu nennen:

Collatz, L.; Albrecht, J.: Aufgaben aus der angewandten Mathematik, Bd. I, Vieweg, Wiesbaden 1972.
Danko, R. E.; Popov, A. G.; Kozhevnikova, T. Y.: Higher mathematics in problems and exercises, part 1, 2, Mir Publ., Moscow 1983.
Günter, N. M.; Kusmin, R. O.: Aufgabensammlung zur höheren Mathematik, Bd. 1, 12. Aufl., VEB Deutscher Verlag der Wissenschaften, Berlin 1985 (Übersetzung aus dem Russischen).
Hasse, H.; Klobe, W.: Aufgabensammlung zur höheren Algebra, 2. verb. und vermehrte Aufl., W. de Gruyter, Berlin 1952.
Heinhold, J.; Riedmüller, B.; Fischer, H.: Aufgaben und Lösungen zur linearen Algebra und analytischen Geometrie, T. I, II, 3. erw. u. verb. Aufl., Hanser, München 1977 bzw. 1981.
Ikramov, Ch. D.: Linear Algebra: Problem Book, Mir Publ., Moscow 1983.
Locher-Ernst, L.: Arithmetik und Algebra: Aufgaben, 3. Aufl., Birkhäuser, Basel 1967.
Meyberg, K.; Vachenauer, P.: Aufgaben und Lösungen zur Algebra, Hanser, München 1978.
Minorski, W. P.: Aufgabensammlung der höheren Mathematik, 4. Aufl., VEB Fachbuchverlag, Leipzig 1971/8. Aufl., Vieweg, Wiesbaden 1982 (Übersetzung aus dem Russischen).
Proskurjakov, I. V.: Problems in Linear Algebra, Mir Publ., Moscow 1978.
Wisliceny, J. (Hrsg.): Aufgabensammlung, Bd. I, VEB Deutscher Verlag der Wissenschaften, Berlin 1980.

Zu Kapitel I und II seien als zusätzliche Literatur genannt:

Bachmann, W.; Haacke, R.: Matrizenrechnung für Ingenieure, Anwendungen und Programme, Springer-Verlag, Berlin-Heidelberg 1982.
Beiglböck, W. D.: Lineare Algebra, Springer-Verlag, Berlin-Heidelberg 1983.
Belkner, H.: Determinanten, 3. bearb. Aufl., BSB B. G. Teubner Verlagsgesellschaft, Leipzig 1976.
Belkner, H.: Matrizen 3. Aufl., BSB B. G. Teubner Verlagsgesellschaft, Leipzig 1977.
Bieberbach, L.: Einführung in die analytische Geometrie, 6. Aufl., B. G. Teubner, Stuttgart 1962.
Blaschke, W.: Analytische Geometrie, 2. Aufl., Birkhäuser, Basel 1965.
Bodewig, E.: Matrix calculus, 2nd ed., North-Holland, Amsterdam 1959.
de Boer, R.: Vektor- und Tensorrechnung für Ingenieure, Springer-Verlag, Berlin-Heidelberg 1982.
Bol, G.: Elemente der analytischen Geometrie, T. I, II, Vandenhoeck & Ruprecht, Göttingen 1948 bzw. 1949.
Borewitsch, S. I.: Determinanten und Matrizen, BSB B. G. Teubner Verlagsgesellschaft, Leipzig 1972 (Übersetzung aus dem Russischen).
Boseck, H.: Einführung in die Theorie der linearen Vektorräume, 5. Aufl., VEB Deutscher Verlag der Wissenschaften, Berlin 1984.
Boseck, H.: Grundlagen der Darstellungstheorie, VEB Deutscher Verlag der Wissenschaften, Berlin 1973.
Boseck, H.: Tensorräume, VEB Deutscher Verlag der Wissenschften, Berlin 1972.
Brehmer, S.; Belkner, H.: Einführung in die analytische Geometrie und lineare Algebra, 4. Aufl., VEB Deutscher Verlag der Wissenschaften, Berlin/ Harri Deutsch, Frankfurt/M.-Zürich 1974.
Brieskorn, E.: Lineare Algebra und analytische Geometrie I, Vieweg, Wiesbaden 1983.
Bronson, R.: Matrix Methods: An Introduction, Academic Press, New York 1970.
Chorlton, F.: Vector and Tensor Methods, Wiley & Sons, Chichester 1976.

CULLEN, C. G.: Matrices and Linear Transformations, 2nd ed., Addison-Wesley, Reading (Mass.) 1972.

CUNNINGHAM, J.: Vektoren, Akademie-Verlag, Berlin/Pergamon Press, Oxford/Vieweg, Braunschweig 1972 (Übersetzung aus dem Englischen).

CURTIS, C. W.: Linear Algebra, 4th ed., Springer-Verlag, Berlin-Heidelberg-New York 1984.

DAVIS, P. J.: The Mathematics of Matrices, 2nd ed., Wiley & Sons, New York 1975.

DIETRICH, G.; STAHL, H.: Grundzüge der Matrizenrechnung, 8. Aufl., VEB Fachbuchverlag, Leipzig 1972.

DIETRICH, G.; STAHL, H.: Matrizen und Determinanten und ihre Anwendung in Technik und Ökonomie, 5. neubearb. Aufl., VEB Fachbuchverlag, Leipzig 1977.

DREWS, K.-D.: Lineare Gleichungssysteme und lineare Optimierungsaufgaben, 2. Aufl., VEB Deutscher Verlag der Wissenschaften, Berlin 1978/1. Aufl., Steinkopff Verlag, Darmstadt 1976.

DUSCHEK, A.; HOCHRAINER, A.: Grundzüge der Tensorrechnung in analytischer Darstellung, I. Teil: Tensoralgebra, 5. unveränd. Aufl.; II. Teil: Tensoranalysis, 3. unveränd. Aufl., Springer-Verlag, Wien 1968 bzw. 1970.

EISELE, J. A.; MASON, R. M.: Applied Matrix and Tensor Analysis, Wiley & Sons, New York 1971.

EISENREICH, G.: Lineare Algebra und analytische Geometrie, Akademie-Verlag, Berlin 1980.

EISENREICH, G.: Vorlesungen über Vektor- und Tensorrechnung, BSB B. G. Teubner Verlagsgesellschaft, Leipzig 1971.

FADDEJEW, D. K.; FADDEJEWA, W. N. : Numerische Methoden der linearen Algebra, 5. Aufl., VEB Deutscher Verlag der Wissenschaften, Berlin/Oldenbourg Verlag, München-Wien 1978 (Übersetzung aus dem Russischen).

FISCHER, G.; SCHIMPL, R.: Lineare Algebra, 7. durchges. Aufl., Vieweg, Wiesbaden 1981.

FRAZER, R. A.; DUNCAN, W. J.; COLLAR, A. R.: Elementary Matrices, Cambridge University Press, Cambridge 1947.

FRITZ, F. J.; HUPPERT, B.; WILLEMS, W.: Stochastische Matrizen, Springer-Verlag, Berlin-Göttingen-Heidelberg 1979.

GANTMACHER, F. R.: Matrizenrechnung, Bd. I, II, 3. Aufl., VEB Deutscher Verlag der Wissenschaften, Berlin 1970 bzw. 1971 (Übersetzung aus dem Russischen). Der zweite Band enthält ein ausführliches Literaturverzeichnis, das viele Hinweise auf Originalarbeiten und Bücher bis zum Jahre 1958 umfaßt. — Siehe auch: GANTMACHER, F. R.: Matrizentheorie, VEB Deutscher Verlag der Wissenschaften, Berlin 1985.

GASTINEL, N.: Lineare numerische Analysis, Vieweg, Braunschweig/VEB Deutscher Verlag der Wissenschaften, Berlin 1972 (Übersetzung aus dem Französischen).

GEISE, G.: Grundkurs lineare Algebra, BSB B. G. Teubner Verlagsgesellschaft, Leipzig 1979.

GERLICH, G.: Vektor- und Tensorrechnung für die Physik, Vieweg, Wiesbaden 1977.

GREUB, W.: Lineare Algebra, korr. Nachdruck d. 1. Aufl. von 1958, Springer-Verlag, Berlin-Heidelberg 1976.

GRÖBNER, W.: Matrizenrechnung, Bibliographisches Institut, Mannheim 1956.

GROTEMEYER, K. P.: Analytische Geometrie, 4. Aufl., W. de Gruyter, Berlin 1969.

HASSE, H.: Höhere Algebra, Bd. 1: Lineare Gleichungen, 3. verb. Aufl., W. de Gruyter, Berlin 1951.

HEINHOLD, J.; Grundlagen der linearen Algebra, Hanser Verlag, München 1976.

HEINHOLD, J.; RIEDMÜLLER, B.: Grundzüge der linearen Algebra, Hanser Verlag, München 1974.

HEINHOLD, J.; RIEDMÜLLER, B.: Lineare Algebra und analytische Geometrie, T. 1, 3. überarb. u. verb. Aufl.; T. 2, Hanser Verlag, München 1980 bzw. 1973.

HERMES, H.: Lineare Transformationen, Aschendorff, Münster 1948.

HIEKE, M.: Vektoralgebra, 2. Aufl., B. G. Teubner Verlagsgesellschaft, Leipzig 1963.

HINCHEY, F. A.: Vectors and Tensors for Engineers and Scientists, Wiley & Sons, New York 1976.

JÄNICH, K.: Lineare Algebra, 3. Aufl., Springer-Verlag, Berlin-Göttingen-Heidelberg 1984.

JEGER, J.; ECKMANN, B.: Einführung in die vektorielle Geometrie und lineare Algebra für Ingenieure und Naturwissenschaftler, Birkhäuser, Basel 1967.

JOHNSON, D. L.: Topics in the Theory of Group Presentations, Cambridge University Press, Cambridge 1980.

JUNG, H. W. E.: Matrizen und Determinanten, 4. Aufl., VEB Fachbuchverlag, Leipzig 1953.

KÄSTNER, S.: Vektoren, Tensoren, Spinoren, 2. Aufl., Akademie-Verlag, Berlin 1964.

KELLER, O.-H.: Analytische Geometrie und lineare Algebra, 3. ber. u. erg. Aufl., VEB Deutscher Verlag der Wissenschaften, Berlin 1968.

KLINGENBERG, W.: Lineare Algebra und Geometrie, Springer-Verlag, Berlin-Heidelberg 1984.

KOCHENDÖRFFER, R.: Determinanten und Matrizen, 5. Aufl., B. G. Teubner Verlagsgesellschaft, Leipzig 1967.

KOECHER, M.: Lineare Algebra und analytische Geometrie, Springer-Verlag, Berlin-Heidelberg 1983.

KOWALEWSKI, G.: Einführung in die Determinantentheorie, 4. Aufl., W. de Gruyter, Berlin 1954.

KOWALEWSKI, G.: Einführung in die analytische Geometrie, 4. Aufl., W. de Gruyter, Berlin 1953.

KOWALSKY, H.-J.: Lineare Algebra, 9. überarb. u. erw. Aufl., W. de Gruyter, Berlin 1979.

KUHNERT, F.: Vorlesungen über lineare Algebra, VEB Deutscher Verlag der Wissenschaften, Berlin 1976.

LAGALLY, M.: Vorlesungen über Vektorrechnung, 7. Aufl., Akademische Verlagsgesellschaft, Leipzig 1964.

LAMPRECHT, E.: Lineare Algebra I, Birkhäuser, Basel 1981.

LANG, S.: Linear Algebra, 2nd ed., Addison-Wesley, Reading (Mass.) 1971.

LICHNEROWICZ, A.: Lineare Algebra und lineare Analysis, VEB Deutscher Verlag der Wissenschaften, Berlin 1956 (Übersetzung aus dem Französischen).

v. MANGOLDT, H.; KNOPP, K.: Einführung in die höhere Mathematik, Bd. I, 16. Aufl., S. Hirzel, Leipzig/S. Hirzel Stuttgart 1980.

MANSFIELD, L.: Linear Algebra with Geometric Applications, Marcel Dekker, Basel 1976.

MANTEUFFEL, K.; SEIFFART, E.; VETTER, E.: Lineare Algebra, 4. überarb. Aufl., BSB B. G. Teubner Verlagsgesellschaft, Leipzig 1982 /Harri Deutsch, Thun-Frankfurt/M. 1978.

MOORE, J. T.: Elements of Linear Algebra and Matrix Theory, McGraw-Hill Book Comp., New York 1968.

MUIR, TH.: Contributions to the History of Determinants, Blackie & Son, London and Glasgow 1930.

MUIR, TH.: The Theory of Determinants in the Historical Order of Development, Vol. I—IV, Macmillan, London 1906—1923.

MUIR, TH.; METZLER, W. H.: A Treatise on the Theory of Determinants, Privately published, Albany, New York 1930.

NEF, W.: Lehrbuch der linearen Algebra, 2. rev. Aufl., Birkhäuser, Basel 1977.

NEISS, F.: Analytische Geometrie, Springer-Verlag, Berlin-Göttingen-Heidelberg 1950.

NEISS, F.; LIERMANN, H.: Determinanten und Matrizen. Lineare Algebra, 8. neubearb. Aufl., Springer-Verlag, Berlin-Göttingen-Heidelberg 1975.

NERING, E. D.: Linear Algebra and Matrix Theory, 2nd ed., Wiley & Sons, New York 1970.

NETTO, E.; BIEBERBACH, L.: Die Determinanten, 2. Aufl., B. G. Teubner, Leipzig und Berlin 1925.

OELJEKLAUS, E.; REMMERT, R.: Lineare Algebra I, Springer-Verlag, Berlin-Göttingen-Heidelberg 1974.

PEASE, M. C.: Methods of Matrix Algebra, Academic Press, New York 1965.

PERRON, O.: Algebra, Bd. 2: Theorie der algebraischen Gleichungen, 3. verb. Aufl., W. de Gruyter, Berlin 1951.

PICKERT, G.: Analytische Geometrie, 7. Aufl., Akademische Verlagsgesellschaft, Leipzig 1976.

PULLMAN, N. J.: Matrix Theory and its Applications, 2nd print., Marcel Dekker, Basel 1976.

PUPKE, H.: Einführung in die Matrizenrechnung, VEB Deutscher Verlag der Wissenschaften, Berlin 1953.

RASCHEWSKI, P. K.: Elementare Einführung in die Tensorrechnung, 2. Aufl., VEB Deutscher Verlag der Wissenschaften, Berlin 1966 (Übersetzung aus dem Russischen).

REICHARDT, H.: Vorlesungen über Vektor- und Tensorrechnung, 2. ber. u. erg. Aufl., VEB Deutscher Verlag der Wissenschaften, Berlin 1968.

SATAKE, I.: Linear Algebra, Marcel Dekker, Basel 1975.

SCHAAL, H.: Lineare Algebra und analytische Geometrie, Bd. I, II, III, 2. durchges. Aufl., Vieweg, Wiesbaden 1976 bzw. 1980 bzw. 1981.

SCHMEIDLER, W.: Vorträge über Determinanten und Matrizen, Akademie-Verlag, Berlin 1949.

SCHREIER, O.; SPERNER, E.: Vorlesungen über Matrizen, B. G. Teubner, Leipzig 1932.

SCHWARZ, H. R.; RUTISHAUSER, H.; STIEFEL, E.: Numerik symmetrischer Matrizen, B. G. Teubner, Stuttgart 1968/BSB B. G. Teubner Verlagsgesellschaft, Leipzig 1969.

SCHWERDTFEGER, H.: Introduction to Linear Algebra and the Theory of Matrices, 2nd ed., Noordhoff, Groningen 1962.

SMITH, L.: Linear algebra, Springer-Verlag, Berlin-Heidelberg-New York 1978.

SPERNER, E.: Einführung in die analytische Geometrie und Algebra, T. I., 7. durchges. Aufl., Vandenhoeck & Ruprecht, Göttingen 1969.

STEWART, G. W.: Introduction to Matrix Computation, Academic Press, New York 1973.

STRANG, G.: Linear Algebra and its Applications, 2nd ed., Academic Press, New York 1980.

TURNBALL, H. W.: The Theory of Determinants, Matrices and Invariants, Blackie & Son, London-Glasgow 1928.

VALENTINER, S.: Vektoren und Matrizen, 4. Aufl., (11. Aufl. der „Vektoranalysis"), mit Anhang: Aufgaben zur Vektorrechnung von H. KÖNIG, W. de Gruyter, Berlin 1967.

WADE, TH.: Algebra of Vectors and Matrices, Addison-Wesley, Cambridge 1951.

WALTER, R.: Einführung in die lineare Algebra, Vieweg, Wiesbaden 1982.

ZURMÜHL, R.: Matrizen und ihre technischen Anwendungen, 4. neubearb. Aufl., Springer-Verlag, Berlin-Heidelberg-New York 1964.

ZURMÜHL, R.; FALK, S.: Matrizen und ihre Anwendungen, T. 1, 2, 5. überarb. u. erw. Aufl., Springer-Verlag, Berlin-Heidelberg-New York 1984.

Zum zweiten Paragraphen von Kapitel II sei noch erwähnt:

ACHIESER, N. I.; GLASMANN, I. M.: Theorie der linearen Operatoren im Hilbert-Raum, 7. Aufl., Akademie-Verlag, Berlin, 1977/8. Aufl., Verlag Harri Deutsch, Thun-Frankfurt/M. 1981 (Übersetzung aus dem Russischen).

CASSELS, J. W. S.: Rational Quadratic Forms, Academic Press, New York 1978.

COOKE, R. G.: Infinite Matrices and Sequence Spaces, Macmillan, London 1950.

EICHLER, M.: Quadratische Formen und orthogonale Gruppen, 2. Aufl., Springer-Verlag, Berlin-Göttingen-Heidelberg 1974.

GERAMITA, A. V.; SEBERRY, J.: Orthogonal Designs: Quadratic Forms and Hadamard Matrices, Marcel Dekker, Basel 1979.

GREGORY, J.: Quadratic Form Theory and Differential Equations, Academic Press, New York 1981.

GROSS, H.: Quadratic Forms in Infinite Dimensional Vector Spaces, Birkhäuser, Basel 1979.

HILLE, E.: Functional Analysis and Semi-Groups, American Mathematical Society, New York 1948.

KNEBUSCH, M.; SCHARLAU, W.: Algebraic Theory of Quadratic Forms, Birkhäuser, Basel 1980.

KOLMOGOROV, A. N.; FOMIN, S. V.: Reelle Funktionen und Funktionalanalysis, VEB Deutscher Verlag der Wissenschaften, Berlin 1975 (Übersetzung aus dem Russischen).

LAM, T. Y.: The algebraic theory of quadratic forms, 2nd print. with rev., Addison-Wesley, Reading (Mass.) 1980.

LJUSTERNIK, L. A.; SOBOLEW, W. I.: Elemente der Funktionalanalysis, 5. Aufl., Akademie-Verlag, Berlin 1976/Nachdr. d. 4. Aufl., Harri Deutsch, Thun-Frankfurt/M. 1976 (Übersetzung aus dem Russischen).

LORENZ, F.: Quadratische Formen über Körpern, Springer-Verlag, Berlin-Göttingen-Heidelberg 1970.

NAKANO, H.: Modulared Semi-Ordered Linear Spaces, Maruzen, Nihonbashi-Tokio 1960.

RIESZ, F.; SZ.-NAGY, B.: Vorlesungen über Funktionalanalysis, 4. Aufl., VEB Deutscher Verlag der Wissenschaften, Berlin/Harri Deutsch, Thun-Frankfurt/M. 1982 (Übersetzung aus dem Französischen).

SCHRÖDER, K. (Hrsg.): Mathematik für die Praxis, Ein Handbuch, Bd. I, II, 3. ber. Aufl., VEB Deutscher Verlag der Wissenschaften, Berlin 1966. Hieraus besonders die Kapitel 7, 8, 10, 18.

SMIRNOW, W. I.: Lehrgang der höheren Mathematik, T. V, 9. Aufl., VEB Deutscher Verlag der Wissenschaften, Berlin 1981 (Übersetzung aus dem Russischen).

STONE, M. H.: Linear Transformations in Hilbert Space and their Applications to Analysis, American Mathematical Society, New York 1932.

SZ.-NAGY, B.: Spektraldarstellung linearer Transformationen des Hilbertschen Raumes, Springer-Verlag, Berlin 1942.

VAN DER WAERDEN, B. L.; GROSS, H.: Studien zur Theorie der quadratischen Formen, Birkhäuser, Basel 1968.

WATSON, G. L.: Integral quadratic forms, Cambridge University Press, Cambridge 1960.

WINTNER, A.: Spektraltheorie der unendlichen Matrizen, S. Hirzel, Leipzig 1929.

WULICH, B. S.: Einführung in die Funktionalanalysis, 1, 2; B. G. Teubner, Leipzig 1961 bzw. 1962 (Übersetzung aus dem Russischen).

YEFIMOV, N. V.: Quadratic Forms and Matrices: An Introductory Approach, Academic Press, New York 1964 (Übersetzung aus dem Russischen).

Für Kapitel III sei zusätzlich auf folgende Literatur verwiesen:

ADLER, I.: Gruppen in der neuen Mathematik, Vieweg & Sohn, Braunschweig 1974.

ALEXANDROFF, P. S.: Einführung in die Gruppentheorie, 9. Aufl., VEB Deutscher Verlag der Wissenschaften, Berlin 1975 (Übersetzung aus dem Russischen).

BAER, R.: Automorphismen von Erweiterungsgruppen, Hermann et Cie, Paris 1935.

BAUMGARTNER, L.: Gruppentheorie, 5. unveränd. Aufl., W. de Gruyter, Berlin 1972.

BELGER, M.; EHRENBERG, L.: Theorie und Anwendung der Symmetriegruppen, BSB B. G. Teubner Verlagsgesellschaft, Leipzig 1981.

BOERNER, H.: Darstellungen von Gruppen, 2. überarb. Aufl., Springer-Verlag, Berlin-Heidelberg-New York 1967.

BORŮVKA, O.: Grundlagen der Gruppoid- und Gruppentheorie, VEB Deutscher Verlag der Wissenschaften, Berlin 1960. — Siehe auch BORŮVKA, O.: Foundations of the Theory of Groupoids and Groups, Birkhäuser, Basel-Stuttgart 1975 (Übersetzung aus dem Deutschen).

BURCKHARDT, J. J.: Die Bewegungsgruppen der Kristallographie, 2. rev. Aufl., Birkhäuser, Basel 1966.

BURNS, G.: Introduction to Group Theory with Applications, Academic Press, New York 1977.

BURNSIDE, W.: Theory of Groups of Finite Order, 2nd ed., Cambridge University Press, Cambridge 1911.

CHEVALLEY, C.: Theory of Lie groups, I, Princeton University Press, Princeton 1946.

CHEVALLEY, C.: Théorie des groupes de Lie, T. II: Groupes algébriques, Hermann et Cie., Paris 1951.

CORNWELL, J. F.: Group Theory in Physics, Vol. 1, 2, Academic Press, New York 1984.

CURTIS, M. L.: Matrix Groups, Springer-Verlag, Berlin-Göttingen-Heidelberg 1979.

TOM DIECK, T.: Transformation Groups, W. de Gruyter, Berlin 1984.

TOM DIECK, T.: Transformation Groups and Representation Theory, Springer-Verlag, Berlin-Heidelberg-New York 1979.

DIEUDONNÉ, J.: Sur les groupes classiques, Hermann et Cie., Paris 1948.

DIEUDONNÉ, J.; HUA, L. K.: On the Automorphism of the Classical Groups, American Mathematical Society, New York 1951.

DORNHOFF, L.: Group Representation Theory, Part A, 3rd print.; Part B, 2nd print., Marcel Dekker, Basel 1971 bzw. 1972.

FEIT, W.: The Representation Theory of Finite Groups, North-Holland, Amsterdam 1982.

FLACH, G.; REIF, R.: Gruppentheoretische Methoden im Schalenmodell der Kerne, T. I: Gruppentheoretische Grundlagen, Akademie-Verlag, Berlin 1964.

FREUDENTHAL, H.; DE VRIES, H.: Linear Lie Groups, Academic Press, New York 1969.

GAAL, C. A.: Linear Analysis and Representation Theory, Springer-Verlag, Berlin-Heidelberg-New York 1973.

GARDINER, C. F.: A First Course in Group Theory, Springer-Verlag, Berlin-Heidelberg-New York 1980.

HEWITT, E.; ROSS, K. A.: Abstract Harmonic Analysis, Vol. I: Structure of Topological Groups; Integration Theory; Group Representations, 2nd ed., Springer-Verlag, Berlin-Heidelberg-New York 1974.

HEWITT, E.; ROSS, K. A.: Abstract Harmonic Analysis, Vol. II: Structure and Analysis for Compact Groups; Analysis on Locally Compact Abelian Groups, Springer-Verlag, Berlin-Heidelberg-New York 1970.

HIGGINS, P. J.: Introduction to Topological Groups, Cambridge University Press, Cambridge 1975.

HUMPHREYS, J. E.: Arithmetic Groups, Springer-Verlag, Berlin-Heidelberg-New York 1980.

HUMPHREYS, J. E.: Linear Algebraic Groups, corr. 2nd print., Springer-Verlag, Berlin-Heidelberg-New York 1981.

HUMPHREYS, J. E.: Ordinary and Modular Representations of Chevalley Groups, Springer-Verlag, Berlin-Heidelberg-New York 1976.

HUPPERT, B.: Endliche Gruppen I, 2. Nachdr., Springer-Verlag, Berlin-Heidelberg-New York 1983.

HUPPERT, B.; BLACKBURN, N.: Finite Groups, II, III, Springer-Verlag, Berlin-Heidelberg-New York 1982.

JAMES, G. D.: The Representation Theory of the Symmetric Groups, Springer-Verlag, Berlin-Heidelberg-New York 1978.

JOSHI, A. W.: Elements of Group Theory for Physicists, 2nd ed., Wiley & Sons, New York 1977.

KARGAPOLOV, M. I.; MERZIJAKOV, J. I.: Fundamentals of the Theory of Groups, Springer-Verlag, Berlin-Heidelberg-New York 1979 (Übersetzung aus dem Russischen).

KEOWN, R.: An Introduction to Group Representation Theory, Academic Press, New York 1975.

KERBER, A.: Representations of Permutation Groups, I, II, Springer-Verlag, Berlin-Göttingen-Heidelberg-New York 1971 bzw. 1975.

KOBAYASHI, S.: Transformation Groups in Differential Geometry, Springer-Verlag, Berlin Heidelberg-New York 1972.

KOCHENDÖRFFER, R.: Lehrbuch der Gruppentheorie unter besonderer Berücksichtigung der endlichen Gruppen, Akademische Verlagsgesellschaft, Leipzig 1966.

KOWALEWSKI, G.: Einführung in die Theorie der kontinuierlichen Gruppen, Akademische Verlagsgesellschaft, Leipzig 1931.

KUROSCH, A. G.: Gruppentheorie I, II, 2. überarb. Aufl., Akademie-Verlag, Berlin 1970 bzw. 1972 (Übersetzung aus dem Russischen).

KURZWEIL, H.: Endliche Gruppen. Eine Einführung in die Theorie der endlichen Gruppen, Springer-Verlag, Berlin-Göttingen-Heidelberg 1977.

LEDERMANN, W.: Einführung in die Gruppentheorie, Vieweg, Wiesbaden 1977.

LEDERMANN, W.: Introduction to the Theory of Finite Groups, 3rd ed., Oliver and Boyd, Edinburgh and London 1957.

LIPSMAN, R. L.: Group Représentations, Springer-Verlag, Berlin-Heidelberg-New York 1974.

LJUBARSKI, G. J.: Anwendungen der Gruppentheorie in der Physik, VEB Deutscher Verlag der Wissenschaften, Berlin 1962 (Übersetzung aus dem Russischen).

LYNDON, R. C.; SCHUPP, P. E.: Combinatorial Group Theory, Springer-Verlag, Berlin-Göttingen-Heidelberg 1977.

MACKEY, G. W.: Induced Representations of Groups and Quantum Mechanics, Addison-Wesley, Reading (Mass.) 1968.

MACKEY, G. W.: Unitary Group Representations in Physics, and Number Theory, Addison-Wesley, Reading (Mass.) 1978.

MATHIAK, K.; STINGL, P.: Gruppentheorie, 2. Aufl., Fr. Vieweg & Sohn, Braunschweig 1969/ VEB Deutscher Verlag der Wissenschaften, Berlin 1970.

NAIMARK, M. A.; STERN, A. I.: Theory of Group Representations, Springer-Verlag, Berlin-Heidelberg-New York 1982 (Übersetzung aus dem Russischen).

NEUMARK, M. A.: Lineare Darstellungen der Lorentzgruppe, VEB Deutscher Verlag der Wissenschaften, Berlin 1963 (Übersetzung aus dem Russischen).

PASSMAN, D. S.: Permutation Groups, Addison-Wesley, Reading (Mass.) 1968.

PONTRJAGIN, L. S.: Topologische Gruppen, T. I, II, B. G. Teubner, Leipzig 1957 bzw. 1958 (Übersetzung aus dem Russischen).

ROBINSON, D. J. S.: A Course in the Theory of Groups, Springer-Verlag, Berlin-Heidelberg-New York 1982.

ROSE, J. S.: A Course on Group Theory, Cambridge University Press, Cambridge 1978.

SAGLE, A. A.; WALDE, R. E.: Introduction to Lie Groups and Lie Algebras, Academic Press, New York 1973.

SERRE, J. P.: Linear Representation of Finite Groups, corr. 2nd print., Springer-Verlag, Berlin-Heidelberg-New York 1982.

SPECHT, W.: Gruppentheorie, Springer-Verlag, Berlin-Göttingen, Heidelberg 1956.

SPEISER, A.: Die Theorie der Gruppen von endlicher Ordnung, 5. Aufl., Birkhäuser, Basel 1980.

SPRINGER, T. A.: Linear Algebraic Groups, Birkhäuser, Basel 1981.

SUZUKI, M.: Group Theory I, Springer-Verlag, Berlin-Heidelberg-New York 1982.

TITS, J.: Liesche Gruppen und Algebren, Springer-Verlag, Berlin-Heidelberg 1983.

TONDEUR, P.: Introduction to Lie Groups and Transformation Groups, 2nd ed., Springer-Verlag, Berlin-Heidelberg-New York 1969.

VARADARAJAN, V. S.: Lie Groups, Lie Algebras, and their Representations, Springer-Verlag, Berlin-Heidelberg-New York 1984.

VAN DER WAERDEN, B. L.: Gruppen von linearen Transformationen, Springer-Verlag, Berlin 1935.

VAN DER WAERDEN, B. L.: Die gruppentheoretische Methode in der Quantenmechanik, Springer-Verlag, Berlin 1932.

WARNER, G.: Harmonic Analysis on Semi-Simple Lie Groups I, II, Springer-Verlag, Berlin-Heidelberg-New York 1972.

WATERHOUSE, W. C.: Introduction to Affine Group Schemes, Springer-Verlag, Berlin-Heidelberg-New York 1979.

WEHRFRITZ, B. A. F.: Infinite Linear Groups, Springer-Verlag, Berlin-Göttingen-Heidelberg 1973.

WEIL, A.: L'intégration dans les groupes topologiques et ses applications, Hermann et Cie., Paris 1940.

WEYL, Gruppentheorie und Quantenmechanik, 2. Aufl., S. Hirzel, Leipzig 1931.

WEYL, H.: Classical Groups, their Invariants and Representations, Nachdr. d. 1. Aufl., Princeton University Press, Princeton 1946.

WIGNER, E.: Gruppentheorie und ihre Anwendungen auf die Quantenmechanik der Atomspektren, unveränd. Nachdruck d. 1. Aufl. von 1931, Vieweg, Braunschweig 1977.

ZASSENHAUS, H.: The Theory of Groups, 2nd ed., Vandenhoeck & Ruprecht, Göttingen 1958 (Nachdrucke 1965 und 1967).

Namen- und Sachverzeichnis